模具设计与制造技术丛书

模具制造工艺与装备

第2版

许发樾　编

机 械 工 业 出 版 社

本书是根据常用模具的结构特点和设计理念，结合作者多年的设计经验编写而成的，主要内容包括：模具制造概述，模具制造工艺与工艺过程，模具制造工艺规程，工件的定位、基准与夹紧，模具零件加工用夹具，模具通用零件加工和加工误差，仿形与数控铣削，凸、凹模型面成形磨削工艺，凸、凹模型面电火花加工工艺，模具装配原理与工艺基础，模具装配工艺等。

本书可供职业技术院校模具专业教学和企业职工培训使用，还可供有关专业技术人员参考。

图书在版编目（CIP）数据

模具制造工艺与装备/许发樾编. —2版. —北京：机械工业出版社，2015.8（2024.2重印）

（模具设计与制造技术丛书）

ISBN 978-7-111-50674-4

Ⅰ.①模…　Ⅱ.①许…　Ⅲ.①模具-制造-工艺②模具-制造-设备　Ⅳ.①TG76

中国版本图书馆CIP数据核字（2015）第142945号

机械工业出版社（北京市百万庄大街22号　邮政编码100037）
策划编辑：赵磊磊　邓振飞　责任编辑：赵磊磊　邓振飞
版式设计：霍永明　责任校对：樊钟英
封面设计：鞠　杨　责任印制：常天培
北京机工印刷厂有限公司印刷
2024年2月第2版第6次印刷
184mm×260mm · 26.5印张 · 657千字
标准书号：ISBN 978-7-111-50674-4
定价：59.80元

凡购本书，如有缺页、倒页、脱页，由本社发行部调换

电话服务	网络服务
服务咨询热线：010-88361066	机 工 官 网：www.cmpbook.com
读者购书热线：010-68326294	机 工 官 博：weibo.com/cmp1952
010-88379203	金 书 网：www.golden-book.com
封面无防伪标均为盗版	教育服务网：www.cmpedu.com

前　言

模具是工业生产中使用极为广泛的基础工艺装配。在汽车、电机、仪表、电器、电子、通信、家电和轻工等行业中，大部分零件都要依靠模具成形。为适应模具行业快速发展的形势，中国模具工业协会培训与教育委员会于2003年组织行业专家编写了“模具设计与制造技术教育丛书”，这套丛书包括《模具常用机构设计》《模具结构设计》《模具钳工工艺》《模具制造工艺与装备》。

本套丛书自出版以来，受到了广大读者的欢迎和好评。但是随着时间的推移，现代模具技术在不断发展，新的设计理念和设计方法也不断涌现，同时，新的国家标准、行业技术标准也在相继颁布和实施。为了使本套丛书的内容不断充实和完善，更好地满足广大模具设计与制造人员的实际需求，特对其进行了修订。本次修订删除了很多过时的内容，充实了大量现代模具设计、制造方面的先进技术，并增加了很多与模具生产技术紧密结合的实例。

《模具制造工艺与装备》是本套丛书中的一种。在此次修订中，本书增加了模具制造技术要求、模具制造周期与成本控制等内容，完善了模具装配工艺，删除了已经作废的模具行业标准，更新了相关技术标准。本书修订后的主要内容包括：模具制造概述，模具制造工艺与工艺过程，模具制造工艺与工艺规程，工件的定位、基准与夹紧，模具零件加工用夹具，模具通用零件加工和加工误差，仿形与数控铣削，凸、凹模型面成形磨削工艺，凸、凹模型面电火花加工工艺，模具装配原理与工艺基础，模具装配工艺等。

本书由许发樾编写。由于修订时间仓促，编写水平有限，书中不足之处在所难免，恳请广大读者批评指正。

编　者

目　录

第 1 章　模具制造概述

1.1　模具制造简介

1.1.1　模具制造的定义

在模具设计的基础上，根据设计要求需完成以下过程：

1）生产准备，即进行型件坯料制备、工艺文件制订、标准件的配购与检测。

2）型件与非标准件的加工。

3）组件与部件的组装。

4）总装、检测与试模。

常称上述过程为模具制造。包括上述过程在内的比较详细的模具制造过程如图 1-1 所示。

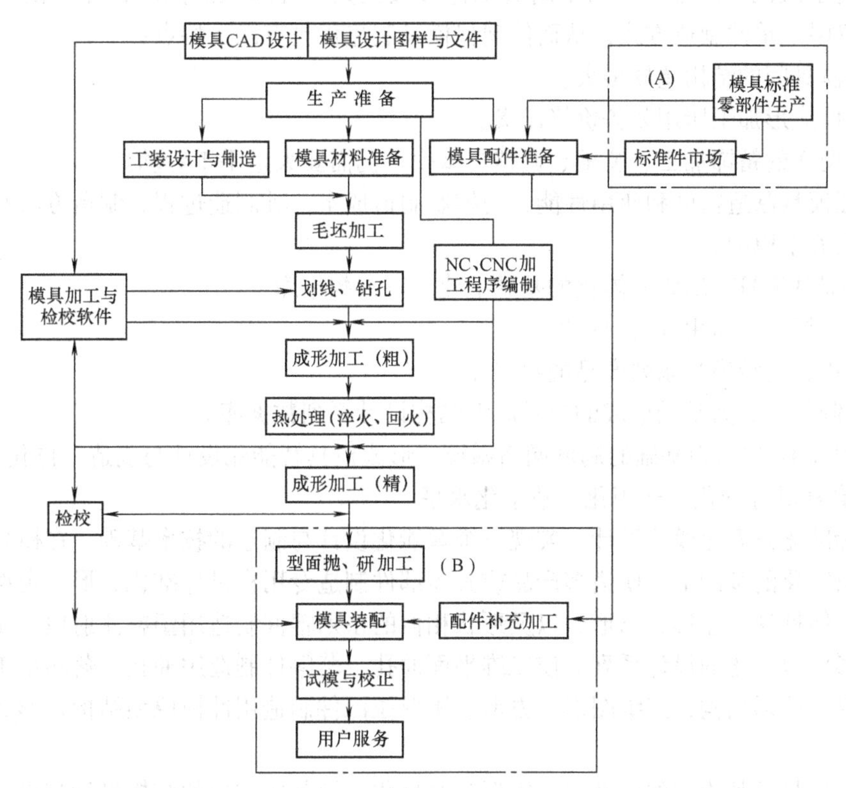

图 1-1　模具制造过程框图

1.1.2　模具制造的发展简史

模具是古老的成形工具。利用“型”、“模”为工具制造器件的历史，可追溯到陶器、铜器时代。“模具”则是近 100～150 年间逐步形成的概念。模具制造技术的发展，可分为 4 个阶段。

（1）手工制造阶段　其制造用工具主要有锯、锉、凿和锤，只能依据工人的经验、技艺制造简单的冲模，故也称为无设计图的阶段。

（2）机械化与半机械化制造阶段　前期所用装备主要为车床、刨床，后期有铣床与磨床，逐步形成了工业化生产的初始阶段。

（3）工业化生产阶段　20世纪30年代初，不仅在产品厂建立了模具工段、车间，还出现了为汽车制造模具的冲模厂。此阶段有四个标志性的进步：其一为高速工具钢、Cr12钢、硬质合金等材料的应用；其二为标准件的应用。1935年美国成功制定第一部模具标准；其三，模具设计、按图制造成为模具制造的关键；其四，电火花加工机床和成形磨削机床的广泛应用。

（4）数字化制造阶段　1975年以来，随着计算机、数字化机床的广泛应用，在模具标准化的基础上，已形成模具设计与制造一体化的现代化生产方式。普及了模具CAD/CAE/CAM系统。从而，为智能化模具制造体系的发展奠定了坚实的基础。

1.1.3　模具制造的合理化

尽管模具制造过程已趋于智能化，已广泛采用CAD/CAM一体化制造方式进行设计与制造，但仍属于人机互换型：其加工制造工艺参数仍具有经验性。同时，鉴于模具的结构特性，使之仅限于单件制造方式，从而使现代模具制造仍具有以下特点：

1）各模具间的结构差异很大。

2）型件成形加工所用装备价格昂贵。

3）其型面的精饰加工、装配、调整与试模，仍需要大量手工劳动。

为保证模具制造精度和使用性能，为控制制造成本，其制造过程、制造方法和方式，必须遵循下列五个原则。

1. 在CAD/CAE/CAM一体化的基础上建立三大数据库

1）模具标准、通用件的数据库。

2）通用、定型模具系列产品的数据库。

3）以制件分类为基础形成的模具原型结构设计系列数据库。

并运用以IT技术为基础的局域网络系统，形成模具智能化设计与制造一体化系统。⊖

2. 提高模具标准化、通用化、数字化水平

模具标准化是简化模具设计、实现三维智能化设计与制造的技术基础。在模具通用构件标准化、数字化的基础上，使诸多产品或其零部件制造专用模具标准化、形成定型模具。

同时，使桶形、盖形、罩形，以及形状相似的系列塑件制造用塑料注射模、压铸模的原型结构，形成数字化的设计系列。使二维平面冲孔，落料件制造用冲孔，落料单工序、复式或级进冲模的原形结构，三维图形、方形、矩形拉深件制造用冲模原型结构，形成数字化设计系列。

所以，模具及其构件的标准化、定型与原型化，及与之相应的结构设计与成形工艺参数的规范化、标准化，是实现现代制造方式，进行合理化制造最重要的技术基础。

3. 模具材料及其加工工艺的标准化

模具材料及其热处理工艺，不仅关系模具使用性能，也是影响其构件加工工艺条件和成

⊖　参见许发樾著《模具标准化与原型结构设计》。

形工艺参数的关键因素。为此，须建立型件用材料的品种、性能，特别是加工性能的标准、规范，并形成专家系统，以适应模具智能化制造的要求。

其中，模具型件的加工工艺主要指电火花加工、成形磨削、CNC 成形铣削的工艺条件，切削加工的工艺参数、刀具材料、性能及其刃口的结构参数，必须标准化、规范化，并形成专家系统，以满足模具制造的智能化、合理化的要求。

其中，模具型件工作表面精饰加工主要指通过研磨、抛光工艺，皮纹加工工艺以保证型件表面质量和装饰性。为此，手工研磨、抛光作业的工作量很大。与装配中的手工作业量相加，将占模具制造总工时的 30% ~45%。这说明现代模具制造过程中，仍以手工技艺为主导。

1）制订、执行研、抛工艺，包括研、抛材料、工具；装配工艺标准，使研、抛、装配工艺质量、工时可控。

2）提高成形加工工艺水平；保证标准、通用构件的互换性，以减少手工作业量。

4. 实现专业化制造

模具企业在定型模具产品系列，或在某类产品制件用模具原型结构系列的基础上，根据市场需求，以某类模具作为企业产品方向，则称为专业化制造（生产）。

实行专业化生产体制是最大限度节约企业资源、社会资源，提高企业经济、技术效益最合理的生产方式；是易于组织生产、组织制造过程，易于积累技术资源，易于进行质量与管理的生产方式。

5. 模具制造过程的控制与管理

对模具制造工艺过程的质量控制与管理是指在对企业全体员工贯彻质量意识和精度概念的基础上，建立完善的质量控制与保证体制。

体制指以企业职工的认知为本所形成的制度性的组织系统。其内容和任务为：建立企业质量保证与管理机制；建立以工艺技术创新为基础的人才资源开发与管理机制。

所以，有效的企业管理体制的形成是以精神的、物质的、经济的激励机制为动力的。即科学的企业管理体制与激励机制相结合，方能推动企业进步。

1.2　模具制造的技术要求

1.2.1　模具制造过程与精度概念

1. 模具的制造精度与质量

模具是精密成形工具。因此有如下要求：

1）其精度与质量必须满足冲件、塑件、压铸件等制件的尺寸精度要求。一般来说，其精度等级须比制件高 2 级或以上。其尺寸误差≤0. 01mm；模具成形件的表面粗糙度须在 $Ra0.1$ ~ $Ra6.3\mu m$ 的范围内。

2）模具精度主要取决于成形件，取决于模具装配尺寸链的“封闭环”，即凸、凹模之间的配合间隙及其均匀性。为此，则必须保证或提高导向副的配合精度，相联零件间的定位精度，各类成形件的尺寸精度，见表 1-1。影响成形件间配合间隙及其均匀性的因素如图 1-2所示。

2. 用户合同及其内容

模具企业的产品来源于用户合同。其内容主要有 3 个方面：

1）保证模具精度、质量和使用性能。

表 1-1 模具成形件的尺寸精度

模具类别	尺寸精度/mm	模具类别	尺寸精度/mm
冲模	大型 0.010 小型 0.005	塑料注射模	0.010
拉深模	0.005	玻璃模	0.015
精锻模	0.036	粉末冶金模	0.005
压铸模	0.010	陶瓷模	0.050

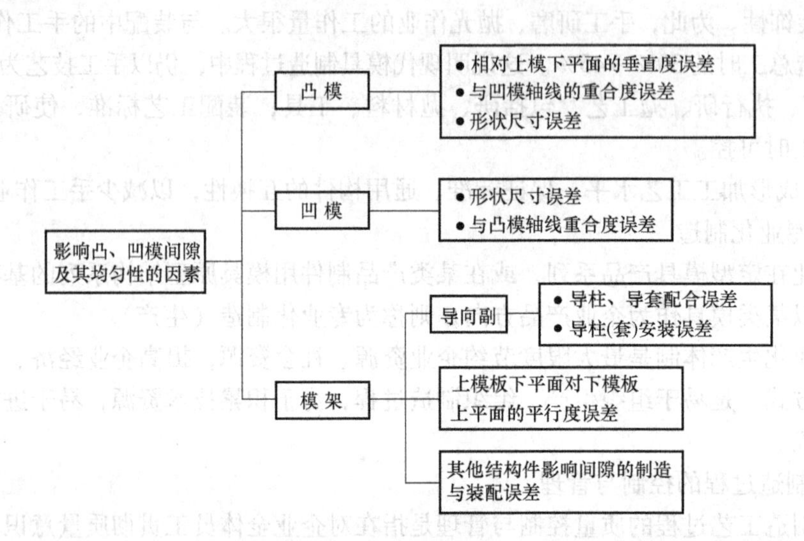

图 1-2 影响成形件间的配合间隙及其均匀性的因素

2）保证制造周期，即供模期限。

3）保证企业经济效益。

显然，合同内容的核心是模具精度与质量保证。

3. 企业的精度概念和质量意识

质量第一应当是所有模具企业的宗旨。

根据 ISO 9000 标准，和其他产品一样，模具的精度、质量亦形成于模具制造的全过程。因此，模具企业必须建立完善的质量保证体系。为此，企业的每个成员均须具有强烈的质量意识和精度概念。

1.2.2 冲模制造精度要求

1. 冲件的尺寸精度

冲件的形状尺寸及其相应的精度等级、冲裁截面的毛刺高度要求，是进行冲模设计、型件制造、标准件的配购、模具装配工艺的制订和试模的主要依据，见表 1-2 ~ 表 1-6。

表 1-2 冲件外形与内孔尺寸公差 （单位：mm）

精度等级	零件尺寸	材料厚度			
		<1	1 ~ 2	>2 ~ 4	>4 ~ 6
经济级	<10	$\frac{0.12}{0.08}$	$\frac{0.18}{0.10}$	$\frac{0.24}{0.12}$	$\frac{0.30}{0.15}$
	10 ~ 50	$\frac{0.16}{0.10}$	$\frac{0.22}{0.12}$	$\frac{0.28}{0.15}$	$\frac{0.35}{0.20}$

（续）

精度等级	零件尺寸	材料厚度			
		<1	1~2	>2~4	>4~6
经济级	>50~150	$\frac{0.22}{0.12}$	$\frac{0.30}{0.16}$	$\frac{0.40}{0.20}$	$\frac{0.50}{0.25}$
	>150~300	0.30	0.50	0.70	1.00
精密级	<10	$\frac{0.03}{0.25}$	$\frac{0.04}{0.03}$	$\frac{0.06}{0.04}$	$\frac{0.10}{0.06}$
	10~50	$\frac{0.04}{0.04}$	$\frac{0.06}{0.05}$	$\frac{0.08}{0.06}$	$\frac{0.12}{0.10}$
	>50~150	$\frac{0.06}{0.05}$	$\frac{0.08}{0.06}$	$\frac{0.10}{0.08}$	$\frac{0.15}{0.12}$
	>150~300	0.10	0.12	0.15	0.20

注：表中分子为外形公差值，分母为内孔公差值。

表 1-3　孔距公差　（单位：mm）

精度等级	孔距尺寸	材料厚度			
		<1	1~2	2~4	4~6
经济级	<50	±0.10	±0.12	±0.16	±0.20
	50~150	±0.15	±0.20	±0.25	±0.30
	>150~300	±0.20	±0.30	±0.35	±0.40
精密级	<50	±0.01	±0.02	±0.03	±0.04
	50~150	±0.02	±0.03	±0.04	±0.05
	>150~300	±0.04	±0.05	±0.06	±0.08

表 1-4　任意冲件允许的毛刺高度　（单位：μm）

冲件材料厚度/mm	材料抗拉强度 σ_b/MPa											
	<250			250~400			>400~630			>630 和硅钢		
	Ⅰ	Ⅱ	Ⅲ	Ⅰ	Ⅱ	Ⅲ	Ⅰ	Ⅱ	Ⅲ	Ⅰ	Ⅱ	Ⅲ
≤0.35	100	70	50	70	50	40	50	40	30	30	20	20
0.4~0.6	150	110	80	100	70	50	70	50	40	40	30	20
0.65~0.95	230	170	120	170	130	90	100	70	50	50	40	30
1~1.5	340	250	170	240	180	120	150	110	70	80	60	40
1.6~2.4	500	370	250	350	260	180	220	160	110	120	90	60
2.5~3.8	720	540	360	500	370	250	400	300	200	180	130	90
4~6	1200	900	600	730	540	360	450	330	220	260	190	130
6.5~10	1900	1420	950	1000	750	500	650	480	320	350	260	170

注：Ⅰ、Ⅱ、Ⅲ为冲模精度等级。

表 1-5　弯曲件、拉深件公差等级

材料厚度/mm	经济级			精密级		
	A	B	C	A	B	C
≤1	IT13	IT15	IT16	IT11	IT13	IT13
1~4	IT14	IT16	IT17	IT12	IT13~14	IT13~14

注：表中 A、B、C 表示基本尺寸的部位与三种不同类别的公差等级。A 部位尺寸公差与模具尺寸公差有关。B 部位尺寸公差与模具公差、拉深件和弯曲件材料厚度极限偏差有关。C 部位尺寸公差与模具公差、材料厚度极限偏差及展开尺寸误差有关。

表 1-6　弯曲件角度公差

弯角短边尺寸/mm	>1~6	>6~10	>10~25	>25~63	>63~160	>160~400
经济级	±(1°30′~3°)	±1°30′	±(50′~2°)	±(50′~2°)	±(25′~1°)	±(15′~30′)
精密级	±1°	±1°	±30′	±30′	±20′	±10′

注：为达到精密级角度公差，需采用校正工序。

2. 冲裁间隙及其均匀性

冲模的凸模与凹模之间的间隙值及其均匀性，也是确定模具制造精度等级的重要依据。同时，冲模导向副中的导套与导柱配合精度，及其对上、下模座板的垂直度，以及上、下模座板平面之间的平行度等位置精度，都与凸、凹模之间的间隙值及其均匀性有关。即冲裁间隙值（Δ）越小，间隙的均匀性要求越高。这说明，上、下模的定向运动精度与间隙（Δ）及其均匀性有关。而上、下模的定向运动精度，还与导向副中的导套与导柱之间的滑动配合的极限偏差（δ）有关，综合以上情况，其间关系式应为

$$\delta = k(\Delta \pm \Delta') \tag{1-1}$$

式中 Δ'——间隙值允许变动量；

Δ——单边冲裁间隙值。常用经验公式为：$\Delta = 0.6t \sim 0.15t$（t 为板厚）；

k——为导柱外径与导柱、导套配合长度的比值。

例 设板厚（t）为 0.35mm，间隙值（Δ）的允许变动量为其 30%；导柱外径为 25mm；导柱与导套的配合长度（L）为 60mm，求出导向副中导套与导柱之间允许配合精度。

根据式（1-1）：

$$\Delta = 0.35\text{mm} \times 0.06 = 0.021\text{mm}$$

则允许的间隙均匀性：

$$\Delta' = 0.3 \times 0.021\text{mm} = 0.006\text{mm}$$

其中：

$$k = 25/60 = 0.416$$

则

$$\delta = 0.416(0.021\text{mm} \pm 0.006\text{mm}) = +0.011\text{mm}(-0.006\text{mm})$$

可见，其公差值为 0.017mm，基本符合标准规定的滑动导向副的配合公差。

3. 冲模零部件精度及其标准

包括凸、凹模，模架，导向副及其构件的尺寸公差配合与形状位置公差的标准与规范。

（1）凸、凹模精度 根据 GB/T 14662—2006《冲模技术条件》，凸模装配的垂直度公差须在凸、凹模间隙值的允许范围内。推荐的垂直度公差等级见表 1-7。

表 1-7 凸模垂直度公差等级

间隙值/mm	垂直度公差等级	
	单凸模	多凸模
薄料、无间隙（≤0.02）	5	6
>0.02 ~ 0.06	6	7
>0.06	7	8

（2）模架的精度 根据 JB/T 8050—2008《冲模模架技术条件》和 JB/T 8071—1995《冲模模架精度检查》标准的规定：

1）模架（铸铁、钢模架）的精度为：滑动导向模架为Ⅰ、Ⅱ级；滚动导向模架为 0Ⅰ、0Ⅱ级。

2）上、下模座导柱与导套安装孔的轴线对基准面的垂直公差规定为：0Ⅰ级、Ⅰ级模座：0.005mm/100mm；0Ⅱ级、Ⅱ级模座：0.010mm/100mm。

（3）模架的位置精度与导向副的配合精度见表 1-8 ~ 表 1-13。

表1-8　模架上、下平面的平行度公差

（单位：mm）

基本尺寸	模架精度等级	
	0Ⅰ级　Ⅰ级	0Ⅱ级　Ⅱ级
>40~63	0.008	0.012
>63~100	0.010	0.015
>100~160	0.012	0.020
>160~250	0.015	0.025
>250~400	0.020	0.030
>400~630	0.025	0.040
>630~1000	0.030	0.050
>1000~1600	0.040	0.060

表1-9　模架形位公差等级

检测项目	被测尺寸/mm	模架精度等级	
		0Ⅰ级　Ⅰ级	0Ⅱ级　Ⅱ级
		公　差　等　级	
上模座上平面对下模座下平面的平行度	≤400	5	6
	>400	6	7
导柱轴线对下模座下平面的垂直度	≤400	4	5
	>400	5	6

表1-10　钢板模架上、下模座两基面的垂直度公差　（单位：mm）

基本尺寸	垂直度公差
>63~100	0.030
>100~160	0.040
>160~250	0.050
>250~400	0.060
>400~630	0.080
>630~1000	0.100

表1-11　模架模座上、下两平面的平行度公差　（单位：mm）

基本尺寸	模架精度等级	
	0Ⅰ级　Ⅰ级	0Ⅱ级　Ⅱ级
	平行度公差	
>63~100	0.005	0.010
>100~160	0.006	0.012
>160~250	0.008	0.016
>250~400	0.010	0.020
>400~630	0.012	0.025
>630~1000	0.015	0.030
>1000~1600	0.020	0.040

表1-12　导柱轴线对下模座下平面的垂直度公差　（单位：mm）

被测尺寸	模架精度等级	
	0Ⅰ级　Ⅰ级	0Ⅱ级　Ⅱ级
	垂直度公差	
>40~63	0.008	0.012
>63~100	0.010	0.015
>100~160	0.012	0.020
>160~250	0.025	0.040

表1-13　导柱、导套配合间隙值

（单位：mm）

导柱直径	滑动导向副	
	Ⅰ级	Ⅱ级
	配合间隙值	
≤18	≤0.010	≤0.015
>18~30	≤0.011	≤0.017
>30~50	≤0.014	≤0.021
>50~80	≤0.016	≤0.025

4. 冲件批量与模具精度等级

冲件生产批量，亦是确定模具精度等级的重要依据。为适应冲件批量生产所要求的性能与寿命，其精度应比一般模具高一个等级，详见表1-14。

表1-14　精密冲模的寿命与精度　（单位：mm）

模　具	级进冲模				精密冲模		
	寿命/万次	材料	拼合件精度	步距精度	寿命/万次	材料	凸、凹模精度
电机定转子硅钢片冲模	10000	硬质合金	0.002~0.0005	0.002~0.005	60~300	Cr12Mo1V1（D2）	0.008~0.012
E形片冲模	20000		0.010~0.005	0.005			

1.2.3　塑料注射模制造精度要求

1. 塑件及其尺寸精度

塑件材料性能（如收缩率等）及其形状尺寸精度，是设计塑料注射模型芯、型腔型面结构尺寸与公差的主要依据。常用塑件尺寸公差见表1-15。

表 1-15 常用塑件尺寸公差 （单位：mm）

基本尺寸 \ 适用范围 / 等级	热固性和热塑性塑料中收缩范围小的塑件			热塑性塑料中收缩范围大的塑件		
	精密级	中级	自由尺寸级	精密级	中级	自由尺寸级
<6	0.06	0.10	0.20	0.08	0.14	0.24
6~10	0.08	0.16	0.30	0.12	0.20	0.34
10~18	0.10	0.20	0.40	0.16	0.26	0.44
18~30	0.16	0.30	0.50	0.24	0.38	0.60
30~50	0.24	0.40	0.70	0.36	0.56	0.80
50~80	0.36	0.60	0.90	0.52	0.70	1.20
80~120	0.50	0.80	1.20	0.70	1.00	1.60
120~180	0.64	1.00	1.60	0.90	1.30	2.00
180~260	0.84	1.30	2.10	1.20	1.80	2.60
260~360	1.20	1.80	2.70	1.60	2.4	3.60
360~500	1.60	2.40	3.40	2.20	3.20	4.80
>500	2.40	2.60	4.80	3.40	4.50	5.40

塑料注射模型芯和型腔的设计与制造公差一般为塑件尺寸公差（见表1-15）的1/4，即

$$\Delta' = \frac{1}{4}\Delta$$

注：根据经验，$\Delta' = \left(\frac{1}{3} \sim \frac{1}{5}\right)\Delta$。

2. 塑料注射模的精度

（1）精度等级 根据 GB/T 12556—2006 精度分为Ⅰ级（合格），Ⅱ、Ⅲ级（优等品）。其指标见表1-16。

表 1-16 塑料注射模分级指标

检 查 项 目	主尺寸/mm		精度等级 Ⅰ	Ⅱ	Ⅲ
			公差等级		
定模座板上平面对动模座下平面的平行度	周界尺寸	≤400	5	6	7
		>400~900	6	7	8
模板导柱孔的垂直度	模板厚度	≤200	4	5	6

（2）模架分型闭合面贴合间隙值

Ⅰ级：0.020mm

Ⅱ级：0.030mm

Ⅲ级：0.040mm

（3）模架主要模板组装后基准面移位的偏差值

Ⅰ级：0.020mm

Ⅱ级：0.040mm

Ⅲ级：0.060mm

（4）成形部位的尺寸公差与脱模斜度见表1-17~表1-19。

表 1-17 成形部位转接圆弧未注公差尺寸极限偏差 （单位：mm）

基 本 尺 寸		≤6	>6~18	>18~30	>30~120	>120
凸圆弧	极限偏差	0.00 −0.15	0.00 −0.20	0.00 −0.30	0.00 −0.45	0.00 −0.60
凹圆弧		+0.15 0.00	+0.20 0.00	+0.30 0.00	+0.45 0.00	+0.60 0.00

表 1-18　成形部位未注角度和锥度公差

锥度母线或角度短边长/mm	≤6	>6～18	>18～50	>50～120	>120
极限偏差	±1°	±30′	±20′	±10′	±5′

表 1-19　成形部位单边脱模斜度

脱模高度/mm	≥6	>6～10	>10～18	>18～30	>30～50	>50～80	>80～120	>120～180	>180～250
自润性塑料(如聚缩醛聚酰胺)	1°45′	1°30′	1°15′	1°	45′	30′	20′	15′	10′
软质塑料(如聚乙烯、聚丙烯)	2°	1°45′	1°30′	1°15′	1°	45′	30′	20′	15′
硬质塑料(如聚苯乙烯、聚甲基丙烯酸甲脂、丙烯腈—丁二烯—苯乙烯共聚物、聚碳酸酯、注射型酚醛塑料)	2°30′	2°15′	2°	1°45′	1°30′	1°15′	1°	45′	30′

注：1. 文字、符号的单边脱模斜度取 10°～15°。
2. 成形部位有装饰纹时，单边脱模斜度可大于表列数值。
3. 塑件上的凸起或加强肋的脱模斜度，应大于 2°。
4. 表列塑料，若填充玻璃纤维等增强材料时，其脱模斜度需增大 1°。
5. 塑件上有数个圆孔或格状栅孔时，单边脱模斜度应大于表列数值。

1.2.4　压铸模制造精度要求

1. 压铸件与压铸模的精度

压铸模用于高温条件下、使有色、黑色液态金属在模具型腔内冷却，凝固成合格的压铸件。因此，压铸件的结构要素包括形状、尺寸公差，压铸件的批量，这是确定、控制模具精度等级，及其构件尺寸公差的主要依据。

经过长期实践积累建立以下经验公式：

$$\Delta = (1/4 \sim 1/5)\Delta'$$

式中　Δ——型芯、型腔的形状尺寸公差值（mm）；

Δ'——压铸件的形状尺寸公差值（mm）。

根据此经验公式、在实验的基础上，建立了压铸模成形件的形状尺寸、角度与锥度和脱模斜度等结构尺寸公差的规范，见表 1-20～表 1-25。

表 1-20　按压铸件公差所推荐的模具制造公差　（单位：mm）

公称尺寸	Δ	$\Delta' = \frac{1}{5}\Delta$	Δ	$\Delta' = \frac{1}{5}\Delta$	Δ	$\Delta' = \frac{1}{4}\Delta$
1～3	0.060	0.012	0.120	0.024	0.250	0.068
3～6	0.080	0.016	0.160	0.032	0.300	0.075
6～10	0.100	0.020	0.200	0.040	0.360	0.090
10～18	0.120	0.024	0.240	0.048	0.430	0.108
18～30	0.140	0.028	0.280	0.056	0.520	0.130
30～50	0.170	0.034	0.340	0.068	0.620	0.155
50～80	0.200	0.040	0.400	0.080	0.740	0.185
80～120	0.230	0.046	0.460	0.092	0.870	0.218
120～180	—	—	0.530	0.106	1.000	0.250
180～260	—	—	0.600	0.120	1.150	0.288
260～360	—	—	—	—	1.350	0.338
360～500	—	—	—	—	1.550	0.388

注：表内公差适用于型腔、型芯尺寸。
Δ'——模具制造公差。
Δ——铸件公差。

表 1-21 成形部位未注公差尺寸的极限偏差 （单位：mm）

基本尺寸	≤10	>10～50	>50～180	>180～400	>400
极限偏差	±0.03	±0.05	±0.10	±0.15	±0.20

表 1-22 成形部位转接圆弧未注公差尺寸的极限偏差 （单位：mm）

基本尺寸		≤6	>6～18	>18～30	>30～120	>120
极限偏差	凸圆弧	0.00 -0.15	0.00 -0.20	0.00 -0.30	0.00 -0.45	0.00 -0.60
	凹圆弧	+0.15 0.00	+0.20 0.00	+0.30 0.00	+0.45 0.00	+0.60 0.00

表 1-23 成形部位未注角度和锥度公差

锥体母线或角度短边长度/mm	≤6	>6～18	>18～50	>50～120	>120
极限偏差	±30′	±20′	±15′	±10′	±5′

注：锥度公差按锥体母线长度决定；角度公差按角度短边长度决定。

表 1-24 脱模斜度

脱模高度/mm 铸件材料	≤3	>3 ～6	>6 ～10	>10 ～18	>18 ～30	>30 ～50	>50 ～80	>80 ～120	>120 ～180	>180 ～250
锌合金	3°	2°30′	2°	1°30′	1°15′	1°	0°45′	0°30′	0°30′	0°15′
镁合金	4°	3°30′	3°	2°15′	1°30′	1°15′	1°	0°45′	0°30′	0°30′
铝合金	5°30′	4°30′	3°30′	2°30′	1°45′	1°30′	1°15′	1°	0°15′	0°30′
铜合金	6°30′	5°30′	4°	3°	2°	1°45′	1°30′	1°15′	1°	—

注：文字符号的脱模斜度，一般取 10°～15°，当图样中未注起模斜度方向时，按减小铸件壁厚方向制造。

表 1-25 圆形芯脱模斜度

脱模高度/mm 铸件材料	≤3	>3 ～6	>6 ～10	>10 ～18	>18 ～30	>30 ～50	>50 ～80	>80 ～120	>120 ～180	>180 ～250
锌合金	2°30′	2°	1°30′	1°15′	1°	0°45′	0°30′	0°30′	0°20′	0°15′
镁合金	3°30′	3°	2°	1°45′	1°30′	1°	0°45′	0°45′	0°30′	0°30′
铝合金	4°	3°30′	2°30′	2°	1°45′	1°15′	1°	0°45′	0°30′	0°30′
铜合金	5°	4°	3°	2°30′	2°	1°30′	0°15′	1°	—	—

2. 压铸模的装配精度

在分型面上，定、动模镶块的平面须分别与定、动模板齐平。允许高出量 $\delta \leqslant 0.05$mm；合模后的分型面须紧密贴合、允许的间隙值≤0.05mm（排气槽除外）。详见表 1-26 和表 1-27。

表 1-26 模具分型面对定、动模座板安装平面的平行度 （单位：mm）

被测面最大直线长度	≤160	>160～250	>250～400	>400～630	>630～1000	>1000～1600
公差值	0.06	0.08	0.10	0.12	0.16	0.20

表 1-27 导柱、导套对定、动模座板安装平面的垂直度 （单位：mm）

导柱、导套有效长度	≤40	>40～63	>63～100	>100～160	>160～250
公差值	0.015	0.020	0.025	0.030	0.040

1.2.5　其他模具制造精度要求

（1）玻璃模精度　见JB/T 5785—2013《玻璃模技术条件》。

（2）橡胶模精度　见JB/T 5831—1991《橡胶模技术条件》。

（3）锻模精度　见GB/T 11880—2008《模锻锤和大型机械压力机用模块技术条件》；《螺旋压力机锻模镶块结构尺寸及技术条件》；《平锻机锻模模块尺寸及技术条件》。其孔的公差等级为H13；轴为h13，其他为$\pm\frac{\mathrm{IT14}}{2}$。

（4）冷镦模精度　见JB/T 4213—2004《紧固件冷镦模技术条件》。

（5）冷挤压模精度　见JB/T 46002《冷挤模具工作部分》和JB/T 5112—1991《冷挤压预应力组合凹模设计计算图》。

（6）拉丝模精度　见JB/T 3943.2—1999《金刚石拉丝模》；JB/T 5823—1991《聚晶金刚石拉丝模具技术条件》；JB/T 3943.1—1999《硬质合金拉制模具技术条件》。

1.2.6　模具成形件的表面质量

模具凸、凹模型面质量将直接影响模具工作性能、使用寿命和可靠性。型面质量是指加工完成后的型面表面层状态，包括表面粗糙度、表面层金相组织、力学性能和残余应力等应达到设计要求。

1. 表面粗糙度

模具零件表面粗糙等级与模具类别和零件使用性能要求有关，如塑料注射模凸、凹模型的表面粗糙度要求达*Ra*0.32～*Ra*0.16μm；玻璃模的型面表面粗糙度要求为*Ra*1.5μm，配合面为*Ra*3.2μm，非配合面则为*Ra*6.3μm；橡胶模零件的配合面粗糙度的最大允许值为*Ra*1.6μm，其上下表面为*Ra*3.2μm，非配合面表面粗糙度最大允许值仅为*Ra*12.5μm。一般来说，塑料注射模、玻璃模、压铸模和冲模的凸、凹模型面表面粗糙度要求较高，见表1-28。表面粗糙度在模具零件加工表面上的使用范围见表1-29。

表1-28　模具零件精加工表面粗糙度

模具类别	零件表面粗糙度 *Ra*/μm
冲裁模	<0.8
拉深模	<0.4
锻模	<0.8～1.6
压铸模	<0.4
塑料注射模	<0.4
玻璃模	<0.4
橡胶模	<2
粉末冶金模	<0.4
陶瓷模	<3

表1-29　模具零件表面粗糙度使用范围

表面粗糙度 *Ra*/μm	使用范围
0.1	抛光的旋转体表面
0.2	抛光的成形面和平面
0.4	1. 弯曲，拉深，成形凸、凹模工作表面 2. 圆柱表面和平面刃口 3. 滑动精确导向件表面
0.8	1. 成形凸、凹模刃口 2. 凸、凹模镶块刃口 3. 静、过渡配合表面——用于热处理零件 4. 支承、定位和紧固表面——用于热处理零件 5. 磨削表面的基准平面 6. 要求准确的工艺基准面
1.6	1. 内孔表面——非热处零件上配合用 2. 底板平面
6.3	不与制件及模具零件接触的表面
12.5	粗糙的不重要的表面
（符号：不去除材料）	用不去除材料的方法获得的表面

2. 影响成形件型面质量的因素与控制

为满足用户和模具设计要求，改善、提高与控制成形件工作表面的质量十分重要。

影响成形件工作表面质量的因素很多，如材料与热处理工艺、机械加工工艺、电加工工艺、精饰加工与表面强化工艺、装备的精度与刚度等。在编制加工工艺规程时，都须进行分析、设计，以改善和提高型面质量，且需尽量减少手工作业量。见表1-30。

表1-30　表面质量的作用与影响因素及控制

影响因素		作用与分析	质量控制
对模具使用性能的影响	对模具零件配合精度的影响	1. 冲模凸、凹模工作表面粗糙度 *Ra* 值大，将造成凹模孔初期磨损增大，则凸、凹模间隙亦将随之增大 2. 导向副配合面的 *Ra* 值增大，将会破坏油膜，产生干摩擦；*Ra* 值过小，则易产生“咬合”，加速表面的破坏与磨损 3. 影响型面的疲劳强度，如凸模在工作时受压应力与拉应力交变载荷，*Ra* 值大将产生局部应力集中，其凹处易形成裂纹，造成疲劳损坏 4. 影响耐蚀性，*Ra* 值过大，其波谷处易积聚腐蚀性介质，产生化学腐蚀；其波峰处易产生电化学腐蚀	零件在粗加工后，毛坯须经时效处理，并提高 *Ra* 值
	冷作硬化层的影响	由于加工切削余量过大，则易产生冷作硬化层，从而使表面产生微细裂纹或剥落	制订合理的加工工艺，确定合理的工艺参数，如加工余量
	表面残余应力的影响	在中等磨削时，淬火钢表面将产生过回火状态，使马氏体转变为索氏体，因此，表层基体比容缩小，将受下层基体阻碍，使表面产生残余拉应力，里层产生压应力 在重磨削条件下，表层可能产生二次淬火的马氏体组织，则表面易产生残余压应力，里层产生拉应力。当残余应力达到极限时，易产生磨削裂纹，影响模具使用性能	正确制订磨削工艺及其工艺参数
	电加工后表面变质层的影响	采用电加工工艺时，其表面粗糙度将随电参数而异。如脉冲能量大时，表面局部将产生高温，产生电热冲击，形成“小坑”，表面局部留下硬化层。加工时，形成的密集“小坑”，则使加工面形成表面变质层，从而影响表面的耐磨性	1. 正确制订电加工工艺规范 2. 正确选用工艺方法，可选机加工时，则不采用电加工工艺
	磨削烧伤	在高速磨削时，磨粒以其较大负前角切削薄层金属，将有强烈摩擦和塑变，从而使表面强度和硬度下降，严重时则可产生裂纹、影响模具使用性能	正确制订磨削工艺规范和选择砂轮
影响表面粗糙度的加工工艺参数	电火花加工工艺的影响	影响电加工表面粗糙度 *Ra* 值大小的主要参数为电脉冲能量，冲蚀成“小坑”的深度和直径 影响电火花线切割加工表面粗糙度 *Ra* 值大小的另一因素是电极丝移动的平稳性及其张力大小、损耗和进给速度等	1. 合理制订工艺规范，主要是单个脉冲能量和频率 2. 合理确定电极丝移动速度和控制其运动平稳性
	机械切削加工工艺的影响	1. 振动，使刀具相对于工件的距离，产生周期性变化，从而使加工表面 *Ra* 值增大 2. 刀具几何参数的影响，加工后的表面粗糙度与刀具的刀尖圆弧半径，副偏角等几何参数关系很大 3. 积屑瘤将引起表面沟槽	1. 正确选定切削参数，使干扰力偏离工艺系统的自振频率，减小振幅。设置防振地基 2. 提高工艺系统刚性、正确采用刀具和正确制订加工工艺规程
提高表面粗糙度的工艺技术	研磨工艺	切削加工、电火花加工表面，一般留下30～50μm刀痕，或放电加工变质层，可采用研磨工艺去除	
	珩磨	目的是对加工表面起挤压和抛光作用，以提高表面粗糙度，使 *Ra* 值降低。此工艺适用孔加工	

1.3　模具制造周期与成本控制

1.3.1　模具制造的周期控制

模具交货期是在用户合同中明确规定的主要内容之一，亦是反映模具企业能力、水平和诚信的主要指标。

交模期取决于模具制造周期，即取决于模具设计时间和生产准备、零部件加工与组装、总装与试模时间的总和。为此，在保证模具制造精度、质量和使用性能的基础上，控制、保证每副模具的制造周期，是模具企业经营管理业务中最重要的任务。它取决于以下几个方面的因素。

1. 企业资源的先进性、配套性与创造性

企业拥有先进、配套的制造装备、检测器具，高素质的管理团队和业务技能高的专业人才是保证模具制造周期，保证模具制造精度、质量和使用性能的条件，更是体现企业能力的基础。

2. 模具制造的计划性

模具是单件生产的工具型产品。为保证、控制模具制造周期，必须强调模具制造的计划性。在企业规划的指导下，充分发挥企业资源的优势，制订严密的模具制造的大计划、月计划和作业计划。

（1）大计划　指根据企业产品方向、材料、标准件等资源配套状态，用户需求及用户合同，制订成的以季度、半年或年限为期的模具制造计划。

（2）月计划　又称小计划，主要依据是用户合同，型件坯料和标准零部件的配套状态。

（3）作业计划　指根据月计划的要求和每副模具制造工艺规程制订的计划。须强调制造工艺规程中所规定的模具制造的质量因素和质量环的控制与管理。

3. 模具制造周期控制和管理的现代化

将每副模具的制造工艺过程，工艺规程中设定的质量因素，质量环，以及模具制造过程的时限，采用计算机及其相应的软件所构成的企业内部的数字信息系统，使之程序化，以控制与管理模具制造的全过程。

1.3.2　模具制造的成本控制

在用户合同中明确规定了模具价格。模具价格由以下五种费用构成：

1）模具设计与制造费用。

2）模具材料与标准件购置费用。

3）管理费用。

4）税金（含增值税和所得税）。

5）技术附加费用。

其中，模具设计与制造（加工、装配、试模）费用与所用工时成正比。企业利润、工资福利和税金取决于模具设计与制造所创造的价值，如图 1-3 所示。所以，提高制造效率、缩短制造周期，是控制成本、提高企业经济效益的有效途径。

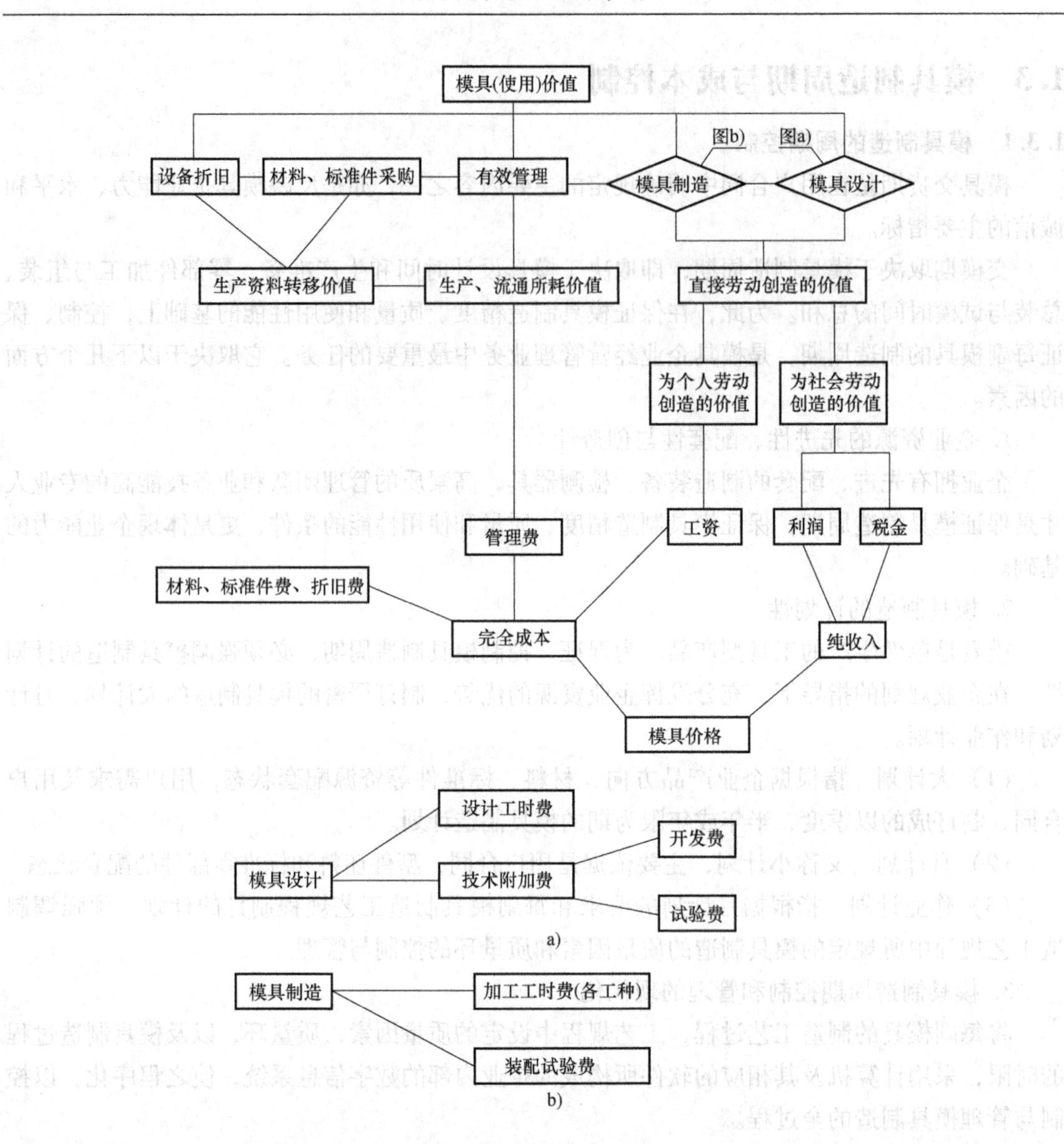

图 1-3　模具价格形成框图

a) 模具设计　b) 模具制造

第2章　模具制造工艺与工艺过程

2.1　模具制造工艺

2.1.1　模具制造工艺简介

工艺原指工匠的技艺。模具标准件的批量生产和广泛应用简化了模具制造工艺的内容，因此，现代模具制造工艺的关键技术是成形件的制造工艺和模具装配工艺。

2.1.2　模具构件及其制造工艺

模具主体主要由板类零件构成支撑件，圆柱类、套类零件构成的导向件，凸模和凹模构成的成形件组合而成。

为满足冲模送料、定位、压料、冲件脱模安全和侧冲功能的要求，在模具主体上设有相应的辅助构件。同理，塑料模、压铸模等成形模则须具有由主流道、模流道和进料等元件构成的注射或压射送料系统；须具有分型、抽芯、制件脱模、合模时的各种机构的复位、先复位，以及锁模等辅助机构。其中，模架、导向副、成形模用主流道元件、侧冲斜楔机构等已标准化。其他构成模具主体和构成各辅助机构的构件，均为常见的机械零件。在提高标准化、规范化的基础上，采用车、铣、磨削等通用加工工艺进行专门或批量制造。

2.1.3　成形件的制造工艺

成形件指凸模、凹模、冲模中与凸模相配合的卸料板，塑料模、压铸模等成形模中与凹模相配合的型芯、异形拼块等。

成形件的工作面是由二维、三维凹形或凸形具有很高形状、尺寸精度和表面质量的型面。因此，成形件的制造工艺要求和难度很高。其制造工艺主要包括以下内容。

1. 成形加工工艺

包括孔和沟槽的加工工艺。型面的加工方法有：

（1）数控成形铣削工艺　为塑料注射模、压铸模等成形模成形件的主要制造工艺。由于高速铣削工艺与4、5轴联动铣削工艺的应用极大地提高了成形铣削工艺的集成度，使型件上的孔、沟槽的加工，可在一次安装上完成。这不仅提高了工艺效率，亦提高了工艺精度。

（2）电火花成形加工工艺　用于一般精度成形模型腔加工的工艺方法。若用于成形铣削后续加工可降低加工面的粗糙度 Ra，减少手工研抛的作业量。

（3）挤压成形工艺　用于形状简单、型腔较浅的塑料模。

（4）精密铸造工艺　又称实型铸造工艺，主要用于中、大型铸造，如汽车拉深模凹模的工艺方法。

（5）数控精密坐标孔系加工工艺。

（6）数控精密电火花线切割工艺　可用于一般精度冲模成形件的最终加工的工艺方法，亦常用于加工冲模成形件的坯件。其后续加工为成形磨削工艺。

（7）成形磨削工艺　用于冲模凸、凹模或凹模拼块成形加工精度加工工艺。

2. 成形件加工工艺的优化组合

根据企业模具产品的类型、品种、精度与质量等级，企业所拥有的模具制造装备的性能、配套性和拥有量以及企业专业人才的素质，在制订成形件制造工规程时，须按照下列原则进行工艺组合。

1）提高制造工艺的集成度，以保证生产效率，工艺精度和质量。

2）减少成形件研磨、抛光的手工作业量。

3）在实践积累和实验的基础上，提高制造工艺参数的规范化、标准化水平。

现将模具型件常用的制造工艺组合列于表2-1中，以供参照。

表2-1 模具成形件常用加工工艺组合

<table>
<tr><th>模具类别</th><th>加工工序</th><th>加工工艺配置1</th><th>加工工艺配置2</th><th>加工工艺配置3</th><th>加工工艺配置4</th><th>加工工艺配置5</th></tr>
<tr><td rowspan="3">成形模凸、凹模加工工艺组合</td><td>粗加工</td><td rowspan="2">普通立铣成形铣（配样板）</td><td rowspan="2">CNC加工中心成形加工</td><td>CNC加工中心成形加工</td><td>电火花成形加工</td><td>成形铣削加工</td></tr>
<tr><td>精加工</td><td>CNC高速成形铣削</td><td>精密电火花成形加工</td><td>精密电火花成形加工</td></tr>
<tr><td>研磨抛光</td><td>手工机械研、抛</td><td>手工机械研、抛</td><td>补充研抛</td><td>手工机械研、抛</td><td>精密电火花成形光整加工（代研抛）</td></tr>
<tr><td rowspan="3">精密冲模凸、凹模加工工艺组合</td><td>粗加工</td><td>普通机床加工</td><td>电火花线切割加工</td><td>电火花线切割加工</td><td></td><td></td></tr>
<tr><td>精加工</td><td>精密光学曲线磨削</td><td>精密成形磨削加工</td><td>电火花线切割精密加工</td><td>精密电火花线切割加工</td><td></td></tr>
<tr><td>研磨</td><td></td><td>超精研磨（一般精度不研）</td><td>超精研磨（一般精度不研）</td><td></td><td></td></tr>
</table>

注：1. 超精研磨指采用手工机械研磨，研磨时需配有大型投影仪等精密测量仪器，以保证精密冲模凸模与凹模拼块的互换性精度。一般精密凸、凹模不需研磨或超精研磨。

2. 工艺配置4中所示凸、凹模，只采用精密电火花线切割加工即可满足要求。

2.2 模具制造工艺过程

2.2.1 模具制造过程中的6个阶段

模具制造过程又称模具生产过程，指将用户合同提供的模具产品计划和制件技术信息，通过结构与工艺分析、设计成模具，并将原材料通过加工、零件组合、装配成具有使用功能的成形工具——模具的全过程（见图1-1）。

通常将模具制造过程分为以下6个制造阶段。

（1）产品信息分析、处理和模具结构方案的策划　即分析制件的形状结构、尺寸精度和表面质量要求，并据此设定模具主体结构型式，设定型件结构，并计算确定型件型面的数字化描述。

（2）模具的技术设计　设计绘制注明参数的结构图，以及与之相适应的辅助机构的总成（装配）图。确定模具构件号和名称，制订构成模具的零、部件明细表并详列标准件的明细。

（3）模具制造准备　根据型件型面的数字化描述和型件结构，制订CNC加工程序编码；进行型件坯料、标准件配购；并制订制造工艺规程。

（4）型件的成形加工和其他非标准件的制造

（5）装配与试模　根据设计要求和装配尺寸链，进行构件精度检测，成形件研抛，并进行组装、总装与试模。

（6）试用与验收　一般由用户进行。

2.2.2　制造工艺过程的组成

模具零件的制造工艺过程常由若干工序组成。而工序可划分为若干个安装、工位和工步。具体如下：

（1）工序　指一个或一组工人在一个工作地对同一个或同时对几个工件，连续完成的那一部分工艺过程。所以工序是工艺过程的基本单位。

（2）安装　工件（或装配单元）经一次装夹后所完成的那一部分工序。一个工序中可以只有一次安装，也可有多次安装。

（3）工位　为了完成一定的工序部分，一次装夹工件后，工件（或装配单元）与夹具或设备的可动部分一起相对刀具或设备的固定部分所占据的每一个位置称为工位。

（4）工步　在加工表面和加工工具不变的情况下，连续完成的那一部分工序称为工步。加工表面与加工工具只要改变一个，就应算作不同工步。如对同一个孔进行钻孔、扩孔、铰孔，应作为三个工步。在工艺卡片中，按工序写出各加工工步，就规定了一个工序的具体操作方法及次序。

（5）进给　切削工具在加工表面上切削，每切去一层材料称为一次进给，一个工步可以进行一次进给，也可以进行多次进给。若外圆的余量较多，在粗车工步中可以进行多次进给。

2.2.3　模具制造的工艺集成度

在一次装夹（安装）条件下，完成多个加工工序，或完成工序中的多个加工内容的个数称工艺集成度。

某一个工序中，其加工内容很少，称简单工序。一次安装、一个工位、一个工步及很少的进给，则为最简单的工序。

一个工序中，若加工内容很多，有较多的工步与进给，甚至还需进行多次安装，则该工序为复杂工序。零件采用复杂工序加工，尽管可减少所需机床，便于管理，但却需要具有高技能的操作人员；需经多次定位，以满足加工工艺要求，故效率低。

为改善单工序，复杂工序构成的传统模具制造工艺方式，现代广泛采用 NC、CNC 机床加工模具成形，通过提高工艺集成度来提高制造工艺精度和加工效力。

2.3　模具制造装备与合理配置

2.3.1　模具制造装备及其类型

模具制造装备是指构件加工用机床、夹具、刀具，检测和测试仪器，装配用装配机和相应试模设备，以及研抛工具等。所用制造装备的类型，按制造方式可分为传统制造方式用装备和现代制造方式用装备两大类：

（1）传统制造方式用装备　包括普通铣床、磨床、车床及与之相配合的夹具、刀具，或冲模用成形磨削类工具及与之相配合的普通工具磨床或专用成形磨床及与之相配合的夹具，电火花成形机床，线切制机床及与之相配合的夹具。

（2）数字化制造方式用装备　主要有数控（NC）镗铣床、成形磨床、计算机数控（CNC）加工中心等。

按模具产品类型和品种可分为具有二维型面的冲模和具有二维、三维型面的成形模制造加工用装备两类：

（1）具有二维型面的冲模制造装备　主要指冲裁模制造用装备，包括工具磨床与成形磨削夹具构成的精密成形磨削系统，数控精密成形磨削机床和精密电火花线切割加工系统。

（2）具有二维、三维型面的成形模制造装备　指拉深模等冲模，塑料注射模，压铸模型件制造用装备。包括精密铣镗床、NC 精密铣镗床、CNC 精密铣镗床、CNC 3、4 轴联动铣镗床。此外，电火花成形机床也是现代制造成形模的重要制造装备，主要用以进行型面的精饰加工，以减少手工研抛作业量。

2.3.2　模具制造装备的合理配置

正确、合理地配置模具制造装备，即正确配置加工用机床的性能、规格和数量，正确配置检测和测试器具、工装并高效使用，是企业制造与生产能力的基本条件。

正确、合理配置制造装备的依据和原则有以下三点。

（1）企业模具产品的类型与品种　建立合理的制造工艺组合（见表 2-1），以配置相应的制造工艺装备类型与规格。

（2）模具制造工艺和工艺性质的要求　以配置具有与之相应性能的制造装备。

按工艺性质主要指粗加工、精加工和精饰加工工序的要求。

1）粗加工为精加工的预备工序。将加工面去除大部分加工余量，使形状与尺寸接近工件要求，仅保留精加工工序的加工余量。将凹模成形粗加工时，其加工精度一般低于 IT11，表面粗糙度 $Ra>6.3\mu m$。若凸模和凹模为铸造坯料，还需使其成形尺寸精度和表面粗糙度达到粗加工要求。

粗加工也可作为形状尺寸精度和表面粗糙度要求不高的最终加工工序。

2）精加工工序一般为最终加工工序：精密冲模成形件的形状尺寸精度，经成形磨削后可达 0.005 ~ 0.01mm，$Ra0.2 \sim Ra0.4\mu m$。成形铣削精加工后须达 IT8 ~ IT10 精度等级，$Ra1.6 \sim Ra0.8\mu m$。电火花加工的电极损耗须达 0.02% ~0.1%，$Ra0.3 \sim Ra1.25\mu m$。

冲模成形件须达 0.000$x$mm，或表面粗糙度不大于 0.32μm 时，则可作为精饰加工的预加工工序。

3）精饰加工工序。一般精加工后留精饰加工余量为 0.05 ~ 0.1mm。其工艺内容为研磨、抛光或皮纹加工。

（3）生产规格　企业所拥有制造装备的数量，工艺组合的配套性，还须满足模具制造规模的要求。

第3章　模具制造工艺规程

3.1　模具制造工艺规程概述

在制造每副模具前，需进行前期准备工作，即根据模具结构设计图样和技术要求，合理确定模具零件的加工工艺与加工机床；合理确定模具制造工艺顺序和流程，并以规定的格式形成工艺文件。其目的为：使之能够指导制造工艺的全过程有序实施；使之能够控制模具制造精度与质量以及模具制造周期与制造费用。

3.1.1　模具制造工艺规程的定义、内容与特点

1. 定义和性质

将模具制造工艺过程及其中各工序的内容，采用表格或卡片形式规定下来的文件，称为模具制造工艺规程。显然，模具制造工艺规程是组织、指导、控制和管理每副模具制造全过程的文件，具有企业法规性，不能随意删改；若删改，则必须通过正常修改、变更批准程序。

当某副模具的制造工艺过程全部完成，验收合格，交付用户正常使用后，该副模具的制造工艺规程即行废止。其工艺文件则应完整存档，视为企业珍贵的技术资源。

2. 内容和特点

（1）模具制造工艺规程的内容　制订工艺规程的依据是模具结构设计图样及其制造技术要求和企业所拥有的加工机床、工装，以及相关的工艺文件资料等企业资源。工艺规程中所包含的内容见表3-1。

表3-1　模具制造工艺规程的内容和说明

序号	项　目	内容、确定原则和说明
1	模具及其零件	模具或零件名称、图样、图号或企业产品号、技术条件和要求等
2	零件毛坯的选择与确定	毛坯种类、材料、供货状态；毛坯尺寸和技术条件等
3	工艺基准及其选择与确定	力求工艺基准与设计基准统一、重合
4	设计、制订模具成形件制造工艺过程	1. 分析成形件的结构要素及其加工工艺性 2. 确定成形件加工方法和顺序 3. 确定加工机床与工装
5	设计、制订模具装配、试模工艺	1. 确定装配基准 2. 确定装配方法和顺序 3. 标准件检查与补充加工 4. 装配与试模 5. 检查与验收
6	确定工序的加工余量	根据加工技术要求和影响加工余量的因素，采用查表修正法或经验估计法确定各工序的加工余量
7	计算、确定工序尺寸与公差	采用计算法或查表法、经验法确定模具成形件各工序的工序尺寸与公差（上、下偏差）
8	选择、确定加工机床与工装	（1）机床的选择与确定 1）须使机床的加工精度与零件的技术要求相适应 2）须使机床可加工尺寸与零件的尺寸大小相符合 3）机床的生产率和零件的生产规模相一致 4）选择机床时，须考虑现场所拥有的机床及其状态 （2）工装的选择与确定　模具零件加工所有工装包括夹具、刀具、检具。在模具零件加工中，由于是单件制造，应尽量选用通用夹具和机床附有的夹具以及标准刀具。刀具的类型、规格和精度等级应与加工要求相符合

（续）

序号	项　　目	内容、确定原则和说明
9	计算、确定工序、工步切削用量	合理确定切削用量对保证加工质量，提高生产效率，减少刀具的损耗具有重要意义。机械加工的切削用量内容包括：主轴转速（r/min）、切削速度（m/min）、进给量（mm/r），吃刀量（mm）和进给次数；电火花加工则须合理确定电参数、电脉冲能量与脉冲频率
10	计算、确定工时定额	在一定生产条件下，规定模具制造周期和完成每道工序所消耗的时间，不仅对提高工作人员积极性和生产技术水平有很大作用，对保证按期完成用户合同中规定的交货期更具有重要的经济、技术意义 工时定额公式为 $T_{定额}=T_{基本}+T_{辅助}+T_{布置}+T_{休息}+T_{准终}/n$ 式中　$T_{定额}$——工时定额； $T_{基本}$——基本加工时间； $T_{辅助}$——直接用于基本加工的辅助工作时间； $T_{布置}$——布置工作地，如更换刀具、清理切屑、润滑机床等所耗时间； $T_{休息}$——休息与生理需要所耗时间； $T_{准终}/n$——为每件所耗的终结时间，$T_{准终}$为进行准备（如阅读图样、领工具等）和终结时送交成品、归还工装等所耗时间。 工时定额常根据工时定额标准确定。工时定额标准则采用试验法、统计法与计算法制订。此为企业管理的基础工作

（2）模具制造工艺规程的特点　由于模具制造工艺是机械制造工艺分支，故其与机械制造工艺规程的内容、方法也基本相同。但是，由于模具是专用精密成形工具，只能进行单件生产，所以其工艺与工艺规程具有以下特殊性：

1）构成现代模具的零件和部件多采用互换性的标准件。所以现代模具制造工艺过程中的突出重点为模具成形件的制造和模具装配。

2）模具成形件制造工艺过程的精饰加工（如抛光与研磨）工序和模具装配工序，主要依赖手工作业。手工作业所占工时比例很大，甚至与机加工工时相近。因此，制订成形件加工工艺规程时，应注意合理提高成形件的成形加工精度及降低型面表面粗糙度，力求减少手工作业工时。

3）根据模具成形件结构及其型面制造精度要求高，须进行精密成形加工的特点，采用CNC机床与计算机技术组成模具CAD/CAM、FMS制造技术，以实现设计与制造数字化、生产一体化；使工艺内容实现高度集成化，以减少成形加工误差。这是现代模具制造工艺技术的显著特点。

3.1.2　模具制造工艺规程的文件形式

模具制造工艺规程的文件形式与模具厂的规模、技术传统、管理水平以及专业化生产水平有关。一般有三种形式，包括工艺过程卡片、工艺卡片和工序卡片。

1. 工艺过程卡片

工艺过程卡片以工序为单位，简要说明模具、模具零部件的加工、装配过程。从中可以了解模具制造的工艺流程和工序的内容；包括使用设备与工装，以及工时定额等。所以，过程卡片是生产准备、编制生产计划和组织生产的依据，是模具制造中的主要工艺文件。

（1）工艺过程卡片的格式（见表3-2）

（2）工艺过程卡片实例　转子凹模零件如图3-1和图3-2所示，转子凹模工艺过程卡片见表3-3。上模零件如图3-3所示，上模零件工艺过程卡片见表3-4。

表 3-2　工艺过程卡片

工艺过程卡片								
零件名称		模具编号		零件编号				
材料名称		毛坯尺寸		件　数				
工序	机号	工种	施工简要说明	定额工时	实做工时	制造人	检验	等级
工艺员		年　月　日		零件质量等级				

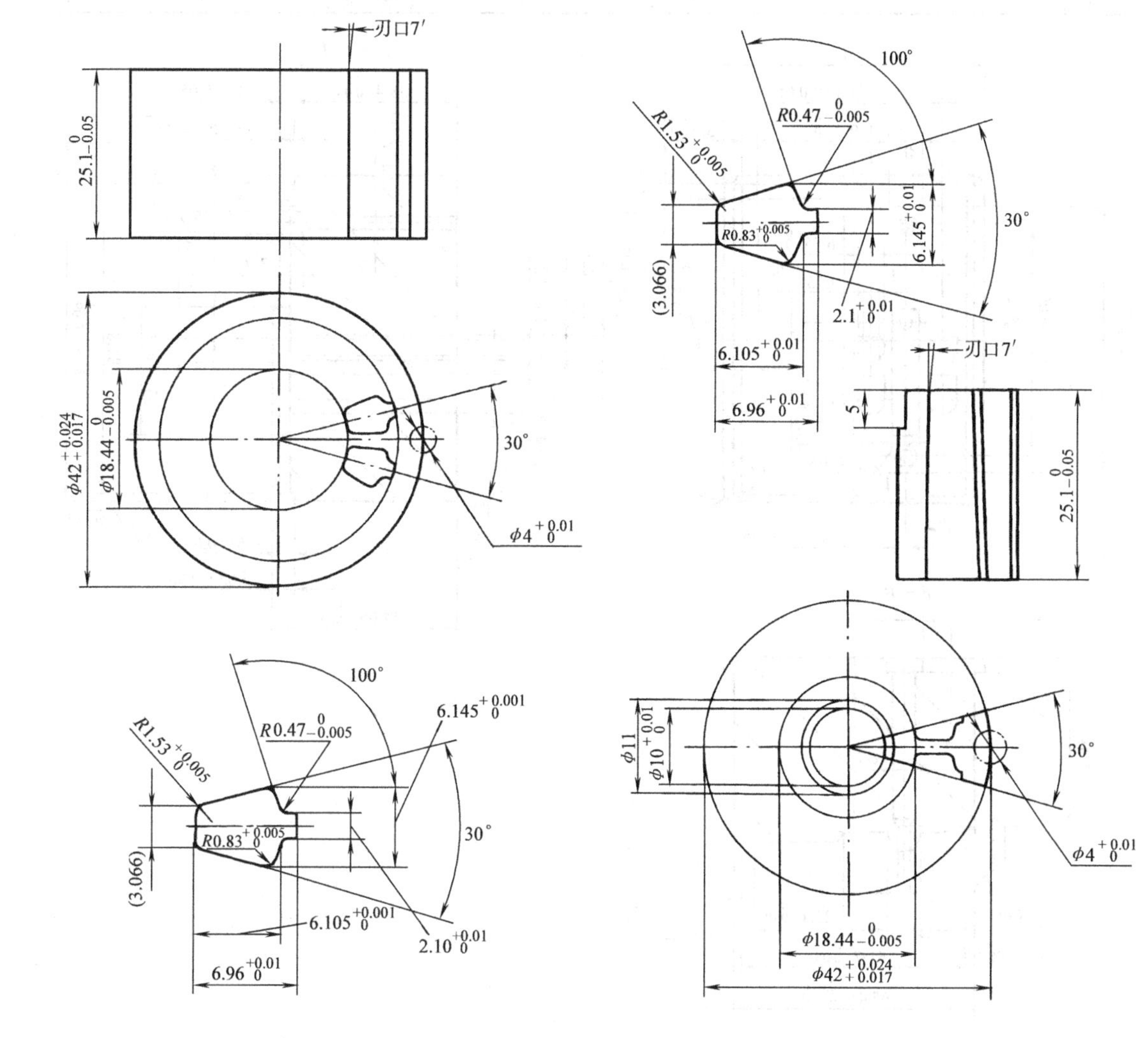

图 3-1　整体结构转子凹模图　　　图 3-2　拼块结构转子凹模图

表 3-3 转子凹模工艺过程卡片

				工艺过程卡片				
零件名称		转子凹模	模具编号	131897	零件编号	6		
材料名称		Cr12Mo	毛坯尺寸	ϕ45mm×30mm	件　数	1		
工序	机号	工种	施工简要说明		定额工时/h	实做工时	制造人	检验	等级
1		车削	车削全形,内孔外形各放 0.5mm,两平面放磨 0.5mm		2.3				
2		平磨	磨出两平面,再放磨 0.3mm		0.2				
3		划线	划全形孔		4				
4		钻削	钻削形孔废料		3.2				
5		热处理	淬火、回火		1.3				
6		平磨	磨两平面		0.2				
7		圆磨	磨外形、内孔		2.3				
8		电加工	根据中心孔 ϕ10mm 定位加工全形孔		8				
9		钳加工	修正并配合		16				
10		电加工	由钳工配合,加工 ϕ4mm 销孔		2				
工艺员			年　月　日		零件质量等级				

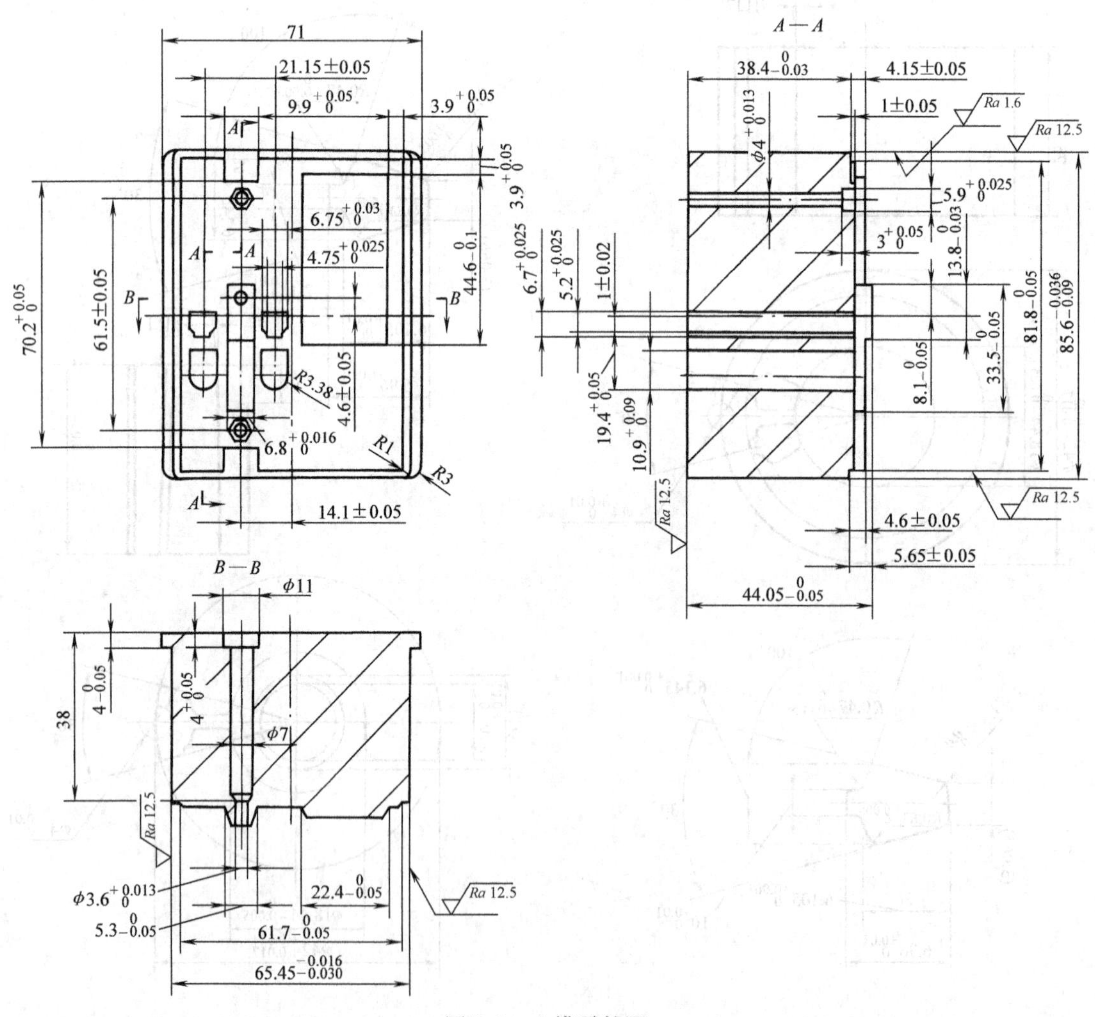

图 3-3 上模零件图

表3-4　上模工艺过程卡片

			工 艺 过 程 卡 片					
零件名称		上 模	模具编号	211659	零件编号	7		
材料名称		9Mn2V	毛坯尺寸	91mm×76mm×50mm	件 数	2		
工序	机号	工种	施工简要说明	定额工时/h	实做工时	制造人	检验	等级
1		刨削	六面加工均放淬磨	3.4				
2		平磨	磨出六面再放磨	1.2				
3		划线	划线，单划穿线孔	0.35				
4		钻削	钻削穿线孔 4×ϕ3	2.2				
5		线切割	割对四形孔	10				
6		平磨	以割后形孔为准，磨对四周	2				
7		划线	补划线	1.3				
8		钻削	钻、锪对各形孔	6				
9		铣削	铣削全形放钳，形面放磨	6				
10		电加工	电加工对两个内六角形孔	2.3				
11		钳加工	修配对及淬火后砂光	24				
12		热处理	淬火	1.3				
13		平磨	待压入后按要求磨对尺寸	1.2				
工艺员			年 月 日	零件质量等级				

表3-5　热处理工艺卡片　　年　月　日

模具序号		工艺序号			工艺简图：
委托单位		技术要求			
工件名称		材料名称	件 数		
要求硬度		实际硬度	工 时		
工件简图及尺寸标准：					工艺要求及措施：
		D			
		C			
		B			
		A			
			处理前	处理后	
工 艺		检 查			

说明：表3-3为图3-1所示零件的工艺过程卡片。此零件为手动电钻中ϕ56mm定、转子冲片复合模。其凸模、凹模（整体结构）都是用电加工工艺成形，后改进为精密多工位级进冲模，其凹模（见图3-2）则采用硬质合金制造的镶拼式结构。拼块必须达到完全互换性精度，因此，其工艺过程必须采用成形磨削为主的成形加工工艺。

2. 工艺卡片

工艺卡片是按模具、模具零部件的某一工艺阶段编制的工艺文件。工艺卡片以工序为单元，详细说明模具、模具零部件在某一工艺阶段的工序号、工序名称、工序内容、工艺参数、设备、工装，以及操作要求等。

工艺卡片的文件格式见表3-5。

说明：制造精密、中大型模具时，在编制的工艺过程卡片的基础上，编制工艺卡片是保证协作加工质量的重要工艺文件。如：

1）中大型塑料注射模凹模坯件加工，即已去除大部分型腔金属，留有粗、精加工余量的凹模坯件。

2）精密冲模凸、凹模的热处理工艺。

3）模具的装配与试模等。

以上都是由多个工序组成的工艺阶段。

3. 工序卡片

工序卡片是在工艺过程卡片和工艺卡片的基础上，按每道工序所编制的工艺文件。工序卡片对工序简图、各工步的加工内容、工艺参数、设备、工艺装备以及操作要求等都有详细说明。

工序卡片主要在批量制造中使用。在模具制造工艺规程中一般不制订工序卡片。由于模具制造工艺技术的进步，模具凸模和凹模的粗、精加工工序中的孔加工、槽加工、型面加工工序趋于在一次装夹中完成，从而提高了工艺集成度。这说明，编制凸模和凹模的NC、CNC加工工艺的工序卡片，计算、确定、规定其工艺参数，以保证其加工精度，则尤为重要。工序卡片文件格式见表3-6。

表3-6 工序卡片

<table>
<tr><td colspan="2">模具</td><td></td><td>模具编号</td><td></td><td>工序号</td><td colspan="2"></td><td colspan="2" rowspan="4">工序简图</td></tr>
<tr><td colspan="2">零件</td><td></td><td></td><td>零件编号</td><td colspan="3"></td></tr>
<tr><td colspan="2">坯料材料</td><td></td><td>坯料尺寸</td><td></td><td>坯料件数</td><td colspan="2"></td></tr>
<tr><td rowspan="2">序号</td><td rowspan="2">机号</td><td rowspan="2">工种</td><td colspan="2" rowspan="2">工序内容和
工艺要求说明</td><td>工时</td><td colspan="2"></td></tr>
<tr><td colspan="4">工艺参数
（机加工切削用量、电加工工艺规程）</td><td>工装</td></tr>
<tr><td></td><td></td><td></td><td colspan="2"></td><td colspan="4"></td><td></td></tr>
<tr><td colspan="3">工艺员</td><td colspan="2">年 月 日</td><td colspan="2">制造者</td><td colspan="3">年 月 日</td></tr>
<tr><td colspan="3">检验员</td><td colspan="2">年 月 日</td><td colspan="2">检验记要</td><td colspan="3"></td></tr>
</table>

为编好模具制造工艺规程，模具企业须做好以下工作：

1）制订和积累模具制造、加工的定额工作，包括企业生产各种模具的生产工时统计、材料定额和工时定额标准等。

2）做好模具通用化、标准化工作，以节约生产工时。

3.2 模具制造工艺规程的技术基础

由图1-1可知，现代模具生产过程完成模具结构设计后，需进行三项作业：一是进行成形件（凸、凹模等）的制造；二是配购通用件、标准件及进行补充加工；三是进行模具装配与试模。其中成形件制造和模具装配完全是在模具厂进行的，为此，现将制订模具制造工艺规程的技术基础、内容、供参照的工艺规范与有关资料，作如下讲述。

3.2.1　模具成形件的结构工艺及其要素

1. 模具成形件结构工艺要素

批量生产的模具标准件，其制造工艺过程中的工序是相对稳定的，而模具成形件则须依据制件（产品零件）的结构要素和技术条件进行设计，因此，每副模具的成形件都有其特殊的形状、尺寸精度与质量要求，并以单件生产方式进行制造。

现根据常见模具成形件的结构特点、尺寸精度与质量等技术条件，经分析、归纳为几何形状要素、精度与质量要素两类，见表 3-7。

表 3-7　模具成形件结构工艺要素分类和内容

要素类型	基本要素	结构工艺要素内容	工艺方法及说明
几何形状要素	型面结构	1. 二维型面及型面间的过渡连接：夹角为 90°拼合结构；过渡圆角（R）连接，一般型腔深度为 10～60mm 2. 三维型面，分自由曲面和定型曲面（即以数学公式可以描述的型面）	1. 采用通用、标准拼合件及其精密加工 2. 采用电加工和电极设计技术 3. 采用 NC、CNC 机床进行数字化加工，并配置刀具
	型孔结构	1. ϕ3mm 以下径深比 >1:1.5 的小孔的精密加工 2. 带精密孔距的多孔加工 3. 异形孔的精密加工，包括方形、矩形、长圆形、楔型孔等 4. 深孔与斜孔	1. 采用坐标磨削工艺 2. 孔的研磨与珩磨工艺 3. 特殊孔加工，包括小孔加工
	窄槽（缝）型结构	1. 宽为 3mm，宽深比为 1:2 的槽或缝 2. 异形槽指槽形方向为圆弧形等，或在深度方向为斜面、圆弧的槽型	1. 特种加工工艺技术 2. 须设计电极和成形工具
	凸台（缘）结构	1. 阶梯分型面 2. 二维型面构成的凸台 3. 三维型面构成的凸起 4. 镶拼凸台	1. 涉及拼合件加工与配合 2. 涉及阶梯面加工与配合
	螺旋槽孔结构	1. 螺孔型芯 2. 螺旋槽型	特殊电极设计和脱件装置设计与制造
精度与质量要素	基准面	设计基准 工艺基准（定位与工序基准） 测量基准 装配基准	加工时力求基准重合，或使基准不重合误差和基准移动误差控制在公差范围内
	配合尺寸公差	1. 凸、凹配合间隙及偏差 2. 导向副配合精度 3. 型面尺寸公差	保证互换性
	形状与位置精度	1. 平面的平直度，圆柱体的圆柱度公差 2. 平行度对基准面的垂直度、同心度等公差	保证模具精度和工作性能
	型面粗糙度及质量要求	1. 型面粗糙度值（Ra） 2. 型面硬度值（HRC）	执行表面粗糙规范和标准 执行热处理规范
	型面装饰性要求	1. 型面皮纹结构 2. 型面涂镀要求	采用皮纹加工和表面涂镀技术

2. 成形件的结构工艺性

为保证模具成形件的使用性能，必须合理、正确地设计尺寸、位置精度及其结构工艺要素，使其在加工时能满足以下要求：

1）成形件的几何形状及其结构工艺要素力求简洁、合理；力求减少加工面数目及加工面积，以减少加工量，节约工时，缩短制造工艺过程，并减少刀具等工装配置。

2）成形件的结构刚度大，以便在装夹和加工时，能避免夹紧力和切削力导致的变形误差，从而保证加工精度。

3）成形件上的过渡圆角（R）、退刀槽尺寸与结构、槽形宽度和孔径等应当按规范和标准进行设计。

4）成形件结构要素的加工可行性好，以便能够加工、便于加工。力求减少或避免斜孔、深孔、过小孔及过深过窄的槽或缝形结构。

研究、分析模具成形件的结构工艺性，目的是提高加工的可行性、经济性，以提高加工成形件的制造工艺规程的实践性和可靠性。常见的不正确结构及其改进设计和说明列于表3-8，供参考。

表3-8　常见成形件结构工艺要素改进示例

成形件结构要素	改进示例	说明	成形件结构要素	改进示例	说明
退刀槽结构	$B>\frac{a}{2}$ Ra 0.8 Ra 0.8 Ra 0.8 a） b） a）改进前　b）改进后	按退刀槽规范和标准进行设计	加工面结构	a） b） a）改进前　b）改进后	减少加工面和加工面积
			模框内四角退刀槽结构	a） b） a）改进前　b）改进后	便于加工，便于装配镶件
孔位结构	a） b） a）改进前　b）改进后	正确设计孔的位置，以减少钻孔深度，便于钻孔	细长凸模结构	a） b） a）改进前　b）改进后	提高结构刚度，避免在加工时产生变形误差
深孔结构	a） b） a）改进前　b）改进后	减少钻孔深度	冲槽凸模结构	F a） b） a）改进前　b）改进后	改善槽形凸模刚度，以防凸模受侧向力（F）而产生变形

3.2.2　工艺基准的确定

工艺基准是工序卡中的重要内容。工艺基准是成形件在加工中的定位、测量和装配时采用的基准，所以，工艺基准可分为定位基准、工序基准、测量基准和装配基准。

工艺基准需力求与设计基准重合，使符合基准重合原则，因此，在设计成形件时，就应考虑设计基准与工艺基准重合的原则，以减少基准不重合产生的误差，保证加工精度。

工艺基准及其与设计基准重合原则的详细说明见表 3-9。

表 3-9　成形件的工艺基准与坯件的三基面体系

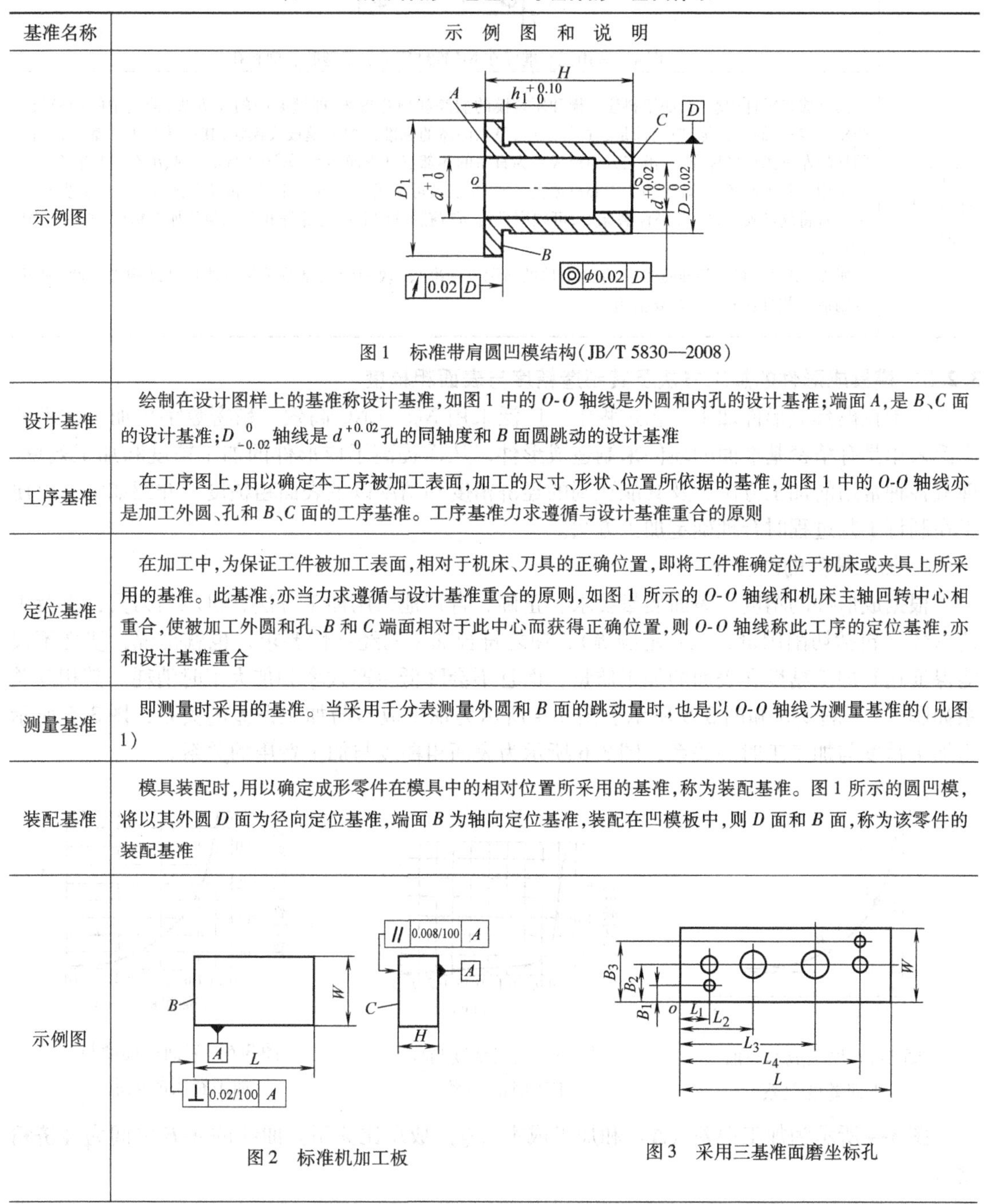

基准名称	示例图和说明
示例图	图 1　标准带肩圆凹模结构（JB/T 5830—2008）
设计基准	绘制在设计图样上的基准称设计基准，如图 1 中的 $O\text{-}O$ 轴线是外圆和内孔的设计基准；端面 A，是 B、C 面的设计基准；$D^{\ 0}_{-0.02}$ 轴线是 $d^{+0.02}_{\ 0}$ 孔的同轴度和 B 面圆跳动的设计基准
工序基准	在工序图上，用以确定本工序被加工表面，加工的尺寸、形状、位置所依据的基准，如图 1 中的 $O\text{-}O$ 轴线亦是加工外圆、孔和 B、C 面的工序基准。工序基准力求遵循与设计基准重合的原则
定位基准	在加工中，为保证工件被加工表面，相对于机床、刀具的正确位置，即将工件准确定位于机床或夹具上所采用的基准。此基准，亦当力求遵循与设计基准重合的原则，如图 1 所示的 $O\text{-}O$ 轴线和机床主轴回转中心相重合，使被加工外圆和孔、B 和 C 端面相对于此中心而获得正确位置，则 $O\text{-}O$ 轴线称此工序的定位基准，亦和设计基准重合
测量基准	即测量时采用的基准。当采用千分表测量外圆和 B 面的跳动量时，也是以 $O\text{-}O$ 轴线为测量基准的（见图 1）
装配基准	模具装配时，用以确定成形零件在模具中的相对位置所采用的基准，称为装配基准。图 1 所示的圆凹模，将以其外圆 D 面为径向定位基准，端面 B 为轴向定位基准，装配在凹模板中，则 D 面和 B 面，称为该零件的装配基准
示例图	图 2　标准机加工板　　图 3　采用三基准面磨坐标孔

（续）

基准名称	示例图和说明
示例图	图4　采用三基准面在NC镗铣床上加工型腔、槽和孔
六面体坯件的三基准面体系	模具成形零件用坯料，如塑料注射模和压铸模的型腔和型芯板坯，即模架中的A、B板，冲模中的凹模板、凸模固定板、卸料板等，应当都是经过加工后，呈六面体的标准机加工模板或模块，其设计与工艺基准，均在图样的左下角设坐标原点，沿三方向形成互为直角的相邻三基准面体系，如图2所示的A、B、C三基准面。 采用三基准面坯件，装于加工中心机床上，经一次安装可完成形面加工、钻孔、镗孔和铣槽等多个工步的加工。若将坯件安装在NC坐标磨床上，可顺序进行所有孔的磨削，并可保证孔和孔距的加工精度，如图3、图4所示 所以，采用具有三基准面体系、呈六面体的通用或标准板（块）坯件，是改善模具成形件结构工艺性，缩短其制造工艺过程的一个重要措施

3.2.3　模具成形件的加工方法及其制造精度与表面粗糙度

由于在模具成形件加工工艺过程中，广泛采用NC、CNC高效、精密数字化加工技术和广泛采用具有精密基准面的坯件来制造成形件，从而提高了成形件的加工精度和加工效率。现就各种常用的加工方法，及其能达到的经济精度和精度以及表面粗糙度，介绍如下，以便于在制订工艺过程时合理确定加工方法。

1. 加工精度的经济性

根据成形件的精度与表面质量要求，正确、合理地采用加工方法、机床与刀具，以及工艺参数（包括切削用量、工时定额等），使之符合加工的经济性要求，也就是说，使之不仅能保证达到加工精度和表面的加工质量，而且不会降低生产效率和加大工时消耗。其相互关系如图3-4、图3-5和图3-6所示。图3-4所示为加工成本与加工误差的关系，图3-5所示为加工精度与加工工时的关系，图3-6所示为表面粗糙度与加工费用的关系。

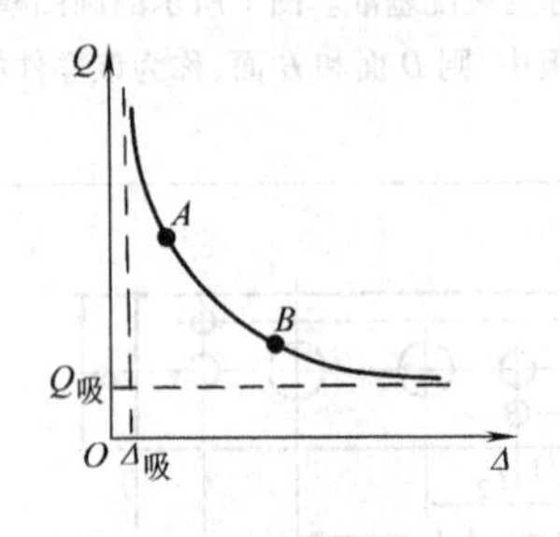

图3-4　加工成本与加工误差的关系

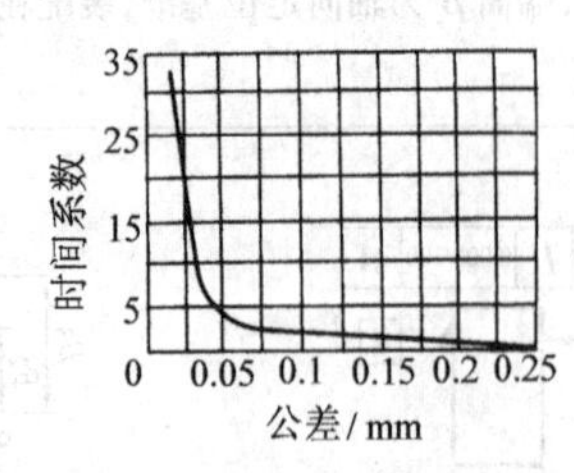

图3-5　加工精度与加工工时的关系

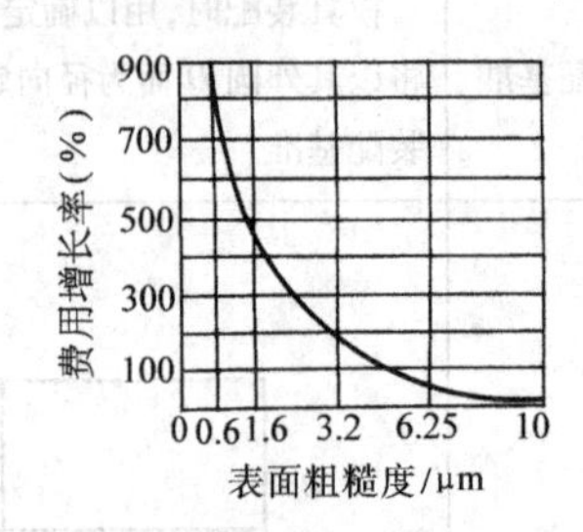

图3-6　表面粗糙度与加工费用的关系

图3-4所示为加工误差（Δ）和加工成本（Q）成反比关系。曲线的A-B之间为经济精度区。

2. 加工方法及其加工精度

（1）加工方法与加工精度（见表3-10、表3-11）

表3-10　模具成形件成形加工方法与加工精度　（单位：mm）

加工方法	可能达到的精度	经济加工精度	加工方法	可能达到的精度	经济加工精度
仿形铣削	0.02	0.1	电解成形加工	0.05	0.1～0.5
数控加工	0.01	0.02～0.03	电解磨削	0.02	0.03～0.05
仿形磨削	0.005	0.01	坐标磨削	0.002	0.005～0.01
电火花加工	0.005	0.02～0.03	线切割加工	0.005	0.01～0.02

表3-11　通用加工方法与加工精度等级

加工方法	公差等级IT																			
	01	0	1	2	3	4	5	6	7	8	9	10	11	12	13	14	15	16	17	18
精研磨	—	—	—																	
细研磨			—	—	—	—	—													
粗研磨					—	—	—	—												
终珩磨						—	—	—												
初珩磨								—	—											
精　磨				—	—	—	—													
细　磨						—	—	—												
粗　磨								—	—	—										
圆　磨							—	—	—											
平　磨							—	—	—	—										
金刚石车削							—	—	—											
金刚石镗孔							—	—	—											
精　铰								—	—	—										
细　铰										—	—	—	—							
精　铣										—	—	—								
粗　铣											—	—	—							
粗车、刨、镗									—	—	—									
细车、刨、镗										—	—	—								
粗车、刨、镗												—	—	—						
插　削												—	—	—						
钻　削													—	—	—	—				
锻　造																	—	—		
砂型铸造																—	—			

（2）平面加工方法与加工精度（见表3-12、表3-13）

表3-12　平面加工方法与平均经济加工精度　（单位：mm）

表面长度	表面宽度											
	用圆柱铣刀粗铣或用切刀粗刨		用面铣刀或铣头粗铣		用圆柱铣刀精铣或用切刀精刨		用面铣刀或铣头精铣		磨削		细磨	
	至100	100~300	至100	100~300	至100	100~300	至100	100~300	至100	100~300	至100	100~300
至100	0.20	—	0.15	—	0.10	—	0.08	—	0.03	—	0.025	—
100~300	0.30	0.35	0.20	0.25	0.15	0.18	0.12	0.15	0.05	0.07	0.025	0.035
300~600	0.40	0.45	0.30	0.35	0.18	0.20	0.15	0.18	0.07	0.08	0.035	0.040
600~1200	0.50	0.50	0.40	0.45	0.20	0.25	0.18	0.20	0.08	0.10	0.040	0.050

用成形铣刀铣出的表面平均经济加工精度

表面长度	铣刀宽度			
	粗加工		精加工	
	至120	120~180	至120	120~180
至100	0.25	—	0.10	—
100~300	0.35	0.45	0.15	0.20
300~600	0.15	0.50	0.20	0.25

用圆盘铣刀同时铣削平行平面的平均经济加工精度

键槽宽度	粗切	精切
6~10	0.10	0.03
10~18	0.15	0.04
18~30	0.20	0.05

表3-13　平面加工方法与平均经济加工精度

机床类型	平行度误差	垂直度误差
铣床	300:0.06(0.04)	300:0.05(0.03)
平面磨床	1000:0.02(0.015)	—
高精度平面磨床	500:0.009(0.005)	100:0.01(0.005)

注：括号内的数字是新机床的精度。

（3）轴与孔的加工方法与经济精度（见表3-14、表3-15）

表3-14　导柱（轴）的加工方法与平均经济加工精度（指轴径）　（单位：mm）

<table>
<tr><td rowspan="3">直径</td><td colspan="4">粗车</td><td colspan="4">精车</td><td colspan="4">粗磨</td></tr>
<tr><td colspan="4">轴长</td><td colspan="4">轴长</td><td colspan="4">轴长</td></tr>
<tr><td>至100</td><td>100~300</td><td>300~600</td><td>600~1200</td><td>至100</td><td>100~300</td><td>300~600</td><td>600~1200</td><td>至100</td><td>100~300</td><td>300~600</td><td>600~1200</td></tr>
<tr><td>至6</td><td rowspan="2">0.15</td><td>—</td><td>—</td><td>—</td><td>0.06</td><td>—</td><td>—</td><td>—</td><td>0.04</td><td>—</td><td>—</td><td>—</td></tr>
<tr><td>6~10</td><td>0.20</td><td>—</td><td>—</td><td rowspan="2">0.08</td><td rowspan="3">0.10</td><td>—</td><td>—</td><td rowspan="2">0.05</td><td rowspan="2">0.06</td><td>—</td><td>—</td></tr>
<tr><td>10~18</td><td colspan="2" rowspan="2">0.20</td><td rowspan="3">0.30</td><td>—</td><td rowspan="3">0.15</td><td>—</td><td rowspan="3">0.08</td><td>—</td></tr>
<tr><td>18~30</td><td rowspan="2">0.10</td><td>0.10</td><td rowspan="4"></td><td>0.06</td><td rowspan="2"></td><td>0.08</td></tr>
<tr><td>30~50</td><td colspan="2">0.30</td><td colspan="2" rowspan="3">0.15</td><td rowspan="2">0.08</td><td rowspan="3">0.10</td></tr>
<tr><td>50~80</td><td colspan="4" rowspan="5">0.40</td><td>0.18</td><td colspan="2" rowspan="2">0.10</td></tr>
<tr><td>80~120</td><td></td><td>0.10</td></tr>
<tr><td>120~180</td><td colspan="4" rowspan="3">0.20</td><td colspan="4" rowspan="3">0.12</td></tr>
<tr><td>180~260</td></tr>
<tr><td>260~300</td></tr>
</table>

（续）

直　径	精　磨				细　磨				抛光及研磨			
	轴　长				轴　长				轴　长			
	至100	100~300	300~600	600~1200	至100	100~300	300~600	600~1200	至100	100~300	300~600	600~1200
至6	0.012	—	—	—	0.008	—	—	—	0.005	—	—	—
6~10	0.015	—	—	—	0.010	—	—	—	0.006	—	—	—
10~18	0.018	0.020	—	—	0.012	0.016	—	—	0.008	0.011	—	—
18~30	0.020	0.025	0.030	0.035	0.015	0.018	0.020	—	0.009	0.012	—	—
30~50	0.025	0.030	0.035	0.040	0.018	0.020	0.022	0.025	0.011	0.014	0.015	—
50~80	0.035	0.040	0.045		0.020	0.022	0.025	0.028	0.013	0.015	0.018	0.020
80~120					0.025		0.028	0.030	0.015	0.018	0.020	
120~180	0.040	0.045			0.030				0.020			
180~260	0.045											
260~300	0.050				0.035				0.025			

注：在普通机床上加工。

表 3-15　孔的加工方法与加工精度　（单位：mm）

孔的平均经济加工精度（指孔径）															
直　径	孔　长　至　300										孔长超过300			
	用粗切刀或粗扩孔钻加工	用精切刀、镗刀块或精扩孔钻加工	不用钻模时以麻花钻钻孔	用麻花钻按钻模钻孔	用小尺寸钻头钻孔后用大尺寸钻头扩孔	精镗、粗铰或粗磨	精铰或精磨	精磨或拉削	手铰	用金刚钻镗孔、研磨	用粗切刀或粗扩孔钻加工	用精切刀、镗刀或精扩孔钻加工	精镗、粗铰或粗磨	精铰或精磨
1~3	—	—	0.15	0.06	—	0.03	0.012	—	0.010	—	—	—	—	—
3~6	—	—		0.07	—		0.015	—						
6~10	—	—	0.20	0.10	—	0.05	0.020	—						
10~18	—	—		0.13	0.10		0.025	0.019		0.010				
18~30	—	—	0.25	0.20	0.15		0.030	0.023	0.015					
30~50	0.30	0.15	0.35	0.25	0.20		0.035	0.025		0.015	0.35	0.20	0.06	0.04
50~80			0.45	0.30		0.07	0.040	0.030	0.020	0.018	0.40	0.25	0.08	0.05
80~120	0.40	0.20	—	—	—		0.045	0.035	—	0.021	0.45			
120~180			—	—	—	0.10	0.050	0.040		0.024	0.50	0.30	0.12	0.06
180~260	0.50	0.25	—	—	—		0.060	0.045		0.027	0.55			0.07

外圆和内孔的几何形状精度				
机床类型			圆度误差	圆柱度误差
卧式车床	最大直径	≤400 ≤800	0.02(0.01) 0.03(0.015)	100:0.015(0.010) 300:0.05(0.03)
外圆磨床	最大直径	≤200 ≤400	0.006(0.001) 0.008(0.005)	500:0.011(0.007) 1000:0.02(0.01)

（续）

外圆和内孔的几何形状精度				
机床类型			圆度误差	圆柱度误差
无心磨床			0.010(0.005)	100:0.008(0.005)
内圆磨床	最大直径	≤50	0.008(0.005)	200:0.008(0.005)
		≤200	0.015(0.008)	200:0.015(0.008)
珩磨机			0.010(0.005)	300:0.02(0.01)
卧式镗床	镗杆直径	≤100	外圆 0.04(0.025) 内孔 0.05(0.020)	200:0.04(0.02)
		≤160	外圆 0.05(0.030) 内孔 0.05(0.025)	300:0.05(0.03)
立式金刚镗			0.008(0.005)	300:0.02(0.01)
孔的相对位置精度				
加工方法	两孔轴线间或孔的轴线到平面间距离误差		在100mm长度上孔的轴线对端面的垂直度误差	
立钻上钻孔	0.5～2.0		0.5	
铣床上镗孔	0.05～0.10		0.02～0.05	
坐标镗床上镗孔	0.005～0.015		0.01	
坐标磨床上磨孔	0.0008～0.0012			

注：括号内的数字是新机床的精度。

3.2.4 加工方法及其表面粗糙度

冲件的断面与外观质量，塑件、压铸件、玻璃制品等制件的外观质量，均取决于成形面加工质量，其主要质量指标为表面粗糙度参数 Ra（μm）。

1. 各种加工方法可达到的 Ra 值

机械加工、电火花加工是进行模具成形件粗加工、精加工的主要方法。精加工后的研、抛作业，是降低表面粗糙度的主要工艺方法。表3-16所列是常用加工方法可达到的表面粗糙度 Ra 值。

表3-16 不同加工方法可能达到的表面粗糙度（Ra 值）

加工方法		表面粗糙度 Ra/μm														
		0.012	0.025	0.05	0.10	0.20	0.40	0.80	1.60	3.20	6.30	12.5	25	50	100
锉							——	——	——	——	——	——	——		
刮削							——	——	——	——	——	——			
刨削	粗										——	——	——		
	半精								——	——	——				
	精						——	——	——						
插削									——	——	——	——	——		
钻孔								——	——	——	——	——	——		
扩孔	粗										——	——	——		
	精								——	——	——				
金钢镗孔				——	——	——	——								
镗孔	粗										——	——	——	——	
	半精							——	——	——	——				
	精						——	——	——						

（续）

加工方法		表面粗糙度 *Ra*/μm													
		0.012	0.025	0.05	0.10	0.20	0.40	0.80	1.60	3.20	6.30	12.5	25	50	100
铰孔	粗								—	—	—	—			
	半精						—	—	—	—					
	精				—	—	—	—	—						
顺铣	粗									—	—	—	—		
	半精							—	—	—	—				
	精						—	—	—						
端面铣	粗									—	—	—			
	半精						—	—	—	—	—				
	精					—	—	—	—						
车外圆	粗										—	—	—		
	半精								—	—	—	—			
	精					—	—	—							
金钢车			—	—	—	—									
车端面	粗										—	—	—		
	半精								—	—	—	—			
	精						—	—	—						
磨外圆	粗							—	—	—	—				
	半精					—	—	—	—						
	精		—	—	—	—	—								
磨平面	粗							—	—	—					
	半精						—	—	—						
	精		—	—	—	—	—								
珩磨	平面		—	—	—	—	—	—							
	圆柱	—	—	—	—	—	—								
研磨	粗					—	—								
	半精			—	—	—	—								
	精	—	—	—	—										
电火花加工								—	—	—	—	—	—		
螺纹加工	丝锥板牙							—	—	—	—				
	车							—	—	—	—	—			
	搓丝							—	—	—	—				
	滚压						—	—	—	—					
	磨					—	—	—	—						

表面粗糙度标准有：

（1）表面粗糙度　参数及其数值见标准 GB/T 1031—2009。

（2）表面粗糙度比较样块　磨、车、镗、铣、插及刨加工表面见标准 GB/T 6060.2—2006，电火花加工表面见标准 GB/T 6060.3—2008，抛光加工表面标准见 GB/T 6060.3—2008，抛（喷）丸、喷砂加工表面见标准 GB/T 6060.3—2008。

（3）产品几何技术规范表面结构　轮廓法评定表面结构的规则和方法见标准 GB/T

10610—2009。

2. 塑料模成形件型面粗糙度等级与加工方法

塑料制品在家电、汽车等行业应用极为广泛，其表面粗糙度要求很高，已经成为塑件质量的主要指标之一。因此，制订模具成形件的表面粗糙度标准，规定其加工方法，对用户和模具厂都十分重要，见表3-17。

表3-17 模具成形件表面粗糙度与加工方法

表面类型	模具成形件表面粗糙度公称值/μm	加工方法
MFG A-0	0.008	1μm金刚石研磨膏毡抛光(GRADE 1μm DIAMOND BUFF)
MFG A-1	0.016	3μm金刚石研磨膏毡抛光(GRADE 3μm DIAMOND BUFF)
MFG A-2	0.032	6μm金刚石研磨膏毡抛光(GRADE 6μm DIAMOND BUFF)
MFG A-3	0.063	15μm金刚石研磨膏毡抛光(GRADE 15μm DIAMOND BUFF)
MFG B-0	0.063	#800砂纸抛光(#800 GRIT PAPER)
MFG B-1	0.100	#600砂纸抛光(#600 GRIT PAPER)
MFG B-2	0.100	#400砂纸抛光(#400 GRIT PAPER)
MFG B-3	0.32	#320砂纸抛光(#320 GRIT PAPER)
MFG C-0	0.32	#800油石抛光(#800 STONE)
MFG C-1	0.40	#600油石抛光(#600 STONE)
MFG C-2	1.0	#400油石抛光(#400 STONE)
MFG C-3	1.6	#320油石抛光(#320 STONE)
MFG D-0	0.20	12#湿喷砂抛光(WET BLAST GLASS BEAD 12#)
MFG D-1	0.40	8#湿喷砂抛光(WET BLAST GLASS BEAD 8#)
MFG D-2	1.25	8#干喷砂抛光(DRY BLAST GLASS BEAD 8#)
MFG D-3	8.0	5#湿喷砂抛光(WET BLAST GLASS BEAD 5#)
MFG E-1	0.40	电火花加工(EDM)
MFG E-2	0.63	电火花加工(EDM)
MFG E-3	0.8	电火花加工(EDM)
MFG E-4	1.6	电火花加工(EDM)
MFG E-5	3.2	电火花加工(EDM)
MFG E-6	4.0	电火花加工(EDM)
MFG E-7	5.0	电火花加工(EDM)
MFG E-8	8.0	电火花加工(EDM)
MFG E-9	10.0	电火花加工(EDM)
MFG E-10	12.5	电火花加工(EDM)
MFG E-11	16.0	电火花加工(EDM)
MFG E-12	20.0	电火花加工(EDM)

注：1. A、B、C、D、E分别代表五种加工方法。

2. 0、1、2、3分别表示每种方法可达到的表面粗糙度的4个等级。

3. MFG为MouLD FiNish compaRiSON GuiDE的缩写。

4. 模具成形件表面粗糙度公称值，是根据采用各种不同加工方法和不同规格研究、抛光材料所能达到的最佳程度，并经采用优先数处理获得的公称百分率为+12%，-17%（此公称百分率则参考GB/T 6060.3—2008标准制订）。

5. 表面粗糙度的评定方法，可根据表3-17所列数值和方法制作成专用样板供比较测量。

3.3 模具零件制造工艺规程的基本内容

模具零件及其坯件制造过程中的工序，包括确定加工顺序和确定工序尺寸与公差，被视为零件制造工艺规程的基本内容。

3.3.1 模具零件毛坯和加工余量

零件毛坯的制造是原材料经加工转变为合格零件的第一步。因此，零件毛坯的结构要素和材料须与模具零件所要求的材料和结构要素相符合。这样，才能使模具厂减少粗加工工作量。供给模具厂的毛坯则是按技术规范留有少量加工余量的坯件，如坯件厂供给模具厂的电视机外壳塑料注射模凹模精制坯件，已是通过 CNC 加工去除了大量金属，其型腔的形状已接近零件形状，仅留有少量加工余量的坯件，这大大地减少了模具厂的加工工作量，提高了模具厂的加工效率。

1. 毛坯的种类与特点

(1) 铸件毛坯　灰铸铁具有良好的铸造成形性能、切削性能、耐磨与润滑性能，并具有一定强度，价格也低，故常用于表面承压力较低的标准冲模模架的上、下模座。常用灰铸铁牌号和性能见表 3-18。

表 3-18　灰铸铁件试样抗拉强度（GB/T 9439—2010）

牌　号	最小抗拉强度 σ_b/MPa(kgf/mm^2)	牌　号	最小抗拉强度 σ_b/MPa(kgf/mm^2)
HT100	100(10.2)	HT250	250(25.5)
HT150	150(15.3)	HT300	300(30.6)
HT200	200(20.4)	HT350	350(35.7)

球墨铸铁和合金耐热铸铁具有很好的铸造工艺性能、力学性能，常用于制造大型冲模，如汽车覆盖件成形冲模、玻璃模成形件毛坯，球墨铸铁和冷硬铸铁的性能、组分和牌号分别见表 3-19 和表 3-20。

表 3-19　球墨铸铁单铸试块的力学性能（GB/T 1348—2009）

牌　号	抗拉强度 σ_b /MPa(kgf/mm^2)	屈服强度 $\sigma_{0.2}$ /MPa(kgf/mm^2)	伸长率 δ(%)	布氏硬度 HBW	主要金相组织
	最　小　值			仅 供 参 考	
QT400-18	400(40.80)	250(25.50)	18	130~180	铁素体
QT400-15	400(40.80)	250(25.50)	15	130~180	铁素体
QT450-10	450(45.90)	310(31.60)	10	160~210	铁素体
QT500-7	500(51.00)	320(32.65)	7	170~230	铁素体+珠光体
QT600-3	600(61.20)	370(37.75)	3	190~270	铁素体+珠光体
QT700-2	700(71.40)	420(42.85)	2	220~305	珠光体
QT800-2	800(81.60)	480(48.98)	2	240~335	珠光体
QT900-2	900(91.80)	600(61.20)	2	285~360	贝氏体+回火马氏体

表 3-20　冷硬铸铁的类型、化学成分及力学性能

类　型	化学成分(质量分数,%)						白口层硬度	灰口部分性能	
	C	Si	Mn	P	S	其他	(HRC)	σ_b/MPa	σ_{bb}/MPa
普通冷硬铸铁	3.5~3.7	1.8~2.0	0.7~1.0	≤0.2	≤0.12		≥50	200~250	400~470
普通冷硬铸铁	3.5~3.7	1.75~2.1	0.5~0.9	≤0.15	≤0.15	Bi0.003~0.0077	48~50	>150	>330
镍铬相冷硬铸铁	3.2~3.4	1.9~2.1	0.65~0.85	≤0.12	≤0.10	Ni0.4~0.5 Cr0.9~1.1 Mo0.4~0.55	铸态 53~56 600°C 回火 50~55	200~250	400~470
铬相稀土冷硬铸铁	3.5~3.8	1.7~2.0	0.6~0.9	≤0.2	≤0.09	Cr0.5~0.3 Mo0.5~0.7 稀土硅铁合金 0.5~0.7	≥53	250	470
硼冷硬铸铁	3.75	1.7	0.6	0.13	≤0.07	B0.02~0.04	50~51	150	330
稀土冷硬铸铁	3.3~3.5	2.6~2.8	1.2~1.6	≤0.2	≤0.12	稀土硅铁合金 1.7~2.0	42	400~500	700~900

（2）锻造毛坯　锻造是制造中、小型模具成形件毛坯的主要方法之一，其目的是改善成形件材料的金相组织结构和力学性能，常用材料有Cr12、Cr12Mo1V1等。毛坯常锻造成六面体模块或模板供模具厂选购。

（3）型材毛坯　依据各种零件的结构要素和性能要求，可采用相应牌号材料，由坯件制造厂制造成系列板件、棒件、管件供模具制造厂选购。

2. 加工方法与毛坯余量

从毛坯表面，经多道工序切去的全部金属层的厚度，即毛坯尺寸与零件图样上标注的尺寸的差值，称加工总余量。相邻两道工序尺寸的差值，称为工序余量，工序余量之和即为加工总余量。

（1）影响余量的因素

1）铸造毛坯的余量大小，与铸件的尺寸有关，见表3-21。

表3-21　铸件加工余量　（单位：mm）

铸件最大尺寸	单面加工余量		铸件最大尺寸	单面加工余量	
	铸铁毛坯	铸钢毛坯		铸铁毛坯	铸钢毛坯
≤315	3~5	5~7	500~800	6~8	8~10
315~500	4~6	6~8	800~1250	7~9	9~12

由于在铸造时，铸件顶面易产生铸造缺陷，所以，若加工面为顶面，则其加工余量应大于底面和侧面的加工余量。

2）锻造毛坯的余量。由于受锻造时易产生夹层、裂纹、氧化皮和脱碳层等因素的影响，锻造毛坯的加工余量也较大，见表3-22和表3-23。

表3-22　圆形锻件加工余量　（单位：mm）

锻件直径	直径上的加工余量
≤50	3~6
>50~80	4~7
>80~125	5~9
>125~200	6~10

表3-23　矩形锻件加工余量　（单位：mm）

锻件尺寸	单面加工余量
≤100	2~2.5
>100~250	3~5
>250~630	4~6

（2）影响工序最小加工余量的因素

1）工序名义余量，须大于上道工序的尺寸公差值δ_a。

2）为使加工表面不留下上道工序的加工痕迹，则其最小加工余量≥上道工序加工后的表面粗糙度（Ra）与表面缺陷层厚度（T_a）的和，见表3-24。

表3-24　各种加工方法所形成的Ra和T_a　（单位：μm）

加工方法	Ra	T_a	加工方法	Ra	T_a
粗车内外圆	15~100	40~60	粗插	25~100	50~60
精车内外圆	5~45	30~40	精插	5~45	35~50
粗车端面	15~225	40~60	粗铣	15~225	40~60
精车端面	5~54	30~40	精铣	5~45	25~40
钻孔	45~225	40~60	拉孔	1.7~3.5	10~20
粗扩孔	25~225	40~60	切断	45~225	60
精扩孔	25~100	30~40	研磨	0~1.6	3~5
粗铰孔	25~100	25~30	超级光磨	0~0.8	0.2~0.3
精铰孔	8.5~25	10~20	抛光	0.06~1.6	2~5
粗镗孔	25~225	30~50	磨外圆	1.7~15	15~25
精镗孔	5~25	25~40	磨内圆	1.7~15	20~30
粗刨	15~100	40~50	磨端面	1.7~15	15~35
精刨	5~40	25~40	磨平面	1.7~15	20~30

3）上道工序留下的表面之间的位置误差。如加工轴类零如件时的弯曲变形误差（δ），为保证在加工后消除上道工序的δ，则须在加工余量中增加2δ，如图3-7所示。

类似弯曲变形误差的还包括偏移、偏斜、平行度和垂直度所形成的误差，都是影响最小工序余量的因素。

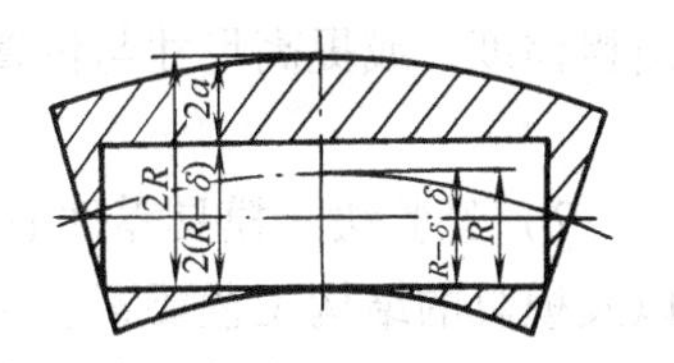

图3-7　轴弯曲变形对加工余量影响

4）本道加工工序的安装误差。即定位与夹紧误差，将影响刀具相对加工表面的位置。如机床回转中心与工件中心不重合误差（e），将使内孔加工余量须增加$2e$，如图3-8所示。

5）余量的对称性。平面上的单边加工余量是非对称性的，如图3-9所示。

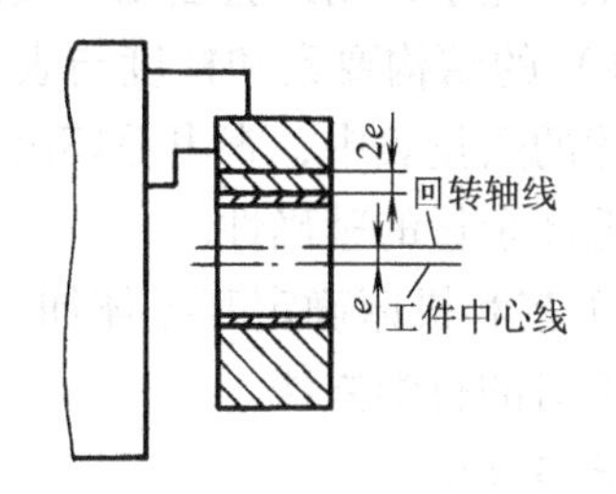

图3-8　三爪自定心卡盘上工件的安装误差

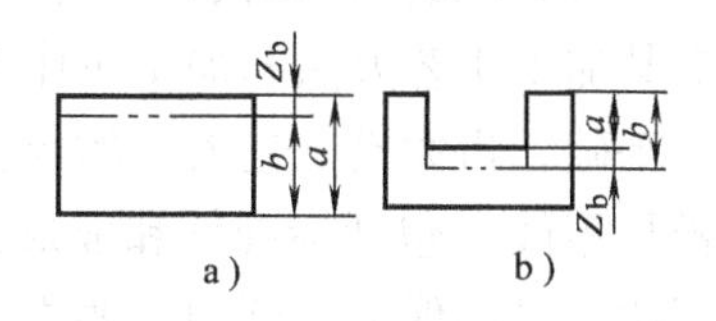

图3-9　单边工序余量示意图
a）外表面余量　b）内表面余量

图3-9中表示的余量Z_b：

外表面余量$Z_b=a-b$

内表面余量$Z_b=b-a$

旋转表面（外圆、内孔）的加工余量（Z_b）是对称性的。即：

轴的加工余量$Z_b=d_a-d_b$

孔的加工余量$Z_b=d_b-d_a$

式中　d_a——加工后须达到的名义尺寸加上加工余量的直径（mm）；

d_b——加工后须达到的工序名义尺寸（mm）。

（3）确定毛坯加工余量的方法

1）分析计算法。即将影响各个加工余量的因素进行分析，计算确定。此法主要应用在批量、大批量模具标准件毛坯加工余量时使用，以节约原材料和工时，并保证达到各工序的要求。其计算方法如下：

① 对称性加工余量（$2Z_b$）：

$$2Z_b \geqslant \delta_a + 2(H_a + T_a) + 2(\boldsymbol{P}_\mathbf{a} + \boldsymbol{\varepsilon}_\mathbf{b})$$

式中　（$\boldsymbol{P}_\mathbf{a}+\boldsymbol{\varepsilon}_\mathbf{b}$）为两项误差的矢量和。因为$\boldsymbol{P}_\mathbf{a}$和$\boldsymbol{\varepsilon}_\mathbf{b}$在空间上具有方向性，故用矢量表示。

② 非对称性单边加工余量（Z_b）：

$$Z_b \geqslant \delta_a + H_a + T_a + (\boldsymbol{P}_\mathbf{a} + \boldsymbol{\varepsilon}_\mathbf{b})$$

③ 刀具以加工表面本身定位的加工余量（Z_b）：由于此条件下P_a和ε_b对加工余量不产生影响，如采用浮动镗刀块镗孔，铰刀铰孔或用拉刀拉孔时，刀具均以孔表面定位，不会产生安装误差，故其计算公式可简化为

$$2Z_b \geqslant \delta_a + 2(H_a + T_a)$$

④ 研、抛加工余量（$2Z_b$）：研、抛加工的目的为去除影响表面粗糙度 T_a，以降低其表面粗糙度，或提高尺寸与位置精度。其计算公式可简化为

$$2Z_b \geqslant \delta_a + 2T_a$$

2）经验法。模具零件毛坯的加工余量常用此法，即根据现场所用的工艺方法和装备，以及模具的结构工艺要素、材料和技术要求，凭借工艺人员的经验和知识确定加工余量。由于模具非标件（含成型件）均为单件加工，故在确定毛坯加工余量时，常取偏大余量。

当采用 NC、CNC 机床加工时，为保证加工精度和表面粗糙度，则需精确安排工艺顺序，合理选定刀具。因此，毛坯加工余量的确定须精密化，完全采用经验法则不妥。

3）查表修正法。根据模具零件（主要为模具成形件）的结构要素和精度与表面质量要求，根据其加工工艺方法和加工机床等，从有关手册推荐的余量表中，查出毛坯余量和各工序余量为基础，再凭借工艺人员的经验进行修正以保证毛坯余量的精确性。

当模具零件（包括标准件和成形件）采用现代加工工艺和机床确定其毛坯加工余量时，查表修正法是最能保证达到加工要求、节约材料、节约工时的科学方法。

毛坯加工余量和工序余量的推荐数值，见表 3-25 ~ 表 3-29。

表 3-25　铣削加工余量　（单位：mm）

加工性质	被加工工件表面的宽度 B	被加工工件表面的长度 L								底平面 C 的加工余量（单面）
		100 以下		100 ~ 200		200 ~ 300		300 ~ 500		
		余量 a	公差	余量 a	公差	余量 a	公差	余量 a	公差	
一般型腔钳加工余量（双面）	100 以下	0.10	+0.06	0.10 0.12	+0.08 +0.10	0.10	+0.10	0.15	+0.10	+0.04 +0.08
	>100 ~ 200		+0.08			0.12	+0.12		+0.12	
	>200 ~ 300		+0.10							
凸模电极成形磨削的加工余量（双面）	5 ~ 20	0.5 ~ 0.6		0.6 ~ 0.75		—		—		—
	>20 ~ 100									
	>100 ~ 200	0.6 ~ 0.75		0.6 ~ 0.8						
电火花穿孔余量（双面）	一般情况	去除内形 1.5 ~ 2 余量，型槽宽度小于 5 时钻冲油密排孔，孔与孔搭边不大于 2								—
非对称性斜面及 R 半径的加工余量（单面）	斜面角度余量	$\pm 6'^{+0.15}_{+0.20}$		$\pm 3'^{+0.15}_{+0.20}$		—		—		+0.04 +0.08
	非对称性斜面及 R 半径加工余量	凹 $R>5$ 凸 $R>3$ 余量 0.15 ~ 0.25				凹 R 凸 R <200 余量 0.20 ~ 0.30				

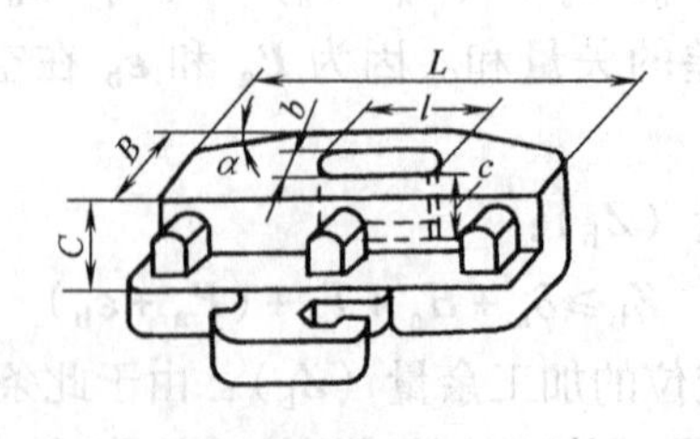

注：1. 以上余量适用于表面粗糙度在 $Ra3.2\mu m$ 以上范围。

2. 工件表面粗糙度在 $Ra3.2 \sim Ra1.6\mu m$ 时，一般不放余量。

表3-26　内孔磨削加工余量　　（单位：mm）

<table>
<tr><th rowspan="3">孔的直径
d</th><th colspan="6">磨孔的长度在直径上的加工余量 a</th><th rowspan="3">磨削前余量
公差为 IT5 级</th></tr>
<tr><th colspan="2">50 以下</th><th colspan="2">>50～100</th><th colspan="2">>100～200</th></tr>
<tr><th>淬硬</th><th>不淬硬</th><th>淬硬</th><th>不淬硬</th><th>淬硬</th><th>不淬硬</th></tr>
<tr><td>10 以下</td><td>0.2</td><td>—</td><td>—</td><td>—</td><td>—</td><td>—</td><td rowspan="4">+0.1</td></tr>
<tr><td>>10～18</td><td>0.3</td><td>0.2</td><td>0.3</td><td>0.2</td><td>—</td><td>—</td></tr>
<tr><td>>18～30</td><td>0.4</td><td rowspan="2">0.3</td><td rowspan="2">0.5</td><td>0.3</td><td>0.55</td><td>0.3</td></tr>
<tr><td>>30～50</td><td rowspan="2">0.5</td><td rowspan="3">0.4</td><td>0.5</td><td>0.4</td></tr>
<tr><td>>50～80</td><td rowspan="2">0.4</td><td>0.6</td><td>0.6</td><td>0.5</td><td>+0.12</td></tr>
<tr><td>>80～120</td><td>0.6</td><td>0.7</td><td>0.7</td><td rowspan="3">0.6</td><td>+0.14</td></tr>
<tr><td>>120～180</td><td>0.7</td><td rowspan="2">0.5</td><td rowspan="2">0.8</td><td rowspan="2">0.5</td><td>0.8</td><td>+0.16</td></tr>
<tr><td>>180～260</td><td>0.8</td><td>0.85</td><td>+0.18</td></tr>
<tr><td>>260～360</td><td rowspan="2">0.9</td><td rowspan="2">0.6</td><td rowspan="2">0.9</td><td rowspan="2">0.6</td><td rowspan="2">0.9</td><td rowspan="2">0.7</td><td>+0.22</td></tr>
<tr><td>>360～500</td><td>+0.25</td></tr>
</table>

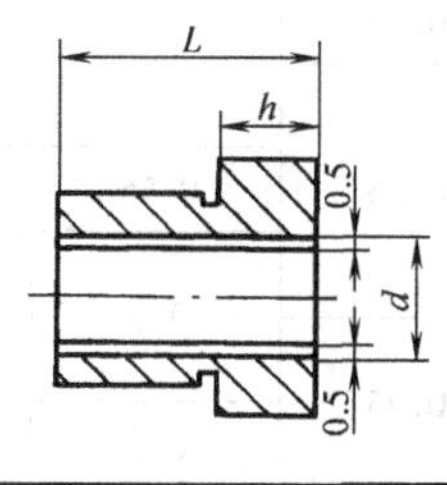

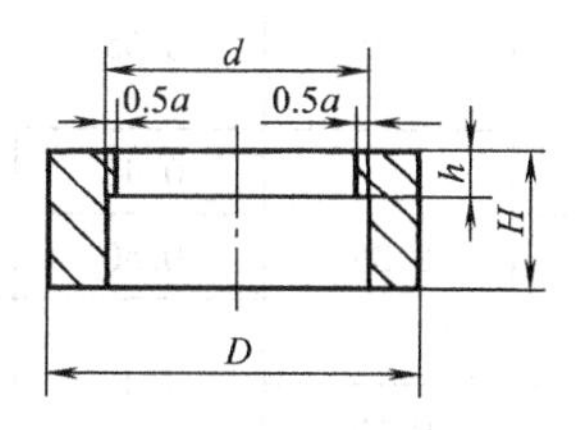

注：1. 当加工在热处理时极易变形的薄壁轴套及其他零件时，应将表中的加工余量乘以1.3倍。

2. 留磨余量表面粗糙度不低于 $Ra3.2\mu m$。

表3-27　直径上的加工余量　　（单位：mm）

<table>
<tr><th rowspan="2">直径 d</th><th colspan="4">钻孔后的余量 a</th><th colspan="2">锪孔或车孔后的余量 a</th><th>粗铰后的余量 a</th></tr>
<tr><th>锪孔</th><th>车孔</th><th>光车</th><th>铰孔</th><th>铰孔</th><th>粗纹</th><th>光铰</th></tr>
<tr><td rowspan="2">3～6</td><td rowspan="2"><0.6</td><td rowspan="2">—</td><td rowspan="2">—</td><td rowspan="2">—</td><td>0.08</td><td>0.10</td><td>0.04</td></tr>
<tr><td>0.15</td><td>0.15</td><td>0.05</td></tr>
<tr><td rowspan="2">>6～10</td><td rowspan="2"><0.7</td><td rowspan="2">—</td><td rowspan="2">0.5</td><td rowspan="2">—</td><td>0.10</td><td>0.10</td><td>0.06</td></tr>
<tr><td>0.18</td><td>0.16</td><td>0.10</td></tr>
<tr><td rowspan="2">>10～18</td><td rowspan="2"><0.8</td><td rowspan="2">0.8</td><td rowspan="2">0.8</td><td rowspan="2">—</td><td>0.10</td><td>0.10</td><td>0.06</td></tr>
<tr><td>0.20</td><td>0.20</td><td>0.10</td></tr>
<tr><td rowspan="2">>18～30</td><td rowspan="2"><0.2</td><td rowspan="2">1.2</td><td rowspan="2">1.0</td><td rowspan="2">—</td><td>0.15</td><td>0.15</td><td>0.06</td></tr>
<tr><td>0.20</td><td>0.20</td><td>0.10</td></tr>
</table>

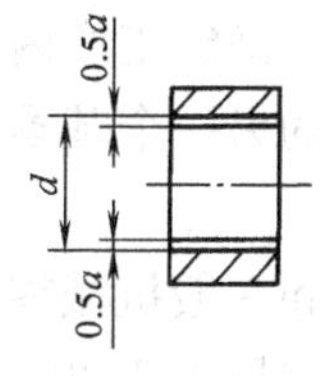

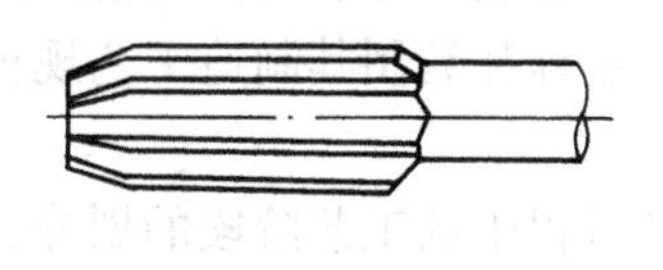

表 3-28 内外圆(形)研磨余量 (单位：mm)

工 件 尺 寸	轴	孔	平面(每边)	斜面及不对称 R
50 以下	+0.015 +0.025	−0.015 −0.025	+0.015 +0.025	不放
>50 ~ 80	+0.02 +0.03	−0.02 −0.03	+0.02 +0.03	不放
>80 ~ 100	+0.03 +0.04	−0.03 −0.04	+0.03 +0.04	不放

注：1. 选用以上研磨余量的工件，被研磨面在研磨前的表面粗糙度为 $Ra0.8\mu m$。

2. 以上数值是在名义尺寸上另外增加的。

表 3-29 外圆磨削加工余量 (单位：mm)

<table>
<tr><th rowspan="3">轴的直径 d</th><th colspan="6">轴的长度在直径上的加工余量 a</th><th rowspan="3">磨削前余量
公差为 IT5 级</th></tr>
<tr><th colspan="2">100 以下</th><th colspan="2">>100 ~ 250</th><th colspan="2">>250 ~ 500</th></tr>
<tr><th>淬硬</th><th>不淬硬</th><th>淬硬</th><th>不淬硬</th><th>淬硬</th><th>不淬硬</th></tr>
<tr><td>10 以下</td><td rowspan="3">0.35</td><td rowspan="2">0.25</td><td rowspan="2">0.35</td><td>0.25</td><td rowspan="2">—</td><td rowspan="2">—</td><td rowspan="4">+0.1</td></tr>
<tr><td>>10 ~ 18</td><td rowspan="3">0.35</td></tr>
<tr><td>>18 ~ 30</td><td rowspan="3">0.35</td><td>0.45</td><td>0.55</td><td>0.45</td></tr>
<tr><td>>30 ~ 50</td><td rowspan="2">0.45</td><td>0.50</td><td rowspan="2">0.6</td><td rowspan="2">0.55</td></tr>
<tr><td>>50 ~ 80</td><td rowspan="2">0.6</td><td rowspan="2">0.45</td><td>+0.12</td></tr>
<tr><td>>80 ~ 120</td><td rowspan="2">0.6</td><td>0.45</td><td>0.7</td><td>0.5</td><td>+0.14</td></tr>
<tr><td>>120 ~ 180</td><td rowspan="2">0.5</td><td>0.7</td><td>0.5</td><td>0.8</td><td rowspan="2">0.55</td><td>+0.16</td></tr>
<tr><td>>180 ~ 260</td><td>0.7</td><td rowspan="2">0.8</td><td rowspan="2">0.6</td><td rowspan="3">0.9</td><td>+0.18</td></tr>
<tr><td>>260 ~ 360</td><td>0.8</td><td>0.6</td><td>0.6</td><td>+0.22</td></tr>
<tr><td>>360 ~ 500</td><td>0.9</td><td>0.7</td><td>0.9</td><td>0.7</td><td>0.7</td><td>+0.25</td></tr>
</table>

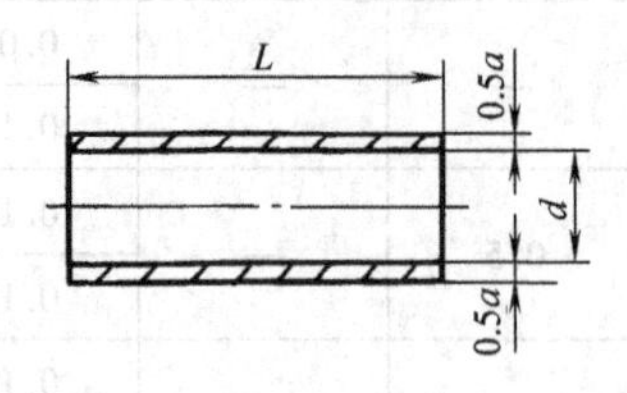

注：1. 10mm 以下 L/d 的长细比最大不超过 20 倍。

2. 磨削前表面粗糙度值不低于 $Ra3.2\mu m$。

3.3.2 模具零件制造工序、工序尺寸与公差

确定模具成形件的制造工艺顺序、划分工艺阶段，确定工序内容、工序尺寸与公差，是设计模具成形件制造工艺过程和编制其制造工艺规程的另一个基本内容。

1. 划分工艺阶段

模具成形件制造工艺过程中的工艺阶段的划分，和一般机械零件基本上相同，可分为粗加工、半精加工、精加工和精饰加工四个阶段，其内容见表 3-30。

表3-30　一般机械零件工艺阶段及其内容和作用

工艺阶段	工艺内容和要求	作用
粗加工	其任务为完成零件被加工表面的大部分余量的加工，使加工后的毛坯形状和尺寸接近零件图样所要求的零件形状与尺寸 在批量、大批量加工时，力求高效率	1. 粗加工阶段可减少半精加工和精加工余量可提前发现毛坯缺陷如：气孔、砂眼、余量不足等 2. 分阶段有利于在各阶段之间安排热处理工序，如粗加工后进行时效处理，以去除内应力和因内应力而引起的变形。半精加工后进行淬火处理有利于改善零件的力学性能 各阶段之间有时间间隔，可进行自然时效，有利于减少变形误差 3. 划分工艺阶段，使粗、精加工分成阶段，有利于充分发挥机床性能和特点，延长精密加工机床的寿命
半精加工	按图样要求，完成次要加工面或精度要求较低零件的加工，如钻孔、加工槽等。其主要任务是完成并达到主要表面进行精加工的工序尺寸和公差的加工与要求	
精加工	完成并达到图样上要求的尺寸精度和形状，位置精度和表面质量要求	
精饰加工	其主要加工目标为完成并达到图样上标注的表面粗糙度和皮纹等装饰性加工要求，可提高加工面的尺寸精度，而不能纠正零件的形位误差	

由于模具成形件结构工艺要素和材料及其热处理性能等要点，在划分其工艺阶段时应注意以下特点：

1）当采用电火花成形加工时，其粗、精加工均须在热处理后进行。

2）当采用电火花线切割成形加工精密冲模成形件时，只能视本工序为半精加工，需留精密成形磨削的加工余量。

3）当采用由坯件制造厂提供的冲模用标准圆凸模与圆凹模坯件，以及成形模用型腔已经粗加工成形的凹模坯件时，则可省去粗加工，甚至半精加工工序。

2. 确定工序内容与加工顺序的原则

合理确定工序内容与加工顺序，对缩短制造工艺过程，进行高效、精密加工，保证加工精度和表面粗糙度具有重要作用。其确定原则如下：

（1）工序内容应力求集中　即经一次安装能加工多个被加工面，或进行多个工步的加工，使工序内容增多，以提高工艺集成度。

如采用具有三基准面、并经成形粗加工的塑料注射模凹模坯件，安装在CNC机床上，按工步顺序和数字化加工程序进行型腔的型面、槽和孔的粗、半精和精加工工序，使达到高效、精密加工的要求。

（2）确定加工顺序的原则（见表3-31）

表3-31　确定加工顺序的原则

工序类别	确定加工顺序的原则	作用
机械加工	1. 先粗后精加工	粗加工切除大部分余量，以逐步减少余量进行半精加工和精加工，以保证加工精度和表面质量
	2. 先加工基准面，后加工其他加工面	以便其后的被加工面的加工，用加工好的基准面定位
	3. 先加工主要的被加工面后加工次要的加工面	如工作面、装配基面为主要加工面，后加工槽、孔等加工面，因为这些次要面对主要面有位置精度要求
	4. 先加工平面、后加工内孔	因加工好的平面，可作为稳定、可靠的加工孔的精基准面
热处理	1. 退火、回火和调质与时效处理须在粗加工后进行	去除零件因粗加工产生的内应力
	2. 零件淬火或渗碳淬火须在半精加工之后	提高表面硬度和耐磨性的淬火和渗碳淬火引起的变形可在精加工时消除
	3. 渗氮处理等工序，也宜尽量安排在加工顺序之后，精加工前为好	因渗氮处理的温度低、渗氮深度小为0.8～1.2mm，变形很小、易于精加工消除

（续）

工序类别	确定加工顺序的原则	作　　用
检验	1. 在粗加工和半精加工以后，须进行检查测量	目的在于保证半精加工和精加工余量，保证工序尺寸和公差
	2. 重要工序加工前、后和零件热处理前的测量	
	3. 完成零件所有加工后的检查与测量	目的在于保证加工后尺寸与尺寸精度、形状位置精度，以及表面质量和技术要求，完全符合零件图样上的要求

3. 工序尺寸与公差的确定

工序尺寸与公差是指在某工序所有加工内容均完成后，工件应达到的尺寸与公差。所以，确定每道工序的尺寸与公差，主要取决于每道工序的加工余量和工艺基准的选择两个因素。

（1）确定工序尺寸与公差的顺序

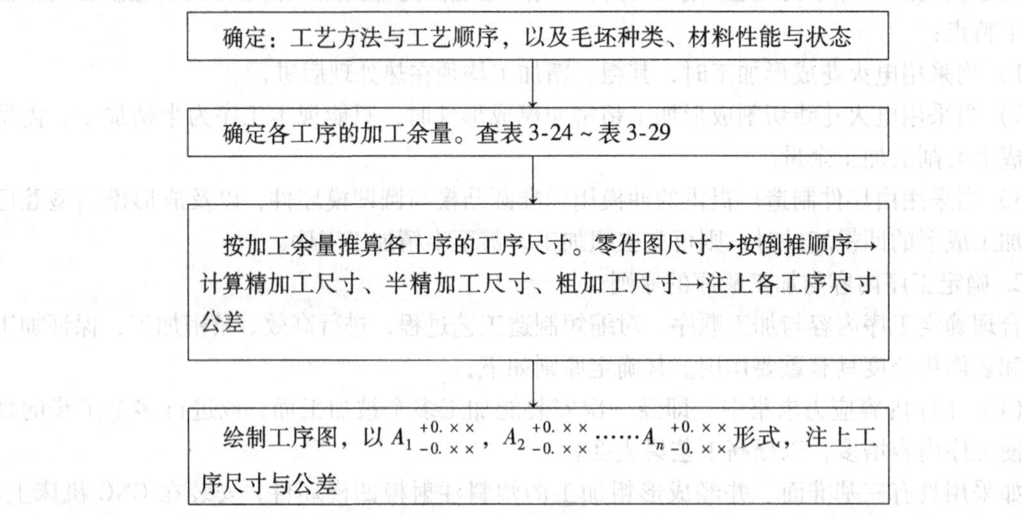

注意：

1）以批量、大批量生产规模制造模具标准件时，须编制工序卡，并按上述顺序绘制工序图、注明工序尺寸与公差，以保证加工精度和表面粗糙度要求。

2）以普通机床加工模具成形件时，可凭经验确定加工余量，可不绘制工序图，但须推算各工序尺寸和公差。

3）当采用 CNC 机床加工模具成形件时，则须按顺序绘制工序图，注明工序尺寸与公差并填入工序卡中，以保证高效、精密加工。

（2）工序尺寸与公差计算举例　如圆凹模（见图 3-10），需加工 $\phi28^{+0.02}_{0}$mm 孔。孔表面粗糙度为 $Ra0.8\mu m$，淬火硬度为 58 ~ 62HRC，加工顺序为钻孔→半精车→精车→热处理→磨孔。

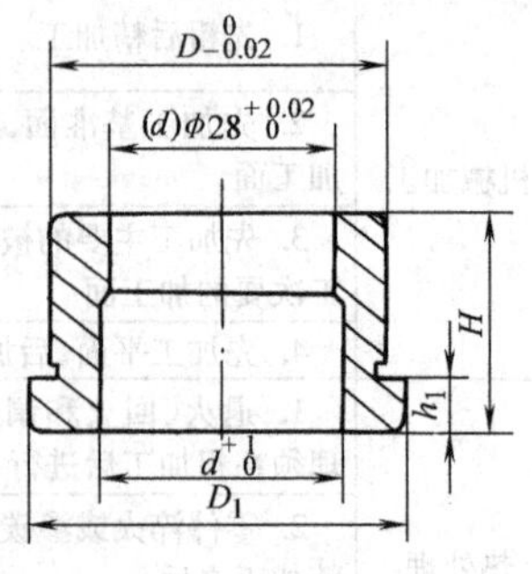

图 3-10　圆凹模

查表 3-26、表 3-27 和表 3-11，查得各工序余量与可达到的公差等级，经计算，各工序尺寸与公差见表 3-32。

表 3-32　工序尺寸与公差计算表　　（单位：mm）

工序名称	工序余量	工序能达到的公差等级	工序公称尺寸	工序尺寸及基偏差	工序名称	工序余量	工序能达到的公差等级	工序公称尺寸	工序尺寸及基偏差
磨削	0.4	IT5	$\phi28$	$\phi28^{+0.02}_{0}$	半精车	1.2	IT9	26.6	$\phi26.6^{+0.087}_{0}$
精车	1	IT8	27.6	$\phi27.6^{+0.054}_{0}$	钻孔	2.6	IT11	25.4	$\phi25.4^{+0.25}_{0}$

由表 3-32 可知，加工孔时前道工序尺寸，等于相邻后续工序尺寸和基本余量之差；若加工外圆，其前道工序尺寸将等于：相邻后续工序尺寸和基本余量之和。

（3）工艺与设计基准不重合时的工序尺寸与公差计算

1）工艺与设计基准不重合示例。当进行模具零件（主要为成型件）设计时应尽量使设计基准与加工定位基准相重合，以避免产生基准不重合误差。但是，这两个基准不重合有时是难以避免的，如图 3-11 和图 3-12 所示。

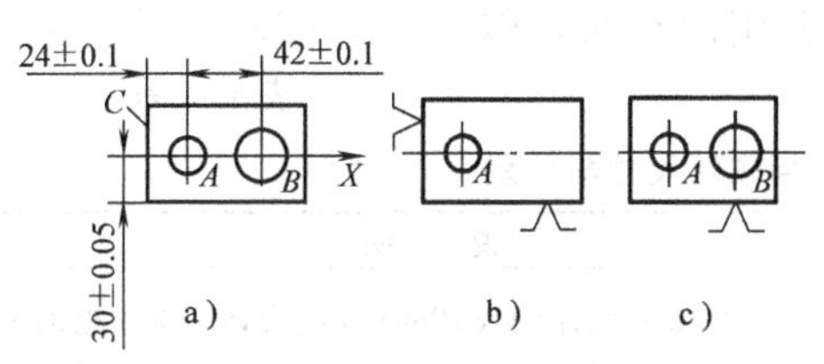

图 3-11　设计与加工基准不重合示例一

a）零件图　b）工序：钻、镗 A 孔

c）工序：钻、镗 B 孔

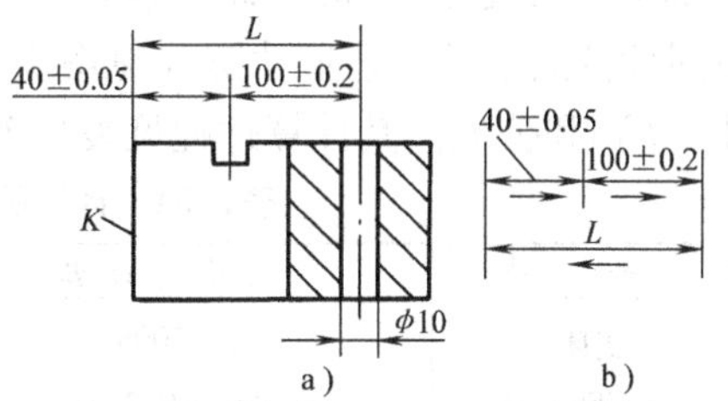

图 3-12　设计与加工基准不重合示例二

a）零件图　b）工艺尺寸链图

如图 3-11 所示，A 孔在 x 方向的设计基准为 C 面，其加工定位基准也为 C 面，则其基准是重合的。B 孔设计基准为 A 孔中心线，在加工 B 孔时，C 面仍为其定位基准，即 42mm ± 1mm 是间接获得的，则其基准不重合，将产生基准不重合误差。

如图 3-12 所示零件图与图 3-11a 相似。当加工 ϕ10mm 孔时，亦将产生基准不重合误差。

2）工艺与设计基准不重合时的工序尺寸与公差计算方法。常用方法为：应用工艺尺寸链和采用极值法解工艺尺寸链，来计算基准不重合时的工序尺寸与公差。

工序尺寸计算公式见表 3-33；工序尺寸与偏差的关系如图 3-13 所示。

表 3-33　工艺尺寸链计算公式与符号

公式序号	计 算 公 式
1	$L_o = \sum_{i=1}^{m}\overrightarrow{L}_o - \sum_{i=m+1}^{n-1}\overleftarrow{L}_o$
2	$L_{omax} = \sum_{i=1}^{m}\overrightarrow{L}_{omax} - \sum_{i=m+1}^{n-1}\overleftarrow{L}_{omin}$
3	$L_{omin} = \sum_{i=1}^{m}\overrightarrow{L}_{omin} - \sum_{i=m+1}^{n-1}\overleftarrow{L}_{omax}$
4	$ES_o = \sum_{i=1}^{m}\overrightarrow{ES}_i - \sum_{i=m+1}^{n-1}\overrightarrow{EI}_i$
5	$EI_o = \sum_{i=1}^{m}\overrightarrow{EI}_i - \sum_{i=m+1}^{n-1}\overrightarrow{ES}_i$
6	$T_o = \sum_{i=1}^{n-1}T_i$
7	$L_{om} = \sum_{i=1}^{m}\overrightarrow{L}_{im} - \sum_{i=m+1}^{n-1}\overleftarrow{L}_{im}$
8	$L_{im} = (L_{imax} - L_{imin})/2$
9	$T_{im} = T_o/(n-1)$

符 号 说 明			
符合名称	封闭环	增　环	减　环
公称尺寸	L_o	$\overrightarrow{L}_i$	$\overleftarrow{L}_i$
上极限尺寸	L_{omax}	$\overrightarrow{L}_{imax}$	$\overleftarrow{L}_{imax}$
下极限尺寸	L_{omin}	$\overrightarrow{L}_{imin}$	$\overleftarrow{L}_{imin}$
上极限偏差	ES_o	$\overrightarrow{ES}_i$	$\overleftarrow{ES}_1$
下极限偏差	EI_o	$\overrightarrow{EI}_2$	$\overleftarrow{EI}_i$
公差	T_o	$\overrightarrow{T}_i$	$\overleftarrow{T}_i$
平均尺寸	L_{om}	$\overrightarrow{L}_{im}$	$\overleftarrow{L}_{im}$

n——包括封闭环在内的总环数

m——增环数

$n-1$——组成环总数（包括增环与减环）

说明：按表3-33中的公式计算尺寸链时，可采用正计算、反计算和中间计算三种计算方法。其中：

① 正计算。主要用于验证工序图上标注的工序尺寸与公差，是否满足零件设计尺寸的要求。其计算内容为：已知各组成环公称尺寸与公差，求封闭环公称尺寸与公差。

② 反计算。即为已知封闭环公称尺寸与公差，求各组成环公称尺寸与公差。计算方法有两种：一为等公差法，即按表3-33公式9计算出的平均公差为各组成环的公差；二为等精度等级法，即按各组成环公差等级相等原则，分配各组成环公差。

③ 中间计算。即为已知封闭环和有关组成环公称尺寸与公差，求某一组成环的公称尺寸与公差。现以图3-12a零件为例，以K面为加工定位基准，加工ϕ10mm孔，按表3-33中的公式，以中间计算法解其工艺尺寸链（见图3-12b），求其组成环的公称尺寸（L）和公差。其计算过程见表3-34。

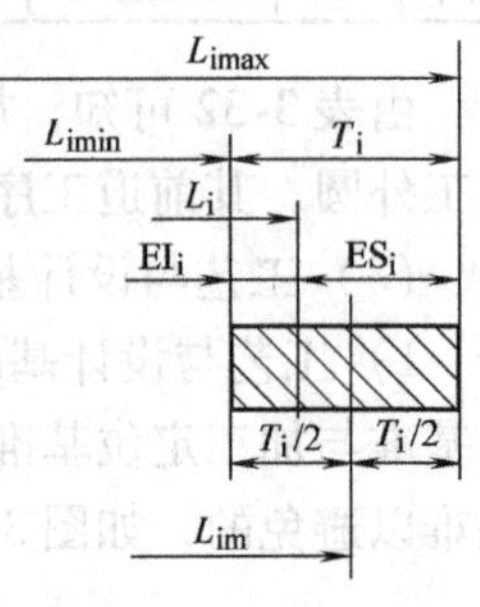

图3-13 尺寸与偏差的关系

表3-34 计算图3-12a零件组成环尺寸与公差

项目	符号	尺寸与计算	说明
已知条件	封闭环 L_o, ES_o, EI_o	$L_o = 100$mm $ES_o = 0.2$mm $EI_o = -0.2$mm	如图3-12a、b所示，由于ϕ10mm孔的设计基准为槽的中线与加工基面K不重合，100mm ± 0.2mm只能在加工时间接保证。故确定其为封闭环
	减环 L_2, ES_2, EI_2	公称尺寸$L_2 = 40$mm 上极限偏差$ES_2 = 0.05$mm 下极限偏差$EI_2 = -0.05$mm	如图3-12b所示尺寸链图，其尺寸箭头方向与封闭环相同，故确定其为减环
增环(L)尺寸与公差计算	计算增环 L_1, ES_1, EI_1	计算公称尺寸L_1，即 $100\text{mm} = L_1 - 40\text{mm}$ $L_1 = 140$mm	因其尺寸箭头方向与封闭环相反，故确定其为增环 其基本尺寸则按表3-33中1号公式计算
		计算上极限偏差ES_1，即： $0.2 = ES_1 - (-0.05)$ $ES_1 = 0.15$mm	按表3-33中4号公式计算
		计算下极限偏差EI_1，即： $-0.2 = EI_1 - 0.5$ $EI_1 = -0.15$mm	按表3-33中5号公式计算
计算结果	L	$L = 140^{+0.15}_{-0.15}$	说明用侧面K为定位基准钻ϕ10mm孔的工序尺寸精度提高了0.1mm。因为原设计基准公差为0.4mm，现为0.3mm，因此0.1mm即为基准不重合误差
验算	$T_0 = T_1 + T_2$	$T_0 = \sum_{i=1}^{n-1} T_i = [0.05-(-0.05)]$ $+[0.05-(-0.15)]$ $=0.4$mm $T_0 = T_1 + T_2$	采用表3-33中6号公式验算 说明：组成环公差之和等于封闭环公差

3.4　模具制造工艺规程的执行与模具验收

根据前述模具制造工艺规程的性质、作用、经济技术基础、基本内容可知，控制与管理每副模具制造工艺规程的执行，还将涉及企业拥有的制造工艺技术资源与企业管理等方面的水平。

3.4.1　模具制造工艺规程的执行

1. 执行工艺规程的基本条件

1）模具厂在制造大量模具的实践中，精心积累制造工艺技术及其资料与经验，并使之形成企业技术规范、标准等企业技术资源。其方法为：制订并执行《模具设计与制造案例》制度。分类登记每副模具设计图样和文件；收集登记每副模具制造工艺文件；详细记录其实用工艺技术参数、实用工时与精度、质量状况等。据此，在采纳和参照国家标准、行业标准的基础上，制订企业的工艺技术规范、标准、指导性文件，以及管理制度等。如：

① 企业模具通用零、部件标准。

② 制造工时与工时定额标准。

③ 零件加工工艺技术参数规范等。

2）申请注册企业第三方认证，建立企业产品质量保证与管理体系。保证：

① 模具制造工艺过程中的各个质量环节，都处于高水平作业状态。

② 模具制造设备、工装等每个工艺质量因素，都处于优良状态。

从而，能保证每副模具制造工艺规程都能安全、可靠地执行与实施。

3）针对企业产品（模具），明确其制造工艺路线和制造工艺方向，并在此基础上，逐步配套制造设备、加工机床和工装，使之具有前瞻性。这是模具制造工艺规程实施的技术基础。

4）通过培训与教育，提高企业职工技术素质和技艺水平。同时，还必须建立具有鲜明特色的企业文化，形成一支具有高度文明的企业员工队伍，以进一步提高执行模具制造工艺规程的安全性、可靠性。

2. 强调模具制造过程的控制

1）模具的精度与质量形成于模具制造的全过程，而不仅取决于制造过程中的某一工艺阶段或某一工序，因此，凭借上述执行工艺规程的条件，分析、研究误差产生的环节及其原因，并进行过程控制，对提高执行工艺规程的可靠性与安全性，保证模具达到应有的精度与质量，具有重要意义。

2）产生模具制造误差的原因与误差的组成。模具精度是指模具设计时，所允许的综合制造误差值。即，经过零件加工和装配后，形成的模具实际几何参数（尺寸、形状、位置）相对于模具设计所要求的几何参数之间相符合的程度。可用下列表达式表示：

$$f_0(x_{1-n},y_{1-n},z_{1-n})\rightarrow f_1(x'_{1-n},y'_{1-n},z'_{1-n})$$

模具的制造精度误差由三部分形成，即：①标准零、部件的制造误差；②成形件的制造误差；③模具装配误差。前两部分误差产生的原因主要是设计误差和工艺系统误差。其中，设计误差是相对于公称尺寸或理论尺寸确定的允许设计误差。工艺系统误差则是由机床、刀具和夹具的制造误差，由夹紧力、切削力等力的作用产生的变形误差，以及由于在加工时机床、刀具、夹具的磨损、受热变形误差等所形成，见表3-35～表3-37。

表3-35 零件制造误差分析与控制

误差类别	误差产生原因与分析	误差控制
理论误差	由于在加工时,采用近似的加工运动或近似刀具轮廓所产生的误差	采用CAD/CAM技术,以提高运动精度和刀具轮廓精度
安装误差	为定位误差与夹紧误差的和: 1. 定位误差 为基准不重合误差与基准位移误差的向量和,即 $\overline{\Delta}_{定位}=\overline{\Delta}_{位移}+\overline{\Delta}_{基}$ 2. 夹紧误差 由于夹紧工件的力,作于工件,使工件变形而产生的加工误差	1. 力求使工序基准与定位基准重合,或使其向量和保证在设计时所要求的精度范围内 2. 加强薄壁零件的刚度。精确计算工件所允许的夹紧力
调整误差	机械加工时,为获得尺寸精度,常采用试切法或调整法,均产生调整误差 1. 试切法的调整误差 是由操作时的测量误差、机床微量进给误差和工艺系统受力变形误差所造成 2. 调整法的调整误差 是微进给量误差及因进给量小而产生"爬行"所引起的误差;调整机构,如行程挡块、靠模、凸轮等的制造误差,或所采用的样件、样板的制造误差,以及对刀误差等所形成的调整误差	1. 保证测量器具精,须按期检修和进行计量 2. 保证机床的微进给精度 3. 正确选订加工工艺参数 4. 提高和控制定程精度和对刀精度
测量误差	由量具本身制造误差和所采用的测量方法、方式所产生的误差	见表3-36和表3-37
机床误差	1. 导轨误差 导轨是机床进行加工运动的基准,其直线运动精度,直接影响被加工工件的平面度和圆柱度 2. 主轴回转误差 磨削时将影响工件表面的粗糙度,产生圆柱度误差、平面度误差 3. 传动误差 包括传动元件,如丝杠、齿轮和蜗轮副的制造误差等	1. 保证机床导轨直线运动和主轴回转运动的精度 2. 提高传动链精制造精度,尽量缩短传动链,并减小其装配间隙
夹具误差	夹具误差的主要因素是夹具各类元件:包括定位元件、对刀元件、刀具引导装置,及其安装表面等的位置误差,和各类有关元件的使用中磨损所造成的误差	须保证夹具精度,使不失精。要求: 精加工夹具允差:取工件相应公差的1/2～1/3;粗加工表具允差,取工件相应公差的1/5～1/10
刀具误差	由刀具制造误差(含电火花加工用电极),刀具装夹误差和刀具磨损产生的误差	在加工时,须保证刀具(含电极)制造和使用时的装夹精度
工艺系统变形误差	1. 工艺系统受力变形误差 包括由于机床零部件刚度不足,受力后的弹性变形引起的误差;由于刀具刚度不足,受力后的弹性(如悬壁)变形引起的误差;和工件刚度不足,受力后的弹变、塑变引起的误差 2. 工艺系统受热变形误差 是由于加工时工件,刀具和机床受热后引起的变形,所产生的误差	提高和保证机床、刀具的高刚度和正确制订加工工艺参数是减小受力变形误差基本条件,精加工在恒温(20°C)条件下进行,是减少热变形的措施:一般恒温精度:±1°C,精密恒温精度:±0.5°C,超精恒温精度:±0.1°C
工件内应力引起的误差	工件在加工时,由于其存在内应力的平衡条件被破坏,产生的变形误差	须在粗加工和半精加工时消除内应力,即精加工前进行时效处理
操作误差	操作时、由于技术不熟练,质量意识差,操作失误等引起的误差	提高职工素质和质量意识,制订完善的质量保证和管理系统

表3-36 工件允许的极限测量误差

工件的精度等级和配合种类		尺寸范围/mm											
		1～3	>3～6	>6～10	>10～18	>18～30	>30～50	>50～80	>80～120	>120～180	>180～260	>260～360	>360～500
孔	轴	允许的极限测量误差±/μm											
—	h5、g5、f6	2	2	2	3	4	4	4.5	6	6.5	—	—	—
H6、G6、F7	h6、g6	3	3	4	4	5	6	6	8	10	12	15	18
H7、G7、G8	h7、f8、s7、u5、u6、f7、e8、c8	5	6	6	8	8	10	11	13	16	17	20	25

（续）

工件的精度等级和配合种类		尺寸范围 /mm											
		1~3	>3~6	>6~10	>10~18	>18~30	>30~50	>50~80	>80~120	>120~180	>180~260	>260~360	>360~500
孔	轴	允许的极限测量误差 ±/μm											
H8、E8、E9、D8、D9、H9	h8、h9、d8	6	6	7	9	10	12	13	16	19	20	25	30
f9、d9、d10		7	8	9	11	12	15	16	19	21	25	30	35
H10、h10		9	10	11	13	15	18	20	23	25	30	35	40
H11、D11、B11、C11、A11、h11、d11、b11、c10、c11、a11		11	12	13	17	20	24	31	38	45	55	66	75
H12、H13 h12、h13、b12、c12、c13		13	24	30	35	42	50	60	70	80	90	100	110

表 3-37　长度测量的极限误差

测量工具名称	比较测量法用的量块		被测尺寸分段/mm		
			>10~50	>50~80	>80~120
	等级		极限误差 ±/μm		
用立式光学计、卧式光学计、测长机等测外尺寸	3	0	0.5	0.6	0.8
	4	1	0.6	0.8	1.0
	5	2	1.0	1.3	1.6
用卧式光学计、附有光学计和显微镜的测长机测内尺寸	3	0	0.9	1.1	1.3
	4	1	1.0	1.3	1.6
	5	2	1.4	1.8	2.0
分度值为 0.01mm 的千分表（指针在一周范围内工作时）：	—				
0 级精度	6	3	10	10	10
1 级精度	6	3	15	15	15

测量工具名称	比较测量法用的量块	被测尺寸分段/mm		
		>10~50	>50~80	>80~120
	等级	极限误差 ±/μm		
千分尺	绝对测量法	8	9	10
内径千分尺		—	18	26
用读数为 0.02mm 的游标卡尺：测量外尺寸		40	45	45
测量内尺寸		50	60	60
用刻度值为 0.05mm 的游标卡尺：测量外尺寸		80	90	100
测量内尺寸		100	130	130

模具装配误差将决定模具的精度等级与精度水平。模具装配误差的形成及其形成过程，则与模具装配时，正确地使相关零件进行定位、拼装、连接、固定等装配顺序与工艺有关；与标准件、成形件制造误差有关。其中，凸、凹模之间的间隙值及其偏差，则是确定零件制造和装配偏差的依据。形成模具装配误差和零件之间的尺寸关系与顺序如图 3-14 所示。

图 3-14 说明：

① 模具装配后，其零件之间的尺寸关系，必须满足装配工艺尺寸链中封闭环的要求（见第 11 章）。

② 装配后，各装配单元之间的相对位置，必须正确，保证其位置精度。

③ 装配后，装配单元中的运动副或运动机构，必须保证其在工作运动中的精度和可靠性。

3.4.2　模具验收

1. 验收模具的依据

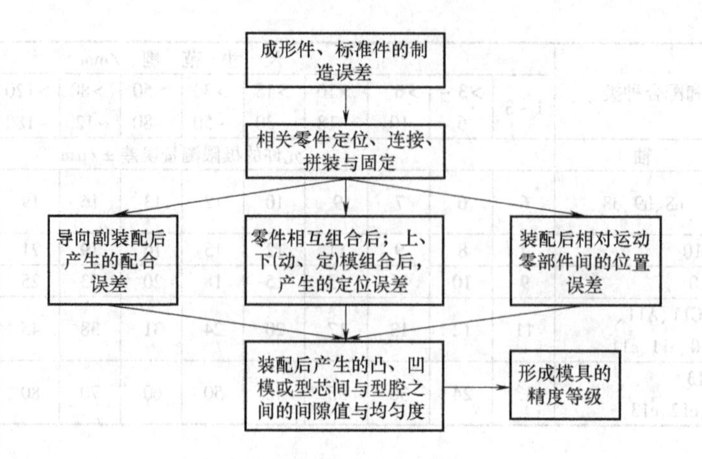

图 3-14 模具装配误差形成框图

（1）模具承制合同及其性质与内容 模具承制合同也是一种社会性的商业、经济契约，是根据国家《合同法》、《质量法》等有关法律、法规，由模具用户（甲方）的法人代表和模具厂（乙方）的法人代表共同签定的、具有法律性的法律文件。

合同中规定的主要内容有：

1）产品或产品零件图样、技术条件与要求。

2）模具精度与表面粗糙度等级，成形件材料以及模具使用性能等。

3）模具完成，交付甲方验收、使用期限。

4）模具价格、付款办法和时间等。

5）经甲、乙方协商还可规定有：违约处罚、试模地点、试用期、保修以及一些特殊要求条款。

因此，模具承制合同不仅是进行模具验收的依据，也是进行模具设计、制订制造工艺规程、进行制造的依据。

（2）模具验收技术条件标准 由国家、行业组织制定，由全国模具标准化技术委员会审查，经由国家标准管理部门批准、发布的模具技术标准，是模具设计、制造时，必须遵守的技术规范；其工艺质量标准也是进行模具验收的技术依据。

可见，国家、行业模具技术标准，是模具厂及其用户都应当执行的国家与行业性的技术法规。

模具验收时依据的主要模具工艺质量标准见表 3-38。

2. 验收模具须检查的项目和内容

在验收模具时，需根据模具承制合同和有关模具技术标准，检查以下项目：

1）检查模具结构，机构及其设计参数的合理性。以评定其运动顺序、精确性和可靠性。

2）检查制件。根据产品或产品零件图样和技术要求，检查试模样件和首批试生产试件。

3）检查模具制造精度和质量。

模具验收时应检查的项目和内容见表 3-38。

表 3-38　模具验收项目和内容

<table>
<tr><th>验收项目</th><th>检　查　内　容</th><th>说　　明</th></tr>
<tr><td>模具结构机构检查</td><td>1. 检查成形件结构
2. 检查送料、顶料、脱模机构及其运动、设计参数
3. 检查分型开模顺序
4. 检查浇注、冷却系统及其设计参数</td><td>1. 评定成形件结构的合理性
2. 评定各机构运动顺畅、精确、到位;符合分型、开模顺序
3. 评定设计、制造正确,符合要求
4. 检查依据:产品图样、技术要求</td></tr>
<tr><td>模具制造精度检查</td><td>1. 成形件材料与热处理性能
2. 检查成形件尺寸工差,形状,凸、凹模间隙及其均匀性
3. 检查成形件型面质量,如表面粗糙度等
4. 检查冲压行程与运动精度,如导向精度等
5. 外观检查</td><td rowspan="2">1. 检查依据:
1) 合同要求
2) 产品或产品零件图样与技术要求
3) 技术标准:
冲模模架(JB/T 7644～7645);冲模模架精度检查(JB/T 8071)
塑料注射模零件及技术条件(GB/T 4169～4170);塑料注射模模架(GB/T 12555、12556)
压铸模零件及技术条件(GB/T 4678～4679)
冲模技术条件(GB/T 14662);
塑料注射模技术条件(GB/T 12554);
压铸模技术条件(GB/T 8844);
轮胎外胎模具(HG/T 3227)
玻璃制品模具技术条件(JB/T 5785);
2. 检查的制件:
试模样件检查
首批试生产试件检查</td></tr>
<tr><td>制件检查(制件:冲件、塑件、压铸件、橡胶件等)</td><td>1. 检查制件几何形状,尺寸与尺寸精度、形位公差
2. 表面质量检查:表面粗糙度,表面装饰图纹等
3. 冲件毛刺与截面检查</td></tr>
</table>

注：模具验收时，应强调各类、各种模具的检查项目。表列项目是综合性项目。

第4章　工件的定位、基准与夹紧

4.1　工件定位与定位基准

机床在装配时，其主轴箱、滑板及其上的工件，均须精确地安装在相应的位置上；在进行机械加工时，其刀具必须精确地安装在主轴头的位置上，其回转中心须与主轴中心线相重合。模具也一样，其零、部件均须精确地安装在以冲模上、下模座板或塑料模、压铸模的定、动模座板为基准的相应位置上，所以，模具零件在加工时，其安装在夹具、机床上，或在装配时，其零、部件占有精确位置的过程，称为定位，或分别称为加工定位、装配定位。

4.1.1　工件的定位原理

1. 六点定位原理

任一刚体，在空间都有六个自由度，即沿直角坐标系 x、y、z 三轴方向移动的自由度 $\vec{x}$、$\vec{y}$、$\vec{z}$，以及绕三轴转动的自由度 $\widehat{x}$、$\widehat{y}$、$\widehat{z}$，如图 4-1 所示。

设：模具成形件为刚体，在加工时，必须使其在机床上或夹具中完全定位。方法为：限制其在空间的六个自由度，如图 4-2 所示。即采用相应的定位元件支承其六个固定点，使每个固定点限制成形件的一个自由度，则成形件的六个自由度将完全被限制。从而，此成形件在机床上或夹具中将既不能移动，也不能转动。即此成形件在空间获得了正确定位。所以，限制工件在空间的六个自由度，使之完全定位，即为工件的六点定位原理。

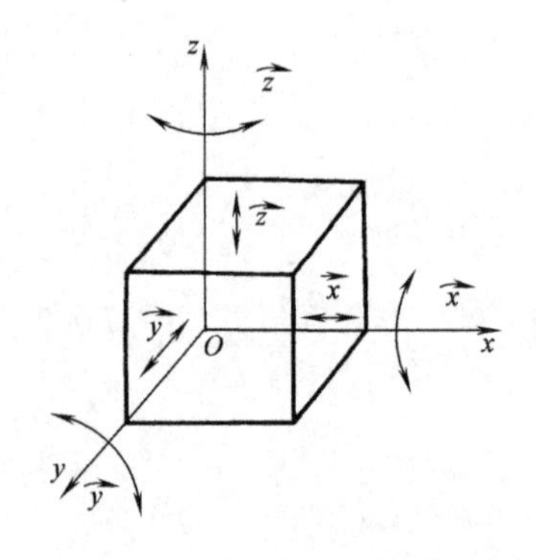

图 4-1　工件在空间的自由度

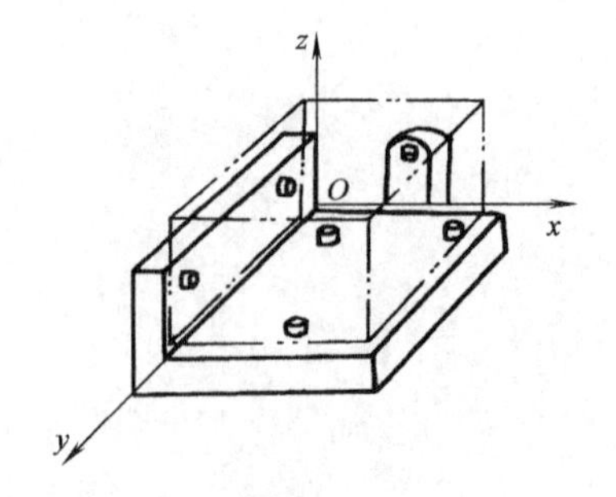

图 4-2　工件在空间的六点定位

六点定位原理是进行夹具设计与制造的技术理论基础。

2. 工件的完全定位与不完全定位

(1) 完全定位及其条件　如图 4-2 所示，当被加工工件（如模具成形件）在加工时，其在空间的正确定位，将取决于限制自由度的支承点在空间进行合理、正确的布置；支承点在空间的布置，则取决于工件的结构特点和夹具的合理设计。

1）当三个支承点布置在 xoy 平面上，工件不能沿 z 轴移动和绕 x、y 轴转动，限制了三个自由度，即$\vec{z}$、$\overset{\frown}{x}$、$\overset{\frown}{y}$。

2）当两个支承点布置在 yoz 平面上，使工件不能沿 x 轴移动和绕 z 轴转动，限制了两个自由度，即$\vec{x}$、$\overset{\frown}{z}$。

3）当一个支承点布置在 xoz 平面上，使工件不沿 y 轴移动，限制一个自由度，即$\vec{y}$。

可见，这样布置六个支承点，不重复地限制了六个自由度，这种状态即称完全定位。如图 4-3 所示，在凹模上铣槽时，在沿 x、y、z 三个轴的移动和转动方向上都有尺寸要求，所以加工时，必须限制其六个自由度，实现其完全定位。

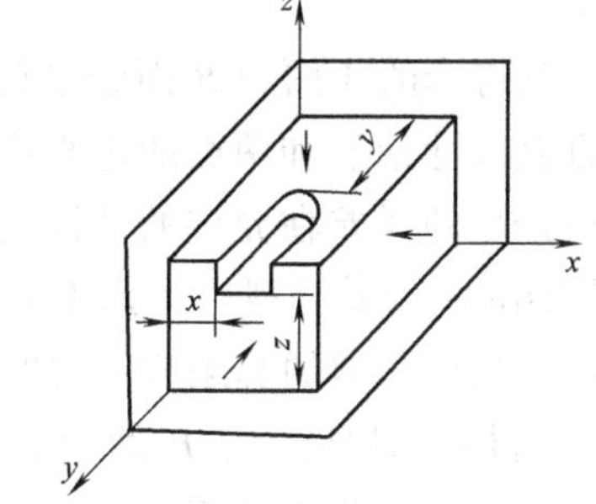

图 4-3　凹模型腔加工时的完全定位

（2）工件的不完全定位及其应用　工件在加工时，不一定都需要进行完全定位。例如，当车削或磨削模具导向副的导柱时（见图 4-4），导柱应绕 x 轴自由转动，因此，只需限制导柱的其他五个自由度则可，即采用机床主轴顶尖顶住导柱一端中心孔，就限制了$\vec{x}$、$\vec{y}$、$\vec{z}$ 三个自由度；尾座顶尖顶住另一端中心孔，以限制$\overset{\frown}{y}$、$\overset{\frown}{z}$两个自由度。

再如图 4-5 所示为磨削模块平面的图样。此模块被磁力台吸住，以限制其三个自由度，即$\overset{\frown}{x}$、$\overset{\frown}{y}$、$\vec{z}$，则可以进行磨削，以去除模块上平面的少量金属，保持模块的高度 H。

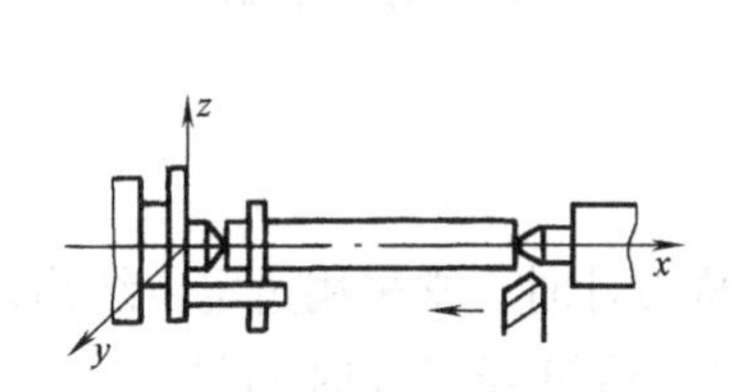

图 4-4　导柱车削加工限制五个自由度

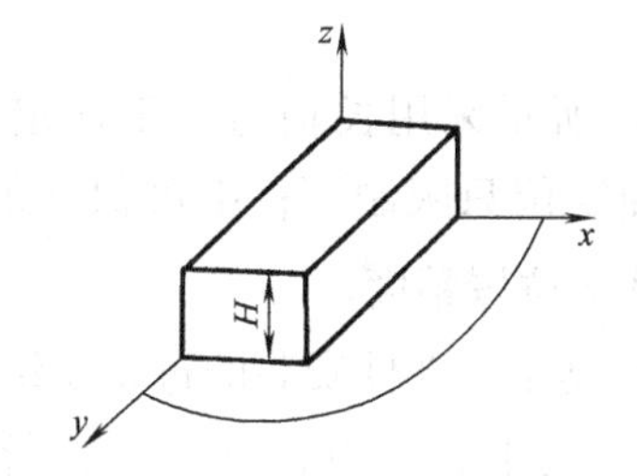

图 4-5　模块平面磨削图

以上为两个不完全定位及其应用的实例，图 4-4 所示为五个支承点的示例，图 4-5 所示为三个支承点的示例。

3. 工件的欠定位与过定位

（1）欠定位　欠定位是指工件在加工时，其定位支承点或其实际定位所限制的自由度数目，比其加工时所必须限制的自由度数目少，或比必须设置的支承点少。就是说，某些应被限制的自由度未被限制，从而导致加工失精。所以，欠定位在实际加工中是不允许的。比如，图 4-3、图 4-4、图 4-5 所示工件加工定位实例中缺少任一支承点，或任一个自由度未被限制，则都将使工件加工失精，达不到加工精度要求。

（2）过定位　若工件的某个自由度被限制了两次以上，或几个定位支承点重复限制同一个自由度或几个自由度，这样重复限制工件自由度的现象称为过定位。例如：

1）当精密加工模具导向副带肩导套的外圆及与其垂直的支承面 C 时，采用图 4-6a 所示的内孔 A 面和 B 面为定位基准面，并分别各自限制$\vec{y}$、$\vec{z}$、$\overset{\frown}{y}$、$\overset{\frown}{z}$四个自由度和$\vec{x}$、$\overset{\frown}{y}$、$\overset{\frown}{z}$三

个自由度。可见，两个定位基准面限制了导套的七个自由度。其中，有两个自由度被重复限制，即$\widehat{y}$与$\widehat{z}$，则可判定其为过定位。

2）分析与结论。若导套内孔 A 面和支承面 B 面加工不精密，将使导套外圆和 C 面产生加工误差，或产生此两面对 A、B 两面的位置误差，则这样的过定位是不允许的。

若导套的 A 面和 B 面经过精加工，能保证其尺寸精度和两面的垂直度，使在加工时产生的误差在允许的范围内，则被重复限制的$\widehat{y}$与$\widehat{z}$可视为不影响导套的加工精度，反而能增加其刚度。有时还可简化夹具结构。但是，A、B 两面总有加工误差，为此，可作图 4-6b 和图 4-6c 所示的改进，使避免过定位加工，例如：

图 4-6b 所示采用短轴定位，仅限制$\vec{y}$、$\vec{z}$；则可保证加工表面与 B 面的位置精度。

图 4-6c 所示采用长轴与小平面定位，其中小平面定位只限制$\vec{x}$；则可保证加工表面与内孔的位置精度。

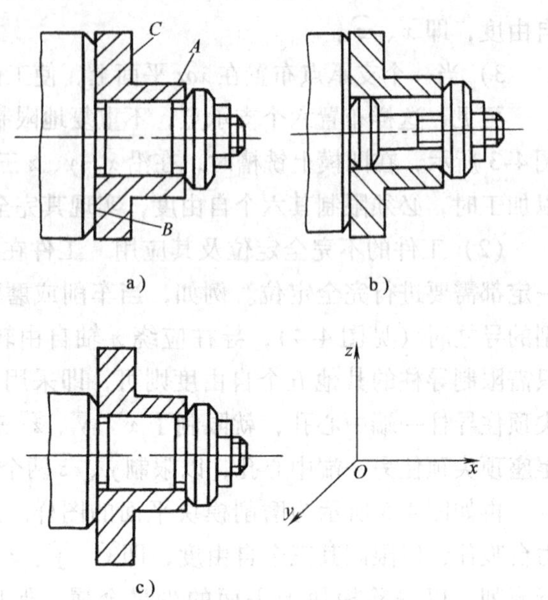

图 4-6　导套安装过定位和改进方法

a）长轴，大平面定位　b）短轴，大平面定位

c）长轴，小平面定位

（3）模具零、部件安装的过定位结构　模具结构设计时，常采用过定位结构，例如：

1）冲模的上、下模，或塑料模等成形模的定、动模开、合时的导向，常采用双导柱、三导柱、四导柱进行导向。有时，精密冲模为保证其卸料板的精密导向，还得另加小导柱进行导向。如冲模下模座板上装有导柱，则当装双导柱时，则每根导柱将限制上模的$\vec{x}$、$\vec{y}$、$\widehat{x}$、$\widehat{y}$、$\widehat{z}$。装三根、四根导柱时，则可分别限制上模 3×5、4×5 个自由度。

可见，装有两根、三根、四根导柱的冲模，其每根导柱限制上模自由度数目是相同的，而且是重复的。完全可判定均为过定位导向结构。但是，却未限制 z 向的自由度，以保证冲模上、下模相对运动时进行精密导向。

根据模具结构设计要求，在进行零、部件安装定位时，常见的过定位结构很多，见表 4-1。

2）模具，特别是其中的成形件、导向件是在承受多个方向的拉、压、挤和冲击力反复作用下进行工作。如冲压加工时，其上、下模开、合次数为 200～1800 次/分；塑料注射模在进行注射加工时，其开、合次数 20～30 次/h。因此，保证互相连接的零件不松动、不位移、不变形，保证成形件、导向件等工作零件的位置精度和配合精度极为重要。所以，采用过定位结构提高其刚度和工作时的可靠性、安全性，是必要和合理的。

表 4-1　模具中常见过定位结构示例

工件类别	相邻件	过定位结构示例	说　明
成形件	凸模 垫板 凸模固定板 卸料板		A 面限制： $\vec{x}$、$\vec{y}$、$\overset{\frown}{x}$、$\overset{\frown}{y}$ B 面限制： $\vec{z}$、$\overset{\frown}{x}$、$\overset{\frown}{y}$
导向件	导柱 导套 上模座板 下模座板		导柱、导套过定位安装： A、A'面分别限制： $\vec{x}$、$\vec{y}$、$\overset{\frown}{x}$、$\overset{\frown}{y}$ B、B'面分别限制： $\vec{z}$、$\overset{\frown}{x}$、$\overset{\frown}{y}$ 须精密加工导柱、导套和模座孔
级进冲模步距定位件	导料销 固定板 卸料板		导料销过定位安装： A 面限制： $\vec{x}$、$\vec{y}$、$\overset{\frown}{x}$、$\overset{\frown}{y}$ B 面限制： $\vec{z}$、$\overset{\frown}{x}$、$\overset{\frown}{y}$ 须精密加工导料销，固定板、卸料板上的孔，而且须保证孔精度在 0.005mm 以下
顶料、复位杆	推杆 凹模 固定板		推杆和复位杆安装： A 面限制： $\vec{x}$、$\vec{y}$、$\overset{\frown}{x}$、$\overset{\frown}{y}$ B 面限制： $\vec{z}$、$\overset{\frown}{x}$、$\overset{\frown}{y}$

3）模具中相邻零、部件采用过定位结构的必要条件是：提高相关零、部件定位面的配合精度和形状、位置精度。即这些零、部件的定位面必须进行精加工，以使其加工误差达到所允许的范围。

4.1.2 工件定位基准

机械零件、模具零件都是由若干平面、曲面、孔、槽等结构要素构成，而且各结构要素之间都具有确定的几何尺寸、形状与位置要求。当计算、确定、测量其几何尺寸，形状、位置尺寸与精度时，需合理、正确地确定参考点、线、面作为基准。按基准的作用，可分为设计基准和工艺基准。

1. 设计基准

当设计零件几何形状、尺寸及其间的相互位置尺寸时，须正确设置作为参考的点、线、面，设计基准，如图 4-7 所示。

1）图样中尺寸 x_1、x_2、y_1、y_2 说明：A、B 面是孔Ⅰ、孔Ⅱ的参考面，即为其设计基准。

2）图样中 R_1、R_2 说明：孔Ⅰ、孔Ⅱ的中心线是孔Ⅲ的参考面，即为其设计基准。

3）图样中标注的尺寸说明：所有的尺寸线都将从设计基准起始标注。

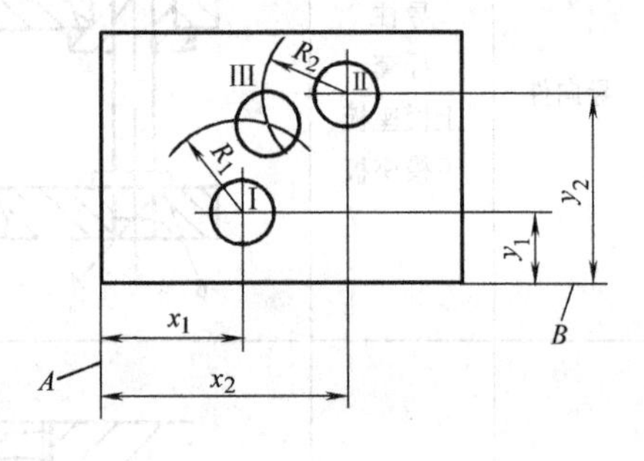

图 4-7 设计基准

2. 工艺基准

工件在安装、加工、装配、测量时采用的基准与辅助基准称为工艺基准。

（1）定位基准 机械零件、模具零件在加工时，将其安装于机床工作台上或夹具中，都需确定其加工基准，以确定工件加工面相对于基准的正确位置，以保证加工后加工面的形状、尺寸和位置要求。此基准即为定位基准。定位基准分为粗基准和精基准两种。

1）粗定位基准。当机械零件、模具零件采用铸件或锻件毛坯进行加工时，需确定某一未加工的粗糙面作为加工定位的基准。此基准为粗定位基准。

当采用经“荒粗”加工铸、锻件为六面体坯件或六面体扁钢坯件进行加工时，也需确定某一表面粗糙度≥$Ra6.3 \sim Ra12.5\mu m$ 的面作为加工定位基准，此基准也称为粗定位基准。

为保证零件后续各工序的加工余量、形状和尺寸要求，确定粗定位基准时，应遵循以下原则和要求：

其一，粗定位基准一般只能使用一次。这是因为粗定位基准面的表面粗糙度 Ra 值大，不宜使工件进行重复安装定位，以免产生过大的定位误差。

其二，须保证各加工面有足够的加工余量。特别是当工件上的每个面都需加工时，则应确定余量最小的面作为粗定位基准。

其三，确定的粗定位基准面上不能有呈现过大的凸起、凹陷的飞边、浇口、冒口等缺陷，以保证定位误差在允许的范围内，并能保证夹装可靠。

其四，为使定位稳定，能承受较大切削力，定位基准面应有足够大的接触面积。

2）精定位基准。当机械零件、模具零件进行粗加工的后续工序，即进行半精加工、精

加工、精研孔等加工面的加工工序时，需遵照以下原则：

① 加工、装配定位基准与设计基准一致原则。

② 使用一个基准加工所有加工面，保证基准统一原则。

③ 使用加工面自为基准原则。

若采用已经粗加工、表面粗糙度 $Ra<6.3\mu m$ 的面为确定的定位基准，则称为精定位基准。

同粗定位基准一样，为保证定位稳定，能承受较大切削力，精定位基准面也要有足够大的接触面积。

3）六面体坯件的定位基准。模具零件中的板件，如塑料模、压铸模等成形模中的 *A*、*B* 板，垫板，动、定模板，推杆固定板，冲模零件中的凸、凹模固定板，卸料板，以及上、下模板等，都是由钢厂生产、供给的扁钢，经切割或由锻件经加工而成的六面体坯件。其中，成形模中的 *A*、*B* 板（成形件体），冲模中的卸料板，凸、凹模固定板等都是将六面体坯件安装在 NC、CNC 铣、镗床，坐标磨床等机床上，经一次定位安装，顺序进行粗、精加工其上的孔、槽、成形件上的型面等多个加工面，以达到零件的形状、尺寸、位置要求。显然，模具板件、成形件的坯件，应具有以下三个特点：

① 这些零件的坯件都呈六面体。

② 都是一次安装定位在 NC、CNC 机床上顺序加工多个加工面。

③ 都需以三个面作为精密定位基准，以保证各加工面的形状、尺寸与位置精度。

可见，六面体坯件须以 *O* 为坐标原点，建立 *xOy*、*xOz*、*yOz* 三个互相垂直的精密定位基准，如图 4-8 所示。垂直度公差一般为 0.015mm/100mm。

ISO TC29/SC8 规定的机加工板（即模板）与国标规定的标准模板上都有基准标志。所以，建立六面体坯件的三定位基准是为适应模具板件、成形件的现代化加工、装配精度要求，以有利于进行大批量生产、供应具有精密定位基准的模板坯件。

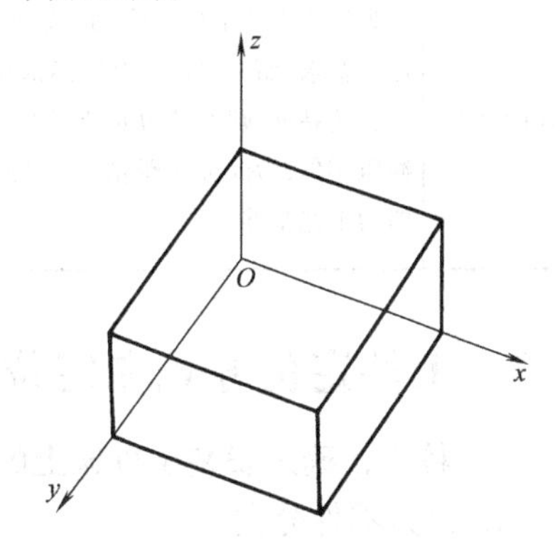

图 4-8　六面体坯件精基面

（2）测量、装配、工序和辅助基准　在编制、实施每副模具制造工艺规程中，除合理、正确确定的零件加工定位基准外，工序、装配和测量基准，也是“工艺规程”中的重要内容，也是重要的工艺基准，必须正确、合理地确定，见表 4-2。

表 4-2　测量、装配、工序和辅助基准

基准名称	基准的作用与内容	确定基准的原则与说明
测量基准	1. 测量上模与下模，或动模与定模；凸模与凹模，或型芯与型腔的静态、动态的相互位置和尺寸及其精度时采用的基准	1. 测量模具装配的基准，须和设计基准相一致
	2. 测量工件加工尺寸、形状和各加工面之间的位置尺寸与精度时采用的基准	2. 测量工件尺寸、形状、位置的基准，须和设计、加工定位基准相一致

（续）

基准名称	基准的作用与内容	确定基准的原则与说明
装配基准	当机械零件与部件，或模具零件与部件装配时，将它们定位、安装于确定的相对位置上所使用的定位基准，即称装配基准	1. 原则规定：零、部件的装配基准，必须与产品（如模具）总装配的设计基准相一致。以保证达到装配尺寸链的封闭环（如冲模凸、凹间隙值与均匀性）的精度要求 2. 模具凸、凹模或动、定模的装配基准，当与相应工件加工定位基准相一致。例如，冲模圆凸、凹模装于固定板孔内，将以凸、凹模根部外圆，和相应固定板上孔的内圆面为装配基准；而固定板上孔的位置，则是以固定板的 xOz、yOz 面（见图 4-7）为加工定位基准加工成功的
工序基准	在工件加工工艺过程的某一工序，为保证工序的加工要求，合理确定的本工序的加工定位基准，即称工序基准	1. 工序基准力求与设计基准一致 2. 工序基准亦可以前一工序加工完成的面，例如，以预钻孔、预镗孔或以粗、精铣平面，分别作为精镗孔、精磨平面的基准
辅助基准	为加工工件上的某个面，或为保证其上的某个面的加工要求，而专门在其上适当部位加工出孔，或平面作为工艺基准，则称其为辅助基准。例如，使用级进冲模冲压零件，为保证步距精度，在带料上冲制的导正孔，即为工艺基准	加工辅助基准的原因： 1. 工件毛坯或零件加工某工序，缺少适用基准面 2. 可选基准面精度过低，则须经过加工提高其精度。也称此面为辅助基准面

4.2 工件定位方式和定位元件

4.2.1 校正、确定安装于机床上的工件定位基准

1. 模具零件分类

模具零件分为批量加工的标准件和单件加工的成形件等非标准件两类。

1）标准件多定位安装在专用机床（如双头镗床等）上，或定位安装在通用机床上的专用夹具（见第 5 章）中进行加工。其安装工件的定位基准常是确定的。工件安装上就可进行加工，无需进行测量、校正。

2）模具成形件则多直接定位安装在机床工作台上进行加工。当采用通用单轴加工机床（平面磨床）进行成形加工时，为保证成形件的型面尺寸与位置精度要求，则须将其安装在具有特殊运动功能的夹具（见第 5 章）中进行成形加工，如成形磨削夹具、连续轨迹坐标磨夹具等。但是，将模具成形件安装在机床上或具有专用运动功能的夹具中，都需进行测量、校正，以确定其加工面、加工定位基准，以及在机床上或夹具中的位置，以保证其加工要求。

2. 工件安装于机床工作台上的常用基准

1）工件直接定位安装于机床工作台上的常用定位基准见表 4-3。

2）测量、校正、确定零件安装于机床工作台上定位基准的方法见表 4-4 和表 4-5。

表 4-3　零件安于机床工作台常用定位基准

定位基准	典型零件定位示例	说　明
精密划线	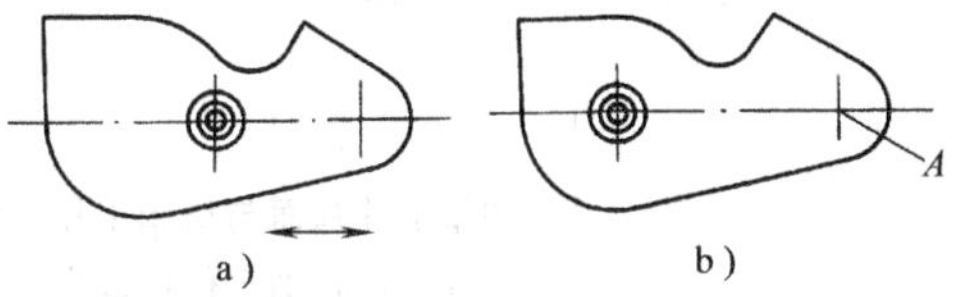 a)　b) 图1 A—基准 注:在镗床上,利用工件表面上的划线,作为镗孔的定位基准	将光显上的"+"始终对准放于工作台上的、工件面上的划线,移动工作台,移动完固定之(见图1a)。再移动工作台,使"+"与孔位中心线重合(见图1b);调整机床粗标尺于整数,并将光屏读数调至零位。其他各孔位,则可以点为原始定位,移动工作台确定之
圆形零件上已加工的孔和外圆	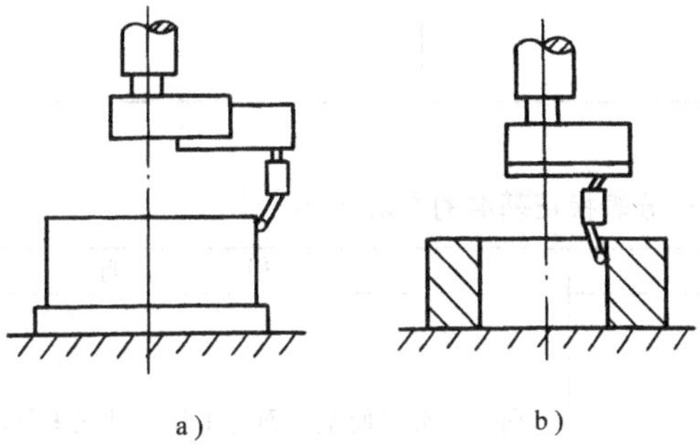 a)　b) 图2	将千分表装在机床主轴端上 当用千分表以主轴中心线使表头沿孔圆和外圆旋转校正的读数为允许值时,则主轴中心与工件中心重合
工件上已加工孔和A面	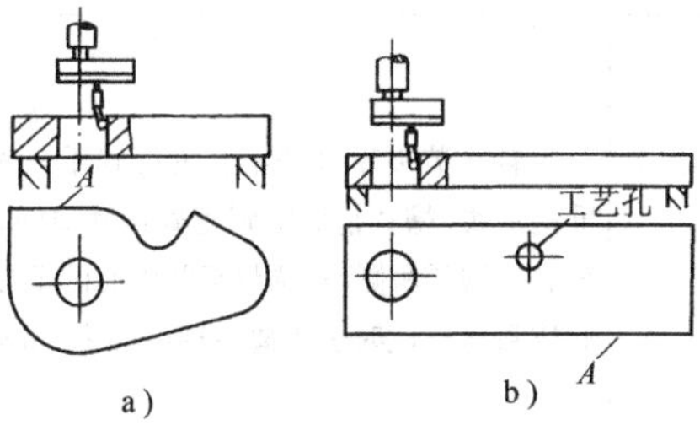 工艺孔 A　A a)　b) 图3 注:图表示矩形件或不规则的外形件上加工孔的定位基准	调整辅助基准A,使和工作台移动方向平行;用千分表校正,使已加工孔(自为基准)与主轴中心重合 若加工孔距超过机床加工范围(见图3b),则可移动工件,利用工艺孔再次定位、加工
已加工的互相垂直面	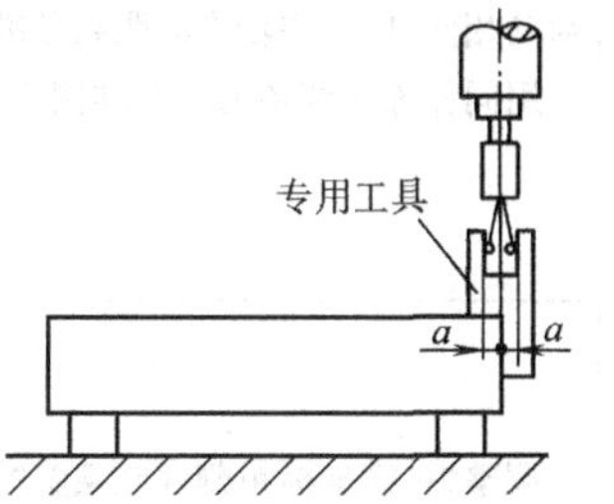 专用工具 a　a 图4 注:适用于矩形件和不规则外形件的定位基准	1. 可采用表4-4、表4-5中列出的办法 2. 用专用工具定位:将标准槽形块装压在工件基准面上,用两个千分表测量槽的两个内侧面。当两表读数相同时,即确定了加工定位基准面

（续）

定位基准	典型零件定位示例	说　　明
心轴定位棒	D(φ20) Z x 图5	调整工件基面与机床工作台移动平行后，固定工件。将心轴定位棒装夹于机床主轴，并靠近工件基面，其间距离为 Z。则主轴中心与基面间距离 x 按下式确定： $x=\frac{D}{2}+Z$ D 为心棒直径

表 4-4　用千分表找正基准的方法之一

顺序	简　　图	说　　明
工件装夹	图1	利用千分表使基准面与工作台轴线平行，然后固定工件（工件安装在平转台上时，可先将工件固定）
调整千分表距	标准槽形块 20 图2	主轴上装夹千分表架及杠杆式千分表，工作台上放上标准槽形块（槽宽精加工到正确尺寸 20mm）、转动主轴，用千分表靠槽子两侧面，调整至两侧面的千分表读数相同（记下此读数值），此时表头离主轴中心为 10mm
调整基准面	10 图3	移动工作台面，用千分表靠工件侧面（基准面），并使读数与前相同，即使主轴中心距离基准面为 10mm 用同样方法调整另一基准侧面距离主轴中心为 10mm
标尺定位	90 100 110 70 80 90	调整纵、横坐标粗刻度至某整数值（如纵坐标指示在 100，横坐标指示在 80），光屏读数头调零

（续）

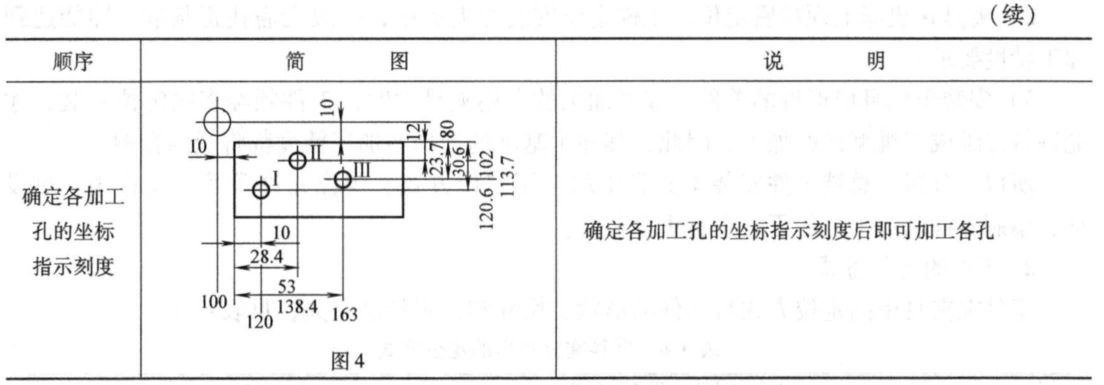

顺序	简　　图	说　　明
确定各加工孔的坐标指示刻度	图4	确定各加工孔的坐标指示刻度后即可加工各孔

表4-5　用千分表找正基准的方法之二

顺序	简　　图	说　　明
工件装夹	图1	装夹工件，使工件基准面平行于工作台轴线
初测基准面	$M=0.2$ 图2	在工件基准面上用手压上一量块，使千分表表头接触量块靠合面，记下千分表读数（在此设读数 $M=0.2$）
复测基准面	$N=0.4$ 图3	取去量块，转动主轴180°，用千分表靠工件基准面，记下千分表读数（在此设读数为 $N=0.4$）
移动工作台调整位置	$x=\frac{N-M}{2}=0.1$ 图4	此时主轴中心与工件基准面距离为： $x=\frac{N-M}{2}=\frac{0.4-0.2}{2}$ $=0.1\text{mm}$ 将工作台按箭头方向移动0.01mm，则主轴中心与工件基准面重合
标尺定位	—	在此位置上将粗标尺定位，将光屏读数头调至零

4.2.2　工件安装于夹具中的定位方式与元件

1. 工件在机床与夹具上定位的区别

工件安装于夹具中或机床工作台上，都须遵循六点定位原理和定位的基本方式，都不应产生欠定位或过定位。其区别主要在于以下三方面：

1）夹具多用于工件成批量加工，因此要求其定位基准面精密、耐磨，经多次定位安装而不失精。

2）夹具在机床上须精密定位。工件定位安装在夹具中，一般无需找正基准，即能达到加工精度要求。

3）安装于模具成形件的单件、成形加工的专用夹具中时，工件须经多次定位安装，才能进行二维或三维型面的加工。因此，其加工基准的选择与加工精度都将受到影响。

所以，分析、总结工件安装于夹具中的常用定位方式、定位元件及其定位作用，对设计、编制零件制造工艺规程，具有重要意义。

2. 工件的定位方式

工件在夹具中的定位方式与零件的形状、尺寸和位置精度有关，见表4-6。

表4-6　零件在夹具中的定位方式

定位方式	夹具定位面与零件加工要求	定位元件数	定位元件形式
平面定位	1. 定位面积＞零件总尺寸；被加工面，相对定位面有尺寸精度、位置要求	三个支承点	常用元件形式： 1. 固定支承钉、固定支承板 2. 可调支承 3. 浮动支承 4. 辅助支承
	2. 定位面积＞零件狭长尺寸；并要求限制一个转动自由度；被加工面，相对定位面在一个方向有尺寸精度、位置要求	两个支承点	
	3. 定位面积＜零件总尺寸；被加工面，相对定位面在一个方向有尺寸精度、位置要求	一个支承点	
外圆柱面定位	用以作为套类零件如模具导套的定位基准面，进行孔加工，以保证其同轴度。另外，曲轴，凸轮轴也多以外圆面定位		常用元件形式： V形块、定位套筒、半圆形定位座
孔定位	各种套类零件、各种齿轮，各种盘类零件，都可使用孔为定位基准，加工外圆、齿形等加工面		常用元件形式： 定位销、定位心轴

3. 工件定位元件及其作用

根据六点定位原理，工件安装于夹具中的常用定位方式、定位面状态与应限制的各个方向的自由度，设置相应数量的支承。这些支承就是具有定位作用与结构合理的零件或组件，被称为定位元件。

工件在夹具中的定位基准、定位方式、定位元件及其所限制的自由度和常见的结构形式，见表4-7。

表4-7　夹具中工件的定位元件及其作用

定位基准	定位元件	定位方式简图及限制的自由度	常用定位元件结构图	注　明
平面定位	支承钉	1、2、3—$\vec{z}$、$\overset{\frown}{x}$、$\overset{\frown}{y}$ 4、5—$\vec{x}$、$\overset{\frown}{z}$ 6—$\vec{y}$	D　H　H7/n6　H7/m6 a)　b)　c) 图1 a) A型（平头）　b) B型（球面）　c) C型（刻纹）	A型：为平头支承钉，与工件接触面大，不易磨损，适于精定位 B型：为球面支承钉，适于粗定位 C型：上有刻纹，易存切屑，摩擦因数大、定位稳定。常用于粗基准、适于侧面、顶面定位

（续）

定位基准	定位元件	定位方式简图及限制的自由度	常用定位元件结构图	注明
平面定位	支承板	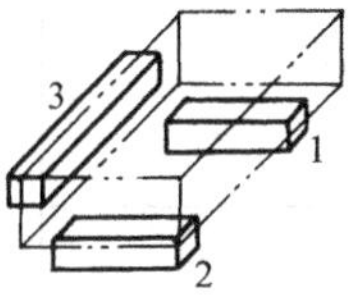 1、2—$\vec{z}$、$\widehat{x}$、$\widehat{y}$ 3—$\vec{x}$、$\widehat{z}$ 注：每个支承板，可设计成两个或两个以上的小支承板	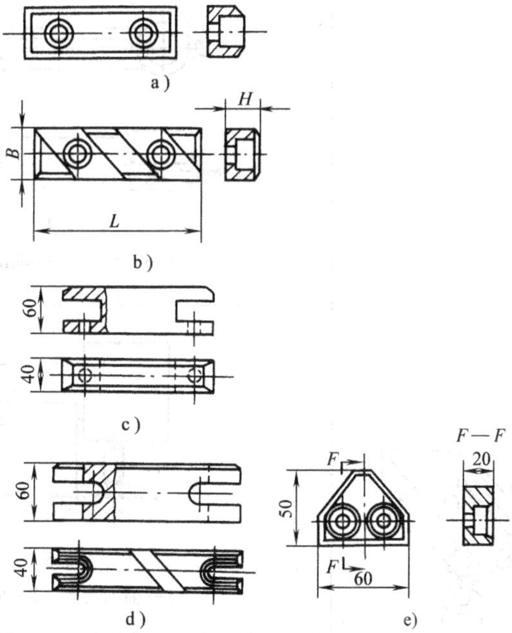 图2 a）A型 b）B型 c）C型 d）D型 e）E型	A型：螺钉头部有1～2mm间隙，易存切屑，故适用于侧面、顶面定位 B型：上有排屑槽，易清除切屑，适于底面定位 C、D型：适用于生产线输送滑道上的单工位夹具的支承板 E型：为定位支承块，适于侧定位
	固定与浮动支承	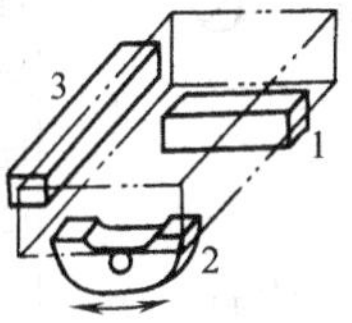 1、3—固定支承 2—浮动支承 1、2—$\vec{z}$、$\widehat{x}$、$\widehat{y}$ 3—$\vec{x}$、$\widehat{z}$ 注：浮动支承只限制个自由度	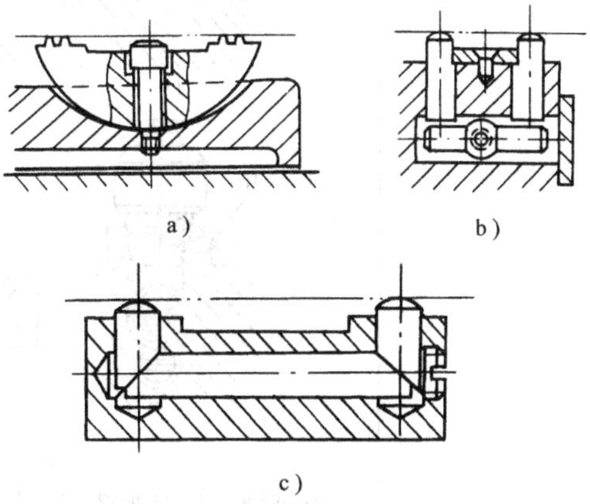 图3	浮动支承： 减少接触应力，以减小工件变形，改善工件加工余量分配 A型：三点支承，B、C型：两点支承，由于是浮动结构，A、B、C三型，均相当于一个支承点只能限制一个自由度

（续）

定位基准	定位元件	定位方式简图及限制的自由度	常用定位元件结构图	注明
平面定位	固定与辅助支承	1、2、3、4—固定支承 5—辅助支承 1、2、3—$\vec{z}$、$\widehat{x}$、$\widehat{y}$ 4—$\vec{x}$、$\widehat{z}$ 5—不限制自由度，不起定位作用，但可增加刚度	图4 1—支承钉 2—辅助支承	大、小端都与定位面接触，将产生过定位。所以，辅助支承可增加定位稳定性和刚度，但不起定位作用
			图5 1—辅助支承 2—V形块	工件在V形块上，重心超出定位区。因此，在超出部加辅助支承，起预定位作用，常用于重型、大型工件
			图6 1—楔块 2—防护罩 3—支承 4—套 5—垫圈 6、10—螺钉 7—螺杆 8—销 9—手柄 11—弹簧卡 12—键 13—钢球	1. 为推力辅助支承：推动9→推进1→斜面顶起支承3→接触工件→旋转9→旋进7→推动13→张开12→锁紧3 2. 楔块1斜面的斜度=8°～12° 3. 此支承常用于工件较重、切削力较大时

（续）

定位基准	定位元件	定位方式简图及限制的自由度	常用定位元件结构图	注　明
平面定位	固定与辅助支承		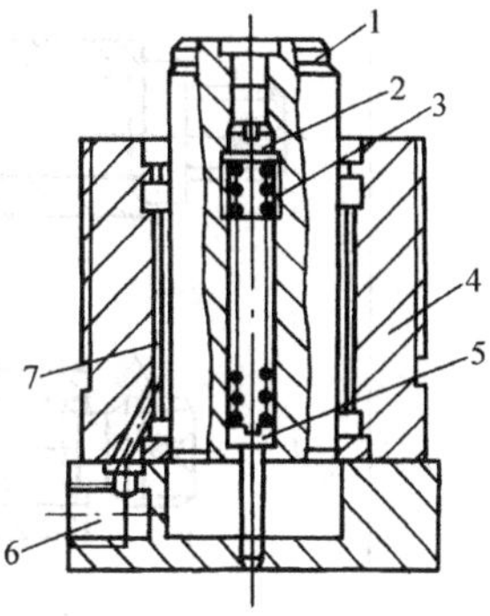 图7 1—支承销　2—螺母　3—弹簧　4—支座 5—螺钉　6—通道　7—夹紧套	液压锁紧辅助支承： 螺母2调节弹簧力，螺钉5限制支承销1的行程，由通道6输入压力油，使夹紧套7变形，抱紧支承销1于工作位置上。此支承用支座4的外螺纹装入夹具中
	可调支承	1. 可调支承的作用同固定支承一样 2. 可调支承也可作辅助支承使用，以增加支承刚性	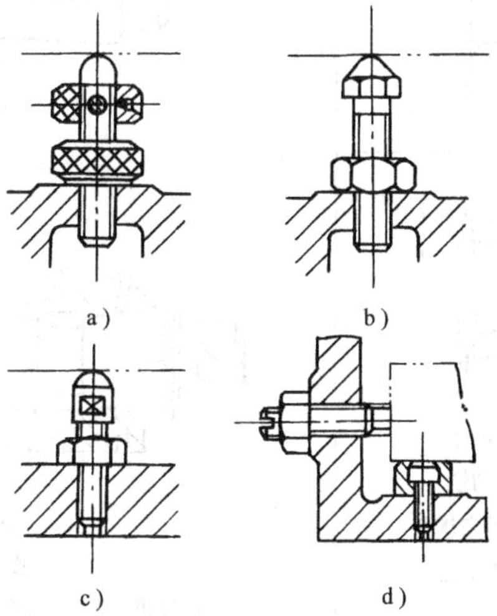 a)　b)　c)　d) 图8 a)A型　b)B型　c)C型　d)D型	采用可调支承是由于： 1. 粗基准定位 2. 基准面为毛坯 3. 每批毛坯的尺寸偏差大 4. 利用同一夹具，加工形状相似，尺寸不同的工件等，则可采用调节支承，进行调节，定位
孔定位	短定位销（短心轴）	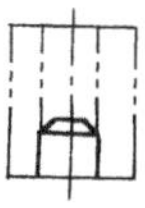 限制自由度： $\vec{x}$、$\vec{y}$	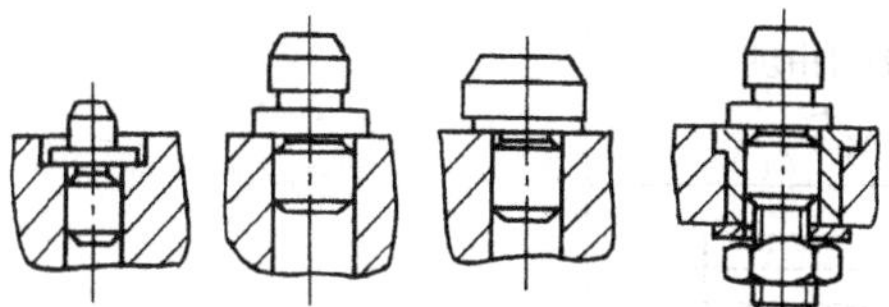 a)　b)　c)　d) 图9	定位销以H7/r6、H7/h6压入夹具体；也可以H7/h6与中间套配合。中间套可以H7/h6与夹具体孔配合

（续）

定位基准	定位元件	定位方式简图及限制的自由度	常用定位元件结构图	注　明
孔定位	长定位销(长心轴)	限制的自由度 $\vec{x}$、$\vec{y}$ $\widehat{x}$、$\widehat{y}$	a) 1　2　3 b) 图10 1—引导部分　2—工作部分　3—传动装置	用于套类等工件定位 图10a所示是长心轴与孔间隙配合H7/g6、H7/f7。装卸方便,用于批量加工 图10b所示是轴、孔过盈配合、定位精度高,能传递精加工的一定转矩,还可加工端面。常用于小批量加工定位
	锥销	2 1 1—固定销 2—活动销 限制的自由度: 单销:$\vec{x}$、$\vec{y}$、$\vec{z}$ 双销:$\vec{x}$、$\vec{y}$、$\vec{z}$ $\widehat{x}$、$\widehat{y}$	a) b) 图11 a)锥度心轴　b)圆锥圆柱面组合心轴	采用锥销定位: 1. 可消除心轴的配合间隙,定位精度高 2. 锥销锥度为:1:3000 ~ 1:1000;定位精度为:0.01 ~ 0.005mm 3. 图11b组合心轴适用于 L/D 大于1.5的基准孔,加工精度不高的工件
外圆柱面定位	短支承板或支承钉	限制的自由度: $\vec{z}$(或$\vec{x}$)		短支承板,相当于一个支承钉。限制工件的一个自由度
	长支承板	限制的自由度: $\vec{z}$、$\widehat{x}$		长支承板,相当于支承圆柱体外圆的两个支承钉。限制圆柱体工件的两个自由度

（续）

定位基准	定位元件	定位方式简图及限制的自由度	常用定位元件结构图	注明
外圆柱面定位	窄V形块	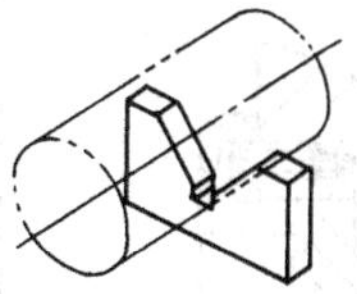 限制的自由度：$\vec{x}$、$\vec{z}$	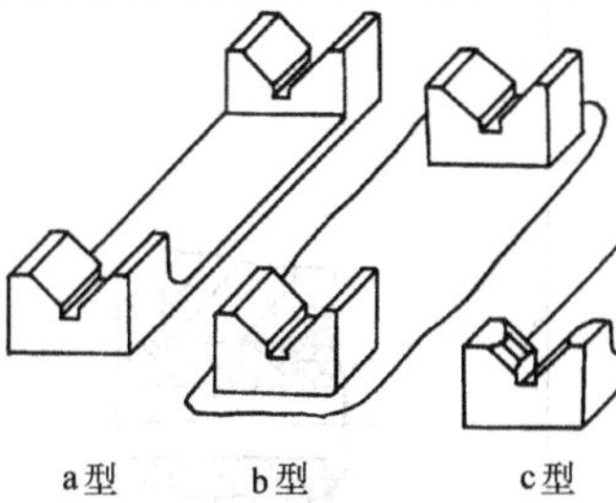 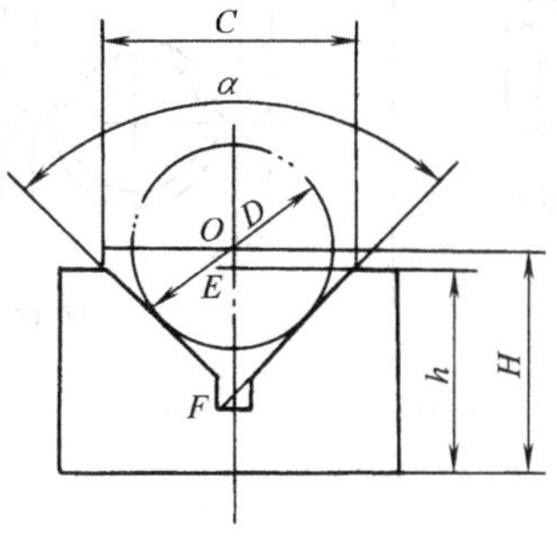 a型 b型 c型 图12 C α O D E F h H 图13	1. V形块是两个定位平面间具有一定夹角的定位元件。夹角为60°、90°、120° 3种，常用90°。短V形块限制两个自由度，长V形块限制4个自由度 2. V形块：可为整体（a型）两端V形；可分别做成两个单独的V形（b型）以保证定位稳定 当定位未加工工件时，则采（c型）窄V形 3. V形块：计算检验尺寸H。 $H=h+\overline{OE}=h+(\overline{OF}-EF)$ 则：$H=h+\frac{1}{2}\left(\frac{D}{\sin\frac{\alpha}{2}}-\frac{C}{\tan\frac{\alpha}{2}}\right)$ 当$\alpha=90°$，$H=h+0.707D-0.5C$ 当$\alpha=60°$，$H=h+D-0.867C$ 当$\alpha=120°$，$H=h+0.578D-0.289C$
	宽V形块	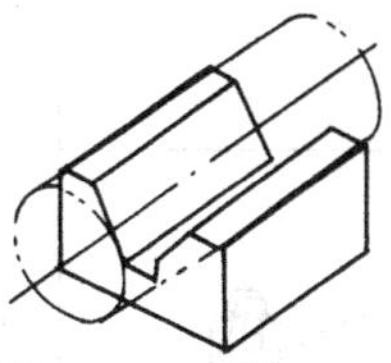 限制的自由度：$\vec{x}$、$\vec{z}$ $\overset{\frown}{x}$、$\overset{\frown}{z}$		
	窄活动V形块	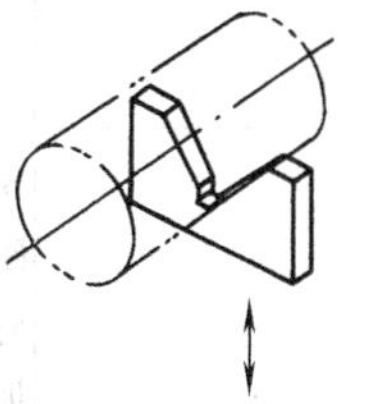 限制的自由度：$\vec{x}$（或$\overset{\frown}{z}$）		
	短定位套	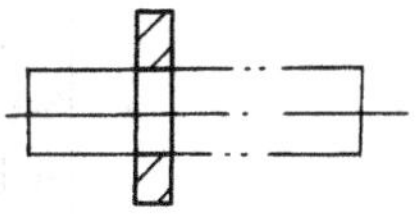 限制的自由度：$\vec{x}$、$\vec{z}$	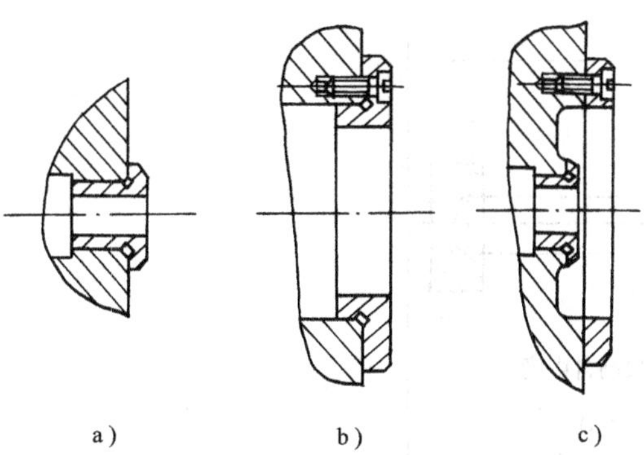 a） b） c） 图14 定位套筒的结构形式	1. 装在夹具体上的定位套筒，以内圆定位工件 2. 小型套筒，以H7/r6压入夹具孔中。如图14a、c所示；环形套筒以H7/k6或H7/js6过渡配合压入夹具孔中，如图14b、e所示；图14d所示也采用H7/k6或H7/js6过渡配合压入夹具体孔中

（续）

定位基准	定位元件	定位方式简图及限制的自由度	常用定位元件结构图	注明
	长定位套	限制的自由度： $\vec{x}$、$\vec{z}$、$\overset{\frown}{x}$、$\overset{\frown}{z}$	d)　e) 图 14　定位套筒的结构形式（续）	3. 若短套筒与大端面组合定位，可限制 5 个自由度 短套筒与小端面组合定位，可限制 3 个自由度 4. 适用于精基准定位
外圆柱面定位	半圆孔定位衬套	长半圆孔定位： $\vec{x}$、$\vec{z}$、$\overset{\frown}{x}$、$\overset{\frown}{z}$ 短半圆孔定位：$\vec{x}$、$\vec{z}$	图 15　半圆形定位座	1. 定位座：下半部分为定位基准；上半部分用于夹紧 2. 定位座主要用于不宜采用整个圆孔定位的大型轴类工件 3. 常采用衬套形式，以 H7/js6 和 H7/h6 镶嵌于定位座孔中。合并拼装后进行两半圆精加工 4. 衬套采用青铜和淬硬（35HRC）钢材料
	单锥套	限制自由度： $\vec{x}$、$\vec{y}$、$\vec{z}$		
	双锥套	1　2 限制自由度： $\vec{x}$、$\vec{y}$、$\vec{z}$ $\overset{\frown}{x}$、$\overset{\frown}{z}$	—	1. 单锥套以锥面定位圆柱体一端，其定位接触线迹为一圆 2. 双锥套定位，其中 1—固定锥套，2—活动锥套

4.3　工件定位误差分析与计算

工件在加工前，须进行精确定位安装。其目的是为了避免、减小定位误差，用以保证工件被加工面的加工尺寸与位置精度。所以，分析定位误差产生的原因和内容、影响因素及其计算方法，设法减小定位误差，以控制定位误差在允许的范围之内。

4.3.1　定位误差分析

1. 定位误差及其产生的原因

由于工件定位基准与夹具定位元件上的定位基准制造时产生的制造误差，或由于工件安装于机床工作台上进行检测找正零件定位基准时产生的误差，将导致在加工时产生工件加工工序基准与定位元件上的定位基准不重合误差（Δjb）和工件定位基准位置移动的误差（Δjw）。其和（$\Delta jb+\Delta jw$）即为定位误差（Δjd）。用下式表示

$$\Delta jd=\Delta jb+\Delta jw$$

所以，定位误差是由于定位的原因，在沿工件加工工序基准面至加工面方向的工序尺寸上加工时，可能产生的最大变动范围，见表 4-8。

2. 基准不重合误差与基准位移误差

（1）基准不重合误差

1）假设刀具相对于定位基准不变，若工件定位基准面的制造误差为“0”，如表 4-8 图 1 中的 O_1 与 O_2 重合，或工件加工工序定位基准和设计基准完全重合，如表 4-8 图 2 中的工件内孔与心轴外圆的中心重合，并以内孔中心线为定位基准，则不存在基准不重合误差。

2）实际上工序基准与设计基准不可能都重合，工件定位基准面的制造误差也不可能为“0”，同时还与定位方式有关。在此情况下，基准不重合误差在以平面、内孔、外圆三种定位方式中，都可能存在。

基准不重合误差分析见表 4-8。

表 4-8　基准不重合误差分析

工件工序基准	定位基准	示例图	误差分析
零件外圆面	直角平面	Δjbx　Δjby　O_1　O_2 图 1	1. 由于工件外圆存在制造误差，在直角平面上定位时，由于外圆直径变化，使其中心分别位于 O_1 与 O_2，而中心线为设计基准 2. $\overline{O_1O_2}$ 即为定位基准的变动量：$\overline{O_1O_2}$ 在加工尺寸方向上的投影，即为工件的基准不重合误差 3. Δjbx、Δjby 表示为工件在 x 方向和 y 方向上的基准不重合误差 4. V 形块是对中定位元件，工件直径的变化，不影响其圆心始终位于两斜面的对称平面上，所以 $\Delta jbx=0$
	V 形块	Δjby　O_1　O_2 图 2	

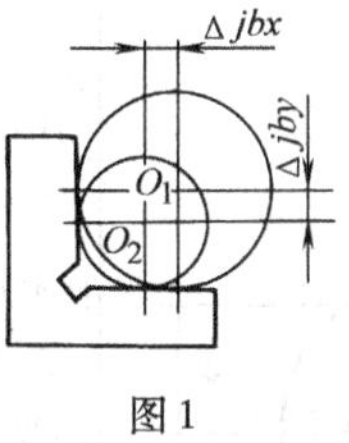

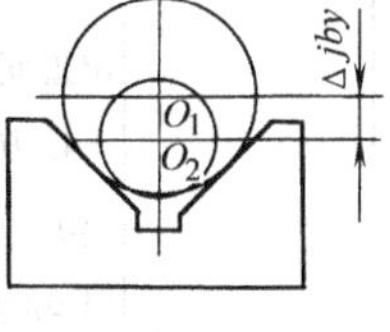

（续）

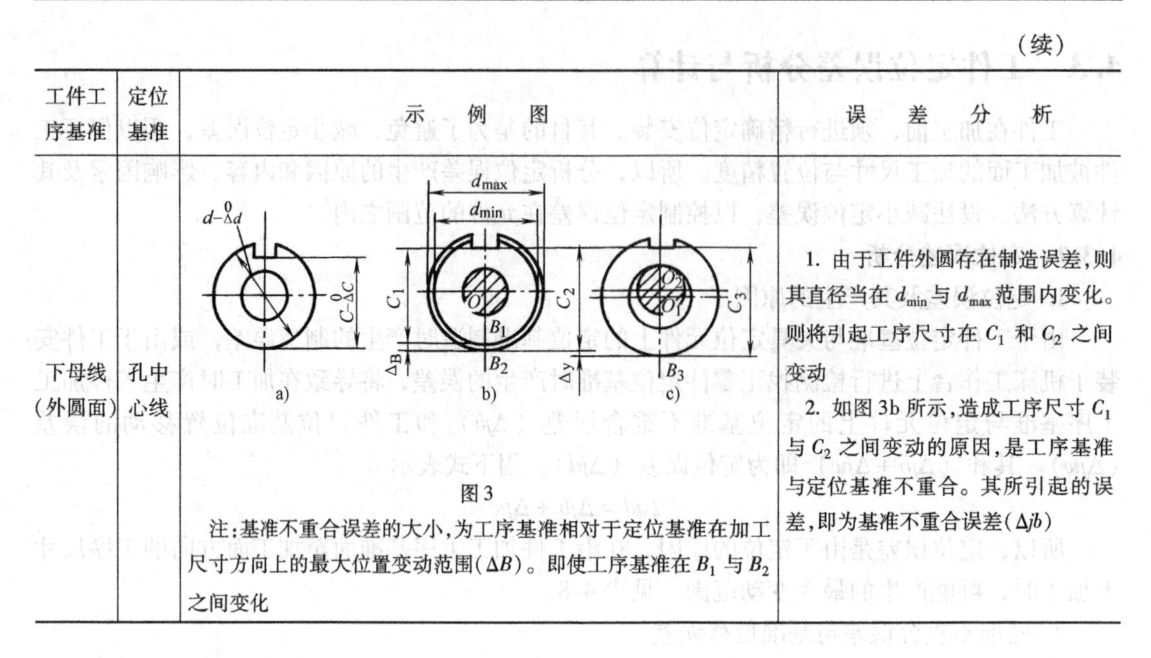

工件工序基准	定位基准	示例图	误差分析
下母线（外圆面）	孔中心线	a)　b)　c) 图3 注：基准不重合误差的大小，为工序基准相对于定位基准在加工尺寸方向上的最大位置变动范围（ΔB）。即使工序基准在 B_1 与 B_2 之间变化	1. 由于工件外圆存在制造误差，则其直径当在 $d_{\min}$ 与 $d_{\max}$ 范围内变化。则将引起工序尺寸在 C_1 和 C_2 之间变动 2. 如图3b所示，造成工序尺寸 C_1 与 C_2 之间变动的原因，是工序基准与定位基准不重合。其所引起的误差，即为基准不重合误差（Δjb）

（2）基准位置移动误差　工件在安装时，其定位基准本身位置变动所引起的定位误差称为基准位置误差。

若工件定位基准与夹具中的定位基准都没有制造误差，或两者的定位基准完全重合，如工件以内孔定位，以心轴外圆为定位基准，其间采用静配合，则其定位基准将不存在位置移动误差。而实际上，工件定位基准与夹具定位元件总是存在制造误差的，也不可能均采用内孔与心轴外圆的静配合定位，为装卸工件方便多采用间隙配合。所以，工件安装时，产生基准位置误差常是不可避免。关键是如何控制其基准误差在允许范围内。关于基准位置误差分析见表4-9。

表4-9　基准位置误差分析

工件工序基准	定位基准	示例图	误差分析
孔中心线（断面上的孔中心点）	心轴外圆	刀具　A_1　O_1　Δjwy　A_2　O_1　O_2　$d_{0\min}$　$D_{\max}$ a)　b) 图1	1. 加工要求保证 $A_2\ _{-\Delta a}^{\ 0}$ 2. 刀具相对心轴的距离按尺寸要求 $A\ _{-\Delta a}^{\ 0}$ 一次调后保持不变 3. 由于工件内孔和水平放置的心轴有制造误差，则因重力作用，孔和心轴的上母线接触。则形成图1b中的尺寸关系，即其定位基准在 O_1 与 O_2 的某个位置上，导致定位基准自身的位置变化 4. 从而，使工序尺寸 $A_2\ _{-\Delta a}^{\ 0}$ 因定原因产生了误差。其最大误差，即为其位置误差，其最大值 $\Delta jwy = A_2 - A_1$

（续）

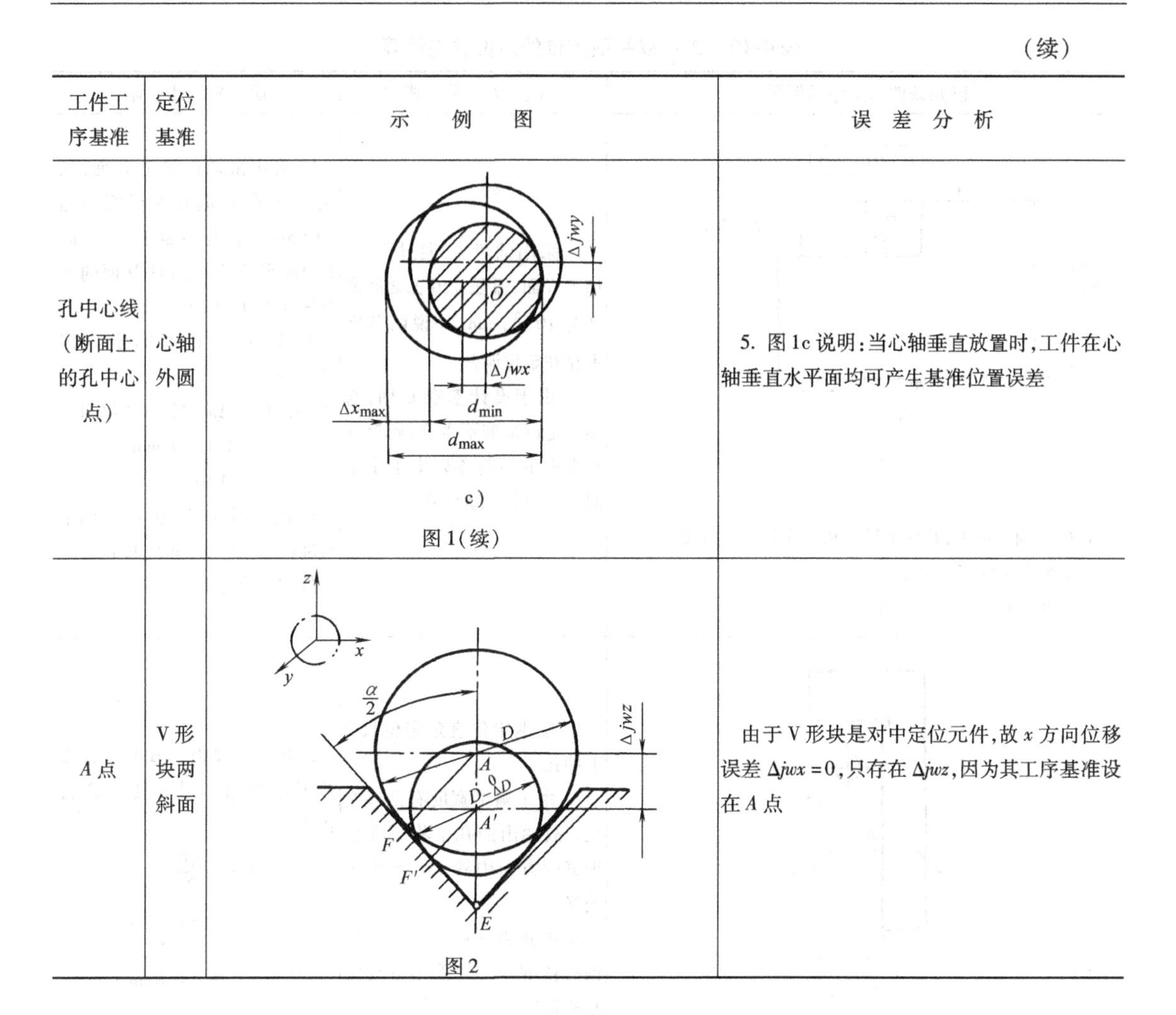

工件工序基准	定位基准	示 例 图	误 差 分 析
孔中心线（断面上的孔中心点）	心轴外圆	c) 图1(续)	5. 图1c说明：当心轴垂直放置时，工件在心轴垂直水平面均可产生基准位置误差
A点	V形块两斜面	图2	由于V形块是对中定位元件，故x方向位移误差$\Delta jwx=0$，只存在Δjwz，因为其工序基准设在A点

4.3.2 定位误差计算

分析、计算工件加工过程中的工序定位误差，既是设计加工工序、确定工序基准、工序尺寸与位置极限偏差的要求，也是进行夹具设计、选择夹具的技术基础。

按常用的工件平面、内孔和外圆三种定位方式，以及与其相应的各种定位基准进行分类分析、计算，并研究其误差计算原理与计算顺序，包括：分析其工艺定位基准，确定其可能产生的定位误差的形式、方向、误差的变动范围和误差值等。

1. 工件以平面定位的定位误差计算

采用平面作为定位基准时，其基准位置误差主要取决于定位面的平面度与表面粗糙度，因此，采用毛坯作粗定位基准时，不允许重复使用；采用加工过的平面作定位基准时，基准位置误差可忽略不计。所以，其定位误差是由基准不重合引起的。基准不重合误差的大小为工序基准到定位基准之间的位置最大变动量，见表4-10。

2. 工件以圆孔定位的定位误差计算

工件以圆孔定位于心轴外圆上，是一种常用的定位方式，可用以定位加工外圆柱面、与外圆柱面相邻的端面、外圆柱面上的环形槽或螺纹、外圆周面上的齿形或等分槽形，以及外圆柱面上的花键槽或单键槽等。

表 4-10 工件以平面定位的定位误差计算

已知条件与工序示例图	误差分析	误差计算
图1 注： 1. G、D面已加工，并保证尺寸和两面相对平行度 2. D面为工件定位基准 3. G面为C面的设计基准	1. 采用试切法，通过测量、加工C面，保证C、G面之间高度为$10_{-0.1}^{\ 0}$mm，并说明其间不存在定位误差 2. 由于设计基准G面，与加工定位基准不重合，则存在基准不重误差Δjb，由于是平面定位，则其$\Delta jw=0$	1. 采用试切法加工C面，虽无定位误差，但其平行度误差(0.05mm)仍与D面有关。即，其Δjb则等于G面对D面的平行度误差0.01mm 2. 则加工C面的定位误差Δdw $\Delta dw(11)=\Delta jw(11)+\Delta jb(11)$ $=0+0.01\text{mm}$ $=0.01\text{mm}$ 3. 此0.01mm仅为C、G面平行度误差（0.05mm）的1/4 故此定位方案可行
图2 注：扁钢冲孔定位 1—扁钢 2—定位板	1. 扁钢定位直角定位板2上冲孔 2. 由于扁钢宽度有公差变化，故冲出的孔位将不在扁钢宽度方向中线上，产生了偏移 3. 改进办法：一为提高扁钢的精度；一为采用自动定心的定位夹具	由此造成扁钢的基准位置误差不能忽略不计、其计算公式为 $\Delta jw=\dfrac{\Delta B}{2}$ $=\dfrac{\pm 0.2\text{mm}}{2}$ $=\pm 0.01\text{mm}$

工件以圆孔定位于心轴外圆上，可视为以心轴轴心为工序定位基准。工件沿工序定位基准的工序尺寸方向上，因定位的原因所产生的最大变化范围，即为定位误差。因此，定位误差是由于定位圆孔和定位心轴外圆的制造误差引起的。其定位误差有以下几种情况：

1）当圆孔与定位心轴外圆采用 H7/r6、H7/n6 静配合时，如图 4-9 所示，则：

$$\Delta jb=0,\Delta jw=0$$

即不产生定位误差。就是说，其间若采用过盈配合，其定位精度是很高的。在加工外圆柱面时，其与轴心线的同轴度当然可以保证，但是这只能用于加工精度要求高的情况，因为工件装、卸将很不方便。

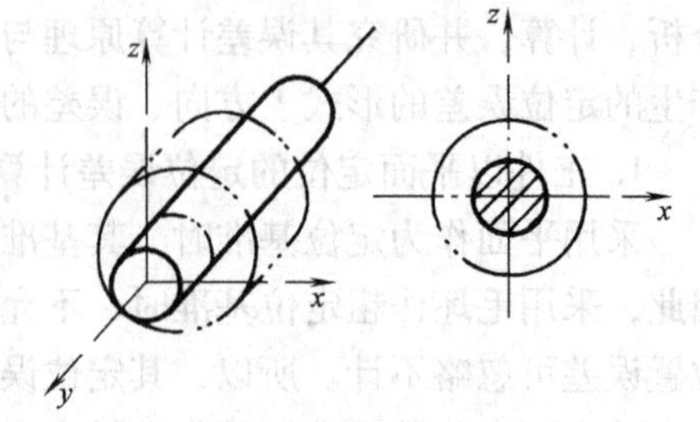

图 4-9 工件的圆孔在过盈配合圆柱心轴上的定位

2）当圆孔与定位心轴采用间隙配合，如采用H7/h6、H7/g6、H7/f7时，将产生两种情况：其一，工序基准与轴心线定位基准统一时，只有基准位置误差引起的定位误差，而不产生基准不重合误差。例如，以工件圆孔定位于心轴外圆上加工工件外圆柱面或与其相邻端面。其二，若工序基准与轴心线定位基准不统一，如工件以工序基准——外圆下母线加工外圆上键槽，则将产生基准位置误差和基准不重合误差引起的定位误差。

以工件圆孔定位的误差分析、计算示例见表4-11。

表4-11　工件以圆孔定位的误差分析与计算

定位状态	已知条件与示例图	误差分析与计算
定位孔与定位心轴单边接触	图1	1. 工件以圆孔定位在心轴上，若为间隙配合，则有两种情况： 1）单边接触时，其基准位置误差（Δjw）只发生在z轴方向 $\Delta jwz = (D_{max} - d_{min})$ $= [(d + \Delta S + \Delta D) - (d - \Delta d)]/2$ $= (\Delta S + \Delta D + \Delta d)/2$ 式中　D——工件孔最小直径； d——定位心轴外圆最大直径； ΔD——工件孔径公差； Δd——心轴外圆直径公差； ΔS——心轴与定位孔间最大间隙 2）定位孔与定位心轴任意接触时，则在x、y方向均可能产生基准位置误差 $\Delta jwx = \Delta jwy = \Delta S + \Delta D + \Delta d$ 2. 是否产生基准不重合误差Δjb，将视工序基准而定
定位孔与定位心轴任意边接触	图2	

实例1　按图4-10所示的加工要求（见图4-10b）及其定位安装方法（见图4-10a），按表4-11所列工件以圆孔定位于心轴外圆的原理与公式，计算其基准位置误差，并判断能否达到加工精度要求。不计定位心轴的定位基准位置误差。

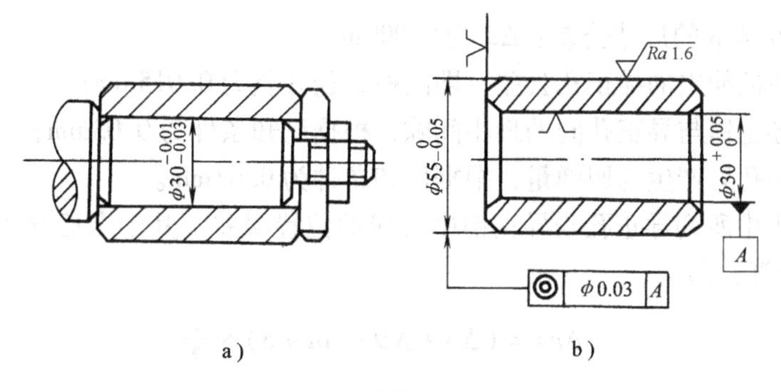

图4-10　导套外圆加工

a）工件装夹结构　b）工序图

设：

1）定位心轴水平装夹定位于车床主轴上。

2）导套以圆孔 $\phi30^{+0.05}_{0}$mm、$\phi55^{0}_{-0.05}$mm 端面定位于 $\phi30^{-0.01}_{-0.03}$mm 定位心轴上，并与固定单边接触。故可采用 $\Delta jwz=\Delta S+\Delta D+\Delta d/2$ 计算此题的工序基准位置误差。

其中：ΔS = 圆孔下差 − 定位心轴上差 = 0 − (−0.01) = 0.01mm；

ΔD = 工件孔径公差 = 0.05mm；

Δd = 定位心轴外圆直径公差 = 0.02mm。

则其定位基准位置误差为

$$\Delta jwz=\frac{0.01\text{mm}+0.02\text{mm}+0.05\text{mm}}{2}=0.04\text{mm}$$

判断：由于 $\Delta jwz=0.04\text{mm}>0.03\text{mm}$（加工同轴度要求），所以，不能满足全部工件加工要求。

实例2 级进冲模的步距精度是影响冲件形状、尺寸和位置精度的主要因素之一，而其步距精度是依靠导正销与导正孔的导正精度决定的。现计算导正销直径（d），以及因导正销位移可能产生的冲件尺寸与位置误差。

已知条件为：冲导孔的凸模直径（D）为 $\phi8^{0}_{-0.015}$mm，材料厚度为 2mm，冲导正孔后产生的最大的回弹量（S）为 0.03mm，导正孔与导正销的最小间隙（ΔS）为 0.03mm。

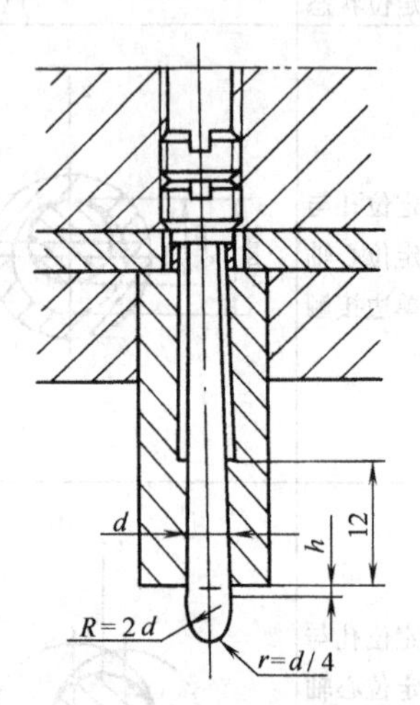

图 4-11 导正销结构图

由例题内容可知：

1）导正销——相当于定位心轴，直径为 d。

2）凸模冲出的导正孔——相当于工件（冲件）上的定位基准圆孔，直径为 D。

3）导正销装配结构如图 4-11 所示。冲导正孔的凹模孔设在凹模板与凸模相应的位置上。冲出的导正孔则在工件（冲件）载体、与步距相同的条料上。

根据分析，导正销直径应按下式计算，即

$$\begin{aligned} d &= D-\Delta D-\Delta S-S \\ &= 8.05\text{mm}-0.015\text{mm}-0.03\text{mm}-0.03\text{mm} \\ &= 7.975\text{mm} \end{aligned}$$

按基孔制 h6 选取的尺寸公差：Δd 为 0.009mm。

式中 ΔD——凸模冲出的导正孔公差，即凸模直径公差为 0.015mm；

ΔS——导正销与导正孔间的最小间隙，根据已知条件为 0.03mm；

S——冲孔后产生的回弹量，根据已知条件为 0.03mm。

根据表 4-11 中所列导正孔与导正销中心线的位置误差，其中考虑导正孔冲孔后的回弹量，应按下式计算，即

$$\begin{aligned} \Delta jw &= (\Delta S+\Delta D+\Delta d+S)\times\frac{1}{2} \\ &= \frac{1}{2}\times(0.03\text{mm}+0.015\text{mm}+0.009\text{mm}+0.03\text{mm}) \\ &= 0.042\text{mm} \end{aligned}$$

根据结果，则 $d=7.975^{0}_{-0.009}$mm

$$\Delta dw = \Delta jw + \Delta jb = 0.042\text{mm}$$

显然，Δdw 计算结果中未计算 Δjb，而实际上 Δjb 有可能存在。冲压加工与机加工一样，由于定位基准位置误差和基准不重合误差引起的定位误差是可能的。

此例中，凹模孔与凸模一般是通过装配、调整和试冲对正的，要求其配合间隙均匀，级进步距精确，检查试件形状、尺寸、位置精度能满足冲件技术要求。但是，由于凸模与导正销装配时，它们都存在加工误差和步距要求的间距误差，从而使导正销与冲件的载体一条料上由凸模冲出的导正孔在级进冲压中，也可能产生基准不重合误差。但本例中已经明确不计基准不重合误差。

3. 工件以外圆定位的定位误差计算

工件以外圆为定位基准时，有三种定位形式和定位元件，见表 4-7 中图 12，图 13，图 14，即 V 形块、定位套筒和半圆形定位座。

现以圆柱体外圆定位于 V 形块上为例，演示其定位误差的分析与计算。从表 4-9 中图 2 可知：

1）V 形块以两对称斜面为定位支承面。

2）工件以外圆为定位基准，可视其以轴心线或中心点为定位基准。

3）V 形块是对中定位元件，尽管工件直径变化，但其轴线或圆心总是位于 V 形块两斜面中间的对称平面上。所以，在其 x 轴线方向上，不存在基准定位误差。即

$$\Delta jw(x) = 0$$

在此基础上，圆柱体以外圆定位于 V 形块上的定位误差及其计算，见表 4-12。

表 4-12　工件以外圆定位的定位误差计算

设计基准	工序定位基准	示例图	误差分析与计算
工件圆心点A（轴线）	圆心点 A（轴线）	$D_{-\Delta D}^{\ 0}$　H_A　A 图 1 （见表 4-9 中图 2）	1. 当工件外径在公差范围内变化时，其定位点 A 将在对称平面上变动。由此，在 z 轴方向存在基准位置误差。即 $\Delta jw(z) = \dfrac{\Delta D/2}{\sin\left(\dfrac{\alpha}{2}\right)} = \dfrac{\Delta D}{2\sin\left(\dfrac{\alpha}{2}\right)}$ 2. 工件工序基准 A 点与设计基准 A 点重合，不存在基准不重合误差。所以 $\Delta dw(z) = \Delta jw(z)$
	外圆 B 点（上母线）	B　H_B 图 2	因其工序定位基准 B 点，不与设计基准 A 点重合。故 $\Delta dw(z) = \Delta jw(z) + \Delta bw(z)$ 即 $\Delta dw(z) = \dfrac{\Delta D}{2}\cdot\dfrac{1}{\sin\left(\dfrac{\alpha}{2}\right)} + \dfrac{\Delta D}{2} = \dfrac{\Delta D}{2}\left[\dfrac{1}{\sin\left(\dfrac{\alpha}{2}\right)} + 1\right]$

（续）

设计基准	工序定位基准	示 例 图	误 差 分 析 与 计 算
工件圆心点（轴线）	外圆 C 点（下母线）	H_C 图 3	因工件工序基准 C 点，不与设计基准 A 点重合，故 $\Delta dw(z)=\Delta jw(z)-\Delta bw(z)$ 即 $\Delta dw(z)=\frac{\Delta D}{2}\cdot\frac{1}{\sin\left(\frac{\alpha}{2}\right)}-\frac{\Delta D}{2}$ $=\frac{\Delta D}{2}\left[\frac{1}{\sin\left(\frac{\alpha}{2}\right)}-1\right]$

4.4 工件的夹紧

机械零件、模具零件在加工之前，都必须进行精确定位并可靠地夹紧。即使在工件定位后，必须采用相应的方法和机构，将工件牢固地紧压在定位元件上，使工件在加工过程中不因切削力、自身重力、加工运动的离心力等力的作用而产生位置变化或变形、振动状态，以保证工件的加工精度、加工质量和加工操作安全。所以，工件的定位与夹紧是两个相互关联的安装过程。

4.4.1 夹紧工件的基本要求

1. 定位与夹紧的关系

如图 4-12 所示，工件放置于平面支承 1 上，侧面与两个圆柱挡销 2 夹紧进行定位。这样，将限制工件 5 个自由度，即 $\vec{y}$、$\vec{z}$、$\widehat{x}$、$\widehat{y}$、$\widehat{z}$。而 x 方向自由度未进行限制，因此，工件则可能被夹紧于 A_1、A_2 或 x 方向的其他位置上进行钻孔，钻出的孔将产生孔位误差。若在 x 方向上设置个挡销，再进行夹紧，则可限制 x 方向的自由度，使工件获得精确定位。

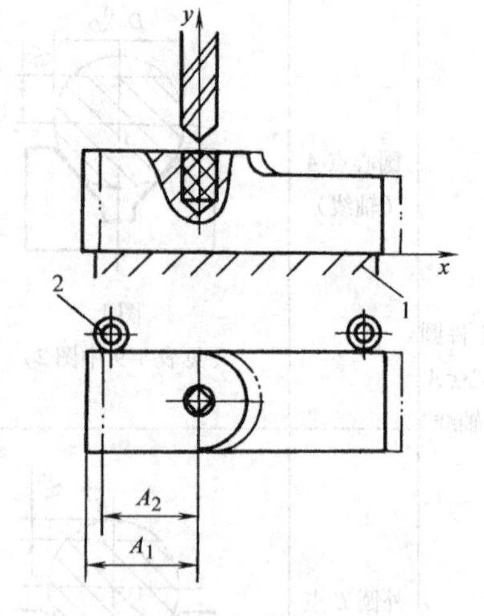

图 4-12 定位与夹紧关系图

由此可知，夹紧的作用是使工件牢固紧压在定位元件上，但夹紧不能代替相应方向的定位。

2. 夹紧的基本要求

工件加工前需进行精确定位并夹紧工件，其主要目的是保证工件在加工过程中的加工尺寸、位置精度控制在允许的范围。为此，须满足以下条件：

1）使工件工序基准相对于定位基准，不会因夹紧力的作用或操作不当引起工件位移，从而产生额外的定位误差。

2）工件在加工过程中，不会因夹紧力的作用导致工件或定位元件的变形，从而引起工件加工后的额外变形误差。

3）夹紧工件的着力处，不应破坏原表面的精度与质量状态。为此，夹紧着力处与工件以面接触为宜。

4.4.2　夹紧力的确定与分析

根据力学原理确定夹紧工件的夹紧力，就是确定夹紧力的三要素，即夹紧力的方向、作用点和大小。

1. 夹紧力方向的确定与分析

（1）夹紧力方向应指向定位基准　工件装夹在夹具上，其位置取决于定位元件，即由定位元件上的基准面所确定。因此：

1）夹紧力的方向指向定位基准。

2）当有多个定位基准时，夹紧力指向主要定位基准。即指向与工件加工工序基准接触面积较大、限制工件自由度多的基准。

夹紧力指向定位基准是指夹紧力的方向力求与定位基准面相垂直，不产生分力，使施加到工件上的力全部用于夹紧，以牢固压紧工件于定位基准上，从而保证工件的加工精度。

夹紧力方向与定位基准的关系，见表4-13。

表 4-13　夹紧力方向与定位基准关系

工件、工序、定位基准	示　例　图	
工件：角尺形件 定位基准： *A* 面、*B* 面 加工工序与要求 1）镗孔 2）保证孔轴线垂直于定位基准 *A* 面	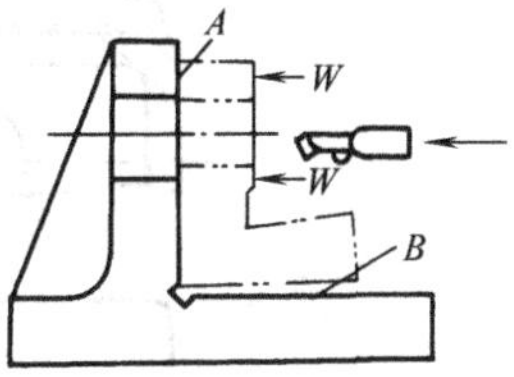 图 1	1. 设 *A* 面为主要定位基准 2. 夹紧力 *W* 指向 *A* 面 3. 无论定位基准 *A* 面、*B* 面存在多大垂直度误差，将不影响镗孔轴线与 *A* 面的垂直度
	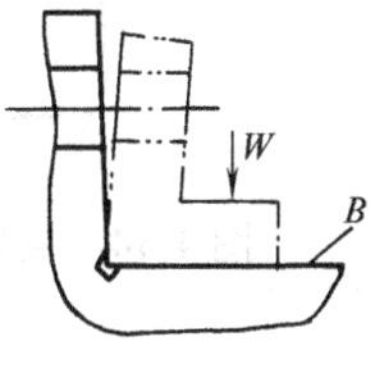 图 2	1. 设 *B* 面为主要定位基准 2. 夹紧力 *W* 指向 *B* 面 3. *A* 面、*B* 面存在的垂直度误差，必将反映到镗孔工序，使孔轴线与 *A* 面之间产生过大的垂直度误差。从而引起超差或失精成为废品
	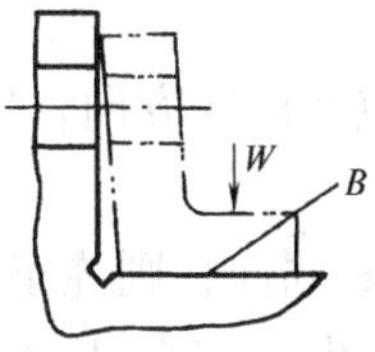 图 3	

（2）夹紧力应指向工件刚度较好的部位　由于工件设计要求，有些工件的结构刚度不

高，夹紧时易于变形。如薄壳工件，狭长、细长工件，指向定位基准方向壁薄的工件等。夹紧时工件的变形将严重影响加工精度，因此要求：

1）合理改变夹紧力方向，施力于工件刚度好、有基准面的方向。但同时须保证此向基准面与被加工面或主基准面的位置精度在允许的范围内。如图4-13所示为薄壁套筒工件，为加工内孔，并须保证内孔与外圆同心。因此，此工件应以外圆为主基准。但由于工件为薄壁，若以三爪卡爪夹紧外圆，工件易变形，如图4-13a所示。

改变装夹方式，改变施力方向，如图4-13b所示，夹紧力指向基准*B*，*A*仍为工序定位基准，则解决了工件内孔加工时因夹紧力而变形的问题。

2）夹紧力指向定位基准，又必须施力于工件薄壁时，分散、均匀施力可使因夹紧力产生的变形为最小。如图4-14所示，将单点夹紧力改为三点均匀分布夹紧工件于定位基准面上。增加了夹紧施力面积，自然也分散了夹紧力，使夹紧力产生的变形为最小。

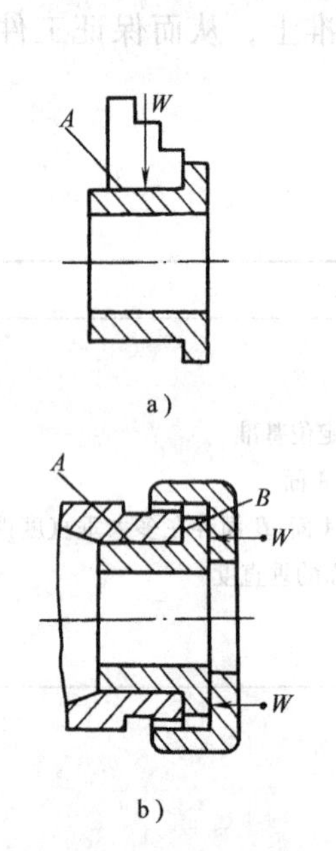

图4-13 夹紧力方向与零件刚度关系图

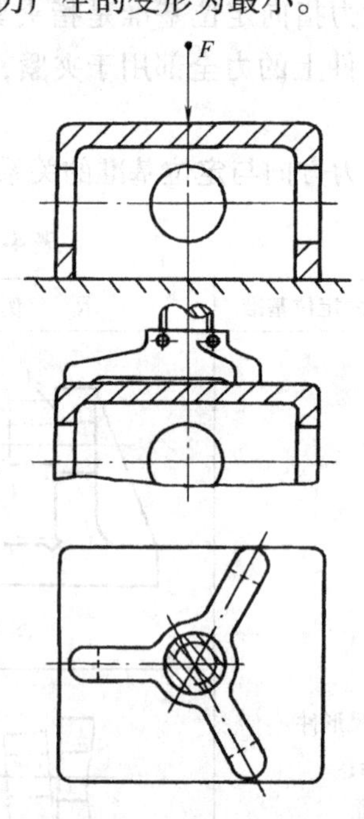

图4-14 夹紧力与工件刚度关系图

（3）夹紧力方向上的夹紧力应为最小　在确定夹紧力方向时，应力求有利于减小夹紧力。这样，即可使工件变形小，也可降低操作者的劳动强度。施于工件上的夹紧力有三种情况：

1）夹紧力（*W*）与工件重力（*G*）和切削力（*F*）同方向，则*W*为最小。如在立式铣床上加工塑料注射模凹模型腔。

2）若*W*的方向与*G*、*F*的方向垂直，且*G*与*F*同向；则施于工件上的*W*使工件定位基准面与定位基准（如工作台面）产生的摩擦力，应大于*G*与*F*之和，并与之反向。如在卧式铣床上加工凹模型腔。

3）若*W*的方向与*G*、*F*方向反向，则所需*W*为最大，一般不采用。

具体说明见表4-14中的示例图和分析。

表4-14 夹紧力与工件重力、切削力关系示例

定位基准	示 例 图	夹 紧 力 分 析
A面	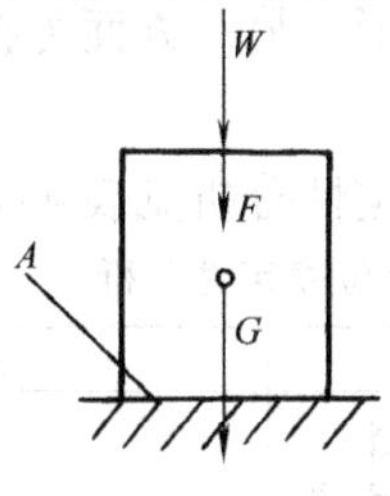 图1	1. 图1所示：W指向基准A面。而且，W与F、G同方向。其合力，为支承反力所平衡。此时，W为最小 2. 图2所示：W与F、G同方向，指向基面，其合力为基面支承力所平衡 工序要求：钻A孔，镗B孔；要求保证A、B孔轴线与基面A的相互位置精度 3. 钻孔扭矩M，由同向合力的作用而在支承面上所产生的摩擦阻力矩所平衡 4. 当镗B孔时，W与F方向垂直。则由W与G的合力在支承面上产生的摩擦力来平衡F，即 $F_2=(F_1+G)\cdot f$ f是摩擦因数，为0.1～0.15 5. 当工件小时，G可以不计 则 $W=F_2/(0.1\sim0.15)=(10\sim6.66)F_2$ 所以 $F\gg F_2$
	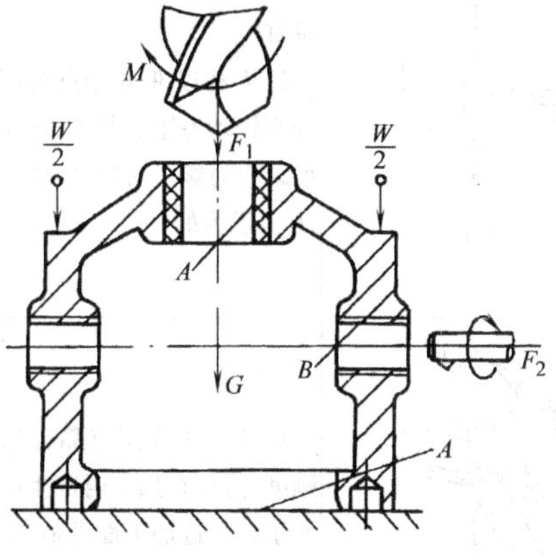 图2	
	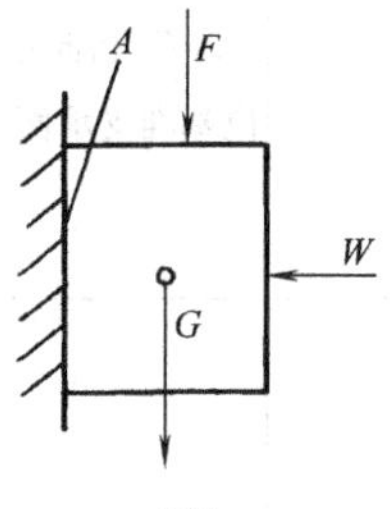 图3	1. 夹紧力W与切削力F、工件重力G方向垂直 2. 此时，由W产生的摩擦力$W\cdot f>F+G$，且方向与F、G的合力相反。即$W>(F+G)\cdot f$
	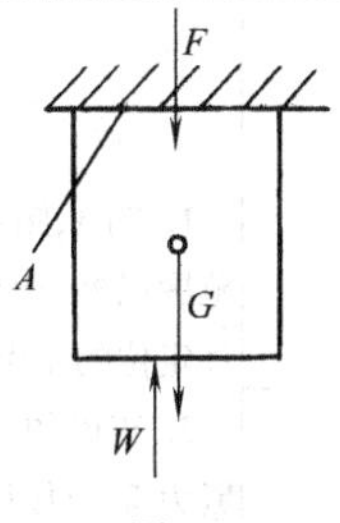 图4	1. W与F、G方向相反 2. 夹紧条件为：$W>F+G$ 3. 夹紧力需足够大，不能因松动使工件产生位移，或切削时振动。故夹紧机构应能自锁

2. 夹紧力作用点的确定与分析

夹紧力作用点，不能使工件在加工时因切削力而产生位移、转动或振动，而破坏定位的稳定性，因此：

1）作用点应靠近加工面，以减少切削力对工件定位稳定性的影响。

2）作用点应施于工件刚度较强的部位，以使因夹紧力产生的变形量为最小。

3）作用点应在定位支承面范围内，并靠近支承面的几何中心。

4）在夹紧薄壳工件于定位基准面上时，夹紧作用宜分散施力，一般可对称作用到两点上，或等分作用到三点上。这样一方面可减少工件变形，另一方面可扩大其支承面积，使定位稳定。

夹紧力作用点与工件定位稳定性的关系及定位稳定性分析见表4-15。

表4-15 夹紧力作用点与工件定位稳定性分析

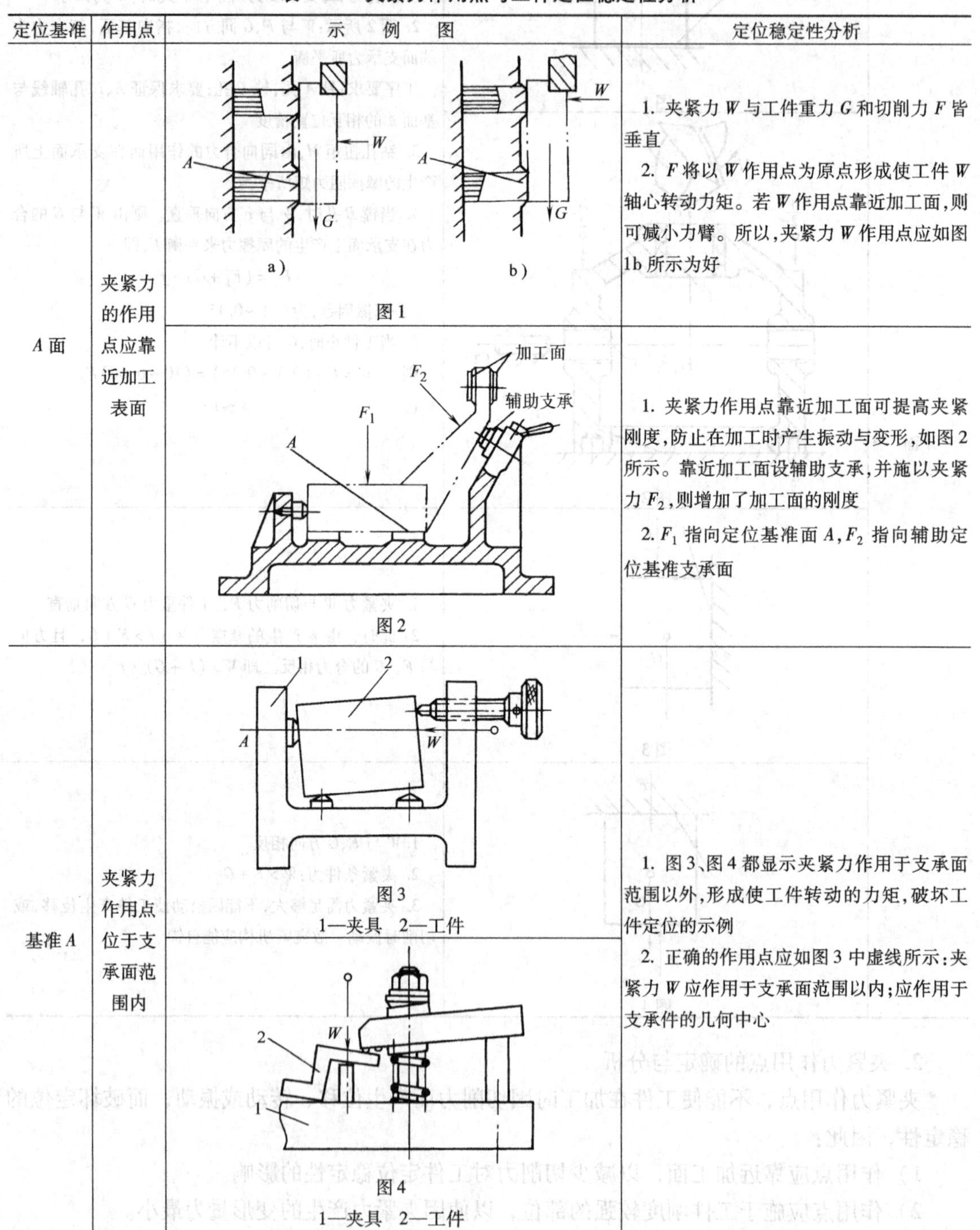

定位基准	作用点	示例图	定位稳定性分析
A面	夹紧力的作用点应靠近加工表面	a) b) 图1	1. 夹紧力 W 与工件重力 G 和切削力 F 皆垂直 2. F 将以 W 作用点为原点形成使工件 W 轴心转动力矩。若 W 作用点靠近加工面，则可减小力臂。所以，夹紧力 W 作用点应如图1b所示为好
		图2	1. 夹紧力作用点靠近加工面可提高夹紧刚度，防止在加工时产生振动与变形，如图2所示。靠近加工面设辅助支承，并施以夹紧力 F_2，则增加了加工面的刚度 2. F_1 指向定位基准面 A，F_2 指向辅助定位基准支承面
基准A	夹紧力作用点位于支承面范围内	图3 1—夹具 2—工件	1. 图3、图4都显示夹紧力作用于支承面范围以外，形成使工件转动的力矩，破坏工件定位的示例 2. 正确的作用点应如图3中虚线所示：夹紧力 W 应作用于支承面范围以内；应作用于支承件的几何中心
		图4 1—夹具 2—工件	

3. 夹紧力的确定与分析

（1）夹紧力计算的基本公式与安全系数　夹紧力的大小对工件被夹紧于定位基准上的可靠性，防止工件与夹具的变形及合理设计夹具都将产生影响。

夹紧力的计算很复杂，为简化计算与确定夹紧力，做以下假设：

1）工件加工工艺系统为刚性的。

2）切削过程中，工艺参数稳定不变。

3）仅计算切削力（F）或切削力矩（M）的影响。

在以上条件下，找出加工过程中对夹紧最不利的瞬时状态，按照力的静平衡原理求出夹紧力 W 的值。则实际夹紧力 W_t 为：

$$W_t = kW$$

式中，$k = k_1 k_2 k_3 k_4$，

① 一般情况下，$k = 1.5 \sim 3$；

② 粗加工时，$k = 2.5 \sim 3$；

③ 精加工时，$k = 1.5 \sim 2$；

④ 当夹紧力与切削力反向时，为保证工件可靠定位夹紧于定位基准上，$k \geqslant 2.5$。式中 k_1、k_2、k_3、k_4 见表 4-16。

表 4-16　安全系数 k 的影响因素

影响因素	因素名称	内　容	数　值
k_1	基本安全系数	考虑工件材料质量和毛坯余量不均匀性的影响	1.2～1.5
k_2	加工状态系数	考虑加工特点、工序而引进的系数	粗加工:1.2 精加工:1.0
k_3	刀具钝化系数	主要考虑刀具因加工磨损而产生的影响	1.1～1.31
k_4	切削特点系数	考虑切削过程特点、性质产生切削力的变化，从而产生对夹紧力影响	断续切削:1.2 连续切削:1.0

实际夹紧力 W_t 是采用以实验为基础的系数法来确定的。因为，工件在加工过程中将承受切削力（F）、自身重力（G）、工件加工运动的离心力（E）和惯性力（Q），所以夹紧力（W）或由其产生的摩擦力矩（M）必须大于上述力的合力或力矩。即 W 或 M 须与之相应的合力或力矩相平衡。

同时，当工件很重，切削力很小时，可不施加夹紧力；当进行高速旋转加工时，离心力或惯性力可能对夹紧力产生大的影响。此外，工艺系统并非为刚体，切削力在加工过程中也是变化的，但是实践证明，$W_t = kW$ 是可靠的。

（2）夹紧力的计算实例（见表 4-17）

4.4.3　夹紧误差分析

夹紧误差和定位误差一样，都将反映到加工误差中去，都是加工误差的组成部分。特别是对一些刚度较差的工件，如薄壳形筒件、细长件等，更应当正确、合理地进行定位与夹紧，以保证工件的工序尺寸、形状和位置的加工误差能控制在允许范围之内。

1. 夹紧误差

夹紧力通过工件传递到夹具定位元件上，从而使工件、定位基准面、夹具产生变形。其变形量反映为被加工面的尺寸、形状和位置的变动，这一变动量就是因夹紧而造成的加工误差，称为夹紧误差。

表 4-17　工件加工中夹紧力的计算实例

工序名称	示例图	夹紧力计算与分析
拉(推)削孔	图1	工件在拉(推)刀切削力(F)的作用下，紧贴在定位基准 A 上此时，夹紧力(W)应当很小，能平衡工件重力(G)即可。但由于工艺系统并非刚体，切削过程中的切削参数是变化的。所以，实际的夹紧力(W_t)应为 $W_t = k \cdot W$；k 值见表4-16
钻孔	图2	1. 工件在轴向切削力(F)、夹紧力(W)以及工件重力(G)的作用下，施力于定位面 A 上 2. 工件钻削时，将产生力矩(M_0)，使工件有转动趋势。平衡此 M_0 的办法为： 1)在可能转动的方向，设置挡块 2)在 F、W、G 三力合力作用下，产生于定位面 A 上的摩擦力矩(M_1)，以平衡切削力矩(M_0)；设 $M_2=0$，即不计压板与工件表面在 W 作用下产生的摩擦力矩(M_2)
在工件上面加工孔	图3	1. 切削力(F)使工件有离开定位基准面 A 的趋势 2. 夹紧力(W)与切削力(F)的方向相反 3. 夹紧力(W)将远大于切削力 F 所以，实际夹紧力　$W_t = k(F+G)$ k 为安全系数，见表4-16
在工件侧面加工	图4	1. 夹紧力（W）指向基面 A，并与切削力（F）垂直；切削力（F）则与基面 A 平行 2. 实际夹紧力 W_t 与 G 作用于基面 A 上，将产生摩擦力（W_t）。即 $W_t(f_1+f_2) = k(F+G)$ $W_t = \dfrac{k(F+G)}{(f_1+f_2)}$ 式中　k——安全系数，见表4-16； f_1——工件表面与基面 A 间的摩擦因数； f_2——压板与工件表面间的摩擦因数。 f_1、f_2 值见表4-18

（续）

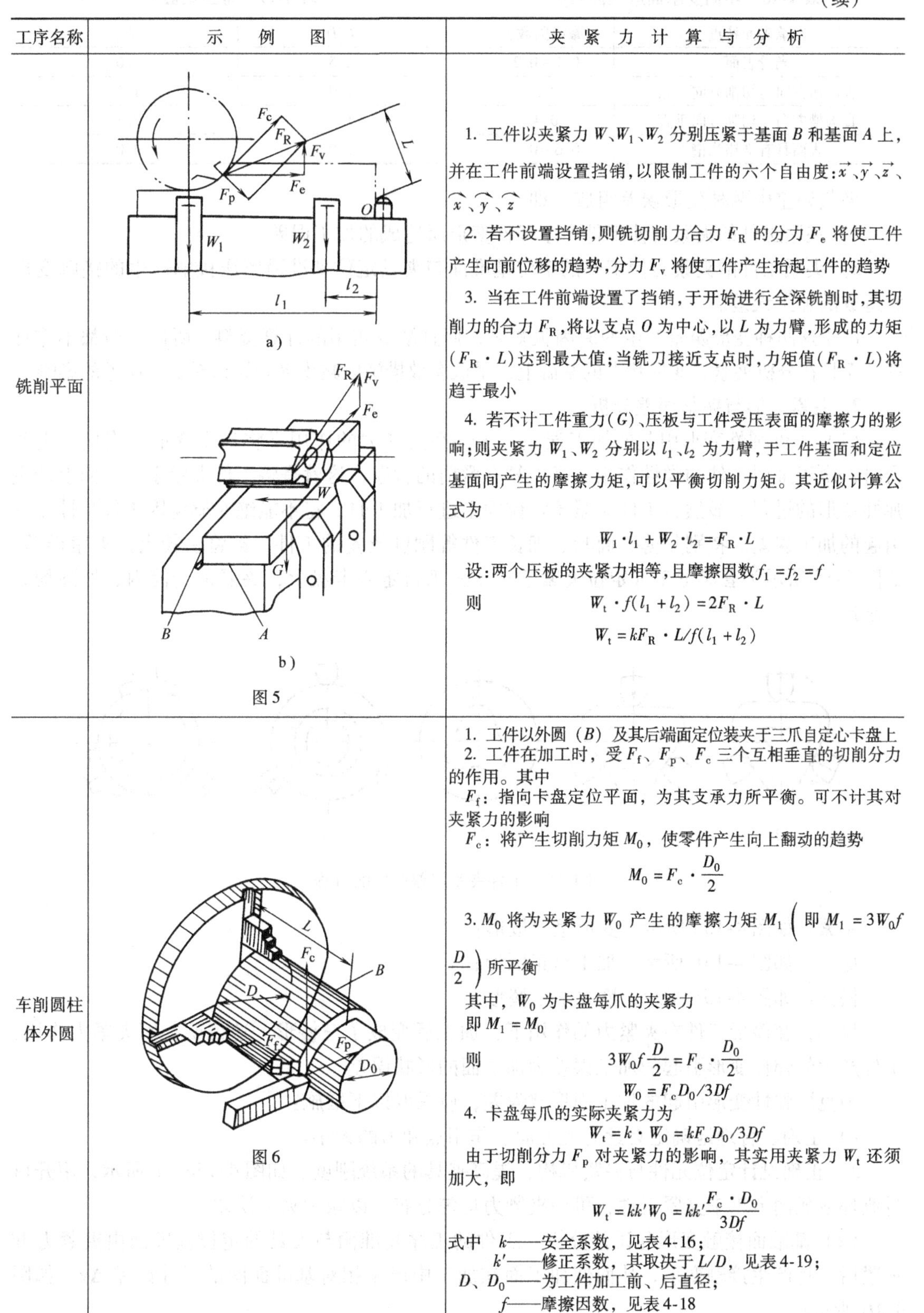

工序名称	示　例　图	夹 紧 力 计 算 与 分 析
铣削平面	a) b) 图 5	1. 工件以夹紧力 W、W_1、W_2 分别压紧于基面 B 和基面 A 上，并在工件前端设置挡销，以限制工件的六个自由度：$\vec{x}$、$\vec{y}$、$\vec{z}$、$\widehat{x}$、$\widehat{y}$、$\widehat{z}$ 2. 若不设置挡销，则铣切削力合力 F_R 的分力 F_e 将使工件产生向前位移的趋势，分力 F_v 将使工件产生抬起工件的趋势 3. 当在工件前端设置了挡销，于开始进行全深铣削时，其切削力的合力 F_R，将以支点 O 为中心，以 L 为力臂，形成的力矩 $(F_R \cdot L)$ 达到最大值；当铣刀接近支点时，力矩值 $(F_R \cdot L)$ 将趋于最小 4. 若不计工件重力 (G)、压板与工件受压表面的摩擦力的影响；则夹紧力 W_1、W_2 分别以 l_1、l_2 为力臂，于工件基面和定位基面间产生的摩擦力矩，可以平衡切削力矩。其近似计算公式为 $W_1 \cdot l_1 + W_2 \cdot l_2 = F_R \cdot L$ 设：两个压板的夹紧力相等，且摩擦因数 $f_1 = f_2 = f$ 则　$W_t \cdot f(l_1 + l_2) = 2F_R \cdot L$ $W_t = kF_R \cdot L/f(l_1 + l_2)$
车削圆柱体外圆	图 6	1. 工件以外圆 (B) 及其后端面定位装夹于三爪自定心卡盘上 2. 工件在加工时，受 F_f、F_p、F_c 三个互相垂直的切削分力的作用。其中 F_f：指向卡盘定位平面，为其支承力所平衡。可不计其对夹紧力的影响 F_c：将产生切削力矩 M_0，使零件产生向上翻动的趋势 $M_0 = F_c \cdot \dfrac{D_0}{2}$ 3. M_0 将为夹紧力 W_0 产生的摩擦力矩 M_1 $\left(即\ M_1 = 3W_0 f \dfrac{D}{2}\right)$ 所平衡 其中，W_0 为卡盘每爪的夹紧力 即 $M_1 = M_0$ 则　$3W_0 f \dfrac{D}{2} = F_c \cdot \dfrac{D_0}{2}$ $W_0 = F_c D_0 / 3Df$ 4. 卡盘每爪的实际夹紧力为 $W_t = k \cdot W_0 = kF_c D_0 / 3Df$ 由于切削分力 F_p 对夹紧力的影响，其实用夹紧力 W_t 还须加大，即 $W_t = kk'W_0 = kk' \dfrac{F_c \cdot D_0}{3Df}$ 式中　k——安全系数，见表 4-16； k'——修正系数，其取决于 L/D，见表 4-19； D、D_0——为工件加工前、后直径； f——摩擦因数，见表 4-18

表 4-18 不同支承面摩擦因数 f

支承表面特点	摩擦因数 f
光滑表面	0.1～0.2
直沟槽方向与切削方向一致	0.3
直沟槽方向与切削方向垂直	0.4
表面具有交错沟槽	0.6～0.7

表 4-19 修正系数 k'

L/D	k'
0.5	1.0
1.0	1.5
1.5	2.5
2.0	4.0

夹紧误差由两种变形误差组成。即

1）夹紧工件的夹紧力使工件产生弹性变形所造成的加工误差。

2）夹紧工件的夹紧力使工件的定位基准面与夹具定位基准面紧压接触产生的接触变形而造成的加工误差。

由于这两种变形误差产生的原因很复杂，而且缺少实用的计算资料，所以一般都不作计算，而是在分析夹紧、变形状态的基础上，采取有效措施以减少夹紧误差对加工误差的影响。

2. 夹紧变形与夹紧误差分析

（1）工件弹性变形引起的加工误差　工件在夹紧力的作用下将产生变形，当松开夹紧力时，由于金属工件的弹性作用，又恢复夹紧前的状态，这就是将工件夹紧于定位面上产生弹性变形的过程。显然，工件夹紧于定位面上进行加工时，将不能绝对避免因工件弹性变形引起的加工误差。特别是薄壳筒状、细长工件等刚度较差的工件，都将引较大的夹紧误差，如图 4-15 所示为套筒形工件定位夹紧于车床三爪自定心卡盘上，夹紧前套筒内、外圆均为正圆形。

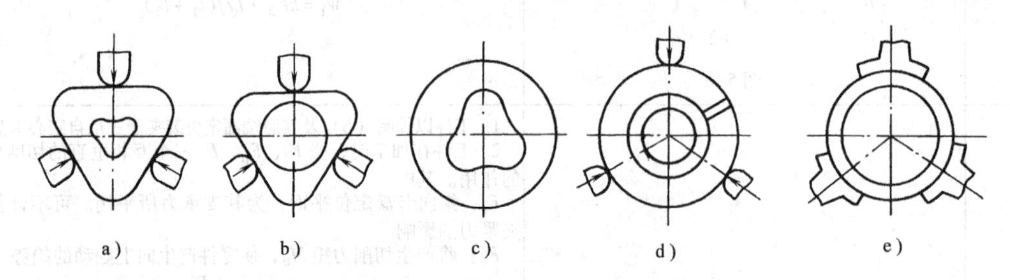

图 4-15　工件夹紧误差产生的过程

夹紧：如图 4-15a 所示，变形呈三棱形；

加工：如图 4-15b 所示，加工呈正圆形；

松夹：如图 4-15c 所示，恢复呈三棱形。

显然，套筒形工件在夹紧力的作用下，加工后变成了三棱形。这说明：因夹紧力作用，工件产生的弹性变形引起的加工误差为加工面的形状误差。

为克服弹性变形引起的加工面形状误差，应采取以下措施：

1）正确、合理地确定夹紧力的方向、作用点和力的大小。

2）正确设计定位元件与夹紧机构，提高夹具的系统刚度。如图 4-15d、e 所示，用开口过渡环或弧面卡爪来夹紧工件，可使夹紧力均匀分布，以减少夹紧误差。

（2）基准面接触变形与误差分析　工件的工序基准面与夹具的定位基准面由夹紧力 W 夹紧后，将产生接触变形，从而使加工面在加工中产生相对基准面间的尺寸误差 Δy，如图 4-16 所示。

引起 Δy 的主要原因是两个基准面因加工形成的表面形状误差和表面粗糙度。

当施夹紧力 W 于工件后，两个基准面将因 W 的增大，使其间的单位压力 p 增大，从而压陷两接触面上的凸起（波峰），以扩大两接触面的面积；当 W 增大到最大值时，p 也增大到最大值，此时，两接触面的凸起（波峰）也将被压陷到最大值 Δy。显然，Δy 在一定范围内与 p 成比例，如图 4-17 所示。

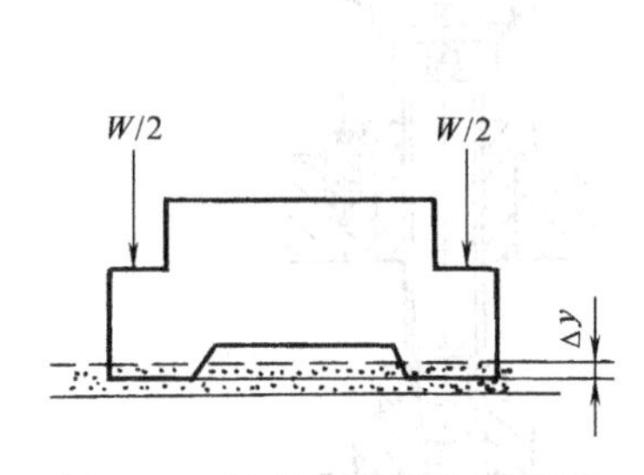

图 4-16　接触变形误差示意图

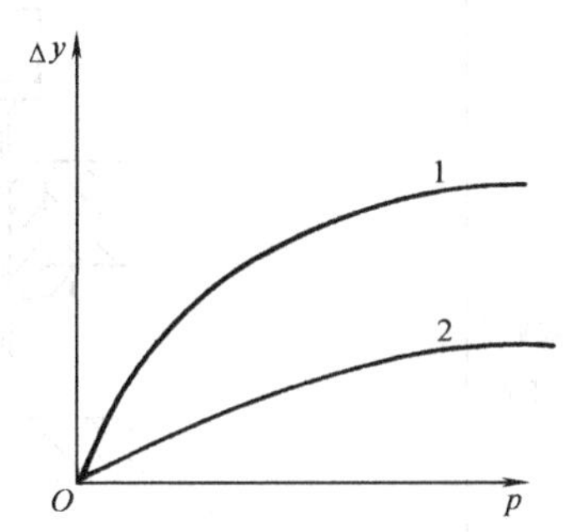

图 4-17　夹紧误差曲线

1—刨削表面的夹紧误差　2—磨削表面的夹紧误差

为克服两接触面因夹紧力作用产生接触变形而引起的 Δy，需采取以下措施：

1）定位元件需采用高性能合金钢，并进行热处理，以提高其表面硬度达 44 ~48HRC。

2）降低工件基准面和定位基准面的表面粗糙度，提高形状精度，来减少尺寸误差 Δy。

4.4.4　夹紧元件与夹紧机构

1. 夹紧元件与夹紧机构的基本要求

机械零件、模具零件在确定了工序基准、夹紧力方向与作用点后，通过正确设计夹紧元件与夹紧机构，使工件能精确、牢固地定位、夹紧于机床工作台或夹具定位元件上，则可保证工件在加工过程中的定位误差和夹紧误差为最小，即可满足工件精密加工工序尺寸、形状、位置精度要求。为此，设计或选用夹紧元件和夹紧机构时，当满足以下基本要求：

1）能保证夹紧力，并力求夹紧力能定量测定，以便定量施加夹紧力。

2）夹紧元件和夹紧机构系统的刚度大，以保证在夹紧时不产生变形，从而能保证夹紧力恒定。

3）夹紧机构能够自锁，防止夹紧机构在加工过程中因切削力的作用而松动。

4）夹紧元件与工件接触部位，即作用点，在夹紧时不得损伤已加工表面。即力求以较大面积着力于工件夹紧面上。

5）夹紧元件、夹紧机构的标准化是保证夹紧机构的制造质量，及时提供应用的最好办法。

2. 夹紧元件与机构的设计原理

夹紧元件与机构的种类很多，常用的主要有螺旋压板元件与机构、斜楔元件与机构、螺旋元件与机构、偏心元件与机构、自动定心元件与机构和动力夹紧元件与机构六种。根据工件夹紧和夹具结构要求，每种夹紧机构依照不同结构形式又可分为若干品种。现分别列于表 4-20 至表 4-23 中。

（1）螺旋压板夹紧元件与机构　这种机构结构简单，制造容易，夹紧行程不受限制，其夹紧的可靠性高。因此，工件定位夹紧于机床工作台上或夹紧于夹具定位元件上都可使用，见表4-20。

表4-20　螺旋与螺旋压板夹紧机构

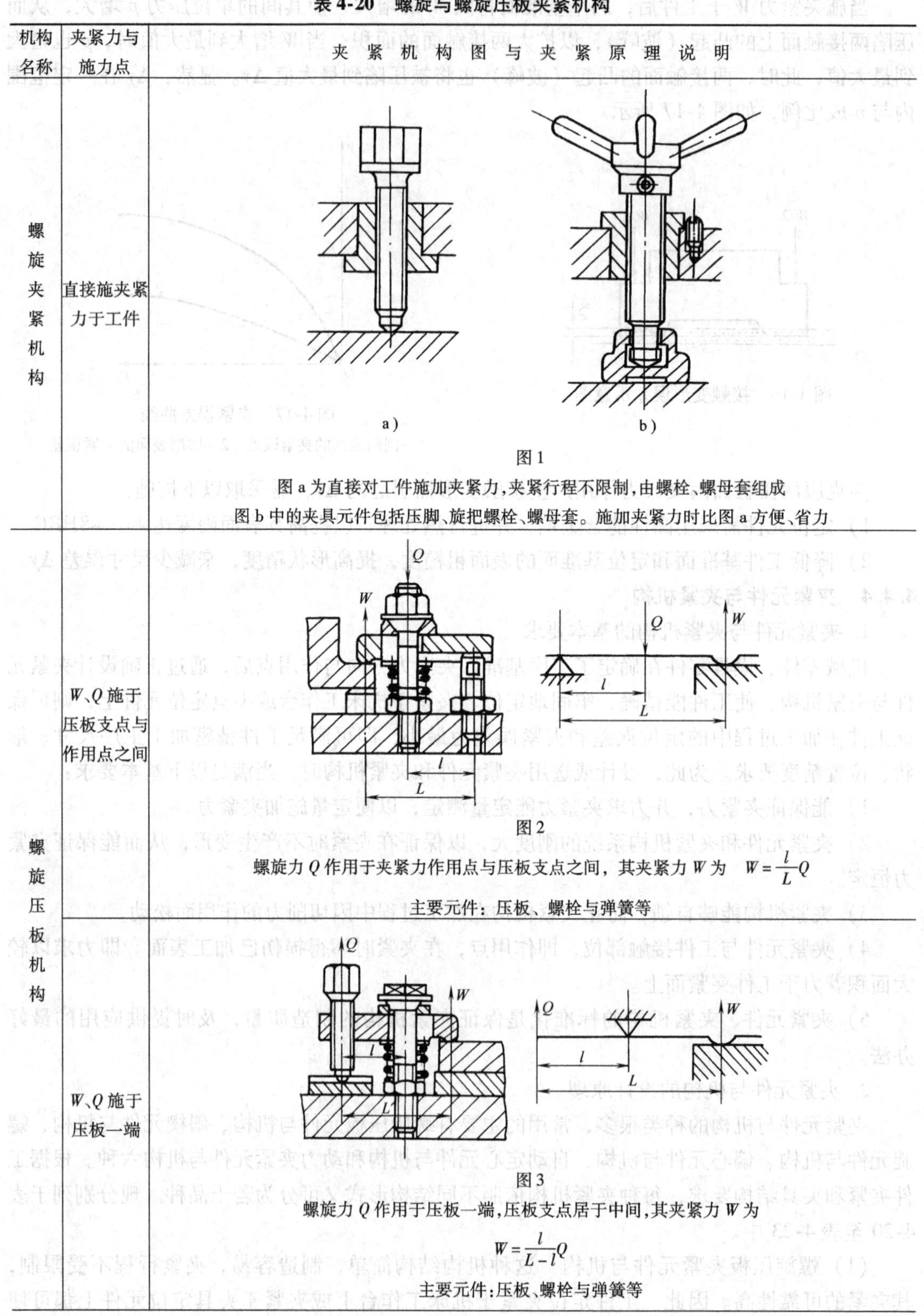

机构名称	夹紧力与施力点	夹紧机构图与夹紧原理说明
螺旋夹紧机构	直接施夹紧力于工件	a)　b) 图1 图a为直接对工件施加夹紧力，夹紧行程不限制，由螺栓、螺母套组成 图b中的夹具元件包括压脚、旋把螺栓、螺母套。施加夹紧力时比图a方便、省力
螺旋压板机构	W、Q施于压板支点与作用点之间	图2 螺旋力Q作用于夹紧力作用点与压板支点之间，其夹紧力W为　$W=\frac{l}{L}Q$ 主要元件：压板、螺栓与弹簧等
	W、Q施于压板一端	图3 螺旋力Q作用于压板一端，压板支点居于中间，其夹紧力W为 $W=\frac{l}{L-l}Q$ 主要元件：压板、螺栓与弹簧等

（续）

机构名称	夹紧力与施力点	夹 紧 机 构 图 与 夹 紧 原 理 说 明
螺旋压板夹紧机构	W居于压板中央	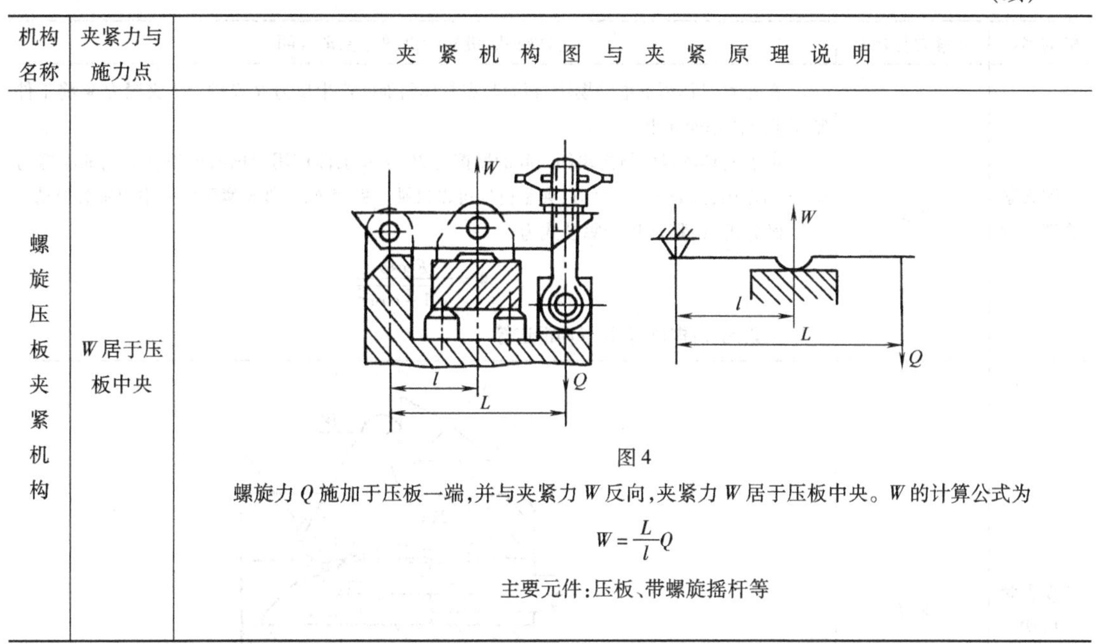 图4 螺旋力Q施加于压板一端，并与夹紧力W反向，夹紧力W居于压板中央。W的计算公式为 $W=\frac{L}{l}Q$ 主要元件：压板、带螺旋摇杆等

（2）斜楔夹紧元件与夹紧机构　根据工件结构、形状、加工工序和夹具结构的设计要求，斜楔机构也是夹具中常用的夹紧机构。

斜楔夹紧机构是利用斜面直接或间接（如与杠杆联动）夹紧工件，斜楔夹紧机构具有以下两个特点：

1）结构简单，有增力作用。其增力比i_p为

$$i_p=\frac{W}{F}\geqslant 3$$

当采用带滚珠结构斜导向滑道时其增力比可达5。

2）行程小，主要受斜楔角α所限。当α增大时夹紧行程可增大，但是机构的自锁力将降低。为保证斜楔夹紧能自锁，其斜楔角α一般为5°~7°

斜楔夹紧机构原理及其元件见表4-21。

表4-21　斜楔夹紧机构原理与示例

机构名称	夹紧力与外力	斜楔夹紧机构示例图与原理说明
斜楔夹紧机构原理示例	W、F	A　W　F　α　R 图1

（续）

机构名称	夹紧力与外力	斜楔夹紧机构示例图与原理说明
斜楔夹紧原理示例	W、F	1. 在外力 F 作用下推动楔块，斜面与夹具体斜面间产生反力 R，R 的分力夹紧力 W 将工件紧压于定位基面 A 上 2. 由于夹具体斜面与楔块斜面间的摩擦力 $R \cdot f$ 和工件作用力面与楔块斜面间的摩擦力 $W \cdot f$ 的作用；当 $\alpha = 5° \sim 7°$时，夹紧机构可以自锁。去掉 F，工件夹紧于夹紧中也不会松动 3. 经分析，夹紧力 W 计算公式为 $W = \frac{F\cos\alpha}{\sqrt{1-\cos\alpha^2}}$ 4. 夹紧元件：楔块，斜楔导向滑道等
斜楔夹紧机构	W、F	图2 1—支点销 2—夹紧块 3—滚轮 1. 原理：施加外力 F，推动滚轮沿楔块斜面上升，以支点销 1 为原心，将 F 传递为夹紧力 W，夹紧工件于夹具定位元件上 2. 主要元件：楔块、滚轮、夹紧块

（3）偏心夹紧机构与夹紧元件　偏心夹紧机构是采用凸轮作为夹紧元件快速夹紧零件于夹具定位元件上的机构。

偏心夹紧机构的原理为：当外力 F 作用于偏心轮手柄，并绕原心 O 转动偏心轮 φ 角度时，达偏心轮 x 点，如图 4-18a 所示，其偏心距则达 e/x，即可将工件夹紧于夹具上。

设：x 点的斜楔升角为 α_x，偏心轮直径为 D，偏心距为 e，将偏心轮从 0°～180°的轮廓线展开，如图 4-18b 所示，呈一斜楔曲线，并具有以下特性：

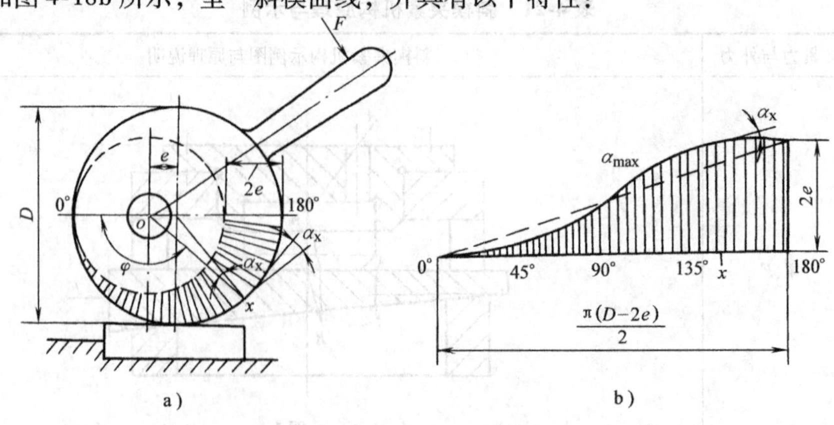

图 4-18　偏心夹紧原理图

1）曲线上任一点的斜率即为该点的 α。当 φ 在 0°～90°～180°之间变化时，α 为 $0°\sim\alpha_{max}\sim0°$，夹紧力 W 为 $0\sim W\sim W_{max}$，夹紧行程 l 为 $0\sim l\sim l_{max}$，其中 $l_{max}=2e$。

由图 4-18b 可知，当 $\varphi=90°$时，曲线近似直线，该点附近的斜率 α 的变化为最小。

当曲线斜楔升角 $\alpha<$ 自锁角 $\alpha=5°\sim7°$时，整个工作曲线上任一点均能自锁。因此，保证偏心夹紧机构能自锁的条件是偏心轮半径与偏心距 e 的比，即

$$R/e\geqslant6.7\sim10$$

通常取 $R/e=10$。

2）当 $R/e=10$ 时，偏心夹紧的增力比

$$i_p=\frac{W}{F}=1.2\sim1.3$$

由上述可知，偏心夹紧机构的特点是夹紧行程短、增力比小（与螺旋夹紧机构相比），但施力平稳、夹紧速度快、使用方便，通常用于无振动或振动小、夹紧力不大的情况下。实际上，偏心夹紧机构应用很广，不仅常应用于夹具中，也是模具常用的夹紧机构，如将模芯快速装夹于模架中的夹紧机构等。偏心夹紧机构的应用实例见表 4-22。

表 4-22　偏心夹紧机构的应用

机构名称	夹紧机构示例图与原理说明	机构名称	夹紧机构示例图与原理说明
偏心夹紧机构	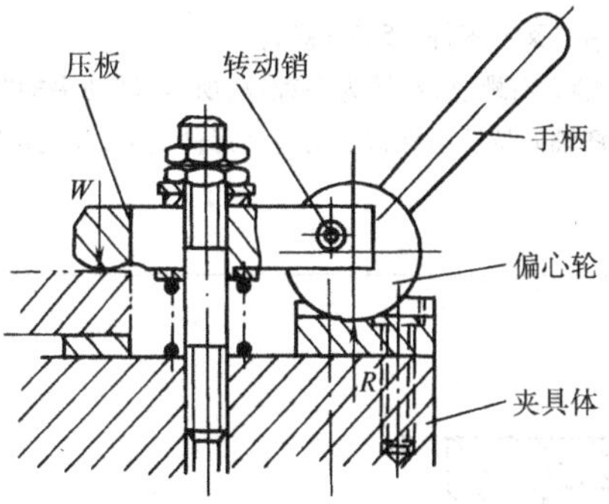 压板　转动销　手柄　偏心轮　夹具体　W　R 图 1 1. 施力于手柄，转动偏心轮于支承上产生反作用 R，推动转动销上升，从而，通过压板，按杠杆原理产生夹紧力 W，将工件压紧，力均作用于夹具体内，刚度好 2. 主要元件：圆偏心凸轮、手柄、压板，螺栓、弹簧等	偏心压板夹紧机构	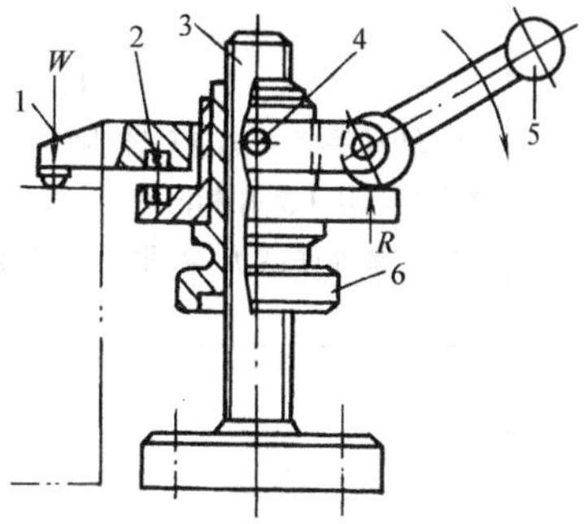 W　R　1　2　3　4　5　6 图 2 1—压板　2—弹簧　3—支架　4—压板中间支点销　5—手柄　6—压板架 1. 此种夹紧机构可独立固定在机床工作上使用，其原理与图 1 所示相同 2. 夹紧元件：压板 1、弹簧 2、支架 3、压板中间支点销 4、手柄 5 和压板架 6

（4）自定心夹紧机构、原理与元件　自定心夹紧机构主要用于圆柱体或套类工件，如模具导向件加工时，可采用自定心机构进行夹紧。由于这种机构夹紧力较小、定心精确、夹紧方便，所以，不仅通用性强，也可按工件形状和尺寸精度要求设计成专用于大批量加工用的自定心夹紧机构。以确保此类工件内孔与外圆的精密加工，它具有以下特

点和要求：

1）在夹紧工件的同时，能进行精密定心定位。

2）自定心定位元件，要求以相同移动速度、相近弹性，同步地进行开、合，以精确定位、夹紧工件。

3）夹具自定心夹紧元件的尺寸、形状、位置精度可控制在0.001mm范围内。弹簧夹头的锥角一般为30°，锥角误差：外锥误差为$\alpha+1°$；内锥误差为$\alpha-1°$。

4）为保证弹簧夹头弹性，其材料一般采用65Mn，头部硬度为55～60HRC，弹性部分硬度为40～45HRC。

几种自定心夹紧机构的结构实例，见表4-23。

表4-23 自定心夹紧机构示例

机构名称	机构示例图与原理说明
平面V形螺旋自定心夹紧机构	图1 1、2—V形块 3—手柄 4—叉形零件 5、6—螺钉 1. 转动手柄3，螺杆只转动而不作轴向移动，螺杆左端为右螺纹，右端为左螺纹，所以，转动手柄时，两端螺纹使V形块1、2作相向运动，则定心并夹紧工件。螺杆轴向位置由螺钉5通过叉形件调节，并用螺钉6固定 2. 主要元件：V形块、手柄、叉形件、螺杆和螺钉
推式杠杆自定心夹紧机构	图2 1—柱塞 2—工件 3—杠杆 4—弹簧 5—小轴 1. 外力F向左推动柱塞1，经工件2推动三爪式杠杆3，绕小轴5转动产生夹紧力W_1、W_2，使工件定心并夹紧。弹簧4使夹紧复原 2. 主要元件：柱塞、三角式杠杆、弹簧

（续）

机构名称	机构示例图与原理说明
拉式杠杆自定心夹紧机构	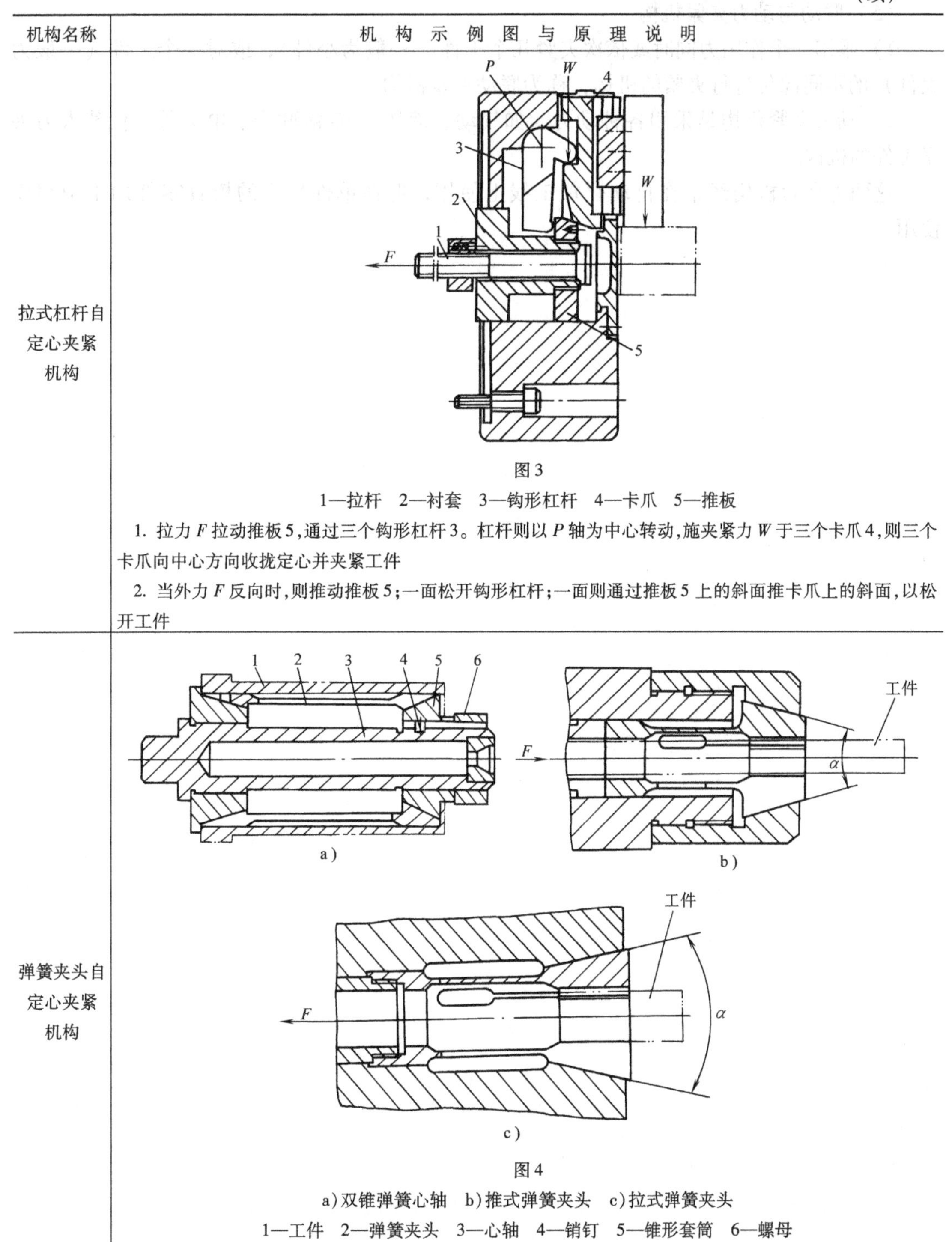 图3 1—拉杆　2—衬套　3—钩形杠杆　4—卡爪　5—推板 1. 拉力 F 拉动推板5，通过三个钩形杠杆3。杠杆则以 P 轴为中心转动，施夹紧力 W 于三个卡爪4，则三个卡爪向中心方向收拢定心并夹紧工件 2. 当外力 F 反向时，则推动推板5；一面松开钩形杠杆；一面则通过推板5上的斜面推卡爪上的斜面，以松开工件
弹簧夹头自定心夹紧机构	图4 a）双锥弹簧心轴　b）推式弹簧夹头　c）拉式弹簧夹头 1—工件　2—弹簧夹头　3—心轴　4—销钉　5—锥形套筒　6—螺母 1. 图4a：旋转螺母6，使锥形套筒5沿心轴3向左移动，压紧弹簧夹头2的两端内锥面，并使之胀开，将工件定心并夹紧。销钉4为防止套筒转动 2. 图4b：推式弹簧夹头，当施外推力 F 时，右端的锥套使弹簧夹头三片瓣收缩，将工件定心并夹紧 3. 图4c：拉式弹簧夹头，当施外拉力 F 时，右端的弹簧夹头三片簧瓣收缩将工件定心并夹紧

(5) 联动与动力夹紧机构

1) 采用一个作用力同时或依次夹紧几个工件（一般为小件），或对一个工件（一般为大件）的不同部位进行夹紧的机构，称为联动夹紧机构。

2) 动力夹紧机构是采用各种动力，如气动、液压、气-液联合、电力等，代替人力夹紧工件的机构。

这两种夹紧机构经常在自动化加工线上使用，但在单件生产的模具零件加工中很少使用。

第 5 章　模具用夹具

5.1　夹具、夹具的种类与基本要求

5.1.1　夹具简介

1. 定义

夹具是将工件定位、装夹于定位元件或机床工作台、主轴、滑板或尾座位置上，保持工件加工面与刀具相对位置的装备。

2. 模具零件加工用夹具

模具零件分标准成形件与非标准成形件（如凸模与凹模）两类，因此，在工件加工中所用的夹具也各有特点。

（1）标准件加工用夹具　由于模具的标准零件主要有三类，即呈六面体的板件、圆柱体形零件与套形零件，而且都是需进行批量加工的通用型零件，因此，模具标准件加工用夹具与一般机械零件加工用夹具相同。

（2）模具成形件等非标准件加工用夹具　模具成形件主要指凸模（或型芯）与凹模，以及带有与冲模凸模形状相同、形状尺寸精度相近型孔的卸料板等零件。这些零件大都由二维、三维型面，以及孔、槽等结构要素所构成。同时，这些零件的形状、尺寸、位置精度要求很高，一般需达到 $0.00x \sim 0.02$mm 范围。因此，需进行二维、三维连续的成形加工，才能满足要求，所以精密、连续成形加工是模具制造过程中的关键技术。

目前采用的成形加工工艺有两种：

1）传统成形加工工艺与夹具。采用通用机床（如铣床、磨床）配上相应的夹具或靠模装置进行分段成形加工。如依靠成形磨削夹具进行冲模成形凸模的分段成形磨削，采用通用立铣成形加工塑料模型腔，只能依赖样板边测量、边加工的办法。因此，传统加工工艺很难保证型面的连续性，只能采用手工研磨使型面获得光洁、连续的表面，其形状、尺寸精度，必然受到限制。

2）精密、数字化连续成形加工工艺与夹具。模具成形件的成形加工工艺与机床主要有四种，即成形铣削工艺与铣床，电火花成形加工与机床（包括 EDM 与 WEDM）成形磨削工艺（包括连续轨迹坐标磨床）与机床，孔加工工艺与机床。由于这些工艺方法所采用的机床（铣床）的加工运动都已实现了三轴（x、y、z）、四轴（x、y、z、$\widehat{z}$）五轴（x、y、z、$\widehat{z}$、$\widehat{x}$）NC、CNC 联动加工。即都已实现了数字化连续成形加工，只需将成形件坯件采用夹具定位、夹紧于工作台上，即可进行数字化连续成形加工。当然，这就大大降低了对夹具的精度、质量和数量的要求。

3. 夹具的设计原理与构成

（1）夹具设计原理　根据工件或工件加工工序的形状、尺寸、位置精度要求，按照关于六点定位和夹紧工件的原理，正确、合理设计能定位、装夹于机床工作台或主轴上的夹具体，并在夹具体上合理设置定位、夹紧工件于加工位置的定位、夹紧元件与机构。此即为夹

具设计的基本原理与内容。如图 5-1 所示为一加工轴上键槽的铣削夹具。图 5-1a 为传动轴零件图。

（2）夹具的构成 夹具主要由夹具体、定位元件（组件）、夹紧机构三部分构成。另

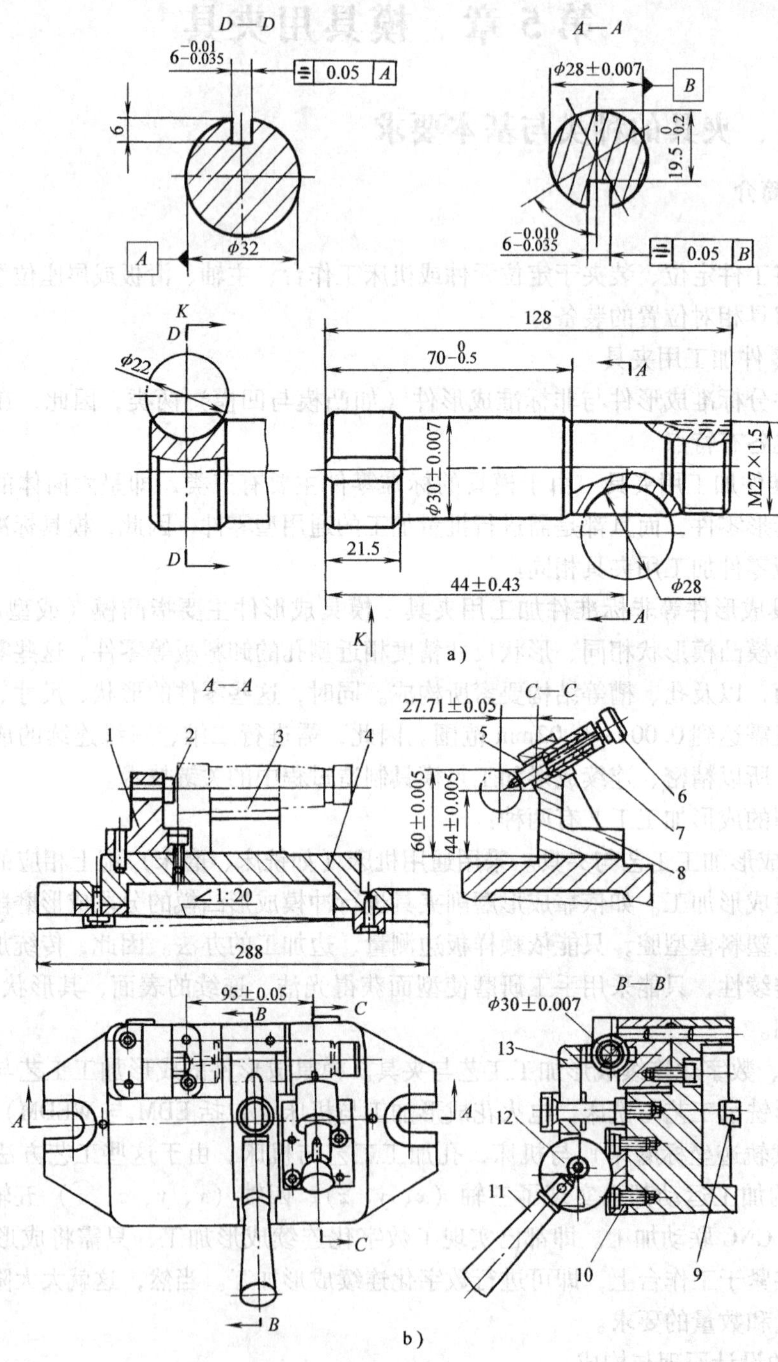

图 5-1 加工键槽的铣夹具

1—定位座 2—定位钉 3—V 形块 4—夹具体 5—定位销 6—捏手 7—弹簧 8—定位销座 9—定位键 10—固定板 11—手柄 12—偏心轮 13—压板

外，与夹具相关的部分，即确定夹具与刀具间相互位置的元件（组件）等辅助装置与机构也可视为夹具的组成部分。

1）夹具体。夹具体是夹具的主体、基础件。其上装有相互位置确定的定位元件（组件）与夹紧机构，如图 5-1b 中的夹具体 4。

2）定位元件（组件）。一是装于夹具体上的定位件，如图 5-1b 中定位座 1、定位钉 2、定位销 5 和 V 形块 3。这些定位元件均为工件加工定位用的元件；二是将夹具定位于机床工作台上的定位键 9。

3）夹紧机构。即将被加工工件紧固地夹紧于夹具定位件上。如图 5-1b 中的手柄 11、偏心轮 12 和压板 13 组成的偏心夹紧机构。

4）确定夹具与刀具间相互位置的元件与组件：

① 用于确定刀具位置并引导刀具进行加工的导向元件，见表 5-1。

表 5-1　引导刀具加工的导向元件

元件名称	元件示例图	说明
固定式导套	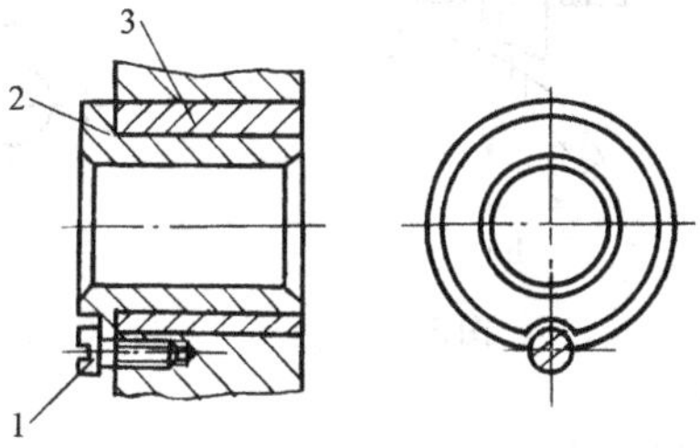 3 2 1 图 1 1—压套螺钉　2—可换导套　3—中间套	导套安装于夹具的模板或镗模架上并用压套螺钉 1 使之不动。可引导镗刀杆上的可调镗刀，精镗不同孔径的孔
固定式钻套	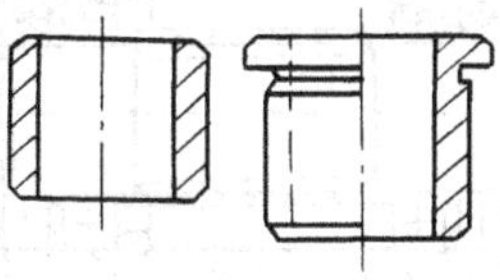 a)　b) 图 2	1. 图 2a、b 所示为固定式钻套，以 H7/h6 压入模板或夹具体孔内，钻套磨损后不易更换 2. 主要用于钻中小批量、孔距小、孔距精度较高的小孔
可换式钻套	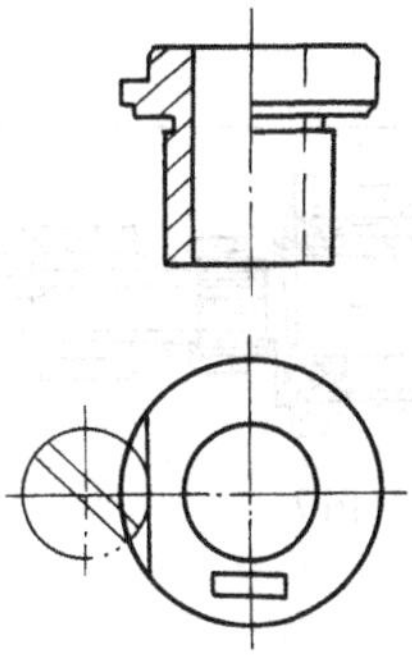 图 3	1. 钻套磨损后可以更换，故可用于大批量生产 2. 为免除模板磨损，在模板或夹具体孔内，以 F7/m6 或 F7/k6 压入中间衬套；钻套则装于衬套孔内 3. 用螺钉固定钻套，以防转动

（续）

元件名称	元件示例图	说明
快换钻套	图4	1. 当需顺次钻、扩、铰孔时，需采用不同钻套以引导刀具 2. 快换钻套与衬套之配合为F7/m6或F7/k6 3. 快换钻套凸肩高并滚花，并开缺口，便于更换
特殊钻套	a) b) c) 图5 1. 图5a是加工孔在凹槽中的钻套 2. 图5b是加工孔在圆弧面或斜面上的钻套 3. 图5c是加工孔距很近用的钻套	
旋转式导杆机构	图6 1. 其旋转部分，设置在刀杆上，成为刀杆的组成部分 2. 其旋转部分以滚动轴承作为旋转导向 3. 其旋转部分与夹具的固定套相配合	
旋转式导套机构	图7 1. 旋转部分通常设在夹具镗模架上 2. 导套以滚动轴承作旋转导向 3. 刀具则以圆柱形刀杆导向。它在刀套内只有相对移动，而无相对转动	

② 确定刀具在加工中处于正确位置的对刀组件。对刀组件由对刀块和塞尺构成。对刀块用螺钉与定位销固定在夹具上，对刀时为防碰伤刀具刃口，在刀具与对刀块间塞进规定厚度的塞尺。塞尺也是调整刀具位置的工具。常用对刀块与塞尺见表 5-2。

表 5-2　常用对刀块与塞尺结构与应用示例

元件名称	对刀块与塞尺结构与应用示例图	说　明
高度对刀块	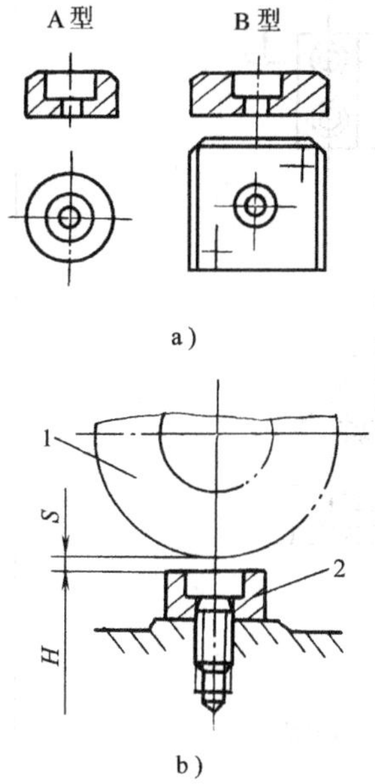 A型　B型 a) b) 图 1 1—刀具　2—对刀块	1. 主要用加工平面： A 型：用于加工单一平面 B 型：用于两个相互垂直的平面加工 2. 为 A 型对刀块应用实例，见图 1b： H——对刀高度； S——对刀误差，为塞尺厚度
直角对刀块	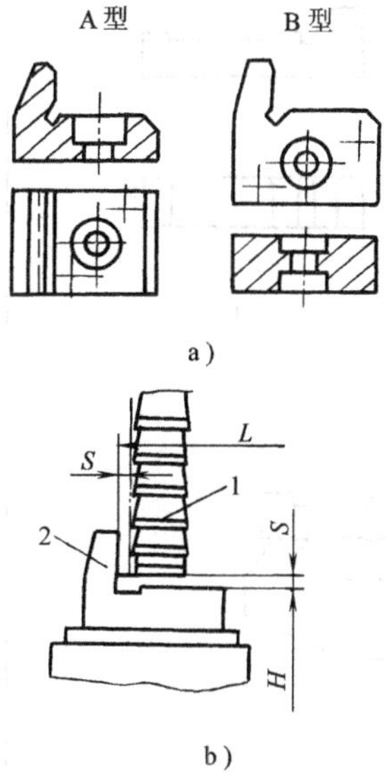 A型　B型 a) b) 图 2 1—刀具　2—对刀块	1. 主要供采用盘状铣刀铣槽时对刀的对刀块。分 A、B 型 2. 对刀块分 A、B 型，主要区别为装于夹具体上的方向不同，B 型较厚，用侧面装夹 3. 图 2b 为应用实例

（续）

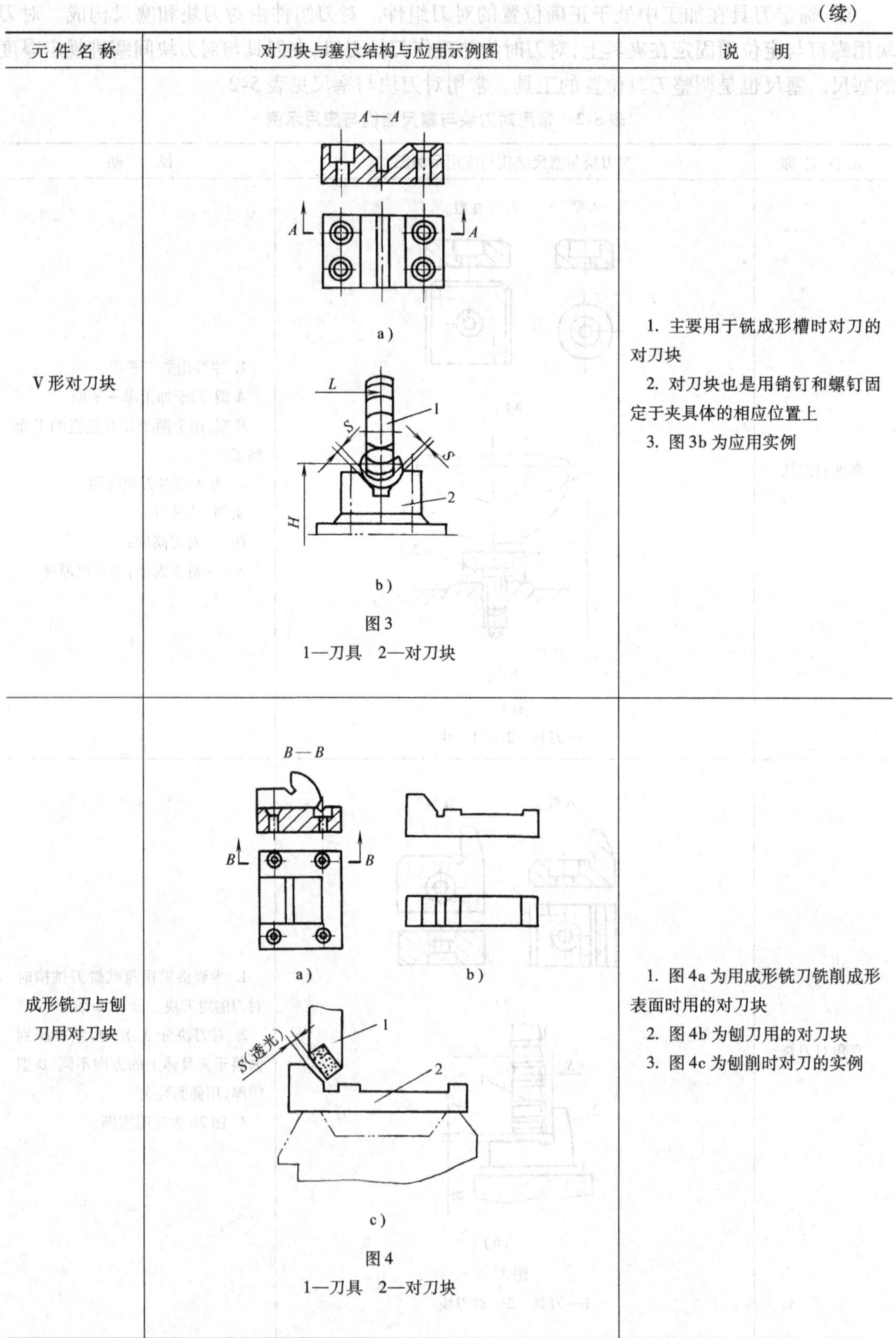

元件名称	对刀块与塞尺结构与应用示例图	说明
V形对刀块	A—A A A a） L 1 S S 2 H b） 图3 1—刀具　2—对刀块	1. 主要用于铣成形槽时对刀的对刀块 2. 对刀块也是用销钉和螺钉固定于夹具体的相应位置上 3. 图3b为应用实例
成形铣刀与刨刀用对刀块	B—B B B a）　b） S(透光) 1 2 c） 图4 1—刀具　2—对刀块	1. 图4a为用成形铣刀铣削成形表面时用的对刀块 2. 图4b为刨刀用的对刀块 3. 图4c为刨削时对刀的实例

（续）

元件名称	对刀块与塞尺结构与应用示例图	说　明
铣削对刀块	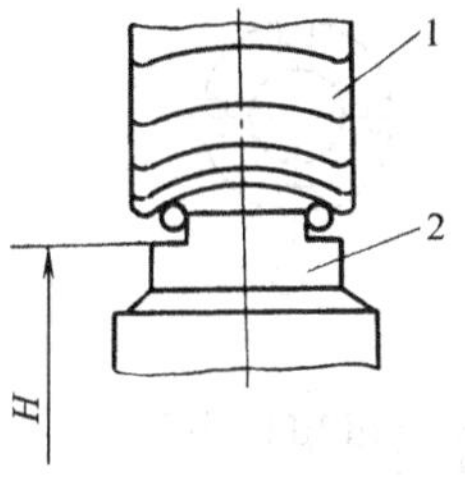 1 2 H 图5 1—刀具　2—对刀块	1. 用于成形铣刀加工时用的对刀块 2. 图5实例中2即为对刀块，装于夹具体的相应位置上
	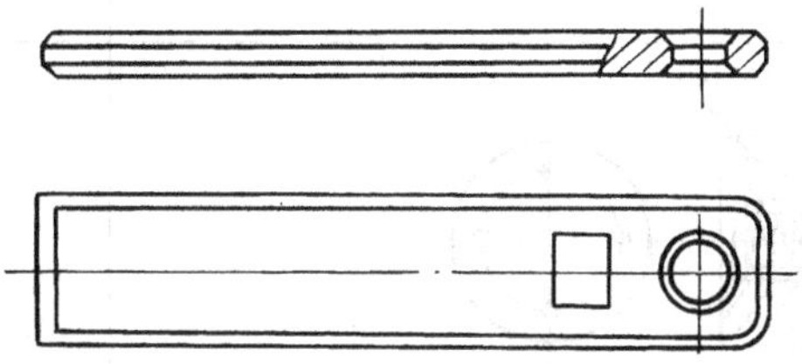 a） A　A—A A 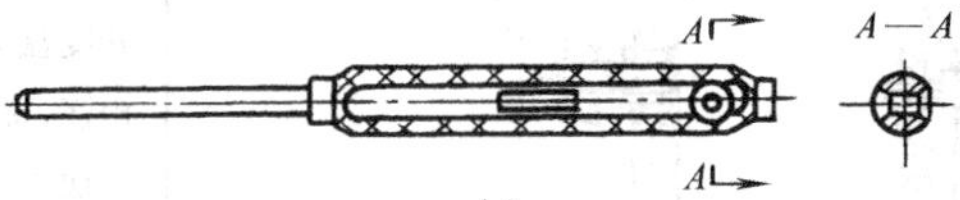 b） 图6	1. 图6a为平塞尺，常用厚度为1～5mm 2. 图6b为圆塞尺，常用直径d为3～5mm 3. 塞尺的尺寸公差等级为IT8

5）分度装置（夹具）。分度装置（夹具）可视为机床必备的工装。

① 分度装置。是指在圆盘形（圆柱形）工件某一确定直径D的圆的圆面上（圆周上），设有孔、槽、凸缘等加工面，按确定的等分角（非等分角）分割360°，即可确定孔、槽、凸缘等在加工面的位置，按此要求设计、制造的装置，称为分度装置。被加工工件定位、夹装其上，只需一次定位，即可完成工件上的所有加工面的加工。

工件上的等分加工面、常用的分度对定元件与机构、以及回转分度工作台见表5-3。

② 分度误差分析与计算。分析分度夹具的分度加工误差及其形成原因以确定夹具设计、制造精度，从而保证工件分度加工的精度控制在允许的范围内。

现以计算常用的轴向分度夹具的分度误差为例。设以圆柱销为定位元件，其分度误差（Ta）的计算公式为

$$Ta = \Delta s/2 + \Delta_1 + \Delta_2 + e$$

式中　Δ_1——圆柱销与分度孔（装在分度盘孔内的衬套孔）间的最大配合间隙；

Δ_2——圆柱销与夹具体上孔的最大配合间隙；

$\Delta s/2$——分度孔间的最大孔距误差；

e——定位衬套内外圆的同轴度误差。

表 5-3　分度对定元件与机构和分度夹具

元件、夹具名称	分度加工及分度夹具(装置)示例图	说　明
工件上的等分加工面	a)　b)　c)　d)　e)　f) 图 1	图 1a 所示工件圆面上,有 6 个相互夹角为 60°的孔需进行分度加工; 图 2b、c 所示工件圆周上,分别有 4 个相互夹角为 90°的孔和槽需进分度加工 图 3d 所示的加工面为 6 个等边面 图 4e、f 所示工件上,分别有 4 个等距孔、槽需进行加工
轴向分度对定机构与元件	1　2 a) 1　2　1　2 b)　c) 图 2	1. 分度盘 1 和分度定位器 2,组成对定机构。分度的精度,取决于机构的形式和制造精度 2. 被加工工件定位、装夹于分度盘 1 上;分度盘 1 与转动轴相连,带动工件作分度运动,以变换工件被加工面的位置
径向分度对定机构与元件	1　2　α　1　2 a)　b) 1　2 c) 图 3	1. 分度定位器 2 与夹具体相连。当分度盘 1 转到确定的角度时,定位器则插入分度盘 1 的孔、锥孔或槽中,使被加工面精确定位 2. 对定机构分两类,即轴向分度见图 2;常采用钢球、圆柱销、圆锥销作定位元件 径向分度见图 3;常采用双面斜楔、单面斜楔等作定位元件

（续）

元件、夹具名称	分度加工及分度夹具(装置)示例图	说　明
卧轴式通用回转工作台	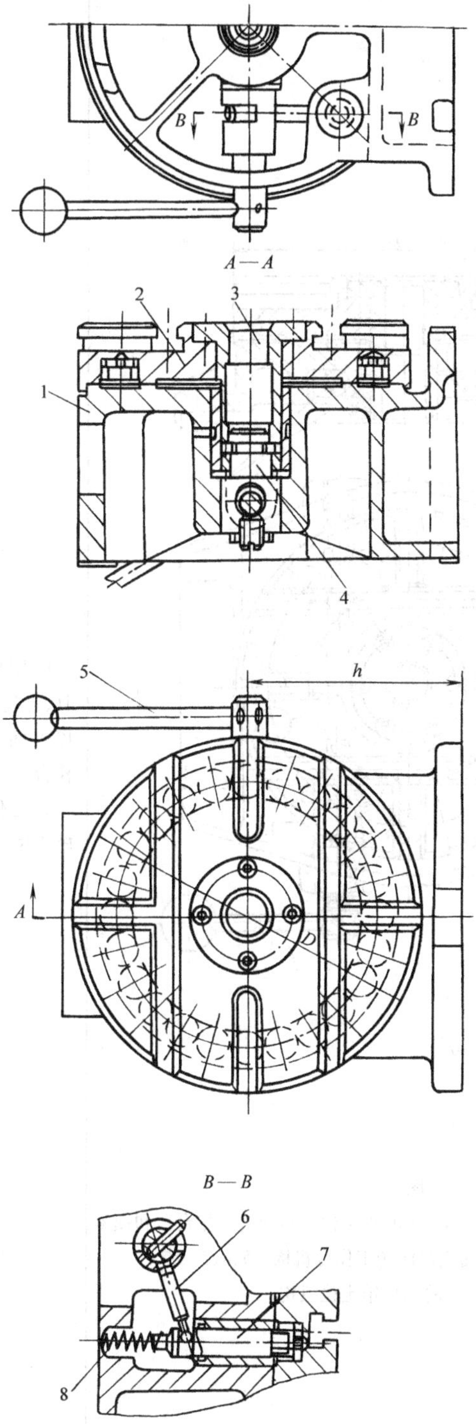 A—A　B—B　图4 1—夹具体　2—花盘　3—轴套　4—中心轴与偏心锁紧机构　5—手柄　6—拨杆　7—定位销　8—弹簧	1. 图4所示为轴向分度夹具，是铣床上常用的回转工作台 2. 被加工工件以心轴插入轴套3的心孔定位，并夹紧于花盘2上，则可进分度加工工件上的孔、槽等加工面 3. 转动手柄5，使拨杆6推动定位销7压缩弹簧8，则可从花盘定位孔中拔出，使花盘2转动进行分度、对刀

（续）

元件、夹具名称	分度加工及分度夹具(装置)示例图	说　明
立轴式锥面锁紧回转工作台	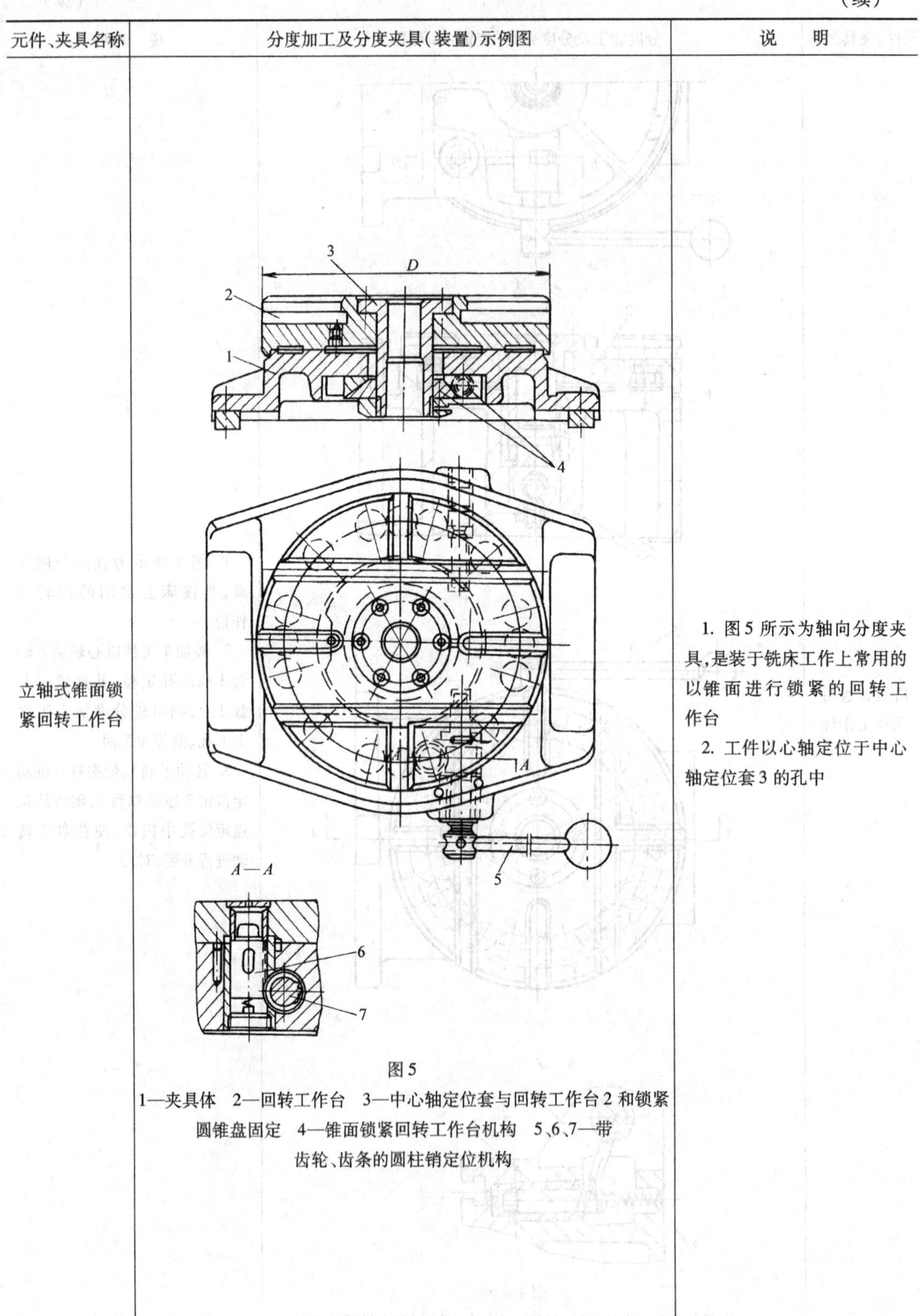 图5 1—夹具体　2—回转工作台　3—中心轴定位套与回转工作台2和锁紧圆锥盘固定　4—锥面锁紧回转工作台机构　5、6、7—带齿轮、齿条的圆柱销定位机构	1. 图5所示为轴向分度夹具，是装于铣床工作上常用的以锥面进行锁紧的回转工作台 2. 工件以心轴定位于中心轴定位套3的孔中

（续）

元件、夹具名称	分度加工及分度夹具(装置)示例图	说　明
万能回转工作台	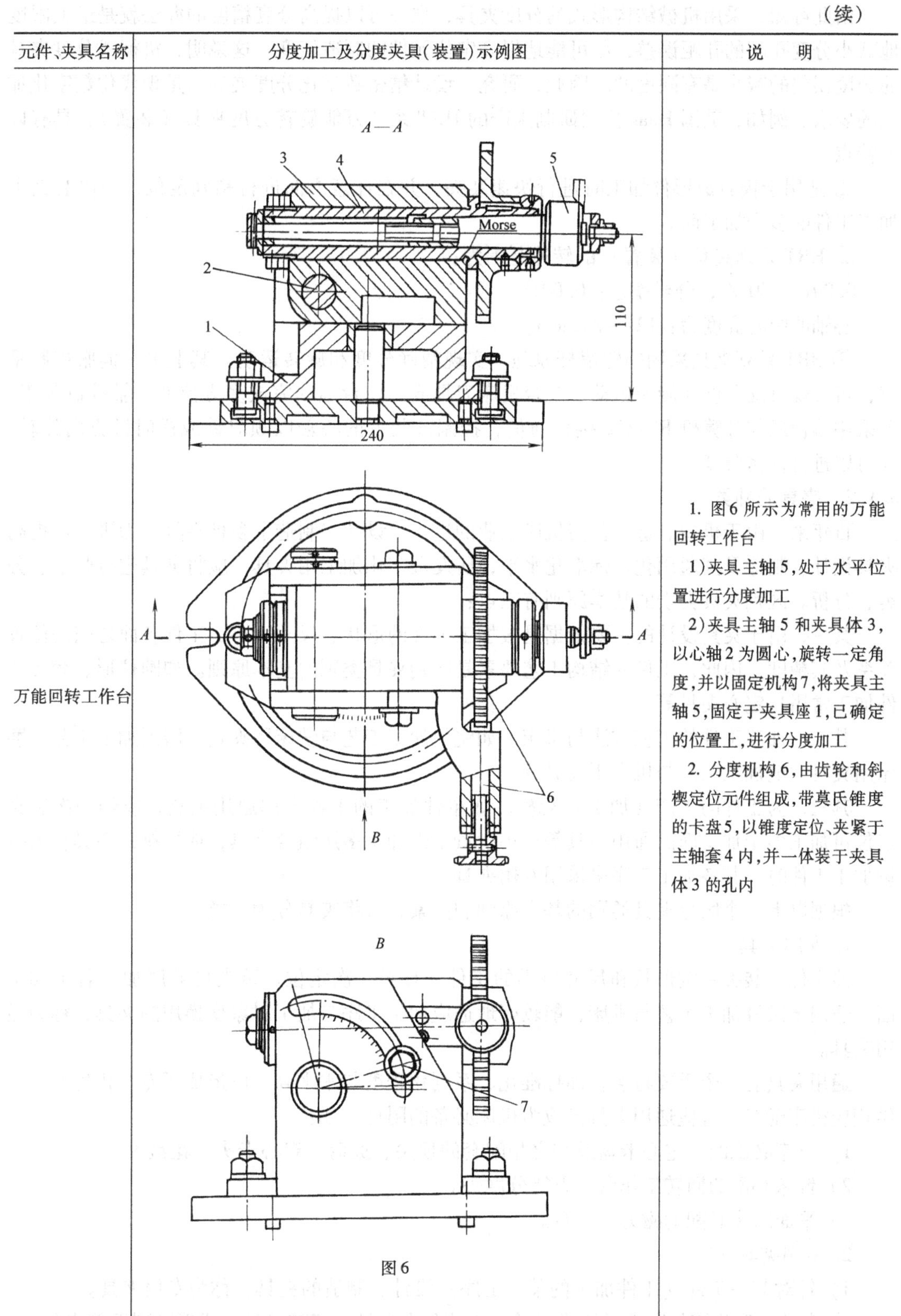 图6	1. 图6所示为常用的万能回转工作台 1)夹具主轴5,处于水平位置进行分度加工 2)夹具主轴5和夹具体3,以心轴2为圆心,旋转一定角度,并以固定机构7,将夹具主轴5,固定于夹具座1,已确定的位置上,进行分度加工 2. 分度机构6,由齿轮和斜楔定位元件组成,带莫氏锥度的卡盘5,以锥度定位、夹紧于主轴套4内,并一体装于夹具体3的孔内

由此可知，采用机械结构形式的分度夹具，唯一可以提高分度精度的办法就是最大限度地减小分度孔间的孔距误差，尽可能地提高定位元件的制造精度。这说明，机械式分度夹具的分度误差的减小是有限度的。因此，研究、设计精密数字化分度夹具，是现代化数字化加工的要求。例如，美国 Haas 公司研制生产的 HRT 系列万能旋转分度夹具（装置），具有以下特点：

① 适用于模具成形件加工时进行快速装夹，并在任意方向进行精确定位，一次装夹可加工工件的多个加工面。

② HRT 系列夹具（装置）的转速范围为：

0.001°~80°/s；分辨率达：0.001°；

心轴的中心高度为：127~292mm。

③ HRT 系列夹具采用蜗轮蜗杆原理，实现精确分度和旋转运动。其上附有伺服控制系统，可实现自动分度和旋转运动，配合机床刀具或工作台运动完成多方位的四轴控制加工；可采用编程或与计算机 RS-232 接口通信，控制该装置的心轴以顺时针或逆时针方向旋转，并可以进行精密分度。

5.1.2　夹具的种类

百年来，由于机械制造工艺与机床工业的进步，设计、制造了多种夹具。为进一步提高夹具设计、制造及其通用化、标准化水平，研发数字化加工用夹具，应将夹具进行归纳、分类、分析。区别夹具类别的基本原则有三点：

其一，由于夹具设计的主要依据是被加工工件的形状、尺寸大小、工件各面之间的位置关系及其精度，因此，工件的结构工艺要素是区别夹具类别的基本原则。如圆柱形、套形工件加工常用自定心夹具等。

其二，加工工件的工艺方法与机床。如铣削加工工艺与铣床用夹具、磨削加工工艺与磨床用夹具、电加工工艺与机床用夹具等。

其三，为工件的生产（加工）规模。如单件加工的工件多用通用夹具，或经一次装夹定位可加工多个加工面的通用夹具等；小批量工件加工多用组合夹具，或拆拼式夹具；大批量加工工件时，其各加工工序多采用专用夹具。

根据以上三个区分夹具类别的基本原则和因素，可将夹具分为三类。

1. 通用夹具

能定位、装夹一定形状和尺寸范围的工件，且经一次定位、装夹可顺序加工若干加工面，适用于某种加工工艺与机床，能较好地适应加工工序与加工对象变换用的夹具，称为通用夹具。

通用夹具有一个重要特点，即标准化、系列化程度与水平高。已形成了专业化生产，提供相应机床配套。有些通用夹具已成为机床必备的附件。如：

1）车床必配的自定心卡盘及与之相配套的顶尖、拨盘、鸡心卡头、花盘等。

2）铣床必配的回转工作台、万能分度头。

3）平面磨床必配的磁力工作台。

2. 专用夹具

1）针对某一工件（工件加工的某一工序）设计、制造的夹具，称为专用夹具。

① 模具成形凸模与凹模拼块成形磨削用的分中夹具、正弦夹具、成形磨削万能夹具。

② 电火花成形加工工艺与机床上用的二维、三维平动头等，见表 5-15。

③ 车床用的加工锥度的夹具，加工锥螺纹的夹具以及加工球面、圆弧用夹具等，也都是专用夹具，见表 5-13。

④ 铣床用的斜面、大圆弧用专用夹具，以各种靠模铣削成形面夹具等，见表 5-14。

2）调整或更换个别定位元件或夹紧元件，使能定位、装夹形状相似的一组工件，或用于某一工件的一道工序上的万能可调夹具。此时，则成为加工该组工件（工件某一道加工工序）用的专用夹具。图 5-2 所示为万能可调夹具实例一万能可调液压虎钳。此夹具分为两部分：其一为通用的夹具体 2 与液压夹紧力的传动装置 1；其二为适应工件形状的可调，或可更换的定位元件或夹紧元件，如图 5-2 中的钳口即随工件形状进行更换。

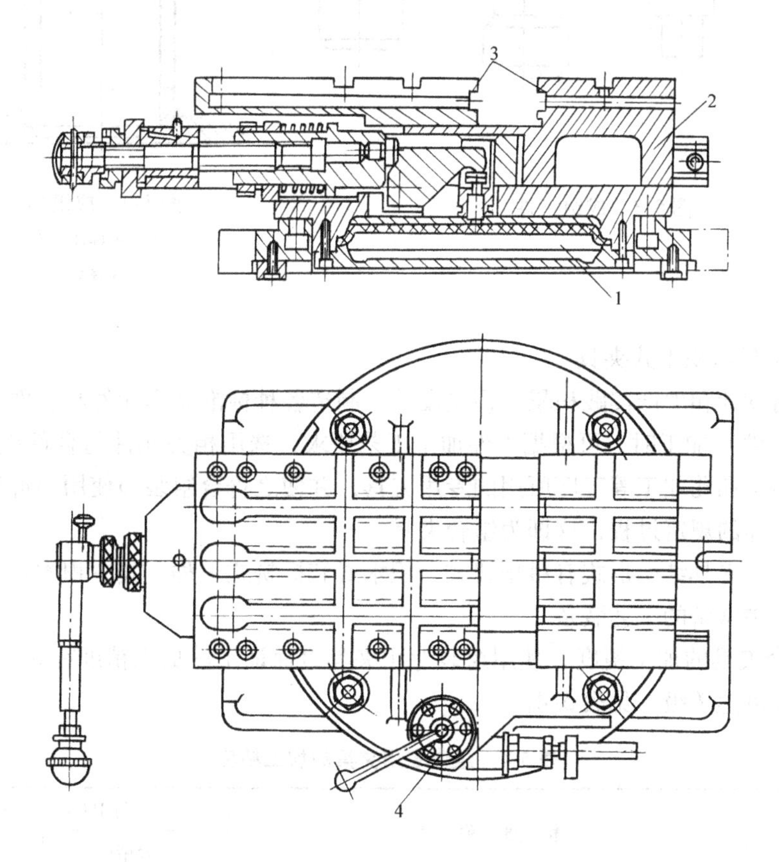

图 5-2　万能可调液压虎钳

1—传动装置　2—夹具体　3—钳　4—操纵阀

常用的此类夹具，还有卡盘、花盘、台虎钳、钻模等。

由于此类夹具经调整、更换定位或夹紧元件后，即可改变其使用性质，使其具有经济价值较高的专用性，因此，可视为专用夹具。

3）针对一组几何形状、工艺过程、定位基准与夹紧方向、施力点相似的工件加工用的夹具，称为成组夹具。其针对性很明确，亦可视为专用夹具一种。

如图 5-3 为一组加工孔的工件，工件的形状、工艺、定位基准均相同。

图 5-4 为图 5-3 所示成组工件钻孔所用的成组加工（钻孔）用夹具（钻模）。只需更换

定位套2、钻模板3即可成为加工成组工件中的每个具有一定批量工件上的孔，压板4为可调夹紧元件。

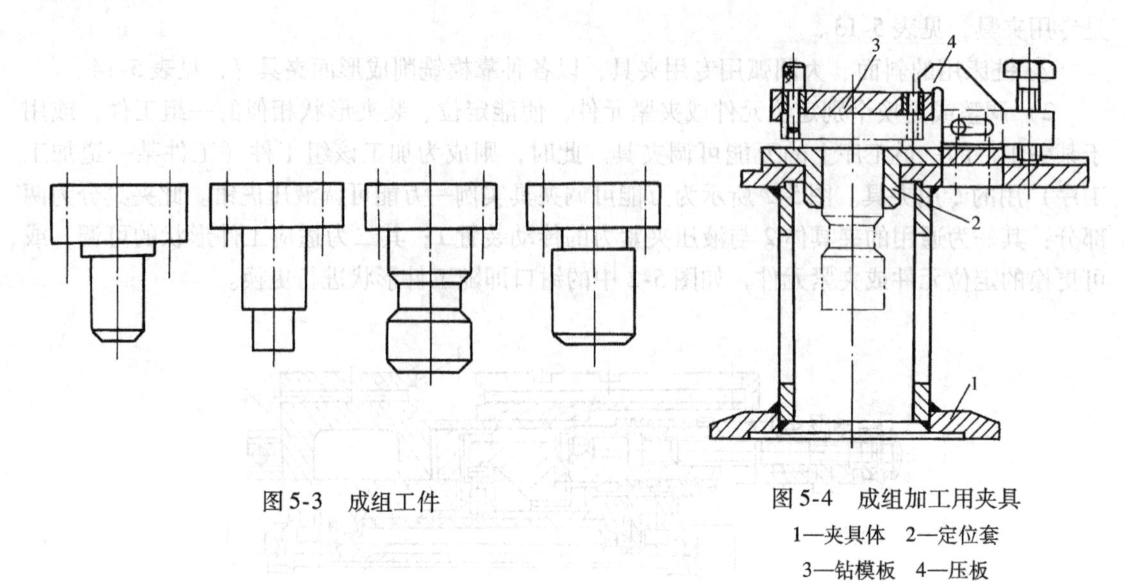

图5-3　成组工件

图5-4　成组加工用夹具
1—夹具体　2—定位套
3—钻模板　4—压板

3. 组合夹具与积木式夹具

根据规划设计和生产实践积累，预先设计、制造各种标准系列元件与合件。当进行某一工件（批量工件）加工时，可根据工件加工工艺要求，选用相关元件与合件组装成铣加工、磨加工、电加工和孔加工等工序所用的专用夹具，并使之符合组装→使用→拆卸→再组装→再使用→再拆卸的规定过程，这即为组合夹具。

常用的组合夹具结构形式有弓型架式、积木式和拆拼式三种。其中积木式应用最为广泛也是模具制造中常备的工艺装备。

（1）组合夹具的加工精度　使用组装专用夹具可保证工件加工精度在8~9级精度，若进行精确调整可达7级，见表5-4。

表5-4　组装专用夹具的加工精度

类　别	精 度 项 目	每100mm上精度/mm	
		一般精度	提高精度
钻床夹具	钻铰两孔间距离误差	±0.10	±0.05
	钻铰两孔的平行度误差	0.10	0.03
	钻铰两孔的垂直度误差	0.10	0.03
	钻铰上、下两孔的同轴度误差	0.03	0.02
	钻铰圆周孔角度误差	±5′	±1′
	钻铰圆周孔圆角直径距离误差	±0.10	0.03
	钻铰孔与底面垂直度误差	0.10	0.03
	钻铰斜孔的角度误差	±10′	±5′
镗床夹具	镗两孔的孔距误差	±0.10	±0.02
	镗两孔的平行度误差	0.04	0.01
	镗两孔的垂直度误差	0.05	0.02
	镗前后两孔的同轴度误差	0.03	0.01

（续）

类　别	精 度 项 目	每 100mm 上精度/mm	
		一般精度	提高精度
铣刨夹具	加工斜面及斜孔的角度误差	8′	2′
	加工平面的平行度误差	0.05	0.03
磨床夹具	磨斜面的角度误差	5′	1′
	磨两面的平行度误差	0.03	0.015
	磨孔与平面的垂直度误差	0.03	0.015
	磨孔与基面的距离误差	±0.02	±0.01
车床夹具	加工孔与孔之间距离误差	±0.05	±0.02
	加工孔面与基准平面的平行度误差	0.05	0.02
	加工孔与基准平面的垂直度误差	0.03	0.02

（2）组合夹具示例　图 5-5 所示为组装的回转式专用钻孔夹具，图 5-5a 所示为组装回转式钻孔专用夹具，图 5-5b 为夹具拼装、分解示例。

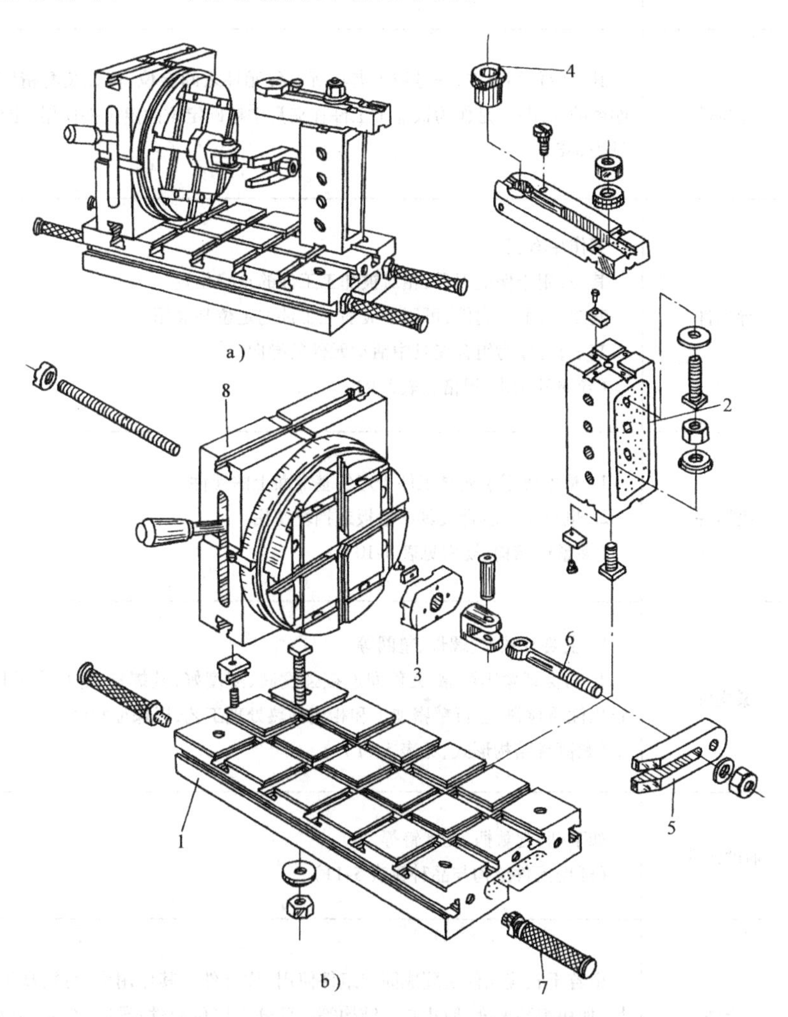

图 5-5　组装式回转式钻孔夹具示例图

1—基础件　2—支承件　3—定位件　4—导向件

5—夹紧件　6—紧固件　7—辅助元件　8—合件

（3）组合夹具标准元件与合件　组合夹具所有元件有近100种，合件有20余种。综合起来有8类元件与合件见表5-5～表5-11。

表5-5　组合夹具用8类元件的名称与作用

序号	元件名称	元件、合件的作用
1	基础件	是组合夹具的夹具体。是作为夹具所用的定位、夹紧、支承等元件与合件均装于其上、组装成工件加工用专用夹具的基础板(基础板结构、规格见表5-6)
2	支承件	是将定位件、导向件,以及相关合件,与基础件起连接作用元件;支承件还可用作不同形状与高度的支承与定位平面、或定位件使用;组装为小型夹具时,可代替基础板,作为基础件使用(支承件结构、规格见表5-7)
3	定位件	其定位作用有二,一是用于夹具所需各元件之间定位,保证装配精度。连接强度与刚度的作用;二是作为被加工工件在夹具中精确定位的定位件使用(定位件结构、规格见表5-8)
4	导向件	其作用有三: 其一,用于保证刀具,相对被加工工件的正确位置 其二,有的导向件,可用于被加工工件的定位基准用 其三,可作为组合夹具中活动元件的导向 (导向件结构、规格见表5-9)
5	夹紧件	1. 是主要用来夹紧工件于定位基准面上的元件 2. 也可用作组合夹具中垫板或挡块使用 (夹紧件结构、规格见表5-10)
6	紧固件	1. 主要有螺栓、螺母、垫圈等 2. 为保证紧固可靠、元件间连接强度高、刚度好,其螺栓、螺母多采用细牙螺纹;并选用优质材料、进行精密加工和相应的热处理工艺,以保证紧固 (紧固件结构形式,见表5-11)
7	辅助元件	如手柄,起重柄,支承钉等 (辅助元件结构与品种见表5-11)
8	合件	由若干相应元件装配成固定组件使用,称合件。其作用为:可提高组合夹具的通用性、加快组装速度,简化夹具结构等。可分为定位合件;导向、分度、支承合件;或夹具工具等(部分合件结构见表5-11)

表 5-6　基础板结构形式与规格　（单位：mm）

<table>
<tr><th colspan="2">元件名称</th><th>结构示例图</th><th>规格与说明</th></tr>
<tr><td rowspan="3">四边形基础板</td><td>方形</td><td>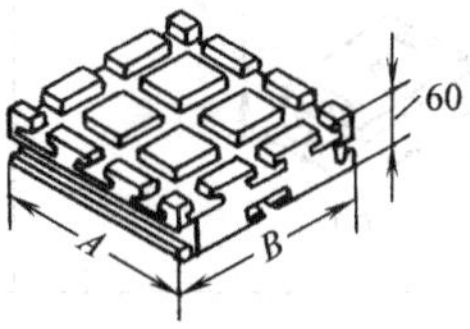
</td><td><table><tr><td>A</td><td>180</td><td>240</td><td>300</td><td>360</td></tr><tr><td>B</td><td>180</td><td>240</td><td>300</td><td>360</td></tr></table></td></tr>
<tr><td>矩形</td><td>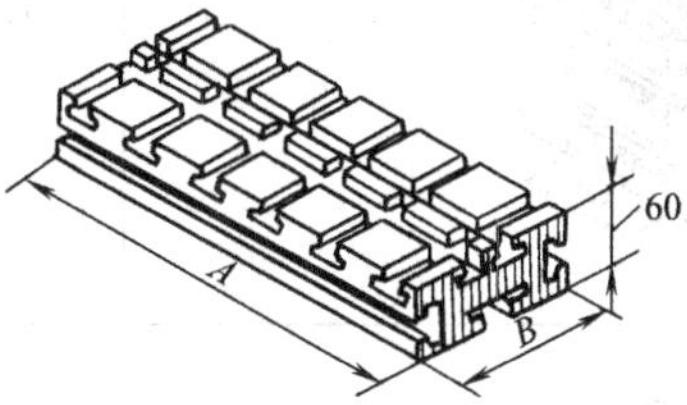
</td><td><table><tr><td>A</td><td>180</td><td>240</td><td>300</td><td>360</td><td>420</td></tr><tr><td>B</td><td>120</td><td>120</td><td>120</td><td>120</td><td>120</td></tr></table><table><tr><td>A</td><td>480</td><td>240</td><td>300</td><td>360</td><td>480</td><td>480</td></tr><tr><td>B</td><td>120</td><td>180</td><td>180</td><td>180</td><td>180</td><td>240</td></tr></table></td></tr>
<tr><td>直角形</td><td>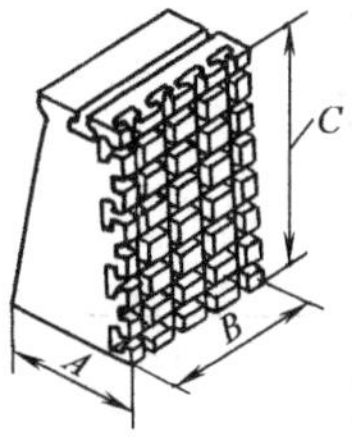
</td><td><table><tr><td>A</td><td>B</td><td>C</td></tr><tr><td>90</td><td>120</td><td>200</td></tr><tr><td>90</td><td>180</td><td>200</td></tr></table></td></tr>
<tr><td rowspan="2">圆形基础板</td><td>辐射形梯形槽</td><td>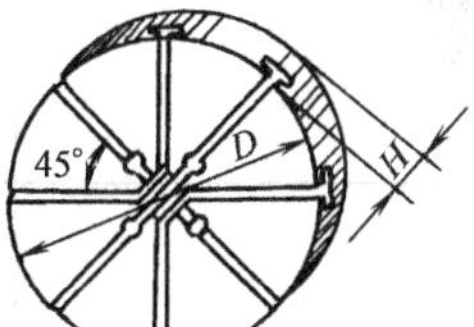
</td><td><table><tr><td>D</td><td>240</td><td>360</td></tr><tr><td>H</td><td>35</td><td>40</td></tr></table></td></tr>
<tr><td>方形梯形槽</td><td>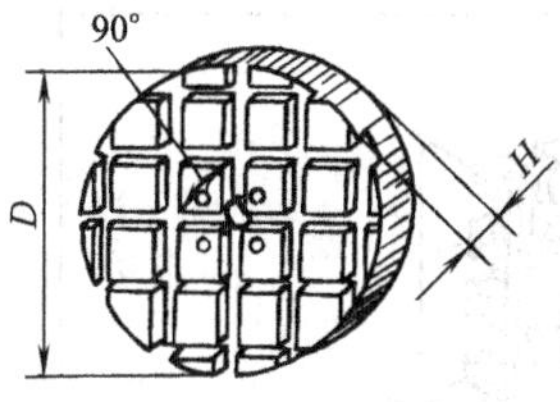
</td><td><table><tr><td>D</td><td>240</td><td>300</td><td>360</td></tr><tr><td>H</td><td>35</td><td>40</td><td>40</td></tr></table></td></tr>
</table>

表 5-7 支承件结构形式与规格 (单位：mm)

元件名称	结构示例图	规格与说明
方形、长方形垫板	60 60 1.5~5 a)　60 45 1.5~5 b)	图 a:方形垫板 图 b:长方形垫板
方形支承板	60 60 H	H: 10, 12.5, 15, 17.5, 20, 30,40,60,80,120
	60 60 H	H: 10, 12.5, 15, 17.5, 20, 30,40,60,80,120
	H 60 60	H: 10, 12.5, 15, 17.5, 20, 30,40,60,80,120
长方形支承板	90 60 H	H: 10, 12.5, 15, 17.5, 20, 30,40,60,80,120
	90 60 H	H:30,40,60,80,120

（续）

<table>
<tr><th colspan="2">元件名称</th><th>结构示例图</th><th>规格与说明</th></tr>
<tr><td colspan="2">长方形支承板</td><td></td><td>H:30,40,60,80,120</td></tr>
<tr><td rowspan="2">直角形支承座</td><td>宽直角支承座</td><td></td><td>L:180,240</td></tr>
<tr><td>加肋支承座</td><td></td><td>L:60,90,120,180,240</td></tr>
<tr><td colspan="2">V形块支承</td><td></td><td><table><tr><td>L</td><td>45</td><td>60</td><td>75</td><td>90</td><td>120</td></tr><tr><td>B</td><td>30</td><td>45</td><td>45</td><td>45</td><td>60</td></tr><tr><td>H</td><td>35</td><td>40</td><td>50</td><td>55</td><td>60</td></tr></table></td></tr>
<tr><td colspan="2">长方形支座</td><td></td><td>A:120,180,240,300</td></tr>
<tr><td colspan="2">紧固支承</td><td></td><td>H:10,12.5,15,17.5,20,30,40,60,80,120</td></tr>
</table>

表 5-8　定位件结构形式与规格　　（单位：mm）

元件名称	结构示例图	规格与说明
定位销	6~18　10　φ18　a) 40~45　φ12　b) 20~25　6　φ18　c) 6~18　10　φ18　d)	图 a 为菱定位销 图 b 为轴销 图 c、图 d 均为圆形定位销
定位盘	φ18　50~75　a) φ18　50~75　b)	图 a 为菱形定位盘 图 b 为圆形定位盘
方形支座	D　60　H	H：45　45　60 D：18　26　35
台阶板	45　D　L	D：18　26 L：90　100
对位栓	d　L　D	可作为调整、测量夹具的心轴

（续）

元件名称	结构示例图	规格与说明
定位键	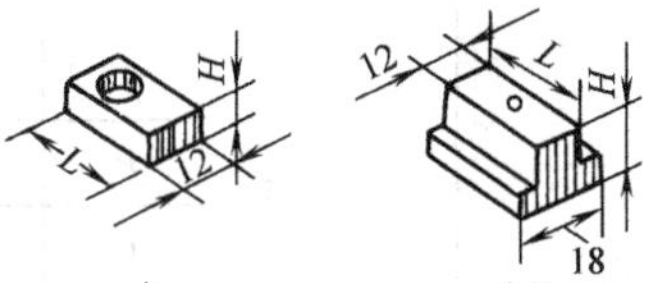 a)　b)	图 a 为直键 图 b 为 T 形键

表 5-9　导向件结构形式与规格　（单位：mm）

元件名称	结构示例图	规格与说明
钻模板	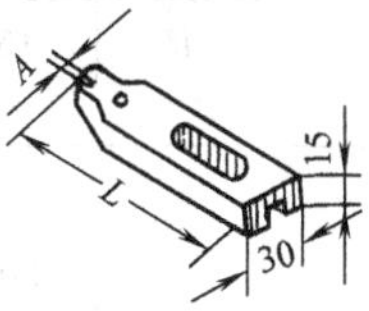	*A*：12，12，12，18 *L*：90，125，155，180
中孔钻模板	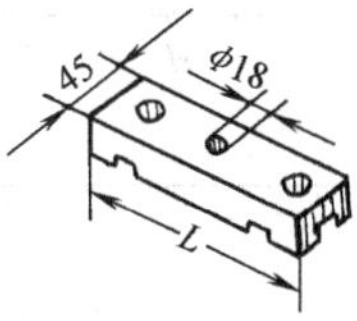	*L*:60,90,120,150,180,240
快模钻套	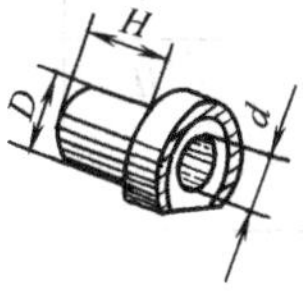	$d \times D \times H$ $6 \times 12 \times 15 \sim 48 \times 58 \times 60$
导向支承	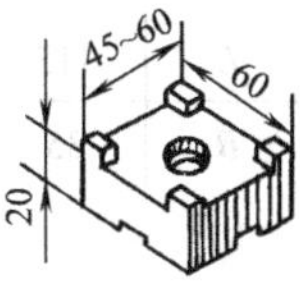	
立式钻模板	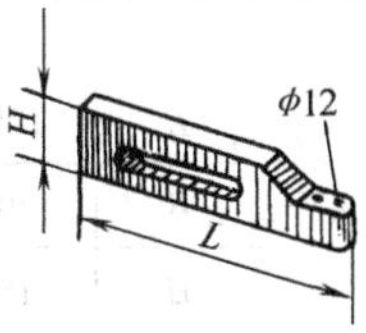	*L*：85，100，130 *H*：30，30，30
双面钻模板	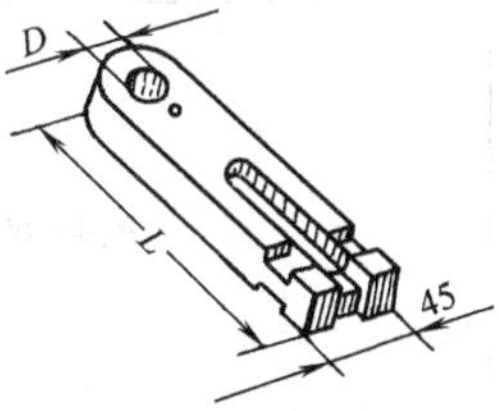	*L*：142.5，172.5，202.5，142.5，172.5 *D*：26，26，26，35，35

表 5-10 夹紧件结构形式与规格 （单位：mm）

<table>
<tr><th>元件名称</th><th>结构示例图</th><th>规格与说明</th></tr>
<tr><td>弯压板</td><td>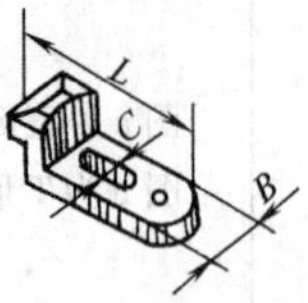
</td><td><table><tr><td>L</td><td>96</td><td>117</td></tr><tr><td>B</td><td>35</td><td>40</td></tr><tr><td>C</td><td>13</td><td>13</td></tr></table></td></tr>
<tr><td>平压板</td><td>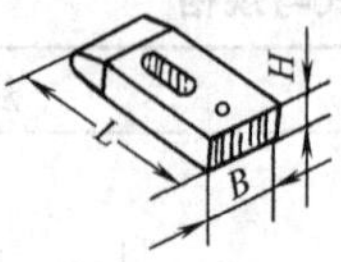
</td><td><table><tr><td>L</td><td>65</td><td>80</td><td>95</td></tr><tr><td>B</td><td>30</td><td>35</td><td>40</td></tr><tr><td>H</td><td>15</td><td>18</td><td>18</td></tr></table></td></tr>
<tr><td>等边压板</td><td>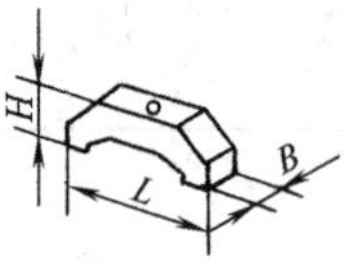
</td><td><table><tr><td>L</td><td>110</td><td>140</td><td>200</td></tr><tr><td>B</td><td>35</td><td>35</td><td>40</td></tr><tr><td>H</td><td>35</td><td>40</td><td>45</td></tr></table></td></tr>
<tr><td>伸长压板</td><td>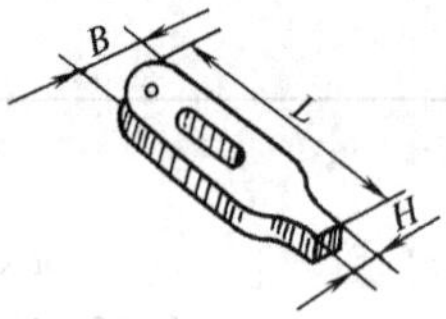
</td><td><table><tr><td>L</td><td>95</td><td>140</td><td>175</td></tr><tr><td>B</td><td>30</td><td>35</td><td>40</td></tr><tr><td>H</td><td>15</td><td>18</td><td>22</td></tr></table></td></tr>
<tr><td>关节压板</td><td>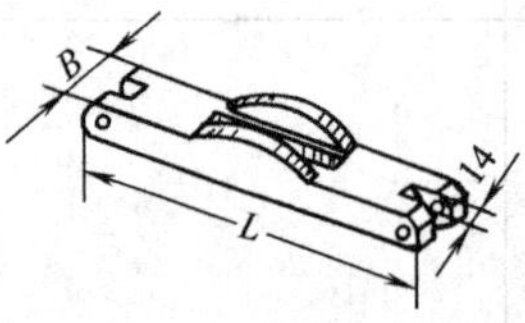
</td><td><table><tr><td>L</td><td>115</td><td>145</td><td>205</td><td>265</td></tr><tr><td>B</td><td>35</td><td>35</td><td>40</td><td>40</td></tr></table></td></tr>
<tr><td>叉形压板</td><td>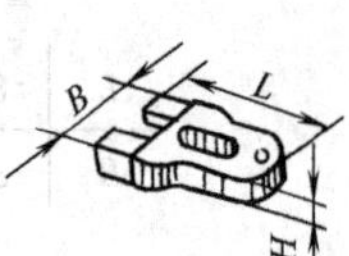
</td><td><table><tr><td>L</td><td>100</td><td>115</td><td>137.5</td></tr><tr><td>B</td><td>30</td><td>40</td><td>60</td></tr><tr><td>H</td><td>15</td><td>18</td><td>20</td></tr></table></td></tr>
<tr><td>回转压板</td><td>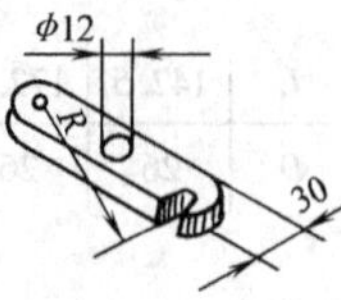
</td><td>R:40,60,80,100</td></tr>
</table>

表 5-11　紧固件、辅助件、合件结构形式

元件名称	元件结构形式与说明
紧固件	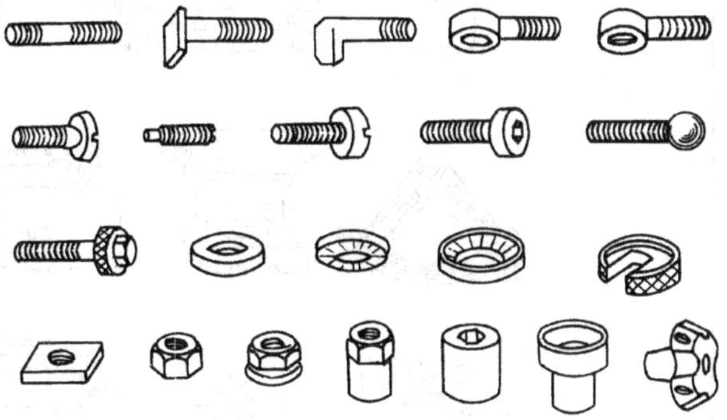 此类紧固件是为适应、方便组装元件相互能可靠连接，设计成的不同结构形式。其螺纹部分均采用标准细螺纹。紧固件的强度必须比一般标准件高，以保证元件间连接的可靠性
其他件（辅助件）	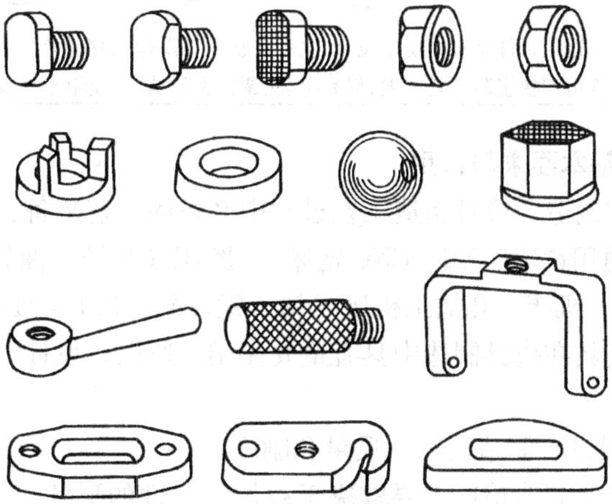 多为辅助性零件：如图所示的辅助支承螺钉、螺母，较重组合夹具的起吊柄；夹紧用手柄，以卡紧件等。这都是根据生产实践需要设计制造元件

（续）

元件名称	元件结构形式与说明
合件	这组合件是根据规划设计、生产实践积累设计、制造的定位、导向、分度、支承合件和专用工具。合件可加快组装夹具速度；提高组装、调整夹具精度，使组合夹具的经济性更高

5.1.3 夹具的基本要求与作用

夹具是机械制造、模具制造工艺过程中必备的工艺装备，是模具制造工艺过程中使用的车床、铣床（通用铣床、NC、CNC 铣床）、磨床（平磨、曲线磨、坐标磨、圆磨）、电加工（EDM、WEDM）机床、孔加工机床（钻、镗、磨、研）所必须配置的辅助装备。

这是因为夹具在模具制造中具有重要作用。所以，设计、制造夹具时有很高的技术要求和技术条件。

1. 夹具的设计、制造精度、质量和刚度

夹具的设计、制造精度主要取决于被加工工件的形状、尺寸与位置精度（见表 5-12）。即被加工工件装夹于该夹具中进行加工后产生的形状、尺寸与位置误差，必须保证在允许的公差范围之内。而夹具中影响被加工工件加工精度的主要因素是夹具中定位基准的调整、装配精度，以及被加工工件定位的定位误差和夹紧变形误差。

显然，夹具的设计与制造误差必须更加低于模具零件所要求误差范围极限。即夹具的设计、制造精度必须高于工件所要求的精度。因为，在加工中还有由其他因素产生的工艺误差影响工件的加工精度。因此，在进行夹紧设计和制造时，须提出以下要求：

1）对工件加工工艺（加工工序）所需用的夹具，须进行精心设计，使其结构合理、紧凑，使用方便。

2）夹具的整体刚度以及定位、夹紧元件的刚度，须尽可能地加强。以防因夹具刚度不好产生过大的变形。

3）尽可能地提高夹具装配精度和元件的加工精度。以保证夹具的精确性、可靠性。

表 5-12　模具主要零件的形状、尺寸和位置精度（单位：mm）

零件名称	尺寸与尺寸范围	形状精度		位置精度	
		同轴度	圆柱度	平行度	垂直度
模架上、下模座基准间的平行度；模座基面与其导柱（套）孔的垂直度	>40～63 >63～100 >100～160 >160～250 >250～400 >400～630 >630～1000 >1000～1600			0.008～0.012 0.010～0.015 0.012～0.020 0.015～0.025 0.020～0.030 0.025～0.040 0.030～0.050 0.040～0.060	0.008～0.012 0.010～0.015 0.012～0.020 0.025～0.040
导柱	≤30 >30～45 >45	h5，0.005 h6，0.008	0.003～0.004 0.004～0.005 0.005～0.006		
导套	≤30 >30～45 >45	H6，0.006 H7，0.008	0.004～0.006 0.005～0.007 0.006～0.008		

模具名称	冲裁模	拉深模	精锻模	压铸模	塑料模	玻璃模	橡胶模	陶瓷模
成形件尺寸精度	大型 0.010 小型 0.005	0.005	0.030	0.010	0.010	0.015	0.010	0.050

2. 夹具的功能与作用

机床、刀具、夹具是形成模具成形件的机械加工工艺和电加工工艺的三个相辅相成的硬件条件。其中，夹具是增强机床使用功能，提高机床加工能力，扩大机床应用范围所不能缺配的工装。特别是当采用通用机床以传统工艺成形件时，夹具的作用尤为突出。如：

1）通用夹具是机床标配的标准夹具，否则，工件将无法进行正确的定位与装夹，机床也无法进行加工。

车床、圆磨床：若无三爪自定心卡盘、四爪单动卡盘、尾座、顶尖等，则无法进行导柱、导套的粗、精车和精密磨削加工。

2）专用夹具是进行大批量工件加工工序必须配用的夹具，是进行形状、结构特殊工件加工工序必须配用的夹具。否则，将难以适应高效、精密大批量生产的要求，也难以完成具有二维、三维型面的模具成形件的成形加工。

因此，夹具在模具成形件的成形机械加工工艺系统（电加工工艺系统）中的作用很大。为适应模具成形件的高效、精密、数字化成形加工工艺与机床的要求并增强其功能，必须精心研制、设计具有高精密定位与装夹。一次定位、多面加工，通用性强，定位、夹装方便，具有进行数字化分度与连续回转加工等特点与功能的夹具是实现模具制造工艺现代化的关键之一。

3. 夹具的通用化、标准化

夹具不仅要求精度高、刚度强、结构紧凑合理，使用方便、省力。此外，由于夹具是针对各种工件加工工艺与机床进行专门设计与制造的专用工装，则必然具有形成种类、结构形式多样，需求量大，单件制造、设计与制造周期要求短等一系列特点。针对夹具的特点和要求，促进、提高夹具及其元件的通用化、标准化、系列化水平是长期生产实践所追求的目标，因此，经过长期生产实践积累、研究与设计，取得了巨大的进步。

1）形成了车削工艺与机床、磨削工艺与机床、孔加工工艺与机床，以及模具成形件进行成形加工通用铣削工艺和 NC、CNC 铣削工艺与机床、电加工工艺与机床，常用、必备的标准化和系列化夹具。如三爪、四爪标准化、系列化自定心卡盘，标准、系列分度、回转夹具，标准、系列磁性夹具，ITS 强力高精密自定心系列夹具。

2）建立了各种通用、专用夹具的标准化、系列化的通用元件与组件。如定位元件与组件，夹紧元件与机构，以及紧固件、支承件、夹具体等。其中，组合夹具已具有很高的标准化、系列化程度与水平。

尽管如此，但为适应现代数字化加工工艺与机床的要求，通过归纳、分析，进行更高层次的研究、设计、制造标准化、通用化、系列化的夹具及其通用元件与组件，仍是促进机械、模具制造工艺进步，完善机床—刀具—夹具工艺系统，所不断追求的目标和任务。

5.2 模具制造工艺系统常用夹具

由前分析可知，组成机械加工工艺系统的三个硬件条件为机床—刀具—夹具。因此，除对夹具进行综合分类外，按模具制造中常用的加工工艺系统来进行夹具分类，将更方便选配使用，更易于实现夹具的标准化、通用化和系列化，更易于分类组织专业化生产。所以，本节将分别说明模具制造过程中的几个主要加工工艺系统常用夹具。

5.2.1 车削加工工艺系统常用夹具

1. 常见零件及其定位基准

采用车削加工的主要零件类型有：

1）圆柱形零件，如模具中的导柱、推杆、复位、圆凸模等。

2）套形零件，如模具中的导套、圆凹模、细长凸模保获套、推管等。

3）盘形零件，如圆推板、圆形压板、连接法兰盘等。

机械加工中以上述三类形状的工件最多，如图 5-6 所示。

由图 5-6 可知，以与机床主轴中心线相重合的工件中心线，或以其内孔面、外圆面（均可视为以其中心线）为工件的主要工艺定位基准，而设计、制造的定位、装夹工件的夹具，则为车削加工工艺系统中的夹具。

此夹具所限制的自由度为$\vec{x}$，$\vec{y}$，$\vec{z}$，$\widehat{z}$，$\widehat{y}$，留有 $\widehat{x}$ 作为车削加工的旋转运动。

此夹具保证的工件加工精度为：

1）工件径向与轴向工序尺寸公差。

2）内、外面间的同轴度。

3）各垂直于轴线的端面对内、外圆面或轴线的位置（垂直度）误差。

4）圆度等形状误差。

2. 常用夹具及其结构

针对车削加工方式、加工工艺系统的特点和被加工工件结构、工序定位基准等，设计、制造的夹具有以下基本结构形式，即

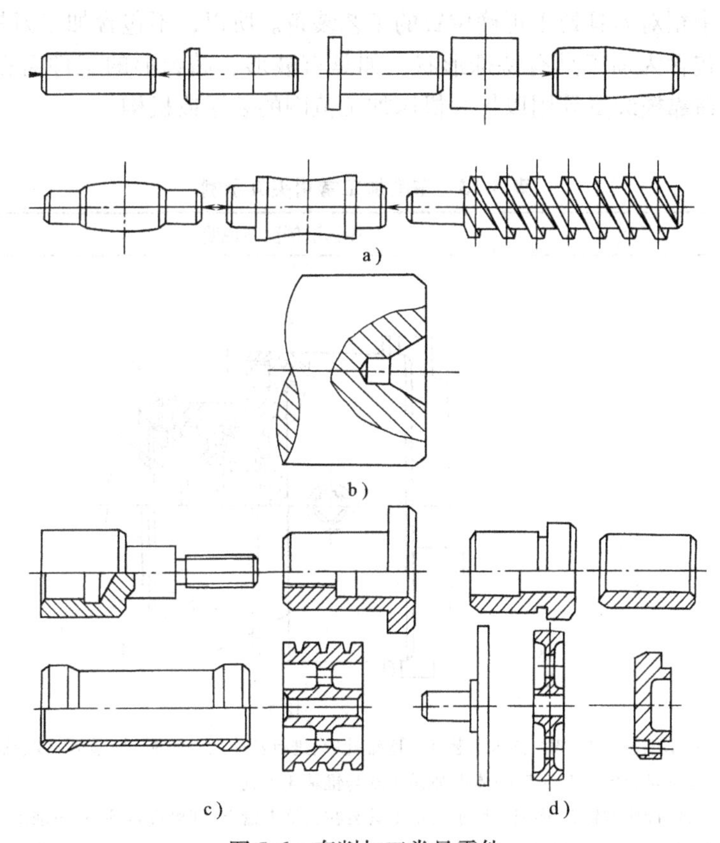

图5-6　车削加工常见零件

a）圆柱形工件　b）中心孔　c）套形工件　d）盘形工件

（1）车削加工通用夹具　这类夹具基本上标准化、系列化。

1）三爪自定心卡盘（辅以装在尾座上的顶尖）。

2）四爪单动卡盘（辅以装有尾座上的顶尖）。

3）顶尖、鸡心卡头、配套组合定位、装夹。

4）弹簧夹头自定心夹具，见表4-23图4。

5）ITS精密强力夹具。

6）三爪多功能支承工具，见表5-13图1。

（2）专用自定心夹具

1）圆柱心轴定心夹具，见表4-7图10。

2）圆锥圆柱定心夹具，见表4-7图11。

3）推式杠杆自定心夹具，见表4-23图2。

4）拉式杠杆自定心夹具，见表4-23图3。

（3）特殊结构工件加工专用夹具

1）车锥度专用夹具，见表5-13图6。

2）卡盘连接式车削加工夹具，见表5-13图4。

3）花盘、角铁配套组合定位、装夹，见表5-13图5。

说明：这里夹具指的是在采用各种加工方式（车、铣、磨等）时，用以装夹被加工工件，使之在加工中相对刀具处于正确位置的工艺装备。所以，不包含加工刀具的定位与装夹所用的夹具，不包含为加工具有特殊形状，如具有鼓形、椭圆形的工件需在车床上加工成形，而设计、制造靠模装置等用以扩大机床加工范围的装置或机构。

表5-13 车削加工常用夹具示例

夹具名称	夹具示例图与说明
三爪多功能支承卡盘	图1 在车削加工工件时，该卡盘装在尾座锥孔中，进行各种工件的顶、夹、支承、铰、钻和扩孔等加工 由三爪自定心卡盘5，壳体4，轴承1、6与锥轴3组成 拧松固定螺钉2，将图3所示支承工具装在三爪卡盘上，即可进行顶、夹被加工工件，使自由转动，进行切削加工；拧紧固定螺钉2，使壳体4与锥轴3固定，则可使卡盘5不动，以进行钻、铰、扩孔
筒类工件支承	图2 图2所示为三爪自定心卡盘 此卡盘装在尾座上是支承筒类被加工工件的内孔的支承工具

（续）

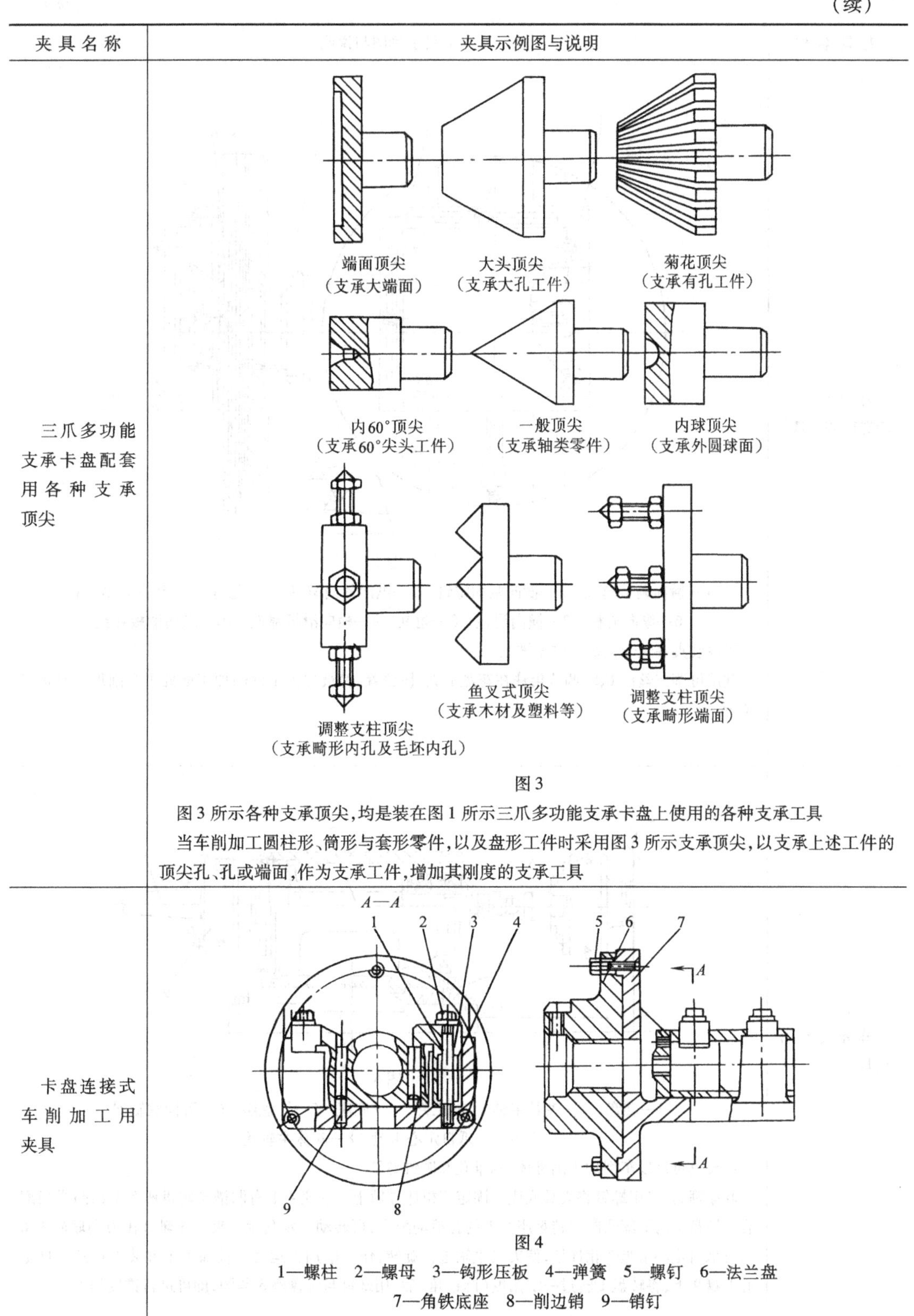

夹具名称	夹具示例图与说明
三爪多功能支承卡盘配套用各种支承顶尖	端面顶尖（支承大端面）　大头顶尖（支承大孔工件）　菊花顶尖（支承有孔工件） 内60°顶尖（支承60°尖头工件）　一般顶尖（支承轴类零件）　内球顶尖（支承外圆球面） 调整支柱顶尖（支承畸形内孔及毛坯内孔）　鱼叉式顶尖（支承木材及塑料等）　调整支柱顶尖（支承畸形端面） 图3 图3所示各种支承顶尖，均是装在图1所示三爪多功能支承卡盘上使用的各种支承工具 当车削加工圆柱形、筒形与套形零件，以及盘形工件时采用图3所示支承顶尖，以支承上述工件的顶尖孔、孔或端面，作为支承工件，增加其刚度的支承工具
卡盘连接式车削加工用夹具	A—A　1　2　3　4　5　6　7　A　A　8　9 图4 1—螺柱　2—螺母　3—钩形压板　4—弹簧　5—螺钉　6—法兰盘 7—角铁底座　8—削边销　9—销钉 图4夹具为与车床主轴连接用的角铁式、车削加工特殊工件孔的专用夹具

（续）

夹具名称	夹具示例图与说明
花盘与角铁配套可调夹具	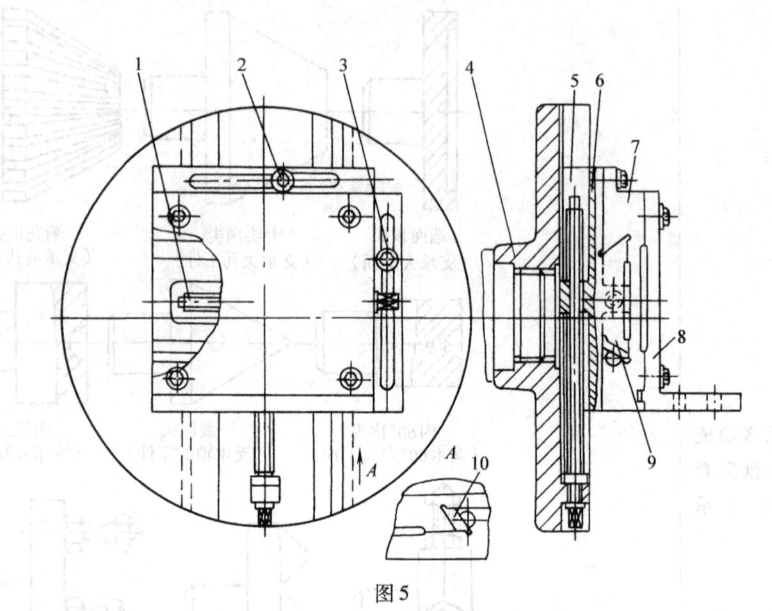 图5 1—横向调节丝杠　2—横向紧固螺钉　3—纵向紧固螺钉　4—花盘　5—纵向调节丝杠 6—纵向滑板　7—横向滑板　8—角铁　9—横向滑板塞铁　10—纵向滑板塞铁 工件装夹在装于花盘上的角铁上 利用可调节丝杠1、5，调节角铁在花盘上纵，横位置，使被加工工件的加工面处于车削加工时正确位置
车锥度专用夹具	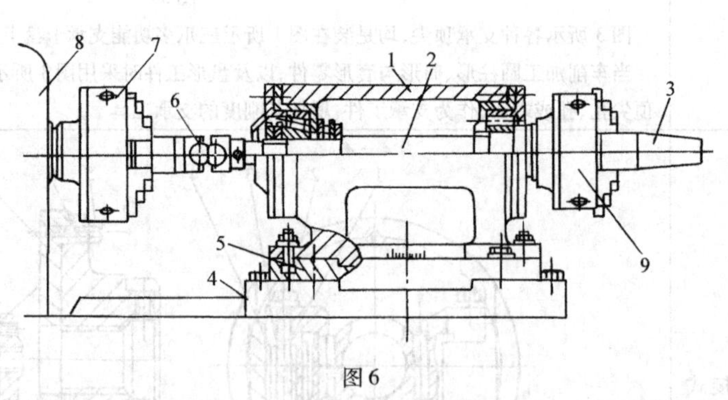 图6 1—转盘　2—夹具主轴　3—工件　4—底座　5—转盘座　6—万向联轴器 7、9—三爪自定心卡盘　8—车床主轴箱 此夹具可用以车削加工圆锥体、圆锥孔和圆锥螺纹 其原理为：采用螺钉将夹具底座4固定于机床导轨上。底座4上有凹槽与转盘座5上的凸缘相配合。转盘1的下部凸圆与转盘座5上的孔滑动配合，可转动一定角度。夹具主轴2由万向联轴器6与三爪自定心卡盘7相连接，使夹具主轴进行旋转，作车削加工运动。被加工工件装夹在三爪自定心卡盘9上，将转盘1转过一定角度（圆锥角）后，用螺钉与转盘座5紧固，即可进行锥度加工

5.2.2　铣削加工工艺系统常用夹具

1. 常见零件及其定位基准

由铣床（含立、卧式铣床，NC 与 CNC 铣床）、刀具和夹具组成的加工系统，称为铣削加工工艺系统。采用铣削加工的常见工件及其被加工面，有以下类型：

1）平面，如模具中常用六面体模板，成形常用六面体坯件，塑料注射模、压铸模等，成形模中常用带有上、下、内、外共 10 个被加面模框的加工平面，如图 5-7a ~ c 所示。

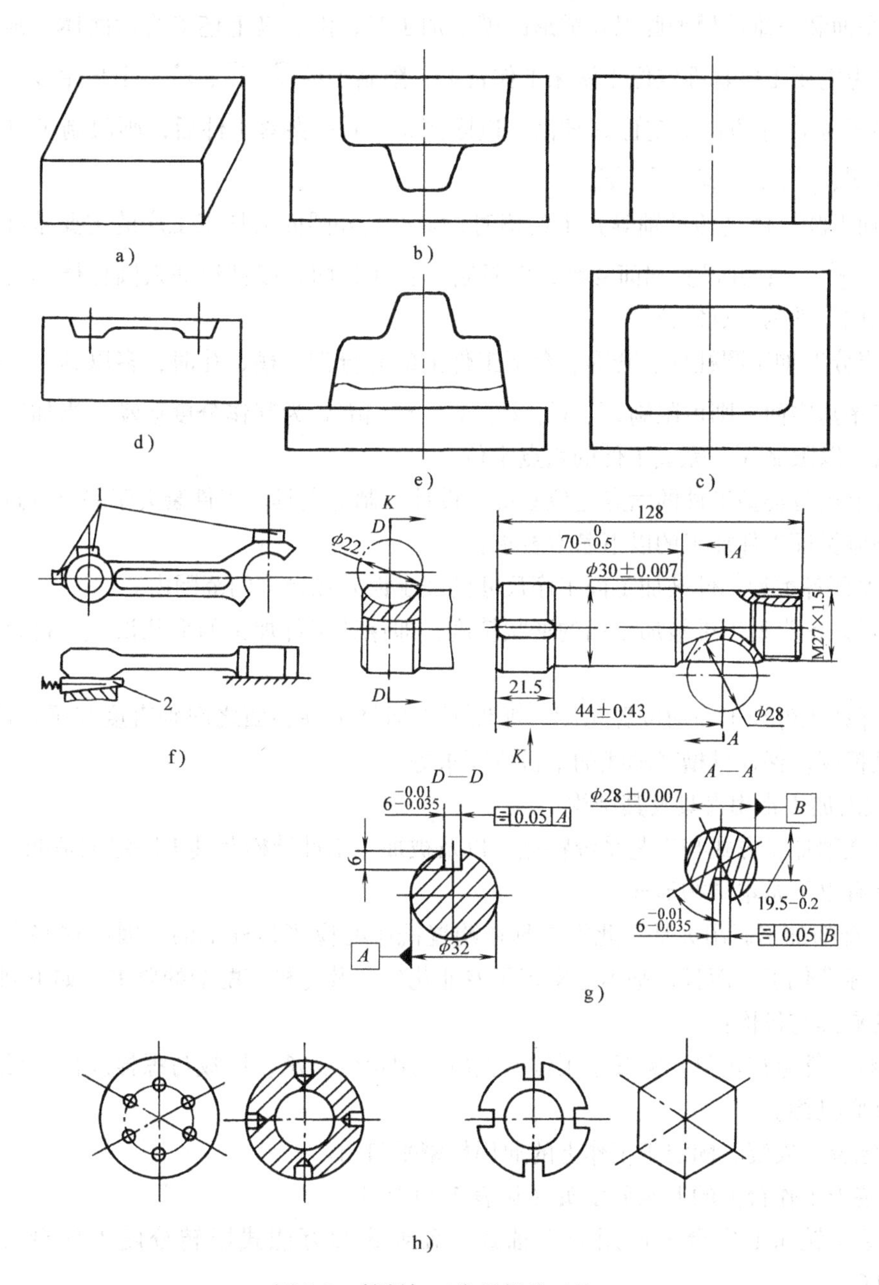

图 5-7　铣削加工常见部分工件

2）由平面、二维型面及其间交线（交面）围成的三维立体型面，如成形模的凹模型腔和成形凸模的加工型面，如图5-7b、d、e所示。

3）圆柱形工件上的设置的沟、槽或型孔加工面，如传动轴上的键槽，如图5-7g所示。

4）圆柱形、套形、盘形工件的端面，或圆周上设有的沟、槽、齿、孔等分加工面，或在圆周面上设有的等分平面（即等多边形），如图5-7h所示。

针对图5-7所示各类型工件及其被加工面，在进行铣削加工时，各类型工件应确定的工序定位基准面如下：

1）平面和三维凹模型腔以及成形凸模在加工时，由于其毛坯多为六面体，则多采用其底平面作为主要工序基准定位于铣床工作台上，限制工件 $\widehat{x}$、$\widehat{y}$、$\vec{z}$ 三个自由度；同时，以工件两侧面为 x、y 方向的定位基准面，以限制 $\vec{x}$、$\vec{y}$；夹紧工件后，则限制了以下6个自由度，即 $\vec{x}$、$\vec{y}$、$\vec{z}$、$\widehat{x}$、$\widehat{y}$、$\widehat{z}$。

2）加工圆柱体（传动轴等）上键槽时，多以其外圆面为加工工序的主要基准，限制工件 $\vec{y}$、$\vec{z}$、$\widehat{y}$、$\widehat{z}$；并设置端面支承，以限制 $\vec{x}$；在径向，以销钉插入圆柱体固有孔，以限制 $\widehat{x}$，完成工件的六点定位。

3）当分度加工圆柱形、套形、盘形工件上的等分沟、槽、孔时，多以其中心孔和端面为加工工序基准面，则可限制 $\vec{x}$、$\vec{y}$、$\vec{z}$、$\widehat{y}$、$\widehat{z}$，留 $\widehat{x}$ 为其作分度运动。当加工时，则锁住分度盘，以限制 $\widehat{x}$，完成工件的六点定位。

依据上述各类型工件的六点定位基准，设计、制造夹具。工件装夹于夹具内进行铣削加工时，则应保证工件加工的以下基本要求：

1）保证各类型工件被加工面工序尺寸的加工误差在允许的范围内。

2）保证各类型工件被加工面的形状精度，即保证工件加工的形状误差，符合工件的设计要求。

3）保证工件加工面的位置精度，即保证六面体工件各面之间垂直度与平行度的要求；保证分度精度；保证键槽对轴线的平行度要求等。

2. 铣削加工常用夹具及其结构

针对铣削加工方式与工艺系统特点，以及被加工工件结构及其工序定位基准，设计与制造的夹具有以下基本结构形式：

（1）铣削加工通用夹具　此类夹具在购置铣床时应当是标配的。因此这些夹具基本上通用化、标准化了。而且，基本上实现了专业化生产及与机床配套的要求。如下列与铣床配套使用的夹具与机构：

1）将工件直接定位、夹紧于工作台上所采用定位支承，压板与螺栓或偏心元件组成的杠杆式夹紧机构。

2）定位、安装、固定于工作上的通用精密平口钳。

3）装于工作台上的万能分度头（见表5-14图1）。

4）装于铣床工作台上使用的主轴式、卧轴式和万能式回转分度工作台（见表5-3图4～图6）。

5）常用手动、机动回转工作台（见表5-14图2、图3）。

表5-14　铣削加工模具成形件二维型面常用夹具实例

夹具名称	夹具示例图与说明
万能分度头	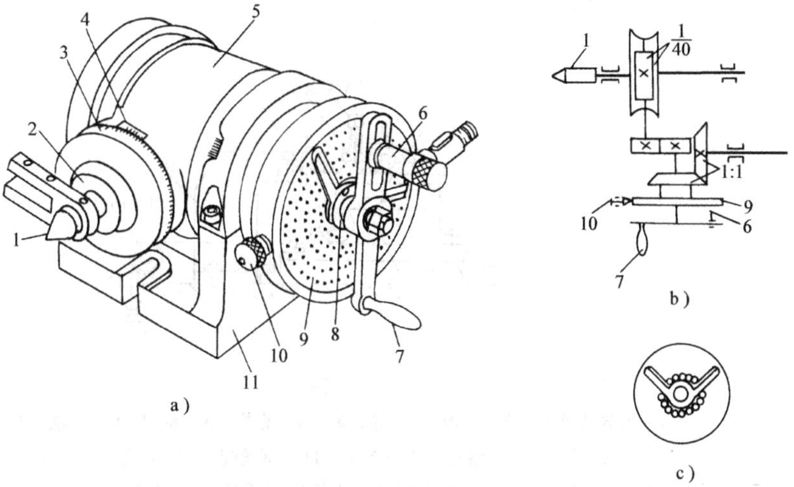 a)　b)　c) 图1 1—顶尖　2—主轴　3—刻度盘　4—游标　5—回转体　6—插销　7—手柄 8—分度叉　9—分度盘　10—锁紧螺钉　11—基座 用途：可对工件圆周进行任意分度；主轴2可随回转体5旋转，调整为对工作台面成一定角度；使工件连续旋转，工作台作纵向移动，可加螺旋面、球面等。 分度原理和方法：有直接、简单、差动三种分度方法。
回转工作台　手动回转台	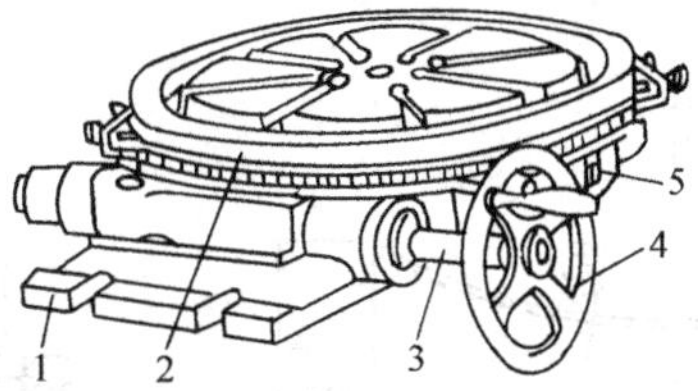 图2 1—底座　2—转台　3—轴　4—手轮　5—固定螺钉 用途：旋转手轮4、通蜗杆副使转台2进行旋转进给加工工件；利用固定螺钉5锁紧转台2，可进行直线进给铣削加工；转台2边缘有刻度线，旋转手轮4，旋转工件到一定角度，再锁紧，则可行分度加工
回转工作台　机动回转台	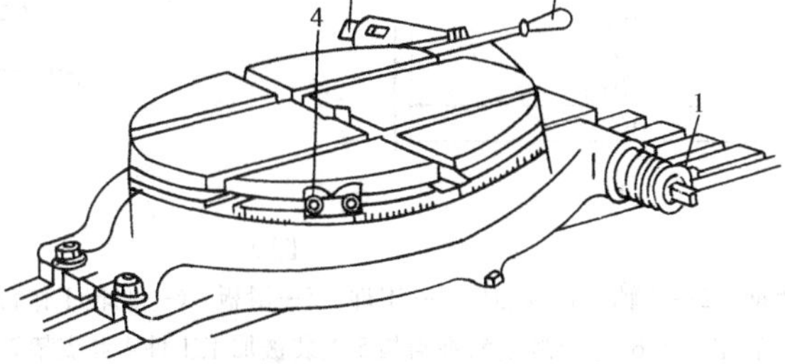 图3 1—方头　2—手柄　3—轴　4—挡铁 原理：利用手柄2可脱开或合上蜗杆副。合上，则通联轴器传递机床动力，使转盘连续旋转进给铣削工件；脱开，则装手轮于方头1上，可进行手动旋转进给或分度铣削工件

（续）

<table>
<tr><th colspan="2">夹具名称</th><th>夹具示例图与说明</th></tr>
<tr><td rowspan="2">回转进给靠模仿形铣削夹具</td><td>重力靠模仿形铣削夹具</td><td>图 4
1—回转工作台　2—滑板　3—导轨座　4—靠模　5—铣刀　6—心轴　7—平键
8—工件　9—滚轮　10—支架　11—钢丝绳　12—滑轮　13—重锤
原理：利用图 2 或图 3 回转工作台上装靠模 4 与工件 8，以重锤 13 拉住滑板 2，使靠模 4 以恒力紧则滚轮 9，使在回转工作台 1 作手动或机动旋转时，作靠模仿形运动；以便使刀具作靠模仿形铣削模具成形件上的二维型面</td></tr>
<tr><td>塑料压模型腔镶件靠模铣削仿形夹具</td><td>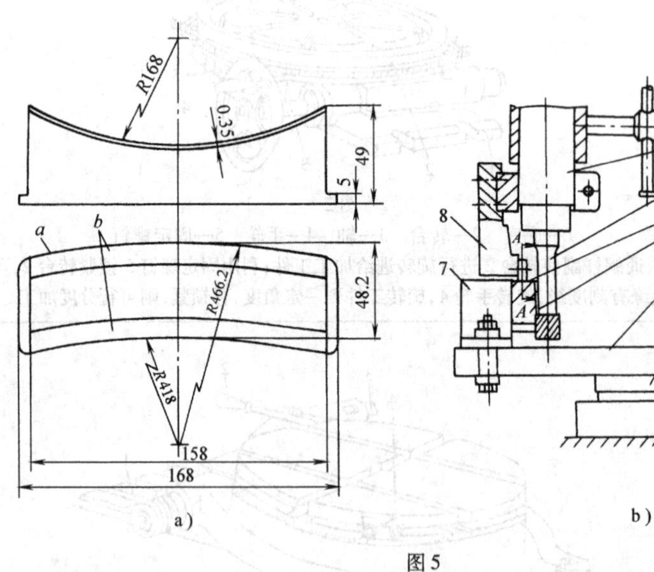

图 5
1—手柄　2—主轴　3—铣刀　4—工件　5—滑板　6—回转工作台　7、8—支架　9—压轮
原理：利用回转工作台 6、上装滑板 5，在滑板 5 上装被加工工件 4 和支架 7、8，调整滑板 5 使被加工面 b 至回转台旋转中心的距离为 b 弧圆半径 R168. 35mm；利用装于主轴上压轮 9 压在已加工面 a 上作靠模；则可进行回转进给靠模仿形铣削 b 面的运动</td></tr>
</table>

（续）

<table>
<tr><th colspan="2">夹具名称</th><th>夹具示例图与说明</th></tr>
<tr><td>回转进给靠模仿形铣削夹具</td><td>大圆弧靠模仿形铣削夹具</td><td>
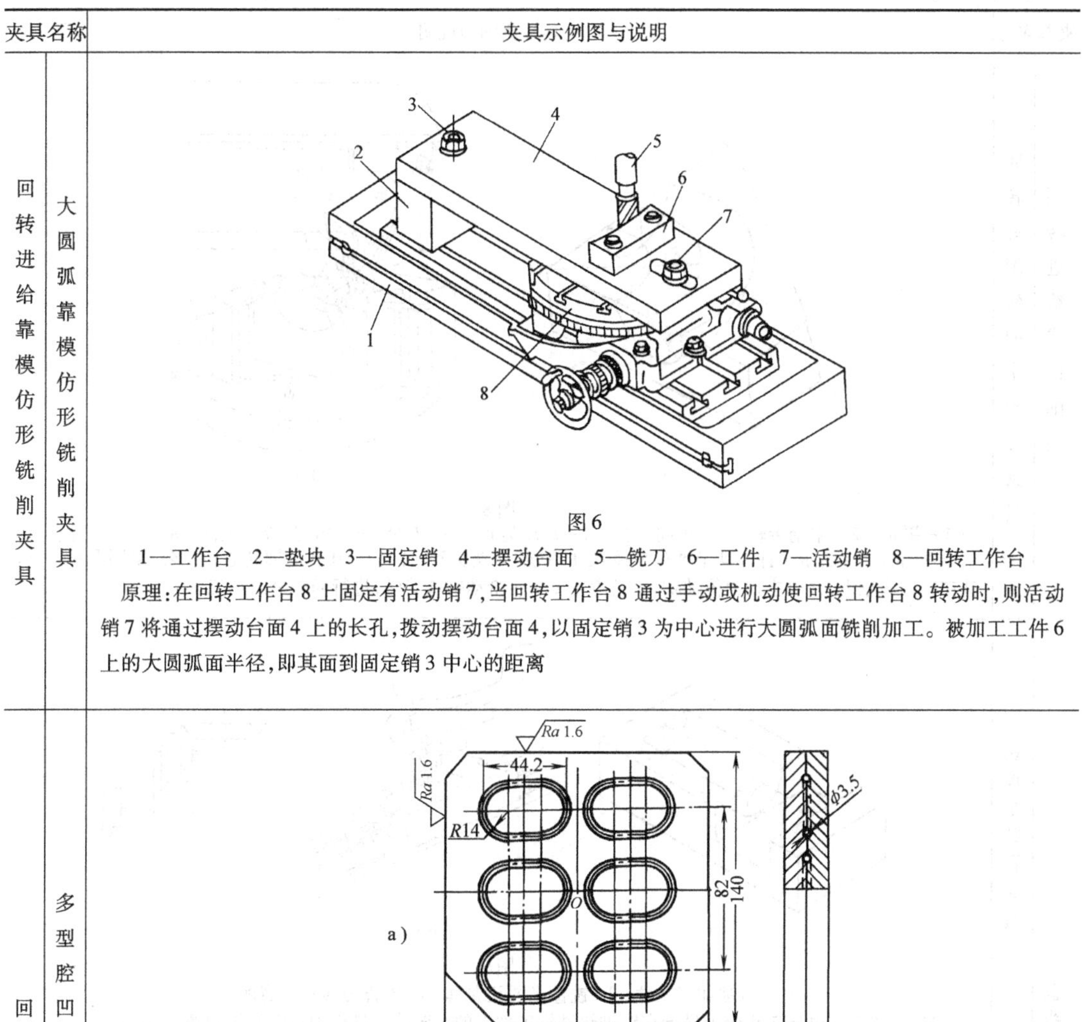

图 6
1—工作台　2—垫块　3—固定销　4—摆动台面　5—铣刀　6—工件　7—活动销　8—回转工作台
原理：在回转工作台 8 上固定有活动销 7，当回转工作台 8 通过手动或机动使回转工作台 8 转动时，则活动销 7 将通过摆动台面 4 上的长孔，拨动摆动台面 4，以固定销 3 为中心进行大圆弧面铣削加工。被加工工件 6 上的大圆弧面半径，即其面到固定销 3 中心的距离
</td></tr>
<tr><td>回转进给式铣削夹具</td><td>多型腔凹模回转中心调整铣削夹具</td><td>
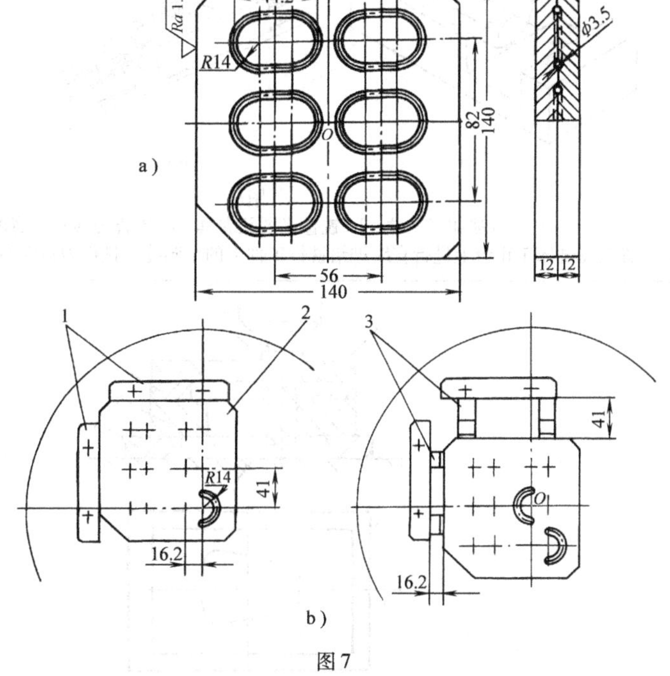

图 7
1—定位基准块　2—工件　3—量块
原理：根据工件结构，在回转工作台上固定有定位基准块 1（其基准面相互垂直），以定位被加工工件；图 a 为加工工件上 6 个长圆形型腔，则需调整每个型腔两个圆弧中心，共 12 个圆弧中心，分别与回转台中心重合，并分别铣削每个型腔的圆弧。采用垫量块的办法，以调整加工中心与回转台中心重合
</td></tr>
</table>

（续）

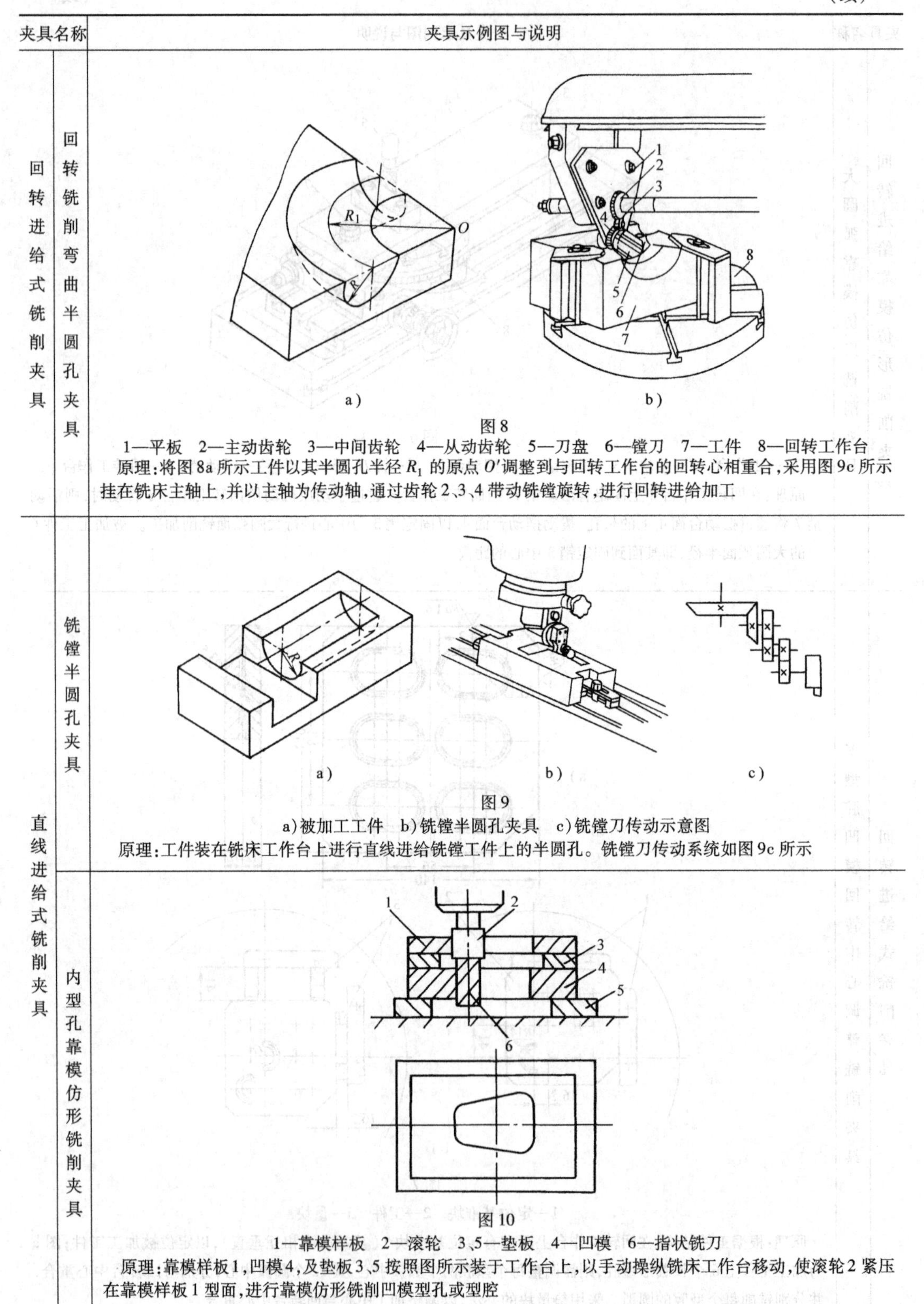

夹具名称		夹具示例图与说明
回转进给式铣削夹具	回转铣削弯曲半圆孔夹具	a）　b） 图 8 1—平板　2—主动齿轮　3—中间齿轮　4—从动齿轮　5—刀盘　6—镗刀　7—工件　8—回转工作台 原理：将图 8a 所示工件以其半圆孔半径 R_1 的原点 O' 调整到与回转工作台的回转心相重合，采用图 9c 所示挂在铣床主轴上，并以主轴为传动轴，通过齿轮 2、3、4 带动铣镗旋转，进行回转进给加工
直线进给式铣削夹具	铣镗半圆孔夹具	a）　b）　c） 图 9 a）被加工工件　b）铣镗半圆孔夹具　c）铣镗刀传动示意图 原理：工件装在铣床工作台上进行直线进给铣镗工件上的半圆孔。铣镗刀传动系统如图 9c 所示
	内型孔靠模仿形铣削夹具	图 10 1—靠模样板　2—滚轮　3、5—垫板　4—凹模　6—指状铣刀 原理：靠模样板 1，凹模 4，及垫板 3、5 按照图所示装于工作台上，以手动操纵铣床工作台移动，使滚轮 2 紧压在靠模样板 1 型面，进行靠模仿形铣削凹模型孔或型腔

（续）

夹具名称		夹具示例图与说明
直线进给式铣削夹具	手动进给靠模仿形铣削夹具	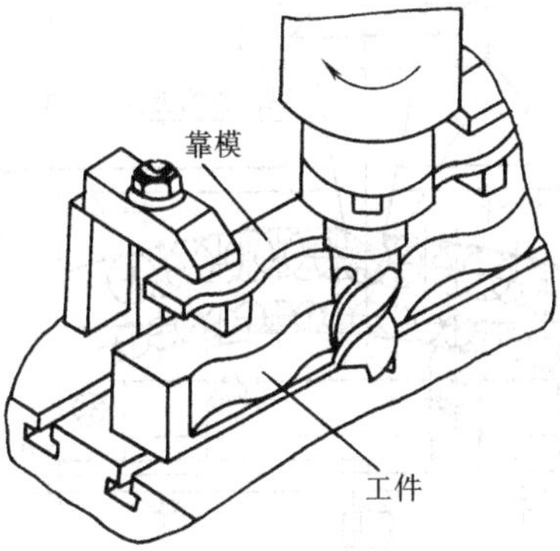 图 11 原理：被加工工件与靠模按相互位置均安装在铣床工作台上。以手动操纵铣床工作台运动，并使铣刀上滚转紧贴在靠模上，进行靠模仿形铣削加工型面
直线进给式靠模仿形铣削夹具	仿形面靠模铣内槽夹具	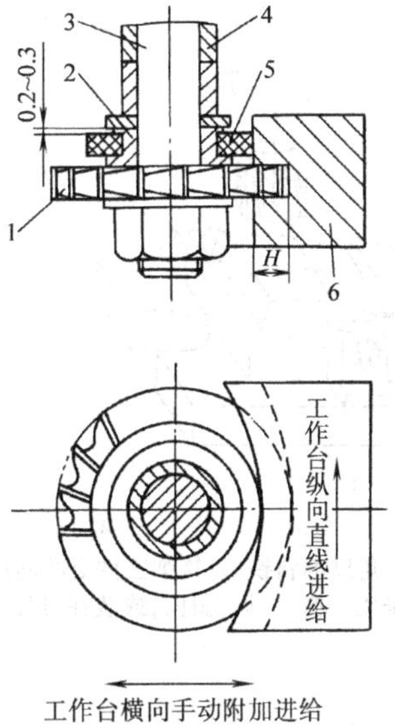 图 12 1—铣刀　2—衬套　3—刀杆　4—刀杆垫圈　5—滚轮　6—工件 原理：将滚轮 5 与铣刀装在铣床主轴上，以手动使铣床移动，并使滚轮紧贴在被加工工件上的已加工型面上，以保证铣出的槽深相同

（续）

<table>
<tr><th colspan="2">夹具名称</th><th>夹具示例图与说明</th></tr>
<tr><td>直线进给式靠模仿形铣削夹具</td><td>靠模仿形铣削夹具</td><td>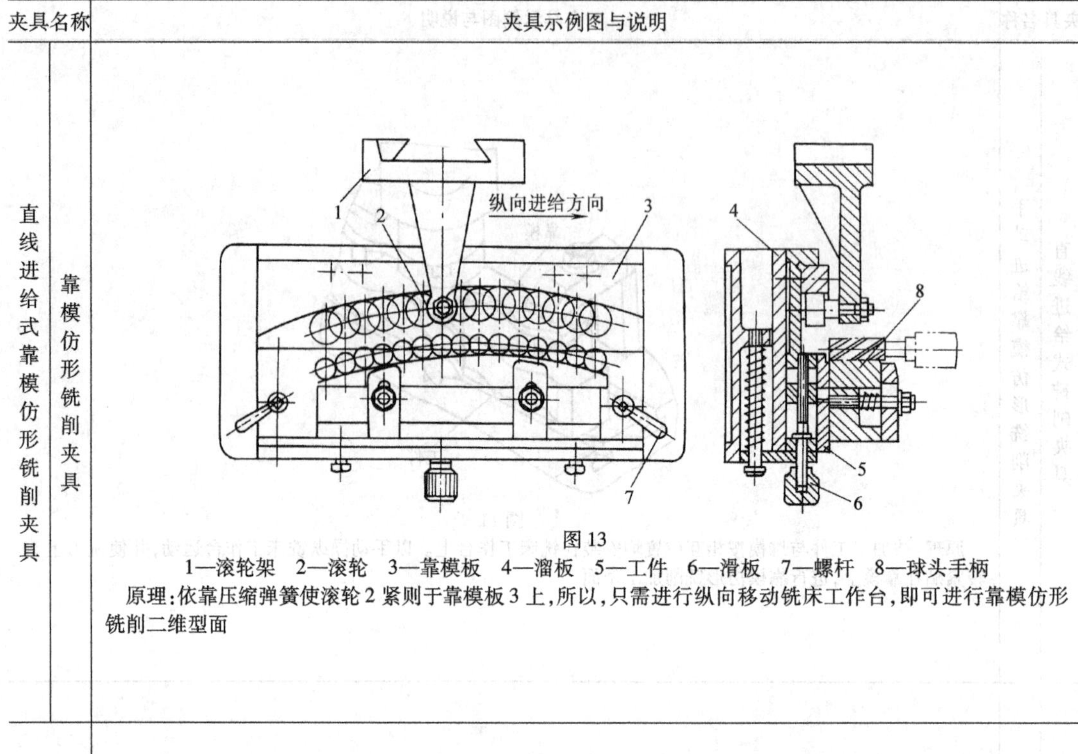
图 13
1—滚轮架　2—滚轮　3—靠模板　4—溜板　5—工件　6—滑板　7—螺杆　8—球头手柄
原理：依靠压缩弹簧使滚轮 2 紧则于靠模板 3 上，所以，只需进行纵向移动铣床工作台，即可进行靠模仿形铣削二维型面</td></tr>
<tr><td colspan="2">铣削斜面专用夹具</td><td>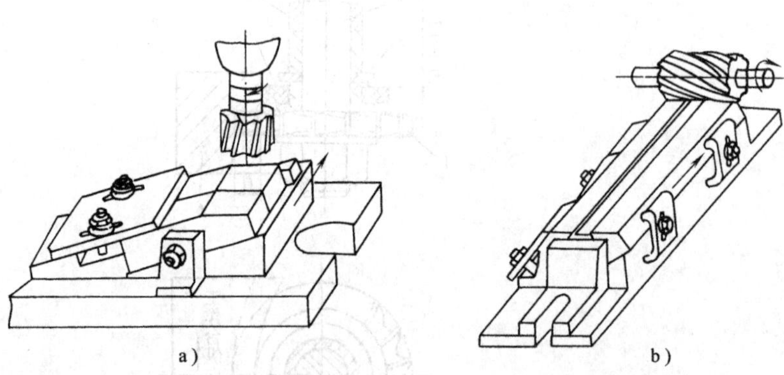
图 14
图 14 中的图 a、b 均为规定角度的斜铁，以铣削工件上的斜面用的夹用夹具
铣削斜面的方法很多，如采用正弦夹具铣斜面，或装在分度头、万能回转台上铣削斜面，或使铣刀调整成一定斜角铣削斜面等</td></tr>
</table>

（2）铣削加工专用夹具

1）铣削轴上键槽专用夹具，如图 5-1 所示。

2）二维型面靠模仿形铣削加工夹具。此类铣削加工夹具分为回转进给靠模仿形铣削加工夹具、直线进给靠模仿形铣削加工夹具，见表 5-14 图 4 ~7，图 10 ~13。

3）铣镗半圆孔专用夹具，包括直半圆孔与弯曲半圆孔用夹具，见表5-14图8、9。

4）铣削斜面专用夹具，见表5-14图14。

5.2.3　电火花加工工艺系统常用夹具

由电加工（成形与线切割）机床、工具电极（成形电极与电极丝）、夹具（被加工工件与成形电极用夹具）、电加工介质液组成电加工工艺系统的硬件条件，所以，夹具是电加工工艺系统重要的组成部分。

1. 电加工用夹具及其特点

由于电加工时作用于被加工工件上的力较小，所以，施于工件上的夹紧力也比较小。同时，由于在成形电加工中，加工工件被定位，并以夹紧元件或以工件自身质量安放于工作台上。工作台只在粗加工时，作x、y方向移动，以调整被加工工件与成形工具电极的相对位置。此后，被加工工件一般不再作移动，直至加工完成。所以，电加工时装夹被加工工件的夹具比较简单。而装夹成形电极用的夹具对电加工过程不仅具有重要作用，而且还有重要特点。即

1）成形电加工用成形工具电极，需进行专门设计与制造。其加工尺寸、形状、位置精度要求达到模具成形件设计要求，或比其要求更高。

2）成形工具电极的制造，一般需装夹在专用夹具上进行；当制造完成成形工具电极后，连同专用夹具一道装夹于电加工机床主轴上，则可进行成形电火花加工。

说明：制造成形工具电极用的专用夹具，与进行成形电加工时用的装夹电极的专用夹具，应是同一个专用夹具，是同一个定位基准。这样，可减少或避免因再次装夹引起的定位误差。

3）为改善成形电加工用的成形电极与被加工面间的间隙状态，减少二次放电和冲去其间的腐蚀物，以提高加工效率与表面粗糙度。装夹工具电极的夹具往往设计成可进行二维、三维“平动”的夹具。

4）被加工工件在电加工时，也需符合六点定位原理，以保证被加工面的尺寸、形状与位置精度。限制六个方向的自由度，即$\vec{x}$、$\vec{y}$、$\vec{z}$、$\widehat{x}$、$\widehat{y}$、$\widehat{z}$；成形工具电极，须限制5个方向的自由度，即$\vec{x}$、$\vec{y}$、$\widehat{x}$、$\widehat{y}$、$\widehat{z}$，保留$\vec{z}$自由度，以作为成形电火花加工进给运动。

电火花线切割加工，采用金属丝为工具电极。其走丝与丝张力系统已成为线切割机床的组成部分。而被加工工件则需采用夹具使之定位，安装于进行数字控制（NC）x、y方向运动的工作台上。

2. 电加工常用夹具

（1）成形电加工工具电极常用夹具　电火花成形加工有两种工艺方法，即仿形法和展成法。前者采用与工件型面形状相同的成形工具电极直接加工；后者则采用圆柱体为工具电极，按数字程序（编码）规定的路线进行展成加工。因此，工具电极的定位和夹紧，已成为成形电加工工艺系统中的关键技术。

成形电加工工具电极的常用夹具是在电加工工艺实践中，经不断创造、设计形成了一套通用、标准的工具电极用夹具；并针对不同结构的成形件的设计要求，而设计的组合工具电极用装夹多电极的专用夹具，如采用成形电加工电机定、转子硅钢片冲模中的整体冲槽凹模用的组合（多）电极专用夹具。成形电加工常用工具电极示例，见表5-15。

表5-15 成形电加工常用工具电极示例

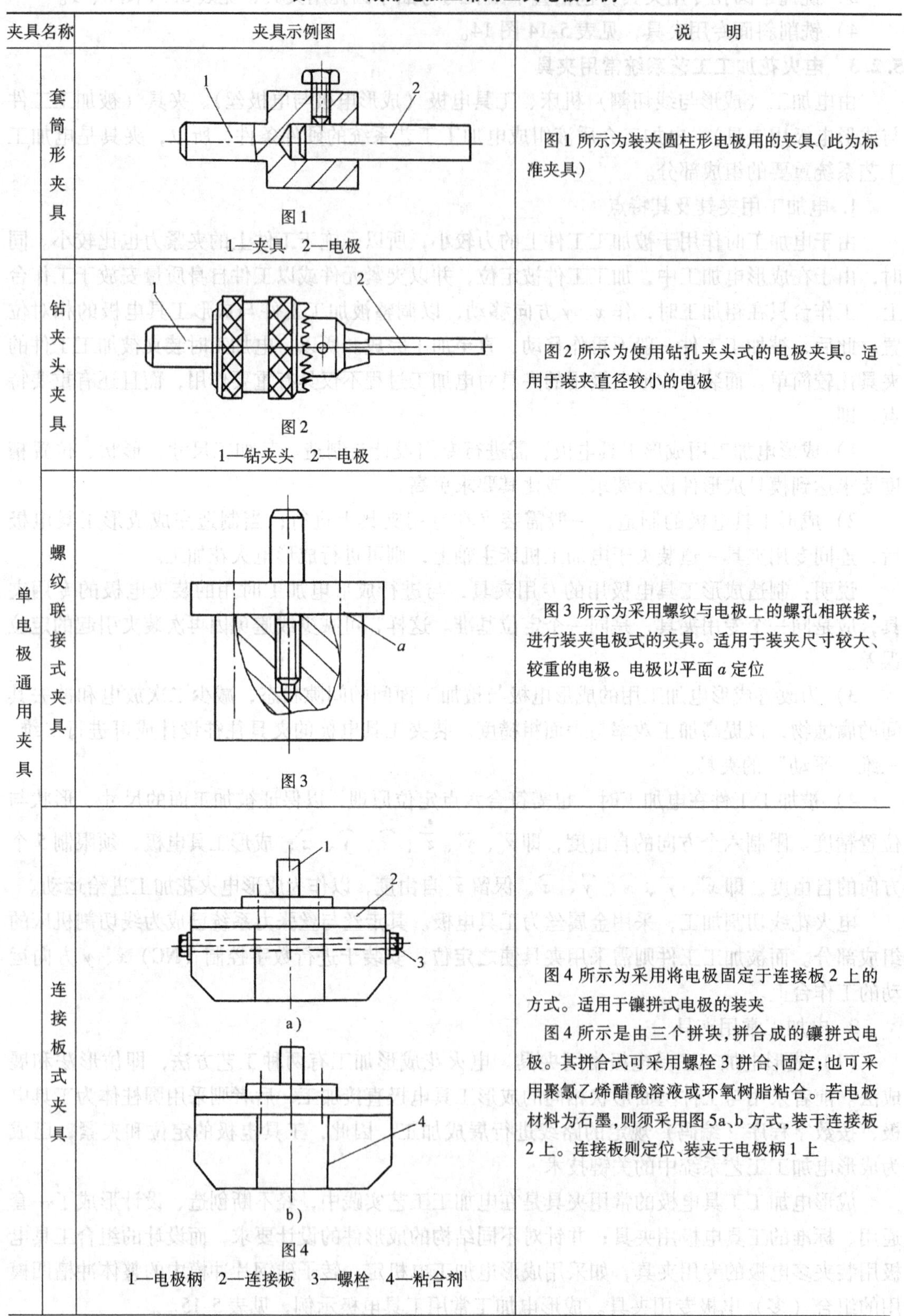

夹具名称		夹具示例图	说明
单电极通用夹具	套筒形夹具	图1 1—夹具 2—电极	图1所示为装夹圆柱形电极用的夹具(此为标准夹具)
	钻夹头夹具	图2 1—钻夹头 2—电极	图2所示为使用钻孔夹头式的电极夹具。适用于装夹直径较小的电极
	螺纹联接式夹具	图3	图3所示为采用螺纹与电极上的螺孔相联接,进行装夹电极式的夹具。适用于装夹尺寸较大、较重的电极。电极以平面 a 定位
	连接板式夹具	a) b) 图4 1—电极柄 2—连接板 3—螺栓 4—粘合剂	图4所示为采用将电极固定于连接板2上的方式。适用于镶拼式电极的装夹 图4所示是由三个拼块,拼合成的镶拼式电极。其拼合式可采用螺栓3拼合、固定;也可采用聚氯乙烯醋酸溶液或环氧树脂粘合。若电极材料为石墨,则须采用图5a、b方式,装于连接板2上。连接板则定位、装夹于电极柄1上

（续）

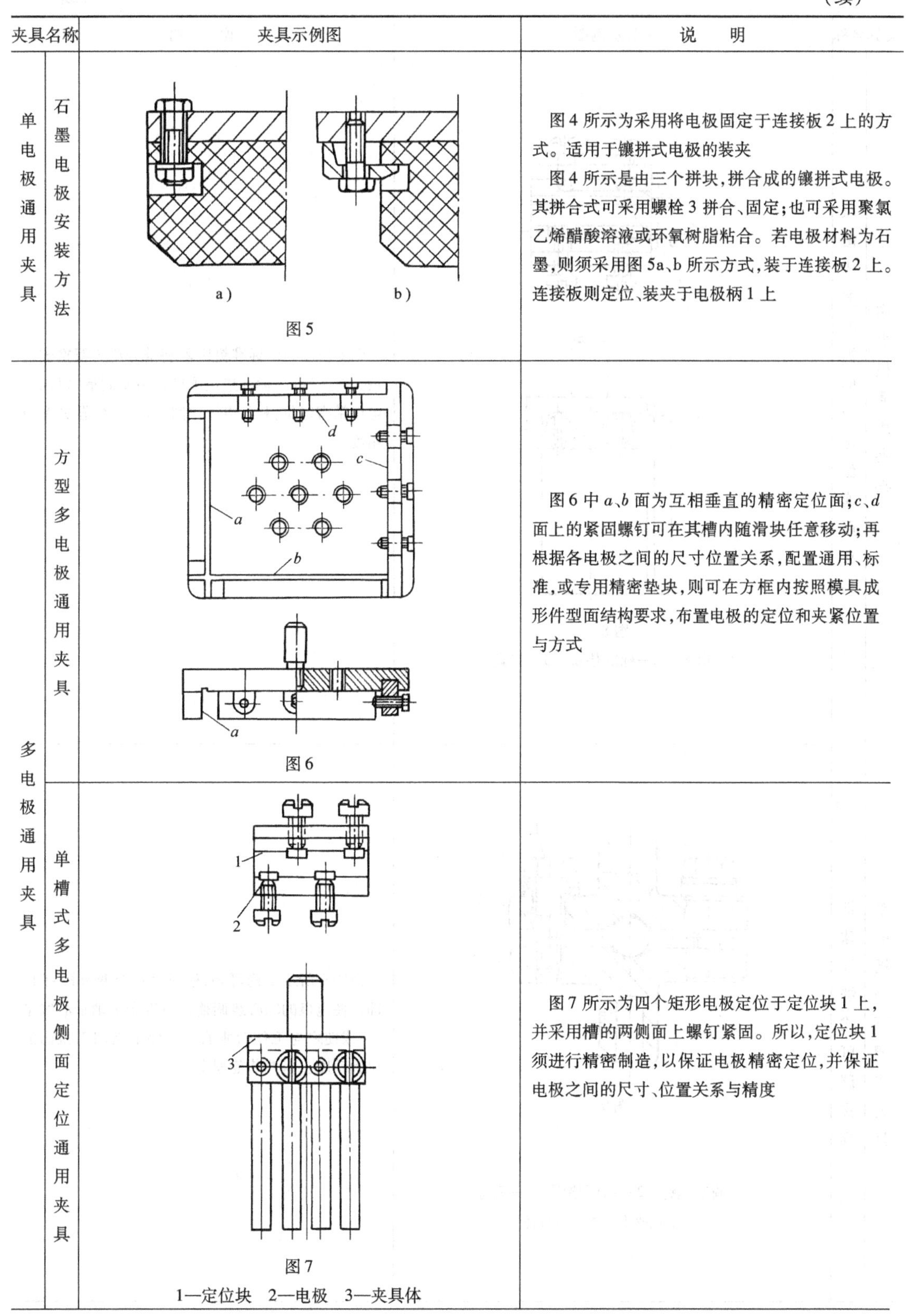

夹具名称		夹具示例图	说　明
单电极通用夹具	石墨电极安装方法	a）　b） 图5	图4所示为采用将电极固定于连接板2上的方式。适用于镶拼式电极的装夹 图4所示是由三个拼块，拼合成的镶拼式电极。其拼合式可采用螺栓3拼合、固定；也可采用聚氯乙烯醋酸溶液或环氧树脂粘合。若电极材料为石墨，则须采用图5a、b所示方式，装于连接板2上。连接板则定位、装夹于电极柄1上
多电极通用夹具	方型多电极通用夹具	 图6	图6中*a*、*b*面为互相垂直的精密定位面；*c*、*d*面上的紧固螺钉可在其槽内随滑块任意移动；再根据各电极之间的尺寸位置关系，配置通用、标准，或专用精密垫块，则可在方框内按照模具成形件型面结构要求，布置电极的定位和夹紧位置与方式
	单槽式多电极侧面定位通用夹具	 图7 1—定位块　2—电极　3—夹具体	图7所示为四个矩形电极定位于定位块1上，并采用槽的两侧面上螺钉紧固。所以，定位块1须进行精密制造，以保证电极精密定位，并保证电极之间的尺寸、位置关系与精度

（续）

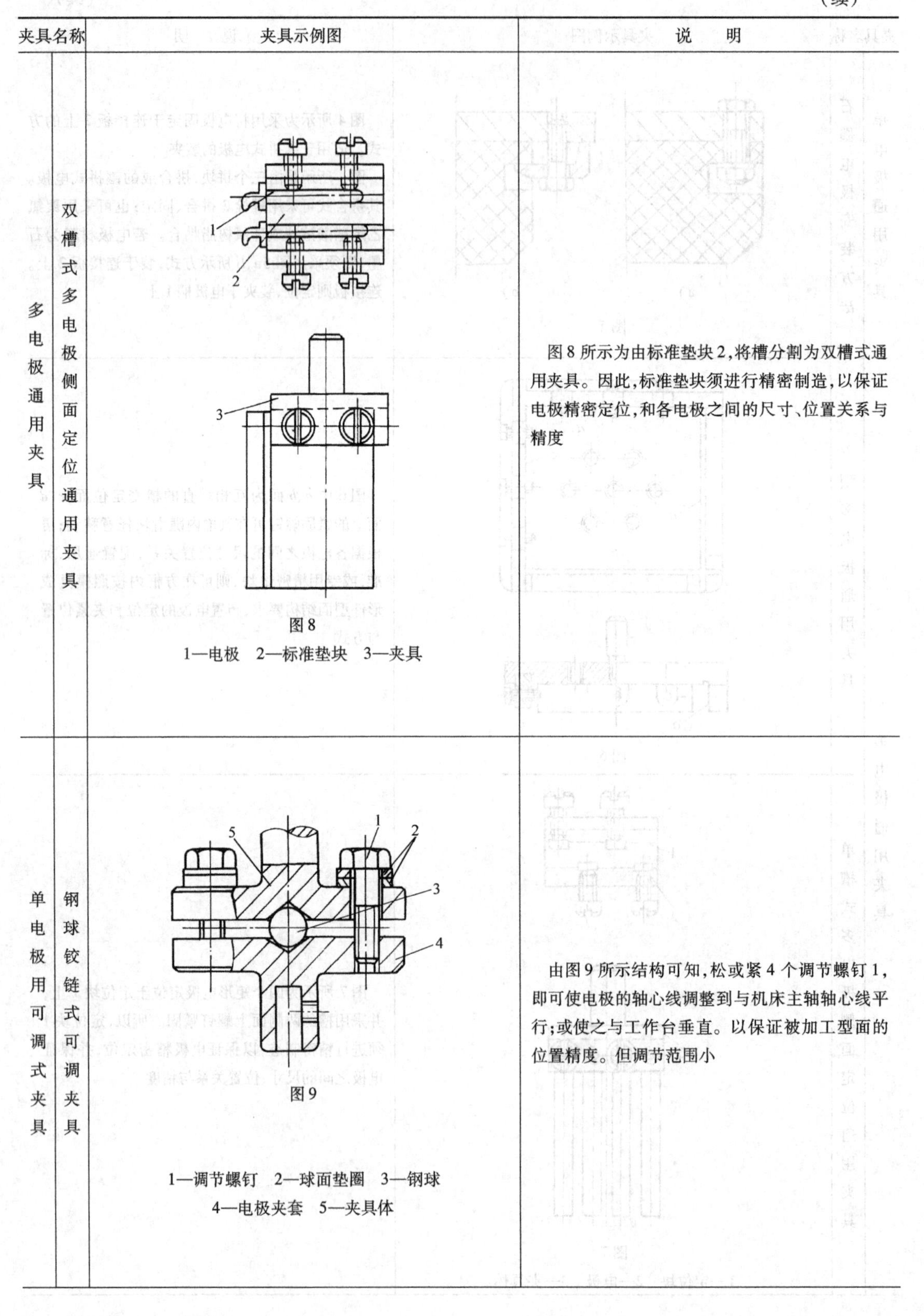

夹具名称		夹具示例图	说明
多电极通用夹具	双槽式多电极侧面定位通用夹具	图8 1—电极　2—标准垫块　3—夹具	图8所示为由标准垫块2，将槽分割为双槽式通用夹具。因此，标准垫块须进行精密制造，以保证电极精密定位，和各电极之间的尺寸、位置关系与精度
单电极用可调式夹具	钢球铰链式可调夹具	图9 1—调节螺钉　2—球面垫圈　3—钢球 4—电极夹套　5—夹具体	由图9所示结构可知，松或紧4个调节螺钉1，即可使电极的轴心线调整到与机床主轴轴心线平行；或使之与工作台垂直。以保证被加工型面的位置精度。但调节范围小

（续）

夹具名称		夹具示例图	说　　明
单电极用可调式夹具	钢球铰链式角度可调夹具	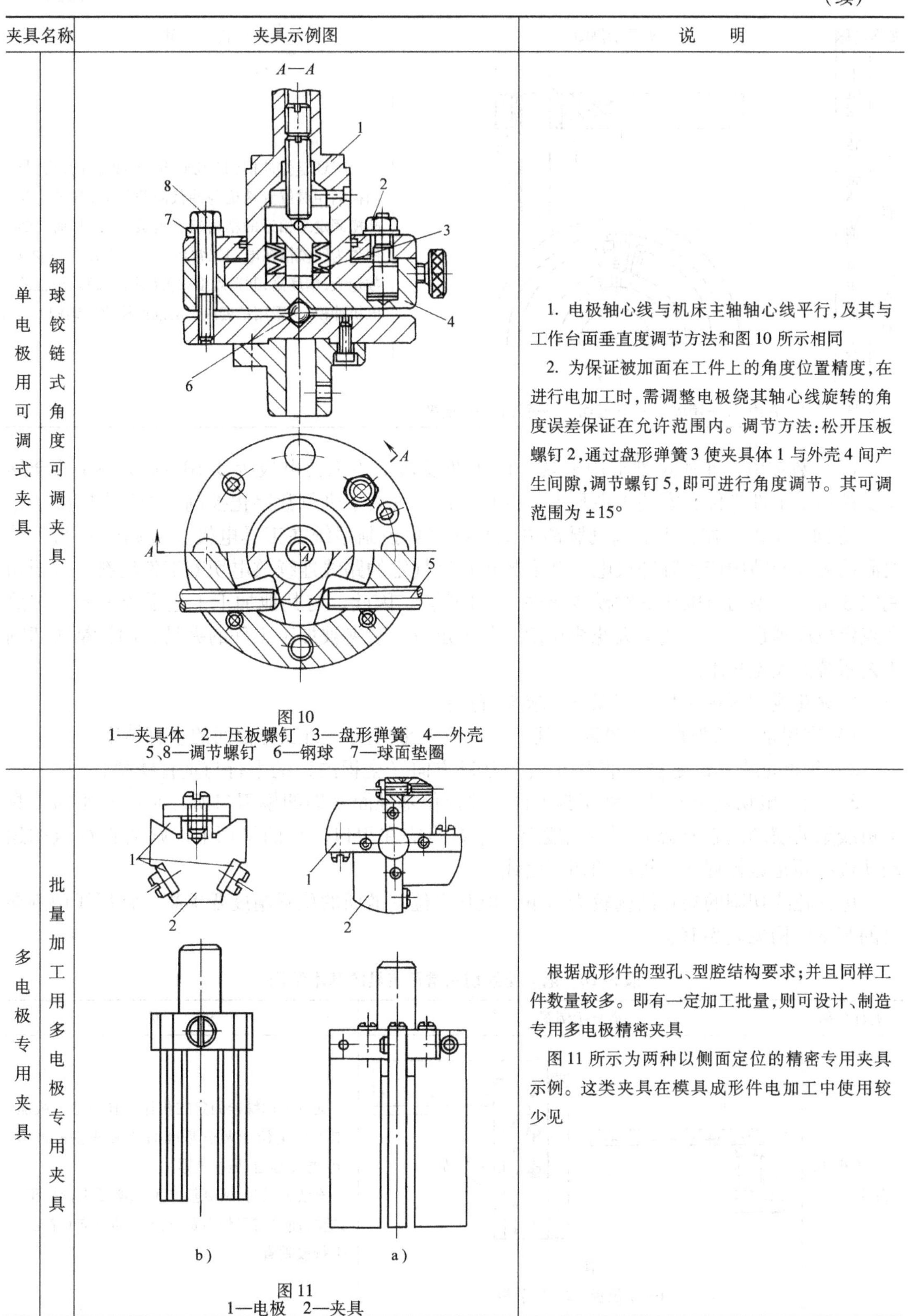 图10 1—夹具体　2—压板螺钉　3—盘形弹簧　4—外壳 5、8—调节螺钉　6—钢球　7—球面垫圈	1. 电极轴心线与机床主轴轴心线平行，及其与工作台面垂直度调节方法和图10所示相同 2. 为保证被加面在工件上的角度位置精度，在进行电加工时，需调整电极绕其轴心线旋转的角度误差保证在允许范围内。调节方法：松开压板螺钉2，通过盘形弹簧3使夹具体1与外壳4间产生间隙，调节螺钉5，即可进行角度调节。其可调范围为±15°
多电极专用夹具	批量加工用多电极专用夹具	b）　a） 图11 1—电极　2—夹具	根据成形件的型孔、型腔结构要求；并且同样工件数量较多。即有一定加工批量，则可设计、制造专用多电极精密夹具 图11所示为两种以侧面定位的精密专用夹具示例。这类夹具在模具成形件电加工中使用较少见

（续）

夹具名称		夹具示例图	说　明
多电极专用夹具	电机定、转子整体冲槽凹模组合电极专用夹具	图12 1—衬圈　2—镶块　3—热套圈　4—斜销　5—电极	为保证整体冲槽（24孔或36孔）凹模的槽孔与凸模的相对位置精确与冲裁间隙均匀，常采用与凸模固定结相近的精密组合电极夹具，并加长凸模作为凹模槽孔电加工常用方法。但由于镶块2数量大，精度高，制造难度很大（见图12）。现在的电机冲模，常采用精密成形磨削凹模拼块结构

（2）数控电火花线切割常用夹具　电火花线切割的工具电极为0.10～0.18mm的金属丝。被加工工件定位、安装于夹具上，夹具定位、安装于进行数字化控制（NC或CNC）作x、y方向运动的工作台上。起动脉冲电源与数字化控制系统在工具电极（金属丝）与工件之间的放电间隙中产生脉冲放电，并沿数控程序规定的路线连续放电切割工件坯料，直至切割完成由二维型面所围成的冲模成形件（即凹模）。因此，与其他加工工艺系统一样，按照六点定位原理设计、制造电火花线切割工艺中定位、装夹被加工工件的夹具，同样是线切割工艺系统的关键技术。

电火花线切割用夹具，有以下要求与特点：

1）须保证在切割直壁工件时，其工具电极（金属丝）与工作台面的垂直精度。

2）须保证夹具的定位基准面与x、y运动方向（全程内）的平行与垂直精度。

3）当放电切割斜面时，被切割工件主要定位基准面（即凹模刃口所在平面）须与工具电极线架的摆动圆心O点在同一高度上，即O点需在刃口所在的平面上。则圆心O点的运动轨迹必须是数控程序所规定的切割路线。

电火花线切割的夹具结构较为简单，但其定位基准面的位置精度要求高。常用线切割夹具的基本结构见表5-16。

表5-16　电火花线切割常用夹具的基本结构

夹具名称	夹具示例图	说　明
悬板式夹具	图1 1—定位板　2—安装板	夹具采用螺栓固定在机床工作台上。被加工工件定位于两侧基准面A和两基准面B上，并以螺栓、压板夹紧 安装夹具时，两侧基准面A，必须进行校正、调整，使之与工作台的x、y运动方向（全程）平行或垂直

（续）

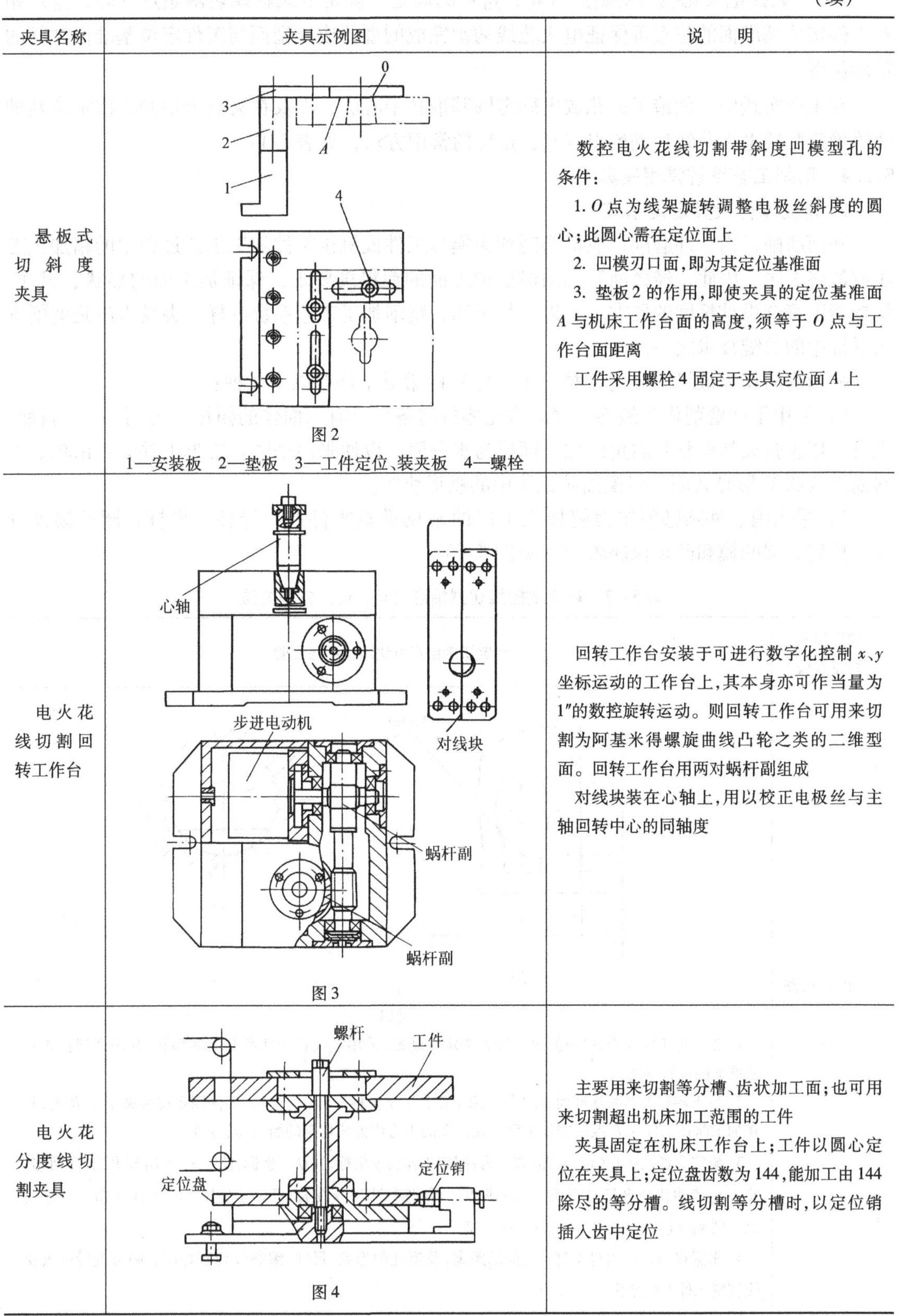

夹具名称	夹具示例图	说　明
悬板式切斜度夹具	图2 1—安装板　2—垫板　3—工件定位、装夹板　4—螺栓	数控电火花线切割带斜度凹模型孔的条件： 1. *O*点为线架旋转调整电极丝斜度的圆心；此圆心需在定位面上 2. 凹模刃口面，即为其定位基准面 3. 垫板2的作用，即使夹具的定位基准面*A*与机床工作台面的高度，须等于*O*点与工作台面距离 工件采用螺栓4固定于夹具定位面*A*上
电火花线切割回转工作台	图3	回转工作台安装于可进行数字化控制x、y坐标运动的工作台上，其本身亦可作当量为1″的数控旋转运动。则回转工作台可用来切割为阿基米得螺旋曲线凸轮之类的二维型面。回转工作台用两对蜗杆副组成 对线块装在心轴上，用以校正电极丝与主轴回转中心的同轴度
电火花分度线切割夹具	图4	主要用来切割等分槽、齿状加工面；也可用来切割超出机床加工范围的工件 夹具固定在机床工作台上；工件以圆心定位在夹具上；定位盘齿数为144，能加工由144除尽的等分槽。线切割等分槽时，以定位销插入齿中定位

（3）数控电火花线切割始点（x_0，y_0）的确定　确定电火花线切割始点（x_0，y_0）相对工件定位基准面的位置可保证电火花线切割完成的型孔或外型面与工件定位基准面之间的正确位置。

在生产实践中，创造了火花放电确定圆基准孔中心法，以及在夹具上切割二次定位基准法等确定数控电火花线切割始点（x_0，y_0）的常用方法，见表5-17。

5.2.4 磨削工艺系统常用夹具

1. 常见零件及其定位基准

平面磨削，内、外磨削，成形磨削均为模具工件或机械零件加工工艺过程中的精加工工序或最终工序。因此，经磨削后必须保证加工面的粗糙度要求，保证加工面的形状、尺寸、位置精度符合设计精度的要求。所以，与车削、铣削加工工艺系统一样，夹具也应是磨削工艺系统中的关键技术之一。

采用磨削作为最终工序（或精加工工序）的常见工件有以下几种：

1）采用平面磨削作为最终工序的常见零件有各种具有六面体的模板（见图5-7）斜面，也可采用正弦夹具调整其斜角使加工面成为水平面，以便采用平磨。常见工件有：由单、双斜面组成的V形导轨面，斜楔抽芯机构中的楔形块等。

2）采用内、外圆磨削作为精加工工序的常见模具零件有：导柱、推杆、圆凸模及导套、推管、圆凹模和凸模保获管等（见图5-6）。

表5-17　确定数控线切割始点（x_0，y_0）常用方法

确定切割始点方法	确定切割始点方法示例图与说明
电火花测定法	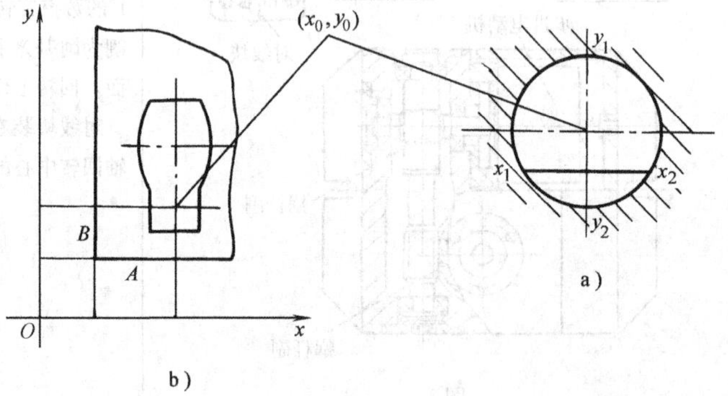 a)　b) 图1 1. 工件加工要求为：以两侧面A和B为定位基准，采用电火花线切割其上的型孔，并保证型孔相对基准面的位置精度 2. 校正调整夹具两基准面A、B与机床工作台x、y坐标平行（垂直）。工件则定位装夹于A、B上，并在加工前在工件A、B点精密加工穿丝孔。孔的中心应为线切割的始点(x_0,y_0) 3. 确定穿丝孔中心(x_0,y_0)的方法为：固定工作台y坐标，移动x坐标，使于x_1点出现火花；再回移，使于x_2点也出现火花，并记定x_1、x_2两点。再固定工作台x坐标，移动y坐标。同法，可记定y_1、y_2两点。则$x_0=(x_1+x_2)/2$；$y_0=(y_1+y_2)/2$ 4. 根据点(x_0,y)相对于型孔之间的距离，及型孔的形状、尺寸、编制线切割程序。则可进行电火花线切割工件上的型孔

（续）

确定切割始点方法	确定切割始点方法示例图与说明
切割工件定位基准法（或在夹具上直接切割工件定位基准法）	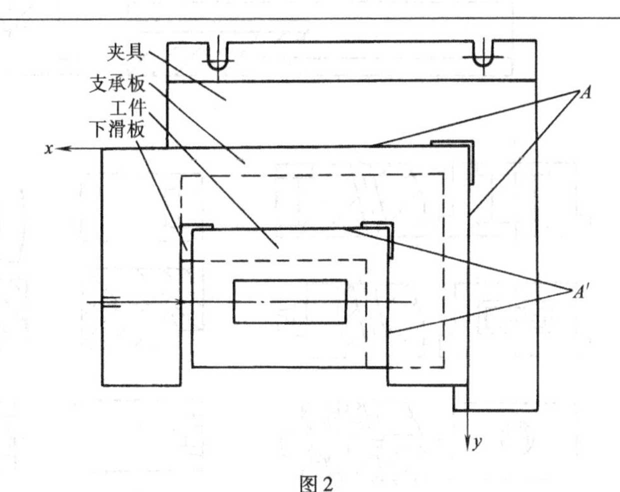 图2 1. 加工要求为：保证型孔各面与相应平行的定位基准面的平行度所要求的精度，及其与相应垂直的基准面之间的垂直度所要求精度 2. 夹具上的定位基准面 A，采用定位器或千分表校正，使之与工作台 x、y 运动方向保持全程平行或垂直的精度要求 3. 设定 x、y 坐标值，分别切割定位装夹于夹具 A 基准面上的支承板上的两侧面 A'，则 $A'/\!/A$（也可直接切割夹具体两 A 面，则两 A 面必平行于工作台 x、y 运动方向）。两 A'' 面即为切割工件型孔的定位基准面 4. 计算设定的 x、y 坐标值（实为切割两 A' 面的电极丝中心始点坐标值）到工件型孔间的位置尺寸，再根据型孔的形状、尺寸以编制线切割程序，则可进行电火花线切割工件上型孔的过程
线切割定位孔法	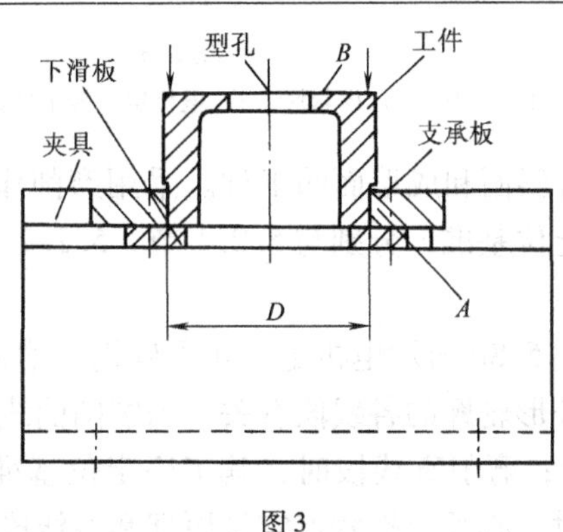 图3 1. 以工件外圆定位，切割 B 面型孔。要求型孔相对外圆面 A 的位置精度在允许的范围内 2. 支承板定位、装夹于常用夹具上。支承板下装夹有下滑板，夹具则校正、安装、固定于工作台上 3. 在支承板上设定的位置，电火花线切割一个与工件外径 D 相一致的圆孔，并记下切割该圆孔中心的坐标值（x_0，y_0） 4. 在工件型孔中间加工穿丝孔后，将工件定位于支承板的孔内，并如图3所示夹紧于下滑板上。再将电极丝穿入孔中。此时，电极丝的中心坐标，即为（x_0，y_0），此点即为切割型孔的始点 5. 根据（x_0，y_0）点相对型孔的距离，以及型孔形状与尺寸编制数控线切割型孔的程序。根据此程序，则可进行切割型孔的过程

3）采用成形磨削作为精加工工序的常见工件主要是冲模中的成形件，即由二维型面围成的凸模与凹模拼块等（见图5-8）。

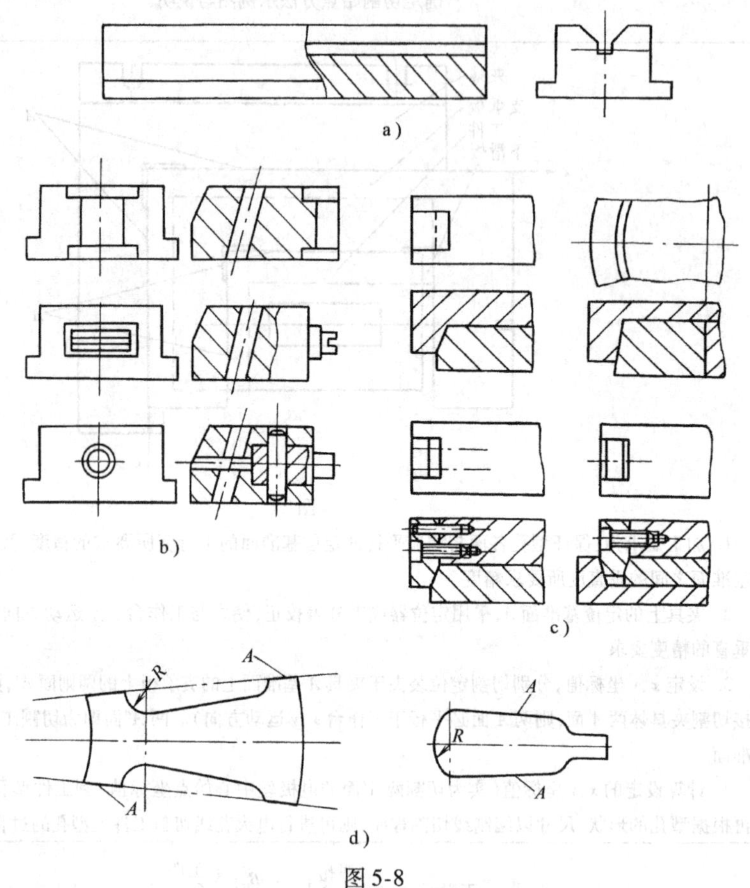

图5-8

a）双斜面导轨 b）滑块 c）楔紧块 d）电机定、转子硅钢片槽冲头（凸模）和凹模拼块

图5-8所示为具有斜面和成形面的工件。采用磨削作为精加工工序的各种模板、滑板、导柱、导套等工件的定位基准，分别与5.2.1节，5.2.2节所示的车削、铣削时采用工序定位基准基本相同。

模具成形件，如图5-8d所示电机定、转子硅钢片槽冲头（凸模）与凹模拼块的工序基准，则与构成其截面外形轮廓的各线段有关。当磨削曲线段时，其工序定位基准应为曲线的曲率半径（R）的原点；磨削直线段时，其工序定位基准则应为与之对称的平面A。所以，在设计成形磨削夹具时，必须根据六点定位原理和各线段的定位基准确定夹具上的工件定位基准、定位方式和夹紧机构。

2. 磨削加工常用夹具及其结构　磨削工艺是精加工工序，一般为最终工序，故其切削用量较小。磨削时的切削力比其他机加工方法也较小，所以磨削夹具的设计与制造必须精密，以保证被加工面的精度与表面质量。

另需说明的问题是：由于数字化磨削工艺技术，即NC、CNC曲线磨削工艺与机床的普遍应用，分段成形磨削工艺在成形磨削工艺中又被视为传统加工技术。同时，原须采用成形磨削作为模具成形件最终工序的精加工工序，常被数控电火花线切割（WEDM）所取代。

所以，适用于分段成形磨削时采用的夹具，已成为不常用的夹具了。但是，由于成形磨削夹具的设计原理为数字化磨削工艺的技术基础，CNC 曲线磨床的价格又很昂贵；精密 WEDM 往往又不能完全取代成形磨削工艺作为最终工序，则传统的成形磨削工艺技术仍有很大应用价值。所以，将一些分段成形磨削夹具列入常用夹具中以供学习与应用参考。

注：分段磨削是指如图 5-8d 所示冲模成形件，在进行成形磨削时，可定位、装夹于万能夹具上。当磨完一段型面后，则采用垫量块（规）法，将工件截面外形的另一段曲线的加工基准，即曲率中心，调整到与万能夹具的回转中心重合，以展成法磨削该曲线段，直至按顺序分别磨完每一线段为止。

（1）平面磨削常用夹具　具有相互垂直（平行）精度要求的六面体模板是模具中的基本构件。为此，将模板正确定位、夹紧于磨床工作台上进行平面磨削是常用加工方法。正确定位、夹紧的常用夹具的结构形式和应用示例见表 5-18 中所示磁力夹具和表 5-19 中所示精密平口虎钳。

表 5-18　平面磨削用磁力夹具

<table>
<tr><th>夹具名称</th><th>夹具结构与应用示例图及说明</th></tr>
<tr><td>平行导磁铁及其安装示图</td><td>黄铜板
纯铁
铜铆钉
C B A
平行导磁铁安装
图1
1. A、B 四个面须精磨，以保证相互垂直、相同尺寸的导磁铁，可做成两件（或四件）为一套，以方便应用
2. 导磁体标准尺寸为：
<table><tr><td>A</td><td>60</td><td>80</td><td>100</td><td>120</td></tr><tr><td>B</td><td>35</td><td>50</td><td>65</td><td>80</td></tr><tr><td>C</td><td>88</td><td>134</td><td>156</td><td>170</td></tr></table></td></tr>
<tr><td>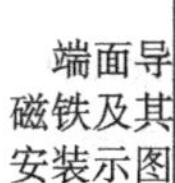端面导磁铁及其安装示图</td><td>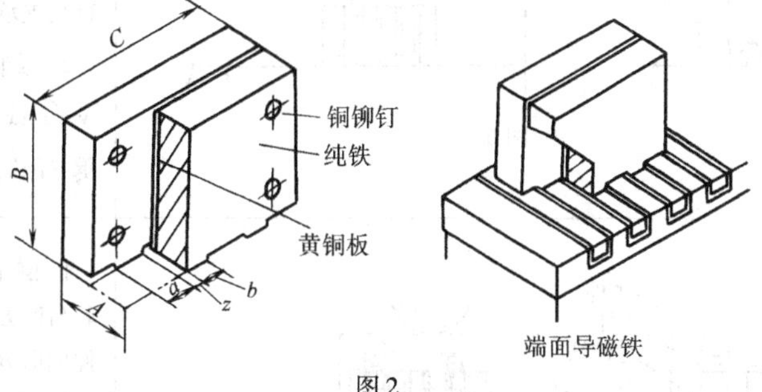
端面导磁铁
图2
1. B、C 四面须精磨，以保证相互垂直；台肩 a、b 与磁力台面上的磁极板条相等，其间空隙 z 与隔磁槽相等
2. 导磁体标准尺寸为：
<table><tr><td>A</td><td>45</td><td>45</td><td>50</td></tr><tr><td>B</td><td>75</td><td>100</td><td>125</td></tr><tr><td>C</td><td>88</td><td>88</td><td>110</td></tr></table></td></tr>
</table>

（续）

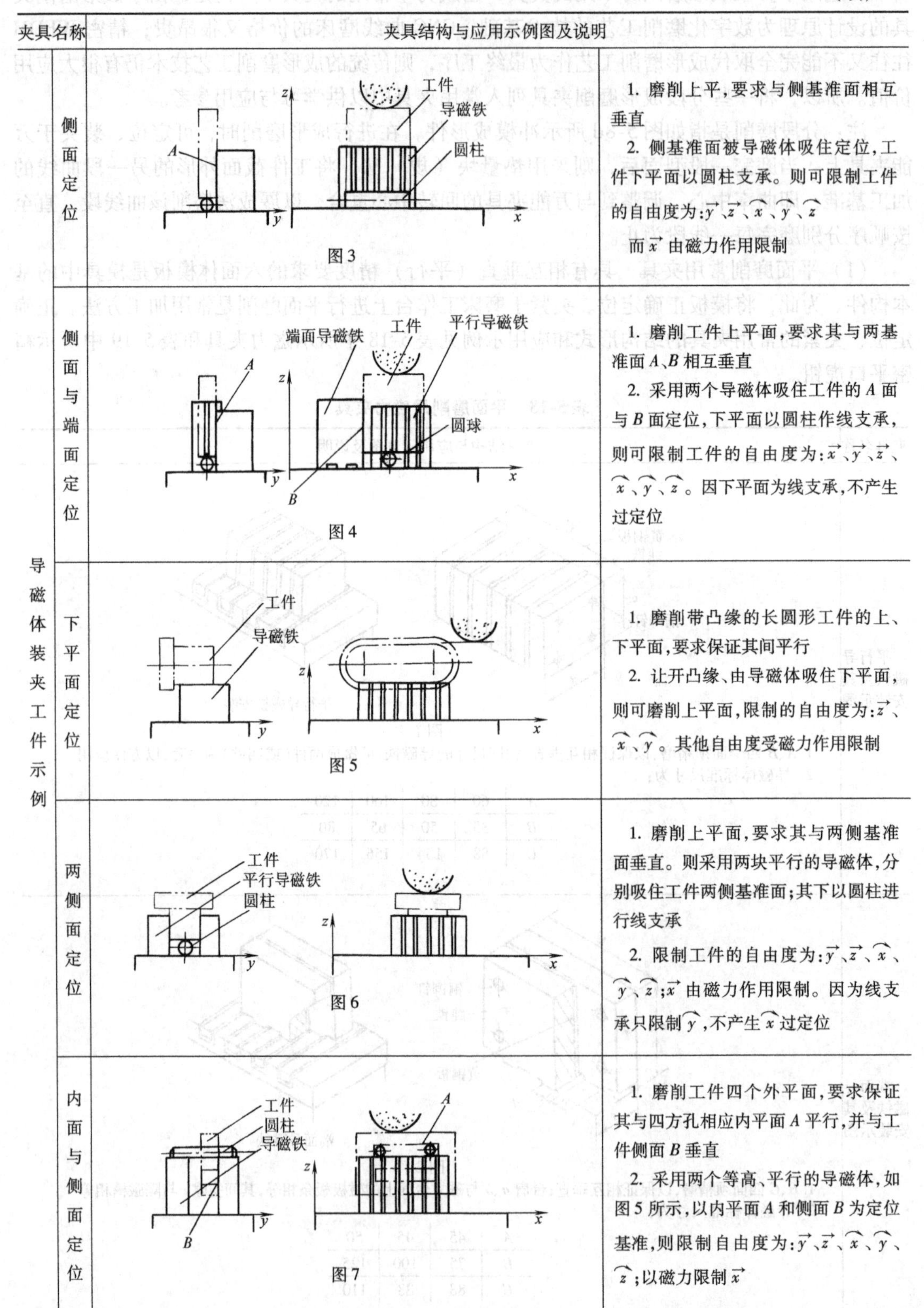

夹具名称		夹具结构与应用示例图及说明	
导磁体装夹工件示例	侧面定位	图3	1. 磨削上平，要求与侧基准面相互垂直 2. 侧基准面被导磁体吸住定位，工件下平面以圆柱支承。则可限制工件的自由度为：$\vec{y}$、$\vec{z}$、$\overset{\frown}{x}$、$\overset{\frown}{y}$、$\overset{\frown}{z}$ 而$\vec{x}$由磁力作用限制
	侧面与端面定位	图4	1. 磨削工件上平面，要求其与两基准面 A、B 相互垂直 2. 采用两个导磁体吸住工件的 A 面与 B 面定位，下平面以圆柱作线支承，则可限制工件的自由度为：$\vec{x}$、$\vec{y}$、$\vec{z}$、$\overset{\frown}{x}$、$\overset{\frown}{y}$、$\overset{\frown}{z}$。因下平面为线支承，不产生过定位
	下平面定位	图5	1. 磨削带凸缘的长圆形工件的上、下平面，要求保证其间平行 2. 让开凸缘、由导磁体吸住下平面，则可磨削上平面，限制的自由度为：$\vec{z}$、$\overset{\frown}{x}$、$\overset{\frown}{y}$。其他自由度受磁力作用限制
	两侧面定位	图6	1. 磨削上平面，要求其与两侧基准面垂直。则采用两块平行的导磁体，分别吸住工件两侧基准面；其下以圆柱进行线支承 2. 限制工件的自由度为：$\vec{y}$、$\vec{z}$、$\overset{\frown}{x}$、$\overset{\frown}{y}$、$\overset{\frown}{z}$；$\vec{x}$由磁力作用限制。因为线支承只限制$\overset{\frown}{y}$，不产生$\overset{\frown}{x}$过定位
	内面与侧面定位	图7	1. 磨削工件四个外平面，要求保证其与四方孔相应内平面 A 平行，并与工件侧面 B 垂直 2. 采用两个等高、平行的导磁体，如图5所示，以内平面 A 和侧面 B 为定位基准，则限制自由度为：$\vec{y}$、$\vec{z}$、$\overset{\frown}{x}$、$\overset{\frown}{y}$、$\overset{\frown}{z}$；以磁力限制$\vec{x}$
夹具名称		夹具结构与应用示例图及说明	

（续）

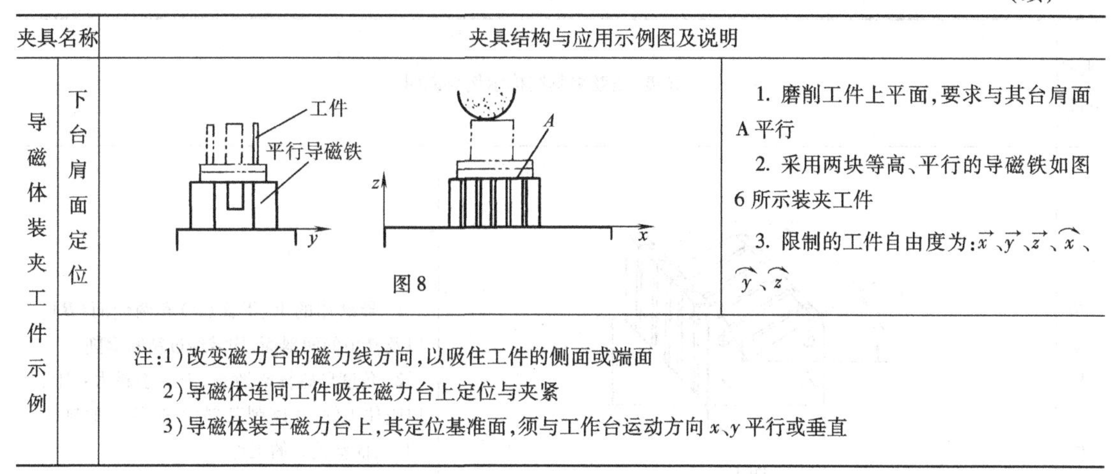

夹具名称		夹具结构与应用示例图及说明	
导磁体装夹工件示例	下台肩面定位	图8	1. 磨削工件上平面，要求与其台肩面A平行 2. 采用两块等高、平行的导磁铁如图6所示装夹工件 3. 限制的工件自由度为：$\vec{x}$、$\vec{y}$、$\vec{z}$、$\widehat{x}$、$\widehat{y}$、$\widehat{z}$
		注：1）改变磁力台的磁力线方向，以吸住工件的侧面或端面 2）导磁体连同工件吸在磁力台上定位与夹紧 3）导磁体装于磁力台上，其定位基准面，须与工作台运动方向 x、y 平行或垂直	

表5-19　平面磨削用精密平口虎钳

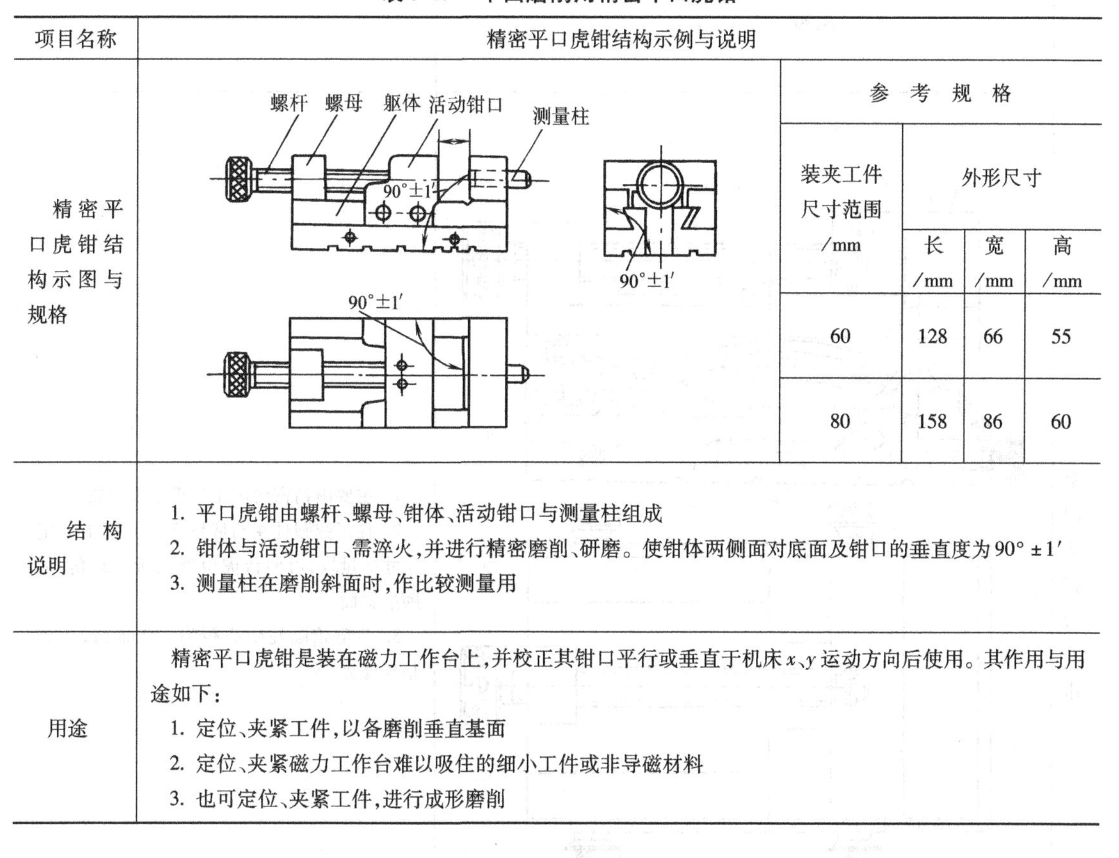

项目名称	精密平口虎钳结构示例与说明				
精密平口虎钳结构示图与规格	（结构示图）	参考规格			
		装夹工件尺寸范围/mm	外形尺寸		
			长/mm	宽/mm	高/mm
		60	128	66	55
		80	158	86	60
结构说明	1. 平口虎钳由螺杆、螺母、钳体、活动钳口与测量柱组成 2. 钳体与活动钳口、需淬火，并进行精密磨削、研磨。使钳体两侧面对底面及钳口的垂直度为90°±1′ 3. 测量柱在磨削斜面时，作比较测量用				
用途	精密平口虎钳是装在磁力工作台上，并校正其钳口平行或垂直于机床 x、y 运动方向后使用。其作用与用途如下： 1. 定位、夹紧工件，以备磨削垂直基面 2. 定位、夹紧磁力工作台难以吸住的细小工件或非导磁材料 3. 也可定位、夹紧工件，进行成形磨削				

（2）斜面磨削常用夹具　斜平面是模具零件结构上常见的作用面，如型芯楔紧块，斜销分型抽芯机构中的斜滑块、斜滑槽（见图5-8中的b、c），大型冲模常用的斜楔侧冲机构中斜滑块与斜滑槽，以及安装导板用斜面等。加工这些斜面时，不仅要求保证斜角精度和位置精度高，而且表面粗糙度 *Ra* 亦要求在 *Ra*0.32～*Ra*0.63μm 范围内。所以，这些斜面在进行磨削时，常用夹具有精密角度导磁体和各种结构形式的正弦夹具，见表5-20。

表 5-20 斜面磨削常用夹具

夹具名称	角度、正弦夹具结构示例与说明	
角度导磁体	图 1 α:15°、30°、45°等 β:90°	1. 导磁体的上、下面(A)和两侧面(B)，以及β角的两斜面，均需经过精密磨削 2. 角度导磁体需矫正，安装于磁力台上，以吸住工件，并磨削其斜面，适用于磨削带斜面、批量较大的工件
单向正弦台虎钳	图 2 1—台虎钳体 2—活动钳口 3—螺杆 4—正弦圆柱 5—底座 6—压板	1. 主要由精密台虎钳与正弦规组成 2. 在正弦圆柱 4 与底座 5 之间垫上一定尺寸的量块，可使台虎钳形成所需斜角，以磨削斜面 3. 两正弦圆柱中心距为 120mm，最大调整角度为 45°

（续）

夹具名称	角度、正弦夹具结构示例与说明
单向电磁正弦夹具	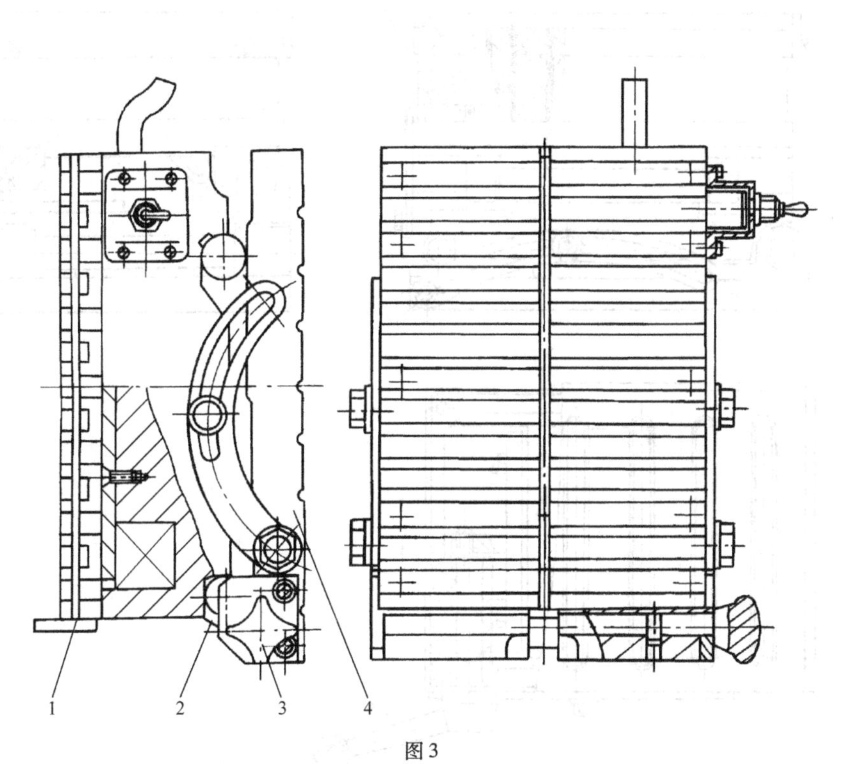 图 3 1—挡板　2—拉紧板　3—偏心轴　4—底座 1. 图 3 所示电磁正弦夹具由上部磁力工作台和下部的正弦规组成 2. 挡板 1 为磨削时的定位基准面。基准面须与正弦圆柱中心线平行（或垂直）。正弦圆柱上套有拉紧板 2，通过偏心轴 3 使其紧贴在底座 4 上 两正弦圆柱的中心距为：150mm、200mm、250mm

（续）

夹具名称	角度、正弦夹具结构示例与说明
双向永久磁力正弦夹具	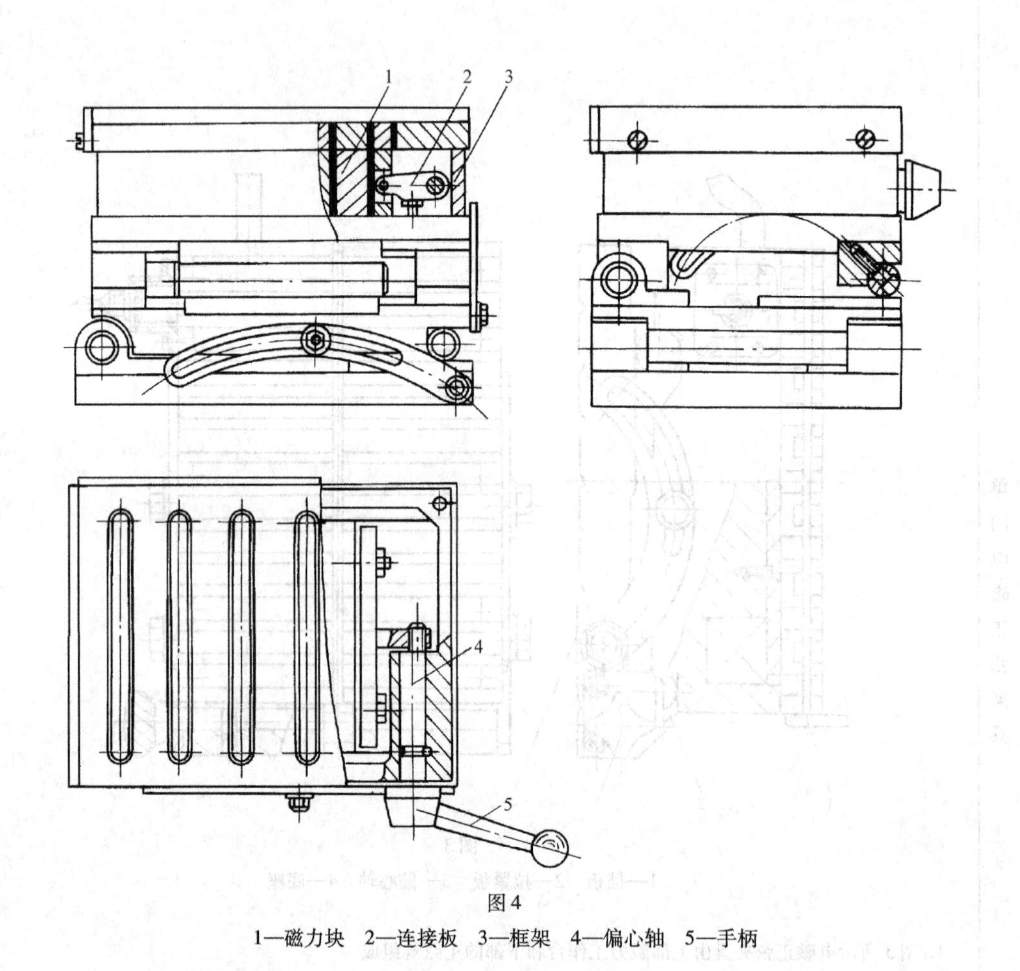 图4 1—磁力块　2—连接板　3—框架　4—偏心轴　5—手柄 1. 双向永久磁力正弦夹具的上部由永磁体、隔磁板与纯铁构成的磁力块，经精密加工、装配成的磁力工作台；其下部则为由两组正交的正弦规构成 2. 永磁磁力工作台、正弦规与夹具基体之间，均采用精密配合的心轴交链连接，如图4所示 3. 手柄5为磁力开关手柄，转动此手柄，则经偏心轴4带动连接板2，推动磁力块在铝制框架内移动，以割断（或接通）磁路，以方便卸去（或装夹）被磨削工件

（续）

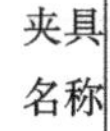

夹具名称	角度、正弦夹具结构示例与说明
正负向永久磁力正弦夹具	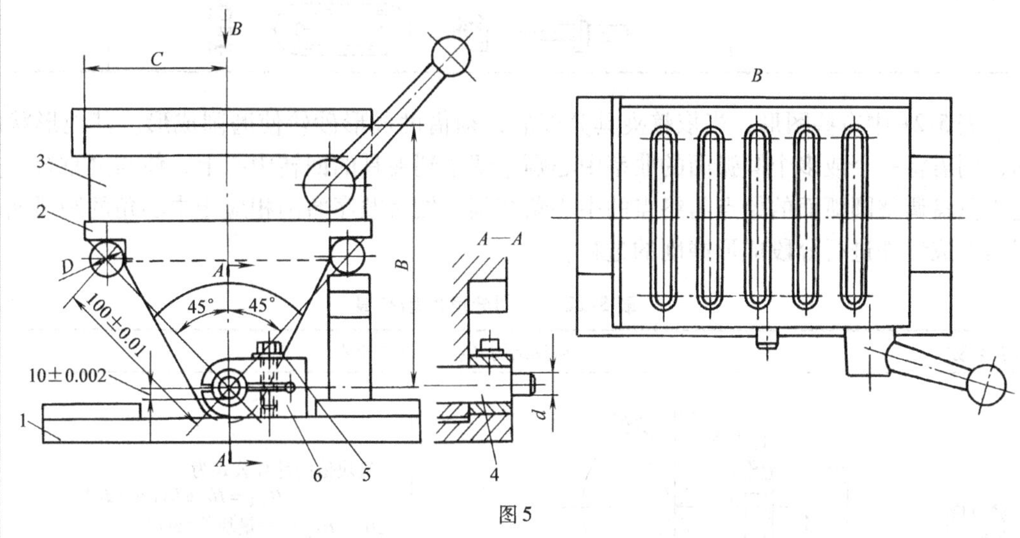 图5 1—底板　2—支架　3—永久磁力吸盘　4—轴　5—螺钉　6—支承套 1. 夹具的上部为装于支架2上的永久磁力工作台。支架2和底板1，通过轴4、支承套6、螺钉5（见图5）构成能左、右摆动的正弦规。若在正弦圆柱（$D=\phi20\text{mm}\pm0.002\text{mm}$）与底板1支承面之间垫上一定高度的量块，则可使磁力工作台调整成一定角度，以磨削正或负的斜面 2. 图4中的B、C为确定斜面斜角α，计算量块高度的基准尺寸，轴4伸出支承套6外的小轴径d可作测量用

（3）分度磨削常用夹具　列入表5-21中的各种形状是冲件、塑件、压铸件等产品零件上常见的。加工这些工件所用模具成形件（凸、凹模）的形状不仅须与之相同，而且，其中许多精密成形件采用分度夹具（见表5-22）进行精密分度磨削加工才能满足成形件的形状、尺寸、位置精度及表面粗糙度要求。

表5-21　用分度夹具进行磨削的常见形状

类　别	示　意　图	使用夹具
带有台肩的多角体、等分槽及凸圆弧工件		旋转夹具
具有一个回转中心的多角体、分度槽（一般工件不带台肩）		正弦分度夹具

（续）

类　别	示　意　图	使用夹具
具有一个或多个回转中心，并可带有台肩的多角体		短分度夹具

表5-21中有些图形，当依赖夹具分度后，须借助成形砂轮使磨削成形。其他形状的磨削，则需将一个或多个圆弧面的曲率中心顺序调整到夹具的回转中心上，使与之重合；并通过正弦盘调整圆弧面的始点与终点的中心角范围。然后顺序磨削相应于中心角的圆弧面。这就是对成形件进行分段成形磨削的过程。

表5-22　常用分度磨削夹具

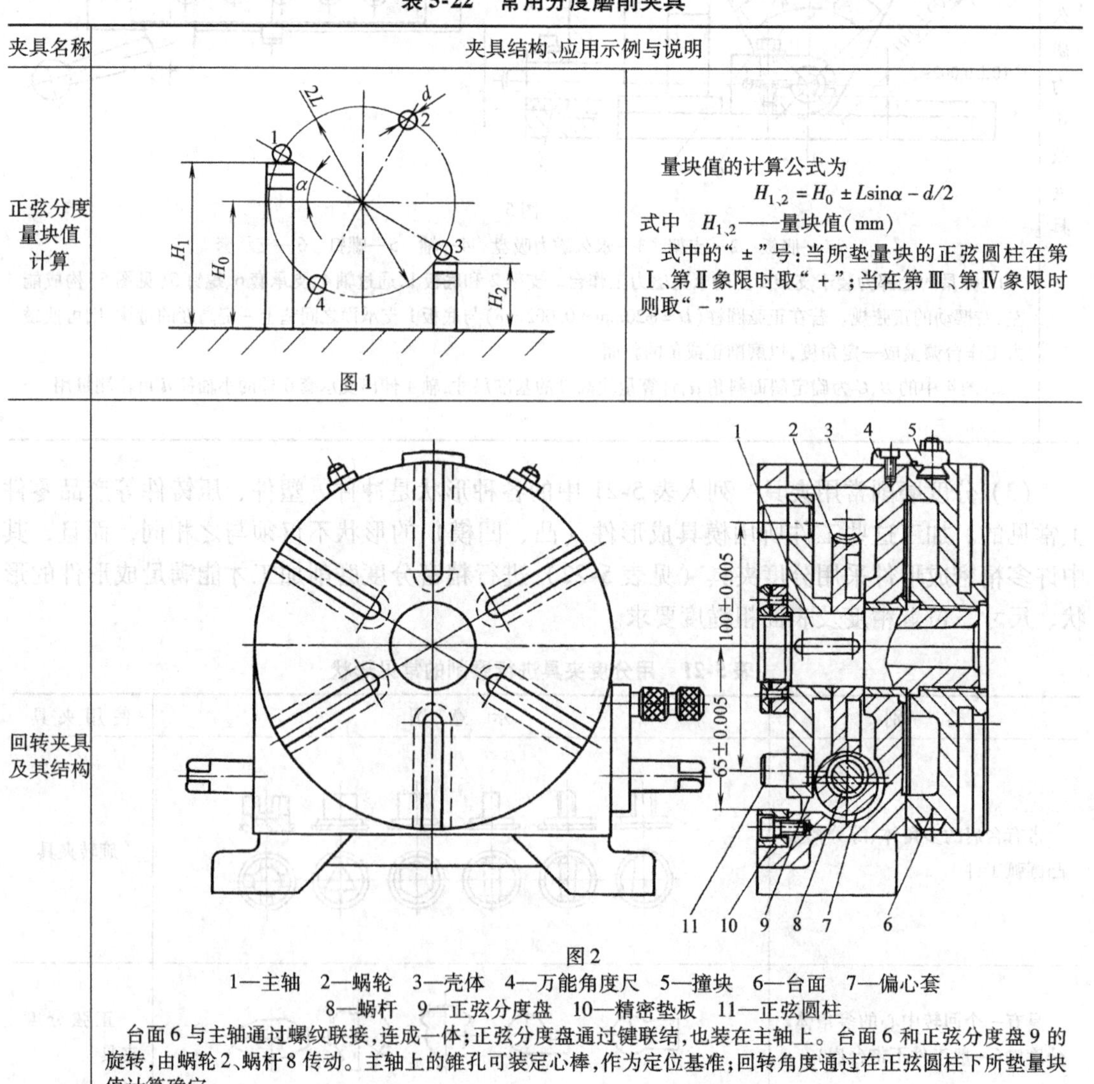

夹具名称	夹具结构、应用示例与说明
正弦分度量块值计算	图1 量块值的计算公式为 $H_{1,2} = H_0 \pm L\sin\alpha - d/2$ 式中　$H_{1,2}$——量块值（mm） 式中的“±”号：当所垫量块的正弦圆柱在第Ⅰ、第Ⅱ象限时取“+”；当在第Ⅲ、第Ⅳ象限时则取“-”
回转夹具及其结构	图2 1—主轴　2—蜗轮　3—壳体　4—万能角度尺　5—撞块　6—台面　7—偏心套 8—蜗杆　9—正弦分度盘　10—精密垫板　11—正弦圆柱 台面6与主轴通过螺纹联接，连成一体；正弦分度盘通过键联结，也装在主轴上。台面6和正弦分度盘9的旋转，由蜗轮2、蜗杆8传动。主轴上的锥孔可装定心棒，作为定位基准；回转角度通过在正弦圆柱下所垫量块值计算确定

（续）

夹具名称	夹具结构、应用示例与说明
正弦分度夹具	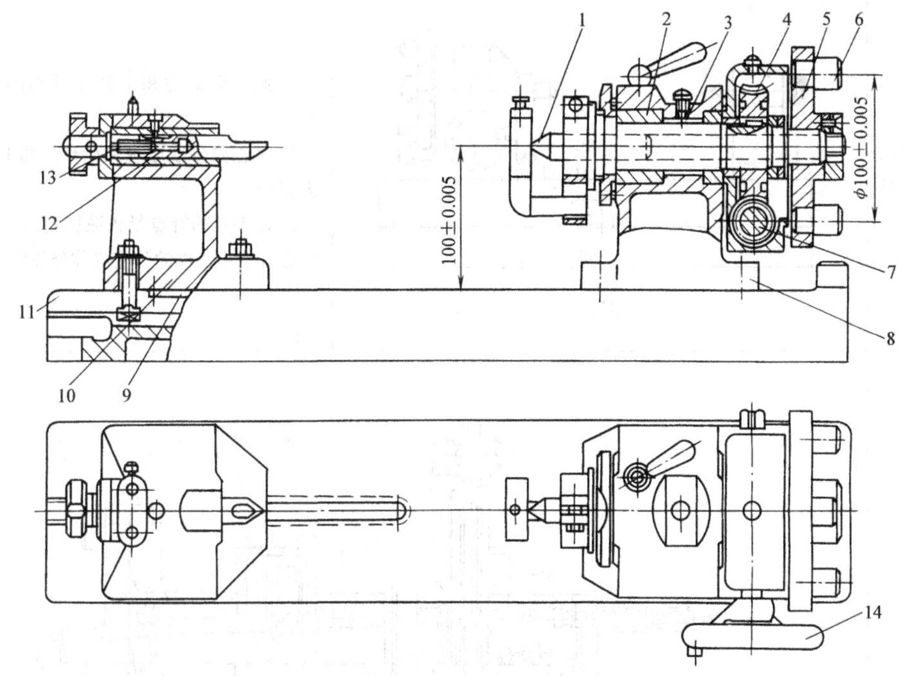 图3 1—前顶尖　2—钢套　3—主轴　4—蜗轮　5—分度盘　6—正弦圆柱　7—蜗杆　8—前支架　9—滑链　10—尾座　11—基座　12—后顶尖　13—螺杆　14—手柄 夹具是由零件1~8组成的正弦分度头和零件10、12、13组成尾顶尖座以及基座11三部分构成。尾座上顶尖和前顶尖1的中心线须重合，并与机床运动方向平行或垂直。分度原理见图1。磨削时摇动手柄14。即可使正弦分度头带动零件回转进行分段成形磨削
带正弦规的正弦分度夹具	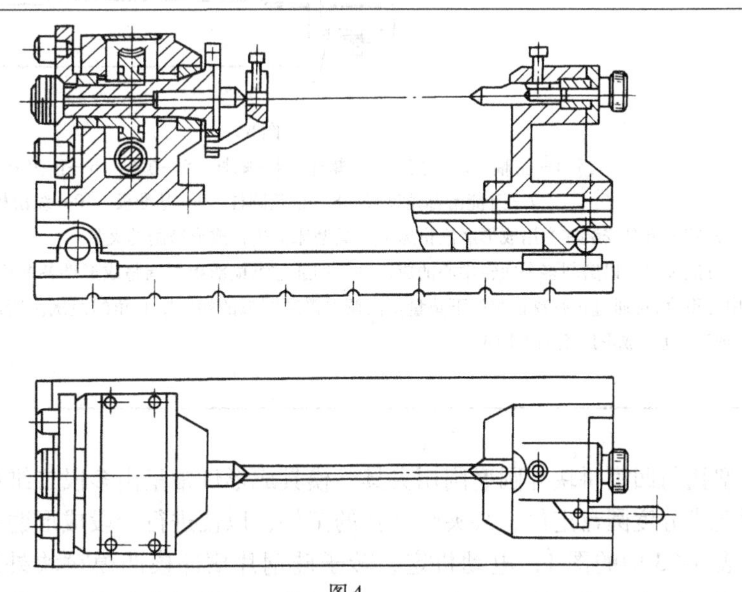 图4 图4夹具上部分与图3所示正弦分度夹具工作原理，构成相同。只是下部分装有正弦规，即在纵向可通过于正弦圆柱下垫量块，使成一定角度，则可磨削锥形成形件

（续）

夹具名称	夹具结构、应用示例与说明	
短正弦分度夹具	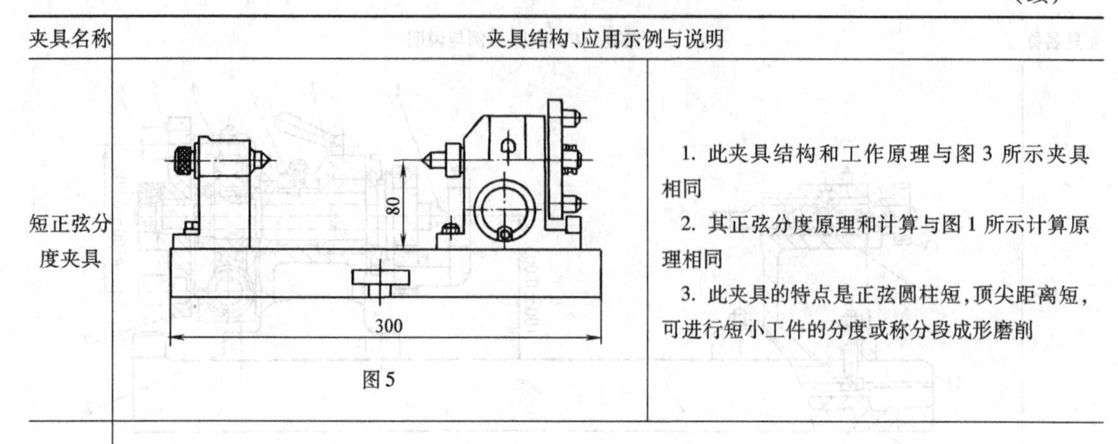 图 5	1. 此夹具结构和工作原理与图 3 所示夹具相同 2. 其正弦分度原理和计算与图 1 所示计算原理相同 3. 此夹具的特点是正弦圆柱短，顶尖距离短，可进行短小工件的分度或称分段成形磨削
万能夹具	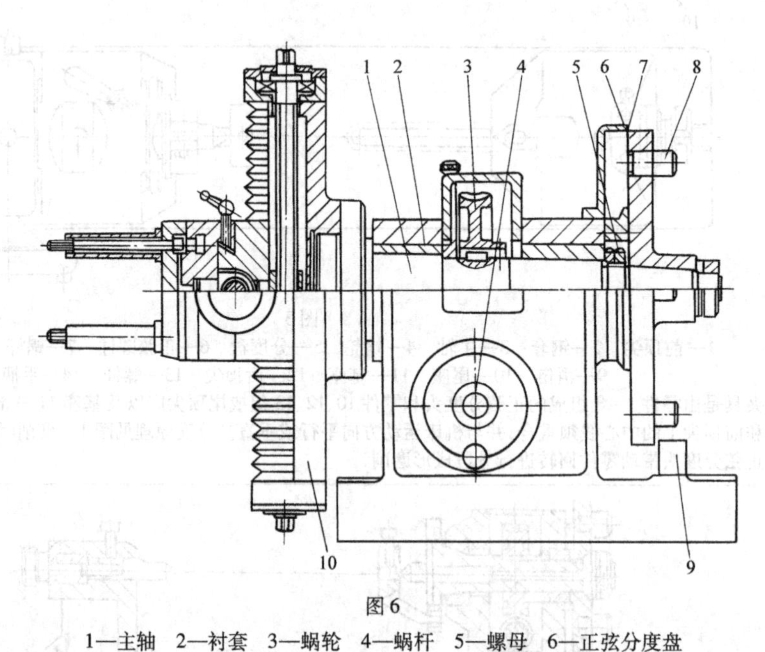 图 6 1—主轴　2—衬套　3—蜗轮　4—蜗杆　5—螺母　6—正弦分度盘 7—万能游标角度尺　8—正弦圆柱　9—基准板　10—纵滑板 万能夹具是安装在专用成形磨削机床或工具磨床上进行成形磨削的夹具 万能夹具可以磨削多个回转中心的成形件。即通过纵横滑板可调整成形件各曲面的曲率中心与夹具主轴中心重合；可通过正弦盘正弦柱下垫量块法调整需磨圆弧的相应中心角的范围。所以，万能夹具是进行分段（或称分度）成形磨削的常用夹具	

（4）型孔与凹模拼块外圆磨削用夹具　模具成形件常呈由多段二维型面构成的型孔。因此，采用立式分度圆盘定位、装夹带型孔的工件，以便进行分段成形磨削来完成形孔磨削的过程，见表 5-23 中的图 1；电动机定、转子硅钢片槽冲模凹模拼块外圆实为圆周的一段。因此，采用专用夹具装于圆磨床上，即可使定位、夹紧于夹具中的工件外圆磨削成形，见表 5-23 中图 2。

表 5-23 型孔与外圆磨削用夹具

夹具名称	夹具结构、应用与说明
型孔磨削圆盘工作台	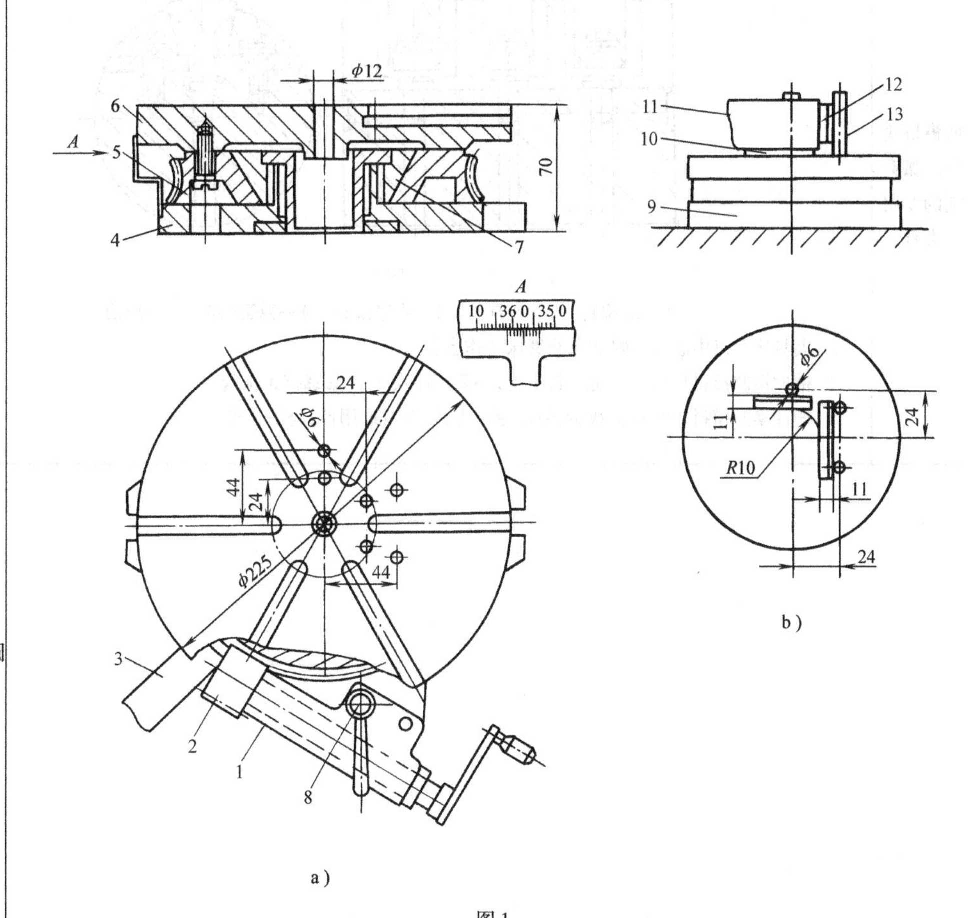 图 1 1—蜗杆座 2—蜗杆 3—手柄 4—基体 5—蜗轮 6—回转工作台 7—锥形套 8—偏心轴 9—回转台面 10—垫板 11—工件 12—量块 13—圆柱 1. 回转工作台 6 与蜗轮 5 通过螺钉固定在一起，蜗杆座 1 固定在基体 4 上，旋转偏心轴 8 可使蜗杆 2 与蜗轮脱开，此时工作台可用手动自地旋转 2. 旋转手柄 3，通过锥形套 7 压紧蜗轮，使工作台固定 3. 回转工作台 6 的圆周刻 360°刻度线，每格 1°，读数值为 5′ 4. 回转工作台 6 的中心孔 φ12mm 的圆心与工作台回转中心重合，作为定位、测量工件位置的基准孔。距回转中心相距 24mm 和 44mm 处共有 6 个 φ6mm 的孔，作为型孔中圆弧段的定位基准。应用示例如图 1 中的 b 所示

（续）

夹具名称	夹具结构、应用与说明
凹模拼块外圆弧磨削的专用夹具	图2 1—定位钉 2—夹具体 3—夹紧螺钉 4—弹簧垫圈 5—压块 1. 夹具体2以中心顶尖眼装于圆磨床工作台上 2. 槽冲模凹模拼块定位于定位钉1上，并采用压块5、夹紧螺钉3压紧 3. 槽冲模凹模拼块有一定数量，使用专用夹具，并有通用性，经济合理

第6章　模具通用零件加工和加工误差

6.1　概述

模具的通用零件主要有三类：圆柱形零件，如导柱、圆凸模、细长凸模、推杆等；套形零件，如导套、圆凹模、细长凸模保护套、推管等；板形零件，如塑料注射模、压铸模中的定、动模板与座板，冲模凸模和塑料注射模推杆固定板与垫板等。这些零件基本上已实现标准化，见表6-1。

表6-1　模具标准零件

零件名称	零件标准号
冲模零件	GB/T 2861.1～17—2008；JB/T 5825～5830—2008；JB/T 6499.1～2—1992；JB/T 7643～7652—2008；JB/T 5825—2008
塑料注射模零件	GB/T 4169.1～11—2006；GB/ T 12555—2006；GB/ T 12556—2006
压铸模零件	GB/ T 4678.1～15—2003
锻模模块	JB/ T 5110.1—1991；GB/ T 11880—2008

以上通用零件所用材料及其热处理要求也已规范化了，见表6-2。

模具通用零件的加工精度与加工表面粗糙度的工艺质量标准，见表6-3。

表6-2　模具标准零件材料及热处理要求

零件	主要材料	热处理要求 HRC
支承性模板	45	44～48
冲模成形件	D2；Cr12MoV，Cr12，T10 YG15，YG20	52～56 58～62 60～64 硬质合金
导向件	20	56～62（渗碳）
塑料注射模成形件	P20，4Cr5MoSiV1，3Cr2Mo 45	45～55 预硬 40～45
压铸模成形件	H 13，3Cr2W8V	58～62（渗氮） 60～64

表6-3　模具通用零件工艺质量标准

标准名称	标准号
冲模技术条件 冲模模架精度检查	GB/T 14662—2006 JB/T 8071—2008
冲模模架技术条件 塑料注射模技术条件	JB/T 8050—2008 GB/T 12554—2006
塑料模模架及技术条件	GB/T 12556.1～2—2006 GB/T 12555—2006
压铸模技术条件 压铸模零件及技术条件	GB/T 8847—2003 GB/T 4678～4679—2003
圆凸模和圆凹模技术条件	JB/T 5825～5830—2008
锻模质量标准	JB/T 5111.2—1991； JB/T 5110.1～3—1991； GB/T 11880—2008

通过以上对模具通用零件、零件材料及其热处理和零件加工的精度与加工表面粗糙度等技术要求概述，则可根据各类零件的常用加工工艺和前几章阐述的内容和资料，正确、合理地确定各类零件定位、装夹方式，加工参数和加工工序；并编制其加工工艺过程，以保证各类零件的形状、尺寸、位置精度和表面粗糙度要求。

6.2　圆柱形零件加工

圆柱形零件常用的主要工艺有车削工艺、磨削工艺和研磨工艺三种。所用机床为车床、外圆磨床和研磨设备三类。

6.2.1　车削工艺与机床

1. 应用

车削工艺主要用来加工圆柱形、圆盘形、圆套形等零件的旋转面（外圆面、内孔面）和端面，以及内、外螺纹等；配用相应的夹具或装置，亦可用以车削内锥面、外锥面、凸鼓形、凹鼓形等旋转面。车削上述型面的几种夹具、装置示例，见表6-4。

应用车削加工的模具零件有：标准导柱与导套，推杆与推管，圆凸模与圆凹模，以及模具专用的圆柱销、档销、限位钉、拉杆等。而且，这些零件都是标准的，需进行批量（或大批量）生产。

表6-4　车削圆锥面、腰鼓形面、球面用夹具和附加装置

夹具、装置名称	夹具与装置结构示例及说明	
车圆锥体的靠模装置	图1 1—靠模座　2—靠模　3—轴销　4—滑块 5—压板　6—中滑板　7—螺钉	1. 靠模座1固定于床身上，件3为调整 α 的轴销，采用螺钉7固定靠模2。滑块4在靠模2的导向槽内滑动，带动中滑板6随刀架滑枕作 x 方向进给运动 2. 拆除中滑板6的丝杠，进给由刀架小滑块调节 3. 锥角 α，通过移动量 C 调节 $C=H\frac{D-d}{2l}$ 或 $C=H\frac{K}{2}$ 式中　D、d——工件锥形部分大、小端直径(mm)； l——工件锥形部分长度(mm)； K——锥度
车工件外成形面的靠模装置	图2 1—靠模板　2—接长板　3—滚柱	1. 用该装置车削带有型面的工件 2. 靠模板1上有与工件相同的型面槽，滚柱直径与槽宽相同，并滑动配合。拆去中滑板丝杠，在刀架滑枕上作 x 方向进给运动，则装在中滑板上的接长板2，通过靠模带动刀架作成形车削 3. 调整刀架小滑板，以调节吃刀量

（续）

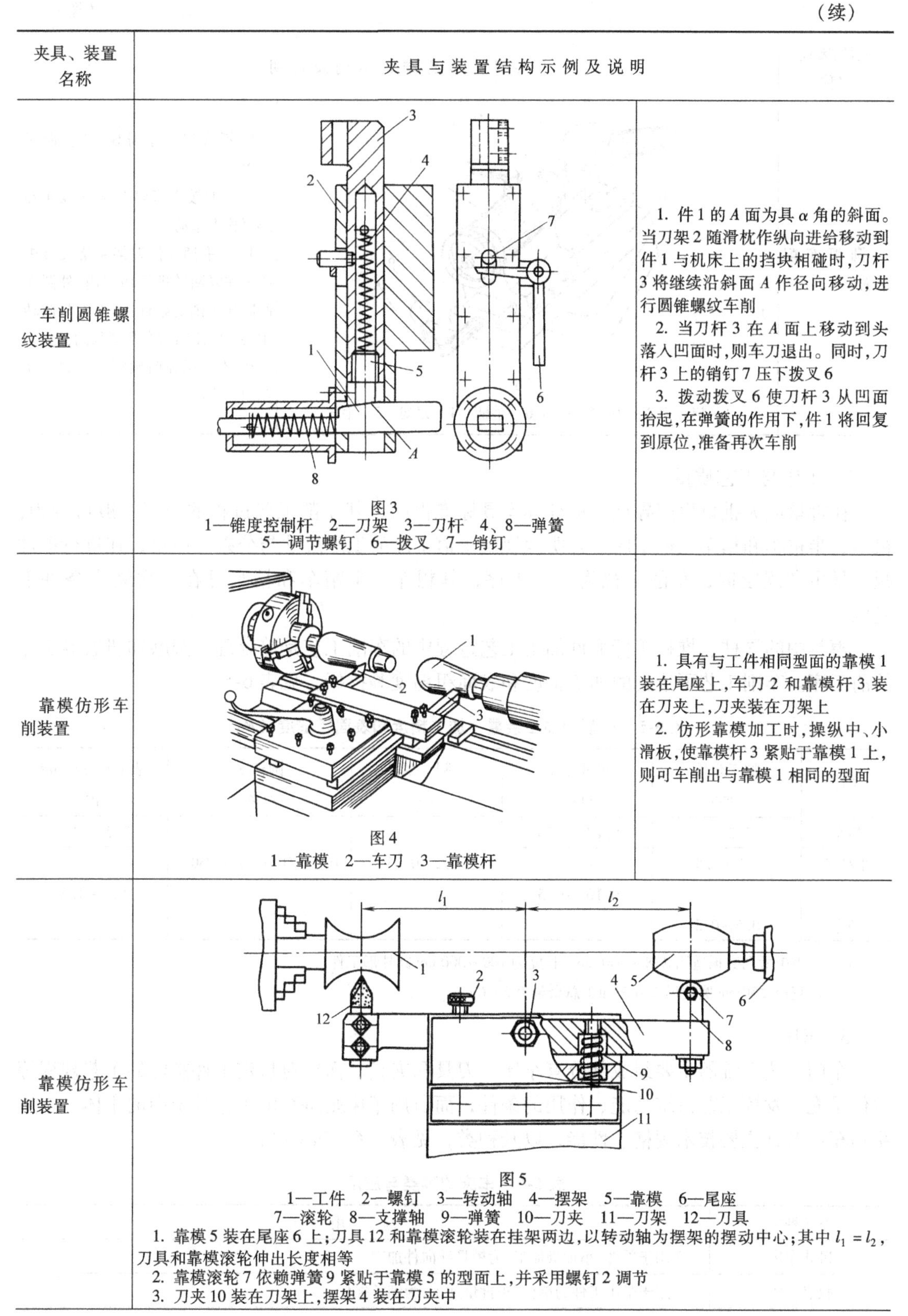

夹具、装置名称	夹具与装置结构示例及说明	
车削圆锥螺纹装置	图3 1—锥度控制杆　2—刀架　3—刀杆　4、8—弹簧 5—调节螺钉　6—拨叉　7—销钉	1. 件1的A面为具α角的斜面。当刀架2随滑枕作纵向进给移动到件1与机床上的挡块相碰时，刀杆3将继续沿斜面A作径向移动，进行圆锥螺纹车削 2. 当刀杆3在A面上移动到头落入凹面时，则车刀退出。同时，刀杆3上的销钉7压下拨叉6 3. 拨动拨叉6使刀杆3从凹面抬起，在弹簧的作用下，件1将回复到原位，准备再次车削
靠模仿形车削装置	图4 1—靠模　2—车刀　3—靠模杆	1. 具有与工件相同型面的靠模1装在尾座上，车刀2和靠模杆3装在刀夹上，刀夹装在刀架上 2. 仿形靠模加工时，操纵中、小滑板，使靠模杆3紧贴于靠模1上，则可车削出与靠模1相同的型面
靠模仿形车削装置	图5 1—工件　2—螺钉　3—转动轴　4—摆架　5—靠模　6—尾座 7—滚轮　8—支撑轴　9—弹簧　10—刀夹　11—刀架　12—刀具 1. 靠模5装在尾座6上；刀具12和靠模滚轮装在挂架两边，以转动轴为摆架的摆动中心；其中$l_1=l_2$，刀具和靠模滚轮伸出长度相等 2. 靠模滚轮7依赖弹簧9紧贴于靠模5的型面上，并采用螺钉2调节 3. 刀夹10装在刀架上，摆架4装在刀夹中	

（续）

夹具、装置名称	夹具与装置结构示例及说明	
圆弧车削装置	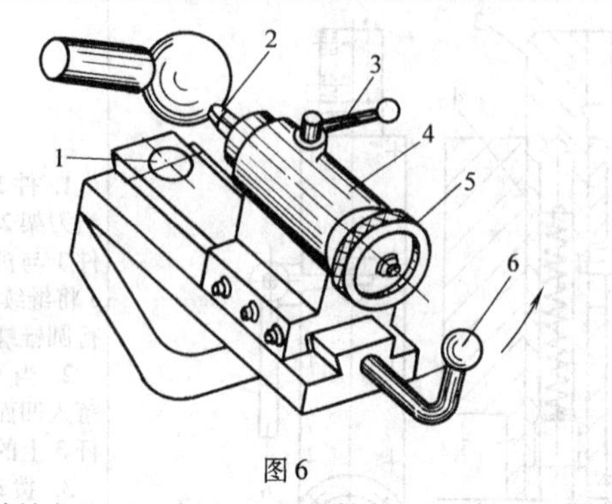图6 1—旋转中心 2—车刀 3、6—手柄 4—刀架 5—手轮	1. 拆去刀架小滑块，装上图示装置 2. 刀具装在刀架4内，刀架可在燕尾槽上移动 3. 持手柄6使刀架4绕旋转中心1往复回转进给切削内、外圆弧凸圆弧车削的条件：车刀尖与旋转中心1的距离为车凸圆弧的进给刀半径；车凹圆弧时则须使刀尖移动到超过中心

2. 工序与工艺质量

在批量或大批量生产导柱、推杆等模具标准件时，其车削工艺过程的顺序一般可分为：粗车、半精车和精车三道工序，并明确规定每道工序的工序尺寸与公差。但是，在进行单件减少量生产规定时，车削可视为一道工序，其粗车、半精车和精车可在一次装夹条件下完成。

模具中的导柱、推杆等标准件加工工艺过程中的车削工艺是热处理、圆磨和研磨等工序的前工序。车削工艺可达到的加工精度和表面粗糙度等指标，见表6-5。

表6-5 车削的加工余量、加工精度和表面粗糙度（*Ra*）

工序	加工余量/mm	尺寸精度/mm	圆度/mm	圆柱度/mm	表面粗糙度 *Ra*/μm
粗车	1.5~2	0.20~0.30	0.02~0.03	0.015/100~0.05/300	3.2~12.5
半精车	0.8~1.5	0.10~0.15			0.2~1.6
精车	0.5~0.8				

注：1. 表中所列数据适用 $\phi18\sim\phi30$mm，长度为100~300mm圆柱形工件。

2. 直径≤50mm圆柱形零件车加工总余量为3~6mm。

3. 车床

车削工艺系统的主要组成部分有车床、刀具和夹具。而针对特定工件制定的工艺规程等软件是充分发挥工艺系统功能、作用的条件，而所用车床则是车削工艺系统中的主体。常用系列车床及其主要技术规格、性能，以及种类，见表6-6~表6-9。

表6-6 车床的种类与应用

车床种类	应用
卧式车床	适用于单件、小批量加工，为模具导向件加工
仪表车床	适用于微小工件的单件、小批量加工，为细长推杆

（续）

车床种类	应　用
立式车床	适用于中大型工件加工
半自动液压仿形车床	适用于加工对象较专业、进行批量加工的产品零件
多刀半自动车床	
转塔车床	
自动车床	适用于标准化程度高的小型工件，进行大批量加工
数控车床	适用于多品种、少批量、形状较复杂的中、小轴类件加工。灵活性、适应性强、效率高、精密，如模具导向件加工

表6-7 卧式车床的型号、主要技术参数

技术规格 \ 型号		CG6125	C6132A	CA6140	CW6163	CW61100
最大加工直径/mm	在床身上	250	320	400	630	1000
	在刀架上	130	175	210	350	630
	棒料	18	38	46	78	98
最大加工长度/mm		450	700,900	650,900,1400,1900	1360,2900	1300,2800,4800,7800,9800,13800
中心高/mm		125	162	205	315	500
顶尖距/mm		500	750,1000	750,1000,1500,2000	1500,3000	1500,3000,5000,8000,10000,14000
刀架最大行程/mm	纵向	450	700,900	650,900,1400,1900	1360,2900	1450,2950,4950,7350,9950,13950
	横向	125	230	320	420	520
	刀架溜板	75	120	140	200	300
主轴转速范围/(r/min)		40～2000(无级)	30～1400(12级)	10～1400(24级)	6～800(18级)	3.15～315(21级)
进给量范围	纵向/(mm/r)	5.1～91.6mm/min(无级)	0.02～1.96	0.028～0.33(64级)	0.1～24.3(64级)	0.1～12(56级)
	横向/(mm/r)	0.46～7.6mm/min(无级)	0.01～0.98	0.044～3.16(64级)	0.05～12.15(64级)	0.05～6(56级)
加工螺纹范围	米制/mm	0.5～4(14种)	0.45～20(30种)	1～192(44种)	1～240(39种)	1～120(44种)
	英制/(牙/in)		$1\frac{3}{4}$～80(35种)	2～24(20种)	1～14(20种)	$\frac{3}{8}$～28(31种)
	模数/mm	0.5～1.5(6种)	0.25～10(25种)	0.25～48(39种)	0.5～120(45种)	0.5～60(45种)
	径节/(牙/in)		$3\frac{1}{2}$～160(30种)	1～96(37种)	1～28(24种)	1～56(25种)

表 6-8 仿形车床的型号、主要技术参数与加工精度

产品名称	型号	技术参数				工作精度/mm
		最大加工直径/mm	最大加工长度/mm	主轴转速		
				级数	范围/(r/min)	
半自动液压仿形车床	CB7106	60	400	12	365～2800	0.05
半自动液压仿形车床	CE7112	125	710	9	320～2000	0.05
半自动液压仿形车床	CE7120	200	500	8	125～1400	0.05
			1000			
半自动液压仿形车床	CE7132	320	1000	8	90～1000	0.05
			1500			

表 6-9 数控车床的型号、主要技术参数

产品名称	型号	最大工件直径/mm×最大工件长度/mm	技术参数							
			最大加工直径/mm			最大加工长度/mm	脉冲当量		主轴转速	
			床身上	刀架上	主轴孔		z 轴纵向/mm	x 轴横向/mm	级数	范围/(r/min)
数控车床	S1—273	400×1000	400	210	74	900	0.001	0.001		20～2000
数控车床	CK6140H	400×1000	400	210	50	900	0.001	0.001	23	8～1400

4. 车刀

车刀是车削工艺的组成部分。车刀的几何参数、材料涉及零件的加工精度、表面粗糙度和加工效率等。因此，车刀是车削加工中的关键部件。

(1) 常用车刀的种类 车刀有三种类型：

1) 整体式车刀，较费材料，宜少用。

2) 焊接式车刀，见表 6-10。

表 6-10 常用焊接车刀

刀具名称	车刀示例图	说明			
直头通切车刀	I型 H 45° L m_1 B 45° II型 m_1 B 45°；I型 H 30° L 60° B 30° II型 m_1 B 60°	B/mm	H/mm	L/mm	
		10	16	100	125
		12	20	125	150
		16	16	125	150
			25	125	～200
		20	20	125	150
			30	150	200

（续）

刀具名称	车刀示例图	说明
弯头平面车刀		见下表
推切通切车刀	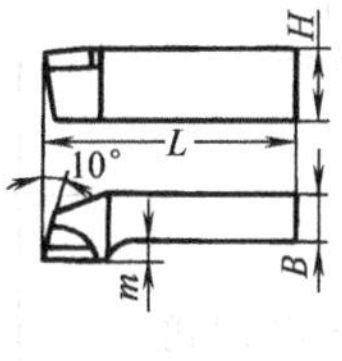	刀具的几何角度与选择：针对各种用途的车刀，其几何角度涉及切削性能、切削速度、刀具的强度与寿命等。为此，列出车刀的几何角度供选择参考： 前角 γ_o：5°～14° 后角 α_o：2°～8° 刃倾角 λ_s：0°～14° 主偏角 κ_r：15°～90° 副偏角 κ_r：0°～30° 刃尖圆弧半径 r_ε（mm）： 一般为 r_ε <0.1～2，当大进给量或低表面粗糙度值加工时，则需 r_ε >0.5
弯头平面车刀		
端面车刀		
车槽刀		
切断车刀	A型　B型 a)　b)	

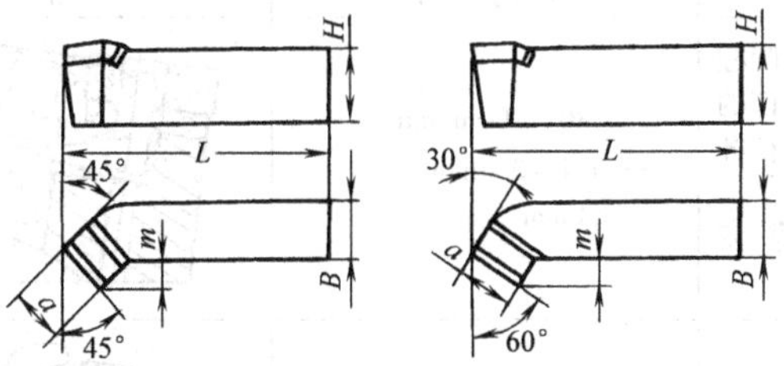

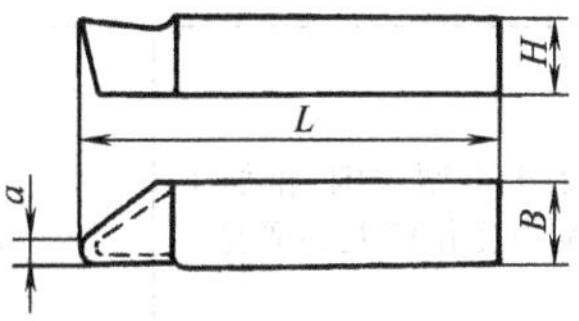

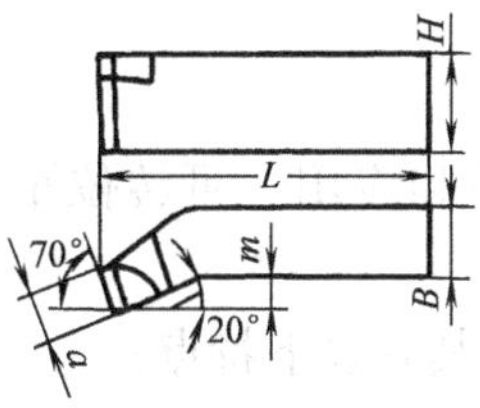

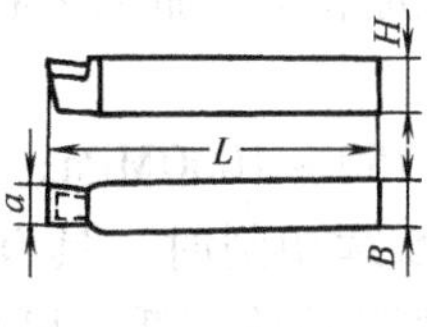

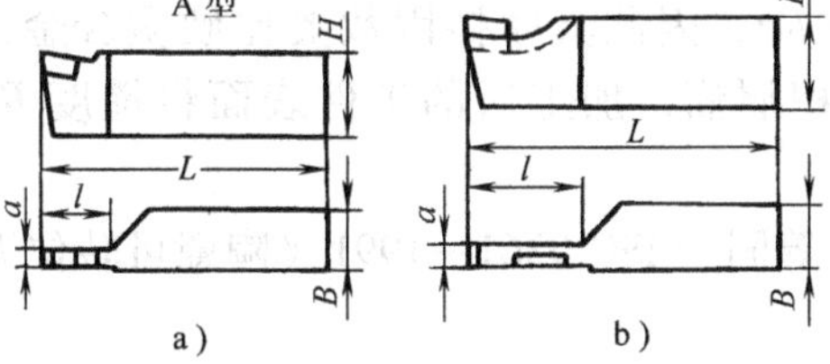

B/mm	H/mm	L/mm	
25	25	150	～250
	40	150	～300
30	30	150	～300
	45	150	～400
40	40	200	300
	60	400	500

3）机械装夹式车刀是由各种形状的可转位车刀刀片和根据不同车削形式采用的刀杆经机械装夹而组成。其装夹方式见表6-11。

表6-11　机械装夹式车刀及其应用范围

刀片夹固形式	夹固方法	适用范围	图示
杠杆式	可转位刀片安装在杠杆的一端圆柱上，杠杆的另一端固定在夹紧螺钉的凹槽内，当拧转螺钉往下移动时，杠杆摆动使刀片夹紧 这种结构夹紧力较大，稳定可靠，使用方便，但制造比较复杂	$v_c=80\sim100\text{m/min}$ $f=0.4\sim0.6\text{mm/r}$ $a_p\leqslant8\text{mm}$	
楔块式	刀片经圆柱销定位后，拧紧螺钉，依靠楔块侧面将刀片夹紧 这种结构制造方便，使用可靠	$v_c\leqslant120\text{m/min}$ $f\leqslant0.8\text{mm/r}$ $a_p=4\sim6\text{mm}$	
偏心销式	刀片依靠上、下偏心的圆柱销定位后，将偏心销旋转使刀片夹紧 这种结构比较简单，刀头部分尺寸较小，但夹紧力较小刀片容易松动	适用于轻、中型切削	
上压式	刀片依靠圆柱销定位后（如用不带孔的刀片，则无圆柱销），拧紧螺钉，通过压板夹紧刀片 这种结构比较简单，制造容易，使用方便，夹紧力较大，稳定可靠，但排屑有时受阻	适用于重型切削、粗加工等切削力变化较大的情况	刀片 刀垫

注：1. 表内所列可转位刀片主偏角分别为90°、75°、60°和45°。
2. 刀杆采用碳钢制造、热处理硬度≤50HRC。
3. 为提高刀杆使用寿命、刀杆与刀片之间宜加装刀垫。

（2）可转位车刀刀片及其性能、形状、规格和应用　可转位车刀刀片主要有硬质合金与陶瓷两大系列。

目前应用的陶瓷可转位车刀性能资料，可知其有以下特点：

1）硬度达92.5～94HRA，可加工耐磨冷硬铸铁及硬度高达65HRC的淬硬钢等材料制作的零件，且适应性强，可应用于普通机床、数控机床以及加工中心等；而且可应用于粗加工、半精加工和精加工。

2）强度与抗热振性高，其抗弯强度已达到750～1000MPa；其抗压强度已超过高速钢，其切削速度比硬质合金刀具高2～5倍。在断续切削时，具有较强的抗冲击、抗断裂韧性。同时，由于在高达600～800℃范围内的热胀系数较低，可在高强度下持续进行粗、精加工。

3）可转位刀片经磨削后可达较低 *Ra*，因此其摩擦因数要比硬质合金刀片低20%～30%。所以，在高速切削时不易产生积屑瘤，加工后的工件表面粗糙度 *Ra* 可达磨削的效果。

根据圆柱 GB/T 15306.1～4—2008 等同于 ISO 9361—1991《陶瓷可转位刀片》，其刀片系列见表6-12。

（3）车刀形式、几何角度与切削用量的选择

1）车刀形式的选择。车刀有直头通切车刀、弯头平面车刀、车槽与切断车刀等七种结构形式（见表 6-10）。选择车刀形式的主要依据是加工面的性质或加工面与轴线相交成的角度 α。$\alpha=0°$则为外圆，$\alpha=90°$则为端面。车刀形式选择见表 6-13。

2）车刀几何角度的选择。车刀的几何角度与加工性能、加工效率、刀具寿命等密切相关。正确确定车刀几何角度的主要依据为切削用量，即 V_c——切削速度（m/min）；f——进给量（mm/r）；a_p——背吃刀量（mm）。

表 6-12　陶瓷车刀刀片系列

形状	各型号 ISO		尺寸/mm A	T	R
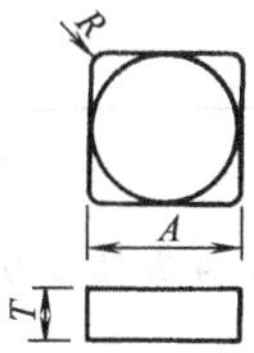	SNGN	090304			0.4
		090308	9.525	3.18	0.8
		090312			1.2
	SNGN	090404			0.4
		090408	9.525	4.76	0.8
		090412			1.2
		090416			1.6
	SNGN	120404			0.4
		120408			0.8
		120412	12.700	4.76	1.2
		120416			1.6
	SNGN	120616	6.35		1.6
	SNGN	120708			0.8
		120712	12.700	7.94	1.2
		120716			1.6
		120720			2.0
	SNGN	150420	15.875	4.76	2.0
	SNGN	150708			0.8
		150712			1.2
		150716	15.875	7.94	1.6
		150720			2.0
		150724			2.4
	SNGN	190416	19.050	4.76	1.6
	SNGN	190712			1.2
		190716	19.050	7.94	1.6
		190720			2.0
		190724			2.4
	SNGN	250916			1.6
		250920	25.400	9.52	2.0
		250924			2.4
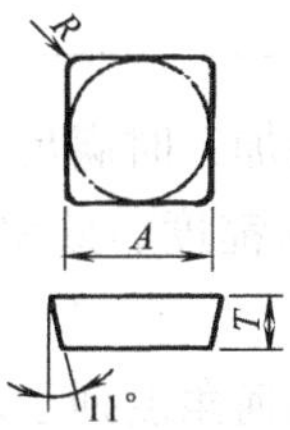	SPGN	090304			0.4
		090308	9.525	3.18	0.8
		090312			1.2
		090316			1.6
	SPGN	120304			0.4
		120308	12.700	3.18	0.8
		120312			1.2
	SPGN	120408			0.8
		120412	12.700	4.76	1.2

形状	各型号 ISO		尺寸/mm A	T	R
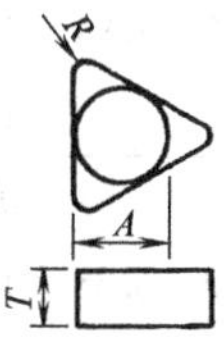	TNGN	110304			0.4
		110308	6.350	3.18	0.8
		110312			1.2
	TNGN	160404			0.4
		160408			0.8
		160412	9.525	4.76	1.2
		160416			1.6
	TNGN	160708			0.8
		160712			1.2
		160716	9.525	7.94	1.6
		160720			2.0
	TNGN	220404			0.4
		220408			0.8
		220412	12.700	4.76	1.2
		220416			1.6
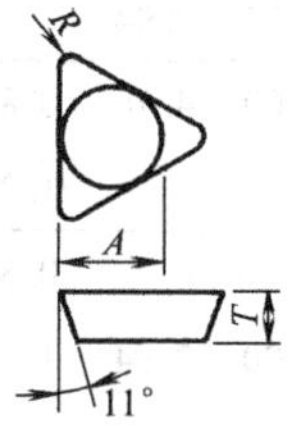	TPGN	110304			0.4
		110308	6.350	3.18	0.8
		110312			1.2
	TPGN	160304			0.4
		160308	9.525	3.18	0.8
		160312			1.2
	TPGN	220404			0.4
		220408	12.700	4.76	0.8
		220412			1.2
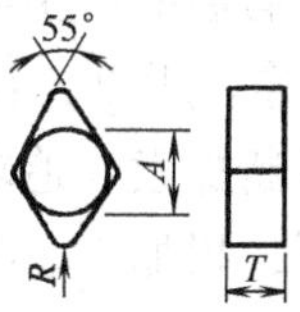	DNGN	150704			0.4
		150708			0.8
		150712	12.700	7.94	1.2
		150716			1.6

（续）

形状	各型号	尺寸/mm		
	ISO	A	T	R
	CNGN 120404			0.4
	120408			0.8
	120412	12.700	4.76	1.2
	120416			1.6
	CNGN 120708			0.8
	120712	12.700	7.94	1.2
	120716			1.6
	CNGN 160408			0.8
	160412	15.875	4.76	1.2
	160416			1.6
	CNGN 160708			0.8
	160712	15.875	7.94	1.2
	160716			1.6
	CNGN 190608			0.8
	190612	19.050	6.35	1.2
	190616			1.6
	CNGN 190708			0.8
	190712	19.050	7.94	1.2
	190716			1.6
	CNGN 250924	25.400	9.52	2.4
	RNGN 090400	9.525	4.76	
	RNGN 120400	12.700	4.76	
	120700		7.94	
	RNGN 150700	15.875	7.94	
	ENGN 130408	12.700	4.76	0.8
	130412			1.2
	ENGN 130708			0.8
	130712	12.700	7.94	1.2
	130716			1.6
	130720			2.0

形状	各型号	尺寸/mm			
	ISO	A	T	D	R
	TNGA 110304				0.4
	110308	6.350	3.18	2.4	0.8
	110312				1.2
	TNGN 160404				0.4
	160408				0.8
	160412	9.525	4.76	4.0	1.2
	160416				1.6
	TNGN 160708				0.8
	160712	9.525	7.94	4.0	1.2
	CNGN 120404				0.4
	120408	12.700	4.76	5.2	0.8
	120412				1.2
	DNGA 150604				0.4
	150608	12.700	4.76	5.2	0.8
	150612				1.2
	SNGA 090304				0.4
	090308	9.525	3.18	4.0	0.8
	090312				1.2
	SNGA 120404				0.4
	120408				0.8
	120412	12.700	4.76	5.2	1.2
	120416				1.6

其他因素有：高速切削中积屑瘤的产生与防振，断屑切削中的抗冲击，精加工时满足加工面低表面粗糙度参数 Ra 要求等。所以，针对加工要求（加工精度、表面粗糙度、效率）优化车刀几何角度和参数，是不断探索、追求的目标。

现将在不同切削用量条件下，粗加工、半精加工、精加工时陶瓷车刀的几何角度列于表 6-14 中供参考选用。

表6-13　车刀结构形式选择示例

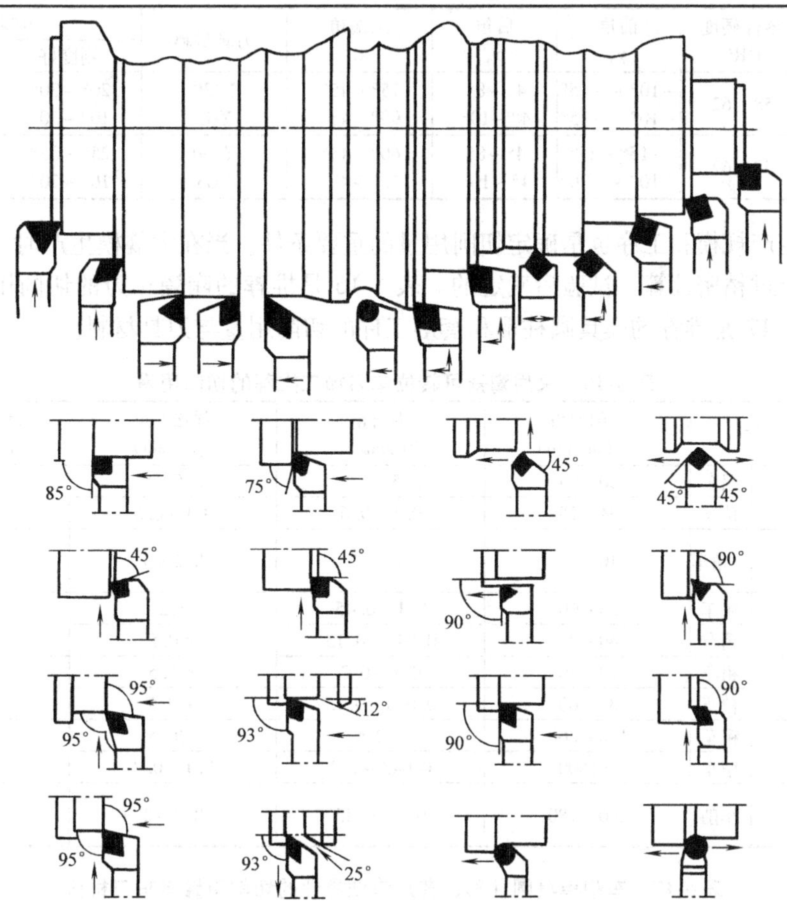

表6-14　陶瓷可转位车刀推荐的几何参数

工序＼参数	刀具几何角度							刀片槽几何角度/(°)			切削用量			备注	
	r_o	α_o	λ_s	κ_r	κ_r'	负倒棱(mm)	r_ε/mm	δ_1	δ_2	ε	v_c/(m/min)	f/(mm/r)	a_p/mm		
毛坯粗车	-7	7	-7	20	12	-20°×0.5	1.3~1.5	7	7	0	25~30	0.8~1.7	2.5~3.75	C650、J48(对称)车床	无切削液
粗车	-14	5	-5	30	15	-25°×(0.3~0.5)	0.2~1.5	5	5	30	27.2~34.3	0.8~2.6	1.75~5	C650、C630	无切削液
半精车	-14	5	-5	30	15	-25°×0.3	0.2~1.5	5	5	30	47	0.38~1.7	0.5~3	CW61100、C630、C8463A、C84125、CA6140	无切削液
精车	-14	6	-7	37	8	-25°×0.1	2	7	7	37	43	0.15~1.2	0.15~0.2	C630	无切削液

模具圆柱形和套形零件，如圆凸模、圆凹模常用材料为T10A、Cr12MoV。车削时常用车刀材料和几何角度见表6-15。

3）常用切削用量。确定车削切削用量的主要依据为：工件的材料性能、加工要求和刀

表 6-15 车削模具零件常用车刀几何参数与材料

零件材料	零件硬度 HRC	前角 γ_o	后角 α_o	主偏角 κ_r	刀具材料	刃倾角 λ_s	
						刚度好	刚度差
T10A	58～62	-10°～-15° -10°～-15°	4°～8° 4°～10°	75°～45° 90°～45°	YT30 YG3	20°～30° 10°～20°	10°～20° 0°～10°
Cr12MoV	58～62	-15°～25° -10°～-20°	4°～8° 4°～10°	60°～45° 75°～40°	YT30 YG3	25°～35° 10°～20°	5°～10° 0°

具。工件的生产规模和工序也是确定切削用量的重要条件。当在大规模生产时，每道工序的切削用量是经过精密计算、试验后确定的。表 6-16 是推荐的陶瓷车刀的切削用量与最佳切削速度；表 6-17 是推荐的模具圆柱形和套形工件的切削用量与刀具材料。

表 6-16 采用陶瓷可转位车刀加工推荐的切削用量

工件材料与工序		切削速度 v_c/(m/min)	进给量 f/(mm/r)	背吃刀量 a_p/(mm)	最佳切削速度 v_c/(m/min)
冷硬铸铁 ≤80HBW	粗车	20～55	0.5～2.6	0.5～5	29～47
	精车	34～75	0.1～0.6	0.1～0.5	
冷硬铸铁 80～90HBW	半精车	10～25	0.2～1	0.2～3	12～18
淬硬钢 50～63HRC	粗车	30～60	0.1～0.45	≤2	56～63
	精车	40～80	0.043～0.15	≤0.5	
淬硬钢 65～68HRC	粗车	20～40	0.1～0.2	≤1.5	47～56
	精车	35～60	0.043～0.15	<0.5	
各类铸铁 ≤300HBW	粗车	150～260	≤2.6	≤6.5	267～1000
	精车	<1500	0.043～1.2	0.1～0.8	
镍基合金 硬镍喷涂层	车削	100～180	0.1～0.45	0.2～2	110～50

表 6-17 车削模具圆柱形、套形淬硬零件的切削用量与车刀材料

工件材料	工件硬度 HRC	刀具材料	背吃刀量 a_p/mm	进给量 f/(mm/r)	切削速度 v/(m/min)
T8A,T10A	56～62	YT30 YG3,YG6	精加工时：0.1～3	精加工时：0.1～0.4	20～35 15～30
Cr12,Cr12MoV		YT30 YG3,YG6			15～30 10～20

6.2.2 外圆磨削工艺与机床

1. 应用、工序与加工质量

外圆磨削是车削加工的后续工序，因此，其应用范围、加工对象与车削加工基本相同。与其他磨削方式一样，外圆磨削一般在热处理之后进行，是机械加工工艺过程中的精密加工或最终加工工序。

外圆磨削一般可分为粗磨、精磨和细磨三道工序。但根据被加工工件的批量大小和应达到的加工质量要求，适当调整工序组合以保证加工质量和高效。

外圆磨削合理的加工余量和能达到的加工精度与表面粗糙度（*Ra*）见表 6-18。

2. 外圆磨削机床

导柱是模具构件中的精密零件。其中，冲模用的导柱与导套的配合精度等级分别为 h5、h6、H6、H7，其配合间隙见表 1-13。塑料注射模用导柱与导套的配合，则为 f7/H7。

表 6-18　外圆磨削的加工余量、精度与表面粗糙度（Ra）

工序名称	外圆磨削余量/mm		尺寸精度/mm	圆度/mm	圆柱度/mm	表面粗糙度(Ra)/μm
	$d \geqslant \phi 18 \sim \phi 30$ $L = 100 \sim 250$	$d > \phi 30 \sim \phi 50$ $L = 100 \sim 250$				
粗磨	0.15～0.25	0.20～0.25	0.05～0.08			0.80～6.30
精磨	0.08～0.15	0.10～0.20	0.025～0.03	0.003～0.006	0.01/500～0.02/1000	0.25～0.05
细磨	0.05～0.08	0.05～0.10	0.018～0.02			0.02～0.40

注：尺寸精度数据适用于 $\phi 18 \sim \phi 30$mm；$L = 100 \sim 300$mm，其总余量为 0.45mm。

使用最多的中、小型冲模与塑料模模架用的导柱尺寸范围为：

冲模：A 型导柱（GB/T 2861.1）：$\phi 16 \sim \phi 50$mm

B 型导柱（GB/T 2861.2）：$\phi 16 \sim \phi 60$mm

C 型导柱（GB/T 2861.3）：$\phi 18 \sim \phi 35$mm

塑料注射模：

带头导柱（GB/T 4169.4）：$\phi 12 \sim \phi 63$mm

有肩导柱（GB/T 4169.5）：$\phi 12 \sim \phi 63$mm

根据以上精度要求和尺寸范围，表 6-19 所列精密外圆磨床可供选用。

表 6-19　万能外圆磨床型号及主要技术参数

型号	最大磨削直径 mm × 长度 mm	技术参数									工作精度		电动机功率/kW	
		最小磨削直径/mm	磨削孔径范围/mm	最大磨削孔深/mm	中心高/mm×中心距/mm	工件最大重量/kg	回转角度/(°)			砂轮最大外径/mm×厚度/mm	圆度圆柱度/mm	表面粗糙度 Ra/μm	主电动机	总容量
							工作台	头架	砂轮架					
M1412	125×500	5	10～40	50	100×500	10	±9	+10 -90	±180	300×40	0.003 0.005	0.32	2.2	3.425
M1412	125×350	5	10～40	50	100×350	10	±9	+10 -90	±180	300×40	0.003 0.005	0.32	2.2	3.425
MY1420C	200×600	8	13～100	125	140×600	100	+3 -6	+90	±30	400×50	0.003 0.005	≤0.32	5.1	6.5
MW1420	200×500	5	25～100	100	135×500	100	+3 -9	+90	±10	400×50	0.003 0.005	0.16	4	6.52
MW1420	200×750	5	25～100	100	135×750	100	+3 -8	+90	±10	400×50	0.003 0.005	0.16	4	6.52
M120W	200×500	7	8～50	75	110×500	50	-6 +7	-30 +90	±180	300×40	0.003 0.005	0.32	3	4.4
MD1420	200×500	8	13～80	125	125×500	50	+3 -9	+90	±30	400×50	0.003 0.005	0.2	4	7.125
MD1420	200×750	8	13～80	125	125×750	50	+3 -8	+90	±30	400×50	0.003 0.005	0.2	4	7.125
M1420A	200×500	8	13～80	125	125×500	20	+9 -5	±90	5	300×40	0.001 0.003	0.04	3	5
MA1420A	200×500	8	13～80	125	125×500	20	+9 -5	±90	5	300×40	0.003 0.005	0.4	3	5
MA1420A	200×750	8	13～80	125	125×750	20	+9 -5	±90	5	300×40	0.003 0.005	0.4	3	5

3. 外圆磨削砂轮选择与磨削原理

砂轮是磨削工艺系统的组成部分。根据磨削原理、磨削工艺方式与条件，针对不同材料的零件和磨削工艺要求，正确选择具有最佳磨料、粒度、硬度、组织和结合剂的砂轮，是优化磨削性能，保证加工面的尺寸精度与表面粗糙度的关键技术。

（1）磨削原理 外圆磨削与其他磨削方式一样，可视为多刃切削。磨削时，砂轮作圆周运动。因此，其上磨料的每个刃尖则以一定线速度作圆周切削运动。其单个磨料刃尖的切削过程分三个阶段，如图6-1所示。

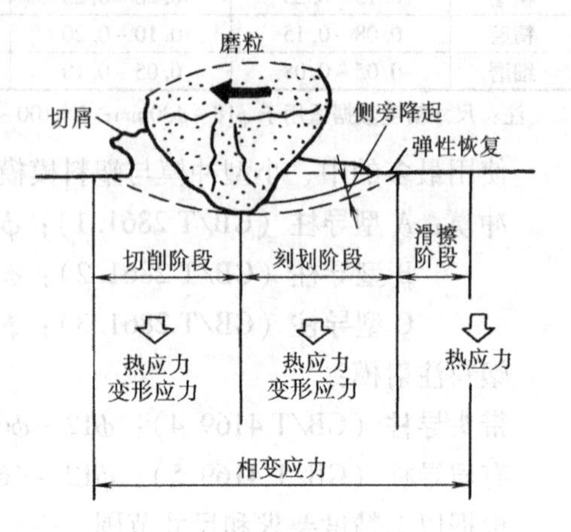

图6-1 磨削过程

1）滑擦。此阶段，磨料刃尖从接触加工面始到切入表面层止，其法向切削分力小。此时，由于刃尖的 r 大于切削层，使滑压加工表面呈滑动摩擦，表面作弹性变形，并使表面产生热力效应。

2）刻划。此阶段，磨料刃尖切入表面金属层使法向切削力增大，切出沟槽，使材料内部产生的摩擦和磨料刃与材料之间的摩擦，产生摩擦热和变形热，从而导致磨削表面产生裂纹、烧伤等缺陷。

3）切削。此阶段，法向切削力增大至一定值，刃尖切入一定深度，材料温度也达一定高度，在切削力、热力效应与塑变的作用下，在磨料刃的前面上产生切屑流动，直至磨削过程完成。

（2）磨削方式 根据加工对象的形状、尺寸精度、表面粗糙度等工艺目的和要求，磨削工艺方式和种类很多。按磨具可分为：固粒式磨削，如砂轮、砂带磨削和珩磨等；散粒式磨削，如研磨、抛光和表面喷丸等。

按被加工面可分为外圆磨削、内圆磨削、平面磨削和成形磨削四种方式。其中，外圆磨削的常用磨削方式又可分为纵进给式和横进给式两种，如图6-2所示。

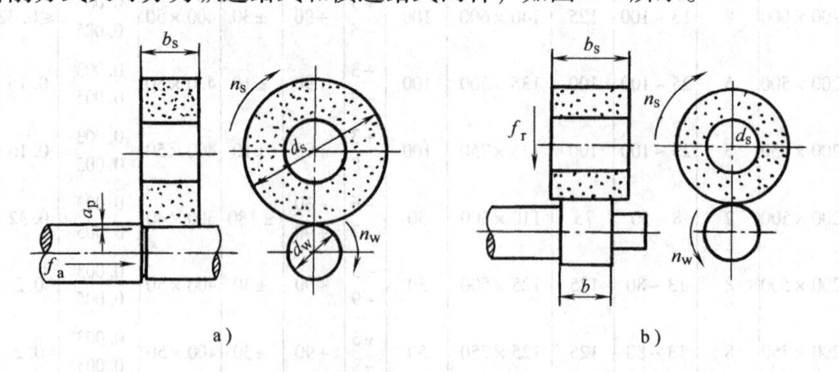

图6-2 外圆磨削的常用磨削方式

a）纵进给外圆磨 b）切入式外圆磨

（3）普通磨削用量计算、确定与砂轮 砂轮的种类和尺寸是确定磨削用量的重要条件。而正确确定磨削用量，则是保证磨削工艺目的和要求的重要条件。

1）磨削用量的主要内容包括砂轮速度 v_s（m/s）、工件速度为 v_w（m/min）、纵向进给量f_a（mm/r）、横向进给量（外圆磨削）a_p（mm）。

2）确定磨削用量的计算与分析，见表6-20。

表6-20　磨削用量的计算与分析

计算项目	计算公式	分析说明
砂轮速度（v_s）	$v_s=\frac{\pi d_s n_s}{1000\times60}$(m/s) d_s:砂轮直径(mm) n_s:砂轮转速(r/min)	普通陶瓷结合剂砂轮的v_s:一般取$v_s=30\sim35$m/s;内、外磨,工具磨因直径较小,故v_s当选低些。由于磨削工艺的技术进步,已可使$v_s=60\sim100$m/s
工件速度（v_w）	$v_w=\frac{\pi d_w n_w}{1000}$(m/min) d_w:工件直径(mm) n_w:工件转速(r/min)	由于工件速度与砂轮速度有关,即:$q=\frac{v_s}{v_w}$对磨削效果将产生很大影响。一般,外圆磨削$q=60\sim150$;内圆磨削$q=40\sim80$
纵向进给量(f_a)量的确定	粗磨钢:$f_a=(0.3\sim0.7)b_s$ 粗磨铸铁:$f_a=(0.7\sim0.8)b_s$ 精磨:$f_a=(0.1\sim0.3)b_s$ b_s:砂轮宽(mm) 内外圆磨削进给速度$v_f=\frac{f_a n_w}{1000}$	工件每转一转相对砂轮在纵向进给运动方向移动的距离,即为f_a f_a直接影响工件的表面质量和生产效率。所以,f_a应按推荐的公式选取
横向进给量（a_p）	外圆磨削时: 粗磨钢:$a_p=0.02\sim0.05$mm 粗磨铸铁:$a_p=0.08\sim0.15$mm 精磨钢:$a_p=0.005\sim0.01$mm 精磨铸铁:$a_p=0.02\sim0.05$mm 外圆切入磨削时: 普通磨削:$a_p=0.001\sim0.005$mm 精密磨削:$a_p=0.0025\sim0.005$mm	当砂轮硬度高及磨料粒度粗时选大值;砂轮直径小、v_s低、工件直径小、v_w高时,选小值
光磨次数（单行程）	外圆磨:一般磨削用量,40# ~60#砂轮,1~2次 内圆磨:一般磨削用量,40# ~80#砂轮,2~4次 平面磨:一般磨削用量,36# ~60#砂轮,1~2次	工件表面粗糙度,光磨次数多,当随之降低 细粒度(WA+GC)混合磨料砂轮的光磨效果比粗粒度砂轮好 光磨次数,根据砂轮,工艺要求和磨削方式确定

3）外圆磨削用量及其推荐值。当采用陶瓷结合剂砂轮进行外圆磨削时，其砂轮速度一般为：$v_s\leqslant35$m/s；当采用树脂结合剂砂轮进行外圆磨削时，其砂轮速度一般为：$v_s>50$m/s。

其工件速度、纵向进给量和横向进给量，见表6-21和表6-22。

表6-21　纵进给粗磨外圆磨削用量

(1)工件速度

工件磨削表面直径d_w/(mm)	20	30	50	80	120	200	300
工件速度v_w/(m/min)	10~20	11~22	12~24	13~26	14~28	15~30	17~34

(2) 纵向进给量

$f=(0.5\sim0.8)b_s$

式中　b_s—砂轮宽度(mm)

(3)横向进给量a_p

工件磨削表面直径d_w/mm	工件速度v_w/(m/min)	工件纵向进给量f(以砂轮宽度计)			
		0.5	0.6	0.7	0.8
		工作台单行程a_p/(mm/st)			
20	10	0.0216	0.0180	0.0154	0.0135
	15	0.0144	0.0120	0.0103	0.0090
	20	0.0108	0.0090	0.0077	0.0068

（续）

(3)横向进给量 a_p					
工件磨削表面直径 d_w/mm	工件速度 v_w/(m/min)	工件纵向进给量 f_a(以砂轮宽度计)			
		0.5	0.6	0.7	0.8
		工作台单行程 a_p/(mm/st)			
30	11	0.0222	0.0185	0.0158	0.0139
	16	0.0152	0.0127	0.0109	0.0096
	22	0.0111	0.0092	0.0079	0.0070
50	12	0.0237	0.0197	0.0169	0.0148
	18	0.0157	0.0132	0.0113	0.0099
	24	0.0118	0.0098	0.0084	0.0074
80	13	0.0242	0.0201	0.0172	0.0151
	19	0.0165	0.0138	0.0118	0.0103
	26	0.0126	0.0101	0.0086	0.0078
120	14	0.0264	0.0220	0.0189	0.0165
	21	0.0176	0.0147	0.0126	0.0110
	28	0.0132	0.0110	0.0095	0.0083
200	15	0.0287	0.0239	0.0205	0.0180
	22	0.0196	0.0164	0.0140	0.0122
	30	0.0144	0.0120	0.0103	0.0090
300	17	0.0287	0.0239	0.0205	0.0179
	25	0.0195	0.0162	0.0139	0.0121
	34	0.0143	0.0119	0.0102	0.0089

横向进给量 a_p 的修正系数						
与砂轮耐用度及直径有关 k_1					与工件材料有关 k_2	
耐用度 T/s	砂轮直径 d_s/mm				加工材料	系数
	400	500	600	750		
360	1.25	1.4	1.6	1.8	耐热钢	0.85
540	1.0	1.12	1.25	1.4	淬火钢	0.95
900	0.8	0.9	1.0	1.12	非淬火钢	1.0
1440	0.63	0.71	0.8	0.9	铸铁	1.05

注：1. 工作台一次往复行程横向进给量 a_p 应将表列数值乘 2。

2. 本表所列磨削用量是基于 $v_s \leqslant 35$m/s。

表 6-22 精磨外圆磨削用量

(1)工件速度 v_w/(m/min)					
工件磨削表面直径 d_w/mm	加工材料		工件磨削表面直径 d_w/mm	加工材料	
	非淬火钢及铸铁	淬火钢及耐热钢		非淬火钢及铸铁	淬火钢及耐热钢
20	15 ~ 30	20 ~ 30	120	30 ~ 60	35 ~ 60
30	18 ~ 35	22 ~ 35	200	35 ~ 70	40 ~ 70
50	20 ~ 40	25 ~ 40	300	40 ~ 80	50 ~ 80
80	25 ~ 50	30 ~ 50			

(2)纵向进给量 f

表面粗糙度 Ra0.8μm　　$f=(0.4 \sim 0.6)b_s$

表面粗糙度 Ra0.4 ~ Ra0.2μm　　$f=(0.20 \sim 0.4)b_s$

(3)横向进给量 a_p										
工件磨削表面直径 d_w/mm	工件速度 v_w/(m/min)	工件纵向进给量 f_a/(mm/r)								
		10	12.5	16	20	25	32	40	50	63
		工作台单行程 a_p/(mm/st)								
20	16	0.0112	0.0090	0.0070	0.0056	0.0045	0.0035	0.0028	0.0022	0.0018
	20	0.0090	0.0072	0.0056	0.0045	0.0036	0.0028	0.0022	0.0018	0.0014
	25	0.0072	0.0058	0.0045	0.0036	0.0029	0.0022	0.0018	0.0014	0.0011
	32	0.0056	0.0045	0.0035	0.0028	0.0023	0.0018	0.0014	0.0011	0.0009

（续）

(3)横向进给量 a_p										
工件磨削表面直径 d_w/mm	工件速度 v_w/(m/min)	工件纵向进给量 f_a/(mm/r)								
		10	12.5	16	20	25	32	40	50	63
		工作台单行程 a_p/(mm/st)								
30	20	0.0109	0.0088	0.0069	0.0055	0.0044	0.0034	0.0027	0.0022	0.0017
	25	0.0087	0.0070	0.0055	0.0044	0.0035	0.0027	0.0022	0.0018	0.0014
	32	0.0068	0.0054	0.0043	0.0034	0.0027	0.0021	0.0017	0.0014	0.0011
	40	0.0054	0.0043	0.0034	0.0027	0.0022	0.0017	0.0014	0.0011	0.0009
50	23	0.0123	0.0099	0.0077	0.0062	0.0049	0.0039	0.0031	0.0025	0.0020
	29	0.0098	0.0079	0.0061	0.0049	0.0039	0.0031	0.0025	0.0020	0.0016
	36	0.0079	0.0064	0.0049	0.0040	0.0032	0.0025	0.0020	0.0016	0.0013
	45	0.0063	0.0051	0.0039	0.0032	0.0025	0.0020	0.0016	0.0013	0.0010
80	25	0.0143	0.0115	0.0090	0.0072	0.0058	0.0045	0.0036	0.0029	0.0023
	32	0.0112	0.0090	0.0071	0.0056	0.0045	0.0035	0.0028	0.0023	0.0018
	40	0.0090	0.0072	0.0057	0.0045	0.0036	0.0028	0.0022	0.0018	0.0014
	50	0.0072	0.0058	0.0046	0.0036	0.0029	0.0022	0.0018	0.0014	0.0011
120	30	0.0146	0.0117	0.0092	0.0074	0.0059	0.0046	0.0037	0.0029	0.0023
	38	0.0115	0.0093	0.0073	0.0058	0.0046	0.0036	0.0029	0.0023	0.0018
	48	0.0091	0.0073	0.0058	0.0046	0.0037	0.0029	0.0023	0.0019	0.0015
	60	0.0073	0.0059	0.0047	0.0037	0.0030	0.0023	0.0018	0.0015	0.0012
200	35	0.0162	0.0128	0.0101	0.0081	0.0065	0.0051	0.0041	0.0032	0.0026
	44	0.0129	0.0102	0.0080	0.0065	0.0052	0.0040	0.0032	0.0026	0.0021
	55	0.0103	0.0081	0.0064	0.0052	0.0042	0.0032	0.0026	0.0021	0.0017
	70	0.0080	0.0064	0.0050	0.0041	0.0033	0.0025	0.0020	0.0016	0.0013
300	40	0.0174	0.0139	0.0109	0.0087	0.0070	0.0054	0.0044	0.0035	0.0028
	50	0.0139	0.0111	0.0087	0.0070	0.0056	0.0043	0.0035	0.0028	0.0022
	63	0.0110	0.0088	0.0069	0.0056	0.0044	0.0034	0.0028	0.0022	0.0018
	70	0.0099	0.0079	0.0062	0.0050	0.0039	0.0031	0.0025	0.0020	0.0016

横向进给量 a_p 的修正系数												
与加工精度及余量有关 k_1							与加工材料及砂轮直径有关 k_2					
公差等级	直径余量/mm						加工材料	砂轮直径 d_s/mm				
	0.11～0.15	0.2	0.3	0.5	0.7	1.0		400	500	600	750	900
IT5 级	0.4	0.5	0.63	0.8	1.0	1.12	耐热钢	0.55	0.6	0.71	0.8	0.85
IT6 级	0.5	0.63	0.8	1.0	1.2	1.4	淬火钢	0.8	0.9	1.0	1.1	1.2
IT7 级	0.63	0.8	1.0	1.25	1.5	1.75	非淬火钢	0.95	1.1	1.2	1.3	1.45
IT8 级	0.8	1.0	1.25	1.6	1.9	2.25	铸铁	1.3	1.45	1.6	1.75	1.9

注：1. 本表所列磨削用量均基于 $v_s \leqslant 3.5$m/s。
2. 工作台单行程横向进给量 a_p 不应超过粗磨的 a_p。
3. 工作台一次往复行程的 a_p 应将表列数值乘 2。

（4）磨轮及其选用

1）磨轮即砂轮，是磨具中的主要品种，属固粒式磨具。它是由结合剂（粘接剂）与磨料粘接成一定形状、尺寸的工具。为方便选用，按标准 GB/T 2484—2006《固结磨具　一般要求》采用，其中常用砂轮列于表 6-23。

表 6-23　通用砂轮形状代号和尺寸标记

代号	名　称	断　面　图	形状尺寸标记
1	平形砂轮	D T H	1－型面－$D \times T \times H$

（续）

代号	名称	断面图	形状尺寸标记
2	筒形砂轮	($W \leqslant 0.17D$) D W T	$2-D\times T-W$
3	单斜边砂轮	D U T H J	$3-D/J\times T/U\times H$
4	双斜边砂轮	D U T H	$4-D\times T/U\times H$
5	单面凹砂轮	D P F T H	$5-$型面$-D\times T\times H-P,F$
6	杯形砂轮	$E \geqslant W$ D W T E H	$6-D\times T\times H-W,E$
7	双面凹一号砂轮	D P F G T H	$7-$型面$-D\times T\times H-P,F,G$
8	双面凹二号砂轮	D W F G T W H J	$8-D\times T\times H-W,J,F,G$
11	碗形砂轮	$E \geqslant W$ D W K T E H J	$11-D/J\times T\times H-W,E,K$

（续）

代号	名　称	断　面　图	形状尺寸标记
12a	碟形一号砂轮	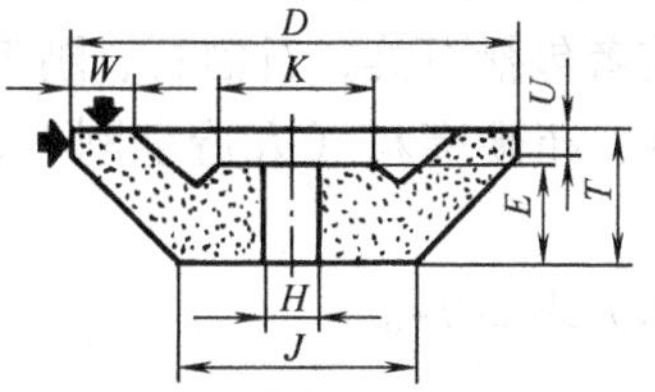 D, W, K, U, E, T, H, J	12a－$D/J \times T/U \times H - W, E, K$
12b	碟形二号砂轮	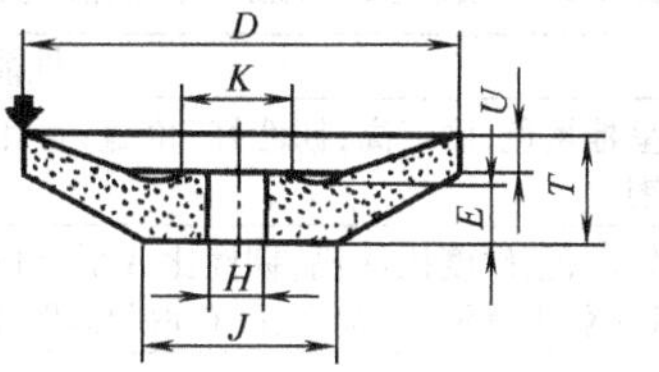 D, K, U, E, T, H, J	12b－$D/J \times T/U \times H - E, K$
23	单面凹带锥砂轮	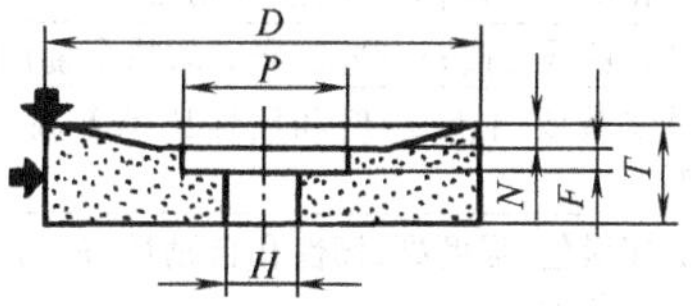 D, P, N, F, T, H	23－$D \times T/N \times H - P, F$
26	双面凹带锥砂轮	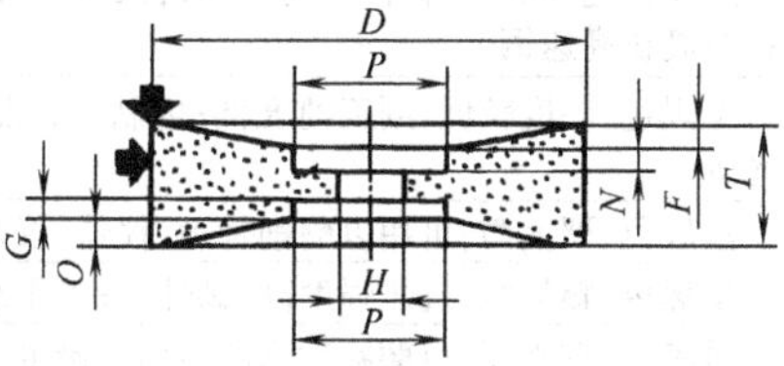 D, P, N, F, T, G, O, H, P	26－$D \times T/N/O \times H - P, F, G$
27	钹形砂轮	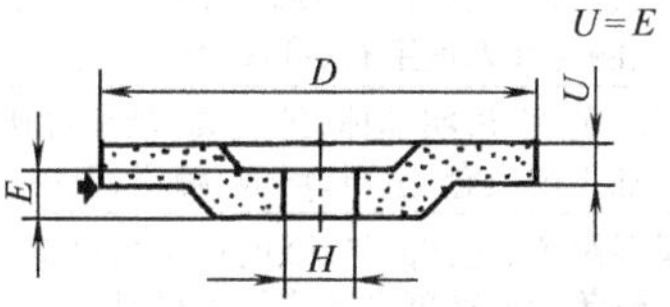 U=E, D, U, E, H	27－$D \times U \times H$
36	螺栓紧固平形砂轮	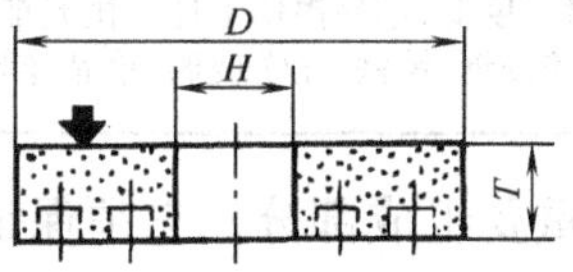 D, H, T	36－$D \times T \times H$
38	单面凸砂轮	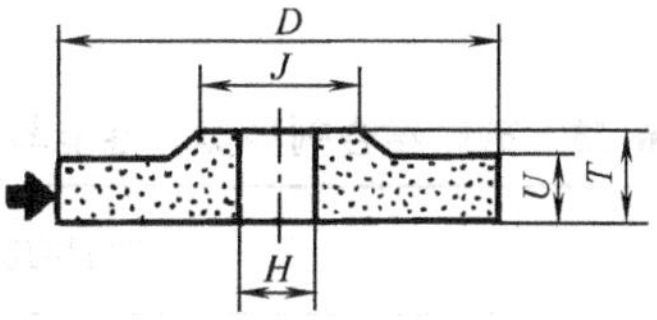 D, J, U, T, H	38－$D/J \times T/U \times H$
41	薄片砂轮	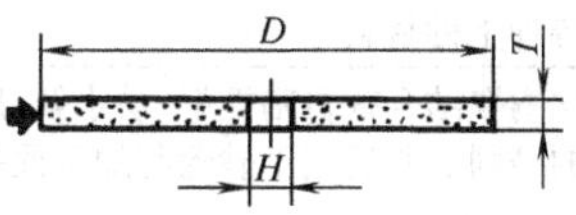 D, T, H	41－$D \times T \times H$

2）砂轮的磨料与粘接剂。磨料是砂轮进行切削的“刃具”，其性能硬度、粒度与单位体积（$1cm^3$）的数目等是决定砂轮品质和应用范围的参数。

磨料有天然和人造两类，前者包括石英、石榴石、刚玉等；后者是常用磨料，包括普通磨料（分为刚玉系和碳化物系）、超硬磨料（人造金刚石、立方碳化硼）和较低硬度磨料（氧化铬、氧化铁和玻璃粉等）。

通用磨料的品种性能与应用见表6-24。

表6-24 通用磨料品种、性能与应用

系列	名称	代号	性能与应用
刚玉系	棕刚玉	A	呈棕褐色，硬度高，韧性好，价廉；可用以磨削和研磨碳钢、合金钢、可锻铸铁、硬青铜
	白刚玉	WA	呈白色，硬度比A高，韧性比A低；可粗磨削、粗研磨、粗珩磨和超精加工淬火钢、高速钢、工具钢、合金钢、高碳钢和薄壁工件
	铬刚玉	PA	呈玫瑰色或紫红色，韧性比WA高；可磨削、研磨、精珩淬火钢、合金钢、高速钢、轴承钢和薄壁工件；成形磨削多用之
	锆刚玉	ZA	呈黑色强度高；可磨削、研磨耐热合金钢、耐热钢、钛合金和奥氏体不锈钢
	单晶刚玉	SA	呈浅黄或白色，硬度和韧性比WA高；可磨削、研磨、珩磨不锈钢、高钒钢、高速钢等
	微晶刚玉	MA	呈棕褐色、强度高，韧性和自励性好；可磨削或研磨不锈钢、轴承钢、球墨铸铁；适于高速磨削
	镨钕刚玉	NA	呈浅白色，硬度和韧性比WA高，自励性好；可磨球墨铸铁，高磷和铜锰铸铁，不锈钢及高钒高速钢
	黑刚玉	BA	呈黑色，硬度较低，刚玉纯度低；可制作树脂砂轮、砂带、砂布、砂纸，用以研磨、抛光等
	烧结刚玉		呈红色，硬度高；可用以磨削钟表、仪器、仪表的零件
	矾刚玉		呈黑色，颗粒状，抗压强度高，韧性大；可重载荷磨削钢锭
碳化物系	黑碳化硅	C	呈黑色，有光泽，可磨脆性高的金属。硬度比刚玉高，性脆而锋利
	碳化硼	BC	呈灰黑色，硬高比C、GC高，耐磨性好；可研磨、抛光硬质合金刀片、拉丝模、宝石、玛瑙、陶瓷和人造宝石、可代金刚石等
	绿碳化硅	GC	呈绿色、半透明晶体，纯度高，硬度和脆性比C高，耐磨性好；可精磨、研磨、精珩、超精加工硬质合金、宝石、玛瑙、陶瓷、玻璃、非铁金属、硬铬和石材等
	立方碳化硅	SC	呈浅绿色、立方晶体，强度比碳化硅高，脆性碳化硅低；可磨削、超精加工不锈钢、轴承钢等硬而粘度高的难加工材料
软磨料	氧化铁		显微硬度低，不易擦伤工件。抛光能力氧化铈最强；氧化铁最软；可制成研磨膏，研、抛淬硬钢、铸铁、光学玻璃、单晶硅等。氧化铈的研磨工效比氧化铬高1.5～2倍
	氧化铬		
	氧化铈		

粘接剂（结合剂）是砂轮的重要组成部分，它须保证砂轮硬度，即保证磨料脱落率最低；优化磨具组织，即保证磨具具有相应的气孔率和单位面积上参与磨削的磨粒数目。其种类、性能与应用见表6-25。

表6-25 砂轮结合剂种类、性能与应用

种类	名称及代号（GB/T 2484-2006）	性能与应用
普通磨具结合剂	陶瓷结合剂 V(A)	化学性能稳定，能抗酸、碱，耐热；气孔率大，结合强度较高。但脆性较高。可适应各种磨削方式与各种工件材料
	菱苦土结合剂 Mg(L)	粘结性能比陶瓷结合剂自励性好，易水解，磨削时热量小，强度较低；适用于热传导性差的工件材料的磨削。并适用于砂轮与加工面接触面较大时的磨削。广泛用以磨削石材和磨料

（续）

种类	名称及代号（GB/T 2484-2006）		性能与应用
普通磨具结合剂	树脂结合剂 B(S)		结合强高，有弹性，能进行高速磨削，自励性高；其耐热性、坚固性较V(A)差。适于荒磨，制成薄片切断砂轮等
	橡胶结合剂 R(x)		砂轮组织紧密，强度高，弹性好，气孔率低，磨粒钝后易脱落。且不耐酸、碱与高温。工作时有异味
超硬磨具结合剂	树脂结合剂 B		砂轮自励性、弹性好；但结合强度、耐热性差；制成的金刚石砂轮和立方氮化硼砂轮，可以分别精磨硬质合金工件、刀具，高钒高速钢、不锈钢、耐热合金钢工件
	陶瓷结合剂 V		耐磨性比 *B* 高，磨削时不易发热和堵塞，砂轮易修整；适用于精磨螺纹、齿轮和成形磨削，以及超硬材料工件的加工
	金属结合剂	青铜结合剂	结合强度高，可承受较大负荷，自励性能较差，易堵塞发热，且不易修整。以其制成的金刚石砂轮的立方氮化硼砂轮可用以粗、精磨玻璃、陶瓷、石料等脆硬材料及切割、成形磨削。后者用于合金钢工件的珩磨和研磨
		电镀金属结合剂	表层磨粒密度大，结合强度高，磨粒裸露，故切削刃锐利，磨削效率高。由于镀层薄，砂轮寿命低

3）普通磨料粒度及其选择。粒度表示磨具、砂轮上磨粒的尺寸大小，采用粒度号表示。共分41个粒度号。其中4# ~240#共27个粒度号，采用筛选法分级。用 *W* 表示的磨料称为微粉。粒度号见表6-26。

表6-26　普通磨料的粒度号及其基本尺寸

粒度号	基本尺寸/μm	粒度号	基本尺寸/μm	粒度号	基本尺寸/μm	粒度号	基本尺寸/μm
4#	5600 ~ 4750	24#	850 ~ 710	120#	125 ~ 106	W10	10 ~ 7
5#	4750 ~ 4000	30#	710 ~ 600	150#	106 ~ 75	W7	7 ~ 5
6#	4000 ~ 3350	36#	600 ~ 500	180#	90 ~ 63	W5	5 ~ 3.5
7#	3350 ~ 2800	40#	500 ~ 425	220#	75 ~ 53	W3.5	3.5 ~ 2.5
8#	2800 ~ 2360	46#	425 ~ 355	240#	63 ~ 50	W2.5	2.5 ~ 1.5
10#	2360 ~ 2000	54#	355 ~ 300	W63	63 ~ 50	W1.5	1.5 ~ 1.0
12#	2000 ~ 1700	60#	300 ~ 250	W50	50 ~ 40	W1.0	1.0 ~ 0.5
14#	1700 ~ 1400	70#	250 ~ 212	W40	40 ~ 28	W0.5	0.5
16#	1400 ~ 1180	80#	212 ~ 180	W28	28 ~ 20		
20#	1180 ~ 1000	90#	180 ~ 150	W20	20 ~ 14		
22#	1000 ~ 850	100#	150 ~ 125	W14	14 ~ 10		

注：GB/T 2481.1—1998 固结磨具用磨料　粒度组成的检测和标记部分：粗磨粒 F4 ~ F220 已代替标准 GB 2477—1983；GB/T 2481.2—2009 固结磨具用磨料　粒度组成的检测和标记部分：微粉 F230 ~ F1200 已代替标准 GB 2481—1998，表内系原标准资料。

一般说，表面粗糙、砂轮与工件接触面大、工件材料韧性大以及磨削薄壁件，并要求磨削效率高时，当选择粗粒度号砂轮。当磨削高硬脆材料工件，精磨、成形磨制或高速磨削时，则应选较细粒度号。按磨削方式与条件选择粒度号时，如图6-3所示。

6.2.3　圆柱形零件外圆研磨工艺

模具中需进行研磨的零件及其加工面主要有导柱及其外圆、导柱及其内孔，以及凸、凹模的型面。前者研磨的目的是降低加工面的表面粗糙度值，减少其摩擦因数，提高其配合精度；而后者对成形面进行研磨与抛光的目的，则是保证塑件、压铸件外形的装饰性与间隙值精度和均匀性。显然，以上零件中需研磨的加工面及其研磨方式将不尽相同，但其研磨机理则基本相同。

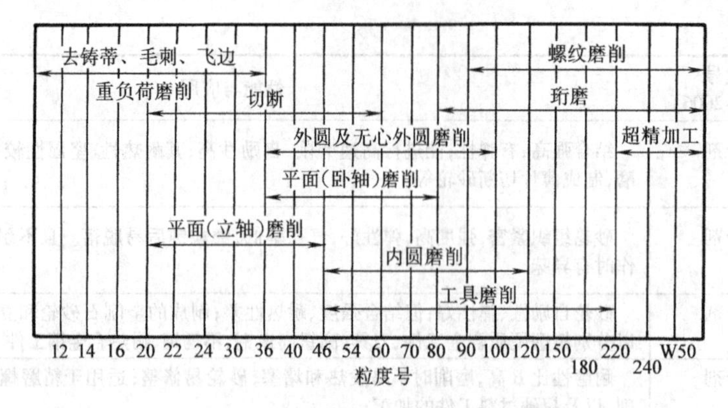

图6-3 按磨削方式选择砂轮粒度

注：图6-3中未包括微粉的粒度号W28～W7主要用于精磨超精磨及用于制造研磨剂；W5～W0.5则主要用于超精磨，镜面磨和用其制造研磨剂。

1. 研磨及其机理

研磨属散粒式磨削方式，即磨粒处于自由状态。其磨粒在研具和加工面之间，在一定压力下进行滚动来切削加工面上极薄的一层金属，以获得较高尺寸、形状精度和较低的表面粗糙度值。其研磨切削过程及影响因素如下：

1）当研磨脆性材料工件时，磨粒在压力作用下（见图6-4b），压入加工面凸起的局部产生微裂纹，经磨粒连续作用，裂纹将不断交错、扩展成碎屑而脱离加工面。图6-4a所示则为磨粒固定在研具上在工件表面进行滑动切削的研磨过程。

2）湿研磨时，除磨粒切削作用外，由于研磨剂中的油酸、硬脂酸等酸性物质的作用，将在加工面上形成一层很软的氧化物薄膜。钢铁成膜时间仅为0.05s，膜厚约2～7μm；凸起上的氧化膜易被磨粒去除。新露出的加工面又将被氧化——再去除，如此循环将加速研磨的过程。

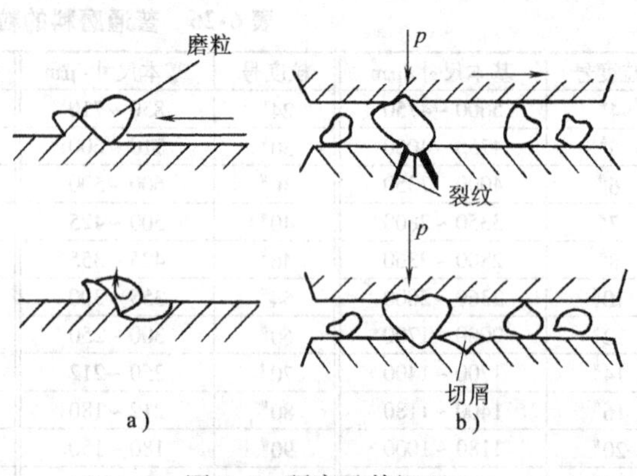

图6-4 研磨及其机理

3）研磨时，在研具与加工面之间的磨粒与加工面的凸起处相接触时，可能在局部产生高温高压的挤压作用，使高点处金属流向低处，以降低表面粗糙度 *Ra* 值。

2. 外圆研磨工艺

外圆、内孔、平面或成形面的研磨机理基本相同，只是研具和研磨方式不尽相同。同时，对各种加工面来讲，研磨工艺当为最终加工工艺。

（1）研磨方式与性质 研磨可分为湿研、干研和抛光三种，其方式、性质、特点和能达到的加工效果分述如下：

1）湿研是将研磨剂涂于研具或加工面上，则磨粒是分散的。研磨时，磨粒在研具与加工面之间进行滚动切削为主。研磨剂中除磨粒外，一般还有煤油、润滑油、油酸和硬脂酸等介质，使易于形成氧化膜以加速研磨切削过程。因此，湿研的加工效率较高，但研磨后的表面无光泽，其表面粗糙度可达 *Ra*0.1～*Ra*0.006μm；外圆研磨后的直径公差可达0.001～0.003mm。

湿研是模具零件加工工艺中常用的研磨方式。由于湿研后表面无光泽，故其后常需进行抛光作业。

2）干研是将磨料均匀固压在研具上，对加工面进行以滑动切削为主的研磨过程。此法加工效率较低，但研磨精度高且可达很低的表面粗糙度值（*Ra*）。

3）抛光时一般选用比工件材料软的磨料，如采用氧化铬进行湿研后的抛光，即采用了粒度细、磨料硬度低于研具和工件材料。由于抛光速度快，工件加工面温度较高，易于形成氧化膜，因此，易于获得好的表面质量，有光泽。

（2）研磨剂与研磨效果　研磨剂是由磨料与辅料合成的混合剂。常用的研磨剂配制成液态、固态和膏状三类。

1）液态研磨剂由研磨粉、硬脂酸、航空汽油、煤油等配制而成。常用研磨剂配方为：

白刚玉粉 W3.5～W1	15g
硬脂酸	8g
航空汽油	200mL
煤油	35mL

其中，磨料起切削作用，一般占30%～40%。硬脂酸溶于汽油中以增加汽油浓度降低磨料沉淀速度，使磨粒易于均匀分布，并具有冷却润滑与促进氧化作用。航空汽油主要起稀释作用，分散磨粒以保证其切削作用。煤油主要起冷却、润滑作用。

可见，正确选择磨料及研磨剂的配方是提高研磨效率和研磨加工面尺寸精度、降低其表面粗糙度值的关键技术。常用研磨磨料性能及其用途见表6-27。常用研磨磨料粒度与表面粗糙度见表6-28。工件材料与常用研磨液见表6-29。

表6-27　常用研磨料性能及其用途

系列	研磨料名称	代号（GB/T 2476—1994）	颜色	强度与硬度	研磨方法	适用范围
氧化铝系	普通棕刚玉	A	灰、褐、暗褐、粉红、暗红	具有较高硬度和韧性、磨刃锋利，能承受很大压力	粗研	各种碳钢、合金钢、可锻铸铁、硬青铜
	白刚玉	WA	白色	切削性能优于A，比A硬，韧性低于A	粗研和极细研	淬硬钢
	铬刚玉	PA	浅紫色	有较好韧性	粗、精研	钢
	单晶刚玉	SA	透明无色	多棱，有高的硬度和强度	粗、精研	淬硬钢
碳化物系	黑色碳化硅	C	黑色半透明	比刚玉硬，性脆而锋利	粗研	铸铁，钢和非金属材料
	绿色碳化硅	GC	绿色半透明	比C硬，但低于金刚石，性脆，研磨韧性材料时易裂	粗、精研	淬硬钢、硬质合金、金刚石、工具钢
	碳化硼	BC	灰色至黑色	硬度仅低于金刚石，磨粒能自动脱落、修磨保持锋利，但高温易氧化	粗、精研	硬质合金、硬铬、宝石、淬硬钢、常作为金刚石系代用品
超硬磨料	人造金刚石		灰色至黄白色	最硬的研磨料	粗、精研	硬质合金等
	立方氮化硼	MP－CBN		硬度略低于金刚石，但硬度、强度远优于普通磨料	粗、精研	高硬淬硬钢、高钼、高钒、高速钢、镍基合金钢等
软磨料系	氧化铁		红色至暗红色、紫色	极细抛光剂	极细精研和抛光	硬钢、铸铁、铜、玻璃等
	氧化铬		深绿色	极细抛光剂，硬度比氧化铁高	极细精研和抛光	硬钢、铸铁、铜

表6-28 常用研磨料粒度与表面粗糙度关系

研抛加工名称	研磨料粒度	能达到的表面粗糙度 Ra/μm
粗研磨	100#~120#	0.80
	150#~W50	0.80~0.20
精研磨	W40~W14	0.20~0.10
精密件粗研磨	W14~W10	0.10以下
精密件半精研磨	W7~W5	0.025~0.008
精密件精研磨	W5~W0.5	

表6-29 工件材料与常用研磨液

工件材料	研磨名称	研 磨 液
钢	粗研	L-AN15全损耗系统用油1份，煤油3份，透平油或锭子油少量，轻质矿物油或变压器油（适量）
	精研	L-AN15全损耗系统用机油
铸铁	粗研	煤油，主要用于稀释，润滑性较差
淬硬钢、不锈钢	粗、精研	植物油、透平油或乳化液
铜	粗、精研	动物油（熟猪油加磨料、拌成糊状，加30倍煤油），锭子油少量，植物油适量
硬质合金	粗、精研	汽油稀释

由上述可知，液态研磨剂是由研磨液、研磨料和混合脂经规定的工艺过程制成。其中混合脂在研磨过程中起吸附、润滑和化学作用。常用混合脂为硬脂酸、油酸、脂肪酸、蜂蜡、硫化油、工业甘油等。

2）研磨膏与研磨皂由研磨料、混合脂（粘结剂）、润滑剂和油酸等按一定比例调制而成，使用时添加煤油或汽油稀释。常用研磨膏有刚玉研磨膏（见表6-30），碳化硅、碳化硼研磨膏（见表6-31），人造金刚石研磨膏（见表6-32）。

表6-30 刚玉研磨膏及用途

粒度号	成分及比例（质量分数，%）				用 途	
	微粉	混合脂	油酸	其他		
W20	52	26	20	硫化油2或煤油少许	粗研	主要用于碳钢与一般合金钢的研磨
W14	46	28	26	煤油少许	半精研及研窄长表面	
W10	42	30	28	煤油少许	半精研	
W7	41	31	28	煤油少许	精研及研端面	
W5	40	32	28	煤油少许	精研	
W3.5	40	26	26	凡士林8	精细研	
W1.5	25	35	30	凡士林10	精细研及抛光	

表6-31 碳化硅、碳化硼研磨膏及用途

名称	成分及比例（质量分数）（%）	用 途	
碳化硅	碳化硅（240#~W40）83 黄油17	粗研	用于硬质合金、陶瓷等高硬度材料的研磨
碳化硼	碳化硼（W20）65 石蜡35	半精研	
混合研磨膏	碳化硼（W20）35 白刚玉（W20~W10）与混合脂15 油酸35	半精研	
碳化硼	碳化硼（W7~W1）76 石蜡12 羊油10 松节油2	精细研	

表6-32 人造金刚石研磨膏及用途

粒度号	颜色	加工表面粗糙度 Ra/μm	粒度号	颜色	加工表面粗糙度 Ra/μm
W14	青莲	0.16~0.32	W2.5	桔红	0.02~0.04
W10	蓝	0.08~0.32	W1.5	天蓝	0.01~0.02
W7	玫红	0.08~0.16	W1	棕	0.008~0.012
W5	桔黄	0.04~0.08	W0.5	中蓝	≤0.01
W3.5	草绿	0.04~0.08			

注：1. 精细研抛有色金属，选用氧化铬类研磨膏。
2. 金刚石研磨膏主要用高硬材料研磨，如硬质合金等。

研磨皂主要用来降低工件加工表面的粗糙度，并起抛光作用。

（3）研磨工艺与工具 当正确选择研磨剂、研磨膏以后，规范研磨工艺和正确使用研磨工具和机械是必须的。

1）研磨工艺参数：在研磨或抛光时，正确确定研抛压力、速度和余量，以及研、抛运动轨迹，是获得研、抛效果的重要措施，见表6-33。

表6-33 手工研抛工艺参数和措施

<table>
<tr><th>工艺内容</th><th colspan="5">工艺参数和措施</th></tr>
<tr><td>研抛工艺准备</td><td colspan="5">1. 研抛前加工面的粗糙度 $Ra=1.6\sim0.8\mu m$
2. 去除加工时出现的毛刺
3. 采用汽油或煤油清洗研抛面</td></tr>
<tr><td>研抛压力</td><td colspan="5">1. 研抛压力一般取0.01～0.05MPa
手工粗研时为：0.1～0.2MPa
手工精研时为：0.01～0.05MPa
2. 当研磨压力为0.04～0.2MPa时，对降低加工面的粗糙度 Ra 较显著。一般在研磨较薄平面时，允许最大研磨压力为0.3MPa</td></tr>
<tr><td>研抛速度</td><td colspan="5">1. 研磨速度过高，将产生：
1）较高的热量，使研磨质量降低
2）研具将易磨损，影响加工面几何形状和精度
3）易使圆盘研磨的研磨盘外圈和内圈的速度差加大，从而加大外圈研磨量
2. 一般研抛速度应为10～150m/min。精研速度＜30m/min，手工精研时为20～40次/min，手工粗研速度为40～60次/min</td></tr>
<tr><td rowspan="10">研抛余量（实例）</td><td colspan="2">工序名称</td><td>加工余量/mm</td><td>磨料粒度</td><td>表面粗糙度 $Ra/\mu m$</td></tr>
<tr><td colspan="2">备料成形</td><td>$1^{+0.1}_{-0.2}$</td><td>—</td><td>3.2</td></tr>
<tr><td colspan="2">淬火前粗磨</td><td>0.35～0.05</td><td>$46^{\#}$</td><td>0.8</td></tr>
<tr><td colspan="2">淬火后精磨</td><td>0.05～0.01</td><td>$60^{\#}$</td><td>0.4</td></tr>
<tr><td>Ⅰ次</td><td rowspan="2">粗研</td><td>0.011～0.003</td><td>W5～W7</td><td>0.1</td></tr>
<tr><td>Ⅱ次</td><td>0.004～0.001</td><td>W3.5</td><td>0.05</td></tr>
<tr><td>Ⅰ次</td><td rowspan="2">半精研</td><td>0.0015～0.0005</td><td>W2.5</td><td>0.025</td></tr>
<tr><td>Ⅱ次</td><td>0.0005～0.0003</td><td>W1.5</td><td>0.012</td></tr>
<tr><td colspan="2">精研</td><td>达到尺寸精度</td><td>W1～W1.5</td><td>0.008</td></tr>
<tr><td colspan="5">1. 研抛余量将取决于前工序的精度与表面粗糙度。原则上、研抛为研去前工序留下的痕迹。
2. 为保证加工面精度，研磨余量一般取小值。
3. 由 $Ra0.8\mu m$ 研到 $Ra0.05\mu m$ 的研磨余量参考值为：以淬火钢为例：
内孔 $\phi25\sim\phi125mm$ 的研磨余量为：0.04～0.08mm；
外圆≤$\phi10mm$ 的研磨余量为：0.03～0.04mm；
$\phi11\sim\phi30mm$ 的研磨余量为：0.03～0.05mm；
$\phi31\sim\phi60mm$ 的研磨余量为：0.04～0.06mm；
平面的研磨余量为：0.015～0.03mm</td></tr>
</table>

2）常用圆柱体外圆研磨工具与机械。模具通用零件中需进行外圆研磨的工件主要是导柱。常用导柱结构有四种，如图6-5所示。

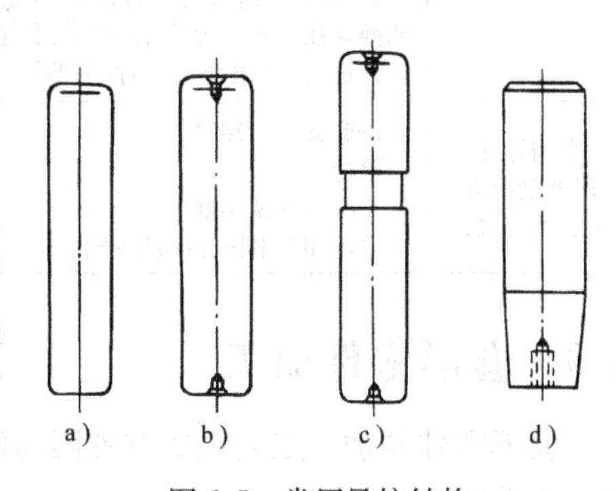

图6-5 常用导柱结构

其中a型结构为最常用导柱，宜采用大批量生产，其两端不设中心孔。因此，外圆研磨的前工序常采用无心磨，研磨时，常采用研磨机研磨，见表6-34。b、c型两端设中心孔，采用外圆磨为研磨前工序。d型的压装部分为锥面，常用于可拆卸结构。b、c、d型导柱的导向部分可采用研磨环进行研磨，见表6-34。

表6-34　研磨工具、机械和方法

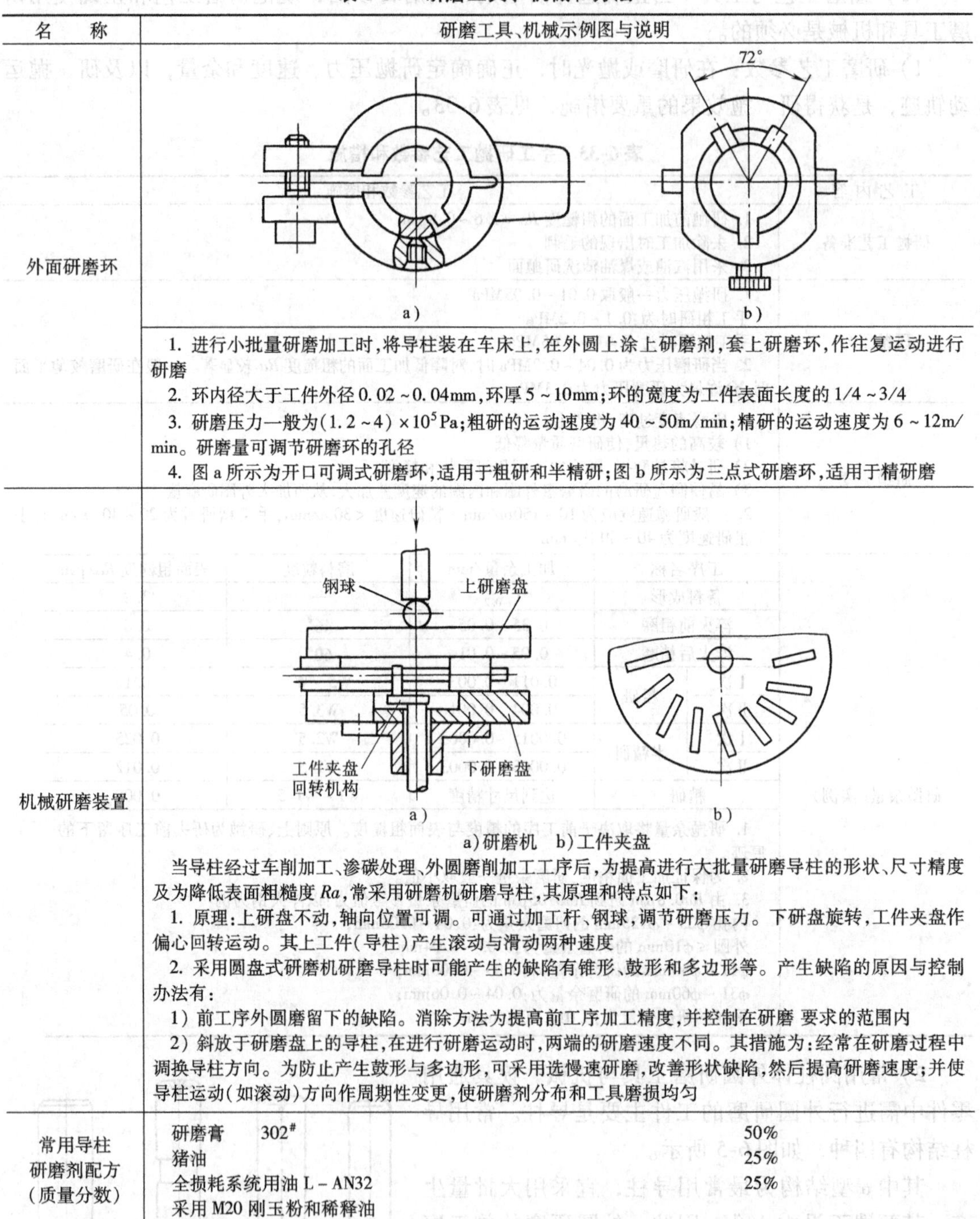

名　称	研磨工具、机械示例图与说明
外面研磨环	a)　b) 1. 进行小批量研磨加工时，将导柱装在车床上，在外圆上涂上研磨剂，套上研磨环，作往复运动进行研磨 2. 环内径大于工件外径0.02～0.04mm，环厚5～10mm；环的宽度为工件表面长度的1/4～3/4 3. 研磨压力一般为$(1.2\sim4)\times10^5$Pa；粗研的运动速度为40～50m/min；精研的运动速度为6～12m/min。研磨量可调节研磨环的孔径 4. 图a所示为开口可调式研磨环，适用于粗研和半精研；图b所示为三点式研磨环，适用于精研磨
机械研磨装置	a)研磨机　b)工件夹盘 当导柱经过车削加工、渗碳处理、外圆磨削加工工序后，为提高进行大批量研磨导柱的形状、尺寸精度及为降低表面粗糙度Ra，常采用研磨机研磨导柱，其原理和特点如下： 1. 原理：上研盘不动，轴向位置可调。可通过加工杆、钢球，调节研磨压力。下研盘旋转，工件夹盘作偏心回转运动。其上工件(导柱)产生滚动与滑动两种速度 2. 采用圆盘式研磨机研磨导柱时可能产生的缺陷有锥形、鼓形和多边形等。产生缺陷的原因与控制办法有： 1）前工序外圆磨留下的缺陷。消除方法为提高前工序加工精度，并控制在研磨 要求的范围内 2）斜放于研磨盘上的导柱，在进行研磨运动时，两端的研磨速度不同。其措施为：经常在研磨过程中调换导柱方向。为防止产生鼓形与多边形，可采用选慢速研磨，改善形状缺陷，然后提高研磨速度；并使导柱运动(如滚动)方向作周期性变更，使研磨剂分布和工具磨损均匀
常用导柱研磨剂配方(质量分数)	研磨膏　302#　　50% 猪油　　25% 全损耗系统用油L-AN32　　25% 采用M20刚玉粉和稀释油

6.3　套形零件加工

套形零件的加工工艺主要有外圆与端面车削加工，内孔钻、镗加工，外圆与内孔磨削加工，内孔的研磨加工。

6.3.1　导套及其加工要求

1. 导套类型与结构

模具构件中最典型的套形零件为构成冲模导向副的导套。导套的类型和结构，根据标准GB/T 2861.6～8—2008，有表6-35中所列四种类型。

表6-35　导套类型与结构

名称（标准号）	示例图	说明	名称（标准号）	示例图	说明
A型导套（GB/T 2861.6）	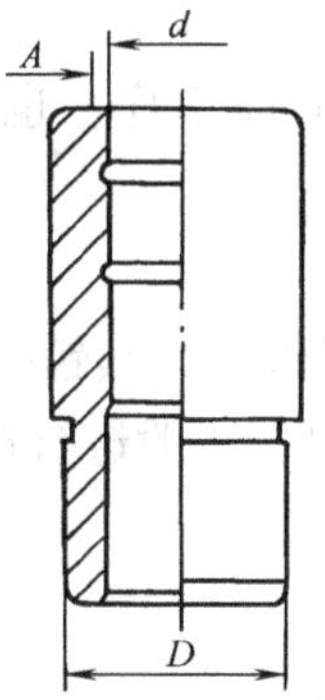	1. 压入模座孔直径为小头，为有肩导套 2. 用于滑动导向模架，是使用最多的导套	B型导套（GB/T 2861.7）	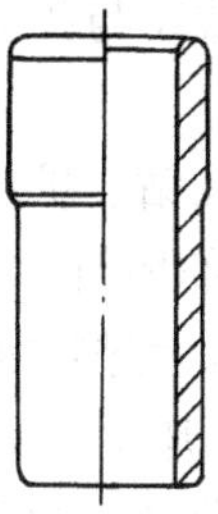	1. 此类型导套主要用于滚动导向的模架 2. 也是有肩导套，直径小的一端压入模座孔内
C型导套（GB/T 2861.8）	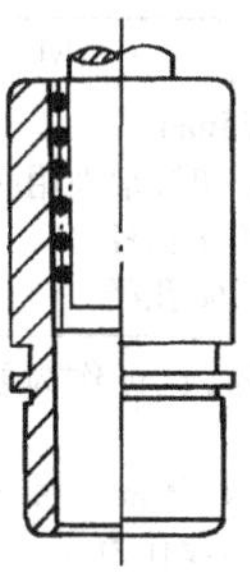	1. 主要用于可卸式、滑动导向模架。也是有肩导套；其小直径端装入模座孔 2. C型导套也可用于滚动导向模架	带凸缘导套	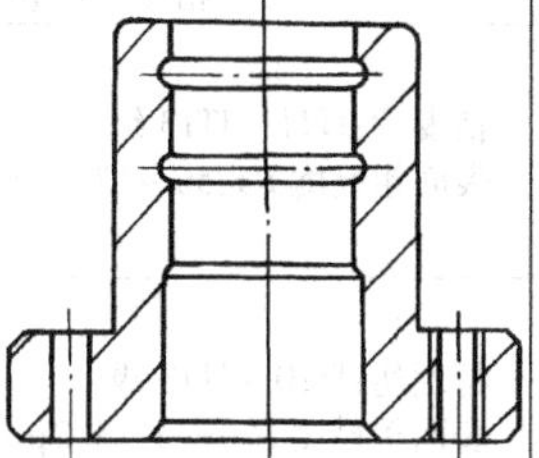	1. 为带凸缘的导套，装配时可移动，以便于调节、对合上、下模，使在同轴线上 2. 主要用大型特殊模架或重载偏负荷模架

2. 导套的形状、位置、配合精度与表面粗糙度

导套的加工工艺除取决于导套形状、结构外，其形状、位置、尺寸、配合精度和表面粗糙度的要求，也是确定加工工艺、工艺顺序和定位、装夹方式的主要依据。根据JB/T 8071—2008，导套的技术要求分别简述如下：

（1）孔与外圆的同轴度要求　孔的滑动或滚动部分（d）的中心线与固定于上模座孔内的外圆（D）中心线之间的同轴度，应控制在允许的范围内。即当滑动部分（d）的极限偏差为H6时，其同轴度为0.006mm；当滑动部分（d）的极限偏差为H7时，其同轴度为0.008mm。

（2）导套孔的形状精度与表面粗糙度　孔的滑动或滚动部分内径的圆柱度见表6-36。

根据模具零件标准要求，导套内孔滑动与滚动部分的表面粗糙度为：滑动导向内孔粗糙度 $Ra=0.2\mu m$；滚动导向内孔粗糙度 $Ra=0.05\mu m$。可见，导套内孔须经过研磨。

（3）有台肩导套的台肩侧面对孔中心线的跳动量为0.005mm。

表6-36　导套孔的滑动或滚动部分内径圆柱度

内径/mm	圆柱度	
	0Ⅰ、Ⅰ级	0Ⅱ、Ⅱ级
≤30	0.004	0.006
>30～45	0.005	0.007
>45	0.006	0.008

因此，在以内孔为基准、一次装夹的条件下，精密车削外圆（或精密磨削）的同时，亦精密车削（或精密磨削）导套台肩端面，以保证台肩端面对外圆面的垂直度允差，来保证其端面对内孔面中心线的圆跳动量。

6.3.2　套形零件内孔的切削加工

根据导形零件（如导套）结构、形状的技术要求，其加工工艺顺序需先行加工内孔，再以内孔为基准，加工其外圆和其他加工面。而导套内孔加工工艺主要有热处理前的钻孔、扩孔与镗孔，热处理后的磨孔与研孔等。

1. 内孔钻、扩加工

套形工件的钻孔与扩孔是半精和精密车削外圆和端面的前工序，也是磨孔工序的预加工。

（1）导套内孔钻、扩加工工艺质量要求

1）套形工件的坯料。导套在单件和少量生产时，可采用棒材，其镗孔前需进行钻孔与扩孔，且可在车床上进行加工；批量生产时，可采管材作坯料，一般进行扩孔、镗孔作为磨孔前工序、可在车床上（或采用专用夹具）进行钻孔与扩孔。

2）钻孔、扩孔工艺精度与质量要求，见表6-37。

表6-37　钻孔、扩孔工艺精度与质量

工艺	工艺精度与质量	说　明
钻孔	精度达：IT11～IT13级 表面粗糙度 Ra：50～12.5μm	1. 钻头直径一般：<75mm 2. 当钻孔直径>30mm时，常采用两次加工，即 Ⅰ次钻孔为：50%～70%孔径 Ⅱ次扩钻为：30%～50%孔径
扩孔	精度达：IT10～IT13级 表面粗糙度 Ra：6.3～3.2μm	1. 一般为镗孔前工序，也可作为要求不高孔的最终加工工序 2. 扩孔的直径一般：<100mm；否则，力矩将过大。所以当孔径>100mm时，宜采用镗孔为宜

（2）导套内孔钻、扩加工的定位与装夹

1）若在车床上钻、扩导套内孔，其定位基准面应当为经过光加工后的外圆和端面，所限制的自由度为：$\vec{x}$、$\vec{y}$、$\vec{z}$、$\overset{\frown}{y}$、$\overset{\frown}{z}$，留 $\overset{\frown}{x}$ 作为钻孔与扩孔加工运动。

2）若在钻床上钻孔与扩孔，则可将导套装夹于专用夹具内，限制其六个自由度。钻、扩加工由钻头与扩孔钻作加工运动。

（3）导套内孔加工用钻头及其结构要素与几何参数　孔加工的工艺方法有钻孔、铰孔、镗孔、拉（推）孔、复合孔加工等。因此，与各工艺方法相适应的刀具有钻头、铰刀、镗刀、拉刀与推刀，以及复合孔加工刀具等。其中，钻头有麻花钻、扩孔钻、深孔钻和锪钻四种。而套形工件，如导套则多采用麻花钻与扩孔钻，以加工镗孔前底孔。

1）麻花钻常用类型有高速钢和硬质合金麻花钻两种。高速钢麻花钻的类型与用途，见表6-38；硬质合金麻花钻分整体和镶片两种类型，主要用于加工脆性材料，如铸铁、玻璃，以及高锰合金钢等高硬材料。

2）麻花钻结构要素与几何参数对钻削过程中的分屑、断屑与排屑、钻头的寿命与定心等，都将产生重要影响。其结构要素和几何参数及选择分别见表6-39、表6-40、表6-41、表6-42。其莫氏锥柄号与直径公差分别见表6-43和表6-44。

表 6-38　高速钢麻花钻的类型与用途

标准号	类型	直径范围/mm	简　图	用　途
GB/T 6135.2—2008	直柄小麻花钻	0.2～1.95		在台钻床或车床上用钻夹头装夹麻花钻钻孔，可用钻模
GB/T 6135.1—2008	粗直柄小麻花钻	0.1～0.35		在自动机床上可用同一种规格的弹簧夹头装夹不同直径的麻花钻钻微孔
GB/T 6135.2—2008	直柄短麻花钻	0.5～40.0		在自动机床、转塔车床或手动工具上钻浅孔或打中心孔。左旋麻花钻按订货生产，用在主轴左旋的自动机床上钻孔
GB/T 6135.2—2008	直柄麻花钻	2.0～20.0		在各种机床上，用钻模或不用钻模钻孔
GB/T 6135.3—2008	直柄长麻花钻	1.0～31.5		在各种机床上用钻模钻孔或不用钻模钻较深孔
GB/T 1438—2008	锥柄麻花钻	3.0～100.0		在各种机床上用钻模或不用钻模钻孔
GB/T 1438.2—2008	锥柄长麻花钻	5.0～50.0		在各种机床上用钻模钻孔或不用钻模钻较深孔
GB/T 1438.4—2008	锥柄加长麻花钻	6.0～30.0		在各种机床上用钻模钻较深孔或不用钻模钻深孔
GB/T 1438.1—2008	粗锥柄麻花钻	12.0～76.0		在有振动和较强负荷的条件下钻孔用
GB/T 6135.4—2008	直柄超长麻花钻	2.0～14.0		用一般直柄麻花钻钻削不到的箱体零件上的较浅孔
GB/T 6135.3—2008	锥柄超长麻花钻	6.0～50.0		用一般锥柄麻花钻钻削不到的箱体零件上的较浅孔

表 6-39　麻花钻的结构要素和几何参数

麻花钻结构示例图

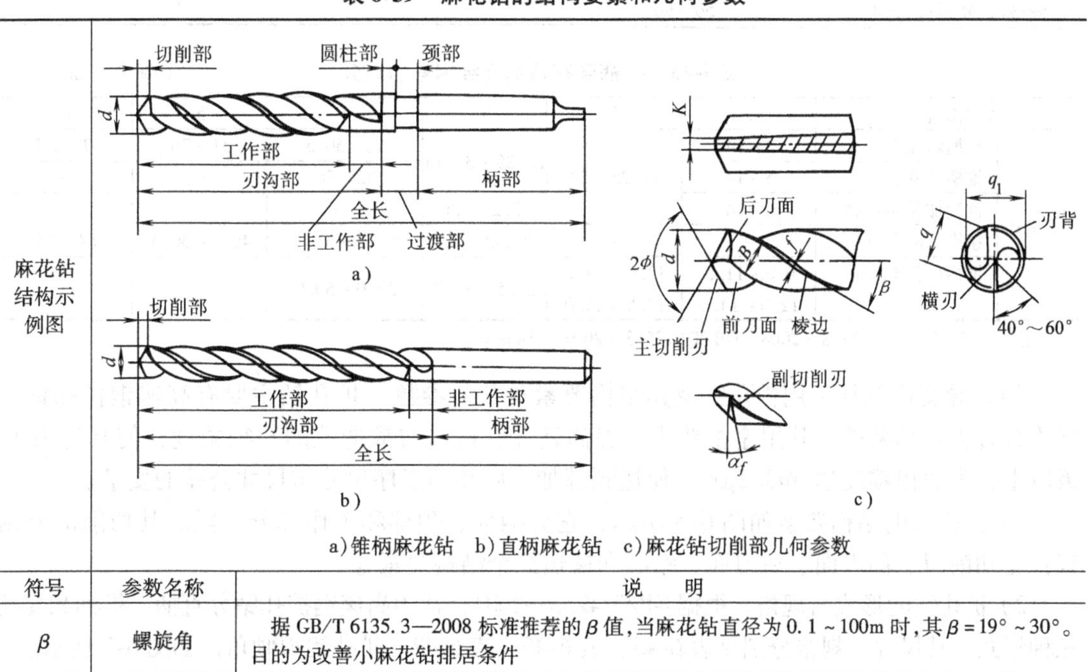

a）锥柄麻花钻　b）直柄麻花钻　c）麻花钻切削部几何参数

符号	参数名称	说　明
β	螺旋角	据 GB/T 6135.3—2008 标准推荐的 β 值，当麻花钻直径为 0.1～100m 时，其 β = 19°～30°。目的为改善小麻花钻排居条件

（续）

符号	参数名称	说　明
2ϕ	顶角	一般为118°。当钻削的材料硬度越小，则其2ϕ也越小，目的为易于导屑，改善钻削条件
α_f	后角	当麻花钻直径为0.1～100mm时，其后角则为：$\alpha_f = 28° \sim 8°$。即，当麻花钻直径越大，其后角当减小，使主切削刃的强度增大，提高寿命
ψ	横刃前角	推荐值为40°～60°。ψ大，则可缩短横刃，有利于分屑和断屑，增大钻心部分的排屑空间，有利于改善钻削条件

表6-40　通用型麻花钻的主要几何参数的推荐值（GB/T 6135.3—2008）　（单位：°）

d/mm	β	2ϕ	α_f	ψ
0.1～0.28	19	118	28	40～60
0.29～0.35	20			
0.36～0.49			26	
0.50～0.70	22		24	
0.72～0.98	23			
1.00～1.95	24		22	
2.00～2.65	25		20	
2.70～3.30	26		18	

d/mm	β	2ϕ	α_f	ψ
3.40～4.70	27	118	16	40～60
4.80～6.70	28			
6.80～7.50	29			
7.60～8.50			14	
8.6～18.00	30		12	
18.25～23.00			10	
23.25～100			8	

表6-41　麻花钻顶角2ϕ的推荐值

（单位：°）

加工材料	2ϕ
钢、铸铁、硬青铜	116～120
不锈钢、高强度钢、耐热合金	125～150
黄铜、软青铜	130
铝合金、巴氏合金	140
纯铜	125
锌合金、镁合金	90～100
硬橡胶、硬塑料、胶木	50～90

表6-42　麻花钻螺旋角β　（单位：°）

工件材料	钻头直径d/mm		
	<1	1～10	>10
碳钢、合金钢、铸铁	19～24	24～30	30
黄铜、青铜、硬橡胶、硬塑料	8～10	10～12	12～20
铝、铝合金及其他软金属	25～30	30～40	40～45
难加工材料、高强度钢			10～15

表6-43　锥柄麻花钻莫氏锥柄号的划分　（单位：mm）

	莫氏锥柄号	1	2	3	4	5	6
直径d	锥柄麻花钻	3～14	14.25～23	23.25～31.75	32～50.5	51～76	77～100
	锥柄长麻花钻	5～14			32～50	—	—
	锥柄加长麻花钻	6～14		23.25～30	—	—	—
	粗锥柄麻花钻	—	12～14	18.25～23	26.75～31.75	40.5～50.5	64～76
	锥柄超长麻花钻	6.0～11.5 12.0～14.0	12.0～14.0 14.5～23.0	23.5～31.0	32.0～50.0	—	—

注：本表根据GB/T 1438—2008、GB/T 6135.3—2008归纳整理。

（4）导套内孔加工用扩孔钻及其结构要素与几何参数　扩孔钻主要有高速钢扩孔钻和硬质合金扩孔钻两类。其用途主要为：提高钻孔、铸造与锻造孔的孔径精度，使其达H 11级以上；表面粗糙度达$Ra3.2\mu m$。使达到镗加工底孔的工序尺寸与尺寸公差的要求。

1）扩孔钻的结构要素如图6-6所示，它分柄部、颈部和工作部分三段。其切削部分则有：主切削刃、前刀面、后刀面、钻心和棱边五个结构要素 。

2）扩孔钻的形式与规格。根据GB/T 4256—2004，常用高速钢扩孔钻分直柄、锥柄和套装三种形式。其尺寸、规格分别见表6-45、表6-46、表6-47。扩孔铝刃倾角，如图6-7所示。

表 6-44　高速钢麻花钻直径公差

（单位：mm）

钻头直径	直径公差	
	上偏差	下偏差
0.1 ~ 0.48	0	-0.01
0.5 ~ 3		-0.014
>3 ~ 6		-0.018
>6 ~ 10		-0.022
>10 ~ 18		-0.027
>18 ~ 30		-0.033
>30 ~ 50		-0.039
>50 ~ 80		-0.046
>80 ~ 100		-0.054

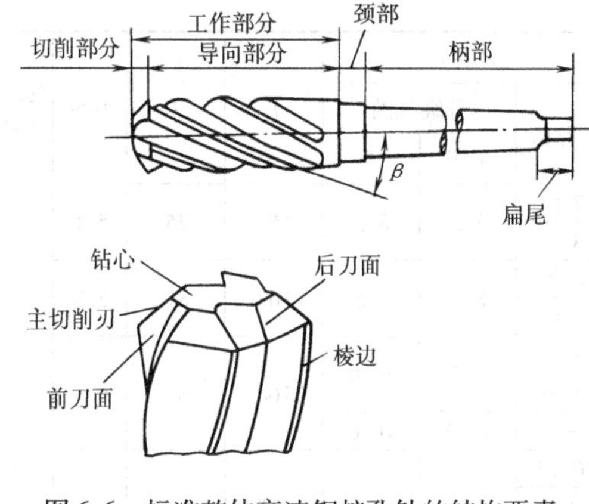

图 6-6　标准整体高速钢扩孔钻的结构要素

表 6-45　整体高速钢直柄扩孔钻形式和尺寸（GB/T 4256—2004）　（单位：mm）

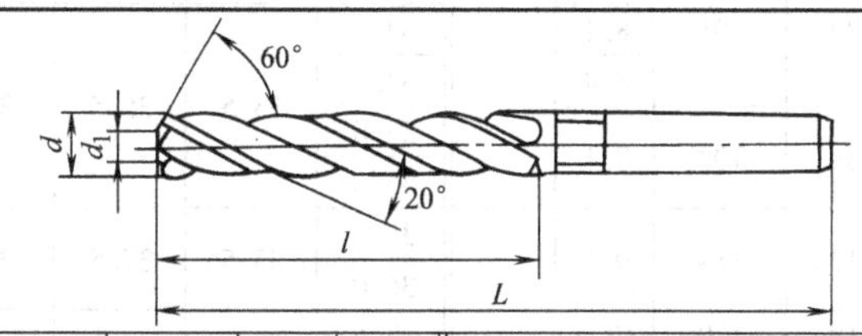

d 推荐值	d 分级范围 大于	d 分级范围 至	d 偏差	L	l	d_1 ≈
3.00	—	3.00	0 -0.014	61	33	1.2
3.30	3.00	3.35	0 -0.018	65	36	1.5
3.50	3.35	3.75		70	39	
3.80	3.75	4.25		75	43	2
4.00						
4.30	4.25	4.75		80	47	2.6
4.50						
4.80	4.75	5.30		86	52	3.2
5.00						
5.80	5.30	6.00		93	57	3.9
6.00				101	63	
—	6.00	6.70	0 -0.022			
6.80	6.70	7.50		109	69	4.5
7.00						
7.80	7.50	8.50		117	75	5.2
8.00						
8.80	8.50	9.50		125	81	5.8
9.00						
9.80	9.50	10.00		133	87	6.5
10.00						

d 推荐值	d 分级范围 大于	d 分级范围 至	d 偏差	L	l	d_1 ≈
—	10.00	10.60	0 -0.027	133	87	6.5
10.75	10.60	11.80		142	94	7.1
11.00						
11.75						
12.00	11.80	13.20		151	101	7.8
12.75						8.1
13.00						8.4
13.75	13.20	14.00		160	108	9.1
14.00						
14.75	14.00	15.00		169	114	9.7
15.00						
15.75	15.00	16.00		178	120	10.4
16.00						
16.75	16.00	17.00		184	125	11
17.00						
17.75	17.00	18.00		191	130	11.7
18.00						
18.70	18.00	19.00	0 -0.033	198	135	12.3
19.00						
19.70	19.00	20.00		205	140	13

注：直径 d 推荐值系常备的扩孔钻规格，用户有特殊需要时，也可供应分级范围内任一直径的扩孔钻。

表 6-46　整体高速钢锥柄扩孔钻形式和尺寸（GB/T 4256—2004）　（单位：mm）

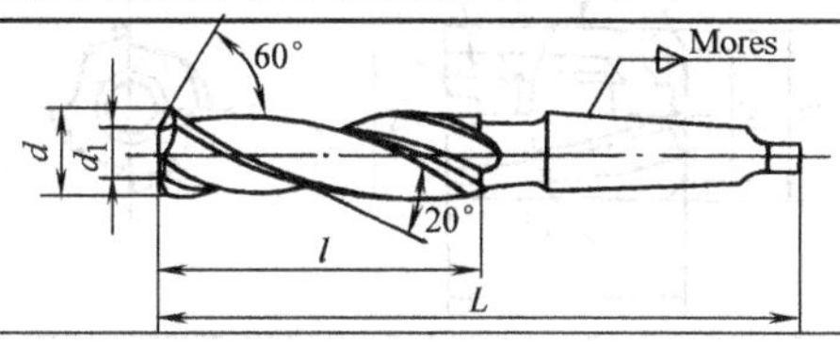

（续）

d(h8) 推荐值	分级范围 大于	分级范围 至	L	l	$d_1\approx$	莫氏锥柄号
7.8	7.5	8.5	156	75	5.1	1
8.0						
8.8	8.5	9.5	162	81	5.8	
9.0						
9.8	9.5	10.0	168	87	6.5	
10.0						
—	10.0	10.6				
10.75	10.6	11.8	175	94	7.1	
11.0						
11.75						
12.0	11.8	13.2	182	101	7.8	
12.75					8.1	
13.0					8.4	
13.75	13.2	14.0	189	108	9.1	
14.0						
14.75	14	15	212	114	9.7	2
15.0						
15.75	15	16	218	120	10.4	
16.0	15	16	218	120	10.4	
16.75	16	17	223	125	11	
17.0						
17.75	17	18	228	130	11.7	
18.0						
18.7	18	19	233	135	12.3	
19.0						
19.7	19	20	238	140	13	
20.0						
20.7	20	21.2	243	145	13.6	
21.0						
21.7	21.2	22.4	248	150	14.3	
22.0						
22.7	22.4	23.02	253	155	15	
23.0						
—	23.02	23.6	276			3
23.7	23.6	25	281	160	15.6	
24.0						

d(h8) 推荐值	分级范围 大于	分级范围 至	L	l	$d_1\approx$	莫氏锥柄号
24.7	23.6	25.0	281	160	16.3	3
25.0						
25.7	25.0	26.5	286	165	17	
26.0						
27.7	26.5	28.0	291	170	17.6	
28.0					18.3	
29.7	28.0	30.0	296	175	19	
30.0					19.5	
—	30.0	31.5	301	180		
31.6	31.5	31.75	306	185	20	
32.0	31.75	33.5	334		21	4
33.6	33.5	35.5	339	190	21.5	
34.0					22	
34.6					22.6	
35.0					23	
35.6	35.5	37.5	344	195	23.5	
36.0						
37.6	37.5	40.0	349	200	24.5	
38.0						
39.6					25	
40.0					26	
41.6	40.0	42.5	354	205	26.5	
42.0					27	
43.6	42.5	45.0	359	210	28	
44.0					28.5	
44.6					29	
45.0						
45.6	45.0	47.5	364	215	30	
46.0						
47.6	47.5	50.0	369	220	30.5	
48.0					31	
49.6					32	
50.0					32.5	

注：直径 d 推荐值系常备的扩孔钻规格，用户有特殊需要时，也可供应分级范围内任一直径的扩孔钻。

表 6-47　套式扩孔钻形式和尺寸　　　　（单位：mm）

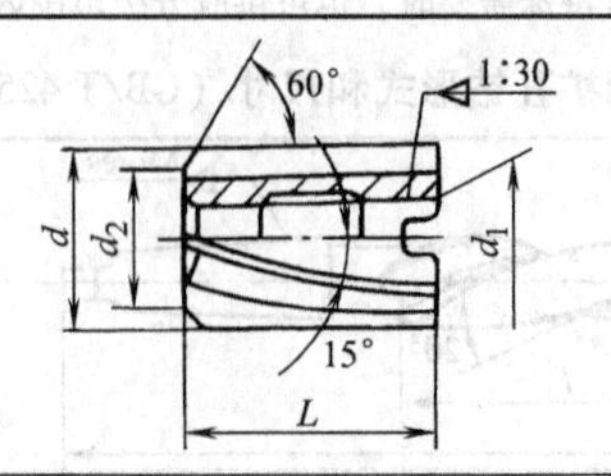

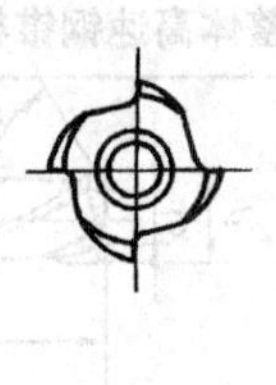

（续）

d(h8)			L		d_1	d_{2min}
推荐值	分级范围		基本尺寸	偏差		
	大于	至				
25	23.6	35.5	45	0 -1.6	13	20
26						21
27						22
28						23
29						24
30						25
31						26
32						27
33						28
34						29
35						30
36	35.5	45.0	50		16	30
37						31
38						32
39						33
40						34
42						36
44						38
45						39

d(h8)			L		d_1	d_{2min}
推荐值	分级范围		基本尺寸	偏差		
	大于	至				
46	45	53	56	0 -1.9	19	38
47						39
48						40
50						42
52						44
55	53	63	63		22	46
58						49
60						51
62						53
65	63	75	71			54
70					27	59
72						61
75						64
80	75	90	80		32	67
85						72
90						77
95	90	100	90	0 -2.2	40	80
100						85

注：直径 d 推荐值系常备的扩孔钻规格，用户有特殊需要时，也可供应分级范围内任一直径的扩孔钻。

3）硬质合金扩孔钻主要用于铸造及加工有色金属材料的孔。一般，扩孔钻直径 40mm≥d>14mm 时，采用焊接刀片结构；当 d>40mm 时，则采用镶齿式结构。

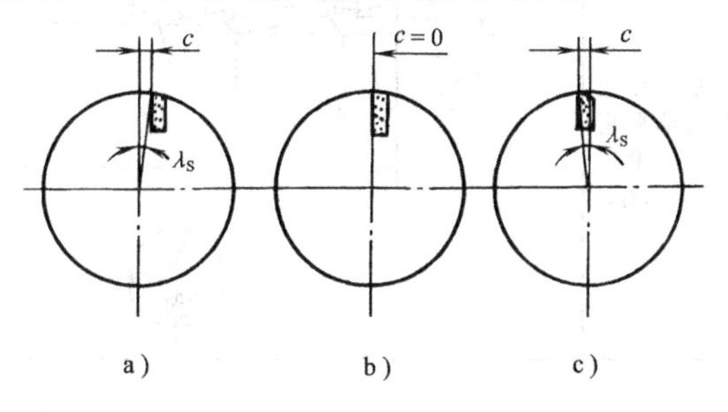

图 6-7　扩孔钻刃倾角

a）$\lambda_s>0°$　b）$\lambda_s=0°$　c）$\lambda_s<0°$

2. 锪钻与中心钻

（1）锪钻　是孔加工或套形工件内孔加工用重要辅助刀具；中心钻则是圆柱形零件（见 6.2 节）外圆外加工（车、磨）或冲模成形凸模与凹模拼块圆弧加工，及钻中心孔时，作为定位基准或辅助支承用的刀具。

锪钻主要有三种形式：外锥面锪钻、内锥面锪钻和平面钻。内、外锥面锪钻一般采用高速钢制造；平面锪钻则有高速钢和焊接硬质合金刀片锪钻两种。

标准锪钻的结构形式、规格、用途和标准号见表 6-48。

表 6-48　锪钻结构形式与用途　　（单位：mm）

名称（标准号）	结构示例图	说　明
直柄锥面锪钻（GB/T 4258—2004）	d　d_2　$\varphi_{-1}^{\ 0}$　d_1　l　L	1. φ=60°,90°,120° 2. d(h12)=ϕ8~ϕ25 3. d_1=8~10；d_2=1.6~7 4. 齿数：d=ϕ8~ϕ12.5 为 4 齿；d=ϕ16~ϕ25 为 6 齿 5. 用途：可装在钻床上、锪孔口的锥面（倒孔口角），或去孔口毛刺

（续）

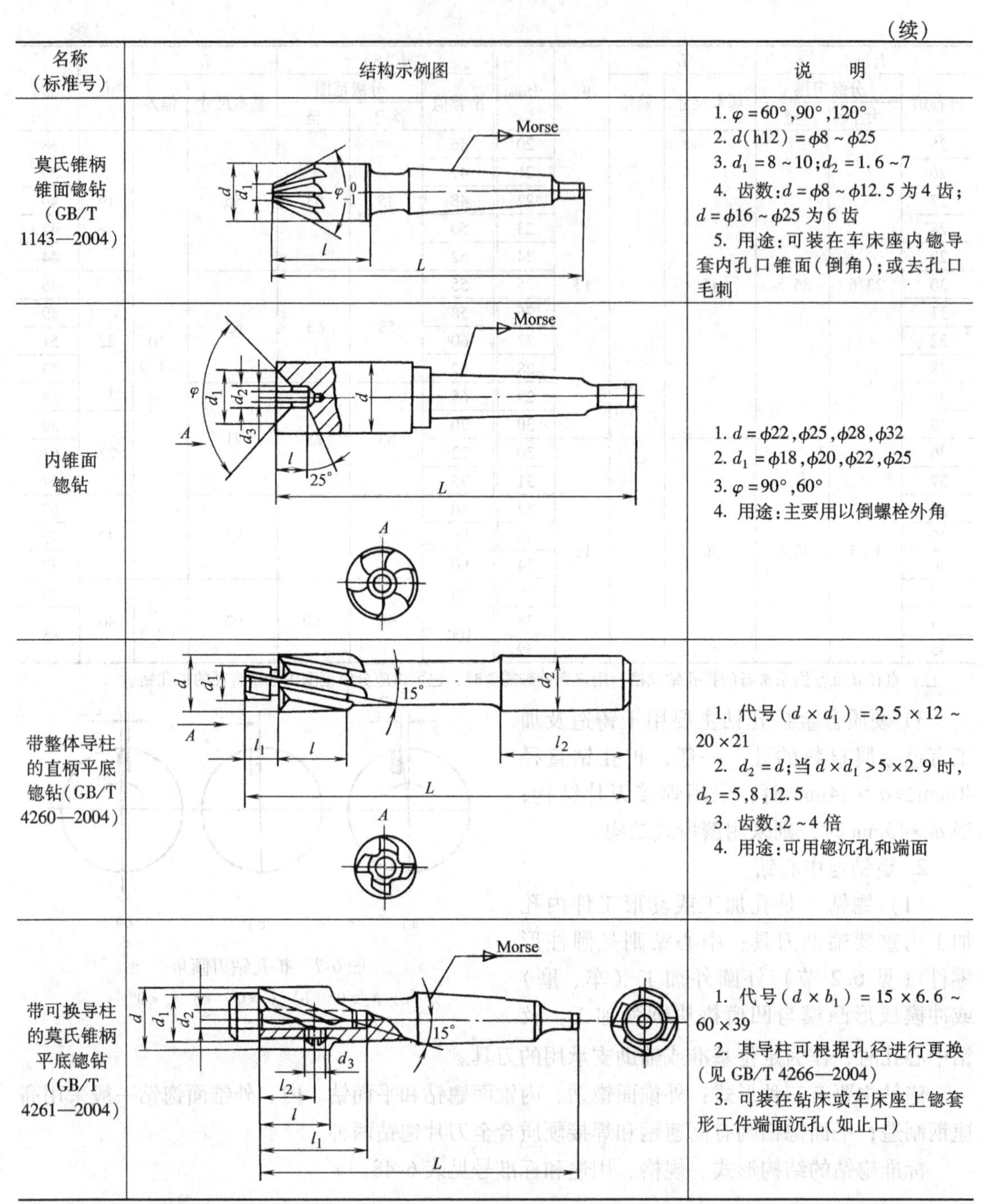

名称（标准号）	结构示例图	说明
莫氏锥柄锥面锪钻（GB/T 1143—2004）		1. $\varphi=60°, 90°, 120°$ 2. $d(h12)=\phi8\sim\phi25$ 3. $d_1=8\sim10$；$d_2=1.6\sim7$ 4. 齿数：$d=\phi8\sim\phi12.5$ 为 4 齿；$d=\phi16\sim\phi25$ 为 6 齿 5. 用途：可装在车床座内锪导套内孔口锥面（倒角）；或去孔口毛刺
内锥面锪钻		1. $d=\phi22, \phi25, \phi28, \phi32$ 2. $d_1=\phi18, \phi20, \phi22, \phi25$ 3. $\varphi=90°, 60°$ 4. 用途：主要用以倒螺栓外角
带整体导柱的直柄平底锪钻（GB/T 4260—2004）		1. 代号（$d\times d_1$）$=2.5\times12\sim20\times21$ 2. $d_2=d$；当 $d\times d_1>5\times2.9$ 时，$d_2=5, 8, 12.5$ 3. 齿数：2～4 倍 4. 用途：可用锪沉孔和端面
带可换导柱的莫氏锥柄平底锪钻（GB/T 4261—2004）		1. 代号（$d\times b_1$）$=15\times6.6\sim60\times39$ 2. 其导柱可根据孔径进行更换（见 GB/T 4266—2004） 3. 可装在钻床或车床座上锪套形工件端面沉孔（如止口）

注：高速钢与硬质合金莫氏短锥柄平底锪钻，及大、小直径端面锪钻、片形端面锪钻，可参见有关工艺手册。

（2）中心孔钻　车削、磨削外圆、锥面和外螺纹时，先加工其两端与中心孔作为定位基准，如图 6-8 所示，以保证各加工面之间的相对位置精度。因此，钻中心孔亦是要求较高的辅助工序。其具体要求与研修方法如下：

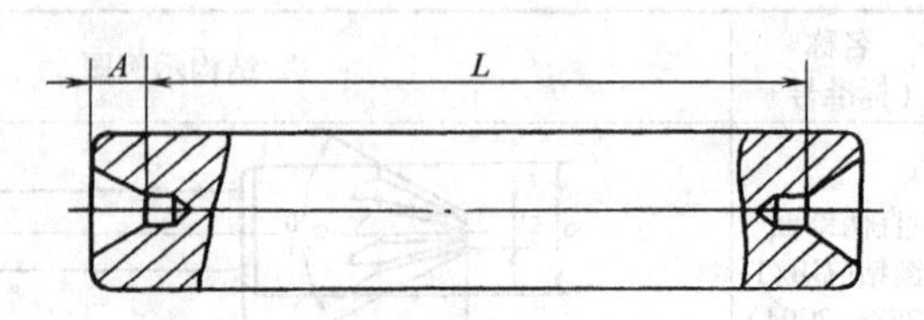

图 6-8　圆柱形零件定位中心孔

1）精密定位要求两端中心孔需在同一中心线上。其对中心线的圆跳动量 <1μm。

2）60°内锥面的圆度误差将反映在工件上。因此，须予以控制。

3）60°内锥面的表面粗糙度要求 $Ra<0.1\mu m$，表面不应有碰伤、划痕、毛刺等缺陷。因此，常设有护锥面。

4）锥角要求准确。一般，顶尖与中心孔在锥孔大端接触，接触环带宽为 1～2mm。

因此，钻出的中心孔要求高精度时，则需进行修研，可在车床上采用铸铁顶尖加研磨剂、润滑油（或采用油石，橡胶轮）进行修研；亦可在中心孔磨床上进行修磨。

根据上述中心孔钻及其要求，常用中小钻有钻中心孔用中小钻和钻孔定中心用中心钻两类。中心钻的结构形式与用途见表 6-49。

表 6-49　中心钻类型、结构形式与用途　（单位：mm）

类型	名称（标准号）	结构示例图	用途与说明
钻中心孔用中心钻	不带护锥中心钻（GB/T 6078—1998 A 型）	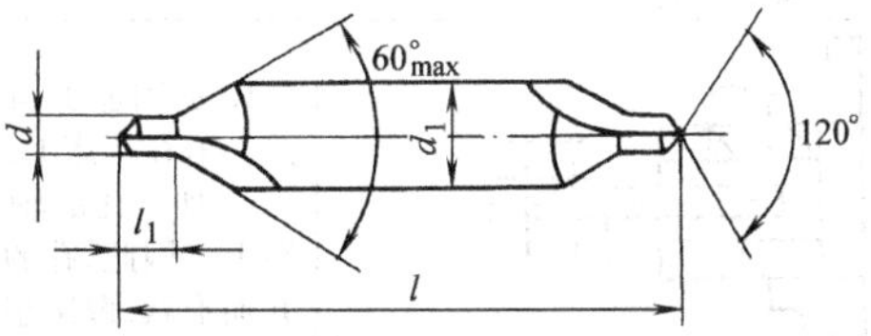	1. 适用于加工 GB/T 145—2001 A 型中心孔 2. 中心孔径 $d=1\sim10$
	带护锥中心锥（GB/T 6078—1998 B 型）	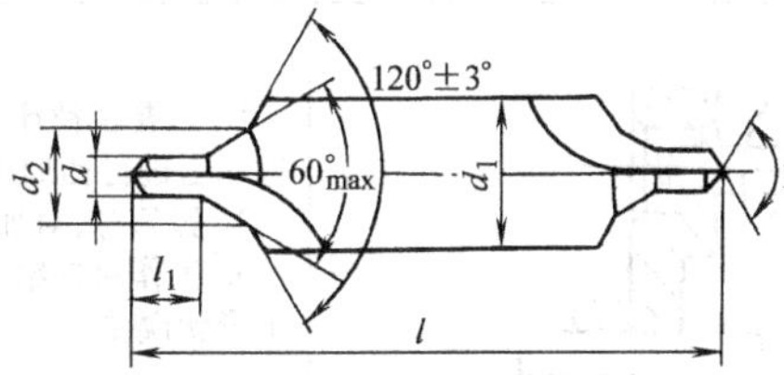	1. 适用于加工 GB/T 145—2001 B 型带护锥中心孔 2. 中心孔径 $d=1\sim10$
	弧形中心钻（GB/T 6078—1998 R 型）	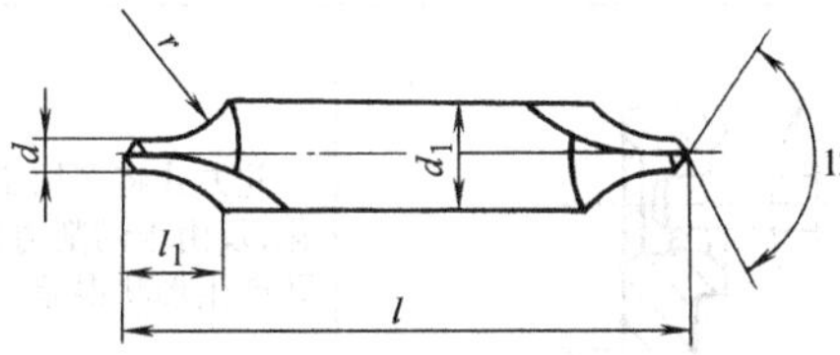	1. 适用于加 GB/T 145—2001 R 型弧形中心孔 2. 中心孔径：$d=1\sim10$
钻孔定中心用中心钻		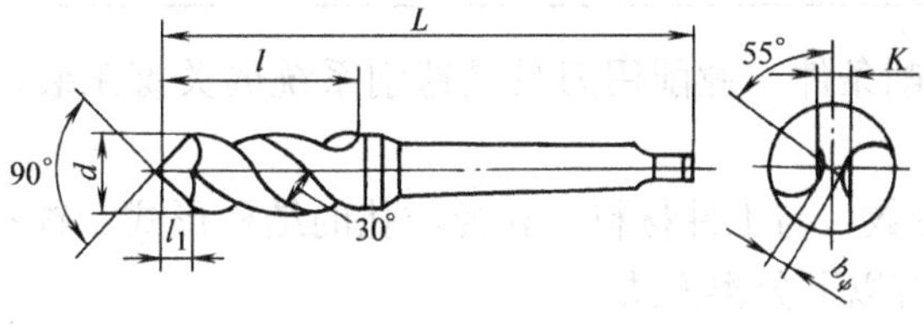	一般，适用于自动车床上进行钻孔之前，钻定中心

3. 镗套形工件内孔

（1）镗孔工艺

1）镗孔加工也是孔加工中的精密加工工艺。

2）它可以镗圆孔、锥孔等不同结构与孔径的孔，其镗孔精度、表面粗糙度与加工余量，见表 6-50。

表 6-50 镗孔精度、表面粗糙度与镗削余量 （单位：mm）

孔径 ϕ	镗削余量（直径上）	公差等级（IT5 ~ IT10）		表面粗糙度 $Ra/\mu m$
		尺寸精度	圆度	
3 ~ 6	0.5	0.03	0.005	$0.61 < Ra \leqslant 10$
>6 ~ 10				
>10 ~ 18	0.8	0.05		
>18 ~ 30	1 ~ 1.2			
>30 ~ 50				
>50 ~ 80		0.07		

因此，镗孔可作为最终工序或作为磨削的前工序。对于孔径较大的孔，如孔径在 75mm 或 100mm 以上的孔，采用镗孔工艺将是主要（或唯一）的工艺方法。

3）镗孔方法。导套内孔镗削与一般机械零件内孔的镗削加工有三种方法，见表 6-51。

表 6-51 导套与一般机械零件的内孔镗削方法

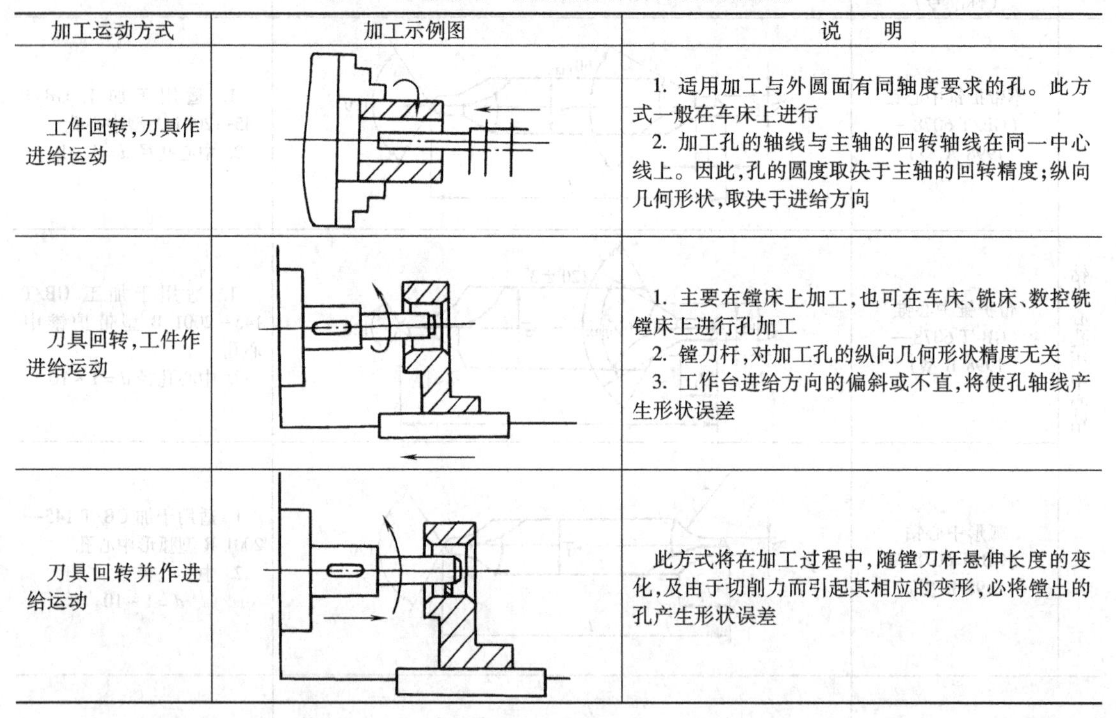

加工运动方式	加工示例图	说 明
工件回转，刀具作进给运动		1. 适用加工与外圆面有同轴度要求的孔。此方式一般在车床上进行 2. 加工孔的轴线与主轴的回转轴线在同一中心线上。因此，孔的圆度取决于主轴的回转精度；纵向几何形状，取决于进给方向
刀具回转，工件作进给运动		1. 主要在镗床上加工，也可在车床、铣床、数控铣镗床上进行孔加工 2. 镗刀杆，对加工孔的纵向几何形状精度无关 3. 工作台进给方向的偏斜或不直，将使孔轴线产生形状误差
刀具回转并作进给运动		此方式将在加工过程中，随镗刀杆悬伸长度的变化，及由于切削力而引起其相应的变形，必将镗出的孔产生形状误差

（2）镗削刀具与镗削条件　镗削用刀具是镗削系统的关键工装。镗削的工艺条件主要取决于镗刀的性能。

1）镗刀的结构及参数，与工件材料、孔径与孔的结构形式、镗孔工序以及刀具材料等都有很大关系。镗刀具有以下分类方式：

① 按切削刃数量分：单刃、双刃、多刃三种镗刀。

② 按加工面分：内孔与端面镗刀；内孔镗又可分通孔、阶梯孔和不通孔镗刀。

③ 按镗刀结构分：整体式、机夹式和可调式三种。其中，可调式又可分微调式和差动式两种。

车床、卧式镗床、坐标镗床、数控镗铣床以及加工中心上常用的各种形式的镗削刀具有粗镗头、大径粗镗头，高速精镗头、高速小径（如加工孔径为 2 ~ 13mm）孔精镗头、超精镗头等，见表 6-52。

表 6-52　现代加工中常用的各种镗刀　　（单位：mm）

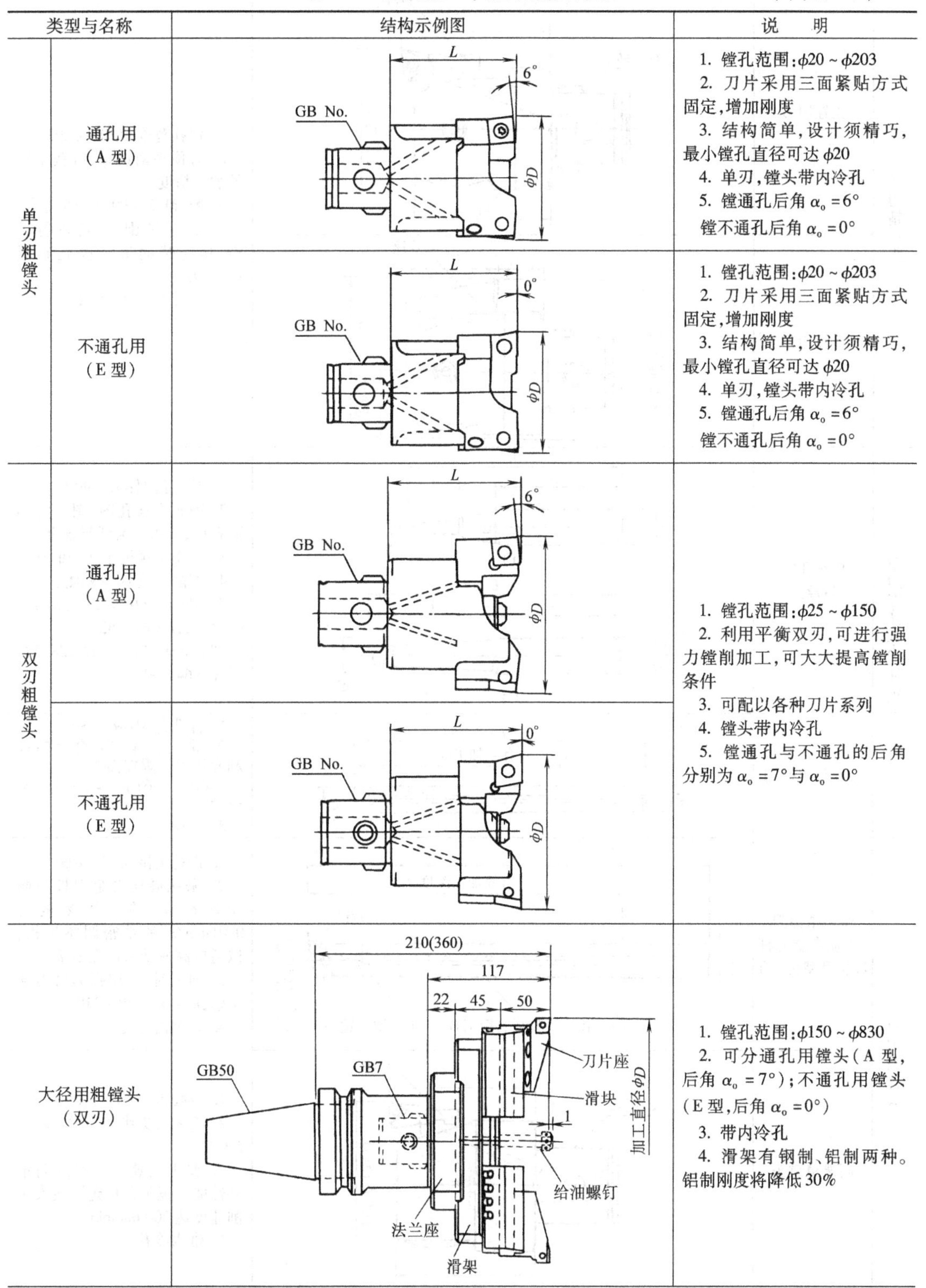

类型与名称		结构示例图	说　明
单刃粗镗头	通孔用（A 型）		1. 镗孔范围：$\phi20\sim\phi203$ 2. 刀片采用三面紧贴方式固定，增加刚度 3. 结构简单，设计须精巧，最小镗孔直径可达 $\phi20$ 4. 单刃，镗头带内冷孔 5. 镗通孔后角 $\alpha_o=6°$ 镗不通孔后角 $\alpha_o=0°$
	不通孔用（E 型）		1. 镗孔范围：$\phi20\sim\phi203$ 2. 刀片采用三面紧贴方式固定，增加刚度 3. 结构简单，设计须精巧，最小镗孔直径可达 $\phi20$ 4. 单刃，镗头带内冷孔 5. 镗通孔后角 $\alpha_o=6°$ 镗不通孔后角 $\alpha_o=0°$
双刃粗镗头	通孔用（A 型）		1. 镗孔范围：$\phi25\sim\phi150$ 2. 利用平衡双刃，可进行强力镗削加工，可大大提高镗削条件 3. 可配以各种刀片系列 4. 镗头带内冷孔 5. 镗通孔与不通孔的后角分别为 $\alpha_o=7°$ 与 $\alpha_o=0°$
	不通孔用（E 型）		
大径用粗镗头（双刃）			1. 镗孔范围：$\phi150\sim\phi830$ 2. 可分通孔用镗头（A 型，后角 $\alpha_o=7°$）；不通孔用镗头（E 型，后角 $\alpha_o=0°$） 3. 带内冷孔 4. 滑架有钢制、铝制两种。铝制刚度将降低 30%

（续）

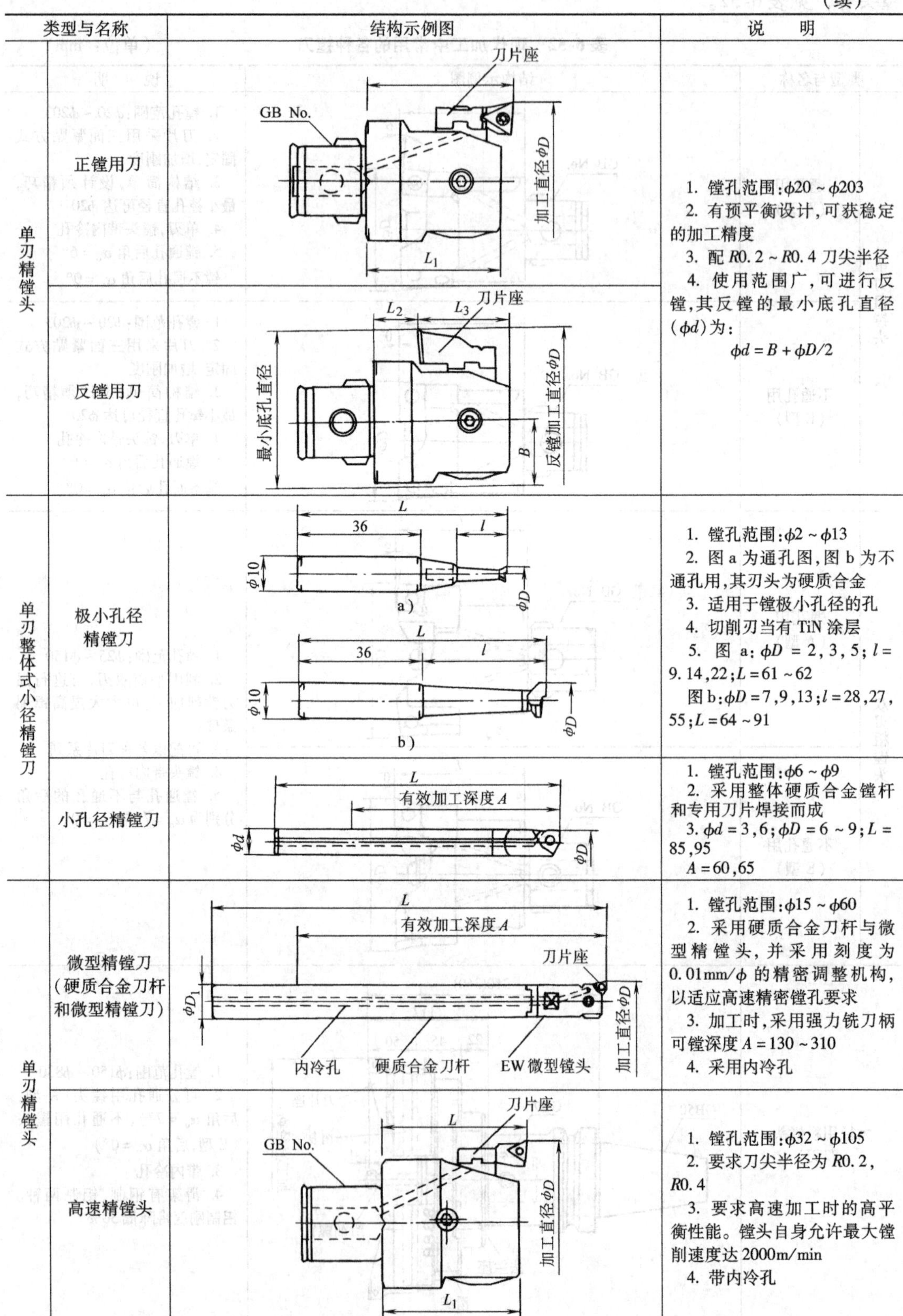

类型与名称		结构示例图	说　　明
单刃精镗头	正镗用刀		1. 镗孔范围：$\phi20 \sim \phi203$ 2. 有预平衡设计，可获稳定的加工精度 3. 配 $R0.2 \sim R0.4$ 刀尖半径 4. 使用范围广，可进行反镗，其反镗的最小底孔直径（ϕd）为： $\phi d = B + \phi D/2$
	反镗用刀		
单刃整体式小径精镗刀	极小孔径精镗刀		1. 镗孔范围：$\phi2 \sim \phi13$ 2. 图 a 为通孔图，图 b 为不通孔用，其刃头为硬质合金 3. 适用于镗极小孔径的孔 4. 切削刃当有 TiN 涂层 5. 图 a：$\phi D = 2, 3, 5$；$l = 9.14, 22$；$L = 61 \sim 62$ 图 b：$\phi D = 7, 9, 13$；$l = 28, 27, 55$；$L = 64 \sim 91$
	小孔径精镗刀		1. 镗孔范围：$\phi6 \sim \phi9$ 2. 采用整体硬质合金镗杆和专用刀片焊接而成 3. $\phi d = 3, 6$；$\phi D = 6 \sim 9$；$L = 85, 95$ $A = 60, 65$
单刃精镗头	微型精镗刀（硬质合金刀杆和微型精镗刀）		1. 镗孔范围：$\phi15 \sim \phi60$ 2. 采用硬质合金刀杆与微型精镗头，并采用刻度为 0.01mm/ϕ 的精密调整机构，以适应高速精密镗孔要求 3. 加工时，采用强力铣刀柄可镗深度 $A = 130 \sim 310$ 4. 采用内冷孔
	高速精镗头		1. 镗孔范围：$\phi32 \sim \phi105$ 2. 要求刀尖半径为 $R0.2$，$R0.4$ 3. 要求高速加工时的高平衡性能。镗头自身允许最大镗削速度达 2000m/min 4. 带内冷孔

（续）

类型与名称	结构示例图	说　明
单刃大径用精镗头	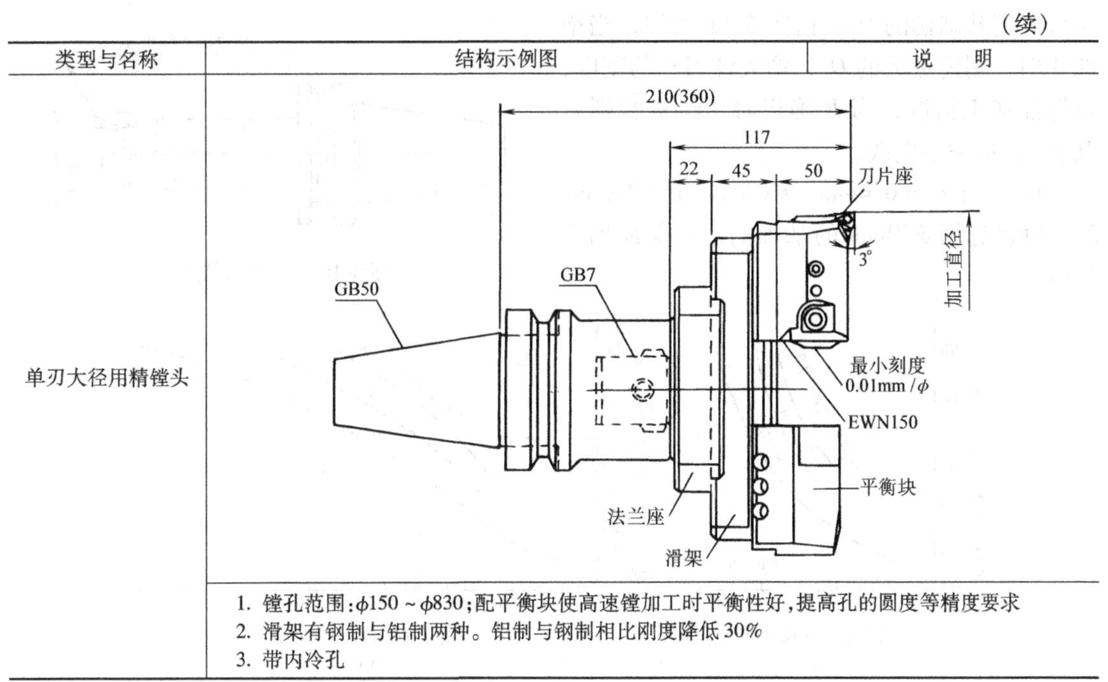	
	1. 镗孔范围：$\phi150 \sim \phi830$；配平衡块使高速镗加工时平衡性好，提高孔的圆度等精度要求 2. 滑架有钢制与铝制两种。铝制与钢制相比刚度降低 30% 3. 带内冷孔	

注：表 6-52 中所列部分镗头均为刀具生产厂的产品。其中，刀柄、精密微调机构、平衡块与调节原理，刀片与标准系列，以及对刀装置与对刀原理等，可参见刀具生产企业产品。

2）镗孔的镗削条件。每种镗刀都根据机床与工件材料等推荐使用该刀具的镗削条件，包括：镗削深度、刀尖半径、切削速度（m/min）、切削量（mm/ϕ）、进给量（mm/r），以及各参数之间的相互关系。

① 切削速度的确定。镗孔时镗杆常产生振动，因此，当镗深孔时，镗杆应当伸出相应长度，其镗刀尖将产生相应幅度的振动，影响沿进给方向的形状误差。为此，镗杆伸进孔内越长，其切削速度将降低。图 6-9 所示为切削钢零件孔，如套内零件内孔，选择镗削速度的实验关系线图。

镗削示例图如图 6-10 所示。其伸入孔内的有效加工深度 A = 182mm；其加工的孔径为 $\phi45$mm。

查线图：纵轴查 A = 180mm 处作横虚线与 $\phi41 \sim \phi45$ 实验曲线相交，从交点作虚线平行纵轴与横轴相交，其交点在 118m/min 处，即为相应的镗削速度。

② 通过刀尖半径 R 与 A 的关

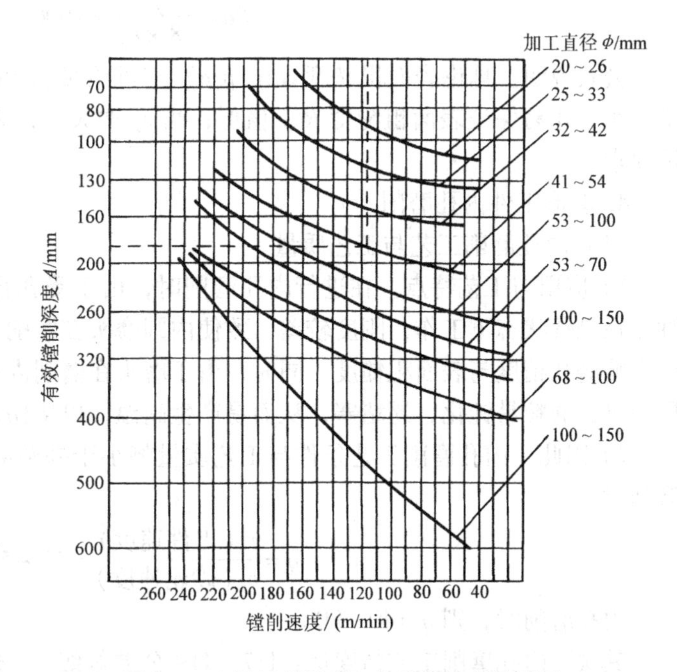

图 6-9　有效镗削深度 A 与镗削速度关系图

注：当镗削铸铁工件时，有效镗削深度 A，相对图 6-9 约可提高 10% ~20%。

系可确定基础柄的 D_1。由图6-11可知，当增加 A 时，则需更大的 D_1，增大镗刀杆的刚度，以保证加工精度，当 R 确定时，经实验则有其 A 与 D_1 关系曲线。

例 当 $R=0.4\text{mm}$，镗孔深 $A=200\text{mm}$ 时，则需选用 $\phi 50\text{mm}$ 的基础柄，以保证加工精度。

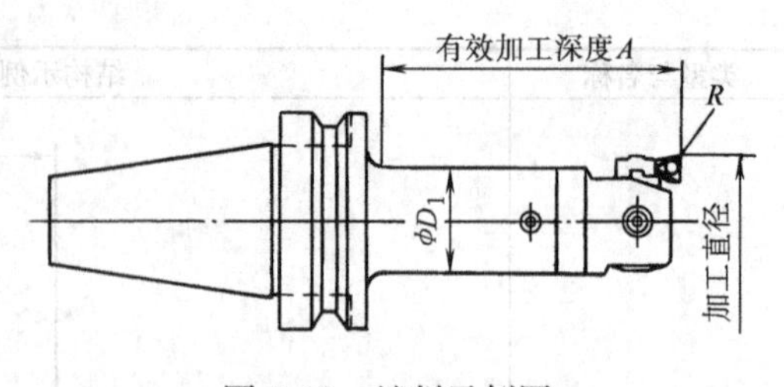

图6-10 镗削示例图

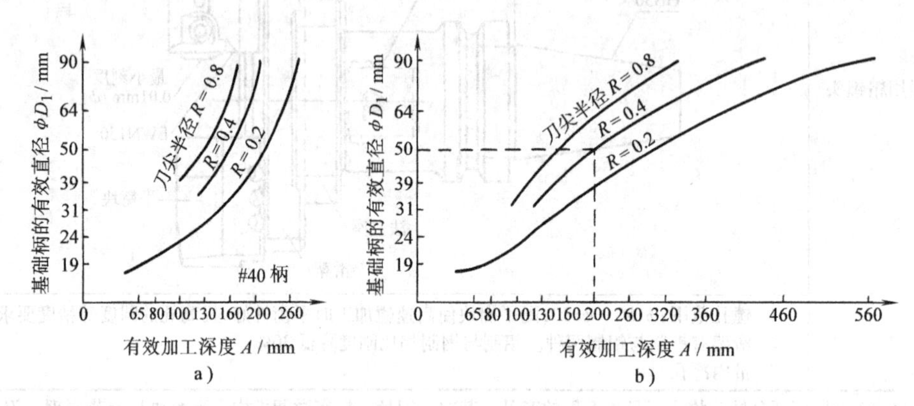

图6-11 A、ϕD_1 与 R 的关系线图

③ 根据所要求内孔面的表面粗糙度与刀尖圆弧半径 r_ε（mm），可依照公式确定进给速度。其计算公式为

$$Ray=\frac{f^2}{8\times r_\varepsilon}\times 1000$$

公式说明：理论表面粗糙度 Ray(μm) 与进给量 f(mm/r) 的平方成正比，因此要求进给量小，才易保证表面粗糙度 Ray 值低；当 r_ε 增大时，表面粗糙度 Ray 值才能降低，以保证要求。

4. 套形工件内孔磨削

（1）内孔磨削工艺与工艺质量

1）应用与工艺特点。在进行内孔磨削时，由于受孔径与磨削方式的限制，内圆磨头主轴需在悬臂状态下工作，刚度较差，致使内圆磨头在磨削力作用下，易产生变形与振动，从而影响磨孔精度与表面粗糙度。同时，由于磨头在磨削内孔时，磨轮与内孔接触弧长大，排屑困难，磨粒易钝化，易堵塞，从而易产生高温，以烧伤内孔表面。

2）因此，内孔磨削工艺条件与工艺质量将小于外圆磨削工艺条件与工艺质量。当外圆磨削时：

$$q=\frac{v_s(\text{工件速度})}{v_w(\text{砂轮速度})}=60\sim 50$$

内孔磨削时，则 $q=40\sim 80$。

其次，内孔磨削工艺精度达：IT7～IT9 公差等级。（外圆磨削工艺精度可达：IT6～IT8 公差等级）内孔磨削工艺表面粗糙度为：$0.32\mu\text{m}<Ra<5\mu\text{m}$。（外圆磨削工艺表面粗糙度则为：$Ra=0.8\sim 0.1\mu\text{m}$）

3）可见，内孔磨削工艺不仅可作套类工件内孔磨削，也可作其他工件上的孔磨削工艺的最终工序，也可以留0.01～0.015mm余量，作为研磨的底孔。

（2）内孔磨削方法　套类工件（如导套内孔）常在内圆磨床上进行，其他工件上孔的磨削可在坐标磨床或无心内圆磨床上进行。所以，内孔磨削一般有三种方式，见表6-53。

表6-53　内孔磨削方式

磨削方式	磨削示例图	说　明
工件旋转内圆磨削		1. 在内圆磨床进行磨孔。工件装夹在自定心卡盘上，以外圆与端面定位 2. 工件随主轴回转，磨头回转磨削并作进给运动
工件固定内圆磨削	O　R　O_2　O_1	1. 可在坐标磨床上进行磨削；工件装夹在工作台上 2. 砂轮以 O_1 为圆心自转作磨削运动，并绕孔的圆心 O 作行星运动，磨削圆孔，其中点 O_1 与圆 O_2 重合 3. 磨削横进给，调整圆 O_2 的半径 R 来实现
无心内圆磨削	1　2　3　4	1. 在无心内圆磨床上进行磨削 2. 工件以外圆定位于1、3、4轮之间。滚轮1压在滚轮4与导轮3上 3. 工件2由导轮3带动回转 4. 滚轮与导轮均装在机床滑板上，沿砂轮中心线作纵向往复进给运动 5. 此法使用范围有限

（3）内孔磨砂轮尺寸选择与接长轴

1）内孔磨砂轮尺寸选择（见表6-54）。内孔磨砂轮标记、标志、外径尺寸范围和公差见标准GB/T 2484—2006。

2）砂轮接长轴。为扩大内圆磨磨具的使用范围，用于内圆磨床、万能磨床上常见的接长轴有图6-12所示的几种结构形式。图6-12所示磨头结构形式，多为使用时自制的，为此应注意：接长轴上的锥面为莫氏1∶20，配合面积应大于85%；其上螺纹旋向应与砂轮回转方向相反；其材料常采用40Cr钢，或选用CrWMn钢等。

表 6-54　内孔磨削砂轮直径选择　　（单位：mm）

被磨孔直径	砂轮直径	被磨孔直径	砂轮直径
12 ~ 17	10	100 ~ 125	80
17 ~ 22	15	125 ~ 150	100
22 ~ 27	20	150 ~ 175	125
27 ~ 32	25	175 ~ 250	150
32 ~ 45	30	250 ~ 350	200
45 ~ 55	40	350 ~ 500	250
55 ~ 65	50	500 ~ 750	350
65 ~ 80	60	750 ~ 1000	450
80 ~ 100	70		

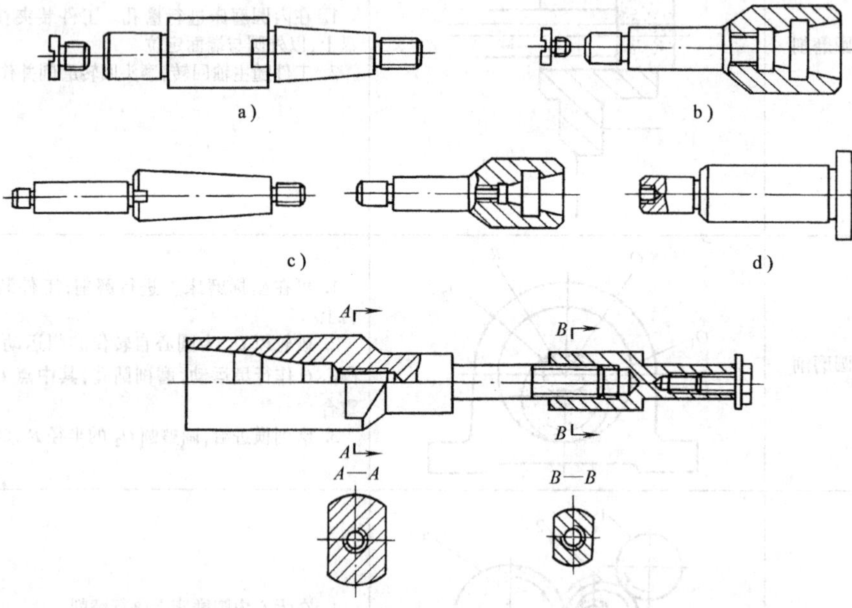

a)　b)　c)　d)

A—A　B—B

e)

图 6-12　常见接长轴结构示例

（4）内孔磨削工艺条件　内孔磨削工艺条件与外圆磨削一样，其内容为：砂轮速度 v_s/(m/min)、工件速度 v_w/(m/min)、纵向进给量 $f_a = (0.5 \sim 0.8) b_s$（砂轮宽度）和横向进给量 a_p/(mm/dst)（一次往复行程横向进给量）。

内孔磨削工艺条件见表 6-55、表 6-56 和表 6-57。

表 6-55　内圆磨削砂轮速度选择

砂轮直径/mm	<8	9 ~ 12	13 ~ 18	19 ~ 22	23 ~ 25	26 ~ 30	31 ~ 33	34 ~ 41	42 ~ 49	>50
磨钢、铸铁时速度/(m/s)	10	14	18	20	21	23	24	26	27	30

表 6-56　粗磨内圆磨削用量

（1）工件速度

工件磨削表面直径 d_w/mm	10	20	30	50	80	120	200	300	400
工件速度 v_w/(m/min)	10 ~ 20	10 ~ 20	12 ~ 24	15 ~ 30	18 ~ 36	20 ~ 40	23 ~ 46	28 ~ 56	35 ~ 70

（续）

（2）纵向进给量

$f_a=(0.5\sim0.8)b_s$　式中 b_s——砂轮宽度（mm）

（3）横向进给量

工件磨削表面直径 d_w/mm	工件速度 v_w/(m/min)	工件纵向进给量f(以砂轮宽度计) 0.5	0.6	0.7	0.8
		工作台一次往复行程横向进给量 a_p/(mm/dst)			
20	10	0.0080	0.0067	0.0057	0.0050
	15	0.0053	0.0044	0.0038	0.0033
	20	0.0040	0.0033	0.0029	0.0025
25	10	0.0100	0.0083	0.0072	0.0063
	15	0.0066	0.0055	0.0047	0.0041
	20	0.0050	0.0042	0.0036	0.0031
30	11	0.0109	0.0091	0.0078	0.0068
	16	0.0075	0.00625	0.00535	0.0047
	20	0.006	0.0050	0.0043	0.0038
35	12	0.0116	0.0097	0.0083	0.0073
	18	0.0078	0.0065	0.0056	0.0049
	20	0.0059	0.0049	0.0042	0.0037
40	13	0.0123	0.0103	0.0088	0.0077
	20	0.0080	0.0067	0.0057	0.0050
	26	0.0062	0.0051	0.0044	0.0038
50	14	0.0143	0.0119	0.0102	0.0089
	21	0.0096	0.00795	0.0068	0.0060
	29	0.0069	0.00575	0.0049	0.0043
60	16	0.0150	0.0125	0.0107	0.0094
	24	0.0100	0.0083	0.0071	0.0063
	32	0.0075	0.0063	0.0054	0.0047
80	17	0.0188	0.0157	0.0134	0.0117
	25	0.0128	0.0107	0.0092	0.0080
	33	0.0097	0.0081	0.0069	0.0061
120	20	0.024	0.020	0.0172	0.015
	30	0.016	0.0133	0.0114	0.010
	40	0.012	0.010	0.0086	0.0075
150	22	0.0273	0.0227	0.0195	0.0170
	33	0.0182	0.0152	0.0130	0.0113
	44	0.0136	0.0113	0.0098	0.0085
180	25	0.0288	0.0240	0.0206	0.0179
	37	0.0194	0.0162	0.0139	0.0121
	49	0.0147	0.0123	0.0105	0.0092
200	26	0.0308	0.0257	0.0220	0.0192
	38	0.0211	0.0175	0.0151	0.0132
	52	0.0154	0.0128	0.0110	0.0096
250	27	0.0370	0.0308	0.0264	0.0231
	40	0.0250	0.0208	0.0178	0.0156
	54	0.0185	0.0154	0.0132	0.0115
300	30	0.0400	0.0333	0.0286	0.025
	42	0.0286	0.0238	0.0204	0.0178
	55	0.0218	0.0182	0.0156	0.0136
400	33	0.0485	0.0404	0.0345	0.0302
	44	0.0364	0.0303	0.0260	0.0227
	56	0.0286	0.0238	0.0204	0.0179

注：工作台单行程的横向进给量 a_p 应将表列数值除以2。

表 6-57 精磨内圆磨削用量

(1)工件速度 v_w/(m/min)

工件磨削表面直径 d_w/mm	工件材料	
	非淬火钢及铸铁	淬火钢及耐热钢
10	10~16	10~16
15	12~20	12~20
20	16~32	20~32
30	20~40	25~40
50	25~50	30~50
80	30~60	40~60
120	35~70	45~70
200	40~80	50~80
300	45~90	55~90
400	55~110	65~110

(2)纵向进给量 f_a

表面粗糙度 $Ra1.6 \sim Ra0.8\mu m$　　$f_a = (0.5 \sim 0.9) b_s$

表面粗糙度 $Ra0.4\mu m$　　$f_a = (0.25 \sim 0.5) b_s$

(3)横向进给量 a_p

工件磨削表面直径 d_w/mm	工件速度 v_w/(m/min)	工件纵向进给量 f/(mm/r)							
		10	12.5	16	20	25	32	40	50
		工作台一次往复行程横向进给量 a_p(mm/dst)							
10	10	0.00386	0.00308	0.00241	0.00193	0.00154	0.00121	0.000965	0.000775
	13	0.00296	0.00238	0.00186	0.00148	0.00119	0.00093	0.000745	0.000595
	16	0.00241	0.0193	0.00150	0.00121	0.000965	0.000755	0.000605	0.000482
12	11	0.00465	0.00373	0.00292	0.00233	0.00186	0.00146	0.00116	0.000935
	14	0.00366	0.00294	0.00229	0.00183	0.00147	0.00114	0.000915	0.000735
	18	0.00286	0.00229	0.00179	0.00143	0.00114	0.000895	0.000715	0.000572
16	13	0.00622	0.00497	0.00389	0.00311	0.00249	0.00194	0.00155	0.00124
	19	0.00425	0.00340	0.00265	0.00212	0.00170	0.00133	0.00106	0.00085
	26	0.00310	0.00248	0.00195	0.00155	0.00124	0.00097	0.000775	0.00062
20	16	0.0062	0.0049	0.0038	0.0031	0.0025	0.00193	0.00154	0.00123
	24	0.0041	0.0033	0.0026	0.00205	0.00165	0.00129	0.00102	0.00083
	32	0.0031	0.0025	0.00193	0.00155	0.00123	0.00097	0.00077	0.00062
25	18	0.0067	0.0054	0.0042	0.0034	0.0027	0.0021	0.00168	0.00135
	27	0.0045	0.0036	0.0028	0.0022	0.00179	0.00140	0.00113	0.00090
	36	0.0034	0.0027	0.0021	0.00168	0.00134	0.00105	0.00084	0.00067
30	20	0.0071	0.0057	0.0044	0.0035	0.0028	0.0022	0.00178	0.00142
	30	0.0047	0.0038	0.0030	0.0024	0.0019	0.00148	0.00118	0.00095
	40	0.0036	0.0028	0.0022	0.00178	0.00142	0.00111	0.00089	0.00071
35	22	0.0075	0.0060	0.0047	0.0037	0.0030	0.0023	0.00186	0.00149
	33	0.0050	0.0040	0.0031	0.0025	0.0020	0.00155	0.00124	0.00100
	45	0.0037	0.0029	0.0023	0.00182	0.00146	0.00114	0.00091	0.00073
40	23	0.0081	0.0065	0.0051	0.0041	0.0032	0.0025	0.0020	0.00162
	25	0.0053	0.0042	0.0033	0.0027	0.0021	0.00165	0.00132	0.00106
	47	0.0039	0.0032	0.0025	0.00196	0.00158	0.00123	0.0099	0.00079
50	25	0.0090	0.0072	0.0057	0.0045	0.0036	0.0028	0.0023	0.00181
	37	0.0061	0.0049	0.0038	0.0030	0.0024	0.0019	0.00153	0.00122
	50	0.0045	0.0036	0.0028	0.0023	0.00181	0.00141	0.00113	0.00091
60	27	0.0098	0.0079	0.0062	0.0049	0.0039	0.0031	0.0025	0.00196
	41	0.0065	0.0052	0.0041	0.0032	0.0026	0.0020	0.00163	0.00130
	55	0.0048	0.0039	0.0030	0.0024	0.00193	0.00152	0.00121	0.00097

（续）

（3）横向进给量 a_p									
工件磨削表面直径 d_w/mm	工件速度 v_w/(m/min)	工件纵向进给量 f_a/(mm/r)							
		10	12.5	16	20	25	32	40	50
		工作台一次往复行程横向进给量 a_p(mm/dst)							
80	30	0.0112	0.0089	0.0070	0.0056	0.0045	0.0035	0.0028	0.0022
	45	0.0077	0.0061	0.0048	0.0038	0.0030	0.0024	0.0019	0.00153
	60	0.0058	0.0046	0.0036	0.0029	0.0023	0.0018	0.00143	0.00115
120	35	0.0141	0.0113	0.0088	0.0071	0.0057	0.0044	0.0035	0.0028
	52	0.0095	0.0076	0.0059	0.0048	0.0038	0.0030	0.0024	0.0019
	70	0.0071	0.0057	0.0044	0.0035	0.0028	0.0022	0.00176	0.00141
150	37	0.0164	0.0131	0.0102	0.0082	0.0065	0.0051	0.0041	0.0033
	56	0.0108	0.0087	0.0068	0.0054	0.0043	0.0034	0.0027	0.0022
	75	0.0081	0.0064	0.0051	0.0041	0.0032	0.0025	0.0020	0.00161
180	38	0.0189	0.0151	0.0118	0.0094	0.0076	0.0059	0.0047	0.0038
	58	0.0124	0.0099	0.0078	0.0062	0.0050	0.0639	0.0031	0.0025
	78	0.0092	0.0074	0.0057	0.0046	0.0037	0.0029	0.0023	0.00184
200	40	0.0197	0.0158	0.0123	0.0099	0.0079	0.0062	0.0049	0.0039
	60	0.0131	0.0105	0.0082	0.0066	0.0052	0.0041	0.0033	0.0026
	80	0.0099	0.0079	0.0062	0.0049	0.0040	0.0031	0.0025	0.0020
250	42	0.0230	0.0184	0.0144	0.0115	0.0092	0.0072	0.0057	0.0046
	63	0.0153	0.0122	0.0096	0.0077	0.0061	0.0048	0.0038	0.0031
	85	0.0113	0.0091	0.0071	0.0057	0.0045	0.0036	0.0028	0.0023
300	45	0.0253	0.0202	0.0158	0.0126	0.0101	0.0079	0.0063	0.0051
	67	0.0169	0.0135	0.0106	0.0085	0.0068	0.0053	0.0042	0.0034
	90	0.0126	0.0101	0.0079	0.0063	0.0051	0.0039	0.0032	0.0025
400	55	0.0266	0.0213	0.0166	0.0133	0.0107	0.0083	0.0067	0.0053
	82	0.0179	0.0143	0.0112	0.0090	0.0072	0.0056	0.0045	0.0036
	110	0.0133	0.0106	0.0083	0.0067	0.0053	0.0042	0.0033	0.0027

6.3.3　套形零件内孔研磨与珩磨

模具导套的内孔在磨削以后，为提高其导向精度与使用寿命，需留0.01～0.015mm余量进行研磨或珩磨。

1. 内孔珩磨工艺

珩磨是导套批量生产中经常采用的工艺方法。

（1）珩磨原理与珩磨余量　珩磨原理为：利用安装在珩磨头圆周上的若干条砂条（油面，见标准GB/T 2484—2006），采用相应胀开机构使砂条沿向径胀开，压向内孔壁，如图6-13所示。

珩磨时，珩磨头与珩磨机主轴采用浮动连接，并驱动其作旋转运动和往复运动对内孔面进行低速磨削，快速、可靠地珩磨去一定余量（见表6-58），以提高内孔的尺寸与形状精度、降低其表面粗糙度值（*Ra*）。

（2）孔珩磨工艺特点

1）在珩磨过程中，孔径将扩大，砂条将磨损。因此，需进行精密调整。

2）珩磨精度与表面粗糙度值 *Ra* 低。珩磨后的孔径精度可控制在IT6～IT7公差等级；孔的圆柱度可控制在3～5μm范围；孔的表面粗糙度值 *Ra* 可控制在 *Ra*0.4～*Ra*0.04μm。

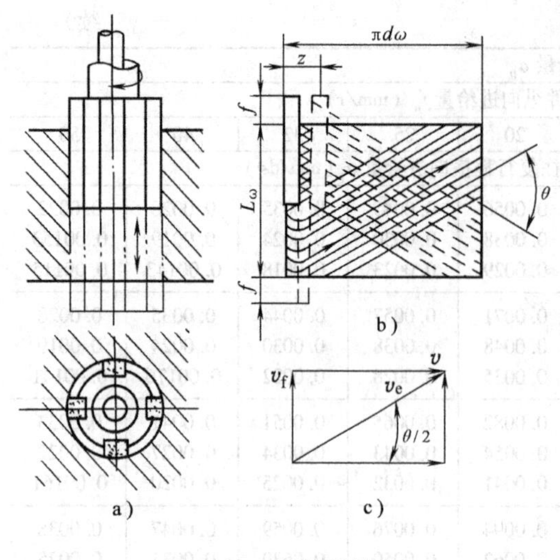

图6-13 珩磨原理图
a）成形运动 b）砂条的磨削轨迹展开图 c）合成速度

表6-58 珩磨余量推荐值

（单位：mm）

工件材料		加工余量		
		单件、小量生产	批量、大批量生产	特殊情况
铸铁		0.06 ~ 0.015	0.02 ~ 0.06	~0.4
钢	未淬硬	0.06 ~ 0.015	0.02 ~ 0.06	1 ~ 2
	淬硬	0.02 ~ 0.08	0.01 ~ 0.03	~0.1
有色金属		0.04 ~ 0.08	0.02 ~ 0.08	

3）珩磨后的孔面使用寿命高。如图6-13b所示，珩磨面呈交叉网纹，有利于油膜的形成与保持。实验证明，珩磨孔的使用寿命（即精度保持率）比其他加工方法大一倍以上。

4）珩磨的加工效率高。这主要是由于珩磨时，为面接触，参与加工的磨粒多（相对于研磨而言），故其材料的珩磨率达80 ~90mm³/s。

5）珩磨的孔深与孔径的比：$L/D \geqslant 46$。

因此，珩磨在精密内孔加工中的应用范围广。

（3）珩磨孔的工艺条件

1）常用珩磨工艺的切削条件见表6-59。

表6-59 不同材料套形件内孔珩磨工艺的切削条件

工件材料	珩磨工序	合成切削速度 v_o/（m/min）	交叉角	圆周速度 v/（m/min）	往复速度 v_f/（m/min）
铸铁	粗珩磨 精珩磨	32 ~ 65 47 ~ 72	45° 30°	30 ~ 60 45 ~ 70	12 ~ 15 12 ~ 19
钢	粗珩磨 精珩磨	21 ~ 40 32 ~ 64	60° 40°	18 ~ 35 30 ~ 60	10 ~ 20 11 ~ 22
有色金属	粗珩磨 精珩磨	54 ~ 75 51 ~ 72	45° 20° ~ 30°	50 ~ 70 50 ~ 70	21 ~ 29 11 ~ 16

2）珩磨工艺条件的计算。图6-13b所示珩磨孔面的交叉网纹是：参加珩削的每一磨粒，在旋转与往复运动条件下，在内孔面上的运动轨迹呈两条交叉成一定角度θ的螺旋线。无数磨粒参于珩削，则形成交叉网纹。为此，通过图6-13c及孔径、孔深、往复次数等，则可计算其珩磨工艺条件，见表6-60。

表6-60 珩磨工艺条件（加工参数）计算

工艺条件（加工参数）	计算公式	说明
合成速度 v_e/（m/min）	$v_e = \sqrt{v^2 + v_f^2}$ 式中 v——珩磨头上磨粒圆周速度； v_f——磨粒往复运动速度	由图6-13c可见，v_e 由 v 与 v_f 合成

（续）

工艺条件(加工参数)	计算公式	说明
网纹交叉角 (θ)	$\theta = 2\arctan\dfrac{v_f}{v}$	
主轴圆周速度 v/(m/min)	$v=\dfrac{\pi d_w n_s}{1000}$ 式中 d_w——被珩磨孔径(mm)； n_s——主轴转速(r/min)	
液压驱动的主轴往复速度 v_f/(m/min)	$v_f=\dfrac{2nl+2nv_1}{1000}$ 式中 n——液压驱动的主轴往复次数(dst/min)； l——珩磨行程长(mm)； v_1——根据机床确定的换算系数，一般为3.6mm	
旋转斜盘式主轴往复速度 v_f/(m/min)	$v_f=\dfrac{\pi nl}{1000}$	

3）珩磨压力是指油石对孔面的压强。珩磨压力的大小将影响被珩磨面质量、油石磨损量等。珩磨压力过大，油石将在孔面上划沟，油石磨耗加快，甚至可能破坏珩磨过程，因此需合理选择珩磨压力，使珩磨压力与油石磨耗量能保持为合理比例，其压力推荐值见表6-61。

表6-61 珩磨压力推荐值

（单位：MPa）

工件材料	珩磨压力		
	粗珩磨	精珩磨	超精珩磨
铸铁	0.5~1.5	0.2~0.5	0.05~0.1
钢	0.8~2.0	0.4~0.8	

当应用超硬磨料珩磨油石时，可提高珩磨压力，最高可达3MPa，为此，机床动力与珩磨头的刚度，当需与之相适应。

4）合理确定珩磨行程与超程量，是保证内孔两端孔径一致与圆柱度精度要求的技术措施，见图6-14。选定油石长度 l_1，确定珩磨行程 l 和超越量 a。

珩磨行程 l，即油石的工作行程。其计算公式为

$$l = L + 2a - l_1$$

式中，L 为工件被珩磨内孔长（mm）；珩磨超越量 a 一般取油石长的1/4~1/3。

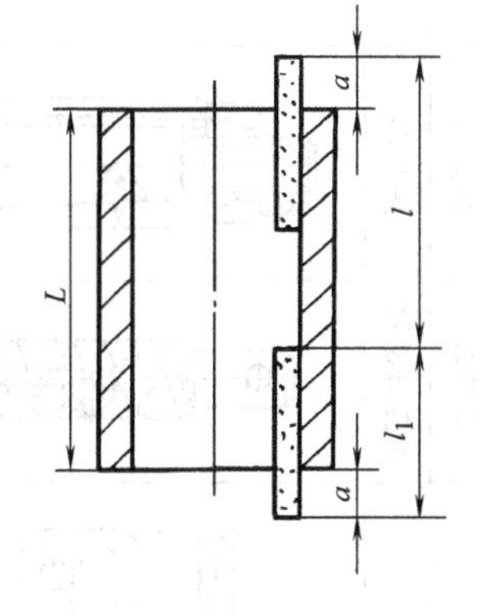

图6-14 l 与 a 的关系图

5）珩磨切削液要求具有很好的冷却、润滑、渗透和防锈性能，一般采用煤油。精密珩磨时，切削液配方（体积分数）为

70%~80%(煤油)+20%~30%(锭子油、L-AN油或液压油)

使用立方氮化硼油石时，为防水解，不得采用水基切削液。使用树脂结合剂油石时，不能采用碱性切削液。

2. 工件内孔研磨工艺

（1）内孔研磨工艺、工艺质量与应用 研磨与珩磨一样，同为磨削加工，其基本切削原理相同。但是，由于研磨属散（游离）粒式磨削工艺方式，所以其应用范围、磨削方式与工具、磨削工艺条件等与珩磨不尽相同。珩磨主要应用于内孔精密加工，专用性强；研磨由于其工艺方式对工件加工面的适应性较强，所以其应用范围较广，不仅可用于研磨外圆柱面、精密定位中心孔、平面与曲

面，也是应用于套形工件如导套内孔的精密加工。

内孔研磨的工艺精度与表面粗糙度为：孔径的经济精度达 2 ~ 8μm；孔的圆柱度达 1 ~ 3μm；表面粗糙度 Ra 达 0.4 ~ 0.012μm。

研磨用研磨剂（膏）参见 6.2.3 节。

（2）内孔研磨方法与工具　套形工件如导套内孔研磨主要有三种方法，即采用研磨工具进行手工研磨、在车床上研磨和采用精密研磨机进行研磨。

1）手工研磨。即采用固定式或可调式研磨棒（见表 6-62），放入导套孔内，并使研磨棒产生弹性变形胀开研磨套外圆面压在内孔面上，其间放入研磨剂，以手旋转并进行往复运动进行研孔。工件固定于研磨夹具上。

2）利用车床研磨是将调好的研磨棒（见表 6-62）与套在其上的工件，装夹在车床的自定心卡盘和尾座顶在导套内孔面与研磨棒之间，放入研磨膏，采用手持套形工件如导套外圆，作往复运动进行半机械化内孔研磨。

3）采用研磨机进行研磨。批量生产时，则采用专用精密卧式研磨机进行半自动化研磨，同时可进行多件研磨。

研磨工具即研磨棒，是很关键的工具，上述研磨方法，都需采用研磨棒，常用研磨工具见表 6-62。

表 6-62　常用内孔研磨工具

名称		结构示例图	结构特点	使用范围
整体式	不开槽式		不开槽式不可调研棒，是实心整体圆柱体，刚度好，研磨精度高	精研内圆柱面
整体式	开槽式		开槽式不可调研棒，是在实心圆柱体外圆表面上开直槽或螺旋槽或交叉槽。螺旋槽研棒研磨效率高，但研孔表面粗糙度和圆度较差；交叉螺旋槽或十字交叉槽研棒加工质量好。水平研磨开直槽较好；垂直研磨开螺旋槽较好	粗研内圆柱面
可调式	可调式		心棒锥度与研磨套的配合锥度为 1:20 ~ 1:50。锥套外径比工件小 0.01 ~ 0.02mm，大端壁厚为被研磨孔径的 0.125 ~ 0.8，研具长度为被研表面长度的 0.7 ~ 1.5。其结构有开槽或不开槽两种	开槽式研棒用于粗研；不开槽式研棒用于精研
可调式	简易可调式		中间沿轴向开有一条宽度为 B 的槽，用几个平头螺钉调节研棒的直径。结构简单，容易制造，但调整不便，可靠性差，精度差	研精度要求不高的内圆柱面
盲孔式			利用螺纹，通过锥度使外径胀大。研棒的工作部分长度必须大于被研磨孔的长度的 20 ~ 30mm。锥度为 1:50 ~ 1:20。研磨不通孔由于磨料不易均布，可在外径开螺旋槽，或在轴向做成反锥	研不通孔的内圆柱面
弹性式			由 300 ~ 320HBW 的弹簧丝制成，可研孔径 d 为 1 ~ 4mm 小孔	研一般精度的小孔或母线为曲线的小孔

（3）内孔研磨工艺条件　研究内孔研磨工艺条件的目的是能使导套内孔的研磨精度与表面粗糙度控制在要求的范围内，并取得合理的研磨效率。

研磨工艺条件包括研磨速度（m/min）、研磨压力（MPa）和研磨效率（μm/min）三个主要工艺参数。

表6-63所列研磨工艺条件是实践性参数，供研磨内孔时参照。

表6-63　研磨工艺条件

研磨类型	研磨速度（孔径6～10mm）/(m/min)	研磨压力（孔径5～20mm）/MPa	研磨效率/(μm/min)				
			淬火钢	低碳钢	铸铁	超硬材料	水晶与玻璃
湿研 干研	50～100 10～20	0.12～0.28 0.04～0.16	1	5	13	0.1	2.5

6.4　板件加工

6.4.1　板件及其加工顺序

1. 板件及其工艺要求

（1）板件　指六面体形状的钢制工件。模具构件中的板件，主要有以下几类：

1）支承板件，如上、下（或动、静）模座板、冲模凸模垫板与塑料注射模、压铸模推杆垫板、凹模板下面的支承板与垫块等。

2）功能结构板件，如冲模凸模固定板、卸料板、塑料注射模与压铸模推杆固定板等。

3）模板、塑料注射模与压铸模构件中的*A*板与*B*板（即定模板与动模板）以及冲模构件中的凹模板等。

可见，模具构件中的板件是最常见、应用最多的零件，且多已标准化、系列化。同时，这些板件也是典型的机械零件，因此，研究板件加工工艺，具有普遍意义。

（2）板件工艺要求　模具用板坯的用量与粗加工工作量很大。因为其毛坯多为轧制、锻制或铸造而成。为缩短模具制造期，提高模具装配工艺精度，板坯需是经过粗铣或半精铣以后，成为通用、标准的精制板坯。板坯的具体要求如下：

1）粗铣板坯：直线度为0.5～0.3mm/m；表面粗糙度为*Ra*12.5～*Ra*6.3μm。

2）半精铣板坯：直线度为0.2～0.1mm/m；表面粗糙度为*Ra*6.3～*Ra*3.2μm。

3）留给模具厂进行精加工的余量为0.3～0.5mm。

为此，板坯需由专业厂进行批量、大批量生产与供应。

在以上基础上，模具用的板件需达到以下技术要求：

1）模板的平面度≤0.003～0.001mm。

2）直线度：0.08～0.04mm。

3）上、下平面平行度见表6-64。

4）基准面的垂直度公差：0.01/100～0.015/100。模板的基准面是加工模板上的加工面（如孔、槽、型面的安装定位基准），也是被加工面的尺寸基准（设计基准）。

5）表面粗糙度要求：*Ra*0.8～*Ra*1.6μm。

表6-64　模板上、下平面的平行度公差

（单位：mm）

被测尺寸	平行度公差	
	0Ⅰ级与Ⅰ级	0Ⅱ级与Ⅱ级
>40～63	0.008	0.012
>63～100	0.010	0.015
>100～160	0.012	0.020
>160～250	0.015	0.025
>250～400	0.020	0.030
>400～630	0.025	0.040
>630～1000	0.030	0.050
>1000～1600	0.040	0.060

注：见《冲模模架精度检查》（JB/T 8071—1995）

2. 板件常用加工方法与工艺顺序

供给模具厂的模板坯料，是精制、标准板坯。根据上述模具板件的精度与表面粗糙度要求，一般性的板件，如支承件、垫块，以及钢板模架的定、动模座板等，当采用粗加工后的精制板坯为宜。其常用的加工方法为铣削加工。其工序为：半精铣→精铣→倒角。

若作为塑料注射模和冲模凹模模板、凸模垫板、卸料板或斜楔导轨、镶件等精密六面体工作零件和精密结构件的精制板坯，当选用半精加工后的精制板坯。对于用为中大型塑料模的板坯，其上的凹模型腔的成形粗加工亦当由板坯生产、供应厂完成。因此，这类板件的加工则需采用精密铣削、精密平面磨削，有些平面还需研磨。所以，模板的加工工艺顺序为：精密平面铣削→半精磨→精密平面磨削。模板加工时，一般不进行研磨。

6.4.2　模具用板件的刨削加工

由于板件呈六面，所以其加工为平面加工。平面切削加工，一般有刨削与铣削两种加工工艺方法。

1. 刨削加工原理与特点

1）刨削时，主运动是刨刀相对工件加工面的周期性往复直线运动。但是，刨刀返回运动时不进行切削，是空行程，所以刨削加工效率较低。

2）工件随工作台相对刨刀作横向间歇直线运动，是主进给工作。

3）刨削为断续切削。因此，当刨刀在切削行程切入工件金属层时，将产生较大冲击力。所以要求刨削加工工艺系统中的机床、刨刀与工件、夹具都需有足够的刚度。

4）当刨刀作主运动的换向时，需克服较大惯性。因此，切削速度较低。这也是影响刨削加工效率的重要因素。

2. 刨削的工艺质量与应用

刨削加工时，当采用优质刀具与相应的切削工艺条件，可达到如表 6-65 中所列的工艺尺寸精度、形状与位置精度，以及表面粗糙度。

表 6-65　刨削加工的经济精度与表面粗糙度　　（单位：mm）

刨床	最大刨削宽度	最大刨削长度	加工面的平面度公差	加工面对工件台的平行度公差	上、侧面的垂直度公差	尺寸精度	表面粗糙度 $Ra/\mu m$	适用范围
龙门刨床	1000	3000	0.02/1000	0.02/1000	0.02/300	IT7 ~ IT9	1.6	加工床身、机座、支架、箱体等尺寸较大的工件和大型模板
	1250 1600 2500 3000	4000 6000 12000 15000	0.03/1000	0.03/1000	0.02/300			
悬臂刨床	1000 1250 1500	3000 4000 6000	0.02/1000 0.03/1000	0.02/1000 0.03/1000	0.02/300			当工件宽度超出工作台宽度较多时，宜加辅助导轨和工作台
牛头刨床	190 350	160 350	0.02	0.02	0.01			加工中小型工件的平面和沟槽等
	500 600	500 650	0.025	0.03	0.02			
液压牛头刨床	750	900	0.03	0.04	0.03			
移动式牛头刨床	1400	3000	0.03/300	0.06/300	0.03/300	IT8 ~ IT10	3.2	加工的工件尺寸较大，而加工面尺寸小，且较分散

表6-65中说明了各种刨床的应用范围和超出应用范围需采取的措施与方法。但是，由于铣床与铣削工艺，特别是NC、CNC铣削工艺与高速铣削加工的进步，导致刨削工艺的应用受到很大限制。其中牛头刨仅限于单件、小批量加工。只有龙门刨仍然是大型板件平面加工的主要工艺方法。因此，进行批量、大批量生产的模板加工主要采用铣削加工。

6.4.3　模具用板件的铣削加工

1. 铣削原理与铣削方式

（1）铣削原理与特点　铣削加工为铣刀作圆周运动，是主切削加工；工件随工作台（手动或机动）作直线运动，是主加工进给工作。

铣刀为圆盘形或圆柱形多刃刀具，装在卧式、立式或龙门式铣床主轴头的主轴上，因此，铣削加工有以下特点：

1）多刃切削，即同时参于切削的齿数（刀片）多；可采用阶梯铣削或高速铣削；铣削时，工件作连续进给运动，没有空行程，所以，铣削加工的效率高（与刨削加工相比较）。

2）由于铣削为断续切削过程，当切削刃切入与切出的瞬间，参于切削的刀齿数有增、减变化；切削过程中的切削金属层厚度常产生周期性变化，这将使切削力产生波动。所以，铣削过程易产生振动，从而会降低加工精度与表面质量。当振动的频率与铣削工艺系统的固有频率相同或相近时，将产生共振，致使铣刀、铣床、夹具造成损坏。因此，增强铣削工艺系统的刚度，降低其固有频率，是提高铣削工艺精度与降低表面粗糙度 Ra 值的措施。

（2）铣削加工方式　铣削工件平面的方式有顺铣与逆铣，对称铣与不对称铣，端铣与圆周铣。模具用板件加工面的铣削方式则常采用面铣刀进行逆铣，且常为不对称铣削，见表6-66。

表 6-66　平面的铣削方式及其特点

铣削方式	铣削方式示例图	说　明
端铣	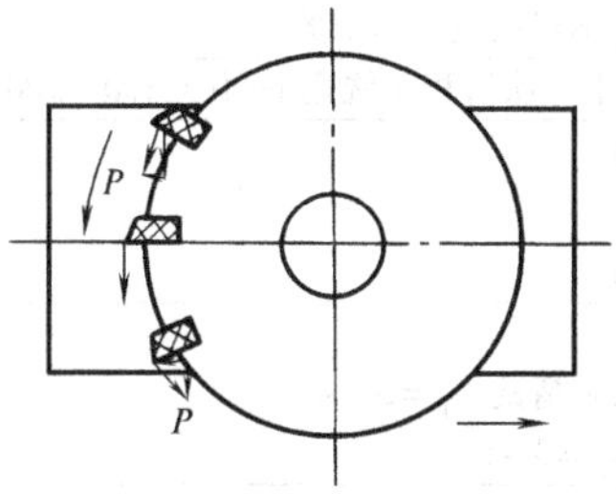 P P	1. 端铣时，面铣刀与被加工表面接触弧比圆周铣长，参加切削的刀齿多，所以，切削平稳 2. 面铣刀的刀杆可粗而短，抗振性好，具有进行高速、强力铣削的特性 3. 端铣时，各刀齿在进给方向、作用于工件上的力，可以抵消一部分，则进给抗力较小
圆周铣	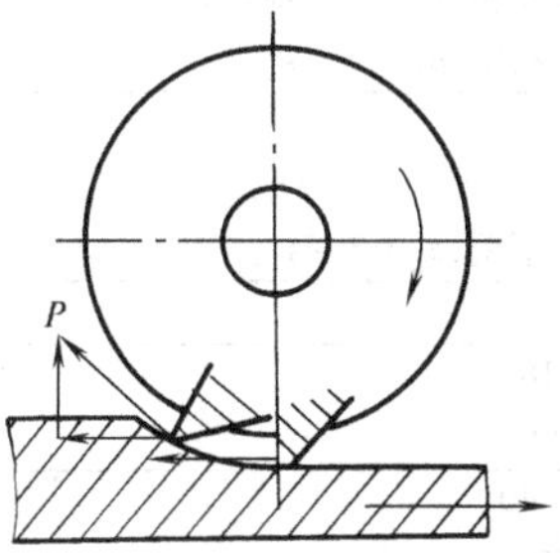 P	1. 圆周铣，通常有1~2个齿参加切削。在刀齿切入、切出时，切削波动大，易产生冲击、振动 2. 刀杆细，刚度差，背吃刀量与进给量受限制，加工效率低。进给方向与刀具旋转方向相反，为逆铣，则切削力的垂直分力（P）向上，故需夹紧力大 3. 刀齿刚接工件时，切削厚度为零，后刀面与工件产生挤压与磨擦，降低了铣刀寿命，将产生硬化层

（续）

铣削方式	铣削方式示例图	说　明
对称铣		1. 对称铣、铣刀中心位于工件中心线上，切入与切出处的切削厚度最小，且不为零。对铣削淬硬钢有利 2. β为铣刀切入时的碰撞角。β角大，则冲击速度小。故常见的铣削多为不对称铣，常用于模具件加工 3. 对称铣时，切入为逆铣，切出时则为顺铣
不对称铣		

2. 铣刀

（1）铣刀类型　铣刀种类很多，可采用不同结构与几何参数的铣刀，以适应铣削各种钢制工件的平面、斜面、槽、三维型面等加工面。表6-67所列为各种铣刀的应用范围。为适应铣削各种加工面的铣切深度和宽度，选择铣刀直径的依据可参照表6-68。

表6-67　各种类型铣刀的应用范围　（单位：mm）

铣刀名称		铣刀的应用
圆柱铣刀	细齿	1. 半精铣，$a_p=1\sim2$ 2. 不经预先粗加工的半精铣，$a_p=3\sim4$ 3. 粗铣不稳定零件，$a_p=3\sim5$
	粗齿	1. 粗铣，$a_p=3\sim8$ 2. 半精铣，$a_p=1\sim2$（用于粗加工后不换铣刀） 3. 半精铣，$a_p=3\sim4$（不经预先粗加工的）
	组合	在强有力的专用机床上一次行程粗铣宽平面（≤150～200），$a_p=5\sim12$
立铣刀		1. 粗铣及半精铣平面 2. 铣槽 3. 按靠模铣曲线表面
整体套式面铣刀	细齿	1. 半精铣，$a_p=1\sim2$ 2. 不经预先粗加工的半精铣，$a_p=3\sim4$ 3. 粗铣不稳定零件，$a_p=3\sim5$
	粗齿	1. 粗铣，$a_p=3\sim8$ 2. 半精铣，$a_p=1\sim2$（用于粗加工后不换铣刀） 3. 不经预先粗加工的半精铣，$a_p=3\sim4$
镶齿套式面铣刀	高速钢	1. 粗铣，$a_p=3\sim8$ 2. 半精铣，$a_p=1\sim2$ 3. 不经预先粗加工的半精铣，$a_p=3\sim4$
	硬质合金	粗、精铣钢及铸铁
三面刃圆盘铣刀	整体的	1. 铣槽 $B=6\sim16$，$a_p\leqslant18$ 2. 铣侧面及凸台，$a_p\leqslant20$
	镶齿的	1. 铣槽 $B=12\sim40$，$a_p\leqslant40$ 2. 铣侧面及凸台，$a_p\leqslant60$

（续）

铣刀名称		铣刀的应用
槽（花键）铣刀	细齿	铣花键及槽，$a_p \leqslant 5$
	粗齿	铣花键及槽，$a_p \leqslant 15$
切断铣刀	细齿	铣槽，切断（加工钢及铸铁）
	粗齿	铣槽，切断（加工轻合金及有色金属）

表 6-68　铣刀直径的选择　（单位：mm）

1. 圆柱铣刀

铣切深度	5	8	10
铣切宽度	70	90	100
铣刀直径	60～75	90～110	110～130

2. 套式面铣刀

铣切深度	4	4	5	6	6	8	10
铣切宽度	40	60	90	120	180	260	350
铣刀直径	50～75	75～90	110～130	150～175	200～250	300～350	400～500

3. 三面刃圆盘铣刀

铣切深度	8	12	20	40
铣切宽度	20	25	35	50
铣刀直径	60～75	90～110	110～150	175～200

4. 花键槽铣刀、槽铣刀及切断铣刀

铣切深度	5	10	12	25
铣切宽度	4	4	5	10
铣刀直径	40～60	60～75	75	110

模具用板件铣削加工的常用铣刀为立铣刀、整体套式面铣刀和镶齿套式面铣刀。

（2）铣刀结构、几何参数与常用铣刀　为提高铣削加工效率、铣削工艺条件（含切削用量）、加工精度与降低表面粗糙度 Ra，以及提高铣刀刃口强度、抗振的结构刚度及使用寿命等，正确、合理地设计、选择、确定常用铣刀的结构（见图 6-15）和铣刀的几何参数（见图 6-16）是很关键的技术。

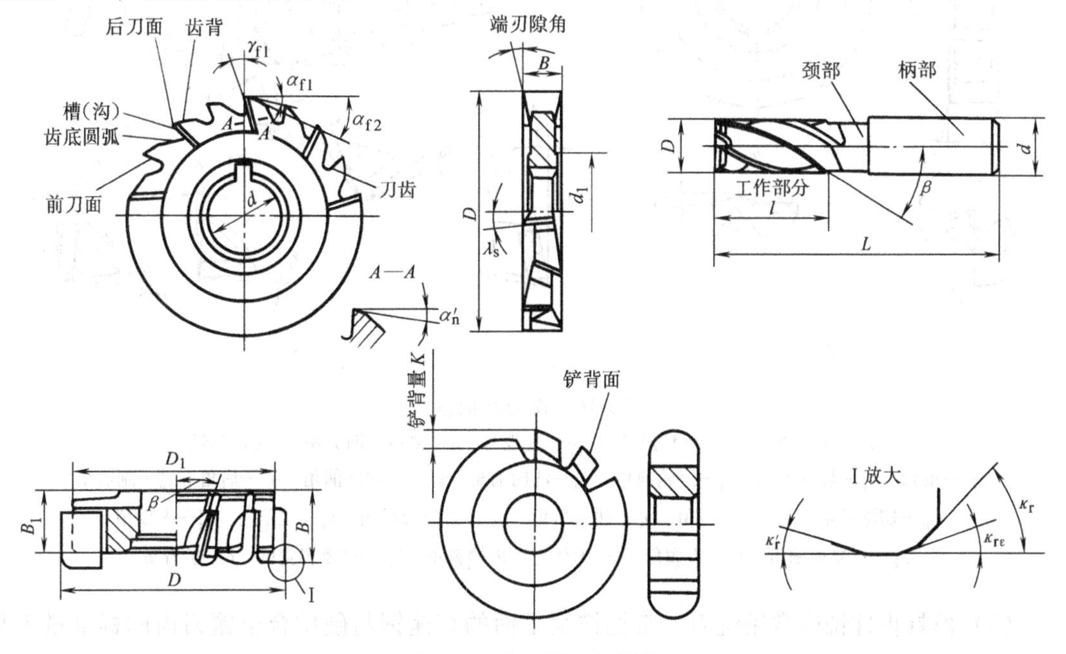

图 6-15　常用铣刀的结构

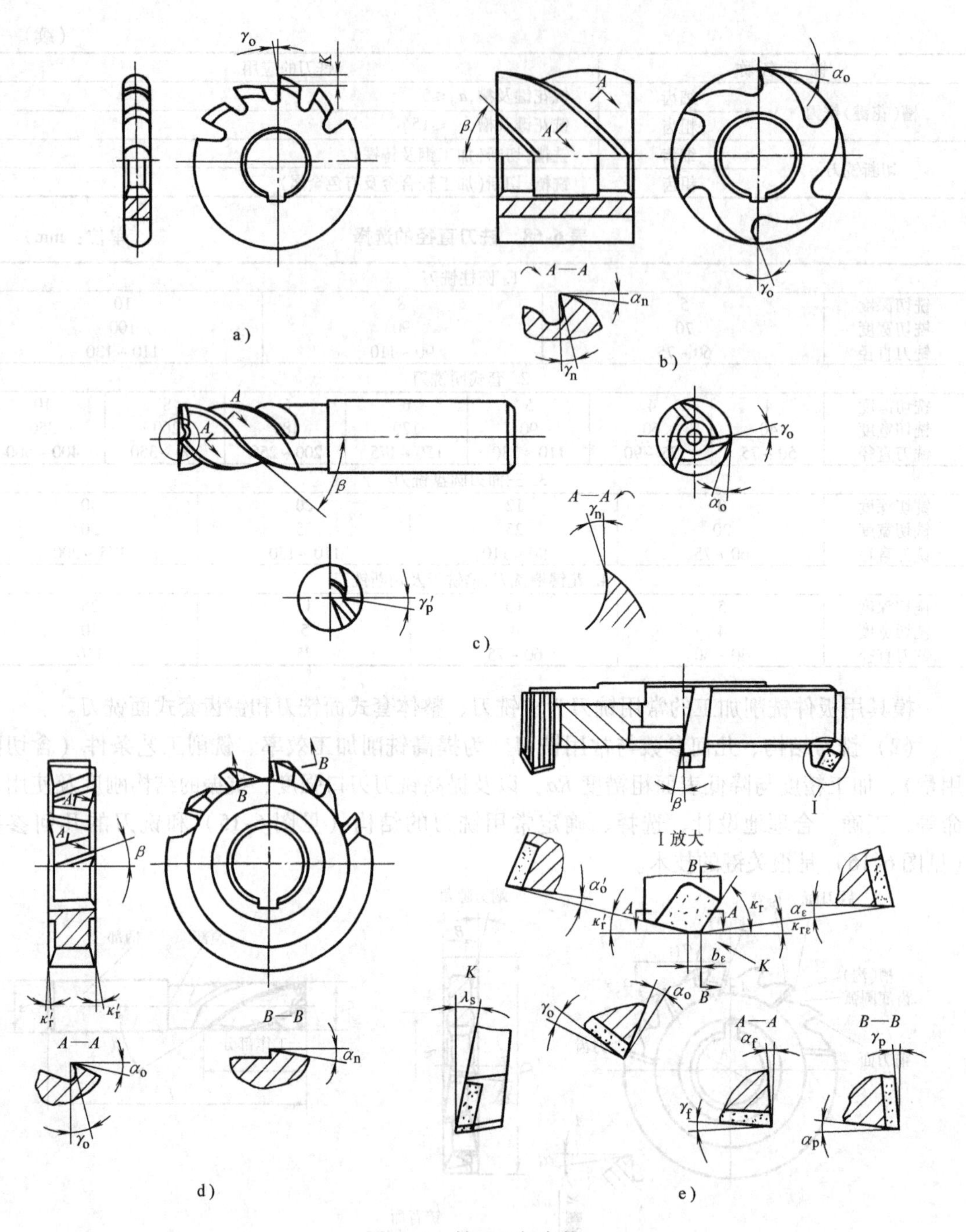

图6-16　铣刀几何参数

a）凸半圆铣刀　b）圆柱形铣刀　c）立铣刀　d）错齿三面刃铣刀　e）面铣刀

γ_o—前角　γ_p—切深前角　γ_f—进给前角　γ_n—法向前角　γ_p'—副切深前角　α_o—后角　α_o'—副后角

α_p—切深后角　α_f—进给后角　α_n—法向后角　α_ε—过渡刃后角　κ_r—主偏角　κ_r'—副偏角

$\kappa_{r\varepsilon}$—过渡刃偏角　λ_s—刃倾角　β—刀体上刀齿槽斜角　b_ε—过渡刃宽度　K—铲背量

（3）模具板件铣削常用铣刀　常见铣削平面的高速钢与硬质合金镶刀齿的标准铣刀见表6-69。

表 6-69　常用平面加工用铣刀

铣刀名称	铣刀示例图	说　明
莫氏锥柄立铣刀	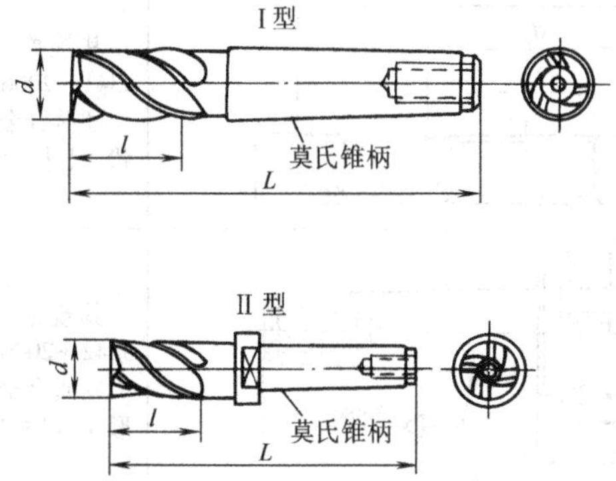 I 型 莫氏锥柄 II 型 莫氏锥柄	其规格、尺寸、齿数见标准 GB/T 6117.2—2010
直柄立铣刀	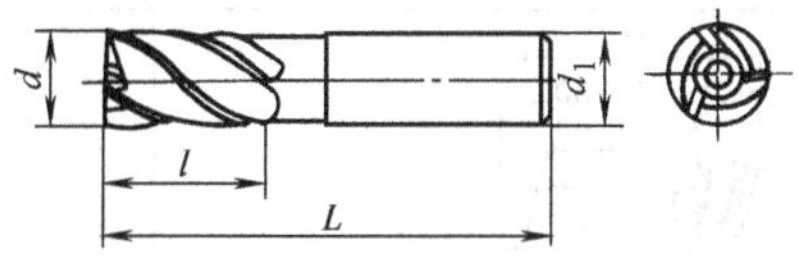	其规格、尺寸、齿数见标准：GB/T 6117.1—2010
削平型直柄主铣刀	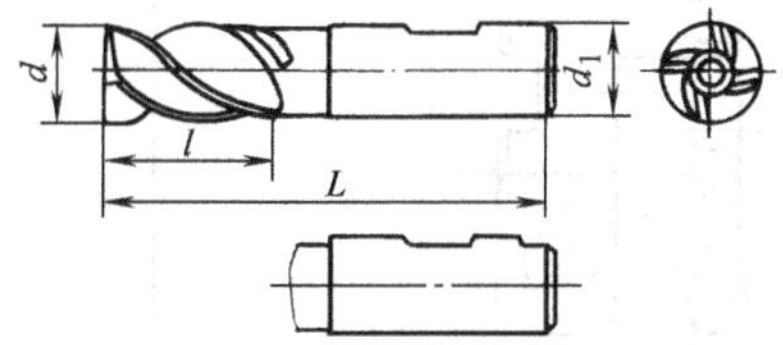	其规格、尺寸、齿数见标准：GB/T 6117.1—2010
套式立铣刀	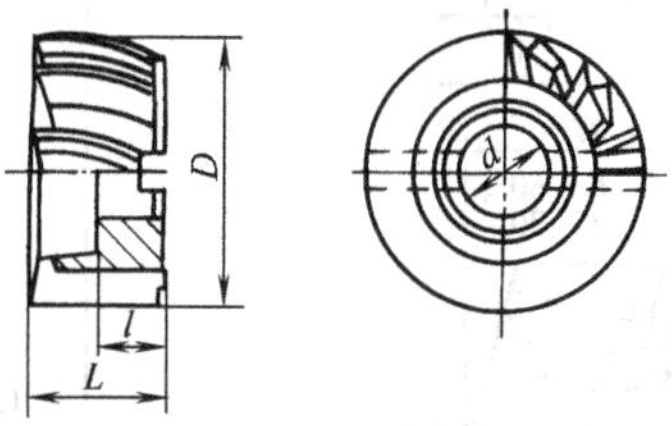	其规格、尺寸、齿数见标准：GB/T 1114—1998
镶齿套式面铣刀	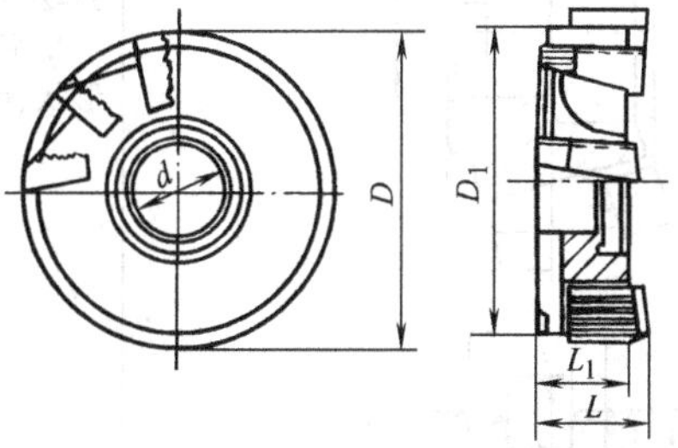	其规格、尺寸、齿数见标准：JB/T 7954—2013
削平型直柄立铣刀	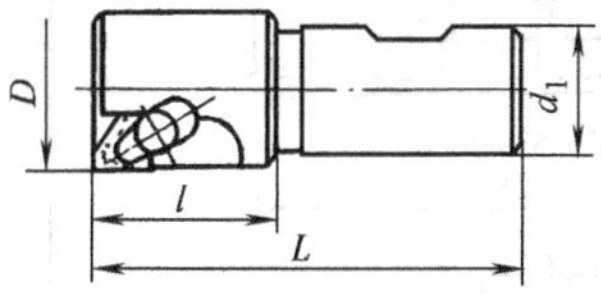	其规格、尺寸、齿数见标准：GB/T 5340—2006 硬质合金可转位铣刀刀片型号、形状、尺寸见标准：GB/T 2081—1987
莫氏锥柄立铣刀	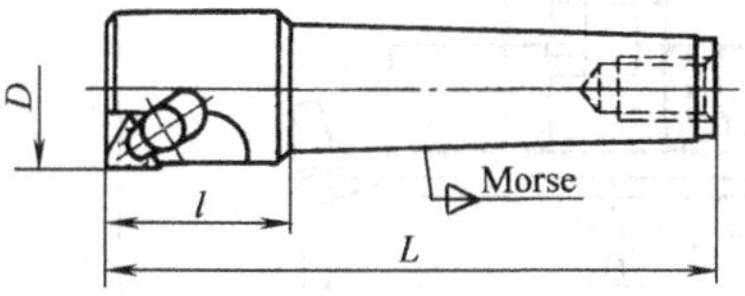 Morse	

（续）

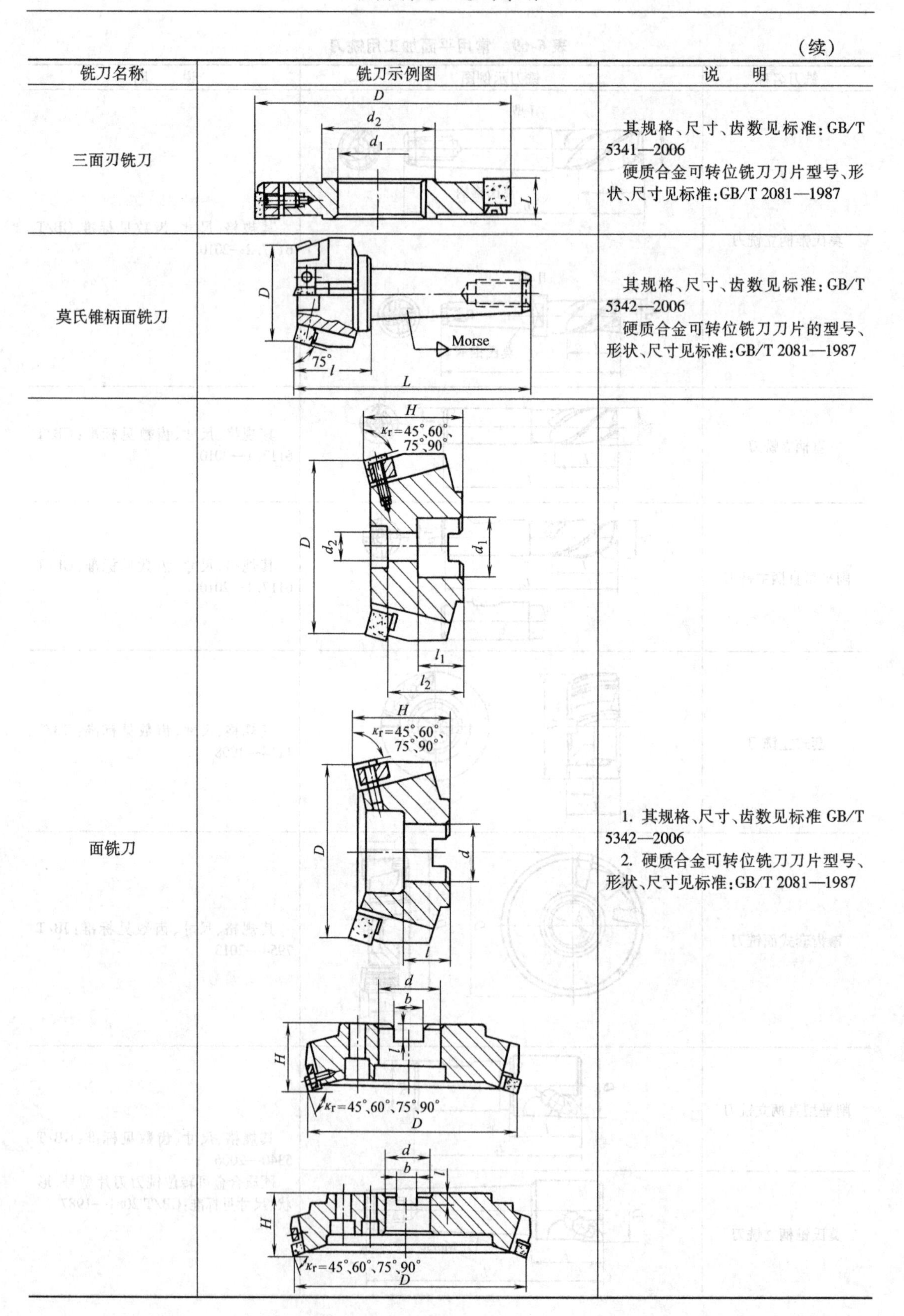

铣刀名称	铣刀示例图	说　明
三面刃铣刀		其规格、尺寸、齿数见标准：GB/T 5341—2006 硬质合金可转位铣刀刀片型号、形状、尺寸见标准：GB/T 2081—1987
莫氏锥柄面铣刀		其规格、尺寸、齿数见标准：GB/T 5342—2006 硬质合金可转位铣刀刀片的型号、形状、尺寸见标准：GB/T 2081—1987
面铣刀		1. 其规格、尺寸、齿数见标准 GB/T 5342—2006 2. 硬质合金可转位铣刀刀片型号、形状、尺寸见标准：GB/T 2081—1987

3. 铣削工艺条件与工艺质量

（1）铣削工艺条件　主要内容为切削用量，包括铣削速度 v(m/min)、进给量（每转进给量 f、每齿进给量 a_f(mm)、每分钟进给量 v_f(mm/min) 以及铣削深度（mm）。切削用量的计算及计算公式见表6-70。

表6-70　铣削切削用量计算

铣削工艺参数		计算公式与示例图	说　明
铣削速度(v)		$v=\pi d_0 n$	d_0——铣刀直径(mm)； n——铣刀转速(r/min)
进给量/mm	每转进给量(f)	$f=L_0/n$	L_0——实际切削行程(mm)； f——铣刀旋转一周的时间间隔内，相对于工件的位移(mm/r)
	每齿进给量(a_f)	$a_f=f/z$	z——铣刀刀齿数； a_f——铣刀在其旋转一个齿的时间间隔内，相对于工件的位移(mm/z)
	每分钟进给量(v_f)	$v_f=fn=a_f zn$	v_f——铣刀每分钟相对于工件的位移(mm/min)
铣削深度(a_p)			a_p——垂直于铣刀主轴中心线方向的切削层厚度尺寸(mm)

铣削工艺条件与铣刀结构几何参数、寿命、材料（如高速钢、硬质合金、金属陶瓷、金刚石铣刀，以及被切削工件的结构几何参数、材料（如碳钢、合金钢、铸铁与有色金属）等均有密切关系。因此，按表6-70内公式计算的切削用量与实际应用的铣削工艺参数相差很远。因此，常选用经实验和生产实践积累的工艺参数作为各种铣削方式的切削用量。高速钢铣刀常用切削用量见表6-71；其面铣刀、圆柱形铣刀、圆盘铣刀常用铣削工艺的进给量，见表6-72。硬质合金面铣刀、圆柱形铣刀和立铣刀及盘铣刀进给量，见表6-73和表6-74。

表6-71 铣削各种工件材料的铣削速度（v）

工件材料	硬度 HBW	铣削速度/(m/min)		工件材料	硬度 HBW	铣削速度/(m/min)	
		硬质合金铣刀	高速钢铣刀			硬质合金铣刀	高速钢铣刀
低、中碳钢	<220	60~150	20~40	灰铸铁	150~225	60~110	15~20
	225~290	55~115	15~35		230~290	45~90	10~18
	300~425	35~75	10~15		300~320	20~30	5~10
高碳钢	<220	60~130	20~35	可锻铸铁	110~160	100~200	40~50
	225~325	50~105	15~25		160~200	80~120	25~35
	325~375	35~50	10~12		200~240	70~110	15~25
	375~425	35~45	5~10		240~280	40~60	10~20
合金钢	<220	55~120	15~35	铝镁合金	95~100	60~600	180~300
	225~325	35~80	10~25	不锈钢		70~90	20~35
	325~425	30~60	5~10	铸钢		45~75	15~25
工具钢	200~250	45~80	12~25	黄铜		180~300	60~90
灰铸铁	100~140	110~115	25~35	青铜		180~300	30~50

注：精加工的铣削速度可比表中数值增加30%左右。

表6-72 高速钢面铣刀、圆柱形铣刀和圆盘铣刀铣削时的进给量

(1)粗铣时每齿进给量 a_f （单位:mm/z）

铣床(铣头)功率/kW	工艺系统刚度	粗齿和镶齿铣刀				细齿铣刀			
		面铣刀与圆盘铣刀		圆柱形铣刀		面铣刀与圆盘铣刀		圆柱形铣刀	
		钢	铸铁及铜合金	钢	铸铁及铜合金	钢	铸铁及铜合金	钢	铸铁及铜合金
>10	大	0.2~0.3	0.3~0.45	0.25~0.35	0.35~0.50	—	—	—	—
	中	0.15~0.25	0.25~0.40	0.20~0.30	0.30~0.40				
	小	0.10~0.15	0.20~0.25	0.15~0.20	0.25~0.30				
5~10	大	0.12~0.20	0.25~0.35	0.15~0.25	0.25~0.35	0.08~0.12	0.20~0.35	0.10~0.15	0.12~0.20
	中	0.08~0.15	0.20~0.30	0.12~0.20	0.20~0.30	0.06~0.10	0.15~0.30	0.06~0.10	0.10~0.15
	小	0.06~0.10	0.15~0.25	0.10~0.15	0.12~0.20	0.04~0.08	0.10~0.20	0.06~0.08	0.08~0.12
<5	中	0.04~0.06	0.15~0.30	0.10~0.15	0.12~0.20	0.04~0.06	0.12~0.20	0.05~0.08	0.06~0.12
	小	0.04~0.06	0.10~0.20	0.06~0.10	0.10~0.15	0.04~0.06	0.08~0.15	0.03~0.06	0.05~0.10

(2)半精铣时每转进给量 f （单位:mm/r）

要求的表面粗糙度 Ra/μm	镶齿面铣刀和圆盘铣刀	圆柱形铣刀					
		铣刀直径 d_0/mm					
		40~80	100~125	160~250	40~80	100~125	160~250
		钢及铸钢			铸铁、铜及铝合金		
6.3	1.2~2.7	—					
3.2	0.5~1.2	1.0~2.7	1.7~3.8	2.3~5.0	1.0~2.3	1.4~3.0	1.9~3.7
1.6	0.23~0.5	0.6~1.5	1.0~2.1	1.3~2.8	0.6~1.3	0.8~1.7	1.1~2.1

注：1. 表中大进给量用于小的铣削深度和铣削切削层公称宽度；小进给量用于大的铣削深度和铣削切削层公称宽度。
2. 铣削耐热钢时，进给量与铣削钢时相同，但不大于0.3mm/z。

表6-73 硬质合金面铣刀、圆柱形铣刀和圆盘铣刀铣削平面和凸台的进给量

机床功率/kW	钢		铸铁及铜合金	
	每齿进给量 a_f/(mm/z)			
	YT15	YT5	YG6	YG8
5~10	0.09~0.18	0.12~0.18	0.14~0.24	0.20~0.29
>10	0.12~0.18	0.16~0.24	0.18~0.28	0.25~0.38

注：1. 表列数值用于圆柱铣刀铣削深度 a_p≤30mm；当 a_p>30mm 时，进给量应减少30%。
2. 用圆盘铣刀铣槽时，表列进给量应减小一半。
3. 用面铣刀铣削时，对称铣时进给量取小值；不对称铣时进给量取大值。主偏角大时取小值；主偏角小时取大值。
4. 铣削材料的强度或硬度大时，进给量取小值；反之取大值。
5. 上述进给量用于粗铣。精铣时铣刀每转进给量按下表选择：

要求达到的表面粗糙度 Ra/μm	3.2	1.6	0.8	0.4
每转进给量/(mm/r)	0.5~1.0	0.4~0.6	0.2~0.3	0.15

表6-74 硬质合金立铣刀铣削平面和凸台的进给量

铣刀类型	铣刀直径 d_0/mm	铣削切削层公称宽度 b_D/mm			
		1~3	5	8	12
		每齿进给量 f_z/(mm/z)			
带整体刀头的立铣刀	10~12	0.03~0.025	—	—	—
	14~16	0.06~0.04	0.04~0.03	—	—
	18~22	0.08~0.05	0.06~0.04	0.04~0.03	—
镶螺旋形刀片的立铣刀	20~25	0.12~0.07	0.10~0.05	0.10~0.03	0.08~0.05
	30~40	0.18~0.10	0.12~0.08	0.10~0.06	0.10~0.05
	50~60	0.20~0.10	0.16~0.10	0.12~0.08	0.12~0.06

注：1. 大进给量用于在大功率机床上铣削深度较小的粗铣；小进给量用于在中等功率的机床上铣削深度较大的铣削。
2. 表列进给量可得到 Ra=6.3~3.2μm 的表面粗糙度。

说明：关于碳钢立铣刀、半圆铣刀、角铣刀、铣槽与切断铣刀，以及相应的硬质合金铣刀的进给量，可参见有关工艺手册或铣刀生产企业的产品样本。

（2）铣床与铣削工艺质量

1）由于铣削工艺在机械加工中的应用非常广泛，因此，铣床的品种和类型很多，见表6-75。

表6-75 铣床类型与品种

类型	品种	说明
升降台式铣床	普通铣床、仿形铣床、坐标铣床、工具铣床、摇臂铣床、滑枕式铣床等 数控铣床	1. 铣床还可分为立式与卧式两种 2. 模具加工用普通立铣床、仿形铣床、坐标铣床、工具铣床
床身式铣床	十字工作式铣床，滑枕式铣床，立柱移动式铣床，仿形铣床、数控铣床	1. 也可分为立铣与卧铣两种 2. 这类铣床在模具加工中常用的为加工中心和数控铣床
龙门式铣床	普通型铣床 龙门架移动式铣床 数控铣床	主要用大型模块(板)铣削加工

卧式升降台铣床的主要技术规格，见表6-76。立式升降台铣床主要技术规格，见表6-77。万能工具铣床主要技术规格，见表6-78。仿形铣床主要技术规格，见表6-79。

表 6-76　卧式升降台铣床主要技术规格

产品名称	型号	工作台工作面 B/mm × A/mm	主要技术参数							
			工作台最大回转角度/(°)	主轴中心线至工作台面距离/mm	工作台中心线至垂直导轨面距离/mm	工作台最大行程/mm			主轴转速	
						纵向 机/手	横向 机/手	垂向 机/手	级数	范围/(r/min)
卧式升降台铣床	X6012	125 × 500		0 ~ 250	110 ~ 210	手动 250	手动 100	手动 250	9	120 ~ 1830
卧式万能升降台铣床	X61W	250 × 1000	±45	30 ~ 340	175 ~ 355	620/620	170/185	310/310	16	65 ~ 1800
万能升降台铣床	XQ6125	250 × 1030		50 ~ 420	165 ~ 315	470	150	370	9	60 ~ 1030

表 6-77　立式升降台铣床主要技术规格

型　号		X5025A	X52K	X53K
工作台尺寸 A/mm × B/mm		250 × 1120	320 × 1250	400 × 1600
工作台最大行程 纵向/mm × 横向/mm × 垂直/mm	机　动	580 × 210 × 380	680 × 240 × 350	880 × 300 × 365
	手　动	600/230/400	700/255/370	900/315/385
主轴中心线至垂直导轨面距离/mm		280	350	450
主轴端面至工作台面距离/mm		70 ~ 470	30 ~ 400	30 ~ 500
主轴轴向移动距离/mm		—	70	85
主轴头回转角度/(°)		±45	±45	±45
主轴转速	级数	12	18	18
	转速范围/(r/min)	500 ~ 1600	30 ~ 1500	30 ~ 1500
主轴孔直径/锥度		ϕ44.45/7:24	ϕ29/7:24	ϕ29/7:24
T 形(槽数/槽宽)/mm × 槽间距/mm		3/14 × 50	3/18 × 70	3/18 × 90

表 6-78　万能工具铣床主要技术规格

型　号		X8126	X8130
工作台尺寸 A/mm × B/mm	水平	270 × 700	300 × 750
	垂直	—	220 × 800
工作台最大行程纵向/mm × 垂直/mm		300 × 330	400 × 370
水平主轴中心至工作台面距离/mm		30 ~ 360	35 ~ 435
垂直主轴端面至工作台面距离/mm		0 ~ 265	65 ~ 465
垂直主轴中心线至床身垂直导轨面距离/mm		—	100 ~ 660
主轴转速/(r/min)	水平主轴	110 ~ 1230(8 级)	40 ~ 1600(12 级)
	垂直主轴	150 ~ 1660(8 级)	
主轴最大移动距离/mm	水平主轴	200	200
	垂直主轴	80(手动)	
垂直主轴最大回转角度/(°)		±45	±90
主轴孔锥度		莫氏 4 号	7:24

表 6-79　仿形铣床主要技术规格

型　号	ZF-3D55 三坐标自动仿形铣床	XFY5032/1 立式升降台液压仿形铣床
工作台尺寸 A/mm × B/mm	1500 × 400	1250 × 320
工作台仿形范围 x/mm × y/mm × z/mm	500 × 420 × 320	700 × 280 × 380
主轴转速范围/(r/min)	12 级　96 ~ 2300	50 ~ 2500
主轴端面至工作台面距离/mm	70 ~ 500	75 ~ 525
主轴套筒垂直行程/mm	110	70
主轴中心至仿形头中心距离/mm	550	600 ~ 750
仿形靠模压力/N	< 18	< 2
周期进给量范围/mm	0.05 ~ 50	0.1 ~ 10

（续）

型　号	ZF-3D55 三坐标自动仿形铣床	XFY5032/1 立式升降台液压仿形铣床
仿形速度范围/(mm/min)	40～600	轮仿　25～3000 行切　30～600
主轴锥孔	莫氏 No4	—
刀具直径范围/mm	$\phi 3 \sim \phi 50$	—
工作台最大负重/kg	300	—
仿形仪支架调整量/mm	100×100×100	—
仿形精度/mm	±0.03	—
仿形比例	1:1	—
T 形(槽数/槽宽)/mm×槽间距/mm	3/18×100	—

2）铣削工艺质量。加工质量指加工面经加工后的尺寸、形状与位置精度和表面粗糙度。因此，其加工质量与机床、刀具与铣削工艺条件有关。现将现在生产的几类铣床的铣削经济精度分别列于表 6-80、表 6-81、表 6-82。其铣削加工表面的粗糙度 Ra(μm)见表 6-83 和表 6-84。

这些铣削工艺质量的数值，可供选择机床时参考使用。

表 6-80　升降台铣床的铣削经济精度　（单位：mm）

铣床类型	公差类型			经济精度
立式铣床	平面度			0.1/300
	平行度			0.2/300
	垂直度			
	铣削零件厚度的偏差	长度	～120	0.15
		宽度	～120	
		长度	>120～360	0.25
		宽度	～360	
		长度	>360～500	0.35
		宽度	～360	
		长度	>500～1000	0.45
		宽度	～360	
	成形铣削尺寸的偏差			0.5

铣床类型	公差类型			经济精度
卧式铣床	平面度			0.1/300
	平行度			0.2/300
	垂直度			
	铣削零件厚度的偏差	长度	～120	0.2
		宽度	～120	
		长度	>120～360	0.35
		宽度	～360	
		长度	>360～500	0.45
		宽度	～360	
		长度	>500～1000	0.5
		宽度	～360	
		沟槽侧面的倾斜		0.2/100
		用分度头铣削时的角度偏差		10′
数控铣床		加工误差		±0.05
		重复定位精度		0.025

表 6-81　床身铣床（工作台不升降铣床）经济精度　（单位：mm）

铣床类型	公差类型	经济精度	铣床类型	公差类型	经济精度
十字工作台式及横向滑枕移动式	平面度	0.05/300	立柱移动式	平行度	0.05/300
	平行度	0.05/300		垂直度	0.05/300
	垂直度	0.05/300	数控铣床	加工误差	±0.05
立柱移动式	平面度	0.05/300		重复定位精度	0.025

表 6-82 龙门铣床经济精度

(单位：mm)

铣床类型	公差类型		经济精度
普通型	平面度		0.05/1000
	垂直度		0.05/300
数控型	直线运动坐标的定位精度	X	0.06
		Y	0.05
		Z	0.035
	直线运动坐标的重复定位精度		0.025

表 6-83 铣削加工的表面粗糙度 *Ra*

(单位：μm)

铣削型式 \ 铣削种类	粗铣	精铣	超精铣
圆柱铣	2.5~20	0.63~5	0.32~1.25
端铣	2.5~20	0.32~5	0.16~1.25
高速铣	0.63~2.5	0.16~0.63	

表 6-84 不同类型铣床铣削表面最低表面粗糙度 *Ra* (单位：μm)

铣床类型	升降台铣床							
	普通型	半自动型	仿形	数控	坐标铣	工具铣	摇臂铣	滑枕铣
铣削表面最低粗糙度值	>1.25~2.5	>0.63~1.25	>2.5~5	>1.25~2.5	1.25	>1.25~2.5	>2.5~5	>1.25~2.5
铣床类型	床身铣床					龙门铣床		
	十字工作台式	滑枕式	立柱移动式	仿形	数控	普通型	龙门架移动式	数控
铣削表面最低粗糙度值	>1.25~2.5	>0.63~1.25	>1.25~2.5	>2.5~5	>1.25~2.5	>1.25~2.5	>1.25~2.5	>1.25~2.5

6.4.4 模具用板件的磨削加工

由于国产铣床受刚度、刀具材料等因素影响，使其作为模板的最终加工尚有困难，因此，只能采用精密磨削作为模板的最终加工工序。

1. 板件平面磨削工艺特点

（1）种类与砂轮　平面磨削工艺方法有圆周磨、端面磨、导轨磨等几种，如图 6-17 所示。同时，根据磨削方式可分为圆周磨削、端面纵向磨削与切入式磨削，以及深切法中的顺磨与逆磨，如图 6-18 所示。

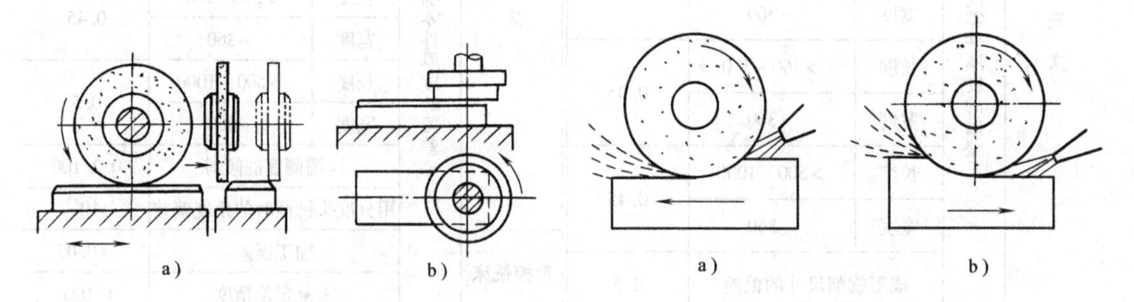

图 6-17　磨削平面

a）圆周磨　b）端面磨

图 6-18　顺磨与逆磨

a）顺磨　b）逆磨

深切法指缓进给磨削，又称蠕动磨削，是强力磨削的一种。切深量可达 1~30mm，进给量为 5~300mm/min；其加工精度可达 2~5μm，表面粗糙度 *Ra*0.63~0.16μm。应用于毛坯加工，适用于高硬度，高韧性难加工材料制工件上的型面和沟槽等，而且加工效率很高。

常用砂轮见标准 GB/T 2484—2006。

（2）平面磨削工艺特点

1）圆周磨（见图6-17）是模板精密加工方法。接触面小、热量小、排屑方便，而加工精度高，表面粗糙度值小。

2）端面磨（见图6-17），磨轮主轴刚度好、允许采用较大磨削用量，加工效率高；但是易发生高热，砂轮磨损不均匀。因此，精度低、排屑难、冷却条件差。为改进磨削条件，常在端磨时，将砂轮端面相对被加工面调整一个斜角 α（ =2°～4°），如图6-19所示。这样，磨出的表面将产生凹面。因此，端面是较大模板的主要磨削方法。

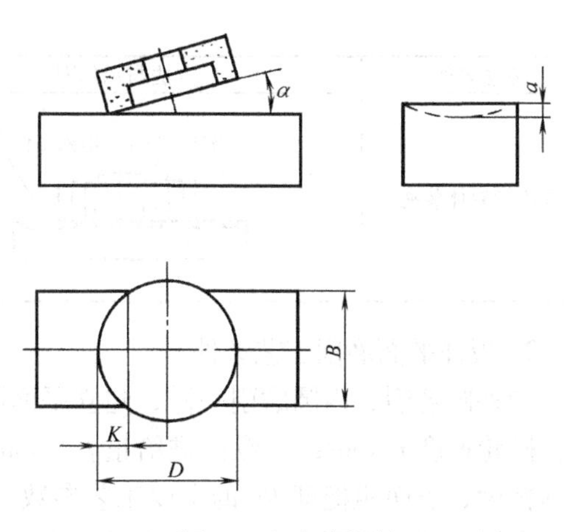

图6-19　磨头倾斜

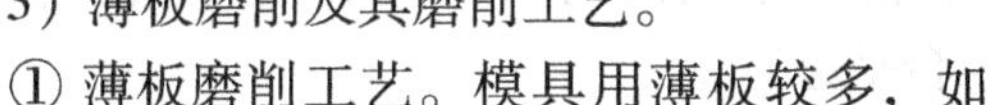

3）薄板磨削及其磨削工艺。

① 薄板磨削工艺。模具用薄板较多，如常用T10钢制成的冲多孔凸模的垫板，级进模用卸料板等，相对于板的长度，板的厚度尺寸则较小。因此，经热处理后的板坯的上、下两面将不平行，甚至是翘曲或呈弓形。若以其下面装在磁力台上，则板坯将可能被磁力吸平。当磨削完上平磨后，取下工件，将又恢复磨削前状态，如图6-20所示。为此，常采用多次翻身、反复磨削法，直至达到其平行度偏差要求为止。为减少翻身及反复磨削的次数，常采用精密平口钳，装夹热处理后的板坯，先磨平一面，再以此面为基准面，定位夹装于磁力台上磨削另一平面。则易于保证上下面的平行度要求。

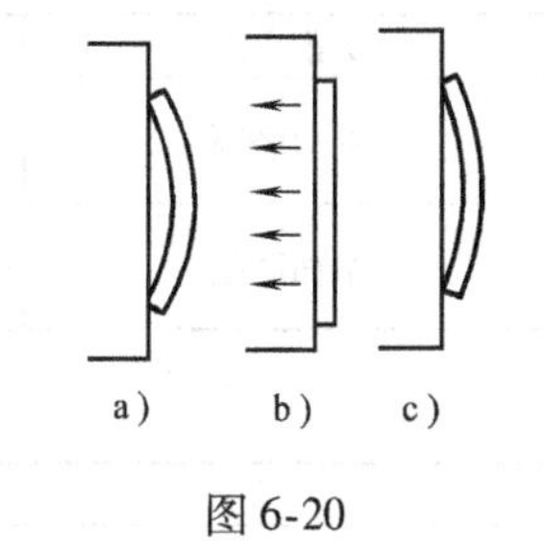

图6-20

② 薄片的磨削工艺。若磨削厚度尺寸更小的板件，如采用1～3mm薄片经串拼而成的精密塑料模、压铸模的沟槽型腔，则需进行精密平面磨削，以保证两面平行。其磨削工艺方法，见表6-85。

表6-85　薄片平面磨削工艺方法

方法名称	方法与示例图	说　明
垫弹性体		在工件下面垫很薄的橡皮等弹性体，并交替磨削两平面
垫纸	垫纸	分辨出工件弯曲方向，用电工纸垫入空隙处，以垫平的一面吸在电磁吸盘上，磨另一面。磨出一个基准面，再吸在电磁吸盘上交替磨两平面
涂蜡	涂蜡	工件一面涂以白蜡，并与工件齐平，吸住该面磨另一面。磨出一个基准面后，再交替磨两平面
利用工件台剩磁装夹	挡板	1. 利用剩磁吸住工作，以减小工件装夹变形 2. 降低磨削深度，减小因磨削力的变形 3. 两面进行交替磨削，直至达到两面平行度偏差要求为止

（续）

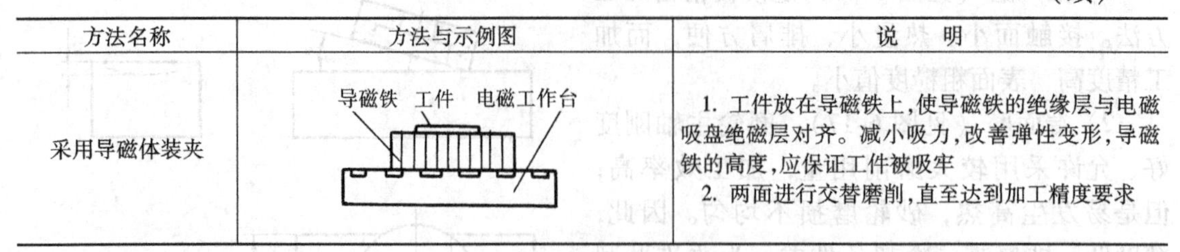

方法名称	方法与示例图	说　明
采用导磁体装夹	导磁铁　工件　电磁工作台	1. 工件放在导磁铁上，使导磁铁的绝缘层与电磁吸盘绝磁层对齐。减小吸力，改善弹性变形，导磁铁的高度，应保证工件被吸牢 2. 两面进行交替磨削，直至达到加工精度要求

2. 板件平面磨削工艺条件

和外圆磨削、内圆磨削一样，建立平面磨削的工艺条件，确定其较准确的磨削用量，包括：砂轮速度 v（m/s），纵向进给量 f_a（mm/st），磨削深度 a_p（mm/st）。磨削用量是决定磨削精度、表面粗糙度 Ra 的主要工艺参数。工艺参数的计算方法参见 6.2.2 节。现将工艺参数实用值列于以下表内：表 6-86 是平面磨削砂轮速度选择；表 6-87 是粗磨平面磨削用量（矩台平磨）；表 6-88 是精磨平面磨削用量（矩台平磨）。

表 6-86　平面磨削砂轮速度选择　　（单位：m/s）

磨削方式	工件材料	粗　磨	精　磨
周边磨削	灰铸铁	20～22	22～25
	钢	22～25	25～30
端面磨削	灰铸铁	15～18	18～20
	钢	18～20	20～25

表 6-87　粗磨平面磨削用量（矩形工作台平面磨）

（1）纵向进给量							
加工性质		砂轮宽度 b_s/mm					
		32	40	50	63	80	100
		工作台单行程纵向进给量 f/(mm/st)					
粗　磨		16～24	20～30	25～38	32～44	40～60	50～75
（2）磨削深度							
纵向进给量 f（以砂轮宽度计）	耐用度 T/s	工件速度 v_w/(m/min)					
		6	8	10	12	16	20
		工作台单行程磨削深度 a_p(mm/st)					
0.5	540	0.066	0.049	0.039	0.033	0.024	0.019
0.6		0.055	0.041	0.033	0.028	0.020	0.016
0.8		0.041	0.031	0.024	0.021	0.015	0.012
0.5	900	0.053	0.038	0.030	0.026	0.019	0.015
0.6		0.042	0.032	0.025	0.021	0.016	0.013
0.8		0.032	0.024	0.019	0.016	0.012	0.0096
0.5	1440	0.040	0.030	0.024	0.020	0.015	0.012
0.6		0.034	0.025	0.020	0.017	0.013	0.010
0.8		0.025	0.019	0.015	0.013	0.0094	0.0076
0.5	2400	0.033	0.023	0.019	0.016	0.012	0.0093
0.6		0.026	0.019	0.015	0.013	0.0097	0.0078
0.8		0.019	0.015	0.012	0.0098	0.0073	0.0059

注：工作台一次往复行程的磨削深度应将表列数值乘 2。

表6-88　精磨平面磨削用量（矩形工作台平面磨）

(1)纵向进给量

加工性质	磨轮宽度 b_s/mm					
	32	40	50	63	80	100
	工作台单行程纵向进给量 f/(mm/st)					
精磨	8~16	10~20	12~25	16~32	20~40	25~50

(2)磨削深度

工件速度 v_w/(m/min)	工作台单行程纵向进给量 f/(mm/st)								
	8	10	12	15	20	25	30	40	50
	工作台单行程磨削深度 a_p/(mm/st)								
5	0.086	0.069	0.058	0.046	0.035	0.028	0.023	0.017	0.014
6	0.072	0.058	0.046	0.039	0.029	0.023	0.019	0.014	0.012
8	0.054	0.043	0.035	0.029	0.022	0.017	0.015	0.011	0.0086
10	0.043	0.035	0.028	0.023	0.017	0.014	0.012	0.0086	0.0069
12	0.036	0.029	0.023	0.019	0.014	0.012	0.0096	0.0072	0.0058
15	0.029	0.023	0.018	0.015	0.012	0.0092	0.0076	0.0058	0.0046
20	0.022	0.017	0.014	0.012	0.0086	0.0069	0.0058	0.0043	0.0035

注：工件的运动速度，当加工淬火钢时用大值；加工非淬火钢及铸铁时取小值。

当采用圆形工作台进行平面磨削时，其磨削用量则需降低其磨头单行程磨削深度 a_p（mm/st）。参见下列表中的内容：表6-89是粗磨平面磨削用量（圆台平磨）；表6-90是精磨平面磨削用量（圆台平磨）。

导轨磨削的工艺条件可参见表6-91。导轨磨削常采用端面磨削方式。虽然一般模板磨削时不用导轨磨，但模具构件中的斜楔、导向滑板采用导轨磨削工艺较好。

表6-89　粗磨平面磨削用量（圆形工作台平面磨）

(1)纵向进给量

加工性质	砂轮宽度 b_s/mm					
	32	40	50	63	80	100
	工作台纵向进给量 f/(mm/r)					
粗　磨	16~24	20~30	25~38	32~44	40~60	50~75

(2)磨削深度

纵向进给量 f（以砂轮宽度计）	耐用度 T/s	工件速度 v_w(m/min)						
		8	10	12	16	20	25	30
		磨头单行程磨削深度 a_p(mm/st)						
0.5	540	0.049	0.039	0.033	0.024	0.019	0.016	0.013
0.6		0.041	0.032	0.028	0.020	0.016	0.013	0.011
0.8		0.031	0.024	0.021	0.015	0.012	0.0098	0.0082
0.5	900	0.038	0.030	0.026	0.019	0.015	0.012	0.010
0.6		0.032	0.025	0.021	0.016	0.013	0.010	0.0085
0.8		0.024	0.019	0.016	0.012	0.0096	0.008	0.0064
0.5	1440	0.030	0.024	0.020	0.015	0.012	0.0096	0.0080
0.6		0.025	0.020	0.017	0.013	0.010	0.0080	0.0067
0.8		0.019	0.015	0.013	0.0094	0.0076	0.0061	0.0050
0.5	2400	0.023	0.019	0.016	0.012	0.0093	0.0075	0.0062
0.6		0.019	0.015	0.013	0.0097	0.0078	0.0062	0.0052
0.8		0.015	0.012	0.0098	0.0073	0.0059	0.0047	0.0039

表 6-90 精磨平面磨削用量（圆形工作台平面磨）

(1)纵向进给量

加工性质	砂轮宽度 b_s/mm					
	32	40	50	63	80	100
	工作台纵向进给量 f/(mm/r)					
精磨	8~16	10~20	12~25	16~32	20~40	25~50

(2)磨削深度

工件速度 v_w/(m/min)	工作台纵向进给量 f/(mm/r)								
	8	10	12	15	20	25	30	40	50
	磨头单行程磨削深度 a_p/(mm/st)								
8	0.067	0.054	0.043	0.036	0.027	0.0215	0.0186	0.0137	0.0107
10	0.054	0.043	0.035	0.0285	0.0215	0.0172	0.0149	0.0107	0.0086
12	0.045	0.0355	0.029	0.024	0.0178	0.0149	0.0120	0.0090	0.0072
15	0.036	0.0285	0.022	0.0190	0.0149	0.0114	0.0095	0.0072	0.00575
20	0.027	0.0214	0.018	0.0148	0.0107	0.0086	0.00715	0.00537	0.0043
25	0.0214	0.0172	0.0143	0.0115	0.0086	0.0069	0.00575	0.0043	0.0034
30	0.0179	0.0143	0.0129	0.0095	0.00715	0.0057	0.00477	0.00358	0.00286
40	0.0134	0.0107	0.0089	0.00715	0.00537	0.0043	0.00358	0.00268	0.00215

表 6-91 导轨磨削工艺参数

磨削形式	纵向进给速度/(m/min)	磨削深度/(mm/dst)	砂轮	砂轮修整后形状
端面磨削	粗磨:8~10 半精磨:4~6 精磨:1~2	0.003~0.05	GC36H-JV 组织 7~8 WA36H-JV 组织 7~8	20°~30° 0.5~1 粗磨 15°~30° 1~2 精磨
周边磨削	20~40	0.001~0.10	与平面磨削基本相同	

注：磨削深度的大小和连续次数应根据工件误差大小、磨头主轴及机床刚度、工件发热程度、磨削火花的特征等合理确定。

3. 板件平面磨削常见缺陷与产生原因

需进行平面磨削的模具用板件是精密构件，不允许被磨削面产生表面划伤、直线痕、波纹等缺陷，这些缺陷将影响模具装配质量和制件（如塑件等）质量；更不允许产生尺寸、或加工面与基准面之间的位置偏差。为防止磨削过程中产生缺陷，需对易产生的缺陷进行分析，并采取相应措施进行预防，以保证磨削工艺质量。

表 6-92 列有平面磨削过程中常见缺陷及其产生的原因，以便采取相应的防止措施，予以改进或改善磨削工艺条件。

表 6-92 平面磨削过程常见缺陷及原因

被加工面的缺陷	磨床的影响	砂轮与磨削工艺的影响	其他影响因素
表面波纹	1. 主轴轴承间隙增大 2. 主电动机转子不平衡；其转子与定子之间的间隙不均匀 3. 磨头结构刚度差 4. 液压系统振动及外力引起振动的影响 5. 工作台换向时的周期度振动	1. 砂轮不平衡、硬度过高且不均匀、磨粒纯化等，将引起切削力的周期性变化 2. 砂轮法兰盘锥孔与主轴接触不良 3. 垂直进给量过大	

续表

被加工面的缺陷	磨床的影响	砂轮与磨削工艺的影响	其他影响因素
表面拉毛划伤		磨屑杂物落于工件的被加工面上	磨削液供应不充分，不清洁
表面呈直线痕迹	主轴结构刚度差，热变形不稳定，致使磨削过程中因主轴变形引起砂轮宽度方向倾斜，个别或少许磨粒，在加工面上，磨出直线痕迹	1. 砂轮磨粒纯化、不锋利，滑擦加工面引起直线痕迹 2. 进给量过大 3. 砂轮修整器安放位置不当，致使砂轮面修整不匀	
两表面平行度、平面度超差	1. 砂轮主轴热变形大，横向运动精度超差 2. 导轨润滑油过多，压力差太大，致使工作台在进给运动中，产生运动误差	1. 砂轮磨粒纯化，不锋利 2. 工件安装基准不平，其间有毛刺或脏物等；工件夹紧力过大，致使产生变形 3. 采用砂轮端面磨削时，立柱倾斜角未调整准确	1. 工件基准面不精，或有毛刺 2. 工件薄易变形，或内应力未消除 3. 磨削液供给不足
表面烧伤		1. 砂轮硬度过大，粒度过细，砂轮纯化等 2. 磨削用量过大	磨削液供给不足，喷射位置不当，变质等

由上述可见，精密平面磨削是模板的最终加工工序。但是，研磨、抛光工艺在压铸模、塑料注射模、玻璃模等模具工作构件（凹、凸模）中，如塑料注射拼合式凹模型腔中的板（块）式镶拼件，仍是不能采用的精饰加工工序。由于塑件外观装饰性要求，其表面粗糙度 Ra 值要求很低，常要求达镜面。

由于平面研磨、抛光原理，以及采用的研磨剂、抛光剂等与研、抛圆柱形外圆与套形零件内孔基本相同，只是研、抛方式和采用的工具不尽相同；而平面的研、抛方式则较简便，故不再赘叙。

6.5　圆孔与圆孔孔系加工

6.5.1　圆孔及其技术要求

1. 模板上常见圆孔

模具构件（如模具用板件上）具有各种结构和技术要求的圆孔。

1）常沉孔的圆孔，常作为等距布置，或在同一圆上等弧长布置的多个紧固螺钉过孔。

2）销孔，即连接相邻构件（如板件）、相邻部件（如上、下或定、动模与各自相应模座板），并起确定相互位置作用的精密定位孔。一般要求其设计与孔加工的基准相同，如图6-21所示。

3）上、下模座板上安装导柱与导套的孔，即带精密孔距、不同孔径的精密圆孔孔系。

4）冲单个或多个带精密间距、不同孔径孔用的圆凹模孔，或级进模导正孔圆凹模孔。

5）模板上通冷却水用的圆形深孔。

2. 圆孔加工工艺特点与常用工艺方法

（1）模具构件上的圆孔特征　上述模具构件上常见的圆孔可归纳为以下几类：

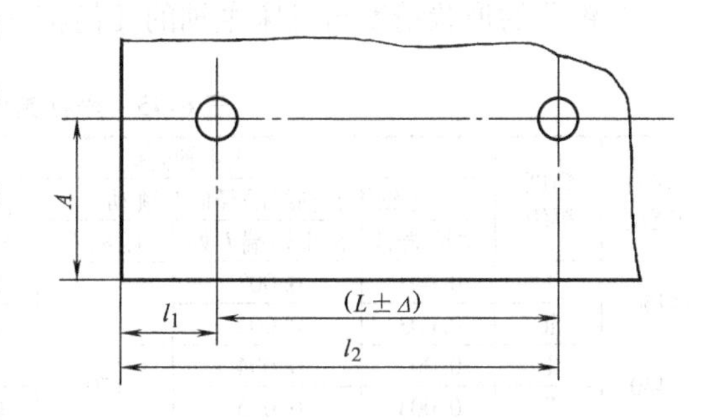

图6-21　孔设计、加工基准示例图

1）带沉孔（平底坑）的圆孔，如紧固螺钉的过孔。

2）带精密间距的精密圆孔与孔系，如销孔、导柱与导套安装孔、冲孔与导正的凹模孔。

3）小孔，即孔径 $d \leqslant 3$mm、$L/d>8$ 的孔，如凹模孔等。

4）圆形深孔，如塑料注射模中冷却水道孔。

（2）常见圆孔加工方法与顺序

1）热处理前，所有圆孔的加工方法和顺序为：钻孔→扩孔，其中，带沉孔的圆孔加工后续工序为锪平底沉孔。若相邻构件配作销孔，其后续工序为相邻构件拼合后同时铰孔，其目的是保持相配构件销孔的同轴度。若为导柱与导套的安装孔，其后续工序为在镗床或坐标镗床上进行精密镗孔。

2）热处理后的精密圆孔加工方法与顺序：在坐标磨床磨孔→研磨和珩磨。

6.5.2　模板上孔系的坐标镗削加工

1. 坐标镗削加工

（1）模板上孔系的技术要求　模座板上设置有导柱与导套安装孔。下模座板上常根据冲件成形工艺要求设有2、3、4个导柱安装孔，上模座板上则相对应地设有相等数量的导套安装孔。导柱与导套安装孔须保持同轴度精度，一般要求为：0.006~0.008mm。

1）孔系孔径的极限偏差为：当孔径 D 为40~68mm时，其配合为H7，则其极限偏差为0.025~0.03mm。

2）孔系的中心线与模座板基准面的垂直度见表6-93。

3）孔距的极限偏差一般为±0.004~±0.008mm；

4）孔的表面粗糙度要求为：$Ra3.2 \sim Ra1.6\mu m$。

表6-93　孔中心线与基面垂直度

（单位：mm）

被测尺寸	垂直度	
	0Ⅰ级、Ⅰ级	0Ⅱ级、Ⅱ级
>40~63	0.008	0.012
>63~100	0.010	0.015
>100~160	0.012	0.020
>160~250	0.025	0.040

（2）坐标镗削及其工艺质量　坐标镗床是具有精密坐标定位装置的精密机床，主要用于镗削孔径、形状与位置精度要求高的孔系。其加工质量如下：

1）镗床坐标定位精度，是保证孔系中相邻孔距加工精度的基准。一般，坐标镗床的坐标定位精度为0.002~0.012mm（见表6-94）。而镗出孔距的尺寸精度则为1.2~2倍坐标定位精度。

表6-94　坐标镗床纵、横向坐标定位精度

工作台面宽度/mm	200	320	450	630	800	1000	1400	2000
Ⅰ级/μm	2	2	3	3	3	5	8	12
Ⅱ级/μm	3	4	5	6	6	8	12	20

2）镗孔的形状精度与机床主轴的几何精度有关，见表6-95。

表6-95　坐标镗床主轴几何精度　　（单位：mm）

工作台面宽度	精度等级	立式主轴公差				卧式主轴公差			
		主轴锥孔轴线的径向圆跳动			主轴的轴向窜动	主轴锥孔轴线的径向圆跳动			主轴的轴向窜动
		主轴端部	离主轴端 L 处	距离 L		主轴端部	离主轴端 L 处	距离 L	
≤450	Ⅰ	0.002	0.003	100	0.002	0.003	0.004	150	0.003
	Ⅱ	0.003	0.004		0.003		0.005		
>450	Ⅰ	0.003	0.004	150	0.003		0.004		
	Ⅱ	0.003	0.005		0.004		0.005		

3）镗孔孔径精度可达IT6~IT7。

4）镗孔表面粗糙度可达 $Ra0.4 \sim Ra0.8\mu m$。

2. 坐标镗床及其应用

（1）坐标镗床的基本类型及其型号、技术规格　坐标镗床分立式与卧式两类。立式坐标镗床又分为单柱式（如T4132、T4163型）和双柱式（如T42100型）。卧式坐标镗床又分为纵床身式（如T6480型）和横床身式（如T4663型）。

坐标镗床大都已数字化，从而产生了普通坐标镗床（型号、技术规格参见表6-96）和数控坐标镗床（型号、技术规格参见表6-97）。

表6-96　坐标镗床主要技术规格

<table>
<tr><td colspan="2">型　号</td><td>T4132A</td><td>T4145</td><td>T4163A</td><td>TA4280</td></tr>
<tr><td colspan="2">工作台尺寸 A/mm×B/mm</td><td>320×500</td><td>450×700</td><td>630×1100</td><td>840×1100</td></tr>
<tr><td colspan="2">工作台行程　横向/mm 纵向/mm</td><td>250/400</td><td>400/600</td><td>600/1000</td><td>800/950</td></tr>
<tr><td rowspan="2">坐标精度</td><td>读数/mm</td><td>0.001</td><td>0.001</td><td></td><td>0.001</td></tr>
<tr><td>定位/mm</td><td>0.002</td><td>0.004</td><td>0.004</td><td>0.003</td></tr>
<tr><td colspan="2">主轴行程/mm</td><td>120</td><td>200</td><td>250</td><td></td></tr>
<tr><td rowspan="2">主轴转速</td><td>挡数</td><td>无级</td><td>无级</td><td>无级</td><td>18</td></tr>
<tr><td>转速范围/(r/min)</td><td>80～800
200～2000</td><td>40～2000</td><td>20～1500</td><td>36～2000</td></tr>
<tr><td rowspan="2">主轴进给量</td><td>挡数</td><td>2</td><td>4</td><td>4</td><td>6</td></tr>
<tr><td>进给量/(mm/r)</td><td>0.03、0.06</td><td>0.02、0.04
0.08、0.16</td><td>0.03、0.06
0.12、0.24</td><td>0.03～0.3</td></tr>
<tr><td colspan="2">主轴锥孔</td><td>莫氏2号</td><td>3:20</td><td>3:20</td><td>莫氏4号</td></tr>
<tr><td rowspan="2">万能转台</td><td>直径/mm</td><td></td><td>300</td><td>440</td><td></td></tr>
<tr><td>分度精度/(′)</td><td></td><td>12</td><td>10</td><td></td></tr>
</table>

（2）在模具板件上孔系加工应用　针对孔系的精密加工技术要求，坐标镗床的性能、品种及其加工工艺技术已趋于完善、稳定，从而精密孔系的加工精度与表面粗糙度已达到相当高的水平。根据上述模座板上孔系的要求和坐标镗削工艺质量，坐标镗已成为批量加工模座板上的孔系时，作为精密加工工序或最终加工工序的最佳选择。

为正确选用坐标镗床，各类坐标镗床规格和应用范围见表6-98。

坐标镗除可进行孔系精密镗孔以外，还可进行钻孔、扩孔、铰孔、锪沉孔等；另外，还可进行坐标测量、划线等。

6.5.3　模板上孔系的精密磨削

1. 坐标磨削的应用与工艺特点

（1）坐标磨削工艺特点　根据模具板件与机械构件上孔系布置与精密圆孔的加工工艺要求，研制成功了坐标磨床，而且实现了数字化，扩大了坐标磨床的应用范围。其工艺特点有：

1）坐标磨具有点位—直线控制功能，主要用于磨削精密孔系。精密孔系指孔的尺寸、形状以及孔与孔之间位置精度高的一组孔，如级进冲模凹模板上圆凹模的安装孔和控制工位精度的导孔等。其定位精度为：直线度可达 $\pm2 \sim 5\mu m$；圆孔加工后的圆度达 $2\mu m$；磨后孔表面粗糙度达 $Ra0.2 \sim Ra0.4\mu m$。

2）坐标磨削具有连续轨迹控制的功能，可以磨削具有二维型面的异型工件。如冲模中成形凸模、凹模的成形磨削。其型面加工精度达 $3 \sim 5\mu m$；x 轴、y 轴直线度达 $0.8\mu m/300mm$；全程直线度达 $2\mu m$；加工后表面粗糙度达 $Ra0.2 \sim Ra0.4\mu m$。

表 6-97 数控坐标镗床的型号与技术参数

产品名称	型号	技术参数：工作台尺寸 $\frac{宽}{mm}\times\frac{长}{mm}$	技术参数：最大加工直径/mm 钻孔	技术参数：最大加工直径/mm 镗孔	技术参数：主轴轴线至工作台面距离/mm	技术参数：主轴端面至工作台中心距离/mm	技术参数：工作台荷重/kg	技术参数：主轴转速/(r/min) 级数	技术参数：主轴转速/(r/min) 范围	技术参数：工作台行程 纵向/mm	技术参数：工作台行程 横向/mm	机床精度 坐标精度/mm	工作精度 圆度/mm	工作精度 表面粗糙度 Ra/μm	电动机功率/kW 主电动机	电动机功率/kW 总容量	重量/t	外形尺寸 $\frac{长}{mm}\times\frac{宽}{mm}\times\frac{高}{mm}$	备注
精密卧式数控坐标镗床	TK6345	450×450	25	250	50~500	150~600	400	无级	45~4500	450	450	±0.005		1.6	14	30	8	4200×2795×2423	配：FA-GOR 8020系统
	TPK4680	800×1000	50	300	0	250	1500	无级	20~3000	800	1000	0.005	0.005	0.8	11/15	50	14	5550×3200×3600	
	TK4680	800×800	50	300	140	285	1500	无级	10~2500	700	800	0.005	0.005	0.8	11/15	55	16	5190×3160×3487	
	TK46100	1000×1000	50	300	140	300	2500	无级	10~2500	1035	1500	0.008	0.003	1.6	11/15	55	22	5700×4715×4575	
数控单柱坐标镗床	TK4145	450×800	20	200	470	100~680	300	无级	50~2000	600	400	±0.003	0.005	1.25	2.2	3	5	2110×1658×2525	配：GE-MCI系统
数控单柱坐标镗床	TK4163H	630×1100	50	250	700	200~800	1500	无级	10~2500	1000	600	0.005	0.004	0.8	19		10	3050×3220×3450	
数控双柱坐标镗床	TK42100/2	1020×1600	50	250	立柱：间距：1445	垂直主轴：1000 水平主轴中心线：800	2000	垂直：18 水平：15	垂直：40~2000 水平：40~1000	1400	垂直主轴箱：1000	±0.0035	内圆：0.005 外圆 ±0.0075	0.8	19		17	4170×3120×3650	

表6-98　基本型坐标镗床的规格与应用范围

类　型	工作台尺 $\left(\frac{长}{mm}\times\frac{宽}{mm}\right)$	工作台行程 $\left(\frac{横}{mm}\times\frac{纵}{mm}\right)$	特　点	应用范围
立式单柱坐标镗 T4132、T4163	200×320～630×1100	160×250～600×1000	工作台三面敞开，操作方便。工作台作纵(x)、横(y)两坐标方向精确定量移动	适用中小工件加工，是中小冲模、塑料注射模标准模架座板孔系精密加工最佳选择
立式双柱坐标镗 T42100	630×900～2000×3000	630×800～2000×3000	机床刚度好。工作台作纵(x)向、主轴箱作横(y)向精密定量移动	工作台承载能力强，适于加工中大型工件；也适于630mm以上模座板上的孔系加工
卧式纵床身坐标镗 T4680	630×900～1400×2000		工作台作纵(x)、横(y)方向精密定量移动 主轴作垂直(z)方向精密定量移动	适于加工箱体或大型模块(板)上孔系的精密加工
卧式横床身坐标镗 T4663	630×800～1400×2000		工作台作横(y)向、主轴作垂直(z)方向的精密定量移动	适于加工箱体上孔系加工，更适于长形工件上孔系的精密加工

3）数控坐标磨削的加工效率比手控坐标磨削提高7～9倍。因此，数控坐标磨床及其孔系坐标磨削工艺，已成为精密级进冲模制造工艺过程中的关键工艺与机床。

（2）坐标磨削工艺原理　数控坐标磨削的CNC系统可以控制3～6轴，如图6-22和图6-23所示。

*C*轴——控制主轴回转。主轴箱装在*W*轴滑板上。

*U*轴——控制移动偏心量（即进刀量），装在主轴端面上。*U*轴滑板上则装有磨头。

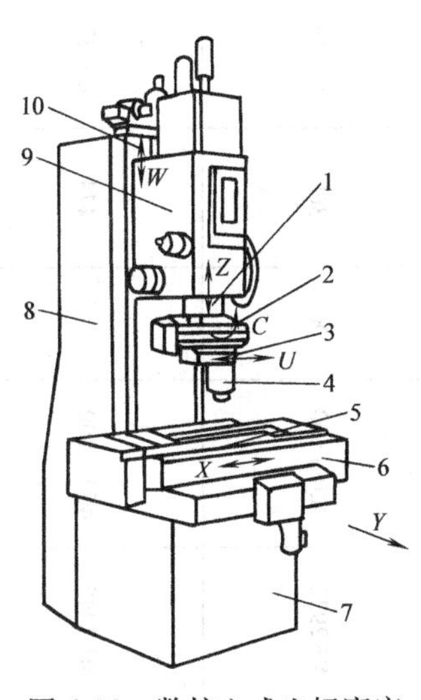

图6-22　数控立式坐标磨床

1—主轴　2—*C*轴　3—*U*轴滑板　4—磨头　5—工作台　6—*Y*轴滑板　7—床身　8—立柱　9—主轴箱　10—主轴箱*W*轴拖板

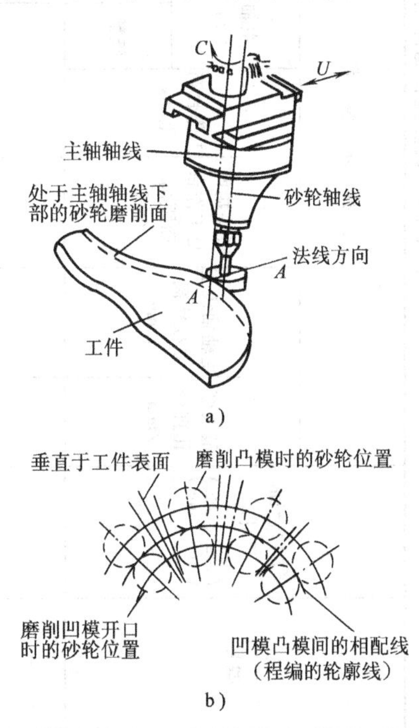

图6-23　凹、凸两模加工

a）*C*轴、*U*轴和轮廓法线方向

b）*C*轴的对称控制

表 6-99　数控坐标磨床的型号及主要技术参数

产品名称	型号	工作台面尺寸/(宽/mm × 长/mm)	技术参数								工作精度			电动机功率/kW		重量/t	主机外形尺寸(长/mm × 宽/mm × 高/mm)
			最大磨孔直径/mm	主轴轴线至立柱距离/mm	磨头端面至工作台面距离/mm	工作台荷重/kg	主轴转速/(r/min)		工作台行程/mm		坐标精度/mm	圆度/mm	表面粗糙度 Ra/μm	主电动机	总容量		
							级数	范围	纵向	横向							
连续轨迹数控单柱坐标磨床	MK2932B	320 × 600		330	30 ~ 220	200	无级	10 ~ 220	400	250	±0.002	0.003	0.2		6	2.8	1700 × 1260 × 2470
连续轨迹数控坐标磨床	MK2932C	320 × 600	220	330	75 ~ 465	300	无级	10 ~ 300	400	250	Ab：0.006 R：0.004 B：0.002	轨迹精度：0.008	0.4				1880 × 1403 × 2690
数控坐标磨床	MK2932	320 × 600	90	360	50 ~ 462	200	无级	30 ~ 250	400	250	0.005	0.003	0.4	0.15	3	5.5	1600 × 1660 × 2380
连续轨迹数控坐标磨床	MK2945	450 × 800		474	60 ~ 570	300	无级	10 ~ 220	600	400	±0.003	0.002	0.2		6	5.8	2220 × 1638 × 2765

X 轴、Y 轴——控制十字工作台运动。

Z 轴——控制磨头作往复运动。

A 轴或 B 轴——控制回转工作台运动。

1）圆孔磨削：C 轴控制主轴回转、U 轴移动使磨头作偏心量可变的行星运动，并控制 Z 轴作上、下往复运动，则可磨削圆孔。

2）二维型面磨削：当 CNC 系统有 C 轴同步功能，则 X 轴、Y 轴联动作二维曲面插补时，C 轴可作跟踪转动（见图 6-23a），使 U 轴与二维轮廓法线相平行。则 U 轴可对砂轮轴线与二维轮廓在法线方向上的距离进行控制，以控制孔磨削的进刀量。

当只用 X 轴、Y 轴联动作二维型面加工时必须锁定 C 轴与 U 轴。

图 6-23b 所示，当 C 轴有对称控制功能，在 X 轴、Y 轴联动按数控程序规定的轨迹运动时，磨轮磨削边与主轴轴线重合，磨出的二维轮廓即为数控程序规定的轨迹。由此，可以用同一个程序来磨削凸模与凹模，以使凸、凹模配合精度高、间隙均匀，形状的一致性好。

2. 坐标磨床性能与主要技术参数

由于坐标磨床是用来进行高精度加工用的机床，因此，须对其在加工过程中的磨削用量进行严格控制。这样既能保证加工精度与表面粗糙度达到加工要求，也能控制因磨削温度过高导致机床主轴的热变形。

坐标磨床的规格与主要参数见表 6-99。

6.5.4　模板上的深孔加工

1. 深孔及其加工工艺特点

塑料注射模等模具为控制模具温度，须设置冷却水道。一般，模具的水道直径为 12 ~ 32mm。其最大深度为 1000mm 或以上。其深径比 L/D 为 15 ~ 80。因此，深孔加工是塑料注射模等模具制造中的常用技术。深孔加工具有以下工艺特点与要求。

1）深孔加工过程中不易散热、排屑困难，因此，要求实现通油进行强制性冷却，并要求将切屑断裂成碎片，以便随切削液排出。

2）要求钻刀强度与刚度高，具有导向性与冷却液通道；而且要求钻刀具有较高的切削性能与寿命。

3）深孔钻削的生产率高，一次加工即可达到质量符合要求的深孔，要求其孔径加工精度达 IT9 ~ IT10；其孔面粗糙度达 $Ra12.5 \sim Ra3.2\mu m$。

2. 深孔钻与钻削用量

根据孔径、深径比、孔径精度、表面粗糙度以及孔的直线度等，设计、制造了多种不同结构、排屑和冷却方法的深孔钻，见表 6-100。

表 6-100　深孔钻种类、特点与应用

类　型	工　艺　特　点	应　用　范　围
外排屑枪钻	加工精度：H8 ~ H10 级 表面粗糙度：$Ra12.5 \sim Ra3.2\mu m$ 生产率低于内排屑深孔钻	用于加工 $\phi2 \sim \phi20$mm，深径比 $L/D>100$
BTA 内排屑深孔钻	加工精度：H7 ~ H9 级 表面粗糙度：$Ra3.2\mu m$ 生产率高于外排屑 3 倍以上	用于加工 $\phi6 \sim \phi60$mm，深径比 $L/D>100$
喷吸钻	切削液压力较低 其他性能同内排屑深孔钻	用于加工 $\phi6 \sim \phi65$mm
DF 系统深孔钻	其特点是钻杆由切削液支托，可减少振动，排屑空间较大，加工效率高，加工精度也高。其加工效率比枪钻高 3 ~ 6 倍，比 BTA 内排屑深孔钻高 3 倍	用于高精度深孔加工

钻深孔是模具制造和机械零件（如枪管等）制造中必需的一种特殊工艺。因此，对深孔加工的原理、刀具和工艺等进行了深入研究，如图6-24所示。

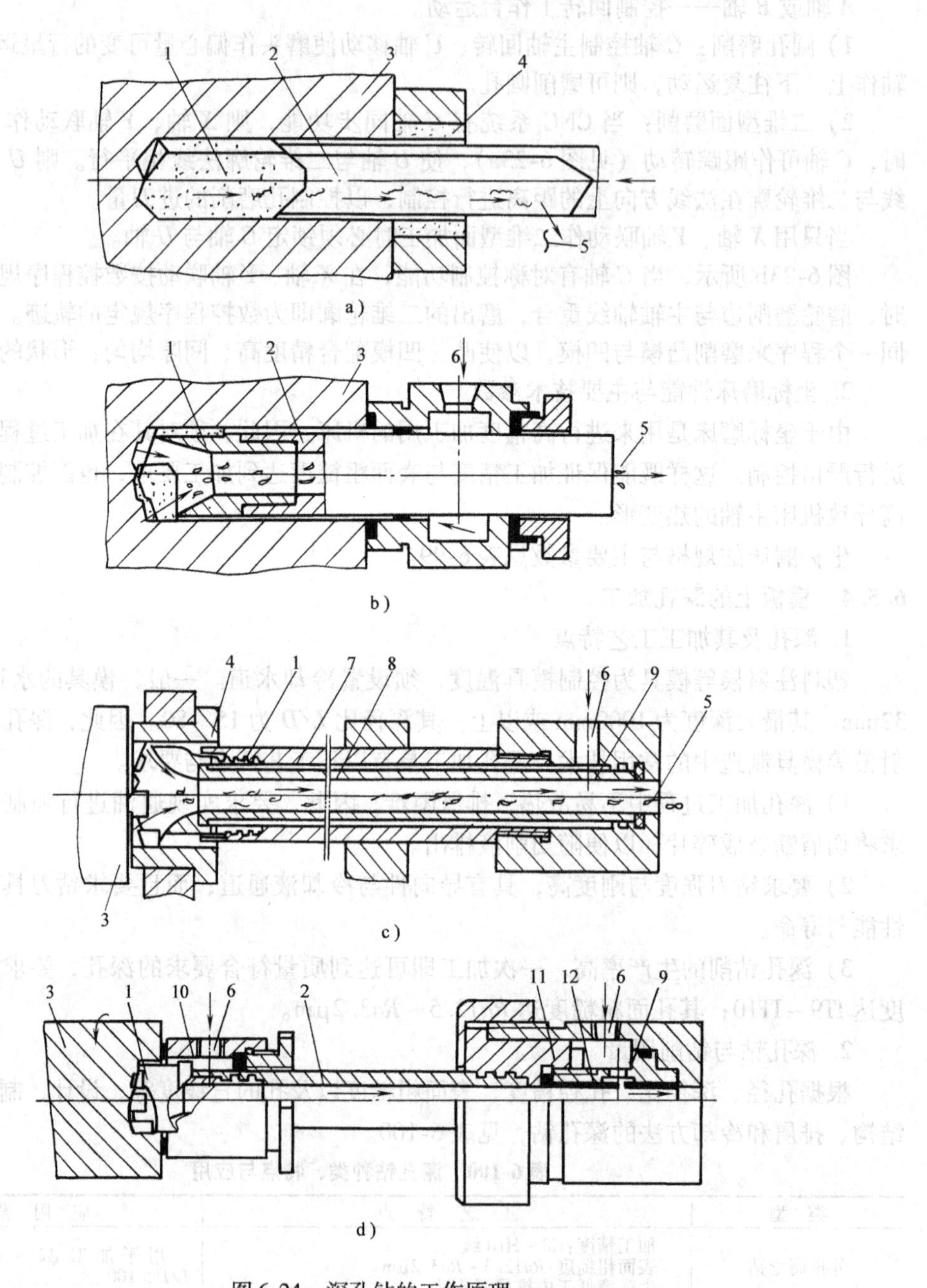

图6-24　深孔钻的工作原理

a）外排屑深孔钻（枪钻）　b）BTA内排屑深孔钻　c）喷吸钻　d）DF内排屑深孔钻

1—钻头　2—钻杆　3—工件　4—导套　5—切屑　6—进油口　7—外管

8—内管　9—喷嘴　10—引导装置　11—钻杆座　12—密封套

模具构件中的深孔加工多采用枪钻，其结构如图6-25所示。钻头常采用硬质合金（或高速钢）。钻杆则采用40Cr或45钢制造。钻头上冷却油孔有两种结构见表6-101。当外径

<12mm 时常为腰形油孔，当 5mm<外径<32mm 时则常采用双圆孔。

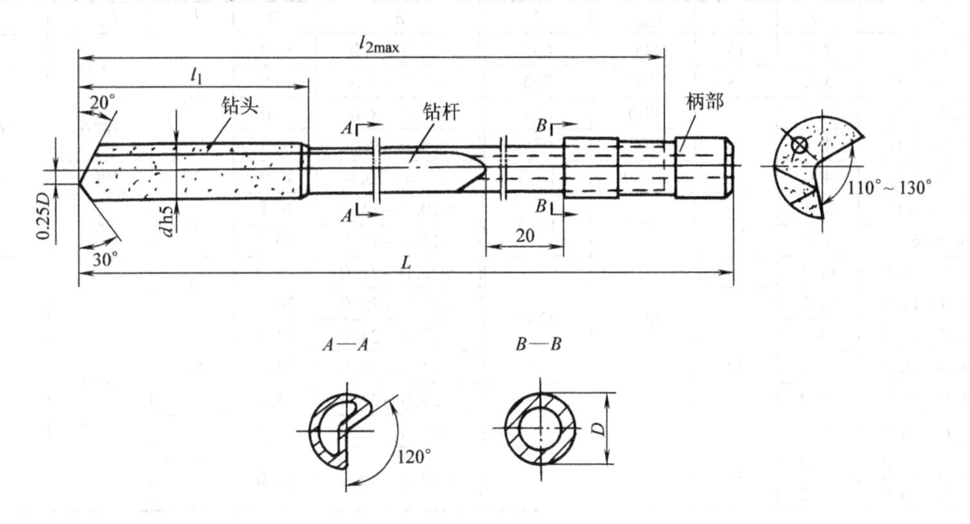

图 6-25　枪钻结构

适用于加工不同材料、不同孔径精度要求的枪钻刃部切削角如图 6-26 所示。

枪钻（单刃外排屑深孔钻）的主要规格尺寸见表 6-102。

表 6-101　枪钻冷却油孔结构

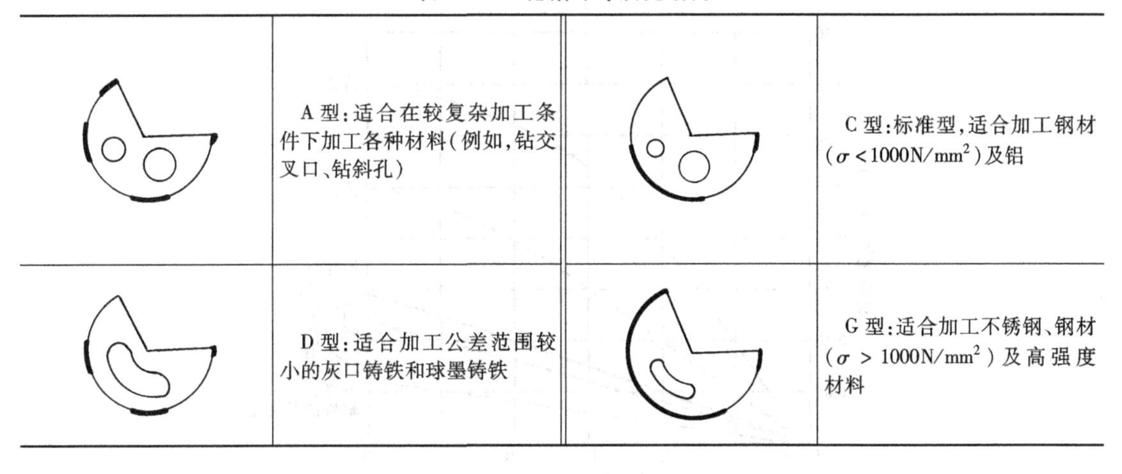

	A 型：适合在较复杂加工条件下加工各种材料（例如，钻交叉口、钻斜孔）		C 型：标准型，适合加工钢材（σ<1000N/mm²）及铝
	D 型：适合加工公差范围较小的灰口铸铁和球墨铸铁		G 型：适合加工不锈钢、钢材（σ>1000N/mm²）及高强度材料

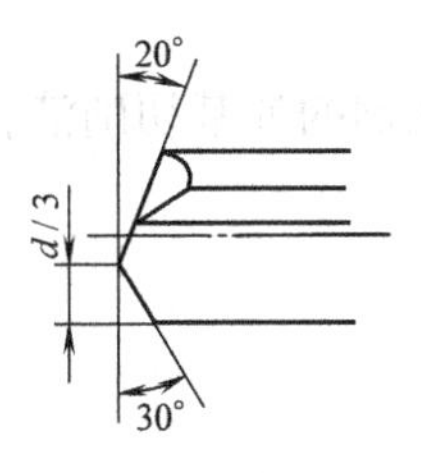

适于加工仅有微小偏摆的深孔

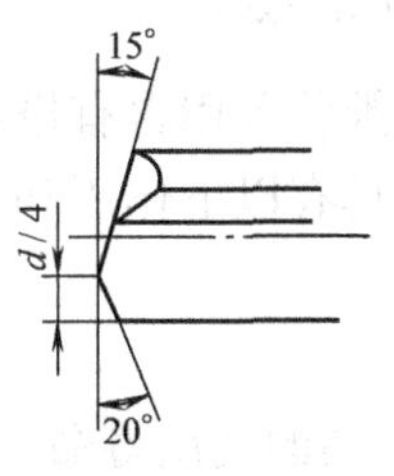

适于对孔尺寸公差有严格要求的钢材加工

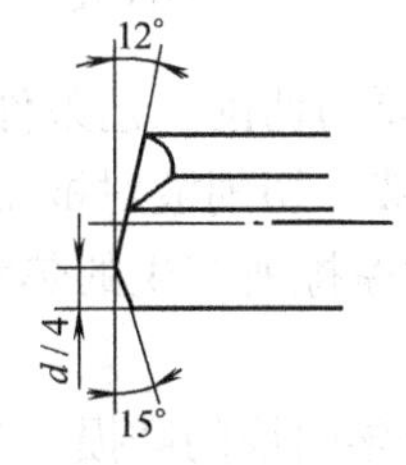

适于经过表面硬化处理的易产生长屑的钢材

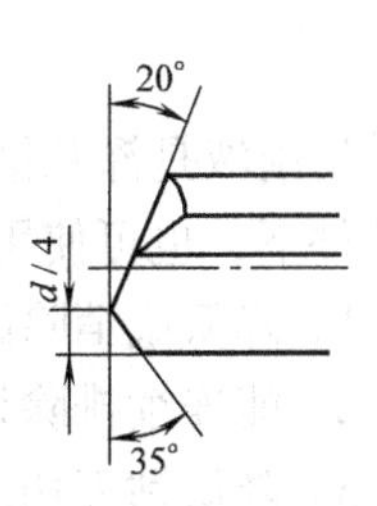

适于加工不锈钢

图 6-26　枪钻切削角

表 6-102 单刃外排屑深孔钻（枪钻）的结构和主要规格尺寸 （单位：mm）

d	D	l_1	$l_{2\max}$	L	d	D	l_1	$l_{2\max}$	L
3～3.5	2.8	15	600	635	>6.5～7.0	6.0	30	1400	1435
>3.5～4.0	3.2	18	700	735	>7.0～7.5	6.5			
>4.0～4.5	3.6	20	800	835	>7.5～8.0	7.0		1600	1635
>4.5～5.0	4.1		900	935	>8.0～9.0	7.5			
>5.0～5.5	4.6		1000	1035	>9.0～10.0	8.0	30	1800	1835
>5.5～6.0	5.0	25	1200	1235	>10.0～11.0	9.4	35	2000	2035
>6.0～6.5	5.5				>11.0～12.0	10.3			
>12.0～13.0	11.3	35	2200	2235	>20.0～21.0	19.0	50	2800	2835
>13.0～14.0	12.3	40			>21.0～23.0	20.0			
>14.0～15.0	13.3				>23.0～24.0	22.0	55		
>15.0～16.0	14.3				>24.0～25.0	23.0			
>16.0～17.0	15.2		2500	2535	>25.0～27.0	24.0			
>17.0～18.0	16.2				>27.0～29.0	26.0	60		
>18.0～19.0	17.2	45			>29.0～30.0	28.0			
>19.0～20.0	18.2								

3. 深孔钻削工艺条件

枪钻的切削参数，须根据被加工材料进行选择。合理的切削参数可发挥枪钻的最佳加工效果，取得很好的经济效益。枪钻的切削参数包括进给速度和钻削速度，如图 6-27 和图 6-28 所示。

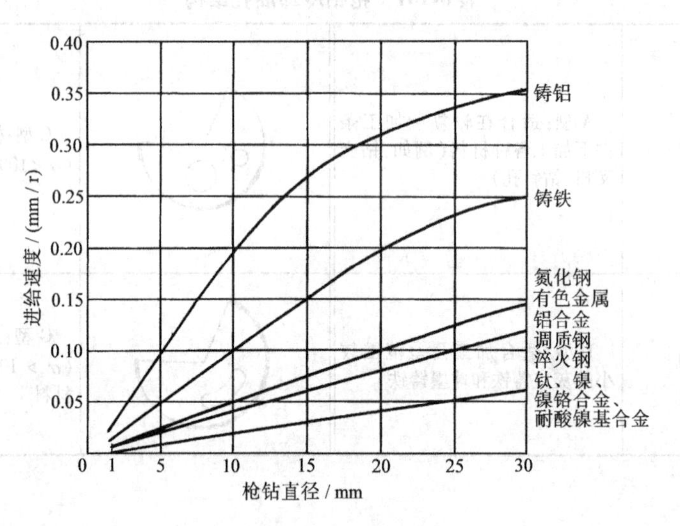

图 6-27 枪钻进给参数表

切削液是深孔钻很重要的切削工艺条件。常推荐采用含有极压添加剂的油基切削液；特定条件下，也可使用乳化液。切削液对枪钻加工具有以下作用和要求：

1）降低或消除因切削摩擦所产生的热量。

2）能连续排除切屑。

3）降低钻刀切削刃与导向块的磨损，延长枪钻的使用寿命。

4）根据钻孔直径与深度，正确选择切削液的注入压力和流量，如图 6-29 所示。

4. 深孔钻床及其技术参数

深孔钻床的类型见表 6-103，其技术参数见表 6-104。

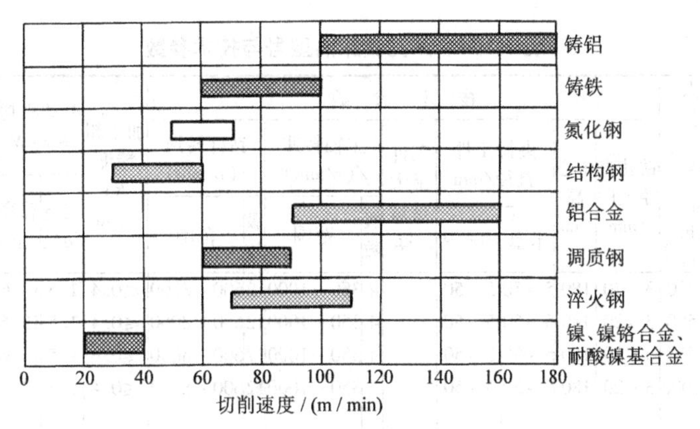

图 6-28　枪钻切削速度参数表

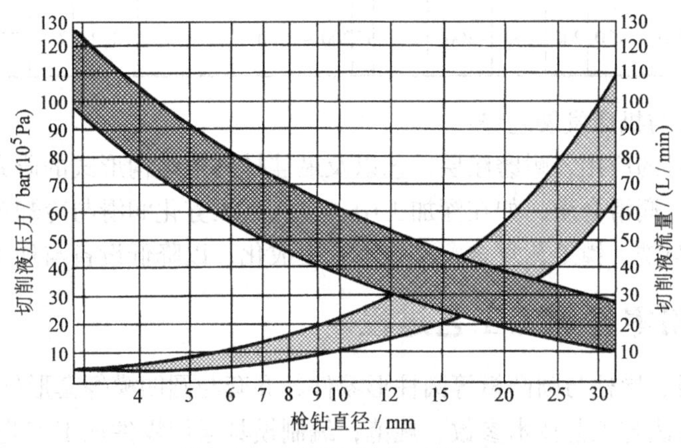

图 6-29　切削液压力、流量表

表 6-103　深孔钻床类型及适用范围

类型		特点	适用范围
深孔枪钻机床	基型	单主轴，工件、刀具同时旋转，刀具作进给运动。机床由床身、床头箱、钻杆箱、钻杆支架、工件支架、进给系统、切削液系统和安全控制指示装置等组成	中、小零件采用外排屑深孔钻（枪钻）进行深孔加工，孔径 4 ~ 40mm
	多主轴型	有 2 ~ 4 个主轴，工件、刀具同时旋转，刀具作进给运动	适用于大批量生产，孔径 4 ~ 40mm，可同时加工 2 ~ 4 个深孔
	工作台型	工件安装在工作台上，工作台可升降（有的也可横移），刀具旋转且进给	适用于非旋转体零件多个深孔加工
卧式中型深孔钻床	基型	工件顶紧在主轴与授油器之间作旋转运动，刀具不旋转只作进给运动，由授油器输入切削液，是应用 BTA（内排屑深孔钻）钻削法的主要部件	适用于旋转体零件深孔加工，孔径 60 ~ 100mm，采用 BTA 钻削法，也可改装成应用喷吸钻削法和 DF 钻削法进行深孔加工
	变型	工件装夹同基型，但刀具、工件同时反向旋转，刀具作进给运动	
	工作台型	工件装夹在工作台上，有的工作台可移动、转位，刀具旋转且作进给运动	适用于多个深孔加工的异形、箱体类零件
卧式重型深孔钻床	工件旋转型	在重型卧式车床基础上变型的深孔钻床	适用于重型旋转体零件的深孔加工
	落地型	工件固定在落地工作台上，主轴箱在立柱上可升降和横向移动，立柱在床身上可纵 向移动，刀具旋转且作进给运动	适用于重型、超重型非旋转体多孔零件的深孔加工。多主轴的主轴箱可同时加工多个深孔

表 6-104　深孔钻床的型号与技术参数

产品名称	型号	最大钻孔/($\frac{直径}{mm}\times\frac{深度}{mm}$)	技术参数									加工粗糙度 Ra/μm	电动机功率/kW		重量/t	外形尺寸/($\frac{长}{mm}\times\frac{宽}{mm}\times\frac{高}{mm}$)
			钻孔直径范围/mm	中心高/mm	夹持工件直径/mm		工件最大重量/kg	主轴转速/(r/min)		钻杆转速/(r/min)			主电动机	总容量		
					卡盘	中心架		级数	范围	级数	范围					
枪钻	ZP2102	20×250	3~20	180	5~50	5~50		4	350~1000	12	600~8000	≤0.4	1.5	13.6	1.25	2800×1937×1600
枪钻	ZP2102	20×500	3~20	180	5~50	5~50		4	350~1000	12	600~8000	≤0.4	1.5	13.6	1.45	3100×1937×1600
枪钻	ZP2102	20×750	3~20	180	5~50	5~50		4	350~1000	12	600~8000	≤0.4	1.5	13.6	1.57	4000×1937×1600
枪钻	ZP2102	20×1000	3~20	180	5~50	5~50		4	350~1000	12	600~8000	≤0.4	1.5	13.6	2.1	4100×1937×1600
程控深孔钻床	ZXK213(1500mm)	30×1500	8~30	200	100	100		12	200~2500	—	—	3.2	7.5	21	5.5	5380×800×1130
程控深孔钻床	ZXK213(750mm)	30×750	8~30	200	100	100		12	200~2500	—	—	3.2	7.5	21	4	4116×800×1130

深孔钻削工艺与机床发展趋势：

1）可转位刀具的应用，耐磨涂层工艺以及最佳排屑槽结构形式的研究与设计。

2）改进冷却、润滑介质，如在深加工中，空气高压雾化润滑与冷却剂的研究与应用。

3）深孔加工与铣、镗工艺复合，实现工艺集成化，以降低设备与加工费用。

6.6　模具通用零件加工工艺过程

根据上述模板、导柱与圆凸模等圆柱形零件、导套与圆凹模等套形件，以及模板上圆孔与孔系加工工艺方法与工艺技术参数、规范，编制模具通用零件加工工艺过程。另外，还须强调以下要求与条件：

1）为确保零件尺寸、形状、位置精度与表面粗糙度，必须达到或优于所允许的技术要求。

2）强调采用现代加工技术，并达到或接近数控、精密机床标定的工艺精度和表面粗糙度。

这对充分保证模具制造精度、质量与使用性能，不仅是必需的，而且对增强企业有形或无形资源有利，同时在技术经济上也是合理的。

3）在实施通用零件加工工艺过程时，必须强调企业职工的精度概念、质量意识，并使之始终贯彻于批量或大批量加工工艺的全过程。

6.6.1　模板加工工艺过程

模板可分通用板坯（Ⅰ类模板）、通用模座（Ⅱ类模板）和模板（Ⅲ类模板）三类。

1. Ⅰ类模板加工工艺过程

Ⅰ类模板包括：钢制冲模上、下模座，塑料模（压铸模）定、动模模座，卸料板、垫板等不同材料板件的精制板坯。其一般加工工艺过程如下：

[下料]（→调质或退火处理）→[粗铣六面]→[半精铣六面]→[精铣上、下平面和定位基面]

加工后，一般须留精加工余量：上、下面之间为0.3~0.5mm。

2. Ⅱ类模板加工工艺过程

Ⅱ类模板主要指热处理（淬火）前或高精密加工前，需进行精密加工的板件：一为完成全部加工的模板，如上、下模座板，定、动模座板；一为还需进行高精加工的预加工板件。其工艺过程如下：

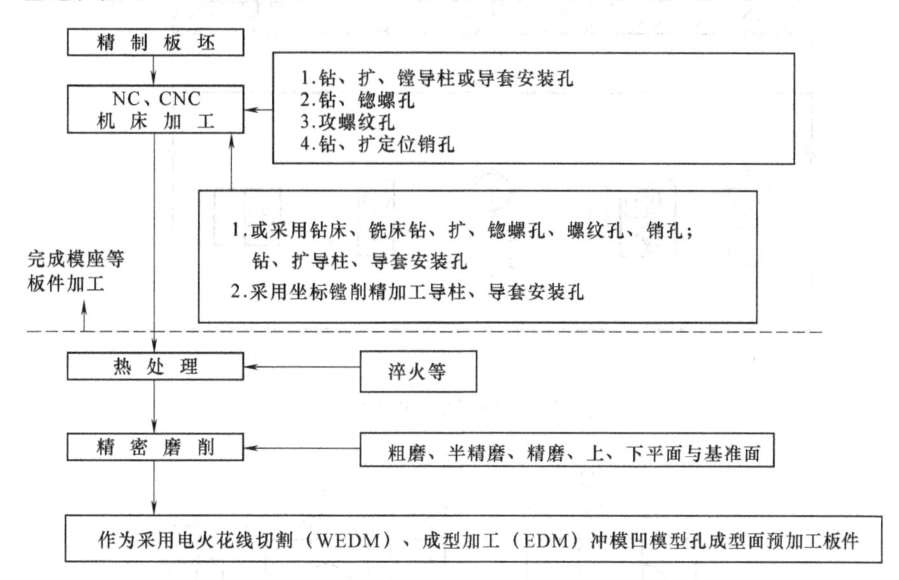

3. Ⅲ类模板加工工艺过程

Ⅲ类模板主要是指：多工位级进冲模用卸料板、凸模与凹模固定板等高精密板件。其上不仅具有各工位的型孔，还常有导正销孔、抬料钉孔、定位销孔、小导柱安装孔与导向孔等圆孔及其孔系。同时，这些圆孔系的尺寸、形状与位置精度要求很高，如型孔与圆孔的形状精度达 0.003mm；工位间步距精度达 0.005mm。

如汽车电器接插件用 28 工位精密、高速冲（400 次/min）用多工位级进冲模的板件及其上的加工信息（型孔与圆孔），如图 6-30～图 6-32 所示。

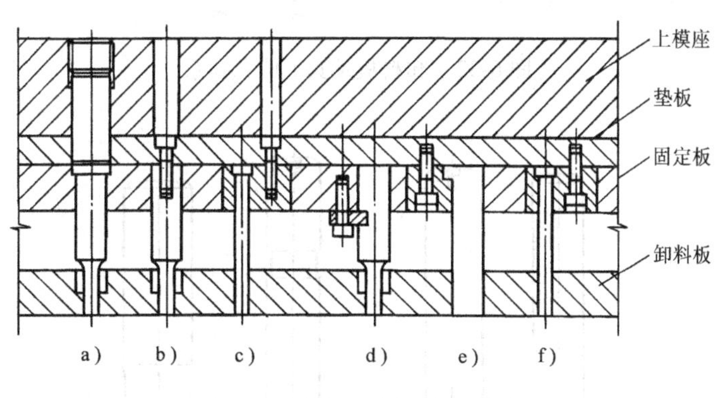

图 6-30　凸模固定形式与结构

图 6-30、图 6-31 上呈现了凸、凹固定板的结构及其加工信息，图 6-32 则呈现该精密模第 1 模块用卸料板上的加工信息，即模板与其上圆孔孔系，现以其为第Ⅲ类模板的实例来说明其加工工艺过程。参考Ⅱ类模板加工工艺过程可知：经精密磨削上、下平面与定位基准后，以上侧面、左侧面与下平面为基准面定位、安装于精密坐标磨床工作台上，则可按照各圆孔中心的 X、Y 坐标，和各圆孔孔径分别加工出精密圆孔孔系。

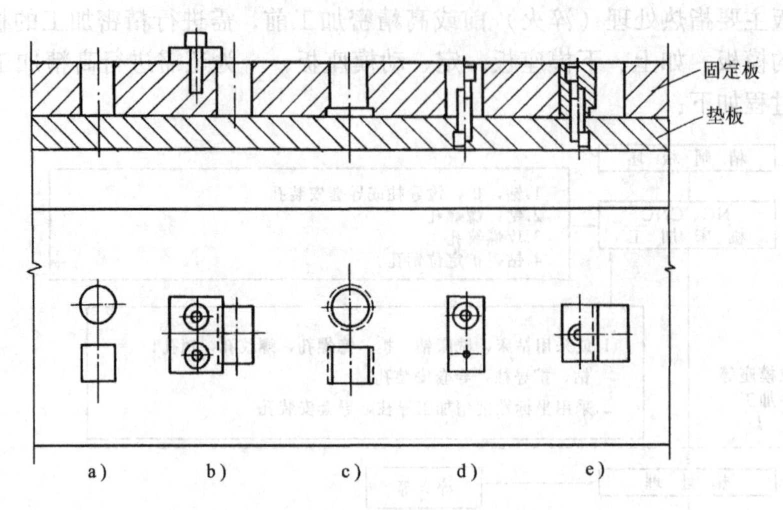

图 6-31 凹模固定形式与结构

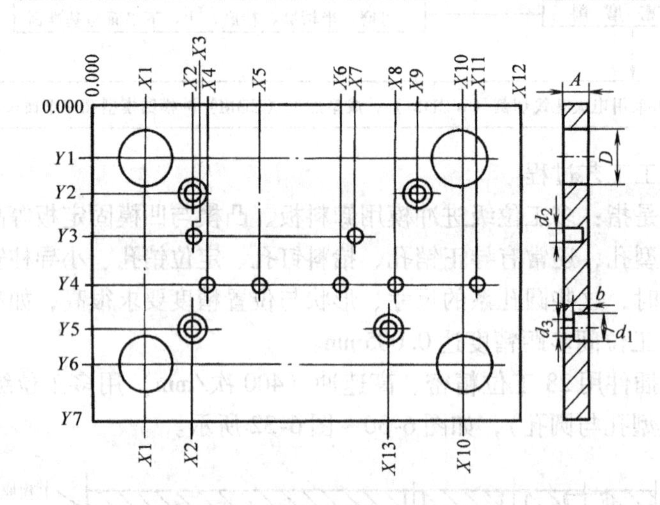

图 6-32 卸料板及其上圆孔孔系

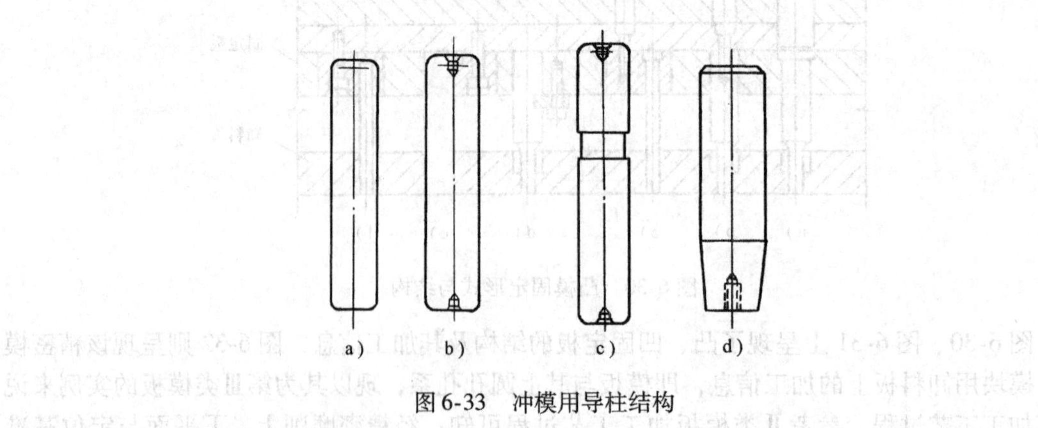

图 6-33 冲模用导柱结构

6.6.2 导柱与导套加工工艺过程

导柱是典型圆柱形零件，导套是典型套形零件，根据 6.1 节和 6.2 节所述这两种零件的加

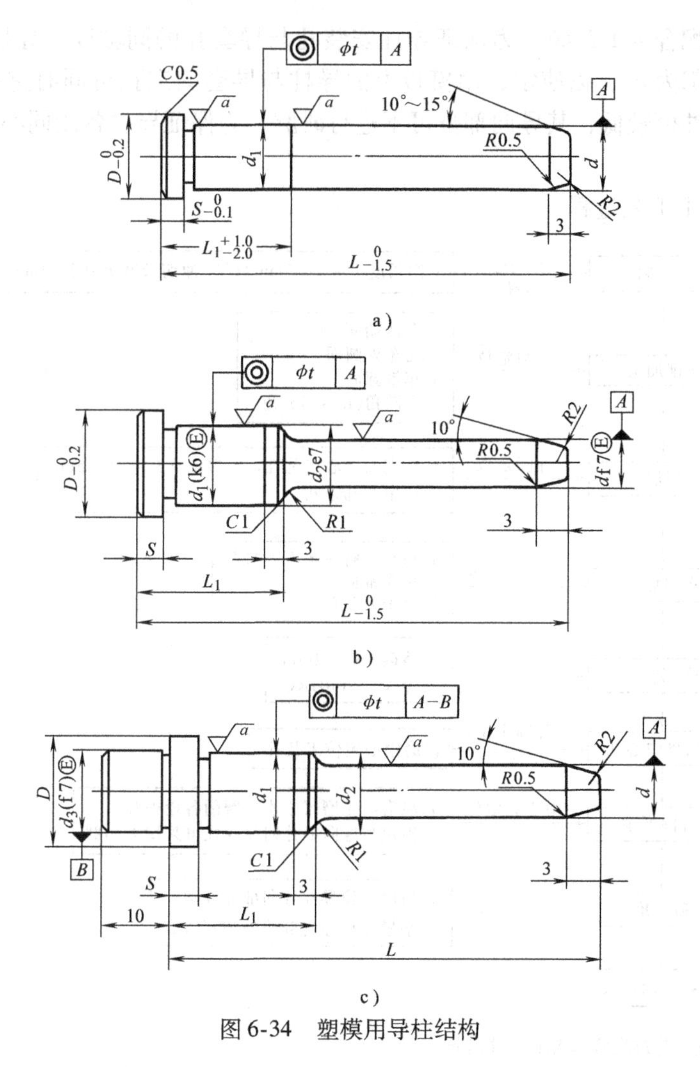

图6-34　塑模用导柱结构

工顺序与加工工艺，编制导柱与导套工艺过程，作为编制圆柱形与套形零件工艺过程的范例。

1. 导柱的结构型式与加工工艺过程

（1）导柱结构工艺分析　冲模通常使用的导柱有4种结构形式，如图6-33所示。

1）a型导柱(见图6-34a)：全长直径相同。其与下模座孔的配合为K7/h6，两端无中心孔，可采用无心磨床磨削外圆。一般直径尺寸较小。

2）b型导柱(见图6-34b)：两端设有中心工艺孔，可在外圆磨床上以中心孔为定位基准进行外圆磨削与研磨，用于精密模架。

3）c型导柱(见图6-34c)：中间有退刀槽，其压入下模座板孔端直径（d_1）与导向部分直径（d）公称尺寸相同。但要求d_1比d大0.003mm或以上。目的为使导柱压入孔内时的导正性好，易于保证其对模座板下平面的垂直度精度。

4）d型导柱（见图6-34d）：装入模座孔端为锥面，是可卸式导柱，有利于模具刃磨和维修。

塑料注射模常用导柱分有肩导柱和带头有肩导柱两种，如图6-34所示。

塑模用导柱的特点为：导柱右端均为锥体，目的是使在进入导套时起导正作用；导柱固定端与模板孔的配合为 H7/k6；为保证导柱安装孔与导套孔的同轴度，导柱固定端 d_2e7 与导套固定端直径都为 d_2，以使定、动模板上的导柱与导套固定孔可同时进行加工；塑模用导柱导向精度比冲模较低，其导向部分可不进行研磨；为保证导柱各段同心度，均采用中心孔定位磨削外圆。

（2）导柱加工工艺过程

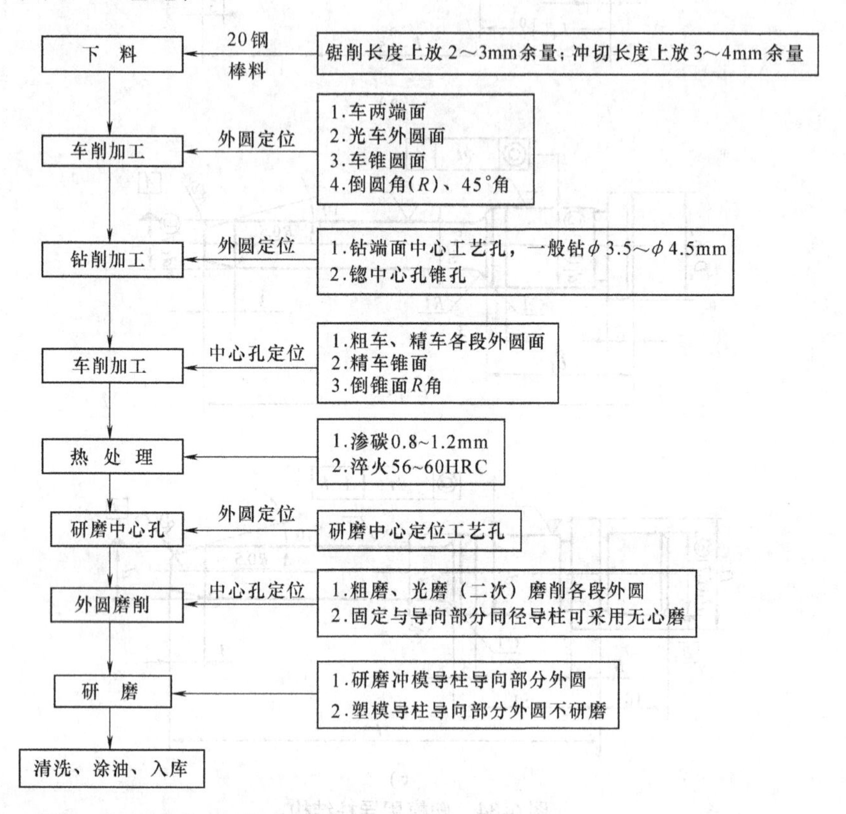

注：导柱工艺过程应填入工艺过程卡。

2. 导套的结构型式与加工工艺过程

（1）导套结构工艺分析　通常冲模使用的导套有 4 种，如图 6-35 所示。

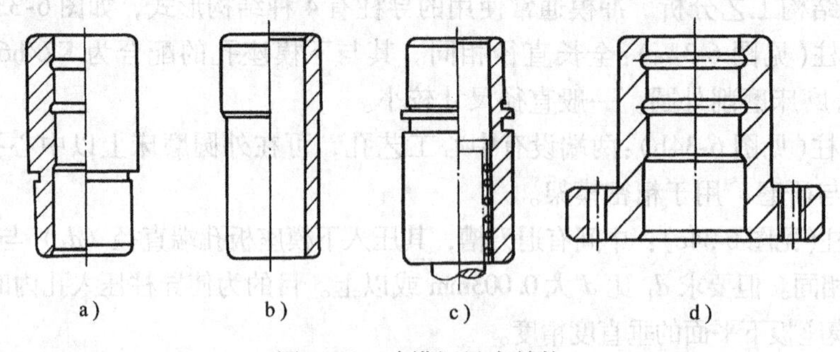

图 6-35　冲模间导套结构

1）a 型导套(见图 6-35a)为有肩导套，常用于滑动导向副。其固定部分，即压入上模座板孔的部分，直径小于露出模座下平的直径，是使用较多的一种结构形式。

2）b 型导套(见图 6-35b)为用于滚动导向副的导套。

3）c型导套(见图6-35c)为可卸式有肩导套，是广泛用于滚动（也可用于滑动）导向副的导套。

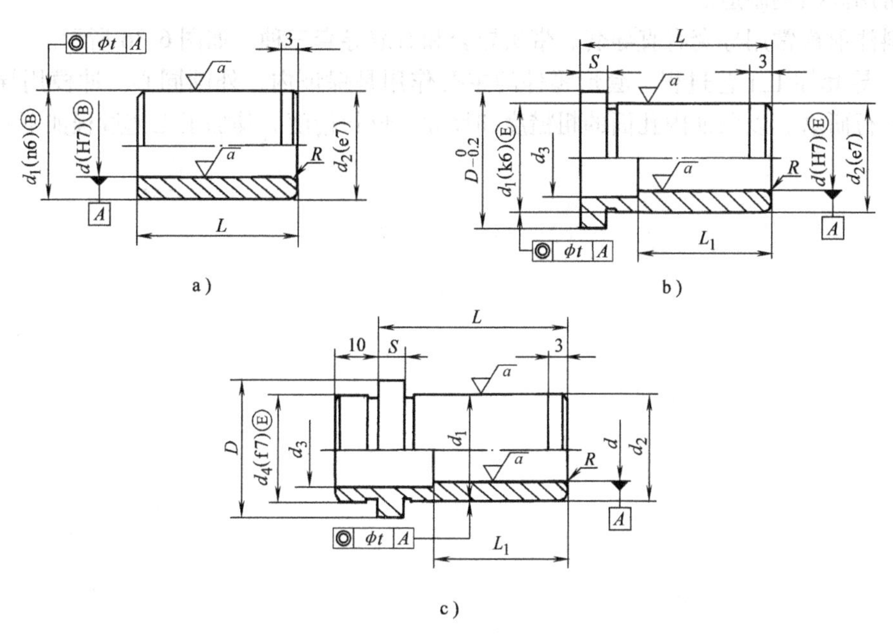

图6-36 导套

a）直导套 b）带头导套 c）有肩导套

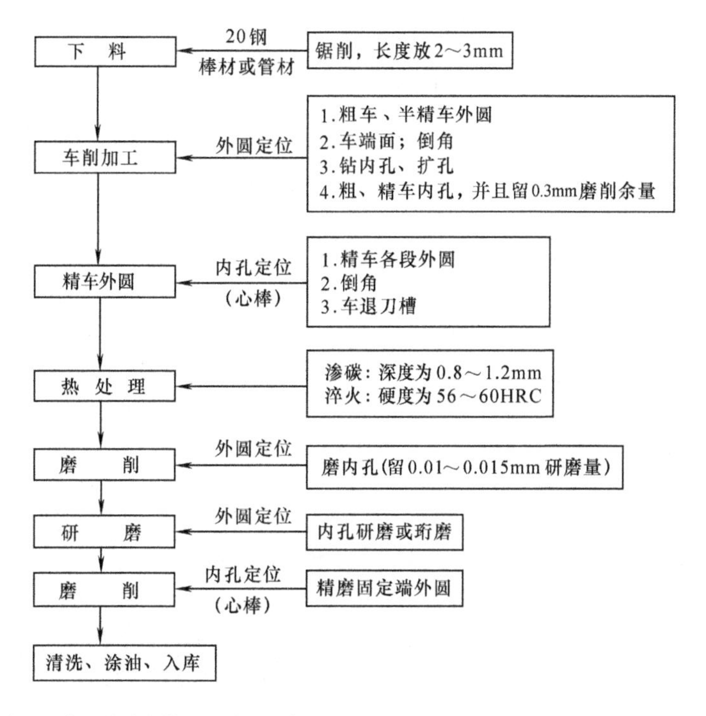

注：导套工艺过程填入工艺过程卡。

4）d 型导套（见图 6-35d）为带凸缘的导套，一般用于大型特殊模架、重载偏负荷模架的导套。这种导装配时可进行移动，以便于对合上、下模中心。中心对准后再用销钉定位。d 型导套常用高碳钢制造。

塑料注射模常用导套有直导套、带头导套和有肩导套三种，如图 6-36 所示。

（2）导套加工工艺过程　套形零件的主要作用是保证内、外圆同心。冲模用导套的内孔还需进行研磨，以保证内孔面的粗糙度和尺寸、形状精度。其加工工艺过程如下：

第 7 章　仿形与数控铣削

7.1　模具成形件的仿形与数字化加工

7.1.1　成形件的成形加工

1. 仿形加工与成形磨削

由于机械零件、模具成形件常具有复杂的几何形状，且要求很高的形状尺寸精度，如样板、凸轮和模具中的成形凸模与凹模等，按这些零件的技术要求进行成形加工极为困难，加工精度很低。

20 世纪 30 年代，在采用仿形机构、夹具进行仿形车削、仿形铣削加工工艺的基础上、设计、制造成功专用靠模仿形铣床；不久，又采用专用夹具在平面磨床上进行成形磨削加工。

这样，在 20 世纪 30 年代 ~20 世纪 70 年代期间，靠模仿形铣削、成形磨削，及稍后发明的电火花成形加工，成了当时模具成形件加工的主要工艺方法。标志当时模具制造的最高水平。从而，使模具成形件的加工精度提高到了 0.01 ~0.03mm。但由于模具成形件（如凸模与凹模间）的形状尺寸配合精度要求很高，手工研磨、抛光和装配中修配的工作量仍然占有较大比例。

2. 数字化成形加工

随着数控（NC）技术和计算机技术的发展与普及应用，20 世纪 70 年代中后期，开始在模具设计、制造中应用，并逐渐普及应用了 CNC 机床和模具设计与制造软件，形成了以模具 CAD/CAM/CAE、FMS（柔性加工系统）为技术基础的现代模具制造技术。所以，数字化设计与加工已成为现代模具生产的代表技术；是最能适应需求数量大、专用化的模具成形件生产中不可替代的技术。

采用数字化加工技术，成形加工与孔系加工的误差可控制在 0.005 ~0.01mm 范围以内。成形件的型腔表面粗糙度已可达 $Ra0.2 \sim Ra0.8\mu m$。因此，现代成形加工技术极大地减少了的手工研磨、抛光和装配时修配的工作量。

7.1.2　仿形铣削与数字化成形铣削的特点

1. 数控加工与仿形加工

数控加工是根据工件形状、尺寸要求和加工参数、加工条件，按规定的程序格式、代码和规则，编成工件的成形加工程序。加工时，由机床控制系统，根据输入其中的加工程序，发出数字信息指令，使机床按顺序，逐段完成工件加工。数控（NC）加工所用的机床即为 NC 机床。

仿形加工是根据工件图样及其规定的技术要求、加工参数（如加工余量等），制造成精密靠模（或称样模），使之与工件定位、安装于机床工作台的相对位置上，采用机械、液压伺服系统控制触针在靠模型面上的位置和加工运行路线，并使与之相联动的主轴及装于主轴上的刀具，仿照靠模的形状，完成工件型面的成形加工。

2. 数控成形加工精度

当前，模具制造中普遍采用的是以镗铣加工为主的加工中心，即 CNC 机床。其加工精度很高，加工误差最小可控制在 0.002～0.008mm；定位误差可达 ±0.005mm；重复定位误差可达 ±0.002mm；加工后的型面粗糙度最小可达 *Ra*0.32μm。所以，CNC 机床在成形加工中，可控制（可达到）的精度与质量指标水平高，满足了现代模具成形件的加工要求；而仿形加工则较差，其加工误差最小只能控制在 0.03mm，表面粗糙度只达 *Ra*1.6～*Ra*3.2μm。其原因如下：

1）加工中心的机械结构与传动系统是由精密机械构成；其控制系统则是由计算机数字控制技术组成；同时，机床具有非常高的刚度和热稳定性；其传动机构不仅具有减小误差的措施，而且在加工时，其加工程序中还可以进行补偿。

2）由于 CNC 机械加工工艺系统是以数字信息指令控制加工过程的，所以，可排除由于人的操作技能高低而引起的误差。

3）CNC 镗铣加工具有很高的工艺集成度，即工件经一次定位、安装，可加工其上的多个加工面和多道工序；这样，则消除了因多次装夹而引起的定位、夹紧误差。而靠模仿形铣削加工，则有靠模制造误差，靠模安装、调整误差等所引起的加工误差；这就很难保证加工出来的工件形状、成形尺寸与设计要求的形状、成形尺寸进行完全吻合。

3. CNC 成形加工效率

普及使用的加工中心具有以下特点：

1）机床结构刚度高，驱动主轴的功率大，可进行强力切削。其工作运动参数：主轴转速高、调速范围宽，可达 10～8000r/min；快速移动速度可达 15m/min（*x*、*y* 轴）、10m/min（*z* 轴）。

2）一般只需采用通用夹具，节省了制造专用夹具的时间和费用。

3）由于 CNC 镗铣加工的工艺集成度高，一次装夹即可加工多个加工面，进行粗、半精和精加工工序；这样，就减少或消除了多次装夹、毛坯划线、过程测量、工序间的换刀等辅助加工的时间。

4. CNC 成形加工工艺过程的控制与管理

采用 CNC 机床进行成形加工，不仅可大量减少手工作业和劳动强度，而且对制造工艺过程的控制与管理极为有利：

1）加工程序中设置的切削参数、切削条件相应于工件材料和技术要求是可以计算和确定的，因此，其各加工面的加工工时是可以设定、控制和管理的。

2）简化了刀具、夹具与半成品的管理。

3）由于加工中心的加工程序是采用标准代码和格式进行编制的，有利于与计算机连接构成计算机控制与管理。

5. CNC 机床的应用范围

CNC 成形加工工艺，目前应用非常广泛。特别是模具 CAD/CAM 和 FMS 生产技术的普及应用，加工中心在模具企业的生产中已成为主要的成形加工机床。其应用范围为：

1）工件加工面多、形状复杂，加工面中有须应用数学方法确定的二维或三维型面的工件加工，如模具成形件加工。

2）要求精密复制的零件，如具有特殊功能的复杂形状的零件，或精美艺术品需进行复制，则可经三坐标测量进行扫描测量，采用逆向工程软件进行处理，编成 CNC 成形加工程序，则可进行精密复制加工。

3）须多次改变设计的零件，变更程序即可变更加工对象。模具都是专用的，因此其成形工作零件（凸模、凹模）需进行专门设计和加工。

4）零件价值高，要求工件每个尺寸都需检查，即需进行 100% 检测工件，采用 CNC 机床来进行加工，则具有很大经济、技术效益。

7.2　靠模仿形铣削工艺

7.2.1　靠模仿形铣削原理、方式与工艺条件

1. 仿形铣的基本原理

（1）基本原理　以样板或模型，作仿形铣削的靠模；加工时，采用仿形触头作用于靠模的型面上作靠模运动，与其联动的铣刀，则作与仿形触头同步仿形铣削运动。

根据仿形触头的信息传递形式和机床进给传动的控制方式，靠模仿形铣削有以下几种：机械式、液压式、电控式、电液式和光电式等类型。

其中，在立式铣床上安装仿形夹具，进行靠模仿形和回转、直线式进给仿形铣削的原理和说明见第 5 章表 5-14。其间一个重要特点：这些仿形夹具中的仿形触头与铣刀是采用刚性联接机构，以实现同步仿形铣削。其仿形铣削精度仅为 0.1mm。

（2）常用靠模仿形铣削方式　除机械式靠模仿形铣削方式以外，常用的铣削方式有液压式、电控式和电液式仿形铣削几种，如国产 XKFM716 型数控仿形铣床和 ZF-3D55 型自动仿形铣床。此外，还有光电式仿形铣床等。常用仿形铣削机床加工原理与加工精度见表 7-1。

表 7-1　常用仿形铣基本原理和精度

仿形铣方式	基本原理与仿形触头	加工精度与说明
液压式仿形铣	其原理为采用油液为介质，以液压的变化量来传递仿形触头位置信息，以使由液压驱动的坐标轴，相对刀具作与触头同步仿形铣削 仿形触头压力较大，为 600～1000g	仿形加工精度比机械式高，一般为：0.02～0.1mm
电控式仿形铣	在铣床工作台的相应位置上，定位，安装有靠模与工件；工作台则由伺服电动机驱动；靠模通过仿形触头，传递给传感器位置信号，传感器则将仿形触头的位置信号转变成电信号，并通过控制系统将电信号放大后以控制伺服电动机，以控制铣刀与仿形触头作同步仿形加工 其仿形触头压力仅为 100～600g	电控式仿形铣的成形加工精度可达：0.01～0.03mm 国产机床有：XKFM716 型数控仿形铣
电液式仿形铣	以液压作动力通过液压缸、液压马达驱动工作台作伺服运动。其伺服运动信号，则由仿形触头在靠模上的位置信号，通过液—电传感器传递信息，以控制工作台作与触头同步的仿形铣削加工 仿形触头压力也仅为 100～600g	其加工精度与电控式仿形铣相较略低 国产机床型号为 ZF－3D55 自动仿形铣床
光电式仿形铣	其控制原理与光电控制电火花线切割基本相同。不用靠模而用精密图样作光电跟踪；并使光信号转变为电信号，通电伺服电动机驱动工作台作仿形加工运动	使用很少，加工精度与图样线形有关

2. 仿形铣削工艺与工艺条件

（1）仿形铣削路线与周进　仿形铣削轨迹的设计，需视工件被加工面的形状与尺寸等工艺要素而定，但必须满足加工精度、表面粗糙度和加工效率高的要求。通常，采用的加工路线（铣削时，铣刀轨迹）和方法主要有行切仿形铣和轮切仿形铣两种：

1）行切，即沿 X 方向或 Y 方向，来回往复地进行铣削（见图 7-1），如工件被加工面上的凸形与凹形的高、低差小，即浅而扁平类工件的铣削需采取行切法；被加工面基本上与铣刀杆轴线垂直的型面，如塑料注射模凹模型腔底面等，一般，也需采用行切仿形铣削较为合理。

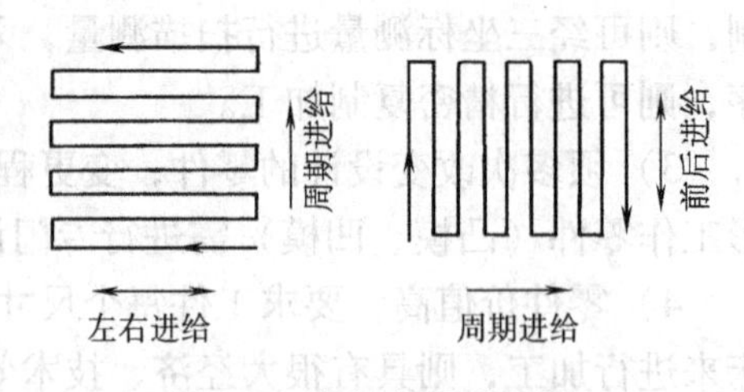

图 7-1 行切与周进示图

2）轮切，即沿与铣刀轴线相平行的加工面作仿形铣削；或仿形铣削轴线与铣刀轴线相垂直的圆弧面的仿形铣削方法，称轮切仿形铣削法，见表 7-2。

表 7-2 ZF－3D55 三坐标自动仿形铣削轨迹选择

方法	简图	说明
表面往复仿形		1. X 行切，带 $\pm Y$ 方向周期进给 2. Y 行切，带 $\pm X$ 方向周期进给 3. 对垂直面、倒锥面仿形加工
深度分层行切		1. X 行切带深度分层加工，$\pm Y$ 周进 2. Y 行切带深度分层加工，$\pm X$ 周进 主要用于去除毛坯余量的粗仿加工
沿轮廓周进行切		可 X 行切或 Y 行切，均可沿外形轮廓周进或沿内轮廓周进
带深度分层加工，沿轮廓周进行切		可 X 行切或 Y 行切，但只能沿内轮廓周进
平面轮廓仿形（轮仿）		不受仿形加工方向限止，在 360° 内外轮廓上均可进行轮仿，但内角 R 受刀具半径限制
立体轮仿形		可在 360° 的内外轮廓进行轮仿，在 $\pm Z$ 方向给予连续周进
局部轮仿形		1. 局部立体轮仿，$\pm Z$ 方向间断周进 2. 局部平面轮仿，$\pm Z$ 方向间断周进
空间曲线仿形		用轮仿加行切的组合方式进行加工 局部空间曲面也可按组合方式加工 用于仿形加工具有复杂曲线轮廓，而深度又不一致的工件，仿形加工的爬坡能力为 30°

3）周进与周进给量　行切与轮切均为（或均需）有序加工、周期性加工。因此，其进给也是周期性的，故称周进。

周进是指铣刀往返铣削（行切）路线（轨迹）之间的垂直位移，称行切周进；当轮仿铣削一周，进入下一周轮仿铣削路线之间的垂直位移，称轮切周进。行切与轮切相邻轨迹之间的位移量，称为周进给量。周期进给示图如图 7-1 所示；仿形铣削轨迹选择与方法见表 7-2。

（2）仿形铣工艺条件　和其他切削工艺一样，仿形铣的工艺参数、切削条件也和工件材料性能如硬度、刀具材料、切削方式有关。

1）铣削速度(v)。当采用高速钢铣刀仿形铣时：$v=10\sim35\text{m/min}$；当采用硬质合金铣刀仿形铣时：$v=50\sim120\text{m/min}$；当工件材料硬度 HBW < 220 时：粗铣时 $v=20\sim25\text{m/min}$，精铣时 $v=25\sim28\text{m/min}$。

2）铣刀每分钟进给量（f）的计算公式为

$$f=f_z\cdot n\cdot Z$$

式中　f_z——铣刀每齿进给量，高速钢铣刀一般取 $f_z=0.05\sim0.15\text{mm}$；

n——铣刀转速（r/min）；

Z——铣刀齿数。

3）周进给量越大、加工效率越高，但是表面粗糙度 Ra 值也越大，如图 7-2 所示，若采用球头铣刀进行仿形铣削，则铣刀直径 d、周期进给量 P、与接刀痕高度 a 有关。通常，中小型仿形铣床在粗加工时，取 $P=3\sim10\text{mm}$；半精加工时，取 $P=1\sim3\text{mm}$；精加工时，取 $P=0.2\sim0.5\text{mm}$。若采用小于 $R2\text{mm}$ 的球头铣刀，进行精密仿形铣时，可取 $P=0.05\sim0.2\text{mm}$。

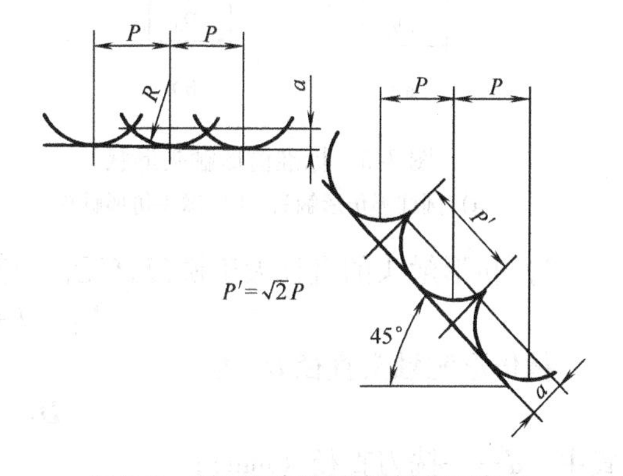

图 7-2　平面和斜面上铣削残留高度

7.2.2　仿形靠模、触头、刀具和机床

1. 仿形靠模

仿形靠模是进行仿形铣削的模型，是仿形信息源，因此，为保证仿形铣削粗度，靠模需具备以下条件：

1）形状精确，尺寸精度高；表面粗糙度参数 Ra 值低，型面光顺、光滑。

2）有较高刚度，不产生变形；表面有一定硬度，耐磨性较好。

3）制造靠模的材料需要质轻、耐磨、复制性好，成形加工方便。因此，一般精度工件的仿形铣加工，常采用具有一定硬度的木材，树酯塑料和石膏；当进行精加工时，可采用快速电铸、金属喷涂等方法来制造靠模。

2. 仿形触头

（1）仿形触头种类与要求　仿形触头分圆柱形和球形触头两种。

1）圆柱形仿形触头是以圆柱面为靠模基准，与圆柱立铣刀配用，以进行轮仿侧型面，如进行凹模侧壁仿形铣削。

2）球头仿形触头以球头为靠模基准，与圆柱形球头铣刀或锥形球头铣刀配用，以进行模具成形件复杂型面的仿形铣削。

触头常采用碳钢、硬铝、铜和塑料制成。仿形触头的工作表面需具有较高的硬度，一般为38～42HRC；其表面需进行抛光，使其表面粗糙度达 $Ra0.8\mu m$。

标准仿形触头见图7-3。

（2）仿形触头的技术要求　根据仿形触头的功能和结构，其形状与尺寸要求如下：

1）仿形触头的头部形状应与靠模型面的形状相近、相吻，球半径 R 应小于靠模凹圆弧的最小半径 r，且需具有一定锥度，其锥角应小于靠模型面的最小斜角，如图7-4所示。

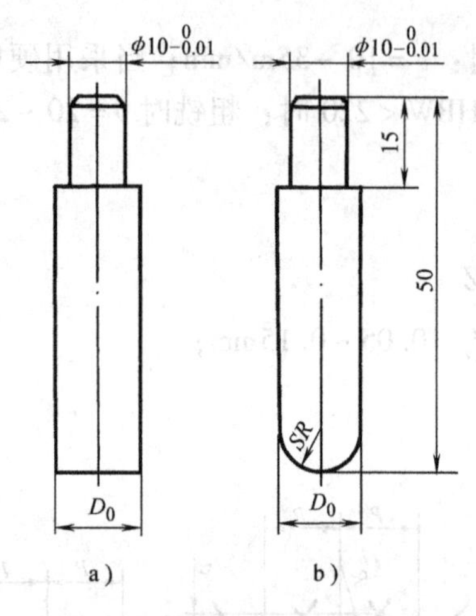

图7-3　标准仿形触头形状

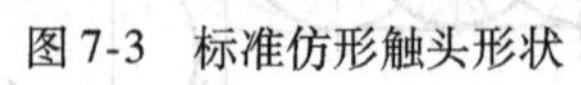

a）圆柱形仿形触头　b）球头仿形触头

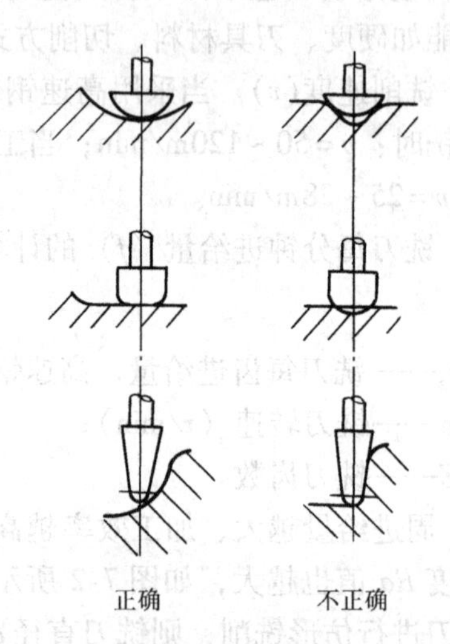

图7-4　仿形触头头部形状

2）仿形触头的直径大于铣刀直径，即其粗仿形铣触头直径 D_1 为

$$D_1 = d + 2(s + f) + a$$

精仿形铣触头直径 D_2 为

$$D_2 = d + a + 2f$$

式中　d——铣刀直径（mm）；

s——精仿形铣余量（mm）；

f——研、抛余量（mm）；

a——触头位移修正值（mm），见表7-3。

表7-3　触头直径修正值 a

触头长度/mm	工作台进给速度/(mm/min)			
	20	30	40	50
	a/mm			
60	0.50	0.55	0.60	0.80
70	0.55	0.60	0.65	0.90
85	0.60	0.65	0.75	0.95
100	0.65	0.75	0.80	1.10
115	0.75	0.80	0.90	1.20

表7-4 常用单刃主铣

简 图	特 点	用 途	简 图	特 点	用 途
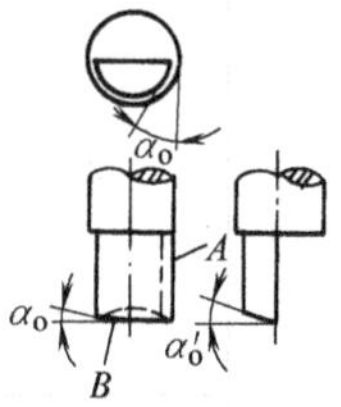	A为主切削刃，后角为α_o B为副切削刃，后角为α_o' $\alpha=25°$ $\alpha_o'=15°$ $\gamma_o=5°$（前角） 用硬质合金时，前角作成10°~12°的负前角 直径一般<12mm 铣削时吃刀量宜小，可加大纵、横向进给量 铁屑易排出，刃口不易磨损，加工表面粗糙度值低	用于平底、侧面为垂直面的铣削	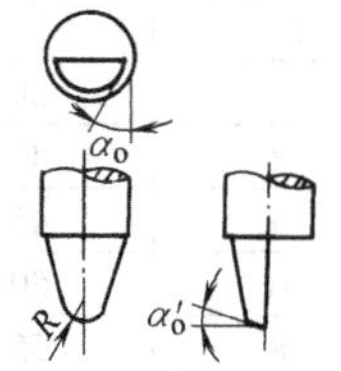	A为主切削刃，后角为α_o B为副切削刃，后角为α_o' $\alpha=25°$ $\alpha_o'=15°$ $\gamma_o=5°$（前角） 用硬质合金时，前角作成10°~12°的负前角 直径一般<12mm 铣削时吃刀量宜小，可加大纵、横向进给量 铁屑易排出，刃口不易磨损，加工表面粗糙度值低	用于斜侧面、底面有R的槽加工
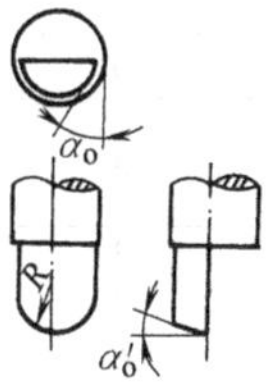		用于加工半圆槽	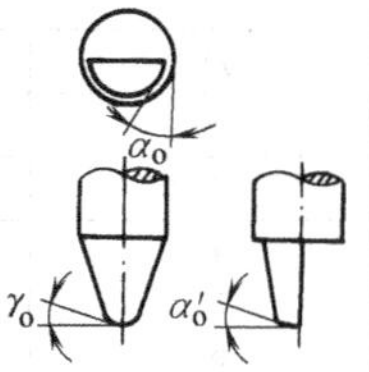		用于斜侧面、底部有R的加工
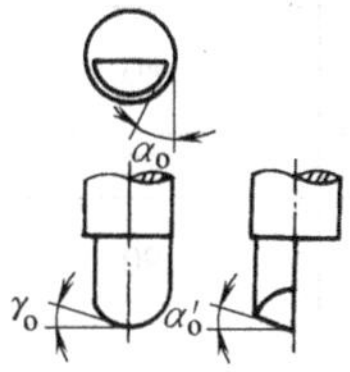		用于侧面是垂直面而底部有R的型腔加工	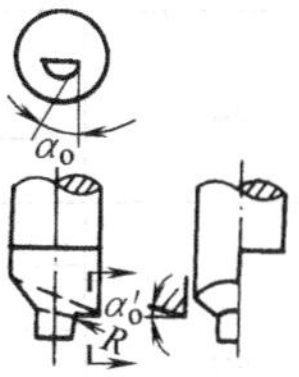		用于铣凸R
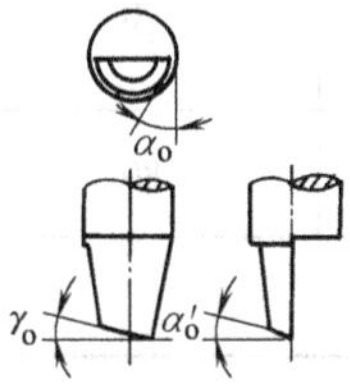		用于平底斜侧面的加工	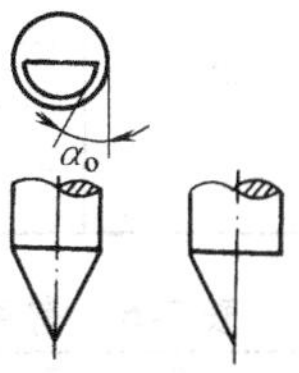		雕刻细小文字及花纹

3. 铣刀选用

靠模仿形铣削时正确选用仿形铣刀，至关重要。选用的铣刀尺寸和形状应符合工件型面要求，如球头铣刀的球头半径应小于工件型面的圆弧半径。当仿形铣削中小模具成形凸模或凹模型腔时，常采用各种形状的双刃立铣刀。常用仿形铣刀见表7-4、表7-5、表7-6。

4. 常用靠模仿形铣床

常用仿形铣床主要为立式机床。立式仿形铣床中有立体仿形铣床、立式升降台和工作台不升降液压仿形铣床，以及立式数控三坐标仿形铣床等，即为减少生产准备时间，已趋于不用靠模系统。靠模仿形与三坐标数控仿形铣削机床见表7-7。

表 7-5　常用小尺寸铣刀规格　　　　（单位：mm）

<table>
<tr><th rowspan="2">高速钢直柄立铣刀</th><th colspan="6">基　本　尺　寸</th></tr>
<tr><th>D</th><th>L</th><th>l</th><th>d</th><th>粗齿齿数</th><th>细齿齿数</th></tr>
<tr><td rowspan="12"></td><td>2</td><td rowspan="2">32</td><td rowspan="2">6</td><td rowspan="3"></td><td rowspan="12">3</td><td rowspan="9">4</td></tr>
<tr><td>2.5</td></tr>
<tr><td>3</td><td>36</td><td>8</td></tr>
<tr><td>4</td><td>40</td><td>10</td><td>4</td></tr>
<tr><td>5</td><td>45</td><td>12</td><td>5</td></tr>
<tr><td>6</td><td>50</td><td>15</td><td>6</td></tr>
<tr><td>8</td><td>55</td><td>18</td><td>8</td></tr>
<tr><td>10</td><td>60</td><td>20</td><td>10</td></tr>
<tr><td>12</td><td>65</td><td>25</td><td>12</td></tr>
<tr><td>14</td><td>70</td><td>30</td><td>14</td><td rowspan="3">5</td></tr>
</table>

<table>
<tr><th rowspan="2">直柄键槽铣刀</th><th colspan="4">基　本　尺　寸</th></tr>
<tr><th>D</th><th>L</th><th>l</th><th>d</th></tr>
<tr><td rowspan="7"></td><td>2</td><td>30</td><td>6</td><td rowspan="2">3</td></tr>
<tr><td>3</td><td>32</td><td>7</td></tr>
<tr><td>4</td><td>36</td><td>8</td><td>4</td></tr>
<tr><td>5</td><td>40</td><td>10</td><td>5</td></tr>
<tr><td>6</td><td>45</td><td>12</td><td>6</td></tr>
<tr><td>8</td><td>50</td><td>14</td><td>8</td></tr>
<tr><td>10</td><td>60</td><td>18</td><td>10</td></tr>
</table>

<table>
<tr><th rowspan="2">切口铣刀</th><th colspan="5">基　本　尺　寸</th></tr>
<tr><th>D</th><th>B</th><th>d</th><th>粗齿齿数</th><th>细齿齿数</th></tr>
<tr><td rowspan="13"></td><td rowspan="3">32</td><td>0.2</td><td rowspan="3">10</td><td rowspan="2">50</td><td rowspan="2">80</td></tr>
<tr><td>0.3</td></tr>
<tr><td>0.4</td><td>44</td><td>72</td></tr>
<tr><td rowspan="5">40</td><td>0.3</td><td rowspan="5">13</td><td rowspan="2">56</td><td rowspan="2">90</td></tr>
<tr><td>0.4</td></tr>
<tr><td>0.5</td><td rowspan="2">50</td><td rowspan="2">80</td></tr>
<tr><td>0.6</td></tr>
<tr><td>0.8</td><td>44</td><td>72</td></tr>
<tr><td rowspan="5">50</td><td>0.4</td><td rowspan="5">16</td><td rowspan="3">56</td><td rowspan="3">90</td></tr>
<tr><td>0.5</td></tr>
<tr><td>0.6</td></tr>
<tr><td>0.8</td><td rowspan="2">50</td><td rowspan="2">80</td></tr>
<tr><td>1.0</td></tr>
</table>

表 7-6　常用仿形铣刀与用途

名　　称	简　　图	用　　途
圆柱立铣刀		主要用于型面粗铣，或型面上需清角的铣削
圆柱球头铣刀		1. 各类凹凸型面的半精和精仿加工 2. 在型腔底面与侧壁间有圆弧过渡时，进行侧壁仿形加工
锥形球头铣刀		形状复杂的凹凸型面，具有一定深度和较小凹圆弧的工件
小型锥指铣刀		加工特别细小的花纹
双刃硬质合金铣刀		铸铁工件的粗、精仿加工

表 7-7　靠模与数控仿形铣床规格与参数

机床名称	型　号	工作台尺寸/(宽/mm×长/mm)	技　术　参　数							
			最大加工高度/mm	主轴端面至工作台面距离/mm	主轴中心至工作台面距离/mm	工作台行程/mm			主轴转速/(r/min)	工作精度/(mm/m)
						纵向	横向	垂直		
立体仿形铣床	XB4480	1250×1620	500		195~995	1400	500	800	63~3150	0.1
	XB44112A	558×2780	710		350~1470	2250	710	1120	35~1820	
	XB44200	2400×5000	800		620~2020		800	2000	30~1540	0.08
立式升降台液压仿形铣床	XFY5032/1B	320×1250		60~410		700	280	380	50~2500	±0.05
工作台不升降液压仿形铣床	XF716	630×2000		200×750		1600	630	550	80~1600	±0.05
	XFY718	800×2500		220×930		1800	800	710	80~1600	±0.05
工作台不升降仿形铣床	XFA716	630×2000		150		1200	630	750	20~2000	±0.015
	XKFHA716	630×2000		150		1200	630	750	20~2000	±0.5
三坐标自动仿形铣床	ZF-3D55	1500×400		70~500		500	420	320	96~2300	±0.03
立式数控仿形铣床(三轴控制)	XKF715	500×2000		50~650		1400	500	600	28~3150	定位精度±0.025 重复定位精度±0.005
数控仿形方式铣床	XKFM716	630×1400		120~750		1000	630	630	10~2800	定位精度±0.01 重复定位精度0.005
	XKF718	800×2000		370~1000		1600	800	630	31~3600	定位精度±0.01 重复定位精度±0.005

7.3　数控铣削工艺

7.3.1　数控铣削工艺原理与机床

1. NC 铣床的组成与插补原理

(1) NC 铣床的组成　数控铣床是当今模具成形件常用成形加工机床，是由主机、控制介质或局域通信系统、数控器和伺服系统四大部分组成，见下面框图。组成数控铣床各部分的说明，见表 7-8。

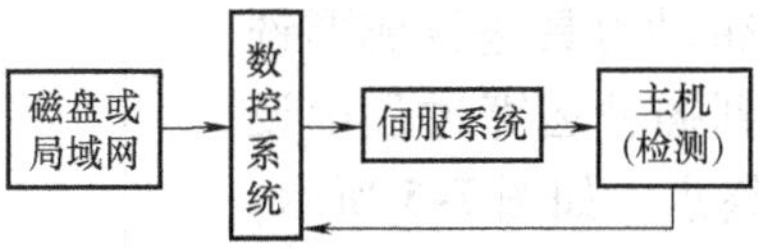

磁盘或局域网 → 数控系统 → 伺服系统 → 主机(检测) → 数控系统

表 7-8　数控铣床组成说明

组成部分	构成、特点、功能说明
主机	由床身、立柱、主轴及其驱动与调速系统、刀库及其驱动系统、工作台及其驱动与精密滚珠丝杠副传动系统组成 铣床床身、立柱、主轴与工作台具有高刚度、高热稳定性、零部件之间相对位置精度、主轴运动精度、工作台 X 轴、Y 轴移动的传动精度等保持性高

（续）

组成部分	构成、特点、功能说明
控制介质	NC 机床的加工过程的自动化程度高，无需操作者（人）进行直接操作，其间的交互作用是通过“媒体”进行的，此媒体，即称机床的控制介质 传统 NC 机床常用的控制介质为八位穿孔纸带；现今，则采用磁盘（或局域网络），使指令代码，通过通信网络直接输入机床控制系统，以控制机床进行加工。所以，控制介质是工件加工信息的载体，即其上存储有工件加工的工艺内容、加工顺序、工件与刀具相对移动位置等所有加工工艺信息。工艺信息将通过磁盘机、或局域通信网络直接输入机床控制系统
数控系统	数控系统多采用专用计算机来实现控制其中有输入接口、存储器、运算器、输出接口，以及与主轴运动、工作台移动轴的驱动机构相连接的控制电路等 其功能为：将以数字化代码形式表述的加工工艺信息，存储于控制介质。或经局域网直接输入专用计算机中的 CPU 代码识别，译码，分别存于内部存储器中的 ROM、RAM，再经 CPU 进行数据运算，通过接口输出脉冲信号，以驱动伺服机构，按程序要求进行加工
伺服系统	伺服系统由直流或交流伺服电动机和滚珠丝杠副传动机构组成，另装有工件（或刀具）位置和运动速度检测装置 其功能为：当伺服电动机接受代码指令脉冲信号后即可进行伺服运动，经滚珠丝副驱动工作台，以实现精确定位或按程序规定的轨迹进行加工运动 每一个脉冲信号驱动 X 轴、Y 轴的移动量，称数控机床的脉冲当量。常用脉冲当量有 0.003mm、0.001mm 和 0.10mm

（2）插补原理与方法

1）插补及其应用。当进行 CNC 成形铣削时，特别是进行三维型面成形铣削时，其理论要求为：刀具的运动轨迹与工件被铣削加工型面的轮廓完全吻合，即其成形尺寸误差为“零”。但是，其型面铣削轨迹计算将是非常复杂，运算工作量非常大；同时，主机运动部件的伺服驱动机构也难以达到这样高的进刀精度和灵敏性。实际上，在工程应用中，工件型面的形状尺寸误差也无需达“零”。因此，常采用插补原理来进行 CNC 铣床伺服驱动系统的硬件与软件设计，并进行成形铣削加工轨迹插补运行。

插补是指采用对设定的一小段直线或圆弧进行“逼近”的方法，以简化运算、提高速度。插补计算的依据为：通过设定的基点坐标，以一定速度连续定出一系列中间点，这些点的坐标值，以一定精度“逼近”设定线段。所以，插补是指在进行 CNC 铣削加工中数据密化的过程。通常采用的插补法有：

① 直线插补，指在设定的两个基点之间，用一条近似的直线来“逼近”。此近似的直线，即为各中间点连成的折线。

② 圆弧插补，指在设定的两个基点之间，用一段近似的圆弧来“逼近”。此近似圆弧即为各中间连成的折线弧。

2）插补方法。CNC 铣削工艺过程中，刀具相对工件的最小移动量称为一个脉冲当量。此脉冲当量即为伺服驱动机构带动刀具进行成形铣削进给的“步长”，以逐步达到插补运算过程中设定的各中间点，直至达到线段终点，如图 7-5 所示，其上为一段用折线逼近直线的直线插补线段。

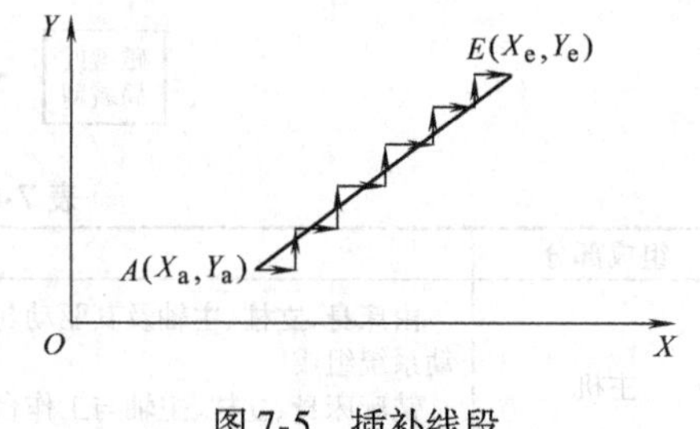

图 7-5　插补线段

设起点 A 的坐标为 A （X_a，Y_a），终点 E 的坐标为 E （X_e，Y_e），步长为一个坐标值单位；

设 X、Y 方向移动的总步长数为 N_X、N_Y，则其计算公式为

$$N_X = (X_e - X_a)/\Delta X$$

$$N_Y = (Y_e - Y_a)/\Delta Y$$

显然，ΔX、ΔY = 一个脉冲当量 = 一个步长

所以　$\Delta X = \Delta Y$

因此，插补运动有以下特性：

①按加工轨迹线段特性，如起点、终点坐标和方向，正确分配 X、Y 方向的脉冲数。

②使设置的中间点连线，即刀具实际运行轨迹，尽可能逼近工件型面的理想（即设计）轮廓。

由图 7-5 可见，其中间点连线是由 ΔX、ΔY 增量组成的折线。所以，若中间点越密，即 ΔX、ΔY 越小，脉冲当量与步长也就越小，成形铣削型面的形状尺寸精度越高。

③ 插补运算的速度确定 CNC 铣床坐标轴的移动速度，即加工速度。

插补运算有多种方式，通用的有数字积分插补和逐点比较插补。逐点比较插补简便易行，故经常使用。同时，由于工件加工面多由二维、三维型面组成，其截面轮廓则由直线和曲线构成，而 CNC 铣削又都采用行切或轮切方式，因此，又分为，逐点比较直线插补与圆弧插补，见表 7-9 和表 7-10。

表 7-9　逐点比较直线插补加工

插补要素	示图、直线函数方程、加工位置判别函数	说　明
第一象限直线插补运动	Y　$E(X_e, Y_e)$　$B(X_b, Y_b)$　$C(X_c, Y_c)$　$A(X_a, Y_a)$　O　X OE 直线方程为 $$Y = \frac{Y_e}{X_e}X$$	OE 直线在第 1 象限；起点在“O”点，终点为 E 点；OE 直线的斜率为： Y_e/X_e
直线插补加工点位和进给方向判别函数式	1. 斜率与加工点位置 当：$Y_a/X_a < Y_e/X_e$，即：$Y_a/X_a - Y_e/X_e < 0$ }A 点则在 OE 线下方 当：$Y_b/X_b > Y_e/X_e$，即：$Y_b/X_b - Y_e/X_e > 0$ }B 点则在 OE 线上方 当：$Y_i/X_i = Y_e/X_e$，即：$Y_i/X_i - Y_e/X_e = 0$ }则 i 点将与 OE 线重合 2. 刀具位置的判别函数 $$\frac{Y_i}{X_i} - \frac{Y_e}{X_e} = \frac{X_e Y_i - X_i Y_e}{X_i X_e}$$ 由于 X_i，Y_i 与 X_e，Y_e 同在第一象限，则 X_i，X_e 同为正号 同时，由于判别加工位置，无需求出数值只需确定其正负号即可	1. 在精密成形铣削过程中，其最大加工偏差（Δ），当： $\Delta \leqslant$ 一个脉冲当量 即，ΔX，ΔY = 一个当量 ΔX，ΔY = 一个步长 即，当逐步加工到终点（E）加工轨迹与由函数方程表示的理想直线（OE）相比较，其各中间点均在 OE 线上、下一个当量，一个步长范围内 2. 在插补运动过程中，即在 CNC 铣削过程中，将每个中间点的位置坐标，经机床数控系统自动代入 F_i 判别式，进行运算，判别每中间点的正、负号，并指令以步长 ΔX、ΔY 进给，使总是逼近 OE 理想直线进行加工，直到终点 E

（续）

<table>
<tr><th>插补要素</th><th>示图、直线函数方程、加工位置判别函数</th><th>说　明</th></tr>
<tr><td>直线插补加工点位和进给方向判别函数式</td><td>只需以上式分子定义为判别函数 F_i，即：
$F_i = X_e Y_i - X_i Y_e$
经判定，当 $F_i < 0$，即为负号时，则数控系统指令输出一个脉冲，使 Y 轴进给一个步长。同时，使 Y 轴计数器减去1；
经判定，当 $F_i = 0$，可沿 X 方向或 Y 方向进给，规定：沿 X 方向进给；当判定 $F_i \geqslant 0$，均沿 X 轴方向进给一个步长。同时，使 X 轴计数器减去1</td><td>3. 为减少计算量和计算时间，提高插补速度，则采用递推法，使其判别函数简化为：
当 $F_i < 0$ 时，沿 $+Y$ 进给一个步长，此后新点的判别函数为
$F_{i+1} = F_i + X_e$
当 $F_i \geqslant 0$ 时，则沿 $+X$ 进给一个步长，此后新点的判别函数为
$F_{i+2} = F_i - Y_e$</td></tr>
<tr><td>直线插补加工终点判定</td><td>直线插补运动在各象限的原理均一样。其间的区别为某些方向与第一象限的插补运动方向相反
四象限的直线插补进给方向和判别函数公式见下表：
<table>
<tr><th>直线所在象限</th><th>当 $F_i \geqslant 0$ 时的进给</th><th>当 $F_i < 0$ 时的进给</th></tr>
<tr><td>Ⅰ</td><td>$+\Delta X$</td><td>$+\Delta Y$</td></tr>
<tr><td>Ⅱ</td><td>$-\Delta X$</td><td>$+\Delta Y$</td></tr>
<tr><td>Ⅲ</td><td>$-\Delta X$</td><td>$-\Delta Y$</td></tr>
<tr><td>Ⅳ</td><td>$+\Delta X$</td><td>$-\Delta Y$</td></tr>
<tr><td>判别函数式</td><td>$F_{i+1} = F_i - Y_e$</td><td>$F_{i+1} = F_i + X_e$</td></tr>
</table></td><td>判定加工到终点，即插补到终点的方法，主要为计算其总步数。即从加工起点 O，到 E，在 X 方向应进给 X_e 步长；在 Y 方向应进给 Y_e 步长，其总和即为总步长数(W)。即
$W = X_e + Y_e$
在数控系统计算器中，设置有总步长数(W)，当 X 方向或 Y 方向进给一步长，则计数器减1直减到0，即到达加工终点</td></tr>
</table>

表 7-10　逐点比较圆弧插补加工

<table>
<tr><th>插补要素</th><th>示图、圆弧函数方程、加工位置判别函数</th><th>说　明</th></tr>
<tr><td>第一象限圆弧插补运动</td><td> 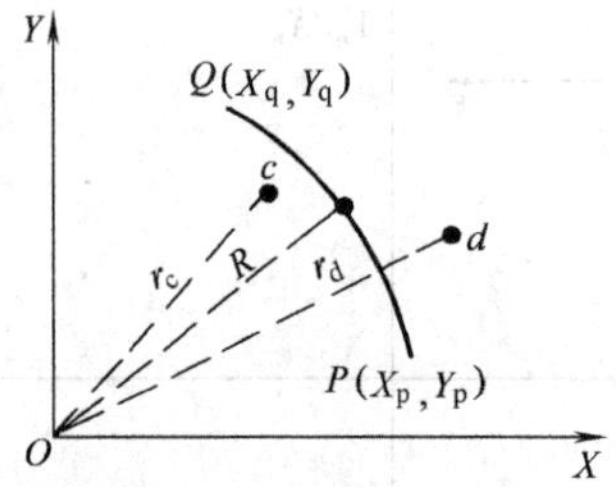$\widehat{PQ}$在第Ⅰ象限内，其两端点为：
$P(X_p, Y_p)$；$Q(X_q, Y_q)$。
则圆弧半径(R)为
$R^2 = X_p^2 + Y_p^2 = X_q^2 + Y_q^2$　①
若插补加工点位在圆弧内 C 点，
则 $r_c < R$；
若插补加工点位在圆弧外 d 点，
则 $r_d > R$；
若插补加工点位在圆弧上，
则 $r = R$。
因此，其判别函数方程则为
$F_i = X_i^2 + Y_i^2 - R^2$　②</td><td>1. $\widehat{PQ}$设在第Ⅰ象限内，圆心设在坐标原点 O
2. 若圆弧插补运动(铣削)，从 P 点开始，到 Q 点为终点，作逆时针方向运行，简称逆圆插补，以 NR_1 表示
若从 Q 点始，插补运动到 P 点，作顺时针方向运行，简称顺圆插补，以 SR_1 表示
3. 插补加工进给
当 $F_i \geqslant 0$ 时；
加工点位在圆外或圆弧上
所以，应沿 $-X$ 方向进给一步长
当 $F_i <$ 时，
加工点位在圆弧内边
所以，应沿 $+Y$ 方向进给一步长
同理，在Ⅰ象限作 SR_1 插补时，当 $F_i \geqslant 0$ 时，应沿 $-Y$ 方向进给一步长
当 $F_i < 0$ 时，
沿 $+X$ 方向进给一步长</td></tr>
</table>

（续）

<table>
<tr><th>插补要素</th><th>示图、圆弧函数方程、加工位置判别函数</th><th>说　明</th></tr>
<tr><td>NR_1 圆弧插补进给前后加工点位判别函数式</td><td>采用递推法进行偏差判定，
设为 NR_1，插补进给前加工点位坐标和进给后新加工点位分别为 (X_i, Y_i)、(X_{i+1}, Y_{i+1})
若插补进给前加工点位在圆内
则 $X_{i+1} = X_i$；$Y_{i+1} = Y_i + 1$
因此，新加工点位的判别函数值为
$$F_{i+1} = F_i + 2Y_i + 1 \quad ③$$
（注：将 X_{i+1}，Y_{i+1} 代入②式，简化后得式③）
若插补进给前加工点在圆外或圆上，
则 $X_{i+1} = X_i - 1$；$Y_{i+1} = Y_i$
因此，新加工点位的判别函数值为
$$F_{i+1} = F_i + 2X_i + 1 \quad ④$$
（注：将 X_{i+1}，Y_{i+1} 代入式②，简化得式④）</td><td rowspan="2">4. 圆弧函数方程描述的是工件理想型面的截面轮廓；也是铣刀进行 CNC 成形铣削、即进行行切或轮切的理想进给轨迹。但是，CNC 行切或轮切轨迹是采用插补法进行的：即铣刀进行行切或轮切的连续轨迹，与工件型面理想给面轮廓，逐点比较的插补加工，即铣刀在 CNC 行切或轮切过程中的每一步进给，都将“逼近”理想轮廓
其“逼近”的长度，即沿 X 方向或 Y 方向的进给量 ΔX 或 ΔY，称进给一步长、一个脉冲当量
常用步长（= 一个脉冲当量）为：0.001mm，0.005mm
所以判别函数式② ~ ⑥，运算后，不仅可判别各加工点位的进给方向，F_{i+1} 的值也是加工轨迹相对理想轮廓的偏差</td></tr>
<tr><td>SR_1 圆弧插补进给前后加工点位判别函数式</td><td>Y　M1　M2　M3　M4　O　X
同理，可以导出顺圆（SR_1）插补运动的判别函数式
当 $F_i > 0$，圆外点 $M_1(X_i, Y_i)$ 则沿 $-Y$ 方向进给一步长，达 $M_2(X_i, Y_i - 1)$
则其判别函数式为
$$F_{i+1} = F_i - 2Y_i + 1; \quad ⑤$$
当 $F_i < 0$，圆内点 $M_3(X_i, Y_i)$ 则沿 $+X$ 方向进给一步长，达 $M_4(X_i + 1, Y_i)$，
则其判别函数式为
$$F_i + 1 = F_i + 2X_i + 1 \quad ⑥$$</td></tr>
<tr><td>终点判别</td><td colspan="2">圆弧插补运动的终点判定方法，取 X 方向的总步数和 Y 方向的总步数之间的总步数大的方向，作为判定终点的依据
总步数的数值是指圆弧终点坐标值，在 X 方向或是在 Y 方向与圆弧起点坐标值之差的绝对值
总步数大的轴称长轴；长轴的总步数为数控系统中终判计数器的初值；只要有进给脉冲输出，输出一个脉冲，则从总判计数器中减 1。只要终判计数器不为零，则当继续插补过程。直至为零，圆弧插补过程才停止</td></tr>
</table>

注：表中为第 I 象限的圆弧插补过程，其他各象限的 NR_1、SR_1 插补原理与第 I 象限相同，只是进给方向不同。

2. 数控机床的类别与技术规格

（1）模具成形件加工常用数控机床　由于精密机床和与其相配套的精密零、部件的进步，以及计算机软件的高度发展，使数控机床应用技术水平提高，应用普及率高，也造成种类繁多，达 400 余个。通常用于模具成形件加工的 CNC 机床有两类，见表 7-11。

表 7-11 模具成形件加工常用 CNC 机床

机床种类		机床特点与性能	应用说明
点位控制数控铣床		1. 刀具相对工件移动中不进行切削，只实现从一坐标点快速移动到另一坐标点，并进行精确定位 2. 坐标轴之间无联动加工关系，各坐标轴分别或同时快速移动到程序规定的坐标点并进行精确定位	用以进行数控坐标钻、镗、磨精密孔系的加工 对刀具相对工件被加工面之间的移动轨迹要求不严格
轮廓控制数控机床	自动换刀数控机床	指加工中心（MC）；具有刀库和自动换刀系统；模具加工中应用 MC，为以铣、镗为主的铣镗加工中心；工艺集成度高；由于是按 CNC 程序规定加工，故加工精度和加工效率也高	主要用于模具成形件轮廓的成形加工，以及其上钻、镗、铰和攻螺纹工序；且为一次装夹，完成以上全部工序
	多坐标数控机床	常指 4 轴、5 轴联动，合成加工具有复杂轮廓工件，以铣镗为主的加工中心；其主轴头可按程序规定，进行主、卧转换，自动换刀，以满足五面成形加工要求	用以加工被加工面分布于工件五个面上的连续型，或被加工面相互位置精度高的模具成形件；并可用以加工如飞机、船舶的叶轮、圆柱凸轮等

（2）模具成形件加工常用数控机床的技术规格　模具成形件加工常用国产数控铣镗床和加工中心的型号、技术参数见表 7-12、表 7-13、表 7-14。铣镗加工中心型号、技术参数见表 7-15；精密孔系加工的数控坐标磨床见第 8 章 8.3.2 节。

表 7-12 铣镗立式加工中心技术参数

型号	最大移动距离 /mm			矩形工作台面积 /mm × mm	主轴端面至工作台距离 /mm	精度 /mm		刀库容量	数控装置可控轴数
	纵向（X）	横向（Y）	垂直（Z）			定位精度	重复定位精度		
XH7.5	550	800	550	500 × 1100	165 ~ 715	±0.012/300	±0.006	20	3 FANUC3m（日本）
JCS—018A	750	400	470	320 × 1000	180 ~ 650			16	3 FANUC6m（日本）
JH5632/10	750	400	470	1000 × 320		±0.01	±0.004	20	3
JH5640	750	400	500	1000 × 400		±0.01	±0.004	20	3
XH715	800	500	550	1100 × 500	130 ~ 580	±0.012/300	±0.01	30	3
MVC - 20	1016	508	609.6	608 × 1016	127 ~ 736.6	0.06	0.02	24	3
XHK716	1200	630	800	630 × 1200	100 ~ 900	±0.015	±0.005	24	3
RE5020	1200	420		420 × 1200		（X、Y） ±0.015 （Z） ±0.015	±0.005	20	4
TH5663 （MC118）	1000	600	400	1250 × 630		（X、Y） ±0.02 （Z） ±0.015	±0.005	36	
TH5640	860	440	630	400 × 950		0.02/300 全行程 0.04	±0.01	22	
QMY - 40	800	410		450 × 1100				20	FANUCBESK - 10M
JCS - 018	750	400	470	1000 × 320	180 ~ 650	±0.012/300	±0.006	16	3 （配 7M 系统）
XH715A	1200	510	550	1360 × 550	125 ~ 675	±0.012/300	±0.006	20	3 （配 6M 系统）
XH714	750	450	500	1200 × 510	180 ~ 680	±0.012/300	±0.006	16	3 （同时控制 2 轴配 6M 系统）

表7-13　数控铣床及其主要技术规格（一）

名　称	型　号	工作台面积/(宽/mm×长/mm)	主要技术参数						定位精度/mm	重复定位精度/mm
			主轴端面至工作台距离/mm	主轴中心线至垂直导轨距离/mm	主轴转速/(r·min)	工作台行程/mm 纵向	横向	垂直		
数控立式铣床	S814 XK5032	381×965 320×1320	64～596 60～390	—	100～4510 30～1500	800 670	400 240	203 330	±0.015 ±0.04	±0.0075 ±0.02
自动换刀立式铣床	XHK716	630×1400	120～750	680	25～2330	1000	630	630	±0.01	±0.005
微控立式升降台铣床	XK5012	125×500	0～250	155	120～1830	250	100	250	±0.02	±0.015
数控立式铣床	XK5032A	320×1320	30～430	350	50～2500	800	350	400	0.03	0.01

表7-14　数控铣床及其主要技术规格(二)

名　称	型　号	最大移动距离/mm			矩形工作台面积/mm×mm	主轴端面至工作台距离/mm	主轴转速/(r·min)	精　度		数控装置		
		纵向	横向	垂直				定位精度	重复定位精度/mm	可控轴数	控制方式	脉冲当量
数控立式升降台铣床	XK5040-1	900	350	400	400×1650	20～550	12～1500	0.03/300	±0.01	3	CNC	0.001
数控工作台不升降铣床	XKA716	1200	630	750	630×2000	150	2000	±0.012(mm)	±0.01	2	CNC	0.001
	XKA726	1300	630	750	630×2000	100～850	20～2000	±0.015(mm)	±0.007	3	3M－A	0.001
	XKE726	1500	850	580	2000×530	370～950	30～1200	±0.025/300	±0.01	5	发那科6MB	0.001
	XK738	2500	800	780	300×800	120～950	20～1700	0.02/300	0.01	3	数控	0.01
数控万能工具铣	UF-41	1000	700	750	1100×840					4	闭环	
三坐标数控立式铣床	XK716-F3	1400	500	600	500×2000	100～700	28～1400	±0.025(mm)	±0.005	3	CNC	0.001
	XK5040A	900	375	410	400×1600		30～1500	±0.001(mm)	±0.001			
	XK6040	900	375	410	400×1600	30～440	30～1500	±0.001(mm)	±0.001			
四坐标数控立式铣床	XK716-F4	1400	500	600	500×2000	100～700	28～1400	±0.025(mm)	±0.005	4	CNC	0.001
立式数控高速铣床	XKF7155	1400	500	600	500×2000	100～700	36～3150	±0.025(mm)	±0.005	3	CNC	0.001
经济型数控铣床	XQJ5032	790	430	140	320×1300		25～3200					

表 7-15 瑞士 WF-74VH 数控万能铣镗床技术参数

工作台行程 /(X/mm×Y/mm×Z/mm)	主轴			机床精度	进给速度/(mm/min)				数控轴数	刀库容量/把	换刀时间/s
	功率/(kW)	转速/(r/min)	锥孔		快速移动		切削进给				
					X、Y 轴	Z 轴	X、Y 轴	Z 轴			
900×630×500	15	10~6300	ISD40	TP10	10000	8000	0~10000	0~8000	五轴联动	48	7

工作台	尺寸	允许载重/kg
矩形工作台/$\left(\frac{长}{mm}\times\frac{宽}{mm}\right)$	600×1200	700
数控圆转台/mm	ϕ800	600
可倾数控圆转台/mm	ϕ630	500

注：表列 MC 主轴头可自动进行立卧转换，使工件在一次装夹下自动完成五面加工。主机有三坐标矩形工作台；有用于 4 坐标加工 NC 圆转台；NC 分度头，以及用于 5 坐标加工的 NC 可倾斜圆转台；可倾式 NC 两轴，均有测量系统，具有很高的定位精度，可实现五轴联动铣削。

表中机床精度 TP10（即德国标准 VDI/DGQ3441）。

7.3.2 NC 铣削工艺

1. 数控机床、加工中心用刀具

（1）刀具的技术要求　刀具是数控铣镗床和 MC 加工工艺系统中，取得最佳工艺效果的关键工装。它装于刀柄内并安装于机床主轴上，以进行高精、高效切削加工。因此，在 NC、CNC 加工工艺中，对刀具有以下要求：

1）刀具刚度、强度高；几何形状、尺寸和切削角度要求精确、规范、标准，以适应在 MC 加工过程中自动换刀要求。

2）要求刀具寿命长，常采用标准硬质合金、陶瓷可转位刀片，以适应 NC、CNC 机床进行高精、高速、高效加工。

3）为适应 NC、CNC 铣镗削成形加工，其所选用刀具与刀柄组合，在进行型面轮廓行切或轮仿切过程中，不得产生干涉。

（2）刀具　由于数控铣镗床，特别是加工中心（MC）的工艺（工步、工序）集成度高，在其上不仅可进行具有二维、三维型面轮廓工件的成形铣削加工，还可以在工件一次安装中，按程序进行精密孔系加工，包括钻孔、镗孔、铰孔和攻螺纹等工序。因此，常用刀具有钻头、镗孔、机铰刀、机攻丝锥和各种铣刀等。

这些刀具与通用机床使用的刀具的几何形状、切削刃角度、规格和材料基本相同。进行二维、三维型面轮廓加工用铣刀也与仿形铣削用铣刀（如立式球头铣刀等）基本上相同。NC 机床和 MC 上常用铣刀有面铣刀、成形铣刀、球铣刀和鼓形铣刀等，如图 7-6～图 7-9 所示及见表 7-4 和表 6-67。

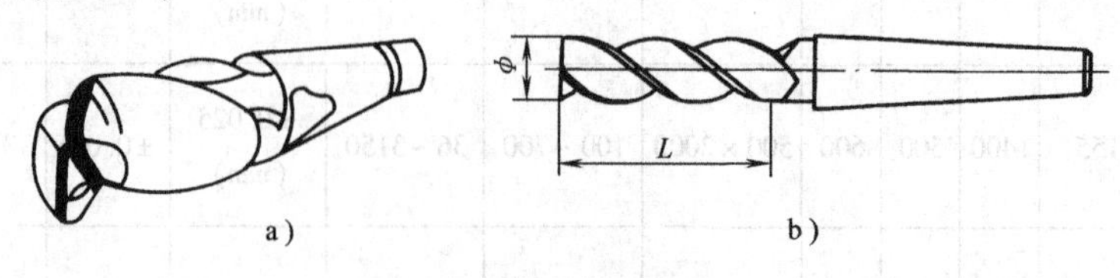

图 7-6 两种最常见的面铣刀

a）硬质合金面铣刀 b）高速工具钢面铣刀

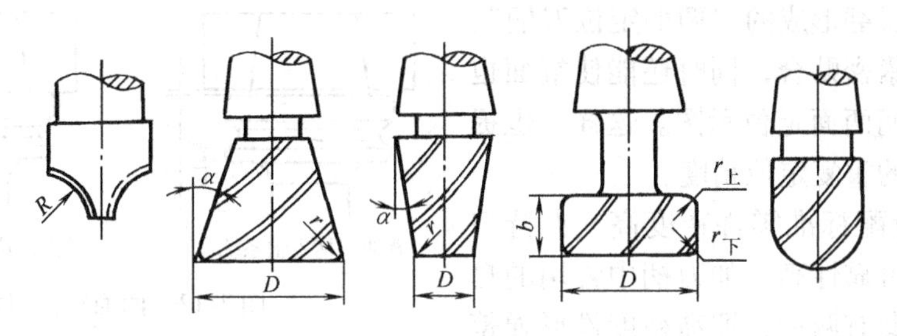

图 7-7　几种常用的成形铣刀

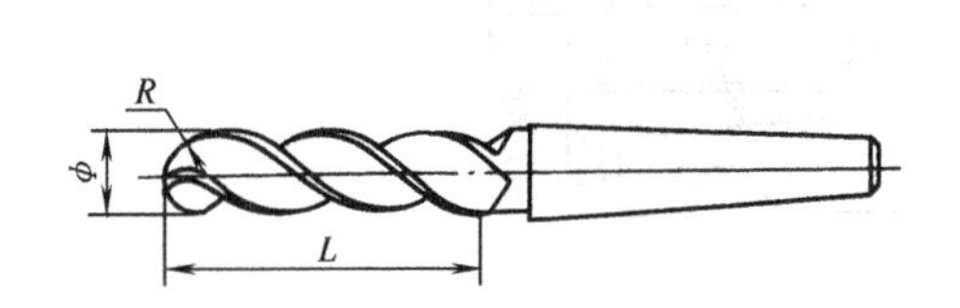

图 7-8　球头铣刀

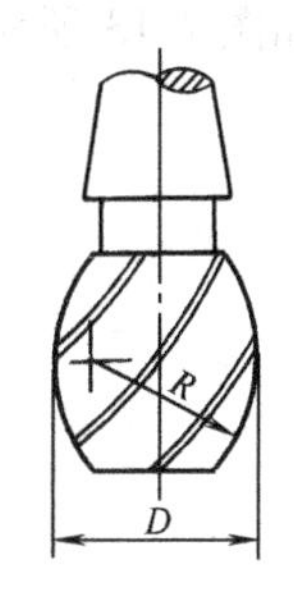

图 7-9　鼓形铣刀

2. NC、CNC 铣削常用刀柄

（1）常用刀柄的技术要求　由于 NC、CNC 铣削加工是高精、高速、高效加工，NC 主轴最高转速可达 6000 ~ 8000r/min，高速铣削甚至达 30000 ~ 40000r/min。因此，要求装夹刀具的刀柄必须具有刚度高、装夹精确的特点，并具有很高的动平衡性。其具体技术要求有以下几点：

1）要求动平衡性高。为适应高速、超高速加工，刀柄需经过全周研磨，如图 7-10 所示；并进行高精度动平衡测量仪测量与修正；同时，还须经超高速破坏性试验，或采用计算机模拟解析，以确认刀柄对高速或超高旋转的适应性。图 7-11 所示为无扳手槽螺母，以提高动平衡性和螺母强度，并减少空气阻力。

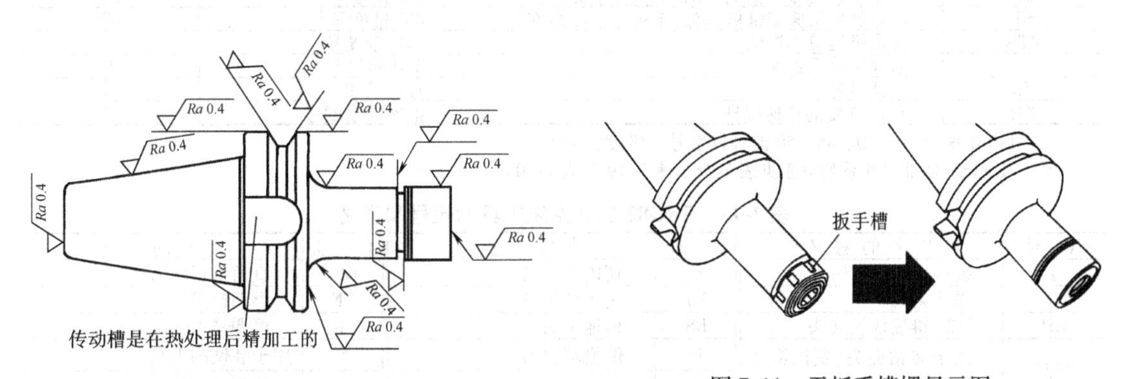

图 7-10　高性能刀柄研磨示图

图 7-11　无扳手槽螺母示图

2）要求刀柄刚度高、精度高。为适应高速、超高速、重切削量加工，必须提高刀柄与主轴的接触面积，使与主轴锥孔和端面完全紧贴，以增强其间接触强度和把持力，从而防止在高速、超高速旋转和切削过程中，产生轴向窜动，引起锥孔磨损和刀具振动。如图 7-12

所示为经精密研磨形成的“两面定位刀柄”，是即能使锥面紧密贴合，同时还能使端面也紧密贴合的刀柄两面定位示图。这样，也提高了自动换刀的重复定位精度。

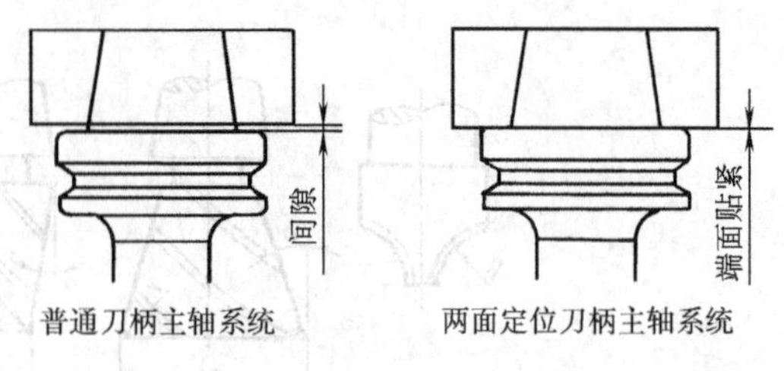

图7-12 两面定位刀柄

3）刀柄所配标准零件精度高、夹持刀具的刚度高、可靠性高。如刀柄中常用的自动定心弹簧夹套有两种，即高精度锥形弹簧夹套和直筒夹套。为保证夹持精度和夹紧力，需使夹套的精度、刚度、夹持的收缩量保持定值。如图7-13所示锥形夹套。

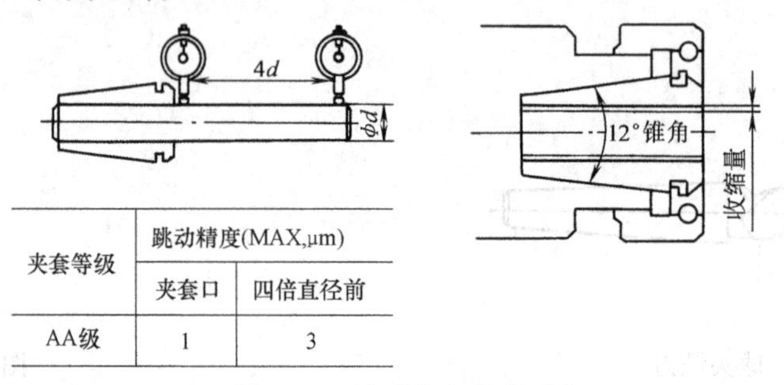

夹套等级	跳动精度(MAX,μm)	
	夹套口	四倍直径前
AA级	1	3

图7-13 锥形夹套精度要求

（2）常用刀柄及其标准 常用刀柄有两种，一种是用于不带刀库的普通NC机床上的刀柄，TSG82工具系统规定的代号为ST；另一种是用于带刀库的加工中心（MC）上所用需自动换刀的刀柄，其上设置有机械手夹持槽，代号为JT。刀柄一般由基础柄、弹簧夹套、锁紧螺母、轴向调节螺丝等组成。标准JB/GQ 5010—1993中规定的TSG82工具系统工具柄部的形式，见表7-16。TSG82工具系统工具的代号和意义见表7-17。TSG82工具系统图，见图7-14。标准GB/T 10944.1～2—2006中规定的JT、ST刀柄见表7-18～表7-20；ISO 7388规定见表7-21和表7-22。

表7-16 TSG82工具系统工具柄部的形式

柄部的形式		柄部的尺寸	
代号	代号的意义	代号的意义	举例
JT	加工中心机床用锥柄柄部，带机械手夹持槽②	ISO锥度号①	50
ST	一般数控机床用锥柄柄部，无机械手夹持槽②	ISO锥度号①	40
MTW	无扁锥尾莫氏锥柄	莫氏锥度号	3
MT	有扁尾莫氏锥柄	莫氏锥度号	1
ZB	直柄接杆	直径尺寸	32
KH	7:24锥度的锥柄接杆	锥柄的锥度号	45

① ISO锥度有30、40、45、50四种锥度号，锥度为7:24。
② JT和ST柄部尺寸系列分别见表7-18、表7-19和表7-20。

表7-17 TSG82工具系统工具的代号和意义

代号	代号的意义	代号	代号的意义	代号	代号的意义
J	装接长杆用刀柄	C	切内槽工具	TZC	直角型粗镗刀
Q	弹簧夹头	KJ	用于装扩、铰刀	TF	浮动镗刀
KH	7:24锥度快换夹头	BS	倍速夹头	TK	可调镗刀
Z(J)	用于装钻夹头（贾氏锥度加注J）	H	倒锪端面刀	X	用于装铣削刀具
		T	镗孔刀具	XS	装三面刃铣刀用
MW	装无扁尾莫氏锥柄刀具	TZ	直角镗刀	XM	装面铣刀用
M	装带扁尾莫氏锥柄刀具	TQW	倾斜式微调镗刀	XDZ	装直角端铣刀用
C	攻螺纹夹头	TQC	倾斜式粗镗刀	XD	装端铣刀用
规格	用数字表示工具的规格，其含义随工具不同而异。有些工具该数字为轮廓尺寸$D-L$；有些工具该数字表示应用范围。还有表示其他参数值的，如锥度号等，见有关表格				

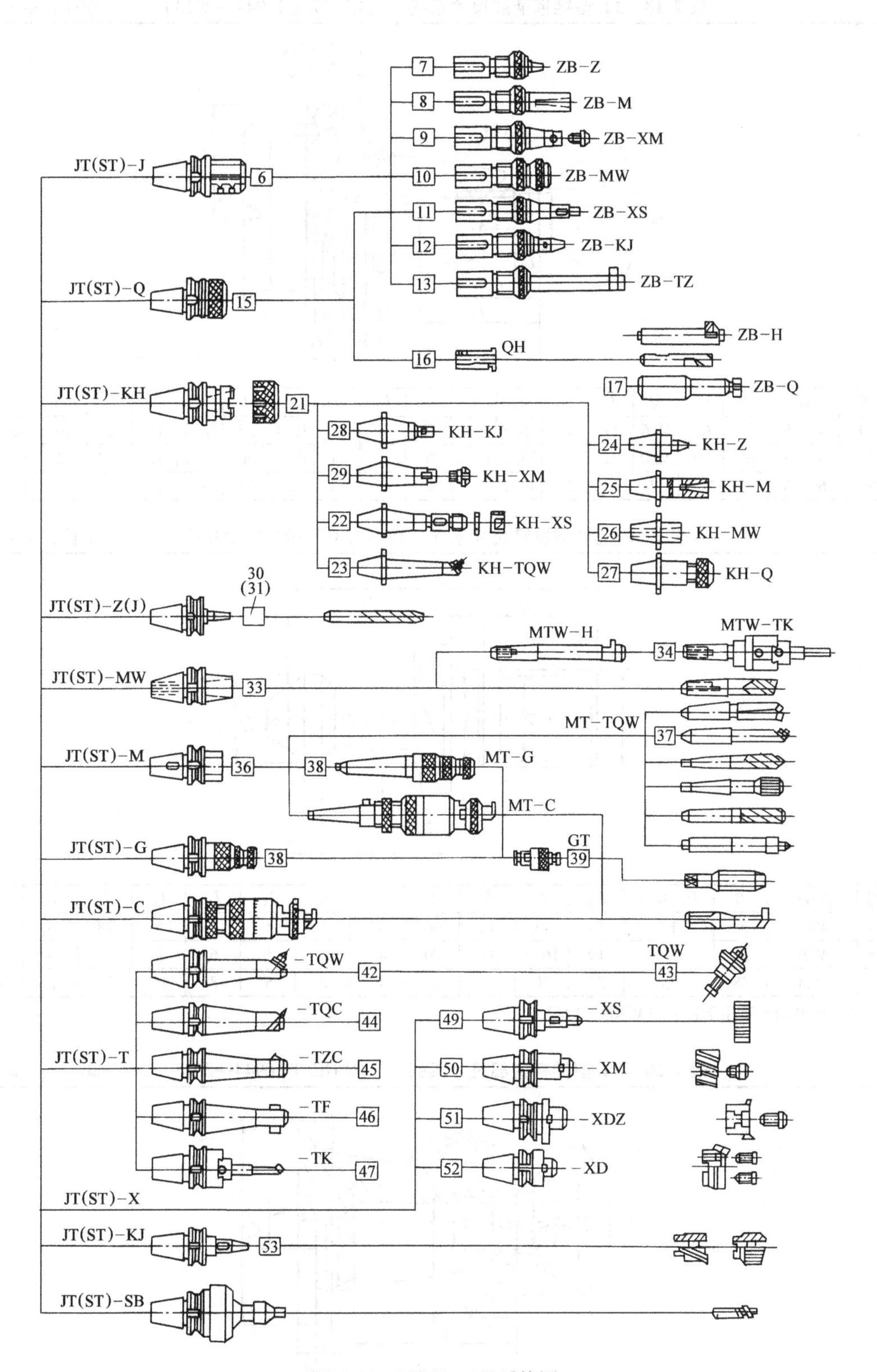

图 7-14　TSG82 工具系统图

表 7-18 JT 型锥柄柄部尺寸系列（根据 GB/T 10944—2013） （单位：mm）

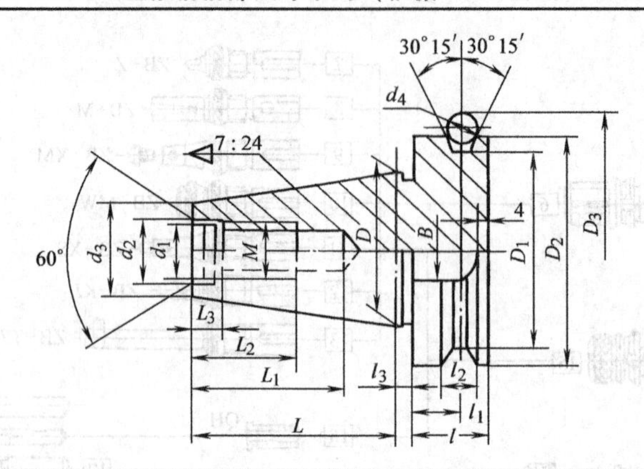

柄部	D	D_1	D_2	M	d_1	d_2	d_3	L	L_1	L_2	L_3	B	l	l_1	l_2	l_3	d_4	D_3
JT40	44.45	53	63	M16	17	19	25.3	65.4	70	30	9	16.1	25	16.6	10	2	10	75.679
JT45	57.15	68	80	M20	21	23	33.1	82.8	70	38	11	19.3	30	21.2	12	3.2	12	95.215
JT50	69.85	85	100	M24	25	27	40.1	101.8	90	45	13	25.7	35	23.2	15	3.2	15	119.019

表 7-19 JT 型拉钉尺寸系列（根据 GB/T 10944—2013） （单位：mm）

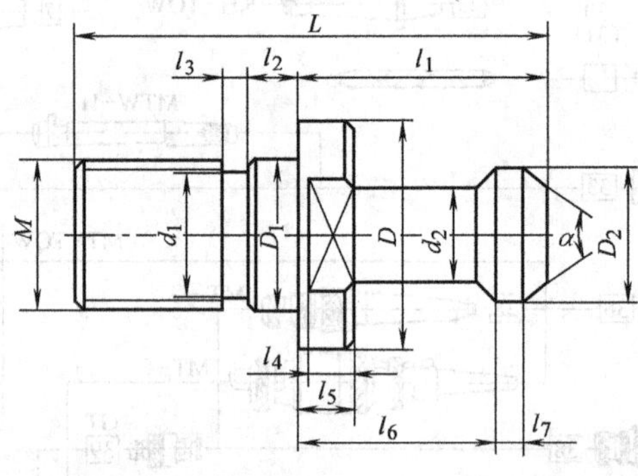

柄部	M(6g)	D	D_1(h7)	D_2	d_1	d_2	L	l_1	l_2	l_3	l_4	l_5	l_6	l_7	α
JT40	M16	23	17	15	13	10	60	35	5	4	4	6	28	3	60°
JT45	M20	31	21	19	16.5	14	70	40	6	5	6	8	31	4	60°
JT50	M24	38	25	23	20	17	85	45	8	5	8	10	35	5	60°

注：此系列也适用于日本 MAS403—1982。

表 7-20 ST 型锥柄柄部尺寸系列（根据 GB/T 10944—2013） （单位：mm）

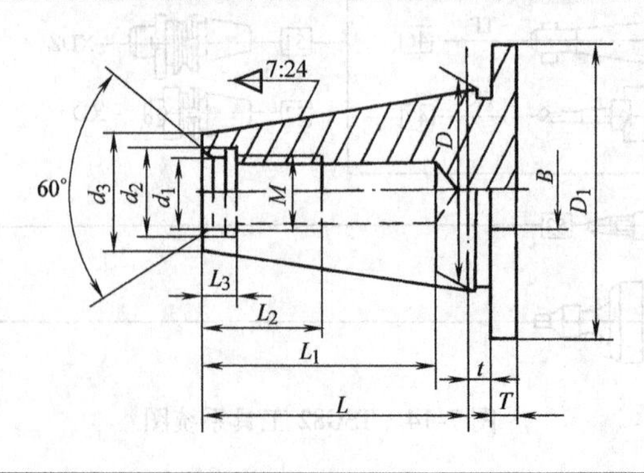

（续）

柄部	D	D_1	M	d_1	d_2	d_3	L	L_1	L_2	L_3	B	T	t
ST40	44.45	63	M16	17	19	25.3	65.4	50	30	9	16.1	10	2
ST45	57.15	80	M20	21	23	33.1	82.8	70	38	11	19.3	10	3.2
ST50	69.85	100	M24	25	27	40.1	101.8	90	45	13	25.7	12	3.2

表 7-21　国际标准锥柄柄部尺寸系列（根据 ISO 7388）　（单位：mm）

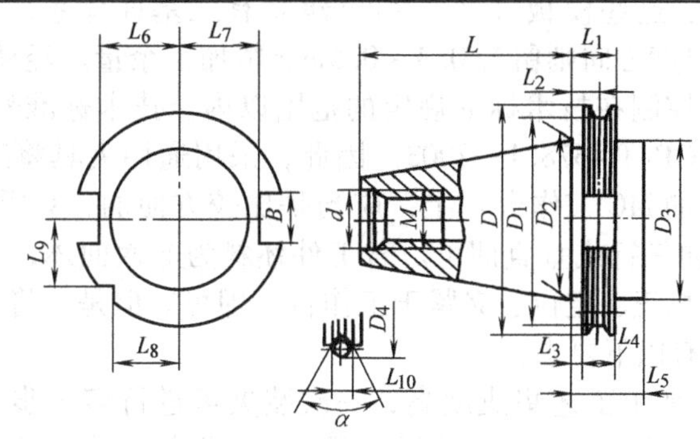

柄部	D	D_1	D_2	D_3	D_4	d	L	L_1	L_2	L_3
40	63.55	56.25	44.45	44.7	72.35	17	68.4	19.1	11.1	3.18
45	82.55	75.25	57.15	57.4	91.35	21	82.7	19.1	11.1	3.18
50	97.5	91.25	69.85	70.1	107.25	25	101.75	19.1	11.1	3.18
柄部	L_4	L_5	L_6	L_7	L_8	L_9	L_{10}	α	B	M
40	15.9	35	25	22.8	18.5	18.5	7	60°	16.1	M16
45	15.9	35	31.3	29.1	24	24	7	60°	19.3	M20
50	15.9	35	37.7	35.5	30	30	7	60°	25.7	M24

表 7-22　国际标准拉钉尺寸系列（根据 ISO 7388/2—2007）　（单位：mm）

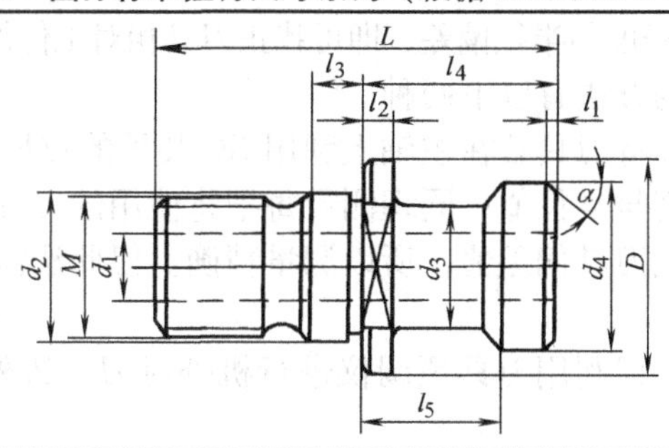

柄部	D	M	d_1	d_2	d_3	d_4	L	l_1	l_2	l_3	l_4	l_5	α
40	23	M16	7	17	14	19	54	2	4	7	26	20	30°
45	30	M20	9.5	21	17	23	65	2	5	8	30	23	30°
50	36	M24	11.5	25	21	28	74	2	6	10	34	25	30°

标准刀柄表方法为：

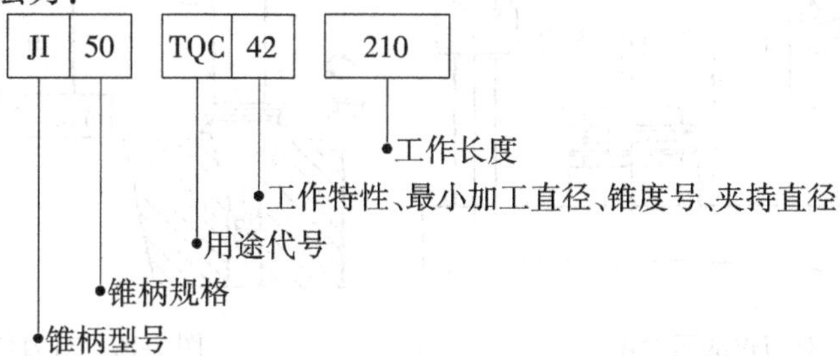

我国上海机床附件厂设计、制造的 NC、CNC 机床用标准刀柄代号为：

TSG——表示一般 NC 铣镗床用标准刀柄；

B7——表示带刀库、进行自动换刀的 NC 铣镗床用的标准锥柄型号；

JT——表示带刀库、进行自动换刀的 NC 镗铣床用的 ISO7388 标准锥柄型号。

3. 工件定位、安装与对刀

（1）模具成形件的定位与夹紧　模具成形件包括塑料注射模、压铸模和成形冲模（如压延模等）的凹模（或凹模型腔）以及型芯（或凸模）的坯料，基本上是经过加工过的六面体模板（或称模块）。这些模板（块）均当建立有三基面体系，其间垂直度公差应为 0.015/100（mm）；其厚度方向则留有 0.3～0.5mm 精加工余量。经精加工后，上、下平面间的平行度误差，亦当控制在技术标准规定的范围以内。技术标准号为 JB/T 8070—2008，GB/T 12556.2—2006；GB/T 4678.1—2003。因此，采用通用夹具将工件定位、夹紧于 NC 铣镗床（或以铣镗为主的 MC 工作台）上，应当是比较方便的，只需找正工件基准面与机床工作台 X、Y 坐标方向平行或垂直即可。若工件坯料为非六面体，则需以其基准面定位、夹紧于夹具中，夹具则找正、定位、夹紧于工作台上即可。但是，将工件或夹具安装于 NC 铣镗床或 MC 工作台需有以下要求：

1）由于 NC、CNC 加工工艺集成度高，一次装夹可进行多工步、多工序加工，因此，必须定位可靠、夹紧力较大。但必须防止因夹紧力过大引起工件变形，从而产生过大误差。

2）在对型面轮廓进行行切时，其切入、切出轨迹（或行切转换点）在型面外时，刀具的运动轨迹不能和夹紧、定位元件，或夹具的任何部分发生干涉。

3）若采用夹具定位、固定工件，夹具与工件须设有统一的坐标系、测量基准和对刀基准，以方便对刀与测量，能保证工件被加工面的尺寸精度和被加工面之间的位置精度。

（2）对刀与 NC 加工　当工件定位、夹紧后，需找正工件被加工面的加工基准与装在机床主轴上刀具之间的相对位置关系，即找正工件加工坐标系与主轴坐标系之间的精确位置关系。为此，测出装于主轴中的刀具长度与半径偏差，即可找正刀具相对工件加工基准之间的精确位置。

测量刀具长度与半径的方法有以下两种。

其一为在机上对刀，即将刀具装在主轴上利用 NC 装置的数显功能（或测头附件）测量装于主轴上的标准刀具长度与半径值；同理测量每把将使用的刀具长度与半径值，然后与标准刀具比较，即可得出每把刀具偏差值，所以测量精确。但此法需占用机床时间，不能与加工并行，辅助工时长。

其二为机外调整测量，即利用刀具预调仪进行机外对刀。机外对刀原理如图 7-15 和图 7-16 所示。

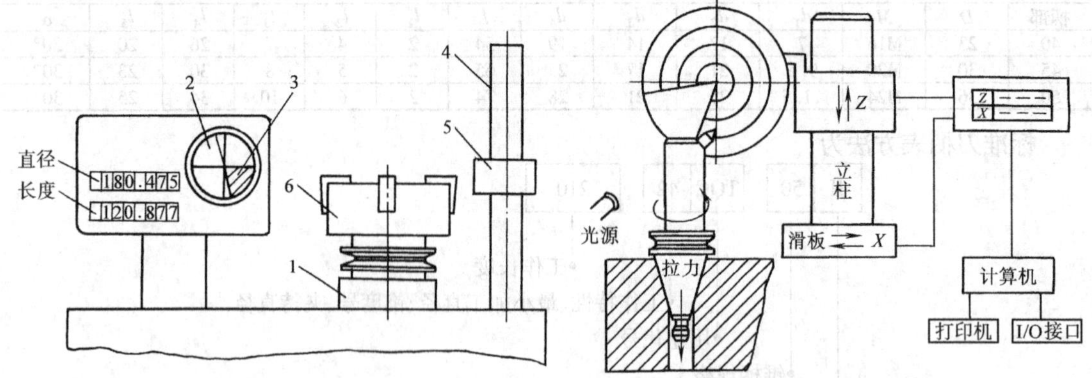

图 7-15　对刀仪的示意图

1—刀座　2—可旋转刻线屏　3—刀具刃口投影

4—立柱　5—光学测量头　6—刀具

图 7-16　对刀仪示意图

必须说明：两种对刀仪上的圆锥孔型号必须与机床主轴圆锥孔型号一致；而且一台机外对刀仪可以为多台加工中心进行对刀作业。

常用预调对刀仪有光学式、光栅与容栅数显几种。光学式对刀仪具有放大10~20倍的投影屏，使刀具球头或刀尖，通过放大投影于投影屏上，把刀具球头或刀尖中心调整到影屏米字线中心，以测出刀具长度和半径。另外，还有光栅与容栅数显式光学投影对刀仪，其中光栅数显式的最小指示值单位为0.001mm。

4. 数控铣削工艺

（1）数控加工工艺要求　根据7.1.2节所述的NC机床和MC加工工艺特点，为了能充分发挥NC机床和MC高精、高速和高效加工的能力，提出下列工艺要求：

1）工件材料硬度适宜、材质均匀、切削性能优越。因为材料内应力越小越好，所以铸锻件必须经高温时效，以使粗加工后（或经多道工序加工后）的变形趋于最小。

2）需充分重视NC机床和MC加工工艺的经济性。即必须采用精加工后的坯料，如精加工后的模板、模块等；并且应与通用机床进行合理配套应用，充分发挥NC机床、MC和各种普通机床各自具有的特长。

3）由于NC机床和MC的刚度强、热稳定性好、功率大，故可以尽量选用较大的切削用量，以进行高精、高速加工。

4）在进行数控加工时，工件可在一次装夹后，进行多工序、多工步加工；且多采用较大切削用量，故工件的夹紧力应较大。这样，工件在连续高速切削加工过程中必将产生高温热变形应力。因此，在编制加工程序时需设置一定停歇时间代码，以使工件冷却；或在精加工时，适当调节工件夹紧力，以保证工件加工尺寸精度和位置精度。

（2）合理设置加工顺序　合理安排NC机床和MC的加工工序、工步顺序，是保证高精、高速加工的工艺设计原则。一般应遵守先重、粗，冷、缓，后精加工的顺序：

1）先进行重切削、荒、粗加工，以去除工件型面上的大部分金属，留半精和精加工余量，如荒铣、粗铣加工凹模型腔，钻大孔或粗铣沟槽等。

2）冷却粗加工余热后，加工发热量小、精度要求不高的加工面，如进行半精铣平面、槽或半精镗孔等。

3）进行精密行切（或轮仿切）模具成形件型面。

4）加工小孔孔系（如钻孔、铰孔），以及机攻螺纹等；此后，进行精镗大孔、精铣沟、槽等。

以上各加工工序，都需在加工时进行冷却，特别是在进行粗加工和精加工时，更需供给充分的循环切削液，以带走因高速铣削产生的热量，并进行润滑。

（3）数控铣削工艺条件　主要指切削用量，包括背吃刀量（a_p、mm）、主轴转速（n，r/min）、进给速度（f，mm/min）。对于粗铣、半精铣、精铣、钻孔、镗孔、铰孔和攻螺纹等，都需确定不同的切削参数。参数值可以从机床使用说明书或有关工艺手册中选择、确定，并设置在各工序的加工程序中。选择、确定铣削工艺条件的原则、依据和方法如下：

1）背吃刀量（a_p），与机床、刀具和工件刚度相关，减少进给次数或经一次进给即可铣削到工序尺寸为最好。为保证尺寸精度和表面粗糙度要求，常留有0.2~0.5mm余量，以进行光进给。

2）主轴转速（n），需依据刀具直径、表面粗糙度要求、刀具与工件材料性能确定。其计算方法如下：

$$n = 1000v/\pi D$$

式中　D——工件或刀具直径（mm）；

v——铣削速度，主要取决于刀具寿命。

3）进给量（f），实为进给速度（mm/min）。其选择依据为工件表面粗糙度要求、刀具与工件材料性能等因素。当f设定、并设置于工序加工程序中后，在进行行切（或轮仿切）直线或圆弧插补加工型面时，f不仅对表面粗糙度影响大，实际上也规定了每一个程序段的执行时间。

7.4　计算机数控（CNC）编程

7.4.1　CNC系统与铣削编程坐标系

1. CNC系统及其功能

（1）主要功能

1）指定机床运动方式和各坐标轴的进给。

2）程序原点设置、刀具直径与长度补偿。

3）机床主轴转动与停止、切削液泵开关的控制。

4）刀具的选择与换刀。

5）程序编辑功能，如平移、旋转、缩放、拷贝和镜像等。

6）子程序的编制与调用。

7）故障自诊断、通信与联网等。

（2）伺服控制系统　作为CNC系统的主要构成部分，是机床各轴进行进给运动执行部分，更是控制加工精度、质量和进给速度调节的保证。

进给伺服控制包括位置控制单元、速度控制单元、伺服电动机和测量反馈单元等。进给伺服系统框图，如图7-17所示。

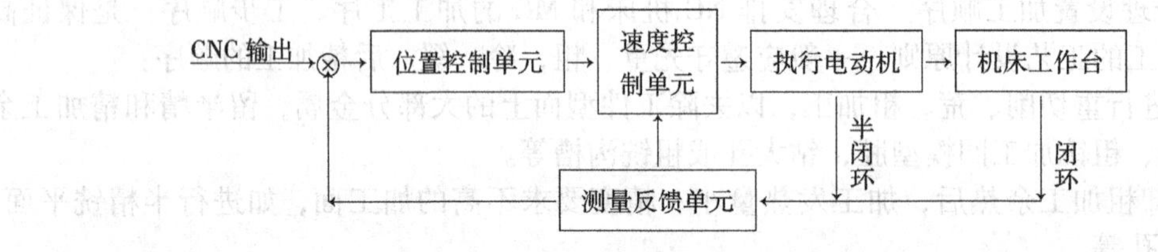

图7-17　进给伺服系统的组成框图

2. CNC机床坐标系

CNC机床坐标轴及其运动方向，应按照标准JB/T 3053—1991《螺栓联合自动机基本参数》确定，并符合国际标准ISO841规定。数控机床的运动（运动方向）是建立刀具、工件与机床三者之间相对运动的基础。其坐标系符合右手坐标系法则。

（1）机床坐标系与刀具坐标系　在机床每个坐标轴的移动范围内，指定一个参考点，并对其赋于确定的坐标位置。机床运行时，首先执行返回参考点的操作。机床各坐标轴指定参考点坐标值由出厂时给定，这即为确定的机床坐标原点和坐标系。所以，机床坐标系的位置是固定不变的。立铣、加工中心（MC）的坐标系方向如图7-18所示。

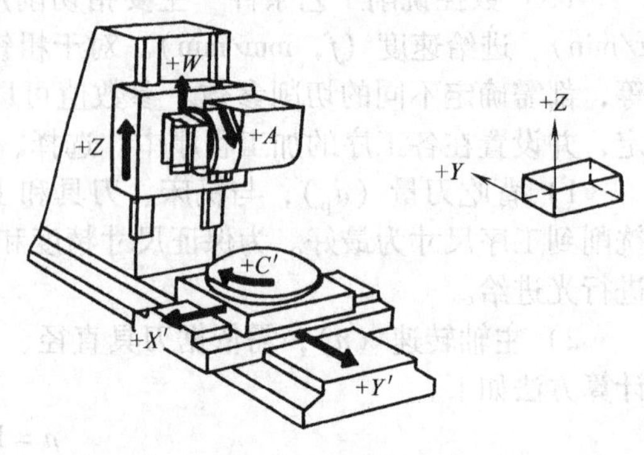

图7-18　铣床及加工中心坐标方向

按机床坐标系原点，可确定刀具装夹后的位置，赋于其固定的坐标值，当执行返回原点（即参考点）命令后，刀具位置与机床坐标系就建立了确定的相对位置关系。即将刀具此时相对机床坐标系的位置坐标 X、Y、Z、A、W 等“置零”，将此点视为刀具的坐标原点，并设其坐标方向与机床坐标系相同，则此坐标系即为刀具坐标系。

（2）编程坐标系与相对坐标系

1）编程坐标系。当工件定位、夹紧于工作台时，可视为编程坐标系放置于工作台上，利用对刀器测定出工件在机床工作台上的位置坐标，即确定了刀具、编程坐标系与机床坐标系的相对位置关系。

编程坐标系也是机床坐标系的平移，其原点在刀具坐标系中确定，是执行加工程序的起始点，用 G92 命令设定，如图 7-19 所示。

编程坐标系与设计工件的坐标系是同一个坐标系。

2）相对坐标系。在加工编程中，有时需使用相对坐标系。相对坐标系是针对编程坐标系而言，当加工一模多腔的模具时，各型腔之间的相对位置关系已经确定，当加工后续型腔时，可以使用 G92 命令重置加工原点，也可以使用 G54 ~ G59 命令分别定义最多六个局部坐标系作为新的编程坐标系。这样，对在不同位置的相同形状的重复加工过程（如一副模具中有重复的加工形状，尤其是一模多腔），可以省略很多编程工作量，使用 G53 命令返回到原始编程坐标系。在现代 CAM 系统中，可以对编程路径作多次编辑操作，如移动拷贝、旋转、镜像等，生成一个相互连接的完整路径，使用起来更加方便。其缺点是编出的程序较长，但目前的计算机、数控系统及信息传输系统已解决了这个问题。

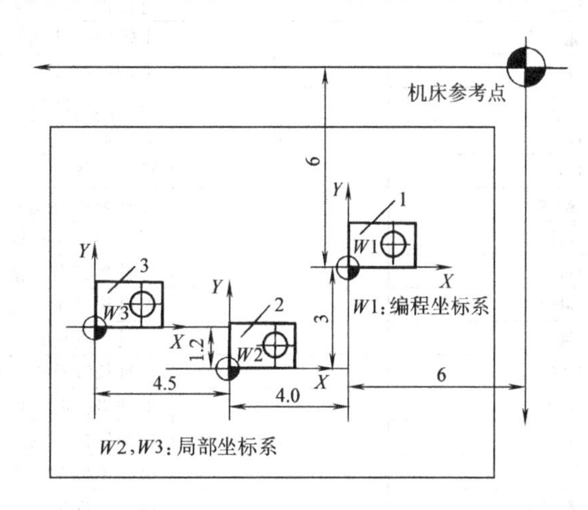

图 7-19　机床参考点、编程坐标系及相对坐标系

7.4.2　数控加工编程

数控加工是根据输入到数控系统中的程序进行的。编制加工程序有手工编程和借助 APT 语言（一种专用的汇编程序）编程；现在则采用计算机自动完成 NC 编程。由于模具 CAD/CAM 系统可提供很多加工功能（如清根、棱线加工等）和比较完善的检验分析，以及对加工路径的静、动态仿真等多种编辑功能，从而可以快速地编制成功合格的 NC 加工程序。现将 NC 加工程序编制时采用的控制刀具加工轨迹的 G 代码、控制刀具运转的 M 代码和辅助代码的功能、格式、程序示例如下：

1. G 代码及其功能、格式与 NC 程序

（1）G 代码及其功能　G 代码是数控加工程序中的要素，功能包括直线、圆弧插补，坐标轴移动、主轴转动与速度控制，刀具半径与长度补偿，坐标系设置和工件坐标原点设置，以及孔加工循环等功能。表 7-23 为应用 FANUC NC 系统的铣床、MC 的 G 代码及其功能。

表 7-23 FANUC 铣床加工中心数控系统的 G 代码及其功能

G 代码	组 别	用于数控铣床的功能	附注
▲G00	01	快速定位	模态
G01		直线插补	模态
G02		顺时针圆弧插补	模态
G03		逆时针圆弧插补	模态
G04	00	暂停	非模态
▲G10		数据设置	模态
G11		数据设置取消	模态
G17	16	XY 平面选择(缺省状态)	模态
G18		ZX 平面选择	模态
G19		YZ 平面选择	模态
G20	06	英制(曲)	模态
G21		米制(mm)	模态
▲G22	09	行程检查功能打开	模态
G23		行程检查功能关闭	模态
▲G25	08	主轴速度波动检查关闭	模态
G26		主轴速度波动检查打开	非模态
G27	00	参考点返回检查	非模态
G28		参考点返回	非模态
G31		跳步功能	非模态
▲G40	07	刀具半径补偿取消	模态
G41		刀具半径左补偿	模态
G42		刀具半径右补偿	模态
G43		刀具长度正补偿	模态
G44		刀具长度负补偿	模态
G54		刀具长度补偿取消	模态
G50	00	工件坐标原点设置,最大主轴速度设置	非模态
G52		局部坐标系设置	非模态
G53		机床坐标系设置	非模态
▲G54	14	第一工件坐标系设置	模态
G55		第二工件坐标系设置	模态
G56		第三工件坐标系设置	模态
G57		第四工件坐标系设置	模态
G58		第五工件坐标系设置	模态
G59		第六工件坐标系设置	模态
G65	00	宏程序调用	非模态
G66	12	宏程序模态调用	模态
▲G67		宏程序模态调用取消	模态
G73	00	高速深孔钻孔循环	非模态
G74		左旋攻螺纹循环	非模态
G75		精镗循环	非模态
▲G80	10	钻孔固定循环取消	模态
G81		钻孔循环	—
G82		钻孔循环	—
G84		攻螺纹循环	模态
G85		镗孔循环	模态
G86		镗孔循环	模态
G87		背镗循环	模态
G89		镗孔循环	模态

（续）

G 代码	组　别	用于数控铣床的功能	附注
G90	01	绝对坐标偏程	模态
G91		相对坐标编程	模态
G92		工件坐标原点设置	模态

注:1. 本表仅包含 FANUC 数控系统中,铣床,加工中心的 G 代码及其功能。
2. 当机床电源打开或按重置键时,标有“▲”符号的 G 代码被激活,即缺省状态。
3. 不同组的 G 代码可以在同一语句中指定;如果在同一语句中指定同组 G 代码,最后指定的 G 代码有效,后续语句中出现与先前语句相同的 G 代码,且该代码属于模态时,后续语句中的该 G 代码可以省略,直至出现新的同组代码为止。
4. 由于电源打开或重置,使系统被初始化阶已指定的 020 或 021 代码保持有效。
5. 由于电源打开使系统被初始化时,G22 代码被激活;由于重置使机床被初始化时,已指定的 022 或 023 代码保持有效。

（2）G 代码与编程　NxxxxGxx Xxx. xx Yxx. xx Zxx. xx，Nxxxx 是语句号，xxxx 是整数，在一个程序段中其值各不相同，一般按增序等间距排列。具体写法在不同控制系统中不同，详见机床说明书。Gxx 为 G 代码，xx 为代码种类，用两位整数表示，Xxx. xx Yxx. xx Zxx. xx 是目的坐标值，即从刀具当前位置移动到该点，刀具的开始位置为刀具坐标系的原点，每移动一步，到达目的坐标值后，其值即为下一步（下一个 G 代码）的起点。

延直线加工：

例 1：N0010 G01 X10. 0Y－10. Z20. 0

意即：刀具从当前所在位置以直线方式移动到（10，－10，20）点。

例 2：N0020 G90 G01 X10. 0 Y－10. Z20. 0

例 3：N0030 G91 G01 X10. 0 Y－10. Z20. 0

后两例与例 1 的不同之处为 G90、G91。G90 为以绝对坐标值方式移动，即（10，－10，20）点是移动终点，而 G91 为以相对坐标值方式移动，即以当前位置为起点，X，Y，Z 分别移动 10，－10，20 的距离。

平面圆弧加工使用 G02、G03 代码，G02 为从起点到终点的顺时针方向加工，G03 为从起点到终点的逆时针方向加工，语句写法为：

例 4：N0040 G17 G02 X58 Y50 118 J8

其中，G17 为指定 XY 平面，G18、G19 分别指定 ZX 及 YZ 平面。I、J 为圆弧中心坐标，I 是相对圆弧起点的 X 方向增量值，J 是相对圆弧起点的 Y 方向增量值。不管当前是 G90 还是 G91 状态，I、J 均用相对值表示。可以完成过象限圆及整圆编程。见表 7-24 所示，说明用绝对值方式及增量方式的具体写法。

表 7-24　圆弧或整圆编程示例

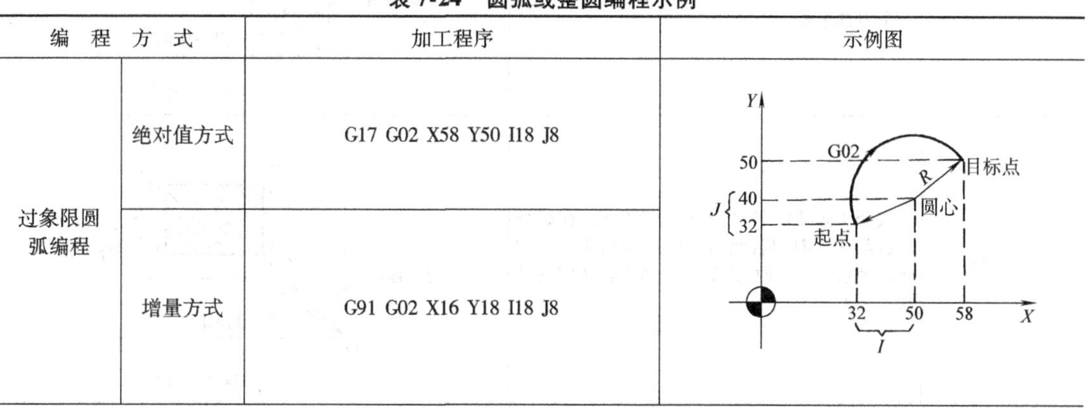

编　程　方　式		加工程序	示例图
过象限圆弧编程	绝对值方式	G17 G02 X58 Y50 I18 J8	
	增量方式	G91 G02 X16 Y18 I18 J8	

（续）

编程方式		加工程序	示例图
过象限圆弧编程	绝对值方式	G17 G02 X42 Y20 I8 J16	Y、X、56、40、20、30、38、42、J、I、R、起点、圆心、目标点 G02编程例2
	增量方式	G91 G02 X12 Y36 I18 J16	
整圆编程	绝对值方式	G17 G02 X45 Y24 I17 J0	Y、X、24、28、45、起点和终点重合 G02整圆编程例
	增量方式	G91 G02 X0 Y0 I17 J0	

注：用G03指令编程时，除圆弧旋转方向相反外，其余与G02完全相同。

（3）刀具半径与长度补偿　当进行数控内、外轮廓加工时，刀具中心的移动轨迹将偏离工件加工面一个半径；同时，加工时刀具长度将有变化，因此，将产生刀具半径和长度补偿，见表7-25。

表7-25　数控加工中刀具半径和长度补偿

刀具补偿	G代码应用说明	示例图
左刀补	按ISO标准规定：当刀具中心轨迹在编程轨迹前进方向的左侧时，称左刀补，采用G41代码表示。加工时，刀具沿加工轨迹，向左补偿一个刀具半径	Y、X、O、A、B、C、D、刀补进行、刀补建立、刀补撤消 a) G41左刀补
右刀补	按ISO标准规定，当刀具中心轨迹，在编程轨迹前进方向的右侧时，称右刀补，采用G42代码表示。加工时，刀具将沿加工轨迹向右补偿一个刀具半径	Y、X、O、A、B、C、D、刀补进行、刀补撤消、刀补建立 b) G42右刀补

（续）

刀具补偿	G 代码应用说明	示　例　图
内轮廓精加工 NC 程序实例	N0010 G01 Z - 5 T01　（进刀） N0020 G42 G01 X20 Y50　（起始点） N0030 G02 X20 Y - 15 I0 J15　（右圆弧） N0040 G01 X - 20　（底面） N0050 G02 X - 20 Y15 I0 J15　（左圆弧） N0060 G01 X20　（上面） N0070 G40 X0 Y0　（回到中心） N0080 Z5　（括刀） 其中，选用 T01 号刀具，刀具半径为 $r = 15$；N0070 和 N0080 句省去了 G01 代码	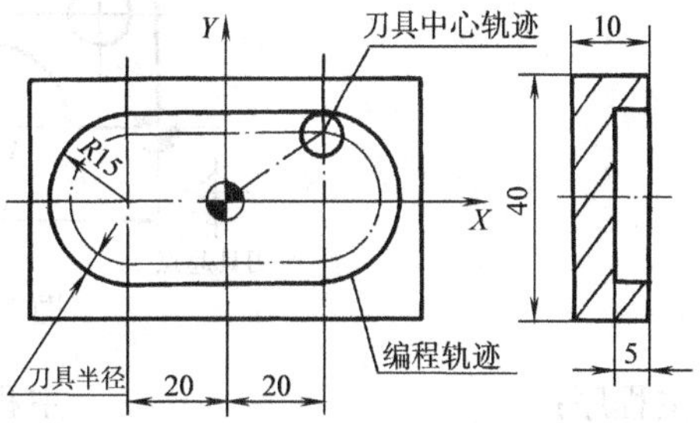
直线 - 直线刀具半径补偿进程	当采用刀具半径补偿、加工工件时，在直线与直线；或圆弧与直线相连接处，可能产生过切现象（称过切），如图所示，过切产生于内轮廓加工过程，常不可避免。现在使用的 CAD/CAM 系统，已具有完善的过切检查功能，并调整刀具加工轨迹始、末点，以形成制造专用系统，或形成新的加工轨迹、如棱线加工、铅笔式加工等，使可在过切或欠切现象发生时，以新的进给方式进行精加工，以满足加工要求	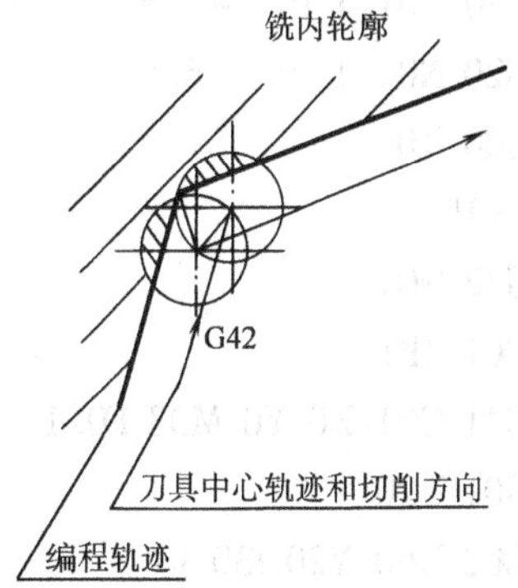
圆弧 - 直线刀具半径补偿过程		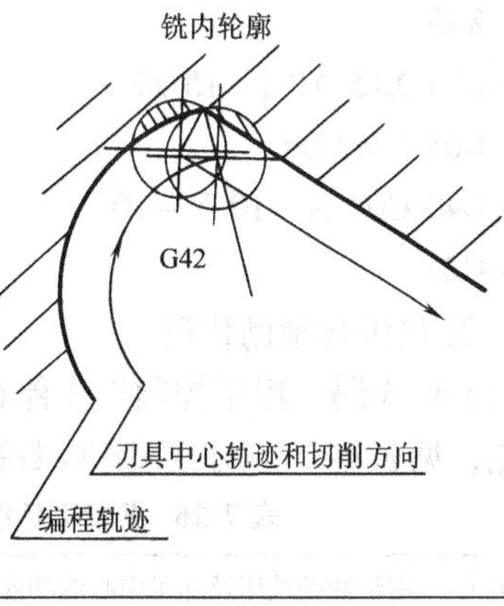
刀具长度补偿	当刀具实用长度与设计长度不同时，如刀具因修磨而产生长度变化，或粗加工、半精加工余量变化等，均需设置刀具长度补偿。以 G43 表示长度正补偿；G44 表示长度负补偿；G54 表示长度补偿取消	

（4）子程序及其调用　在 NC 程序中，常采用子程序功能，以减少编程工作量及程序长度。

如图 7-20 所示，要求在 $z = -3.5$，$z = -6.5$ 处，分两次加工工件的外轮廓，使用子程序调用方法，以编制加工程序。设刀具开始位置在（ - 10、 - 10、10），顺时针加工，并采用 G41 代码作刀具左补偿，使用 G22、G24 代码定义子程序，使用 G20 代码调用，子程序号为 N01。

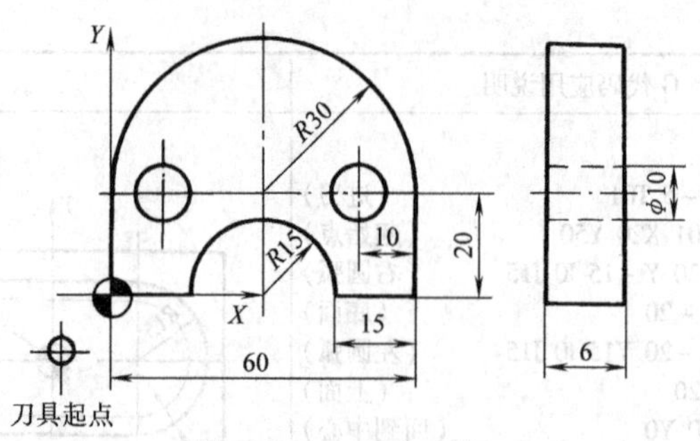

图 7-20　工件加工图

-主程序：	主程序中调用子程序的一段
N0010 T01 M06 S500.0 M03 M08	选 01 号刀，主轴旋转，刀具顺时针旋转，开切削液
N0020 G20 N01.1 P1. -3.5	调用子程序 1 次，背吃刀量 3.5
N0030 G20 N01.1 P1. -6.5	调用子程序 1 次，背吃刀量 6.5
N0040 G00Z10	刀具在 Z 方向回原点
子程序 N01	子程序定义开始
N0010 G22 N01	定义 N01 子程序开始
N0020 G01 ZP1	Z 向进刀至 P1 处，两次调用其值不同
N0030 G41 G01 X0 Y0 M08 F0.1	刀具按偏移量进刀至 X0，Y0 处
N0040 G01 Y20	切削至 X0，Y20 处
N0050 G02 X60 Y20 I30 J0	切削外圆，终点为 X60，Y20
N0060 G01 Y0	切削至 X60，Y0 处
N0070 X45	切削至 X45，Y0 处
N0080 G03 X15 Y0 I-15 J0	切削小圆，终点为 X15，Y0
N0090 G01 X0 M09	切削至 X0，Y0 处，切削液关闭
N0100 G40 G01 X-10 Y-10	刀具返回至开始点 X-10，Y-10
N0110 G24	子程序结束

2. M 代码与辅助代码

（1）M 代码　用于控制程序停止、机床主轴转动、切削液打开和关闭，以及子程序调用等功能，见表 7-26 所示 FANUC 数控系统的 M 代码及其功能。

表 7-26　FANUC 铣床，加工中心数控系统的 M 代码及其功能

M 代码	用于数控铣床及加工中心的功能	附　注	M 代码	用于数控铣床及加工中心的功能	附　注
M00	程序停止	非模态	M20	自动上料器工作	模　态
M01	程序选择停止	非模态	M30	程序结束并返回	非模态
M02	程序结束	非模态	M52	自动门打开	非模态
M03	主轴顺时针旋转	模　态	M53	自动门关闭	模　态
M04	主轴逆时针旋转	模　态	M74	错误检测功能打开	模　态
M05	主轴停止	模　态	M75	错误检测功能关闭	模　态
M06	换刀	非模态	M98	子程序调用	模　态
M08	切削液打开	模　态	M99	子程序调用返回	模　态
M09	切削液关闭	模　态			

注：配有同一系列数控系统的机床，由于生产厂家不同，某些 M 代码的含义可能不相同。

由于在加工中心加工时使用多把刀具，故换刀指令还需加一些判别。

（2）辅助代码

1）T代码：T代码是刀具代码，在进行NC代码编程时，需要从刀具库中调用（或自定义许多种刀具供使用）。每把刀具均有惟一的编号、如T02代表选用第二号刀。每台数控机床可以装置多少把刀，应看机床的刀架配置，参见机床说明书。

2）F代码：F代码是给定的进给速度。对于加工中心，进给速度用每分钟进给距离的形式给定（即mm/min），对于数控车床，进给速度为mm/r。对于不同的数控系统，F代码值的给法不同。SIEMENS XK 0816数控系统把进给速度分成15级，记成F1、F2……F15，每级给定固定的进给数值，如：F1为16mm/min，F2为25mm/min，…，F15为500mm/min。而FANUC系统则给出具体的数值。用户应查阅有关机床资料。

3）S代码：S代码给定机床主轴转速。S代码同F代码一样有两种给法，不再详述。S代码只定义主轴转数，主轴旋向要通过M03、M04代码定义。在模具加工中，由于型腔形状复杂，加工精度高，新的加工路径（如清根、棱线等工艺）的加入，使得加工周期很长。因而现在普遍采用高速加工，主轴转速可达50000r/min或更高。当选用高速铣削时，除给定主轴转速外，还需在进刀方法、速度及曲线光滑处理上给予配合，这将在以后的路径设定及后处理部分给予说明。

D、H代码是刀具半径及长度修正代码，具体填写方法请参阅机床说明书。

7.4.3 模具专用CAD/CAM系统的编程准备与进给路径

模具专用CAD/CAM一体化软件系统为模具生产企业的重要生产装备。现以SPACE-E模具专用CAD/CAM系统为例，说明如何进行模具成形件加工的NC编程。SPACE-E模具专用CAD/CAM系统包括设计与编程两个内容，是一个一体化软件系统，现假设已经完成了某副模具的设计，其编程方法与过程如下：

1. 在人机交互介面下进行NC编程与毛坯设定

图7-21为所设计的模具成形件，其尺寸为20×36×10，中部模腔有多个圆弧倒角，在工件的下部及上部各有两个点，两点间的六面体，描述了工件的毛坯尺寸。

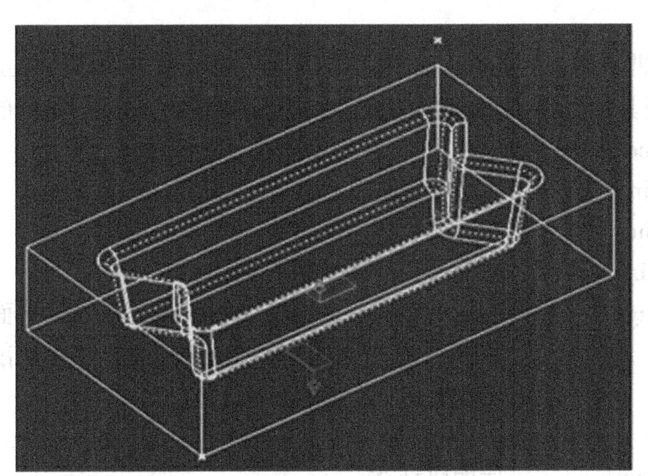

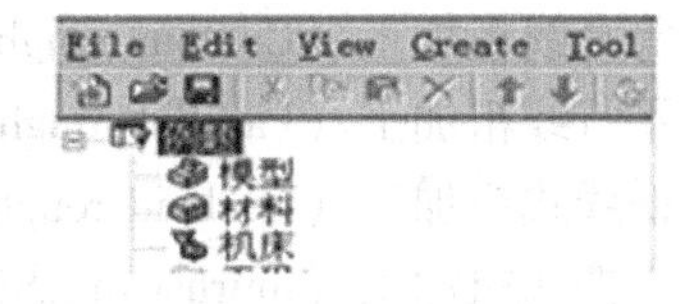

图7-21 模具成形件

进入 CAM 系统：

在上述成形件设计的基础上，现点击菜单中的 CAM 选项，进入 CAM 工作环境，对工件进行 NC 编程，首先取“例子”作为编程的名字，CAM 系统将在某一指定位置建立一个文件夹，将编程所生成的全部文件（包括毛坯、加工开始点、工艺参数等）存于该文件夹内。此时程序将出现一个人工交互界面，用户在此可设定编程基本参数（模型、材料、机床），如图 7-20 右所示。

若以前对其他成形件（模型）进行过编程，也可以使用“File”菜单，将其有关文件打开，借用其相应部分，进行修改及编辑。

这里将对“例子”（成形件）进行编程。过程如下：

1）首先点击“模型”，将出现选择加工模型界面，点击“Get”（即由当前所建模型给出），该时程序将回到建模画面。用鼠标框取所建模型，此时即可确定当前建模画面的模型为加工对象。

2）点击“材料”图标，选择加工该模型所需的毛坯尺寸，有三种表示方法，如图 7-22 所示：

① 输入毛坯的两对角点坐标。

② 由当前建模画面中选取一个点，另一个点由输入坐标值给出。

③ 由当前建模画面中选取两个点，此时程序将认为该两点即为毛坯的两对角点，确定了毛坯尺寸。这里所说的选点及输入坐标值，均是当前激活坐标系中的坐标。而 c 中给出的六面体毛坯程序认为其在当前击活坐标系的中间，即坐标原点为该毛坯的中心。

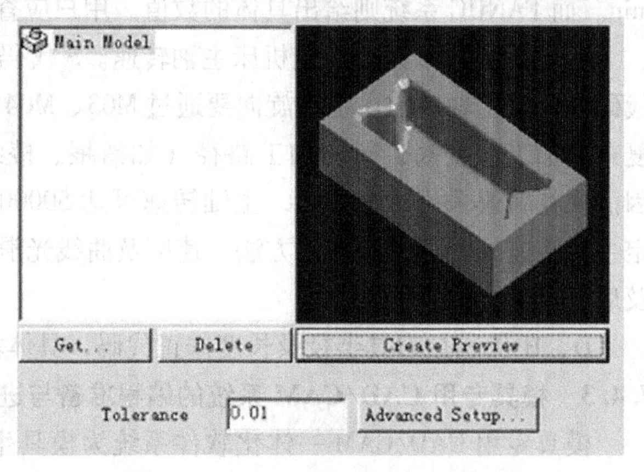

图 7-22 “材料”（包括毛坯）选择界面

3）最后点击“机床”，选取加工刀具开始点。同样，该点也是在当前建模画面中被击活的坐标系中给出。

这样就完成了编程前的准备工作。

2. 进给路径

在 CAM 系统中均提供了很多进给路径，而模具专用 CAD/CAM 系统提供了模具加工中常用的进给方法，同时还提供了模具加工中一些特殊的进给方式，以便加工出更加精确的产品，尽量减少人工工作量。在 Space-E 中，共设计了 11 种进给路径，现说明如下：

等高线粗加工（Contour roughing）	后面将详述；
平行线粗加工（Parallel roughing）	后面将详述；
摆线式粗加工（trochoid roughing）	刀具按摆线轨迹进行切削；
直捣式粗加工（thurust roughing）	刀具如钻孔方式延 Z 方向切削，在 XY 平面上按多种方式和间距排列中心位置。用于切削余量较大时，可提高工效；
一定壁后加工（cast roughing）	
等高线精加工（Contour finishing）	后面将详述；
平行线精加工（parallel finishing）	后面将详述；

延面加工（along surface）

铅笔式加工 1（pencil finishing1） 用于圆弧导角加工，是模具专用加工软件的特殊功能，它在精加工阶段，对比给定的圆弧小的圆弧曲面，延轴线方向按给定的次数往复切削；

铅笔式加工 2（pencil finishing2） 用于圆弧导角加工，是模具专用加工软件的特殊功能，它在精加工阶段，对比给定的圆弧小的圆弧曲面，延周线方向按给定的次数往复切削；

平坦式加工（Flat part cutting） 仅加工斜率小于指定值的平面

残余量加工 1（Rest cutting） 用于清根加工，是模具专用加工软件的特殊功能，它在精加工阶段，对凸模或型腔根部的圆弧导角曲面延轴线方向进行切削；

残余量加工 2（Rest cutting2） 用于清根加工，是模具专用加工软件的特殊功能，它在精加工阶段，对凸模或型腔根部的圆弧导角曲面圆周方向进行切削；

等高线残余余量（Contour rest cutting）

领域加工（Pockting） 切削整个加工部分的轮廓；

自由路径加工（Free shape cutting） 延用户设定的任意（封闭）线框形状切削；

延导向线加工（Guide curve cutting） 延用户设定的任意曲线形状切削；

2.5 维等高加工（Contour cutting（2.5D））

等高面加工（Contour area cutting）

延面加工（Along surface（iso curve））

7.4.4 常用进给路径、方式、刀具与加工范围设定

现就常用的等高线和平行线两种进给路径的设定方法，以图 7-21 所示工件为例：

1. 等高线粗加工进给路径、方式与进给方式设定

点击菜单中的“Create”命令，程序将弹出子菜单，选出等高线粗加工，其设定共分五个步骤：

（1）路径设定 进给路径的设定包括四个部分，如图 7-23 所示。

① 顺铣和逆铣，用鼠标点击即可。

② Z 方向进刀量，通过选择“pitch”设定；或通过选择“cusp”，按不平度程序自己计算进刀量，为防止在不同加工部位产生过大或过小的进刀量，工艺人员还需给出最大和最小进刀量。

③ X，Y 方向进刀量的给定方法同 Z 向。

④ 进给方向，参见图 7-23 右，自上而下顺序是旋转切削、平行切削、往复切削三种进给方式，等高线切削即刀具在 Z 向不变的情况下，完成 X、Y 平面上的切削，遇有凸起处（俗称“岛”），则跳过。

（2）进给方式设定

1）等高线粗加工后，在斜面上 Z 方向进刀处将出现台阶状的残余量，尤其是 Z 方向进

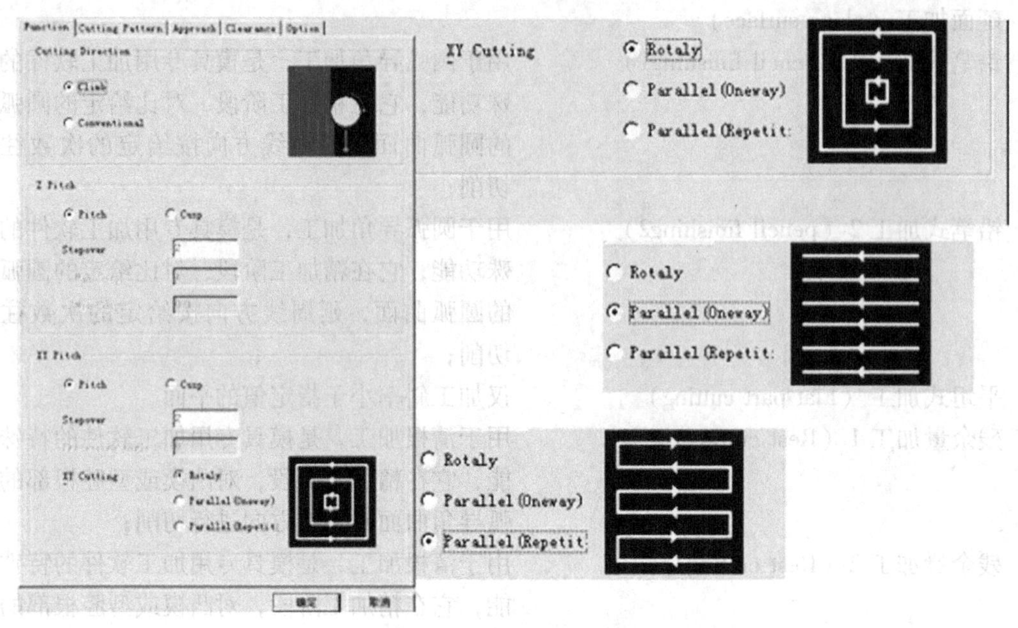

图 7-23 进给路径的设定

刀量较大时，这个台阶状残余量将很明显，这对以后的精加工很不利。因此，程序可以在“稀疏方式”下（见图 7-24 上半部分），选择在台阶处补切的方法，可以获得更好的粗加工结果。此时，程序将要求填入在补充切削时的 Z 向和 X、Y 向的进刀量，X、Y 向的进刀量同样可以用上述两种方式给出。

2）边界切削类型：根据工件形状，可选图 7-24 所示下方三种方式中的一种处理边界处的切削。图中给出了这三种切削方式示意图，其中“A”仅切削边界部分，“B”不考虑边界进行全部切削，“C”在边界形状内全部切削。用户只需点击相应图即可确定选取的边界加工方式。凡用到刀具半径补偿的位置，程序将自动进行处理。

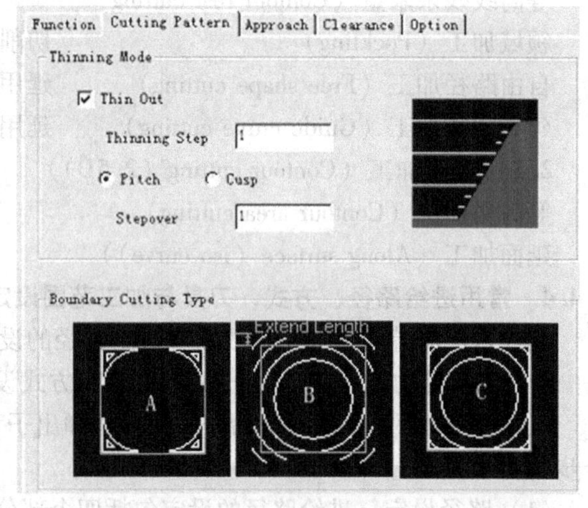

图 7-24 进给方式的设定

（3）进刀方式 进刀方式可分为三种方式（见图 7-25）：

1）垂直进刀：刀具沿 Z 向进刀。

2）斜线切入：刀具以斜线方式进刀，此时需在程序窗口中，按程序引导填入斜线与加工平面的夹角和开始高度。此种进刀方式对高速铣削十分重要，它可以保持进刀平稳，保证刀具的安全。

3）螺旋进刀：刀具在切入点上方以螺旋方式进刀，按程序引导输入螺旋长度、螺距、螺旋半径等参数。这也是一种平稳的进刀方式。

进、退刀速度与高度：刀具在进刀时将分为三个阶段，即进刀、空切削、子空切削。空切削及子空切削的速度在这里设定。所谓空切削及子空切削是指在刀具接近（或离开）工件时改变进刀速度，在进刀与切削间使刀具有两个过渡速度，使开始加工时平稳切入。进刀与退刀时空切削及子空切削的高度及速度，需编程者在程序窗口中分别输入。

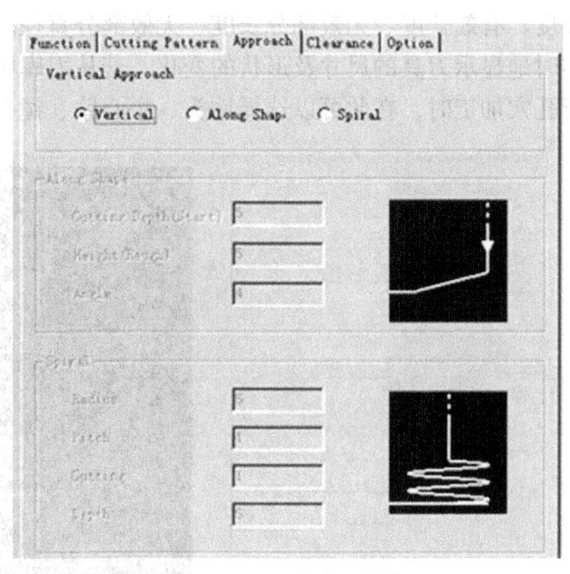

图 7-25　刀具进刀设定

（4）加工工艺参数设定

1）设定切削速度，包括正常切削速度、进刀速度、退刀速度及刀具需由一个加工部位移至另一个加工部位时（pick）刀具进退的速度。

2）设定误差，输入自由曲线时允许的逼近误差（见图 7-26）。

3）加工余量，在此给定加工余量，加工余量限定小于刀具圆角半径。

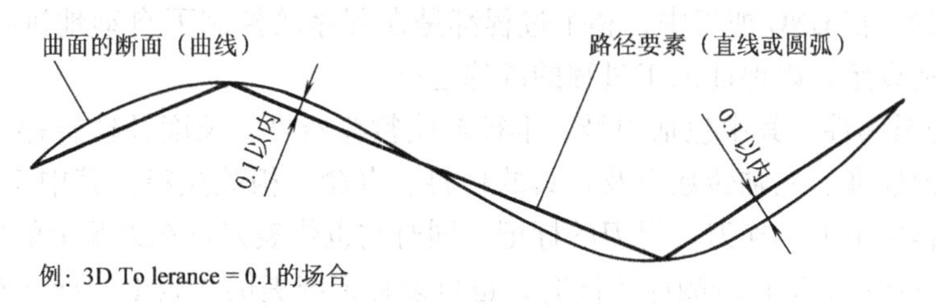

图 7-26　误差设定

4）切削优先方位的选择，选择 Z 方向优先或 XY 方向优先。如图 7-27 所示，当 Z 向优先时，程序将在加工不平曲面时（如加工多个不贯通的岛或槽时），在 Z 向优先的情况下，按一个工件部位先加工，再加工另一个部位，可以避免多次刀具的空行程。

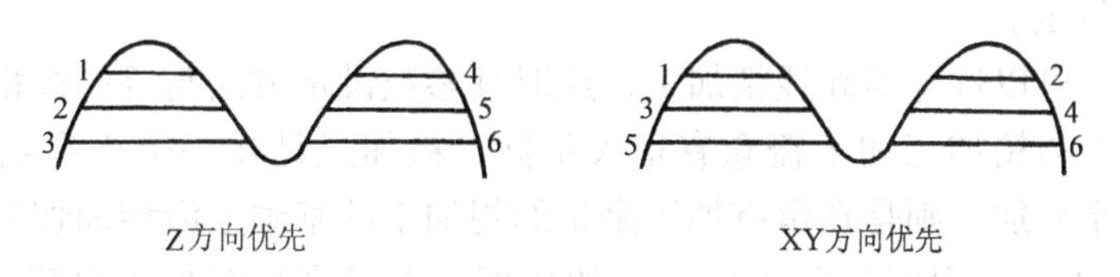

图 7-27　切削优先方位的选择

（5）刀具设定　刀具的设定共分三个部分。

1）刀具的选择，在模具专用 CAD/CAM 系统中一般均设有刀具库（如 Visi 系统），也可以自己设定刀具。在点击加工结构树中的“刀具 1”项后，即可进入刀具的设定，如图 7-28 所示。

图 7-28 显示的是进入刀具设定时的窗口，图中左侧需填写的内容包括刀具类型（选铣刀）、刀具直径、刀具圆角（根据圆角大小选择平刀、圆角刀、球刀）、切削刃长度、刀柄

长度、有效长度、无效部分长度、无效部分直径。编程者在窗口中填写有关参数，图中右侧实时地显示刀具的尺寸及形状的变化。若从刀库中选择刀具，也可以在窗口中作修改。当进行孔穴加工时，在此可以选择钻头、中心钻、镗孔刀、丝锥等。

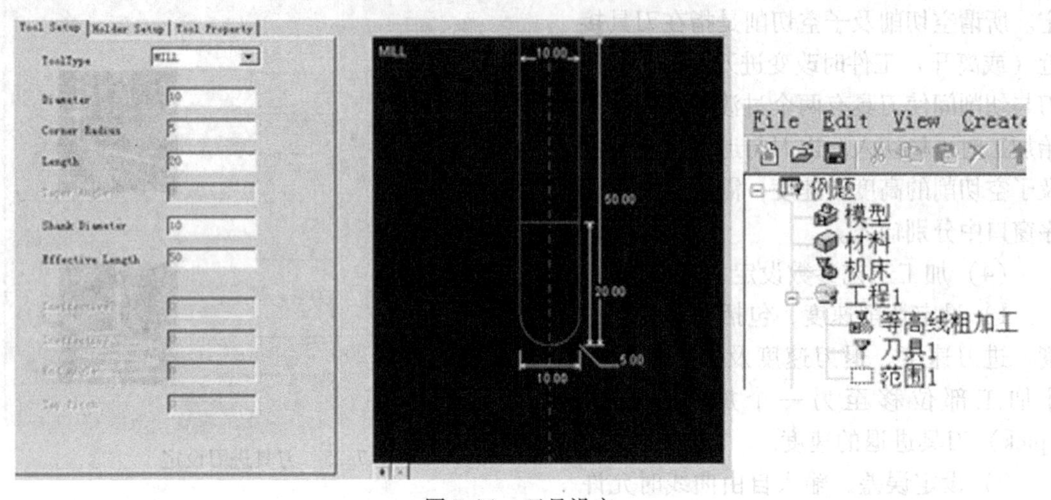

图 7-28　刀具设定

2）刀具拖架的设定，在图形的配合下，设定刀具拖架的层数（最多可设定五层）、每层的尺寸和形状。在 CNC 加工中，整个过程都是在程序的控制下自动地进行，因此需对每一个环节准确地设定，以保证加工过程的准确进行。

3）设定刀具属性，其中包括刀号、半径补偿暂存器号、长度补偿暂存器号、刀具的刃数、刀具的进刀速度、主轴转数以及刀具的材料、寿命、相关注释。其中 T 代码即为刀号，它是在切削过程中上刀、换刀、退刀的标记。同时它也代表刀具在刀盘上的摆设位置。在实际刀具排放与程序中，T 代码顺序不同时，也可以在系统提供的表格中建立对应关系表。切削加工时，机床按照与相应 T 代码相对应的新刀号从刀盘中提取刀具。

（6）加工范围的设定　加工范围给定时，系统从编程窗口中又回到 CAD 窗口中，在已设计的图形（见图 7-21）上，用鼠标框取加工部位，则又回到编程窗口中。有时程序只能对整个工件加工。所框取的部位同样可以在编程窗口中看到。至此，完成了“等高线粗加工”加工方案的设定。

在精加工时，可以选择等高线精加工，此时其参数设定方法与等高线粗加工设定方法基本相同。但粗加工与精加工加工概念有很大不同，粗加工是在一个矩形毛坯上完成加工过程，而精加工或半精加工则是在留有加工余量的粗加工的基础上沿型面切削残余量。

图 7-29 所示工件，底部是个“很浅”的曲面，在等高线精加工最后一次 Z 向进刀时，仅将底面加工成平面，这样就达不到形状的尺寸精度要求。在 Space-E 及 Visi 模具专用系统中，对未精加工面（曲面）进行了“初切”。图 7-29 所示有两个底面，在 Z 方向进刀时为被“忽略”的曲面，前述两个模具专用软件系统，均提供了完整加工全部型腔功能。编程人员可以有四种选择：

1）仅用等高线法加工内壁部分。

2）仅加工未精加工（底面）部分。

3）先加工等高线部分再加工未精加工部分。

4）先加工未精加工的底面再用等高线法加工内壁。

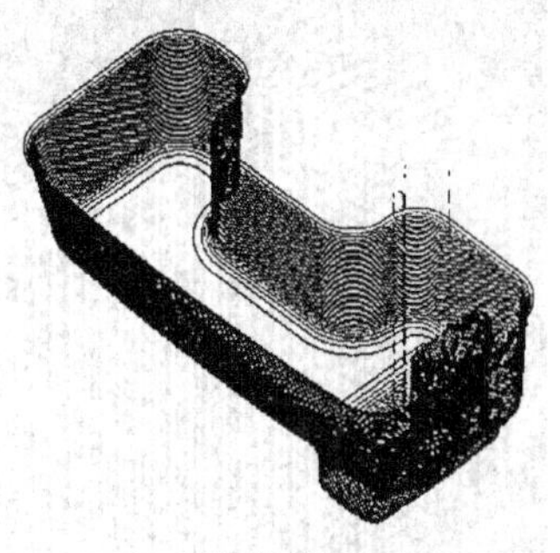
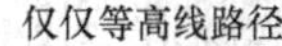

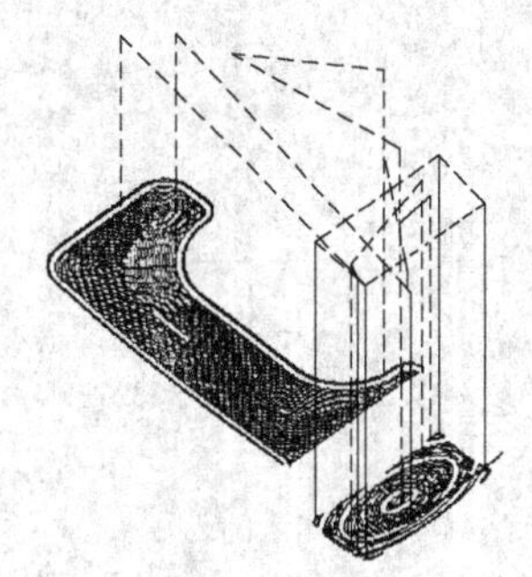

图 7-29　等高线精加工时未能精加工部分的加工

2. 平行线（行切）半精加工法

平行线半精加工法的设定顺序与等高线加工设定基本相同，包括路径设定、刀具设定和加工范围选定三个部分。平行线半精加工，即刀具按平行线方式单向或往复地进行加工。在某些模具专用 CAD/CAM 系统中，为了获得更加精确的产品，安排了更加完善的加工方式。如图 7-30 所示，底面与壁是圆弧面相交，在采用平行线法半精加工圆弧时，由于在 X、Y 方向为等间距进刀，因此切削圆弧的长度并不相同，表面粗糙度值较大，不是光滑过渡，为此必须沿圆弧周向再做一次切削，以获得光滑的加工表面（这是 Space-E 及 Visi 模具专用 CAD/CAM 系统的独到之处）。

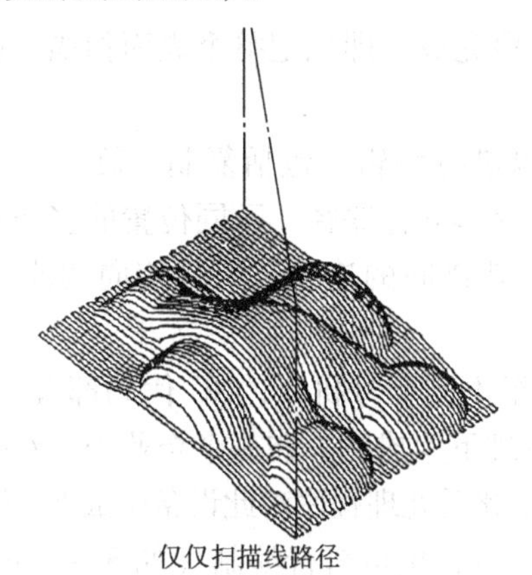

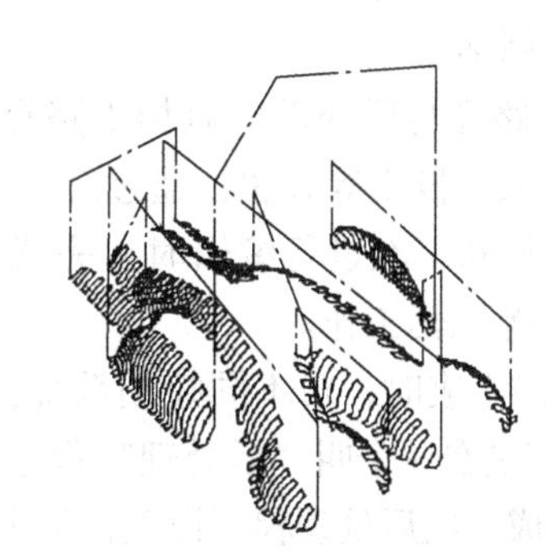

图 7-30　过渡圆弧的加工

上述两种加工路径的设定，在整个加工工艺设定的过程中，用户完全是在程序的引导下，与计算机在窗口进行“交互”。可见，采用模具专用 CAD/CAM 系统，进行工艺设计与 NC 代码生成，在模具生产中将能充分发挥模具 CAD/CAM 软件的效力和水平。

3. 生成 NC 代码、加工路径与后处理

（1）NC 代码生成　在前述加工工艺设定的基础上，只需点击“生成加工路径及 NC 代码”的图标即可以生成加工路径与 NC 代码。对前述的两种加工工艺设定，其加工轨迹如图 7-31 所示。对于路径生成有如下几点说明：路径显示可以有多种方法，如单显示路径（见图 7-31 右侧）；工件与路径同时显示，工件以线框、彩色图、消隐及不消隐等方式显示（见图 7-31 左侧）。

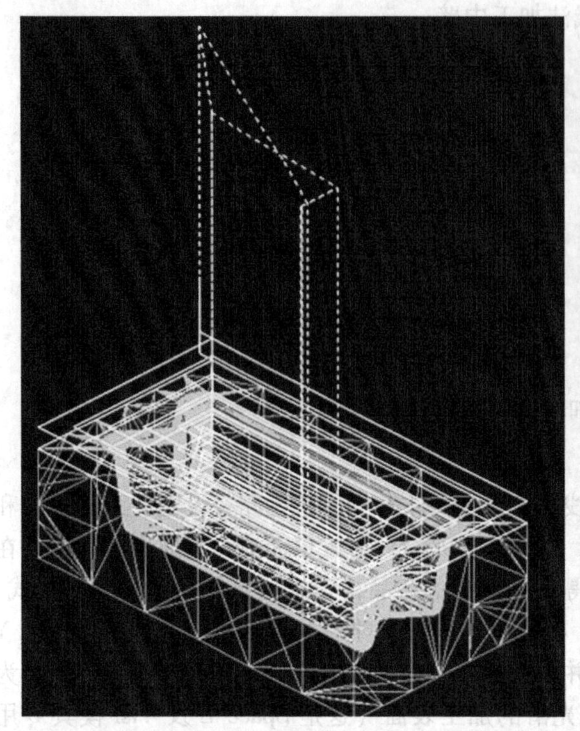
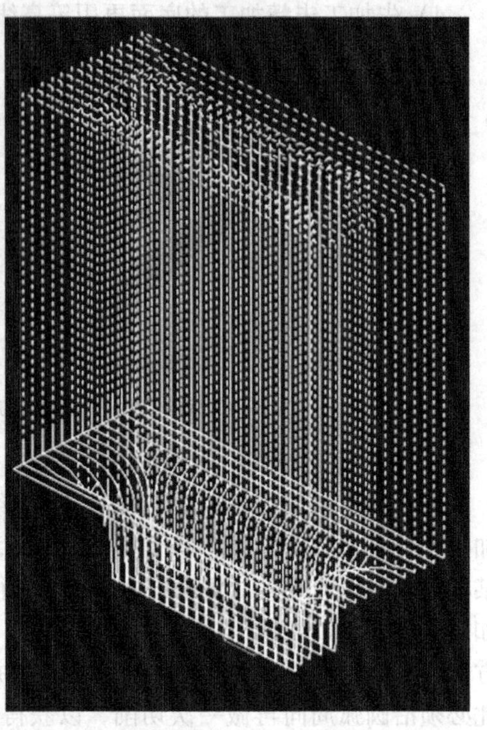

图 7-31 加工路径（左带工件，右为进给路径）

在加工时，实体的精加工轨迹可分两个阶段完成，即先把整个表面扫描一遍，再进行圆弧型部分的半精加工。

（2）加工路径与后处理 对加工路径可以进行编辑，包括复制、旋转、镜像映射、反转、连接、裁减、投影等方法，通过编辑可以获得同样路径、不同位置的多条加工路径，可以简化编程工作量。在进行编辑时要完成多个轨迹间的连接、刀具旋向的改变（对镜像映射方法而言）等配套工作。

在 NC 代码生成时，对不同控制系统，甚至不同型号机床，NC 代码都有所不同。因而，NC 代码生成都是在一个叫“后处理”程序的管理下生成的。在一个企业中，对一类特定 CNC 系统，只需完成一次后处理程序设置，每次都用此后处理程序对此设备生成 NC 代码即可。

后处理程序可以向软件供应商索取（如 Visi），也可自行编制（如 Spece-E）。

4. 上述成形件的 NC 代码及加工任务书

进行 NC 编程后，产生 NC 代码的同时，CAD/CAM 系统还提交加工任务书。其内容包括日期、NC 代码文件名、后处理程序名、输出符号的种类、加工性质（如铣、钻等）、NC 程序分快数、NC 语句条数、回刀点位置、切削范围大小、切削长度、空切削长度、切削时间、刀具种类、顺序及编号及各加工阶段的各类统计数据等。

此文件同时提供给操作人员，作为任务书下达。

上述例题编程部分结果如下，由于程序太长仅保留了三小段。

```
%
00
N0001T001
```

```
N0292G90G00Z40. H00
N0293X0Y0
N0294M09
```

```
N0002G91G28Z0
N0003M06T002
N0004G00G90X0Y0
N0005G43Z40. H01
N0006S500M03
N0007X-19.794Y10.
N0008M08
N0009Z17.
N0010G91G01Z-5. F50
N0011X1.5F100
N0012X36.588F1000
N0013Y-20.
N0014X-36.588
N0015Y20.
N0016X2. Y-2. F100
N0017X32.588F1000
N0018Y-16.
N0019X-32.588
N0020Y16.
N0021X2. Y-2. F100
N0022X28.588F1000
N0023Y-12.
      ·
      ·
      ·
N0926G90G00Z40. H00
N0927X0Y0
N0928M09
N0295M05
N0296G91G28Z0
N0297M06T00
N0298G00G90X0Y0
N0299G43Z40. H02
N0300S500M03
N0301X-15.294Y7.
N0302M08
N0303Z12.
N0304G91G01Z-2. F50
N0305X30.588F1000
N0306Z30. F5000
      ·
      ·
      ·
N0920Z-2. F50
N0921G18G03X1. Z1.322I2.618K-.9
4F100
N0922G19G02Y.688Z-.486J-
2.117K-3.72F1000
N0923G03Y.134Z-.121J2.688K2.86
2
N0924G02Y.365Z.478J2.047K-
1.187
N0925Y.813Z.607J2.088K-1.943
N0929M05
%
```

7.4.5 模具专用 CAD/CAM 系统的后处理程序

CAM 系统中加工工艺参数的设定、刀具的给定及加工范围的确定，为 NC 编程提供了全部条件。进行 NC 编程时必须按加工控制系统及机床的具体条件编制 NC 代码。后处理程序就是按加工控制系统及机床的具体条件输出 NC 代码。

后处理程序的编制十分复杂繁琐。但可在已有的后处理程序中进行修改、补充，在人机交互界面的引导下，此项工作就简单化了。由于控制系统基本上按国际标准设定 NC 的格式，又大多以 FANUC 作为参考，故通常改动量不大。后处理程序由以下几部分组成：

1. 基本参数

编制的是铣削加工程序、孔穴加工程序、铣削及孔穴加工等；机床是公制还是英制；是整体输出一个程序还是由主程序和子程序组合输出或者仅输出主程序，子程序由其他文件提供。

2. 圆弧部分

最大、最小圆弧半径，当圆弧半径超出此范围时，程序将以线段代替圆弧；以线段逼近圆弧时的容许误差；是否一定要输出圆心坐标，圆弧中心是否强制以绝对值方式输出；圆弧以矢量方式描述还是以半径形式描述；线段逼近圆弧时，是以空间线段还是以平行于坐标轴或坐标平面的线段逼近。

3. 机床坐标值的联动

机床是单轴运动（各坐标值分别依次移动），双轴联动（Z 轴单轴移动，XY 轴可以联动，即在 XY 平面上可以走斜线），还是三轴联动（走空间直线）；超过三轴的 CNC 机床在模具行业使用较少，在此不作介绍。该项设定涉及机床运行时的插补方式。

4. 限制

机床 X、Y、Z 轴的最大行程。

5. 是否使用 G39 代码

G39 代码是处理曲线切入时是否附加切线矢量的选项，不是所有的全有此功能，有关介绍请参阅机床说明书。

6. 序号

顺序号即前述例子中的 Nxxxx，在这里要给出它的使用方法，如：要不要顺序号，开始顺序号是多少，顺序号要几位，间隔是多少等。

7. NURBS 插入

NURBS 插入是对一些特殊部位进行直线插补，以利于加工进给。在以下情况将进行 NURBS 插入：

1）路径打折处（10°以下的连接角度判断为打折处）。

2）过长的直线部分（长度以输入参数决定）。

3）换刀处（F 代码改变处）。

4）进刀、退刀处。在进行 NURBS 插入时，需给出控制误差。

8. NC 代码部

NC 代码部的设定包括 G 代码、M 代码及功能代码三部分。使用者需给定 G 代码、M 代码的种类，然后根据后处理程序中给出的代码，结合目前使用的数控系统，删、补有关代码；代码中参数的写法，如小数位数、小数点前的零可否省略、舍入方法、“0”的写法、“+”号可否省略、语句中的输出顺序等。

9. NC代码的宏指令部分

NC 代码的宏指令部分说明整个 NC 程序中一些指令的写法。后处理程序中提供了这些部分在 FANUC 系统中的写法，使用者根据目前使用的系统，作出必要的修改。在讲述这一部分前，先对宏指令中使用的符号给出说明：

〈 〉赋值语句

$ $功能变量括弧

& &功能变量括弧，并初始化此功能变量

！Gxx ！G 或 M 等代码括弧，输出该代码

！*Gxx！不输出的代码

！－Gxx！按模态方式决定此道是否输出

@0@代表此语句不要顺序号

@1@代表此语句一定要顺序号

%　数据格式说明　如:%04g代表四位整数

1）程序的开头和结尾FANUC中规定以“%”作为程序的开头和结尾的标记。用户根据当前系统作出修改，在程序中输出：

@0@%

2）第一把刀调用（即在一组路径中的第一条）的语句形式为：

```
&F&                                      调出最早出现的F代码
$ TOOL$                                  准备刀盘
! G91!! G28! Z0                          返回参考点
IF (TOOLCHANGE = = -1)                   若为末把刀，则执行下一条
  ! M06! T00                             换刀
ELSE                                     否则，还有后继刀具
  ! M06!$ TOOLCHANG$                     换刀，后继刀具移至换刀位置
ENDIF
! G00!! G90!$ ORIGINX$ $ ORIGINY$        回至加工位置
$ SPINDLE$ ! M03 !                       主轴顺时针旋转
$ STARTX$ $ STARTY$                      起动X，Y
! M08!                                   开切削液
$ STARTZ$                                起动Z
```

3）第二把及以后刀具调用的语句形式为：

```
&F&                                      调出最早出现的F代码
IF (TOOL = =TOOLPREV)                    若与前把刀相同，执行下条
! -G00!$ STARTX$ $ STARTY$               起动X，Y
  $ STARTZ$                              起动Z
ELSE                                     否则，需换刀
  ! G91!! G28! Z0                        返回参考点
  IF (TOOLCHANGE = = -1)                 若为末把刀，则执行下一条
    ! M06! T00                           换刀
  ELSE
    ! M06 !$ TOOLCHANG$                  换刀，后继刀具移至换刀位置
  ENDIF
  ! G00!! G90!$ ORIGINX$ $ ORIGINY$      回至加工位置
  ! G43!$ ORIGINZ$ $ COMPH$              刀具长度补偿
  $ SPINDLE$ ! M03!                      主轴顺时针旋转
  $ STARTX$ $ STARTY$                    起动X，Y
  ! M08!                                 开切削液
  $ STARTZ$                              起动Z
  ENDIF
```

4）加工终了的语句形式为：

```
IF (TOOLNEXT = = -1)              若为加工终了，执行下条
! -G90!! -G00!$ LASTZ$ H00        从空切削高度回到加工原点
$ LASTX$ $ LASTY$                 返回加工原点
  1M09!                           切削液关闭
  ! M05!                          主轴停止
ELSE                              否则，不是加工终了
IF (TOOL= = TOOLNEXT)             若与下次加工刀具相同，执行下条
  ! -G90!! -G00!$ LASTZ$          返回加工原点
$ LASTX$ $ LASTY$
ELSE                              若与下次加工刀具不同
! -G90!! -G00!$ LASTZ$ H00        返回加工原点，取消长度补偿
$ LASTX$ $ LASTY$
! M09!                            切削液关闭
! M05!                            主轴停止
ENDIF
ENDIF
```

5）主程序调用子程序 1 的语句形式为：

```
〈V1 = subcallno + 10〉    V1 +10 为子程序号，+10 是为了与主程序号不同
M98P〈$ V1%04g$ 〉        子程序调用开始，子程序号以 4 位整数表达
```

注：当主程序与子程序为一个文件时，使用此种方式。

6）主程序调用子程序 2 的语句形式为：

```
M98P〈$ SUBCALLNAME$ 〉
```

注：当主程序与子程序不为一个文件时，使用此种方式。

① 子程序开始的语句形式为：

```
〈V1 = subcallno + 10〉
@0@P$ V1%04g$
```

② 子程序结尾的语句形式为：

```
M99
```

③ 主程序结尾的语句形式为：

```
M30
```

在这里简单介绍了后处理程序和宏指令。为了对所使用的数控机床进行 NC 编程，必须编制后处理程序，其中包括数控系统的特点，也包括机床特点。该后处理程序一旦编成，它将永远使用，其生成的代码完全是你所使用的机床。

宏指令是一种汇编语言，用户使用它可以形象地书写相关指令，经过译码器翻译成数控系统的 NC 代码。这里介绍的译码器是 Space-E 模具专用 CAD/CAM 系统的译码器，它是在 FANUC 系数后处理程序的基础上，在人机交互的环境中完成新系统的后处理程序编制，不但简易，而且将一堆繁琐的设置，在有条不紊的环境中完成。

第8章　凸、凹模型面成形磨削工艺

8.1　成形磨削原理与方法

8.1.1　成形磨削原理与应用

1. 成形磨削原理

成形磨削工艺多用于冲裁模中的凸模、凹模拼块型面的成形加工，如图8-1所示冲模刃口示例图。其外形轮廓为由多条直线与圆弧线所组成。进行磨削时，需将外形轮廓分成若干直线或圆弧段，按一定顺序逐段磨削成形，使达到图样的形状、尺寸及精度要求，即称为成形磨削。

为适应成形磨削工艺要求，磨床需配有相应夹具，以满足装夹工件，作成形磨削所必须的运动，其运动分两部分：成形磨削运动和工件装夹调整运动，如图8-2所示。

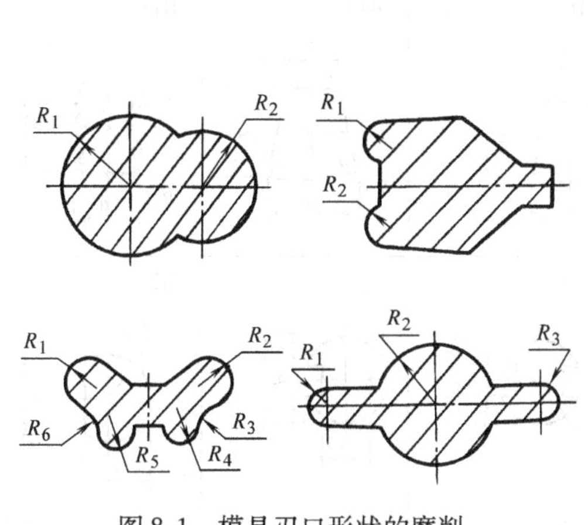

图8-1　模具刃口形状的磨削

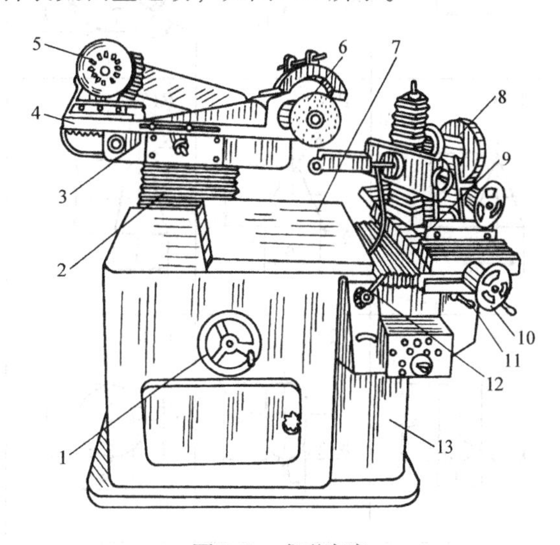

图8-2　成形磨床

1、10—手轮　2—垂直导轨　3—纵向导轨　4—磨头　5—电动机　6—砂轮　7—测量平台　8—万能夹具　9—夹具工作台　11、12—手柄　13—床身

（1）成形磨削运动　砂轮6装于磨头4主轴上，由电动机驱动作高速旋转运动；磨头4在纵向导轨3上作纵向磨削进给运动；垂直导轨作相对床身测量平台7的垂直进给运动。

（2）工件装夹调整运动　8为万能夹具，其上装有*X*、*Y*方向导轨（见表4-22内图1、2、6），使装于其上的工件，作*X*、*Y*方向的位置调整，以找正工件圆弧段的旋转中心，进行圆弧磨削。磨削圆弧的角度范围由装于刀能夹具8后面的正弦柱垫量块以控制（见表4-22图1）。

在测量平台7上测量工件位置，找正圆弧中心，并以此中心定位进行各段圆弧磨削。

2. 成形磨削应用

成形磨削是冲裁模中的凸模、凹模拼块进行精密加工的主要加工工艺。其工序常在成形铣削加工、成形刨削加工、或在电火花线切割加工（WEDM）以后进行。其加工形状尺寸误差可达0.002～0.05mm。其磨削量与前工序的加工工艺和光磨次数有关（参见6.2.2节）。

常见可采用成形磨削进行精密加工的冲裁模凸模、凹模拼块刃口的外形轮廓约有42种，见表8-1。

表8-1　常见凸模、凹模拼块刃口形状（共42种，R01～R42）

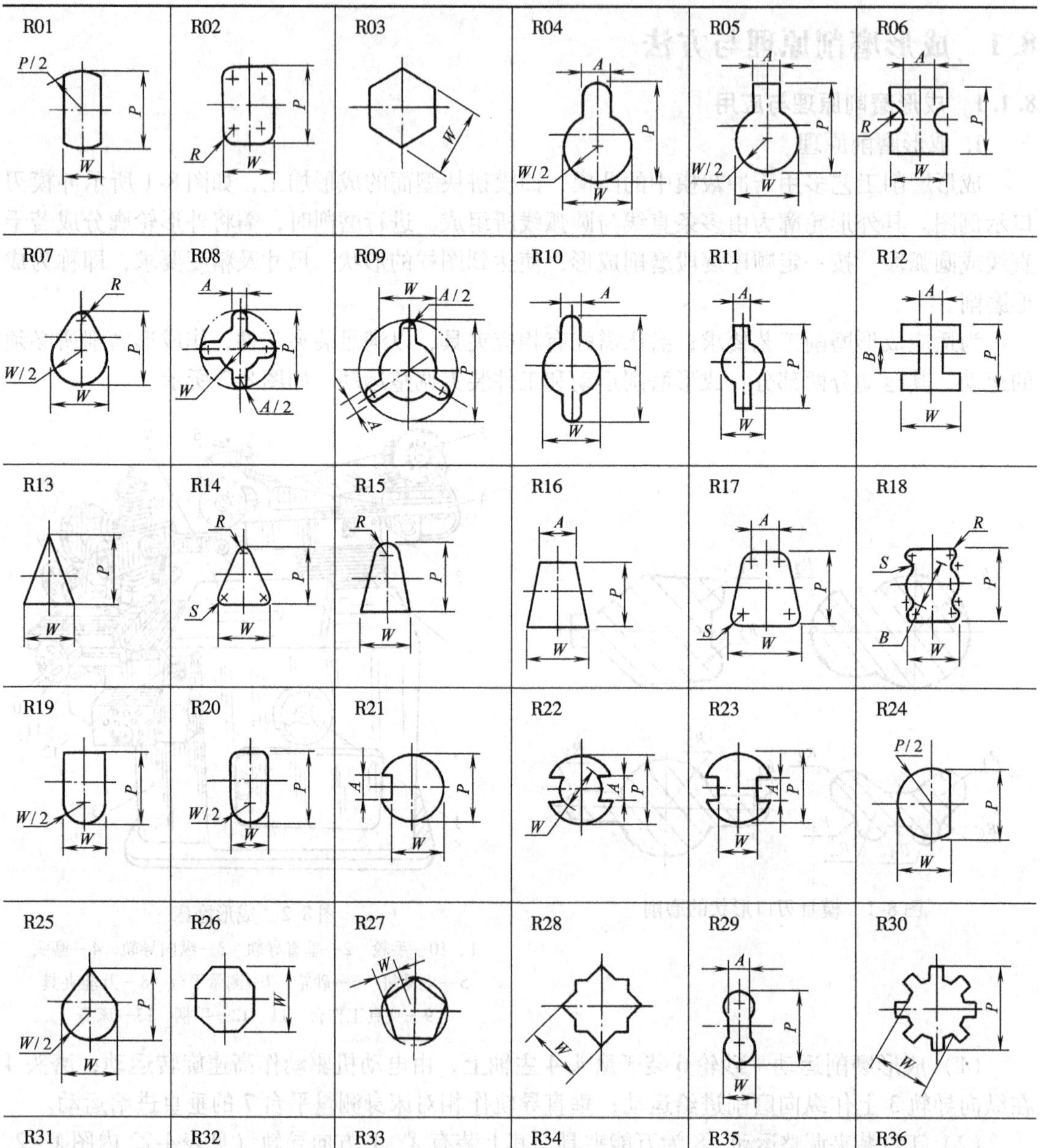

R01	R02	R03	R04	R05	R06
R07	R08	R09	R10	R11	R12
R13	R14	R15	R16	R17	R18
R19	R20	R21	R22	R23	R24
R25	R26	R27	R28	R29	R30
R31	R32 $R_1=0.683W-0.183P$ $R_2=1.183P-0.683W$	R33	R34	R35	R36

（续）

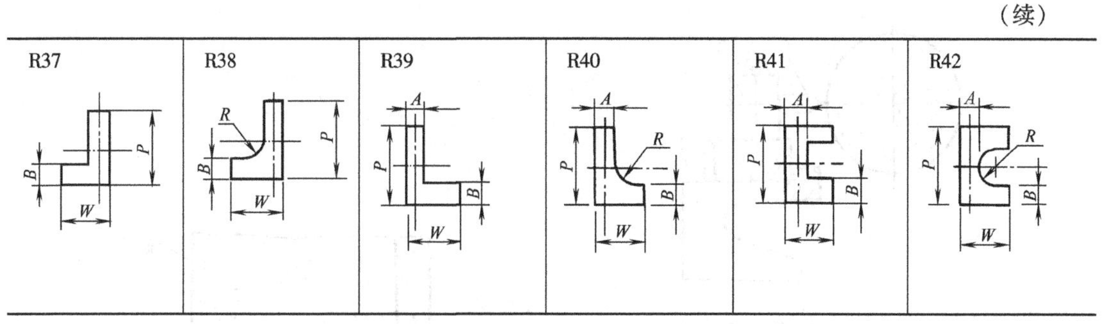

注：表 8-1 中所列凸、凹模刃口与导向套内型孔的形状，美国有关公司已将其制订成标准系列。其型号分别为 TGT、TGA、TGD，如图 8-3 所示及其标记示例。

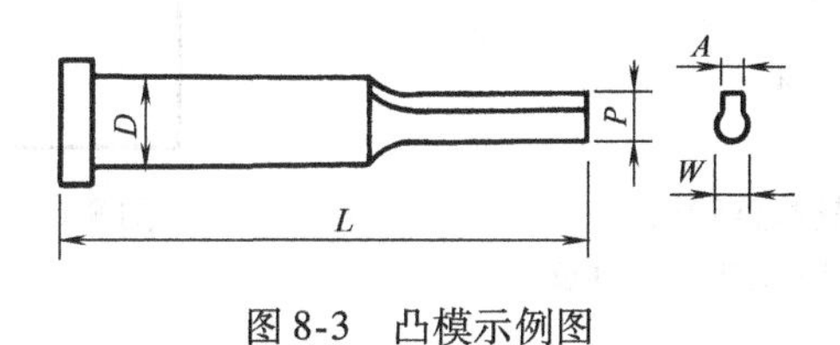

图 8-3　凸模示例图

标记示例：

凸模：2－TGT25－70R04 P15、W12、A8、X2

凹模：2－TGA32－25R04 P15、W12、A8、Δ0. 02

导向套：2－TGD32－19 R04 P15、W12、A8、Δ0. 01

（数量：2；型号：TGD；D：32；L：19）

8. 1. 2　成形磨削方法与工艺

1. 成形磨削方法

成形磨削方法主要有展成法和仿形法两种。

（1）展成法　常采用正弦分中夹具与平磨、曲线磨床和图 8-2 所示成形磨削系统对二维圆弧面进行展成磨削成形。

（2）仿形法　是指采用砂轮修整夹具（见图 8-4、图 8-5）将砂轮精密修成与工件形状、尺寸完全吻合的（相同的相反）型面，并用来磨削工件，如图 8-6 所示。

（3）展成法与仿形法的特点，见表 8-2。

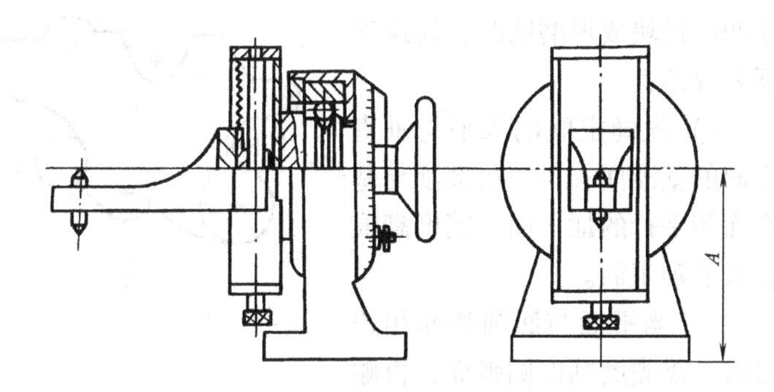

图 8-4　修整圆弧砂轮的工具

2. 成形磨削的顺序

冲裁模的凸模、凹模拼块，一般是由多圆弧面和多角度平面相互平滑、光顺地连接成封闭的柱状、型孔、柱状的下端，型孔的上端即构成凸、凹模的刃口，如图 8-7 所示，并参见表 8-1 中的 R07、R08……。

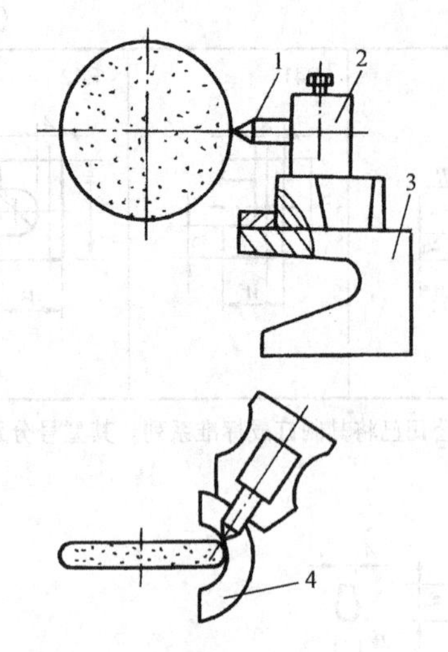

图 8-5　用靠模工具修整砂轮

1—金刚刀　2—靠模工具　3—支架　4—样板

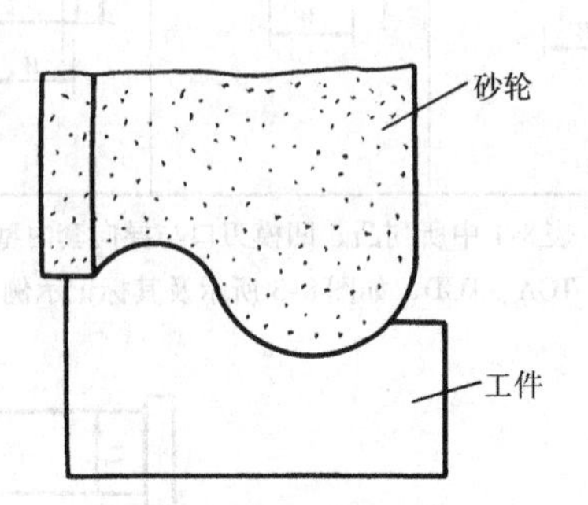

图 8-6　用成形砂轮磨削

表 8-2　主要成形磨削方法的比较

项目＼方式	用平面磨床或成形磨床		用仿形磨床		用数控磨床
	夹具磨削	成形砂轮磨削	按仿形图磨削	按样板磨削	
附加器具	精密平口虎钳、正弦磁力台、正弦分中夹具、万能夹具	修整成形砂轮的工具	绘制工件放大图	制作工件样板	需打指令带
加工效率和特性	操作技术熟练，精度也高	高效率	效率较低，不适于加工薄材料工件	样板放大倍数高，精度高	效率高，精度高
加工精度/mm	0.005～0.02	0.02～0.05	0.005～0.03	0.002～0.01	0.005～0.01
适用工件形状	连续曲线形状件	锐角件	带凸缘易挠曲的工型工件	细长槽形件	细长槽形件

可见，在成形磨削时，根据工件形状与技术要求，常采用分段磨削，并混合运用展成法与仿形法（见实例）。同时，根据长期实践与分析，在进行凸模与凹模拼块成形磨削时，需遵守下列规则：

1）先确定磨削水平与垂直方向的基准面；再顺次磨削与基准面相平行的加工面，精度高或较大的加工面。

2）当平面与凹圆弧面相连接时，需先磨削凹圆弧面，再顺次磨削平面；当平面与凸圆弧面相连接时，需先磨削平面，再顺次磨削凸圆弧面。

3）两凸圆弧面相连接时，

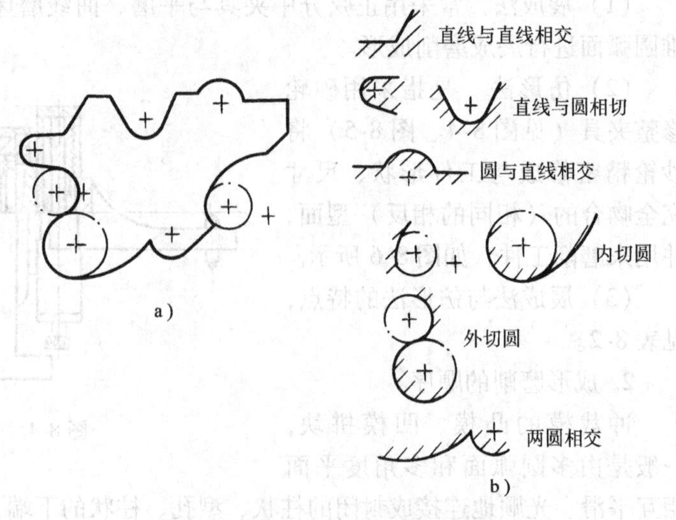

图 8-7　复杂几何型线的分解磨削

a）复杂几何型线　b）分解后简单的几何型线

应先磨削半径较大的凸圆弧面；两凹圆弧面相连接时，应先磨削半径较小的凹圆弧面。

4）应先磨削形状简单、操作方便的面。

3. 成形磨削工艺方式

（1）回转中心定位磨削工艺

1）在万能夹具（见图 8-2 中件 8）的 X-Y 导轨滑座上，根据工件形状及其尺寸要求，安装有精密平口台虎钳或正弦磁力夹具。在夹具上定位、安装工件。此后，根据工艺尺寸计算图，采用测量调整器、量块、千分表作比较测量，以调整、找正工件在夹具上的回转中心的座标位置。再根据工艺尺寸图，以回转中心（见图 8-8 上的 O 点）转动夹具，当分别转动到 α、β 或 γ 角度时，其相应平面则处于水平位置，此时，可顺次对各加工面进行磨削。此即为回转中心定位磨削方式，如图 8-8 所示。

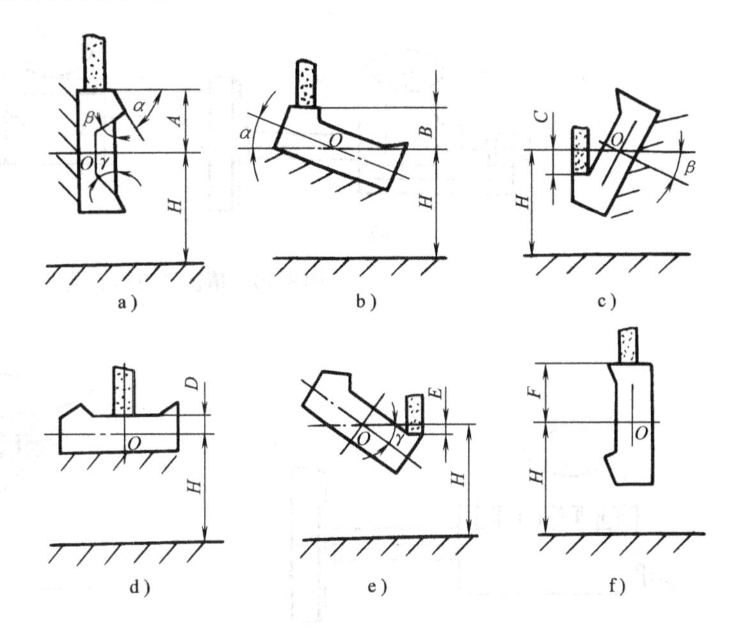

图 8-8　一个中心回转磨削

2）图 8-9 所示为具有多回转中心的定位磨削。其特点是需计算各回转中心的坐标位置。磨削时，需根据工艺计算图对夹具（含工件）进行调整，找正各回转中心位置。因此，多回转中心定位磨削将会降低加工精度。

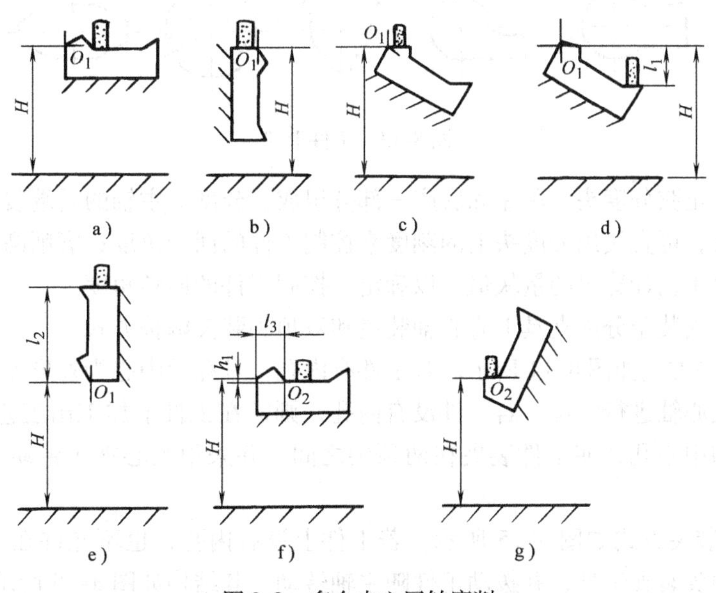

图 8-9　多个中心回转磨削

3）安装于万能夹具 X-Y 导轨滑座上的平口台虎钳、磁力夹具以及工件直接装于滑座时的连接方式分别如图 8-10、图 8-11、图 8-12 所示。

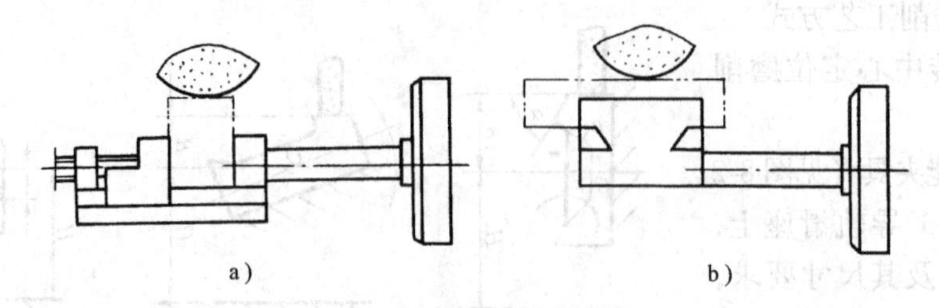

图 8-10 精密平口钳装夹

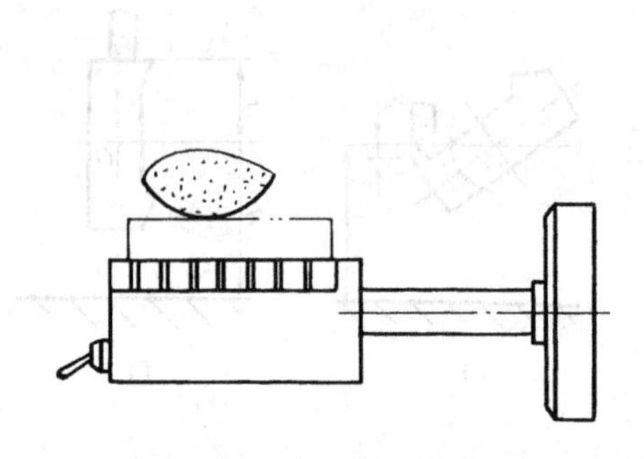

图 8-11 电磁吸盘装夹

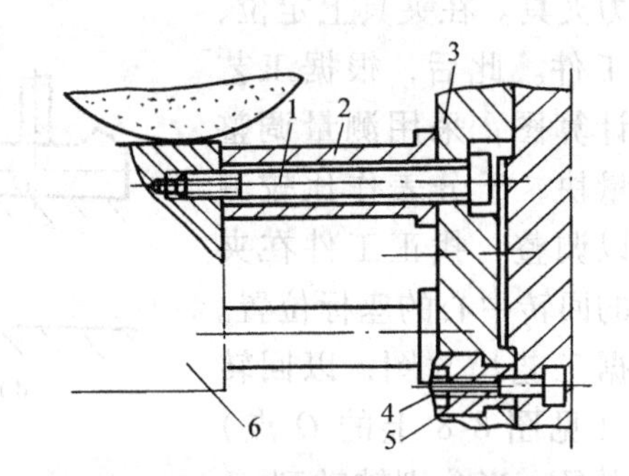

图 8-12 直接用螺钉和垫柱装夹

1、5—螺钉 2—垫柱 3—圆盘 4—滚花螺母 6—工件

（2）正弦分度磨削 采用正弦分度夹具装夹工件进行成形磨削的方式，是为正弦分度磨削。此磨削方式适于磨削具有一个回转中心的凸圆弧面、多角体、分度槽等工件，如图 8-13 所示，工件一般不带台肩。

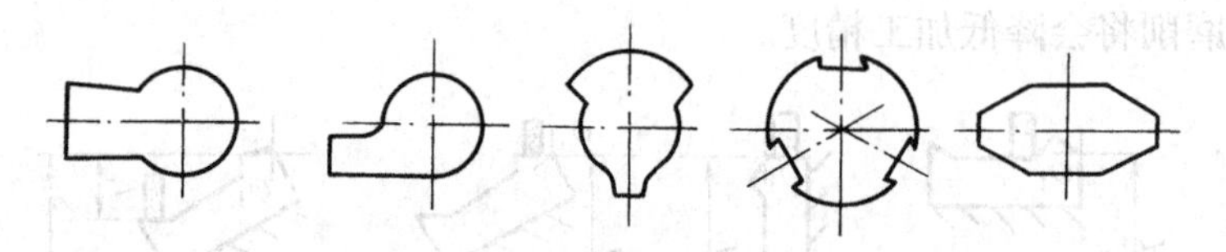

图 8-13 工件形状

夹具主要由正弦分度头、尾座和底座三部分组成。分度头主轴的后端装有分度盘，磨削精度要求不高时，可直接用分度头上的刻度来控制工件的回转角度；磨削高精度工件时，则在正弦圆下垫以工艺计算出的量块值，以确定、控制工件的回转角度。

工件定位、安装于分中夹具上有心轴装夹和双顶尖装夹两种方式。

1）心轴装夹方式如图 8-14 所示。若工件有内孔，且孔的中心为外形加工面的回转中心时，可在孔内装心轴进行定位；若工件没有内孔，则需在工件上加工出工艺孔用以装心轴，利用心轴两端的中心孔，使工件装夹在两顶尖之间，并采用鸡心夹 4 带动工件作回转成形磨削。

2）双顶尖装夹方式如图 8-15 所示。若工件上没有内孔，也不允许在其上加工工艺孔时，常采用双顶尖装夹工件，并拨动工件随主轴转动，其结构如图 8-15 所示。

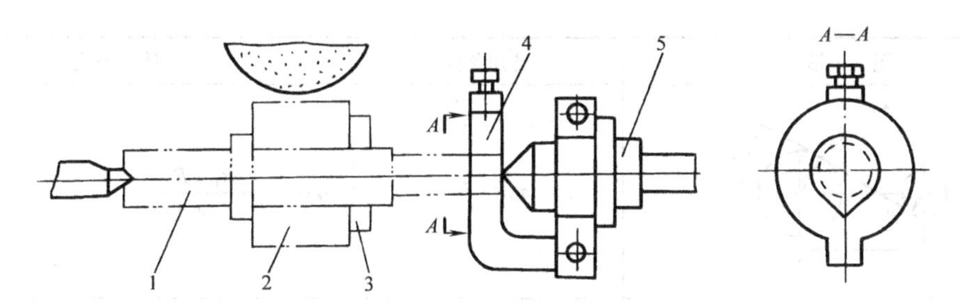

图8-14　心轴装夹法

1—心轴　2—工件　3—螺母　4—鸡心夹头　5—夹具主轴

4. 成形磨削工艺计算

成形磨削之前需根据凸模和凹模拼块设计图进行磨削工艺设计和工艺计算，并作出磨削工艺图。工艺设计与计算的主要内容为：

1）根据上述磨削规则，分析工件形状与尺寸精度要求进行合理分段，并确定各段的磨削工艺顺序。

2）根据凸模与凹模拼块设计图样上各加工面与加工基准面之间及相互之间的尺寸关系，计算各段的加工基准，如圆弧面的回转中心。

3）作成形磨削工艺尺寸图。使能按工艺尺寸图，顺次进行分段磨削成形。

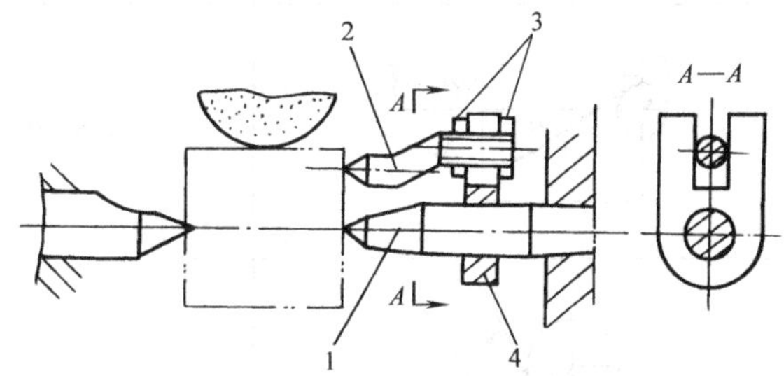

图8-15　双顶尖装夹法

1—加长顶尖　2—副顶尖　3—螺母　4—叉形滑板

表8-3中所列为工艺计算用的公式。

表8-3　成形磨削工艺尺寸计算公式

图　形	已知条件	计算公式
	x、y、R	$\alpha=\arctan\frac{y}{x}+\arcsin\frac{R}{\sqrt{x^2+y^2}}$
	x、y、R	$\alpha=\arctan\frac{y}{x}$
	x、y、R_1、R_2	$R_2>R_1$ 时 $\alpha=\arctan\frac{y}{x}+\arcsin\frac{R_2-R_1}{\sqrt{x^2-y^2}}$ $R_2<R_1$ 时 $\alpha=\arctan\frac{y}{x}-\arcsin\frac{R_1-R_2}{\sqrt{x^2+y^2}}$

（续）

图　形	已知条件	计算公式
R_2 α R_1 x	x、R_1、R_2	$\alpha=\arcsin\dfrac{R_1+R_2}{x}$
R_2 α y R_1 x	x、y、R_1、R_2	$\alpha=\arctan\dfrac{y}{x}+\arcsin\dfrac{R_1+R_2}{\sqrt{x^2+y^2}}$
R_1 R_2 y α x	x、y、R_1、R_2	$\alpha=\arcsin\dfrac{R_1+R_2}{\sqrt{x^2+y^2}}-\arctan\dfrac{y}{x}$
α R x β	α、R	$x=R\tan\dfrac{\alpha}{2}$ $\beta=\alpha$
x R_1 R_2 y L	L、R_1、R_2	$x=\dfrac{L}{2}+\dfrac{(R_1+R_2)^2-R_2^2}{2L}$ $y=\sqrt{(R_1+R_2)^2-x^2}$
x y R_1 β ω R_2 M α L	R_1、R_2、L、M	解联立方程得 x、y $\begin{cases}x^2+y^2=(R_1+R_2)^2\\(L-x)^2+(y-M)^2=R_2^2\end{cases}$
L R_1 R_2 y x	R_1、R_2、L	$x=\dfrac{L}{2}+\dfrac{(R_2-R_1)^2-R_2^2}{2L}$ $y=\sqrt{(R_2-R_1)^2-x^2}$

（续）

图　形	已知条件	计算公式
	R_1、R_2、R_3、L	$x=\frac{L}{2}+\frac{(R_3-R_1)^2-(R_3-R_2)^2}{2L}$ $y=\sqrt{(R_3-R_1)^2-x^2}$

5. 成形磨削工艺测量

（1）量具与测量基准　当采用万能夹具在成形磨削机床上（或采用正弦、正弦分度夹具在平面磨床上，并配用平面砂轮和成形砂轮），进行分段成形磨削时，均需用测量调整器（见图 8-16）、量块、千分表，对工件被加工面在夹具上的坐标位置与方向（平面与水平面的夹角；圆弧面回转中心坐标及其回转角）进行比较测量。其中：

测量基准：机床上的测量平台；分度夹具基座上平台。

垫量块基准：万能夹具和分中夹具正弦盘下，固定于基座上的精密垫板。

万能夹具和正弦分中夹具的主轴中心线到测量基准的距离，以及精密垫板与测量基准间的距离，均是固定的，且非常精密，其误差值≤0.005mm。

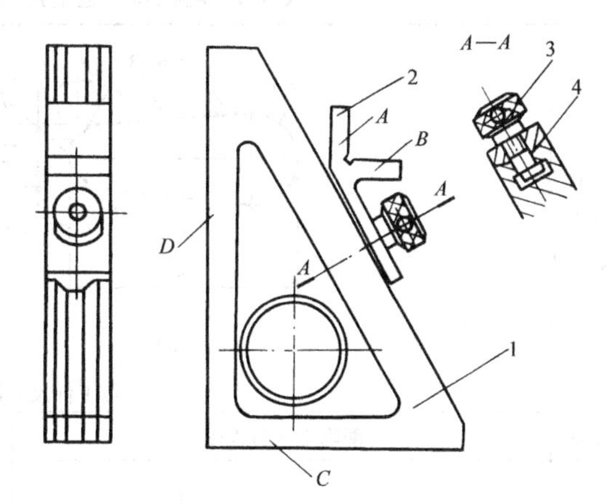

图 8-16　测量调整器

1—三角架　2—测量平台　3—滚花螺母　4—螺钉

图 8-17 所示测量调整器主要由三角架 1、测量平台 2、滚花螺母 3 与螺钉 4 组成。测量时，可根据工艺尺寸图放于测量平台 2 上规定的量块组。测量平台 2 可沿三角架斜面上的 T 形槽移动，移动规定位置后则利用滚花螺母与螺钉紧固。为保证测量精度，其中 A、B 面须与 C、D 面平行。

（2）测量方法和顺序　在测量平台 A 面上放置高为 P 的基础量块以调整测量平台，使用千分表测量，使工件基准面与基础量块上平面等高。则：

1）若工件被测面（一般为加工面）高于基准面，再于 P 上加垫量块组，使用千分表测量，使量块组上平面与被测工件的表面读数相同。则量块组高度 S，即为被测工件表面与基准面间的距离。此时量块的总高度 H 为

$$H=P+S$$

2）若工件被测面低于基准面，则重新组合量块组，使用千分表测量，使量块组上平面与被测面读数相同。则量块组高 H 为

$$H=P-S$$

式中 S 为被测面与基准面间的距离。

可见，若工件被测面均高于其基准面，则可不必在测量平台 A 面上放基础量块。

8.1.3 成形磨削实例

尽管光学曲线磨床、数控曲线磨床、连续轨迹坐标磨床，在冲模成形零件——凸模、凹模拼块的成形磨削工艺中应用已比较多。但是，采用分段成形磨削仍然是用来对冲裁模凸模、凹模拼块进行精密成形加工的主要方式。

兹根据上述原理、规则，以及工艺设计与计算、测量、调整工件在夹具上精密位置的方法和方式，进行典型实例解析。

1. 单向正弦电磁夹具磨削实例

采用单向正弦电磁夹具，定位、夹紧成形工件，并配以成形砂轮，顺次、分段磨削成形工件的各加工面。现以磨削电机转子硅钢片冲模中的冲槽凸模为典型实例，见表 8-4。

表 8-4 电机转子硅钢片槽冲凸模分段磨削工艺过程

工序	磨削工艺过程图	说明
工件工艺尺寸图	a）工件尺寸图 b）工艺尺寸图	
1		1. 以 a、b 面互为基准定位于电磁台上；以 d 面定位于斜度为5°6′33″的专用导磁体上 2. 量块值 $H_1=150\sin10°13'16''=26.61\text{mm}$ 3. 磨削 a 面和 b 面，并分别留精磨余量
2		1. 磨削 d 面为一小平面 2. 以 a 面或 b 面定位于斜度为5°6′33″专用导磁体上；其 c 面则定位于电磁台上
3		1. 磨削 c 面，使达工序尺寸 16.3mm 2. 以 d 小平面定位于电磁台上；以 a 面或 b 面定位于斜度为5°6′33″的专用导磁体上，（采用工序 2 的专用导磁体倒置）

（续）

工序	磨削工艺过程图	说　明
4		1. 精磨 a 面与 b 面；用两根 ϕ10mm 圆柱测量，使达 27.892mm（见工艺尺寸图） 2. 工件定位与工序 1 相同，$H_2 = H$
5		1. 将砂轮修成 0°与 30°相交的斜面；分别磨削两侧小台肩和 30°斜面 2. 垫量块 $H_3 = 150\sin5°6'33''$，使工件的对中心线处于水平位置
6		1. 将砂轮修成 R3.2mm 凹圆弧，磨削两侧 R3.2mm 圆弧。垫的量块值 $H_4 = 150\sin10°13'6'' = 26.61$mm 2. R3.2 圆弧需分别与 a、b、d 面相切 3. a 面、b 面互为定位面，c 面定位于导磁上

2. 正弦分中（度）夹具磨削实例

采用正弦分中夹具进行成形磨削，也属于回转中心定位磨削成形方式，属于展成法。现举成形凸模为典型实例来说明其磨削工艺过程，见表 8-5。

表 8-5　正弦分中夹具磨削实例

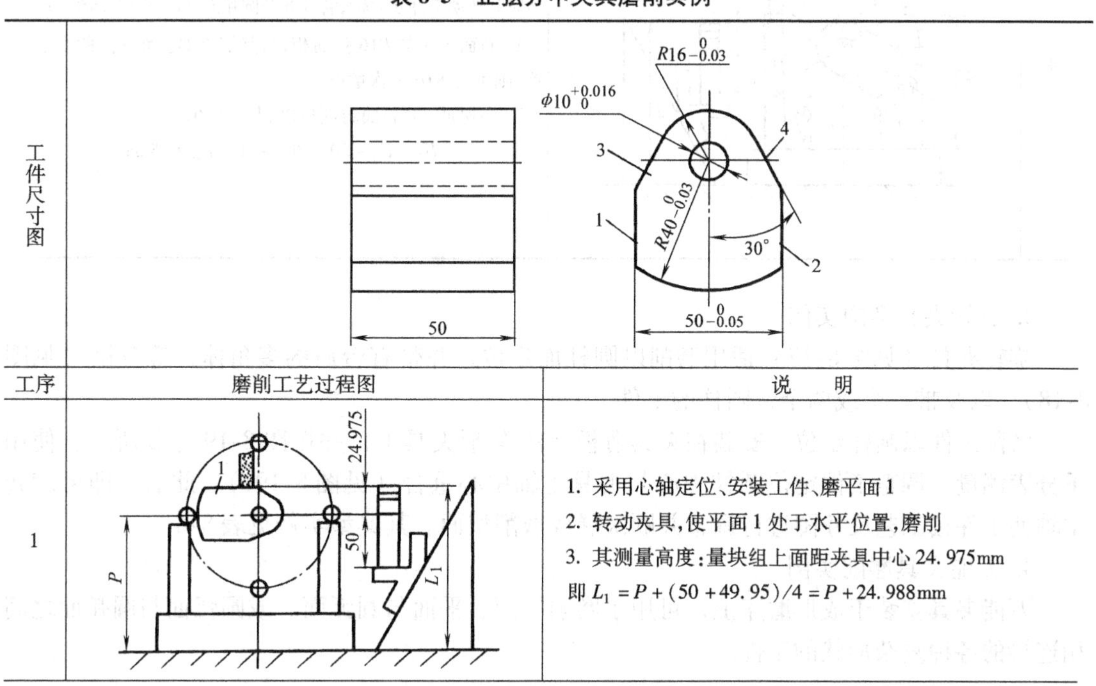

工序	磨削工艺过程图	说　明
工件尺寸图		
1		1. 采用心轴定位、安装工件、磨平面 1 2. 转动夹具，使平面 1 处于水平位置，磨削 3. 其测量高度：量块组上面距夹具中心 24.975mm 即 $L_1 = P + (50 + 49.95)/4 = P + 24.988$mm

（续）

工序	磨削工艺过程图	说　明
2	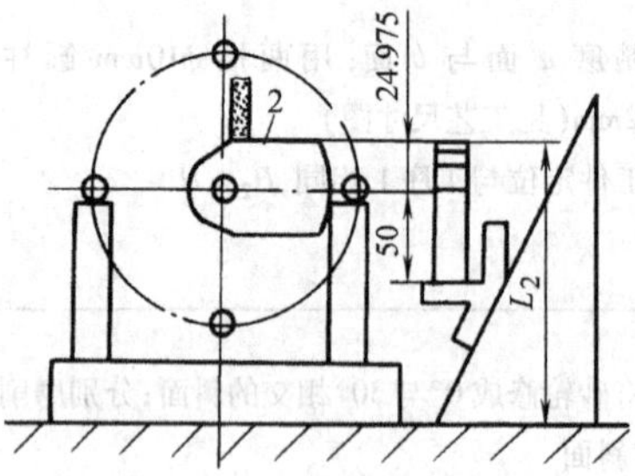	1. 磨平面2 2. 转动夹具180°，使平面2处于水平位置磨削 3. 其测量高度 $L_2 = L_1$
3	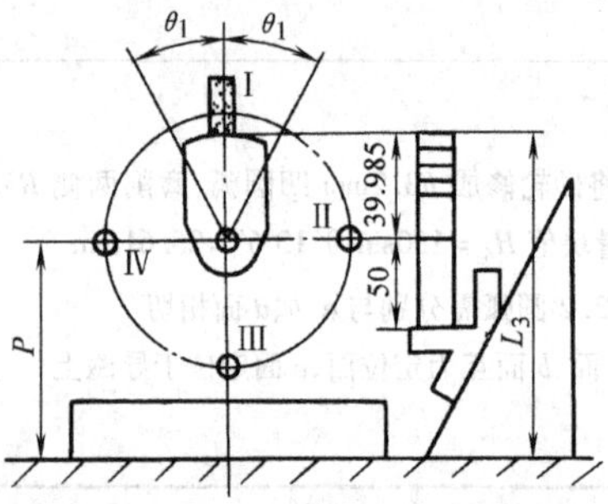	1. 在 2θ 范围内，以展成法磨削 $R40$ 圆弧 2. 使工件对称中心线置于垂直位置，则 $R40$ 圆弧面在上面，并顺、逆时针分别转动工件 $\theta_1 = 39°$ 3. 测量高度：$L_3 = P + 39.985\text{mm}$
4	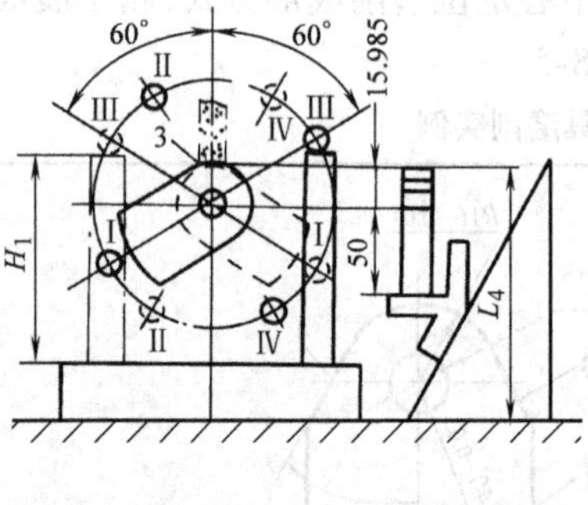	1. 将工件转动180°，展成磨削 $R16$ 凸圆弧和两侧30°斜面；顺、逆时针转动工件 $\theta = 60°$，磨 $R16$ 凸圆弧面，$L_4 = P + 15.985\text{mm}$ 2. 斜面3、4与 $R16$ 弧面相切，其切点即斜面3、4的水平位置，则可与 $R16$ 一次磨好 3. 为保证60°斜面磨削精度，其量块值 $H_1 = H_0 + 50\sin 30° - 10 = H_0 + 15\text{mm}$

3. 旋转夹具磨削实例

旋转夹具（见图8-17）适用磨削以圆柱面定位，并带有台肩的多角体，等分槽（见图8-18），以及带一个或两个台圆柱的工件。

磨削工件以圆柱定位、安装在夹具滑板上的V形夹具上；并按图8-19a、b所示，使用千分表测量、调整工件定位圆柱中心与夹具主轴中心重合（见图8-19c）。此后，即可旋转主轴使工件按工艺尺寸图进行调整并顺次展成磨削型面。其典型实例见表8-6。

4. 万能夹具磨削实例

万能夹具安装于成形磨床上，可用于磨削平面、平面与圆弧面、或圆弧面与圆弧面之间相连接的各种复杂形状的工件。

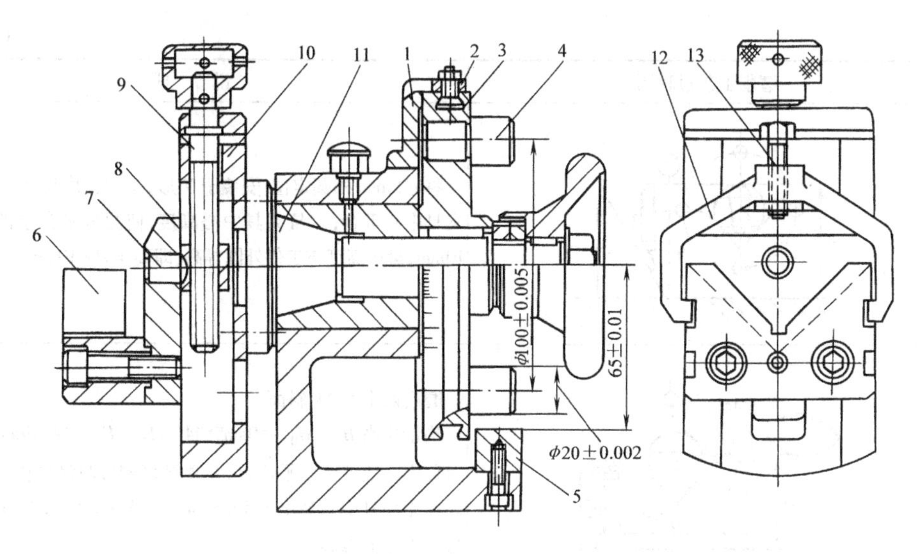

图8-17　旋转夹具结构

1—定位块　2—撞块　3—正弦分度盘　4—正弦圆柱　5—精密垫板　6—V形块　7—螺母　8—滑座　9—螺杆　10—滑板　11—主轴　12—钩形压板　13—夹紧螺钉

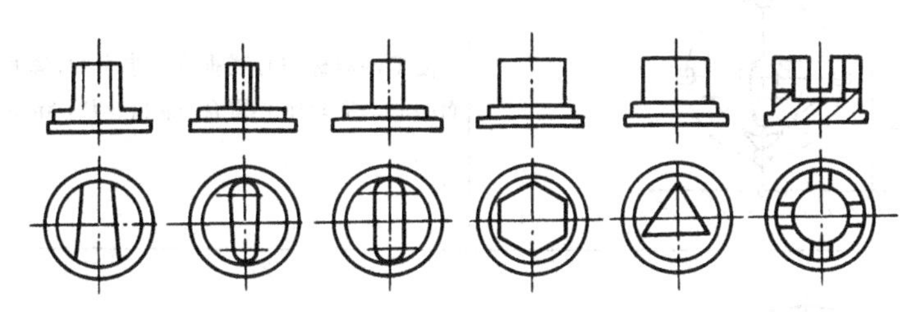

图8-18　工件形状

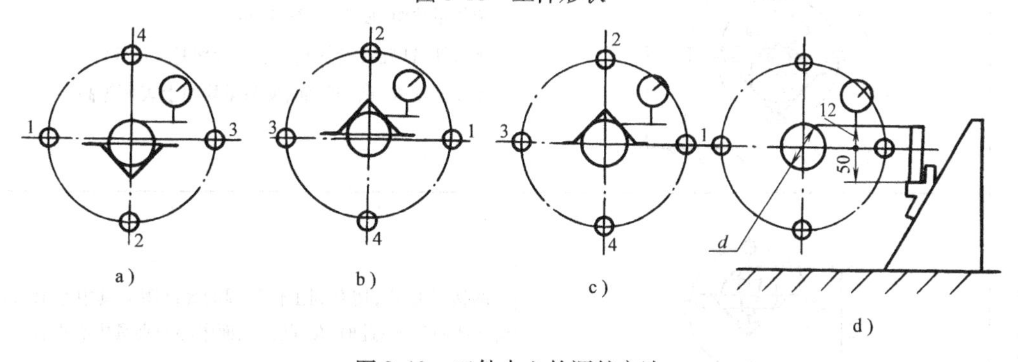

图8-19　工件中心的调整方法

表8-6　旋转夹具磨削凸模工艺过程

工件尺寸图	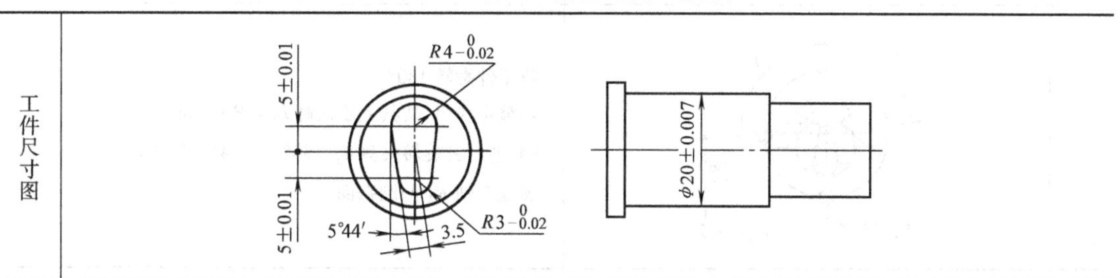

（续）

工序	磨削工艺过程图	说　明
安装调整工件	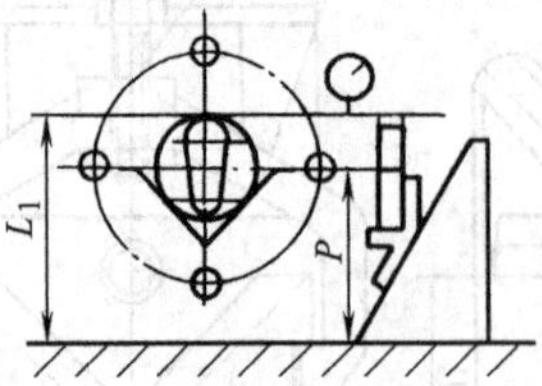	将 ϕ20mm 外圆定位、安装于 V 形夹具上，并调整工件中心与夹具中心重合；测量夹具中心高度，使测量平台垫的 50mm + 10mm，量块高度与工件外圆等高，即 $L_1 = P + 10$mm
1	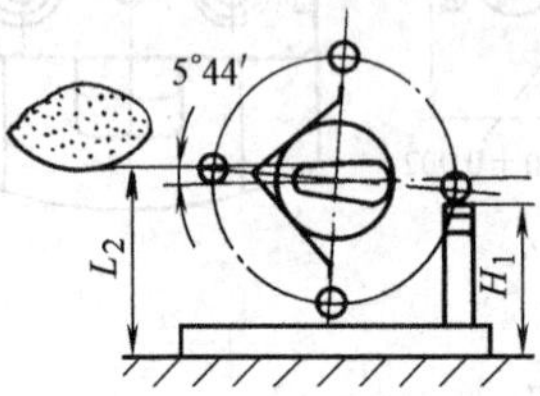	磨削两个 5°44′斜面 垫量块高 $H_1 = H_0 - 50\sin5°44' - 10 = H_0 - 14.99$mm，使工件对称中心线处于水平位置，并倾斜 5°44′；调整量块组，使其上表面距夹具中心高出 3.5mm，即 $L_2 = P + 3.5$，磨斜面直磨到与量块组上面等高
调整工件位置	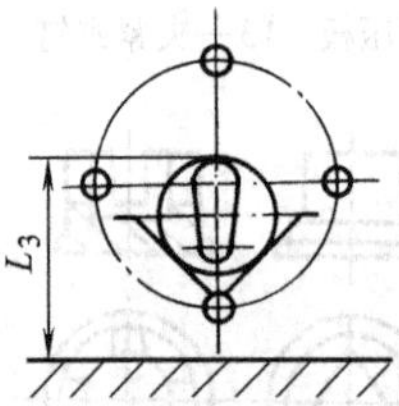	使工件对称中心线垂直于水平面，降底 V 形夹具，使凸圆弧面中心与夹具中心重合，即 $L_3 = P + 5$mm
2	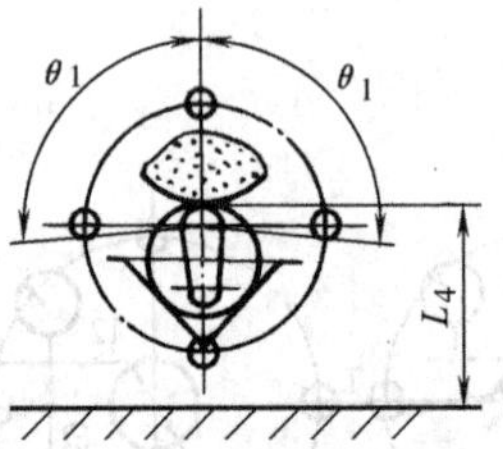	调整量块组，使 $L_4 = P + 4$mm 顺、逆时针旋转夹具 $\theta_1 = 90° + 5°44' = 95°44'$ 展成磨削 R_4 凸圆弧面，使与量块组上表面等高
调整工件位置	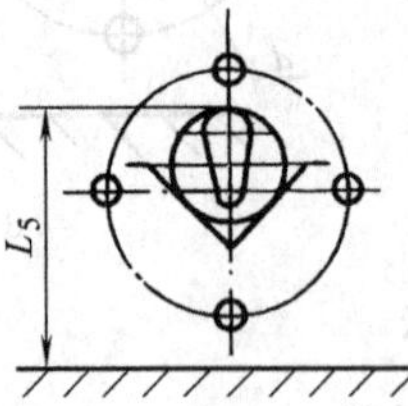	调整 V 形块，使升到工件外圆的高度距夹具中心 15mm，即 $L_5 = P + 15$mm；此时，R_3 凸圆弧面中心与夹具中心重合
3	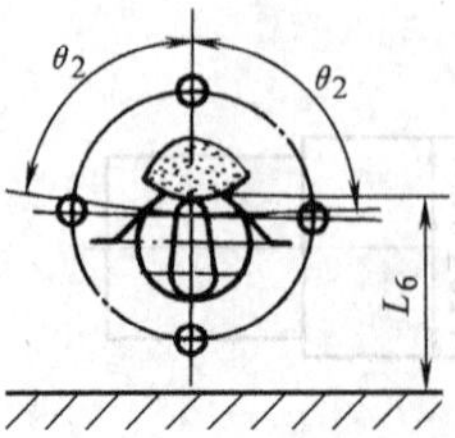	将工件翻转 180° 调整量块组，使其上表面高 $L_3 = P + 3$mm 顺、逆时针旋转夹具 $\theta_2 = 90° + 5°44' = 88°16'$ 展成磨削 R_3 凸圆弧面

万能夹具的以下两部分构造决定了其成形磨削的功能：

（1）正弦分度机构　由正弦分度盘、角度游标、正弦圆柱、量块垫板组成，其分度盘与夹具旋转主轴相连接，实现旋转运动，进行正弦分度，并在正弦圆柱与精密垫之间垫入量块组以测量、控制工件加工面的磨削位置和范围。

夹具中心高度测定采用比较测量法，以确定被加工面的测量高度。其测量方法如图8-20和图 8-21 所示。

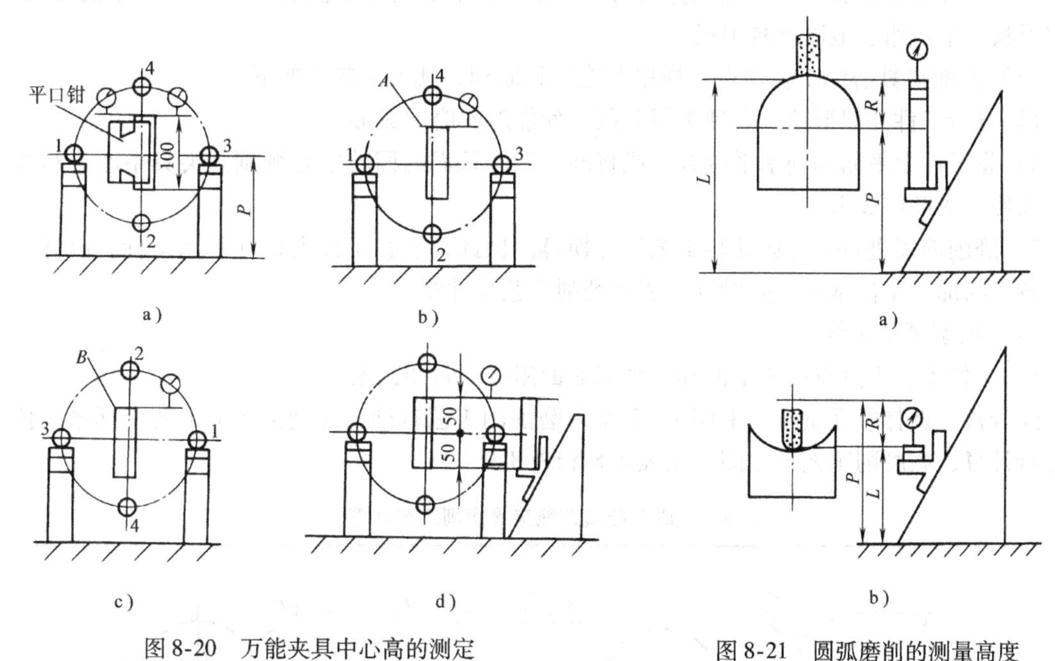

图 8-20　万能夹具中心高的测定

图 8-21　圆弧磨削的测量高度
a）凸圆弧　b）凹圆弧

1）图 8-21a 所示：在精密平口钳上装有 100mm 量块，并采用量块组校正平口钳，使 100mm 量块上端处于水平位置。再使千分表测量 A 面，并记下读数，如图 8-21b 所示；将主轴旋转 180°，测量 B 面并使其读数与 A 面读数相比较，调整滑板，使 B 面读数与 A 面相同，如图 8-21c 所示。

此时，在测量调整器上，垫入 100mm 量块，再使用千分表来测量、调整测量调整器，使其测量平台上的量块与精密平口钳上的量块等高。则测量平台 B 面（见图 8-17）与夹具中心的距离为 50mm，如图 8-21d 所示。

2）当磨削圆弧面时，须通过以上方法测定夹具中心高度；采用比较测量法，以测定圆弧面的高度，如图 8-22 所示。

图 8-22a 所示为磨削凸圆弧面，其加工面的测量高度

$$L = P + R$$

图 8-22b 所示为磨削凹圆弧面，其加工面的测量高度

$$L = P - R$$

3）磨削凸圆弧面采用平砂轮即可；磨削凹圆弧面时，则需采用圆弧形砂轮；对于半径很小的凹圆弧面，则需采用成形砂轮进行磨削。

其一般磨削工艺顺序可参见表 8-7。

表 8-7　几种类别型面磨削的次序

类　型	直线与凸圆弧相连	直线与凹圆弧	两凸圆弧相连	两凹圆弧相连	凹、凸圆弧相连
先	直线	凹圆弧	大圆弧	小凹圆弧	凹圆弧
后	凸圆弧	直线	小圆弧	大凹圆弧	凸圆弧

（2）工件定位、装夹、位置调整机构　主要由固定于夹具主轴上的“十字”导轨滑板、固定滑板上平口钳、电磁夹具组成。

（3）万能夹具磨削工艺要点　根据万能夹具原理，其工艺要点如下：

1）分析工件几何形状，合理进行分段，使能顺次磨削成形。

2）将工件上平面调到水平位置，或将凸、凹圆弧面的回转中心顺调到夹具中心进行重合，以便顺次磨削成形。

3）磨削前需进行工艺设计与工艺尺寸换算。因此，须在工件上建立平面坐标，以计算工件各段的加工定位基准，并设计成成形磨削工艺尺寸图。

（4）典型磨削实例

1）工件Ⅰ：为具有三个平面和五个圆弧面组成的封闭凸模。

经分析，选择相互垂直的平面 1、2 作为磨削的工艺基准，并建立 xoy 工艺坐标系，依次进行计算，做磨削工艺尺寸图，见表 8-8 和表 8-9。

表 8-8　成形凸模万能夹具磨削工艺计算

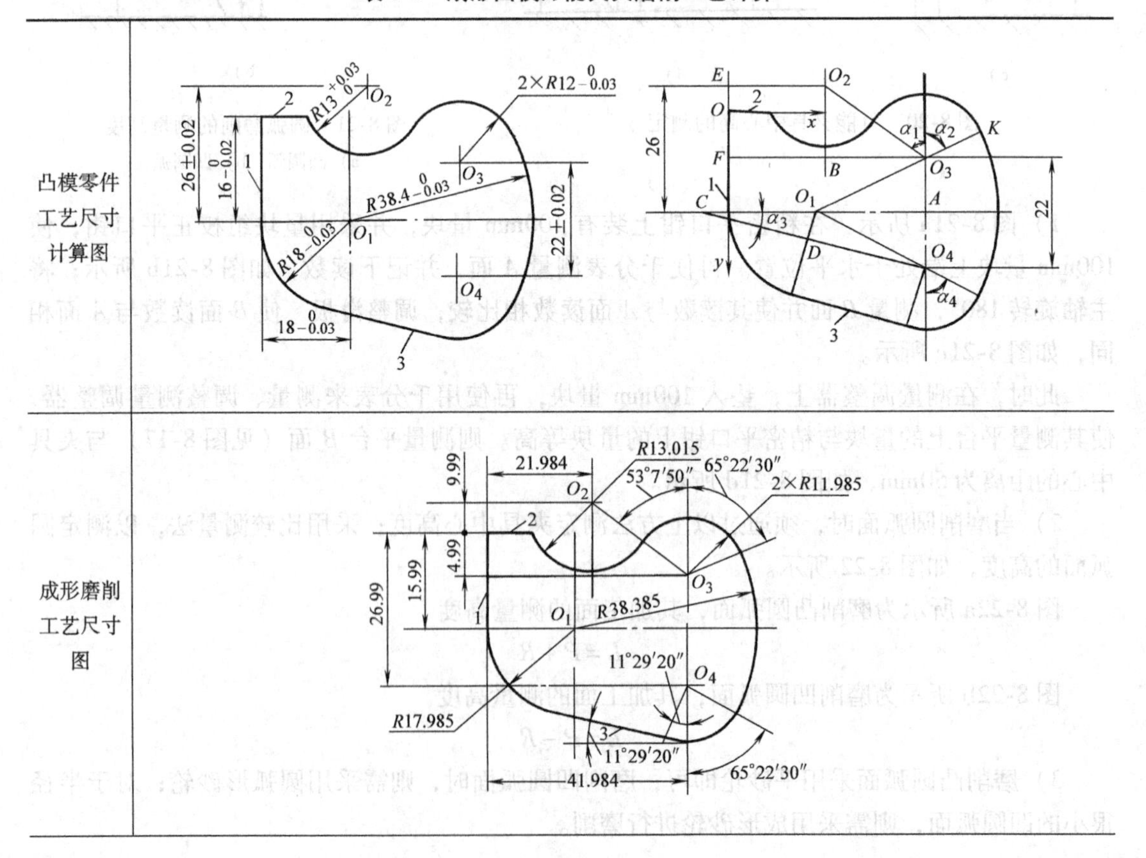

（续）

各圆弧面回转中心坐标计算	由零件图可知：$\begin{cases} Q_1x = 17.985 & （取公差 0.03/2 = 0.015）\\ Q_1y = 15.99 & （取公差 0.02/2 = 0.01）\end{cases}$ 在 ΔO_1O_3A 中：$O_1O_3 = O_1K - O_3K = 38.385 = 26.4$ $O_3A = \frac{22}{2} = 11$ $\begin{cases} O_3x = CO_1 + O_1A = CO_1 + \sqrt{\overline{O_1O_3}^2 - \overline{O_3A}^2} = 17.985 + \sqrt{26.4^2 - 11^2} = 41.984 \\ O_3y = 15.99 - O_3A = 4.99 \end{cases}$ $\begin{cases} O_4x = O_3x = 41.984 \\ O_4y = O_3y + 22 = 26.99 \end{cases}$ 在 ΔO_2BO_3 中：$O_2O_3 = 13.015 + 11.985 = 25$ $O_2B = 26 - \frac{22}{2} = 15$ $BO_3 = \sqrt{\overline{O_2O_3}^2 - \overline{O_2B}^2} = 20$ $\therefore \begin{cases} O_2x = O_3x - BO_3 = 41.984 - 20 = 21.984 \\ O_2y = 26 - 15.99 = 10.01 \end{cases}$
	则各回转中心的 $x-y$ 坐标值为 $\begin{cases} O_1x = 17.985 & O_2x = 21.984 & O_3x = 41.984 & O_4x = 41.984 \\ O_1y = 15.99 & O_2y = 10.01 & O_3y = 4.99 & O_4y = 26.99 \end{cases}$
计算斜面对坐标轴的夹角	在 ΔO_1AO_4 中：$\angle AO_1O_4 = \arcsin(O_4A/O_1O_4) = \arcsin(11/26.4) = 24°37'30''$ 在 ΔO_1DO_4 中：$\angle O_1O_4D = O_1D/O_1O_4 = \arcsin[(17.985 - 11.985)/26.4] = 13°8'10''$ 所以斜面 3 与 x 轴的夹角 α_3 为 $\alpha_3 = \angle AO_1O_4 - \angle O_1O_4D = 24°37'30'' - 13°8'10'' = 11°29'20''$
计算各圆弧的包角	以 O_1、O_2 为回转中心的 $R38.4_{-0.03}^{\ 0}$ 凸圆弧面、$R13_{\ 0}^{+0.03}$ 凹圆弧面，在展成磨削中，不干涉其他表面，故可不计其包角 以 O_1 为回转中心的 $R18_{-0.03}^{\ 0}$ 凸圆弧面的包角 α_3 已确定 以 O_3 为回转中心的 $R12_{-0.03}^{\ 0}$ 与两圆弧相切，其包角为 $\alpha_1 = \angle BO_2O_3 = \arccos(O_2B/O_2O_3) = \arccos(15/25) = 53°7'50''$ $\alpha_2 = \angle O_1O_3A = \angle O_1O_4A = 90° - \angle AO_1O_4 = 90° - 24°37'30'' = 65°22'30''$ 以 O_4 为回转中心的 $R12_{-0.03}^{\ 0}$ 凸圆弧面和平面 3、$R38.4_{-0.03}^{\ 0}$ 凸圆弧面相切。由于已求出平面 3 与 x 轴线的夹角 α_3，与 $R38.4_{-0.03}^{\ 0}$ 相切的包角 $\alpha_4 = \alpha_2 = 65°22'30''$
	则斜面对坐标轴的角度与各圆弧面的包角为 $\alpha_1 = 53°7'50''$　$\alpha_2 = 65°22'30''$ $\alpha_3 = 11°29'20''$　$\alpha_4 = \alpha_2$

将表 8-8 中计算出的 O_1、O_2、O_3、O_4 的坐标值，斜面与坐标的夹角，以及与各圆弧面相对应的包角，全部标注在成形磨削工艺尺寸图中，则可对定位、固定在万能夹具中的工件进行测量、调整，顺次磨削成形。

其测量、调整和磨削工艺过程见表 8-9。

表8-9 成形凸模万能夹具磨削工艺过程

工 序	磨削工艺过程图	说 明
1 （装夹工件）	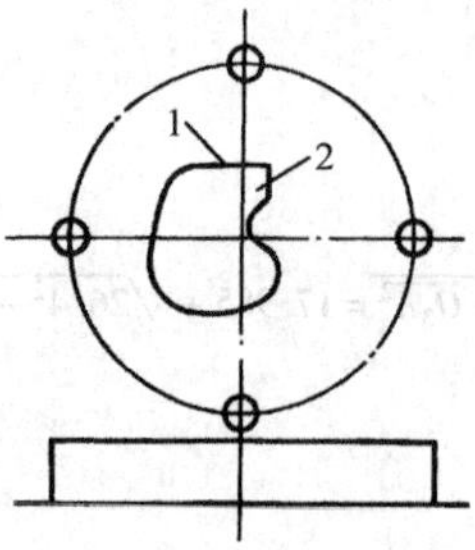	将工件装于滑板的圆盘上，转动圆盘，并用千分表校正基准面1、2分别调整在水平位置。并使分别与夹具纵、横滑板的移动方向一致，最后销定圆盘于夹具滑板上
2 （磨平面1）	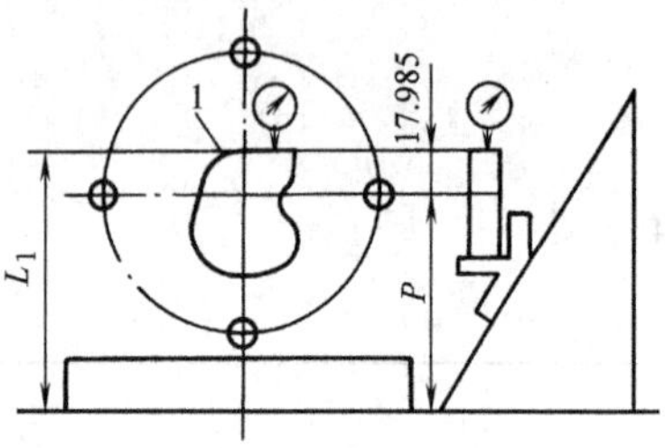	将回转中心 O_1 调到与夹具中心重合其调整方法：将面1置于水平位置，移动夹具滑板、测量、调整加工面1高度，使 $L_1=P+17.985\text{mm}$ 使量块上百分表读数为零。则对加工面1上的百分表应等于磨削余量值 以同样过程，测量、调整加工面2的磨削余量，使 $L_2=P+15.99\text{mm}$
3 （磨平面2）	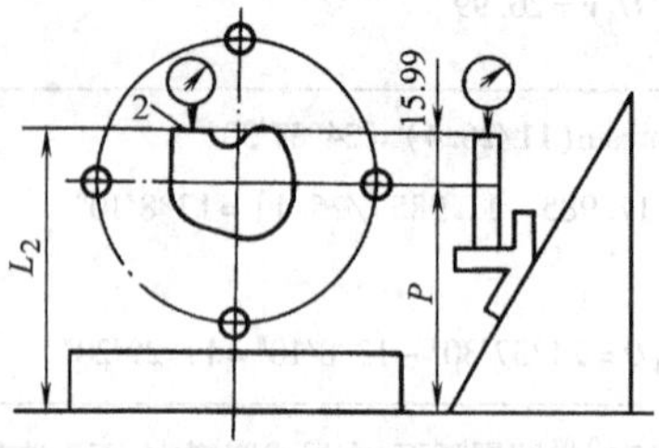	以 O_1 为回转中心，用百分表检查 $R17.985$ 和 $R38.385$ 两个圆弧面的磨削余量 同时，按工艺尺寸图，调整 O_2、O_3、O_4 使与夹具中心重合，并用百分表检查各加工面的磨削余量 当加工面1与2调至水平位置时，按 L_1、L_2 高度磨削到尺寸
4 （磨 $R38.385$ 圆弧面）	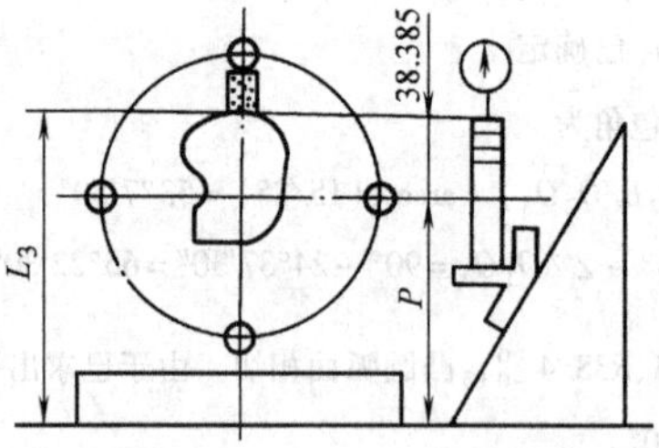	仍以 O_1 为回转中心，将 $R38.385$ 圆弧转动到上方，并展成磨削到尺寸，其测量高度 $L_3=P+38.385\text{mm}$，因不影响其他，故不用量块来控制其回转角度 转动夹具主轴，使平面3处于水平位置，并与 x 轴成夹角 $\alpha_3=11°29'20''$，垫上量块高度：$H_1=H_0-L\sin10°29'20''-\dfrac{\alpha}{2}\text{mm}$，并磨平面3到尺寸
5 （磨平面3和17.985凸圆弧面）	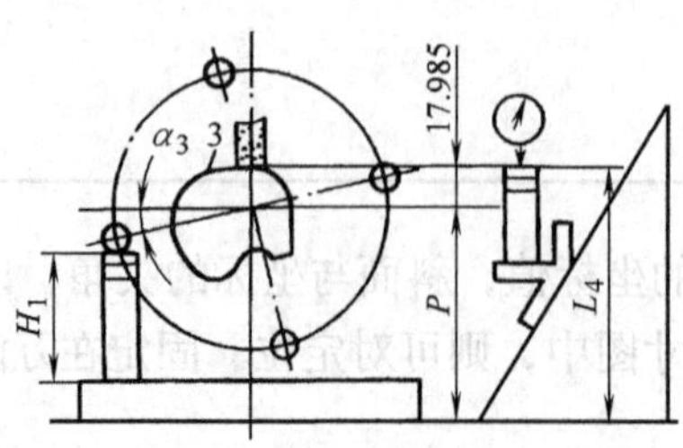	接着，仍以 O_1 为回转中心展成磨 $R17.985$，在圆弧面与加工面1切点垫量块 $H_2=H_0-\dfrac{d}{2}$，在圆弧面与面3切点垫量块：$H_3=H_1=H_0-L\sin11°29'20''-\dfrac{d}{2}$，以控制 α_3，并用火花法观察，使切点处光滑

（续）

工　序	磨削工艺过程图	说　明
6 （磨 $R13.015$ 凹圆弧）	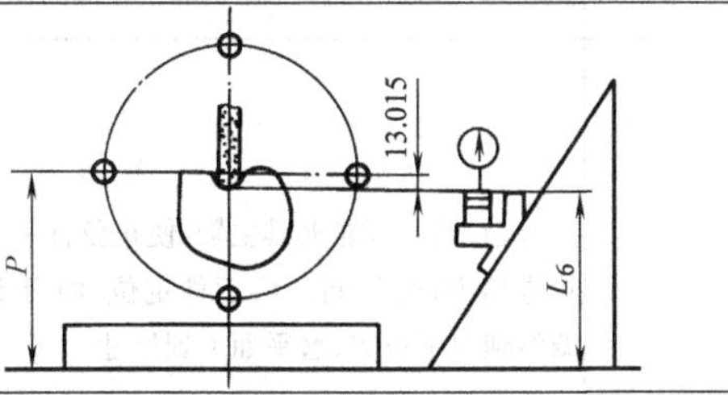	将圆弧面中心 O_2 调到与夹具中心重合，旋转夹具主轴磨凹圆弧，其测量高度为 $L_6 = P - 13.015\text{mm}$，其包角不需要精确进行控制
7 （磨凸圆弧面）	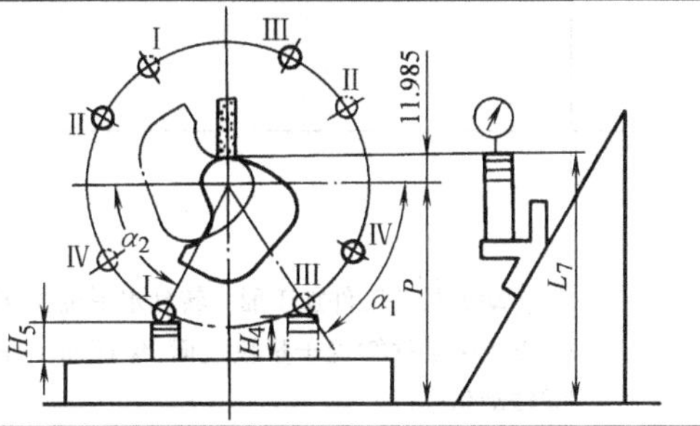	将 O_3 调到与夹具中心重合，展成磨削凸圆弧，使其 $L_7 = P + 11.985\text{mm}$ 为控制 α_1、α_2，在凸圆弧与凹圆弧相切处垫量块 $H_4 = H_0 - L\sin 53°7'50'' - \dfrac{d}{2}$；在与 $R38.385$ 圆弧相切处，垫量块 $H_5 = H_0 - L\sin 65°22'30''$
8 （磨凸圆弧面）	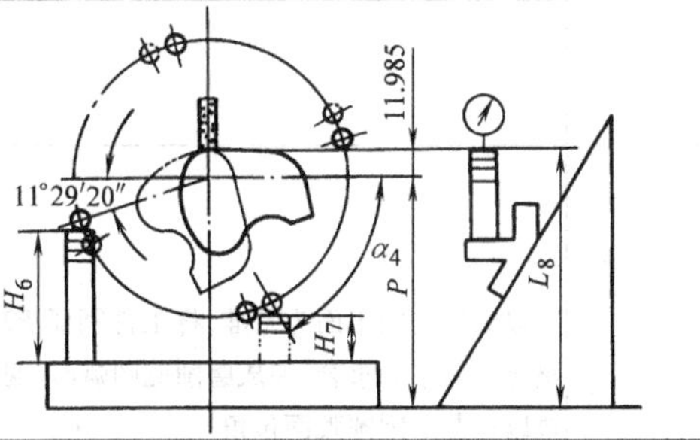	将 O_4 调到与夹具中心重合，则可展成磨比圆弧面。其量块高度：$L_8 = P + 11.985\text{mm}$；为控制包角 11°29′20″和 α_4 分别垫量块： $H_6 = H_0 - L\sin 11°29'20'' - \dfrac{d}{2}$ $H_7 = H_0 - L\sin 65°22'30'' - \dfrac{d}{2}$

2）工件Ⅱ：该工件具有 8 个平面，3 个凸、凹圆弧面和 2 个小圆弧（$R0.5$），其磨削顺序和工艺过程见表 8-10。

表 8-10　凸模成形磨削工艺过程实例

凸模形状工艺尺寸图	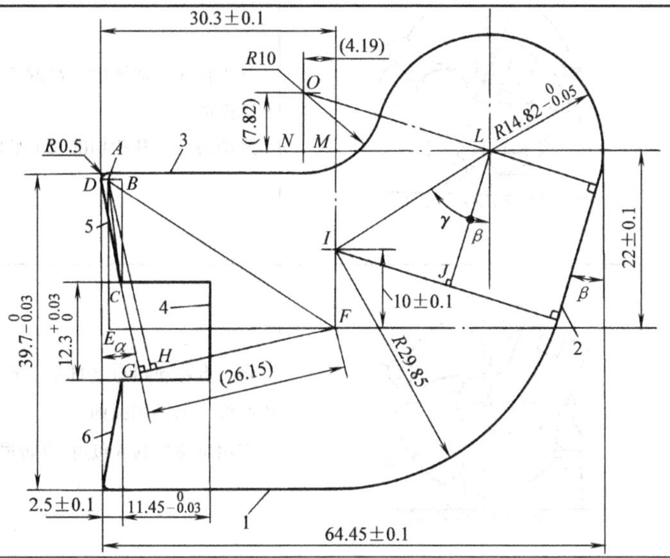

（续）

工　序	磨削工艺过程图	说　明
1 （磨平面 1）	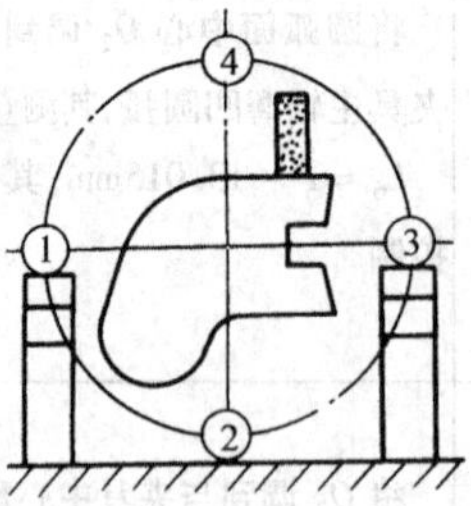	转动、调整万能夹具主轴，使正弦柱①、③的连线与床面（砂轮进给方向）平行。将工件定位，固定于夹具上，并使平面 1 调整到水平位置，磨平面 1 到尺寸
2 （磨平面 2）	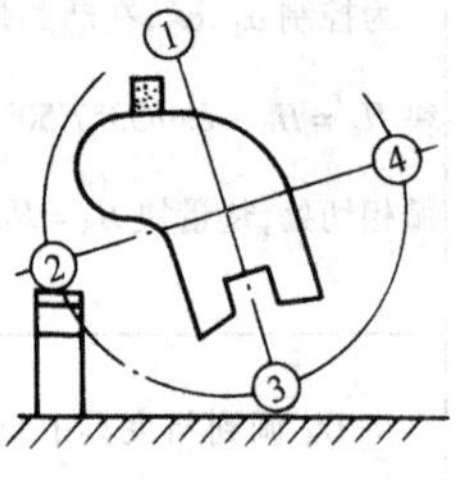	转动夹具使工件加工面 2 转到水平位置，磨平面 2 到尺寸 以正弦圆柱②置于量块上面，保证加工面于水平位置夹具需转动角度
3 （磨 $R29.83$ 凸圆弧面）	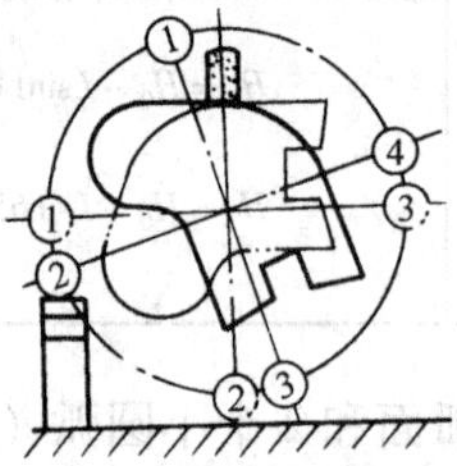	以磨好的加工面为基准，将工件圆弧 $R29.83$ 为回转中心调整与夹具中心重合，展成磨削此圆弧面（见双点虚线），并垫量块以控制磨削圆弧面包角
4 （磨 $R10$ 凹圆弧面和平面 3）	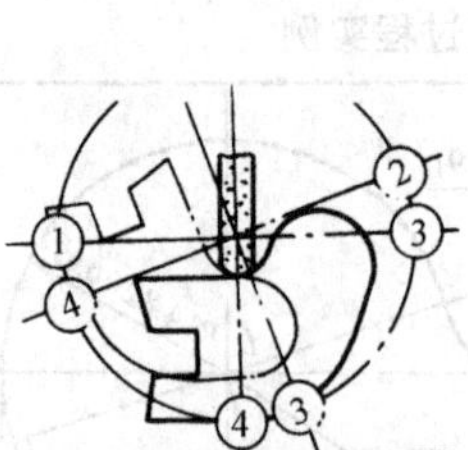	将工件 $R10$ 回转中心 O 调到与夹具中心重合，则可磨削 $R10$ 凹圆弧面 并磨削与 $R10$ 相切的加工平面 3 到尺寸
5 （磨凸圆弧面）	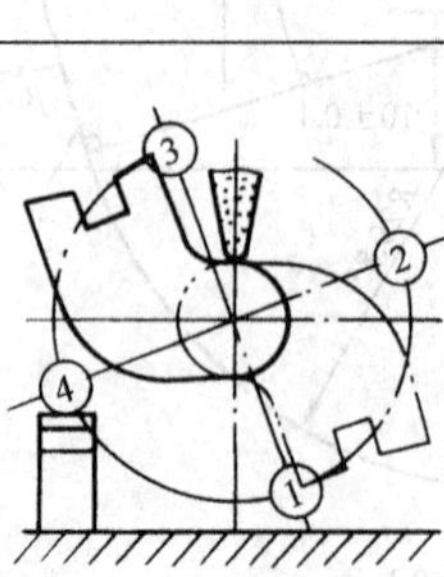	将 L 点移动到与夹具中心重合，并以此回转中心展成磨削 $R14.82_{-0.05}^{\ 0}$ 凸圆弧面 使用量块控制其包角，以防损坏相连接的加工面

（续）

工　序	磨削工艺过程图	说　明
6 （磨平面4与槽宽）	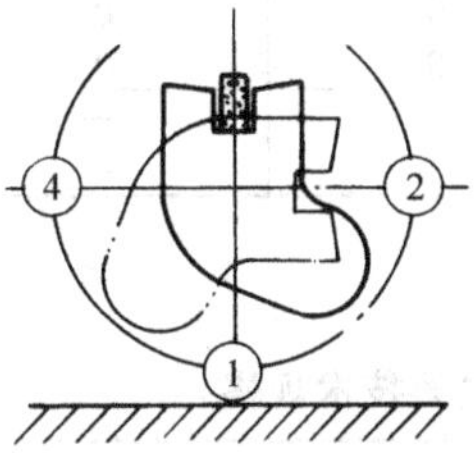	将F点移到与夹具中心重合，并使加工面4处于水平位置，并磨削到$12.3^{+0.02}_{0}$尺寸
7 （磨削平面5、6）	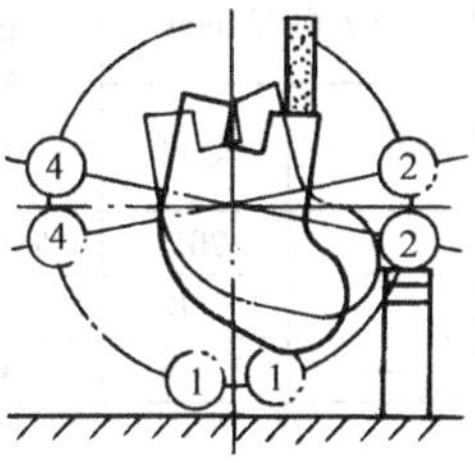	转动夹具主轴规定角度使平面⑤置于水平，并磨削平面⑤到尺寸。同样，磨削平面⑥。 并以量块控制平面⑤于水平时与x轴的夹角
8 （磨削$R0.5$圆角）	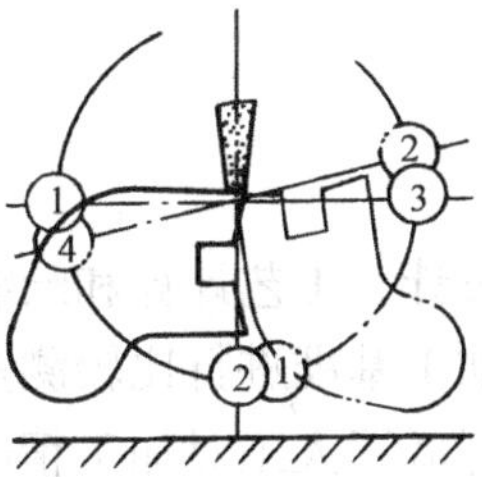	移动工件，使A点移到与夹具中心重合，以磨削$R0.5$圆角使工件从实线转到双虚线位置

8.1.4　常用成形磨削机床

1. 机床种类

为适应冲模成形零件进行精密成形磨削加工工艺的要求，在实践中研制、设计、制造了安装于平面磨床上使用的各种成形磨削夹具和修整成形砂轮夹具。此后，又根据成形磨削原理设计成功固装有万能夹具的专用成形磨削机床。因此，成形磨削装备有以下几种：

1）平面磨床上安装正弦分中夹具、修正砂轮夹具和各种正弦夹具等。

2）平面磨床上，固装精密缩放仿型修正砂轮机构。

3）固装有万能夹具的专用成形磨削机床。

2. 成形磨削装备规格、性能（见表8-11和表8-12）

表8-11　常用成形磨削机床的名称、型号及专用夹具

机床名称	型　号	专用夹具			
		成形砂轮	正弦夹具	分度夹具	万能夹具
平面磨床	M7120A M7130 MM7120	0[①] 0 0	0 0 0	—[②] — 0	— — 0

（续）

机床名称	型号	专用夹具			
		成形砂轮	正弦夹具	分度夹具	万能夹具
模具专用磨床	HZ—01	0	0	0	0
万能工具磨床	M6025A	0	0	0	—
	M612(M5M)	0	0	0	0
工具曲线磨床	MD9030	0	—	—	0
	MA9025	—	—	—	—

① 表示适宜所采用的专用夹具。

② 表示不适用。

表 8-12 常用成形磨削机床的主要技术规格

型号	加工范围/(长度/mm×宽度/mm)	磨头						砂轮	
		砂轮轴中心至台面的距离/mm	砂轮回转角度			磨头行程/mm		砂轮转速/(r/min)	砂轮规格/(外径/mm×内径/mm×宽度/mm)
			绕 X 轴（纵向）	绕 Y 轴（横向）	绕 Z 轴（垂直）	纵向	垂直		
M6025A	500×320	150~355	—	—	—	—	205	2800~9000	200×32×13
MD9030	300×200	200~500	—	—	—	—	300	3700	150×32×16
MA9025	250×220	—	±10°	+10°、-20°	±45°	—	5~80	4800	125

8.2 光学曲线磨削工艺与机床

8.2.1 磨削原理与方法

1. 磨削原理与磨床组成

采用成形磨削夹具进行成形磨削时，需进行工艺设计、工艺计算和绘制工艺尺寸图，并需使用测量调整器、量块和千分表对工件各加工面与加工基准进行比较测量，调整工件各加工面与基准到位。而研制、设计成功的光曲磨床，则降低了人工对加工精度的影响，能较直观地进行成形零件的磨削成形，简化了操作过程。光曲磨床由两部分组成，如图 8-22 所示。

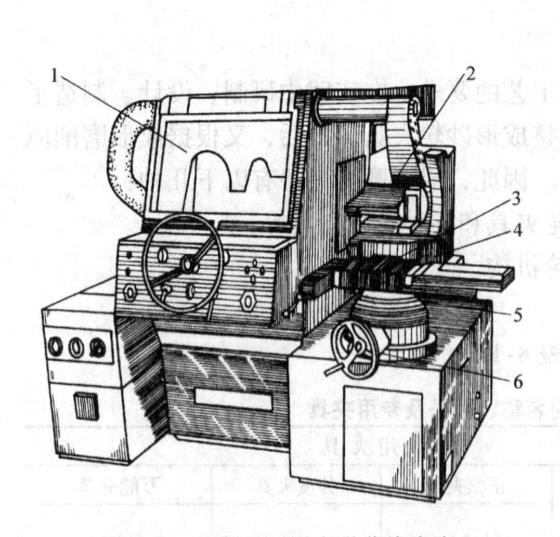

图 8-22 M7017A 型光学曲线磨床
1—投影屏幕 2—砂轮架 3、5、6—手柄 4—工作台

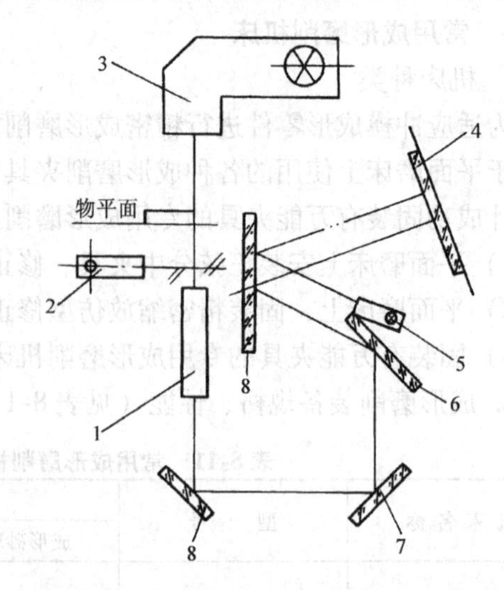

图 8-23 M9017A 光学曲线磨床的光学系统
1—50 倍物镜 2—反射照明 3—透射照明 4—投影屏幕 5—光学指示仪 6、7、8—反射镜

（1）光学系统　包括投影放大系统，由放大镜、成像系统（投影屏幕等）构成；另一部分为照明系统，由透射照明和反射照明组成。其光学系统如图 8-23 所示。

（2）工件装夹与磨削装置　包括床身、工作台、砂轮架，以及手柄等传动与操作机构。工作台可作纵、横、垂直升降和回转运动，主要用作调整工件加工面的位置；砂轮架也有纵、横滑板，以作磨削进给运动。

2. 磨削方法

（1）轨迹法　光曲磨床主要采用砂轮沿工件加工（型）面连续展成磨削成形。其工艺过程如下：

1）将工件的型面，放大 50 倍，采用精密绘图机绘制在“描图样”上，并夹在屏幕 4 上；M9017A 光曲磨床的投影屏幕尺寸为 500mm × 500mm，因此，其上只能看到小于 10mm × 10mm 的工件加工（型）面的轮廓。若工件尺寸超过此尺寸范围，则可对型面进行分段，如每段均放大 50 倍，并重叠绘制在同一幅“描图样”上，如图 8-24 所示。并夹在屏幕上。

2）工件加工（型）面若在 10mm × 10mm 以内，则可沿投影于屏幕上的工件型面（也放大 50 倍）与放大 50 倍的“描图样”，对照并移动砂轮架纵、横滑板磨去余量（见图 8-24a 上虚线处）。

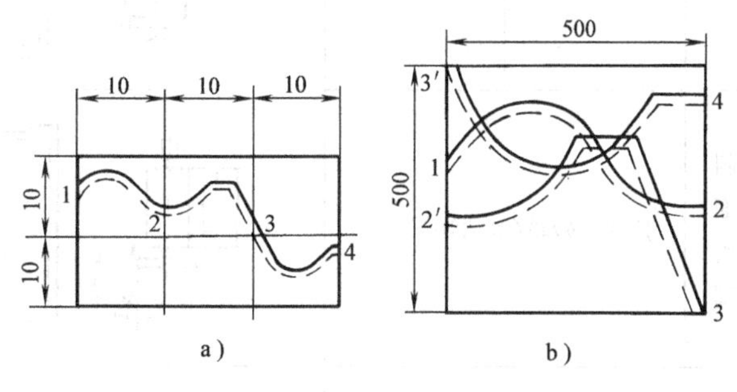

图 8-24　分段磨削
a）工件外形　b）放大图

若型面大于 10mm × 10mm，则可逐段磨削成形。如图 8-24b 所示：先按图上 1-2 段曲线磨出工件上的 1-2 段型面；调整工作台带动工件向左移动 10mm，并按图上 2′-3 段曲线磨出工件上的 2-3 段型面；最后，向左、向上分别使工件移动 10mm，按图上 3′-4 段曲线磨出工件上的 3-4 段型面。

3）为使磨削出的工件型面之间能光顺平滑、精确地连接，常采用按几何元素来进行分割，以便合理地进行分段磨削，见表 8-13。

表 8-13　几种分割面的选取方法

名　称	拉　　挡	棘　　爪	压　　簧
简图	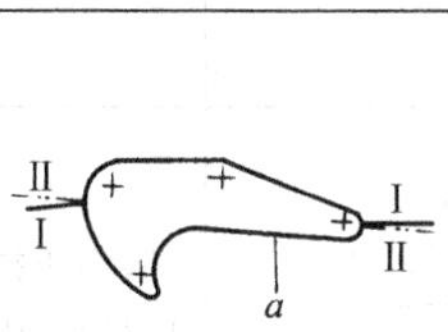	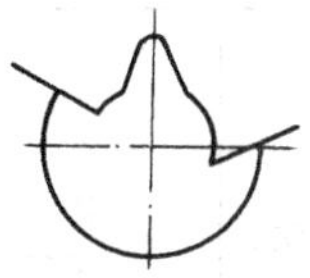	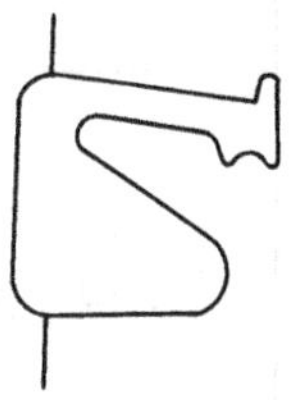
说明	第一种分割面在圆弧中心线上（Ⅰ—Ⅰ） 第二种分割面（Ⅱ—Ⅱ）与 a 面平行，以便于操作	分割面取在斜面上	分割面取在圆弧与直线的切点上

（2）切入法　即采用成形砂轮进行切入式磨削，成形砂轮的型面须与工件加工（型）面完全吻合、精确一致。因此在光曲磨床上采用切入法时亦需使用金刚石和相关夹具（见图 8-4、图 8-5）精密修整砂轮成形。

应用轨迹法和切入法磨削斜面、内角与圆弧的方法见表 8-14 和表 8-15。

表 8-14　斜面及内角的磨削

内容	方法		示图	说明
斜面磨削	移动磨头滑板(轨迹法)	斜置磨头滑板	拼模面 θ θ	将磨头滑板倾斜 θ 角度,移动滑板,根据放大图校正磨头运动方向是否正确
		放大图及工件斜置	θ	工件拼模面磨正后,利用屏幕上的坐标方格使放大图的斜线与方格垂直重合,再使磨好的拼模面映像与放大图上的拼模线重合
斜面磨削	用成形砂轮(切入法)		θ	利用砂轮修正器将砂轮修成 θ 角度,并校核映像与放大图,如不符合再调整修正器的角度
内角磨削	磨头滑板移动(轨迹法)	磨削正 90° 内角	1°~2° 90° 1°~2°	将磨头倾斜 1°~2°,并将砂轮修成一定的角度,移动磨头纵、横滑板,磨削正 90° 内角
		磨削斜 90° 内角	θ θ	将磨头滑板回转 θ 角度,并将砂轮修成双面斜度,移动纵、横滑板磨削
	工作台或工件回转(轨迹法)		1°~2° θ 拼模面	磨削正拼模面,将工件回转 θ 角度,使磨削面与磨头纵、横滑板平行,移动纵、横滑板磨削
	用成形砂轮磨削(切入法)			将砂轮修正器置成所需角度,视金刚刀杆运动的轨迹是否与放大图上的型线相符,然后将砂轮修正成形,进行磨削

表 8-15　圆弧磨削法

方　法	轨　迹　法			切 入 法
砂轮形状	单斜边砂轮	双斜边砂轮	平直形、凸弧形砂轮	成形砂轮
磨凸圆弧示意图	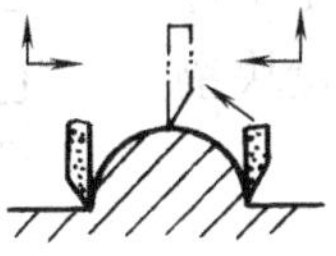	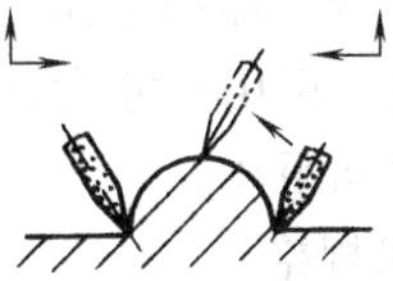	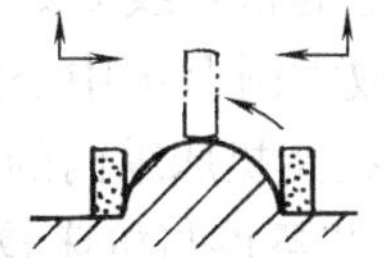	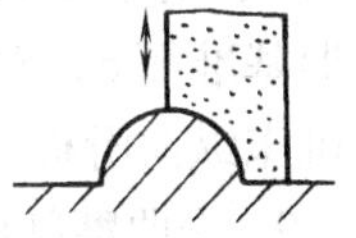
磨凹圆弧示意图	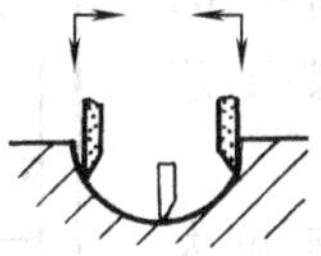	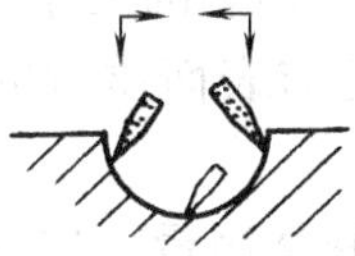	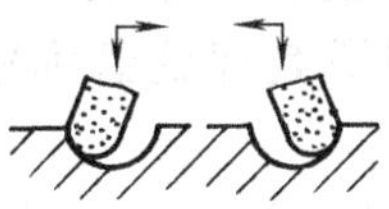	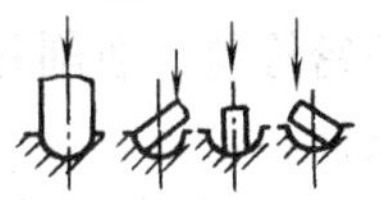
说　明	两转角处(凸圆弧)或两端(凹圆弧)需要正反两块砂轮	两转角处或两端需将磨头倾置	1. 平砂轮磨凸圆弧，操作方便，但转角较深 2. 砂轮圆弧半径为工件圆弧半径的 2/3 ~ 3/4，磨削精度高	1. 修整砂轮成形 2. 凹圆弧半径大时，可将砂轮修成一段圆弧，并将磨头倾置

8.2.2　光曲磨削工艺条件与机床

1. 光曲磨削的应用、加工精度与质量

光曲磨削应用于精密、小型冲裁模的凸模与凹拼块的精密成形磨削加工。具体说，可用磨削平面、圆弧面或非圆弧面成形磨削加工。

光曲磨削的成形磨削尺寸精度≤0.01mm；光曲磨削型面表面粗糙度 $Ra0.8 \sim Ra1.6\mu m$。

因此，保证、改善光曲磨的加工精度和表面质量以适应精密冲模的更高要求，甚为必要。其具体工艺措施如下：

1）绘制放大图时，比例和尺寸尽可能精确；线条宜很细，一般需在精密绘图机上进行，线条尺寸为 0.05 ~ 0.08mm；手工绘制时，则为 0.1 ~ 0.2mm。同时，绘制放大图的材料要求受空气温度影响小，变形小，图形精度高；牢固，易于保存。常用材料与性能见表 8-16。

表 8-16　几种材质放大图的比较

材　质	绘 制 方 法	使 用 效 果
优质描图纸	用墨汁或优质铅笔绘制	随空气温度变化有涨缩，尺寸精度不高，适于一次性使用
涤纶薄膜(厚 0.125mm)	采用绘图刀划线后涂色，精度高	受空气温度影响小，薄膜有一定牢度，易于收藏，可多次使用
有机玻璃薄板	材料表面需打毛，可绘制或在样板铣床上刻画	变形小，精度高，但成本也高

2）工件装夹、定位可靠、精确。其定位方法和顺序为：

① 将放大图的十字中心线，对准机床光屏上的中心标记。即表明十字中心线，已与机床工作台的纵、横运动方向平行。

② 将装夹工件的专用夹具测量棱边，精确对准放大图的十字中心线或分割线。

③ 当工件尺寸 < 10mm × 10mm 时，可直接用工件外形精确对准放大图基准线进行定位。当工件尺寸较大，需分段磨削时，工件的定位方法与顺序为：见图 8-25，先使工件上的拼合面 b，对准放大图上的拼合线 b'；此后，移动工作台，使工件外形基准面 a，对准放大图上 a' 中心线；再用尺寸为 A 的量块垫入机床纵向滑板，以控制机床纵向的移动距离。

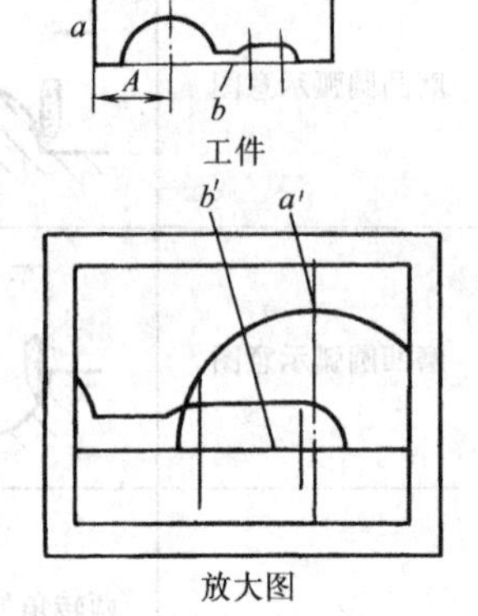

图 8-25 分段磨削时工件的定位找正

2. 光曲磨削的工艺条件与机床技术规格

（1）工艺条件 包括正确选择砂轮与砂轮的尺寸以及砂轮的精密修整；磨削用量更是保证磨削精度与表面质量的重要工艺条件。

1）精密修整砂轮形状：粗磨时的修整用量可按砂轮粒度大小确定：100#砂轮为 0.14mm/r；180#砂轮为 0.08mm/r。精磨时的修整用量，一般为 0.04mm/r。

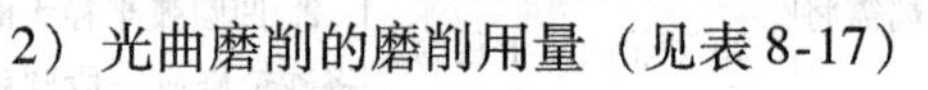

2）光曲磨削的磨削用量（见表 8-17）

（2）光曲磨床的技术规格，见表 8-18。

表 8-17 磨削用量

磨削用量	砂轮架滑板往复速度/(次/min)	单斜面滑板纵向进给速度/(mm/s)	滑板纵、横向复合速度/(mm/s)	磨削深度/mm
粗磨	85	0.6	0.03 ~ 0.08	0.02
精磨	45	0.03 ~ 0.16	0.0016 ~ 0.005	0.003 ~ 0.005

表 8-18 M9017A 型光学曲线磨床主要技术规格

加工范围				磨头				工作台			投影系统	
平板形工件		圆柱形工件		磨头滑板移动量		砂轮滑板最大行程	砂轮最大直径	最大移动量			倍数	光屏面积
一次投影磨削最大尺寸	分段磨削最大尺寸	磨削最大直径、长度	磨削最大深度	纵向	横向			纵向	横向	升降		
10mm × 6mm、25mm × 15mm	175mm × 8mm	φ100mm × 150mm	35mm	80mm	80mm	80mm	150mm	170mm	80mm	100mm	20、50	550mm × 350mm

8.3 数控成形磨削与坐标磨削工艺

8.3.1 数控成形磨削工艺与机床

1. 数控成形磨床的型式与组成

数控成形磨床是以砂轮架（磨头）安装在立柱中间的卧轴矩台平面磨床结构为基础，外观形似的机床，如图 8-26 所示。

其组成部分主要有：床身 1，立柱 2，砂轮架（磨头）3，工作台及其上的纵、横滑板 4，以及数控系统 5 等。

2. 数控成形磨削原理与工艺

成形磨削运动与磨削工艺原理如下：装在立柱的导轨上的砂轮架（磨头），作垂直（Z 轴）方向进给运动；装在床身导轨上的工作台纵滑板，作纵向（x 轴）往复磨削运动；装在纵滑板上的导轨上的工作台横滑板，作横向（y 轴）进给运动。

x、y、z 轴运动均采用精密滚珠丝杠副，由伺服电动机传动，并采用数字控制系统，按照磨削程序编码，以控制 y、z 轴的进给，对工件型面进行展成磨削；或采用安装于工作台上的金刚石夹具，精密修整砂轮成形，进行仿形磨削，如图 8-27 ~ 图 8-29 所示。

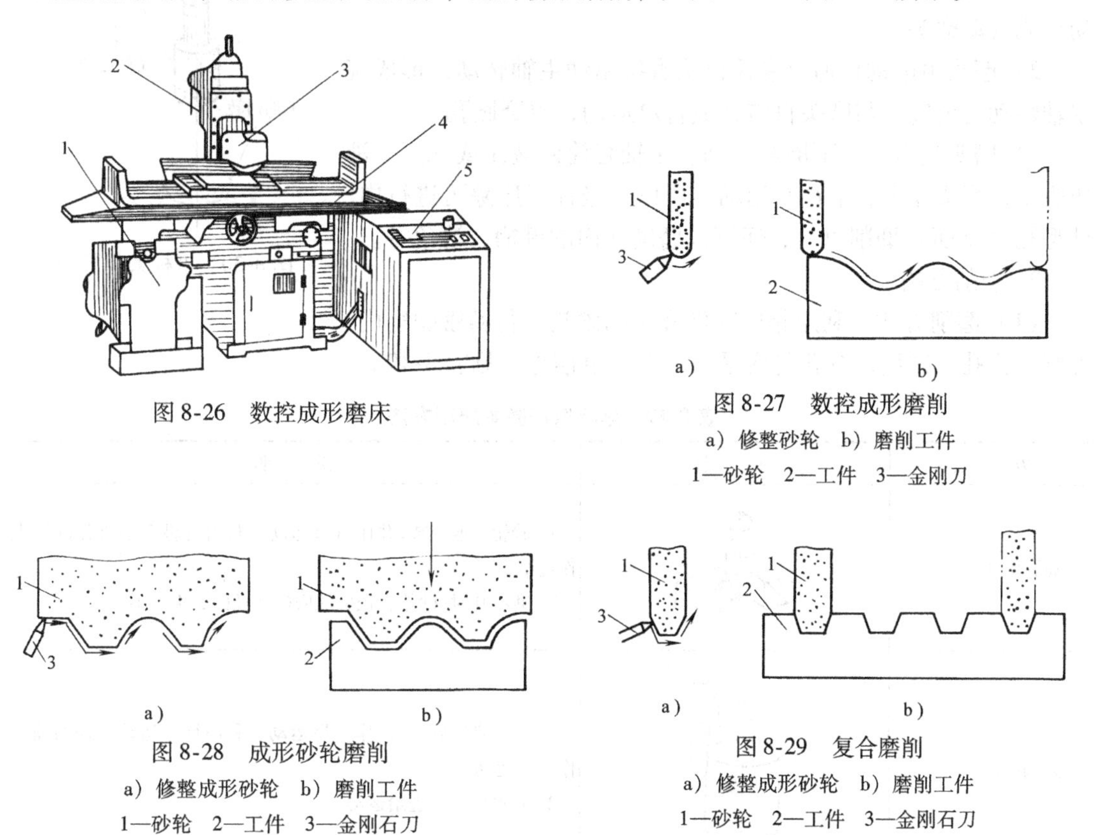

图 8-26　数控成形磨床

图 8-27　数控成形磨削

a）修整砂轮　b）磨削工件

1—砂轮　2—工件　3—金刚刀

图 8-28　成形砂轮磨削

a）修整成形砂轮　b）磨削工件

1—砂轮　2—工件　3—金刚石刀

图 8-29　复合磨削

a）修整成形砂轮　b）磨削工件

1—砂轮　2—工件　3—金刚石刀

8.3.2　坐标磨削工艺与机床

1. 坐标磨削的原理与应用

（1）坐标磨削应用　常用坐标磨床为立式、单柱坐标磨床。坐标磨床的进给系统常采用机械传动由直流电机或直流伺服系统驱动。因此，可进行连续轨迹磨削；需要时，还可以作 x、y、z 坐标点位数控。所以，坐标磨削的控制常采用手动和数控（NC）程序控制两种方式。

坐标磨削精度与质量：

1）最大磨削速度：$v_{max}=100000\text{r/min}$；

2）定位精度：在 30mm 长度内为 0.8μm；在全行程内为 2.3μm。

3）NC 连续轨迹磨削的形状精度：在全行程内为 7.5μm。

4）表面粗糙度为：一般磨削加工时达 $Ra(0.8\sim0.4)$μm；精细加工时达 $Ra0.2$μm。

所以，坐标磨削主要应用精密冲裁模的凸模、凹模与卸料板型孔以及模板上孔系的精密加工。

CNC 连续轨迹坐标磨削可采用同一加工代码，以不同磨削用量，顺次磨削凸模、凹模和卸料板型孔，以保证间隙。另外，坐标磨床还可以用来进行精密测量和划线作业。

（2）坐标磨削原理　坐标磨床的磨削运动，如图 8-30 所示。其中：

1）磨头上的砂轮自转磨削运动由高频电动机或压缩空气驱动形成气动磨头。

2）磨头由电动机通过变速机构直接驱动主轴转动，形成绕主轴转动的公转，与磨头自转合成行星运动，以磨圆孔。

3）磨头具有上、下磨削运动。主轴套筒由液压或气压—液压驱动，磨头作上、下往复运动，所以，坐标磨床除可进行内、外型孔（型面）磨削以外，还可以磨削孔内的键槽、清角等。

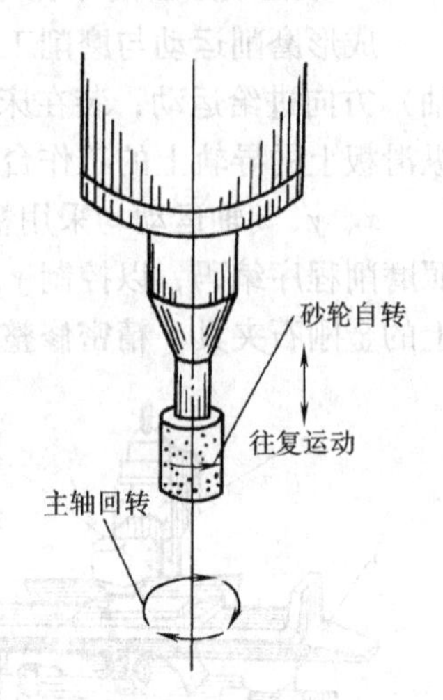

图 8-30　坐标磨削运动

2. 磨削方法

（1）磨削方式　利用相应附件和不同砂轮进行精密磨削内、外圆，锥孔、锥面，沉孔与底平面，以及窄槽等，见表 8-19。

表 8-19　坐标磨床基本磨削方法

方　法	简　图	说　明
通孔磨法		1. 砂轮高速旋转，并作行星运动。利用行星运动直径的扩大作进给运动 2. 磨小孔时，砂轮直径应取磨削孔径的 3/4 大小
外圆磨法		1. 砂轮高速旋转，并作行星运动。利用行星运动直径的缩小作进给运动 2. 砂轮作上下进给运动
外锥面磨削		1. 砂轮旋转，并作行星运动，利用行星运动直径的逐渐缩小和扩大作进给运动 2. 砂轮的锥度方向与工件相反
沉孔磨削		1. 砂轮旋转并作行星运动，扩大行星运动直径作进给，或按所需孔径大小固定行星运动直径，然后主轴下降作进给，此时是用砂轮底部棱边进行磨削 2. 内孔磨削余量大时，上述第二种方法为宜

（续）

方　　法	简　　图	说　　明
沉孔成形磨削	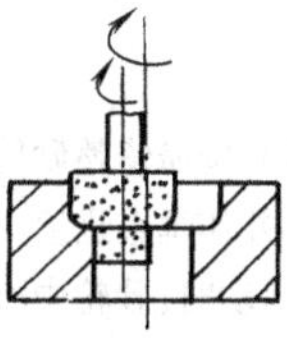	1. 成形砂轮旋转并作行星运动，垂直方向无进给 2. 磨削余量小时，以此法为宜
底面磨削	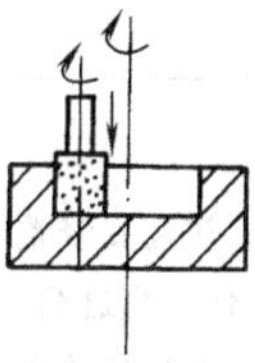	1. 以砂轮底面磨削，主轴轴向进给。为便于排屑，砂轮端面修成 3°左右凹面。砂轮直径与磨削孔径比不能过大 2. 采用小进给量
横向磨削	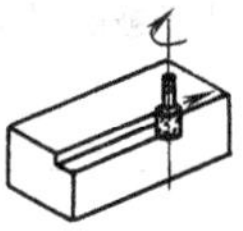	1. 主轴不作行星运动，工作台作 X 方向或 Y 方向直线运动 2. 此种加工方法适于直线或轮廓的精密加工
垂直磨削		1. 砂轮旋转，并作垂直运动。主轴不作行星运动 2. 适用于轮廓仿形磨削且余量大的情况 3. 砂轮底面修凹
锥孔磨削（用圆柱砂轮）	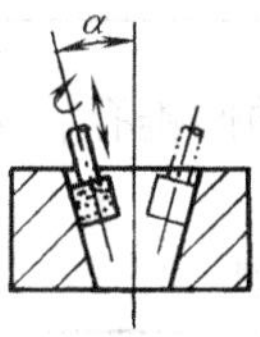 α	1. 调整主轴轴线时，斜角 α 较小，最大倾斜角为 3°。利用合成法调整时，德国斜面式可达 7°，瑞士和我国采用滑块杠杆式，最大磨孔锥度为 12°（2α） 2. 砂轮旋转并作行星运动，垂直方向作进给运动
锥孔磨削（圆锥砂轮）	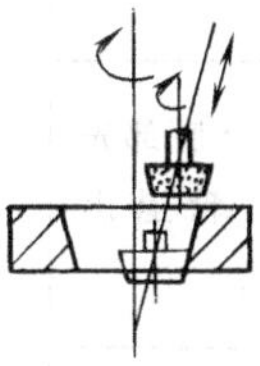	1. 砂轮旋转，主轴作垂直进给，随砂轮的下降，行星运动直径不断缩小 2. 砂轮修成与锥孔相应的锥度
倒锥孔磨削	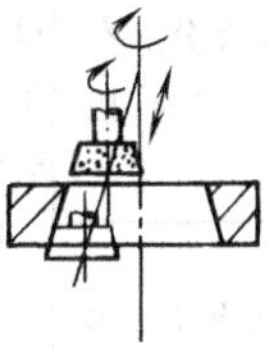	1. 砂轮旋转，主轴作垂直运动，随砂轮下降，行星运动直径不断扩大 2. 砂轮修成与锥孔相应的锥度
槽侧磨削	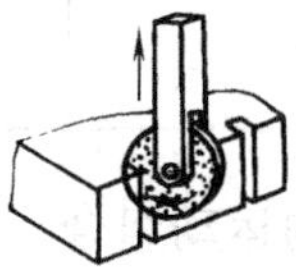	1. 砂轮旋转并作垂直进给 2. 用插磨机构，砂轮按需要修整成形面

（续）

方　法	简　图	说　明
外清角磨削		1. 用插磨机构，按需修整砂轮 2. 砂轮旋转，并作垂直进给 3. 砂轮上下运动时，砂轮中心应超出工件上、下端面
内清角磨削		1. 用插磨机构，按需要修整砂轮 2. 砂轮旋转并作垂直进给 3. 砂轮上下运动时，砂轮中心应超出工件上、下端面 4. 砂轮直径应小于被磨削孔径
凹球面磨削		1. 用附件45°角板，将高速电机磨头安装在45°角板上 2. 砂轮旋转，同时绕主轴旋转

1）采用带锥砂轮，在坐标磨床上可以磨削凹模孔的倒锥孔，见表8-20。

表8-20　凹模倒锥孔磨削

名　称	简　图	说　明	备　注
通锥孔		按要求锥度修整砂轮。从底部先与工件接触后，再将砂轮退出0.05mm，开动磨头进行磨削	磨孔直径小于4.5mm时，因砂轮过于脆弱，宜采用金刚石砂轮，并可采用较低的磨削速度，为一般砂轮磨削速度的1/3～1/4 磨孔深度与直径比不超过6：1
孔下部成锥形（孔大时）		将孔先全部磨成直壁，然后将砂轮按要求修整锥度，再磨斜面部分。在磨锥孔前，孔壁先涂硫酸铜溶液，以便观察刃口直壁高度 t	
孔下部成锥形（孔小时）		若孔径过小，先全部磨成锥形，再磨直壁 $A = B - 2t \cdot \mathrm{tg}\alpha$	

2）应用表8-19、表8-20中各种磨削方法与磨床的运动组合，可以进行型孔成形磨削，见表8-21。

表8-21 型孔磨削方法示例

方法	简图	说明
用行星运动磨削型孔		1. 图中序号1、2、3表示磨削次序 2. 工序1、2为内孔磨削。用回转工作台和坐标工作台分别将O_1、O_2圆心调整到回转工作台中心,然后进行磨削 3. 工序3是将O_3调整到回转工作台中心后,控制回转工作台进行磨削
用插磨机构磨削型孔		1. 图中序号1、4、6采用成形砂轮磨削 2. 将圆弧中心O调到回转工作台中心,然后进行磨削 3. 工序2、5和型孔的直线部分,均用平直形砂轮进行磨削

3）利用MK2932B坐标磨床，进行连续轨迹成形磨削时，首先根据机床规定的G功能代码，编制被加工工件的成形磨削程序，进行加工。其程序编制实例可参考《实用模具设计与制造手册》。

（2）坐标磨床上的工件定位　找正工件定位基准是进行精密坐标磨削的重要作业。其找正方法与坐标镗床类似。常用找正工具及其使用方法见表8-22。

表8-22 定位找正工具及其使用方法

名称	特点	简图及使用方法
千分表调零	找正工件侧面基准与主轴中心线重合的位置	千分表装于主轴上,将工件被测侧基面在180°方向上的两次千分表读数差值的一半,作为工作台移动的距离。再用上述方法复测一次,如两次读数相等,则侧基面与主轴中心重合
用开口型端面规调零	找正工件侧面基准与主轴中心线重合的位置	千分表装在主轴上,水磁性开口型端面规2吸在被测工件1的侧基准面上,千分表测开口槽面,调整到在180°方向上读数相等,将工件移动10mm,完成调零
用找中心显微镜	找正工件侧基准面或孔的轴线与主轴中心重合的位置	将找中心显微镜装在机床主轴上,保证两者中心重合。显微镜面上刻的十字中心线和同心圆是找正工件用的
用L形端面规找正	找正工件侧基准面与主轴中心线的重合	当工件侧基面的垂直度低或工件被测棱边较浑时,可用L形规2。将L形规靠在工件1的基面上,移动工件使L形规标线对准找中心显微镜的十字中心线,即表示工件基面已与主轴中心线重合
用心棒、千分表找正	找正小孔位置	用千分表不能直接找正小孔位置时,要配制专用心棒,将心棒插入小孔后,才能找正

3. 坐标磨削工艺条件与要求

（1）磨削工艺条件

1）进给量：砂轮主轴行星运动一圈（公转）砂轮垂直移动距离（L）。行星磨削的进给量：

粗磨时：$L<\frac{1}{2}H$

精磨时：$L<\left(\frac{1}{2}\sim\frac{1}{3}\right)H$

式中，H 为砂轮宽度（mm）。

2）行星转速的选择见表 8-23。

表 8-23　砂轮行星转速参考表

加工孔径/mm	300	150	100	80	50	20	10	8	6	4
行星转速/(r/min)	5	12	20	40	60	100	190	240	300	300

3）磨削速度 v（m/min）：不同材料砂轮的磨削速度为：

立方氮化硼砂轮：$v=(1200\sim1800)$ m/min

普通砂轮：$v=(1500\sim200)$ m/min

（2）磨削工艺要求

1）砂轮在弹簧夹头上的夹持长度≥20mm；夹紧后的径向跳动量≤0.008mm。

砂轮的往复运动行程须超出孔的上下端面，超出量$\geqslant\frac{1}{2}H$（砂轮宽度）。

2）磨削多孔孔系时，先磨高精度孔和小孔，然后磨其他孔，最后配磨侧面。

当磨削具有复杂型面的工件时，常以工件的中心为基准，进行坐标换算，并确定磨削过程的合理顺序。此后，运用回转台、插磨机构及行星换向等副件，顺次进行磨削。这样可保证各加工面的坐标位置精度和磨削效率。

3）为保证加工精度，应降低工件因磨削多孔孔系或被磨削工件的加工面积大，造成磨削时间过长使工件储存热量过高，所引起工件变形；或因装夹工件时，夹紧力过大、着力点不当，所引起的工件变形。

这两种变形，都将使工件产生形状误差、孔距误差等加工误差。因此，工件在装夹时，须找正工件基准面和加工面的位置，同时使安装基准面与夹持面之间的接触面力求增大，以改善工件散热、导热面积和性能。

4. 坐标磨床的主要技术规格与性能（见表 8-24）

表 8-24　坐标磨床的主要技术规格与性能

型　　号	MG2920B	MG2932B	MK2940	MG2945B	MGX2932B
工作台尺寸宽/mm×长/mm	200×400	320×600	400×700	450×700	320×600
最大磨孔直径/mm	150	250	100	250	250
主轴中心线到立柱距离/mm	230	320	450	650	320
主轴端面到工作台面距离/mm	30～285	30～420	470	70～570	30～420

（续）

型　号		MG2920B	MG2932B	MK2940	MG2945B	MGX2932B
主轴转速/(r/min)		10～300无级	10～300无级	10～500无级	10～300无级	10～300无级
工作台行程/mm	纵向	250	400	500	60	400
	横向	160	250	300	400	250
坐标精度/mm		0.002	0.002	0.001	0.003	0.002
圆度/mm		0.003				
表面粗糙度 *Ra*/μm		0.2	0.2	0.8	0.2	0.2

8.4　高硬材料冲模成形件成形磨削

为提高冲模使用寿命和性能，常使用硬质合金或钢结硬质合金等具有硬度高、耐磨性能好的高硬材料，来制造冲模、冷挤模用凸模、凹模拼块。由于这些高硬材料加工比较困难，常用在要求使用寿命特高，刃磨寿命达100万次或以上冲模；且其凸模、凹模拼块具有一定制造数量的情况下。如电机定、转子硅钢片凸模与凹模拼块常采用硬质合金进行制造，其总寿命可达8000～10000万次。其加工方法：

1）采用粉末冶金法，使基本成形；然后采用粗、精磨削成形。

2）采用电火花线切割成形，留精密磨削余量，以便采用精密磨削成形。

为此，应研究高硬材料的性能及其成形磨削工艺技术。

8.4.1　模具常用高硬度材料

1. 硬质合金分类与性能（见表8-25）

表8-25　常用硬质合金性能与用途

牌　号	成分(质量分数,%)		物理、力学性能			用　途
	WC	Co	抗弯强度/MPa	比重	硬度　HRA(相当HRC)	
YG6	94	6	≥1400	14.6～15.0	89.5(>72)	简单成形
YG8	92	8	≥1500	14.4～14.8	89(72)	成形、拉深
YG11	89	11	≥1800	14.0～14.4	88(>69)	拉深
YG15	85	15	≥1900	13.9～14.1	87(69)	拉深、冲裁、冷挤
YG20	80	20	≥2600	13.4～13.5	85.5(>65)	冲裁、冷挤、冷镦
YG25	75	25	≥2700	13.0	85(65)	

（1）分类　模具常用硬质合金主要为钨、钴类合金，其中钴的质量分数为5%～25%，为粘接材料。常用牌号有YG6、YG8、YG11、YG15、YG20、YG25。冲裁模凸、凹模则常用YG15、YG20。

硬质合金可分为以下几类：

1）粗粒硬质合金，颗粒大小平均为5～8μm，颗粒较大，耐冲击性能好。其中钴层厚，可吸收冲击能量，但其硬度低、耐磨性能较差。

2）中细颗粒硬质合金，颗粒大小平均为2～5μm，为模具常用材料。钴的质量分数为

4% ~25%。

3）微细颗粒硬质合金，其颗粒大小平均为2μm，其耐磨性能好。钴的质量分数为5% ~25%。

（2）硬质合金性能

1）硬度高、耐磨性好；具有抗滑动、抗括痕磨损性能；在较高温度下仍能保持高硬度和高耐磨性。

2）抗压强度比钢高5 ~6倍；常温下，其抗压强度高达6000N/mm²，抗冲击韧度低。

3）不需进行热处理，没有热处理变形，但硬质合金加工成形难度大。

常用硬质合金性能与在模具中的用途见表8-25。

2. 钢结硬质合金分类与性能

（1）分类　按硬质相分为WC和TiC两类。按粘接相钢基体可分为：

1）碳素工具钢或合金工具钢钢结硬质合金由质量分数为30% ~50%碳化物作硬质相，工具钢作粘接相，采用粉末冶金法，经模压、烧结而成。

2）高速钢硬质合金由质量分数为30% ~50%碳化物作硬质相，高速钢作粘结相，经模压、烧结而成。

3）不锈钢硬质合金由质量分数为40% ~60%碳化物作硬质相，不锈钢作粘结相，经模压、烧结而成。

其中：碳素工具钢或合金工具钢硬质合金常用制造冲裁模、拉伸模、切边模和冷挤压模的凸、凹模。高速钢硬质合金的性能介于硬质合金与高速工具钢之间，在模具中当有广泛应用。不锈钢硬质合金，则具有耐蚀性和耐磨性。其牌号和力学性能见表8-26。

表8-26　钢结硬质合金

合金牌号	硬质相种类及质量分数	硬度 HRC		抗弯强度/(N/mm²)	冲击韧度/(J/cm²)	密度/(g/cm³)
		加工态	使用态			
DT	WC40%	32 ~38	61 ~64	2500 ~3600	18 ~25	9.8
TLMW50	WC50%	35 ~42	66 ~68	2000	8 ~10	10.2
GW50	WC50%	35 ~42	66 ~68	1800	12	10.2
GW40	WC40%	34 ~40	63 ~64	2600	9	9.8
GJW50	WC50%	34 ~38	65 ~66	2000	7	10.2
GT33	TiC33%	38 ~45	67 ~69	1400	4	6.5
GT35	TiC35%	39 ~46	67 ~69	1400 ~1800	6	6.5
TW6	TiC25%	35 ~38	65	2000		6.6
GTN	TiC25%	32 ~36	64 ~68	1800 ~2400	8 ~10	6.7

（2）性能　钢结硬质合金是采用粉末冶金法，经粉末模压、烧结而成。因此性能界于硬质合金与粘结相材料之间。

1）其硬度、耐磨性、刚度比碳素工具钢、高速钢、合金工具钢、不锈钢等要高很多。其抗冲击韧度则比硬质合金高。

2）其退火状态的硬度为35 ~46HRC，可采用普通加工方法成形。所以，其切削性能比硬质合金要好地多。

3）钢结硬质合金与其他模具钢一样需进行热处理，但其热处理变形量很小，淬火后的变形量仅为 0.1% ~0.2%。

4）钢结硬质合金还具有一定的可锻性与冷塑性变形的性能。

8.4.2　模具常用高硬材料成形件的成形磨削

1. 硬质合金凸、凹模成形磨削

（1）间断磨削　磨削硬质合金用的砂轮磨料应具有很的强度，避免很快磨钝。但是，一般砂轮用的磨料在磨削硬质合金时，易很快钝化，且自砺性不好，钝化的砂粒难以自动脱落，则在磨削过程中，在砂轮与加工面之间产生剧烈摩擦，引发瞬间高温，可达1000°C以上。从而使硬质合金表面容易产生裂纹。

因此，常采用绿色碳化硅砂轮，并在圆周上开一定尺寸、角度和数量的槽，进行间断式磨削，可增高砂轮的自砺性。槽形尺寸和数量见表 8-27。

表 8-27　砂轮槽数及尺寸

砂轮形状	简　图	说　明
平面砂轮	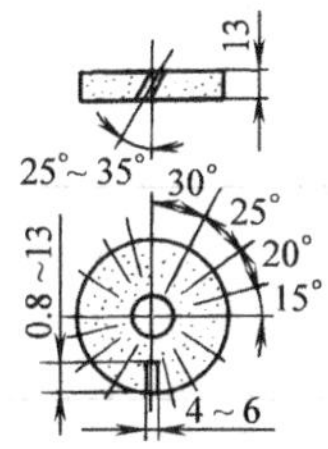 13 25°~35°　30°　25°　20°　15° 0.8~13 4~6	圆周上开 16 ~ 24 条槽，平面磨砂轮开 24 ~ 36 条槽。槽与中心应对称，圆周上不均布，以利于平衡和防止振动。槽的倾斜角为 25° ~ 35°，方向为右旋，使产生的轴向力由主轴承受
圆柱形砂轮	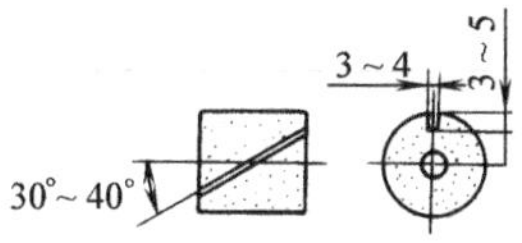 3~4　3~5 30°~40°	外径较小，槽可等分开，槽数 4 ~ 6 条，槽的倾斜角为 30° ~ 40°
杯形砂轮	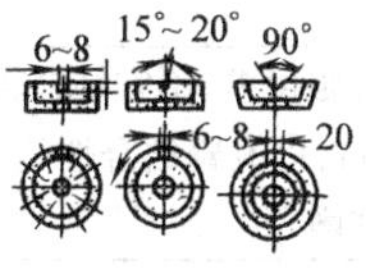 6~8　15°~20°　90° 6~8　20	90°V 形槽适用于粗磨，矩形直槽适用于半精磨，精磨。V 形槽取 4 ~ 8 条，矩形槽取 8 ~ 20 条，在圆周上均布。矩形斜槽的倾斜角为 15° ~ 20°，倾斜方向按砂轮旋转方向定，以钝角迎向工件
碟形砂轮	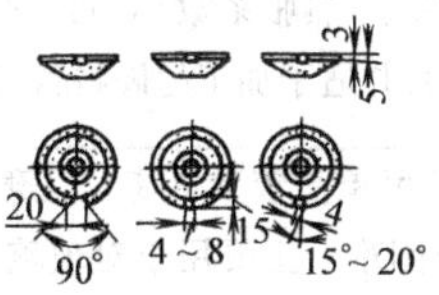 3　5 20　90°　4~8　15　4　15°~20°	开矩形槽 8 ~ 16 条，槽一般宜浅而窄。其他要求同杯形和碗形砂轮

间断磨削的磨削工艺条件一般为：

磨削速度：外圆磨和平面磨为 32 ~ 36m/s；工具磨为 20 ~ 30m/s。

进给量：粗磨为 0.03 ~ 0.1mm/行程；精磨为 0.005 ~ 0.03mm/行程。

表面粗糙度 Ra 可达：$Ra(0.2 \sim 0.1)\mu m$。

（2）金刚石砂轮磨削　金刚石砂轮由磨料层、过渡层和基体三部分组成。基体材料随结合剂而采用不同材料。如采用金属结合剂时，基体为钢或铜合金；采用树脂结合剂时，基体为铝、铝合金或电木；采用陶瓷结合剂时，基体采用陶瓷。

金刚石砂轮的特性见表 8-28。

采用金刚石砂轮成形磨削有两种方式：

1）将金刚石砂轮装在成形磨床、光学曲线磨床或工具磨床（与成形夹具）的磨头上采用展成法、轨迹法进行磨削成形。

2）将金刚石砂轮压制成形，使其形状与工件形状相吻合，尺寸一样，装在平面磨床主轴上采用仿型法、切入法磨削成形。

表 8-28 金刚石砂轮的特性

<table>
<tr><th>名 称</th><th colspan="3">特 性</th></tr>
<tr><td rowspan="6">磨料</td><td colspan="3">RVD 粒度:窄范围 60/70 ~ 325/400
宽范围 60/80 ~ 270/400
用途:用于树脂、陶瓷结合剂磨具或研磨等</td></tr>
<tr><td colspan="3">MBD 粒度:窄范围 50/60 ~ 325/400
宽范围 60/80 ~ 270/400
用途:用于金属结合剂磨具、电镀制品、钻探工具或研磨等</td></tr>
<tr><td colspan="3">SCD 粒度:窄范围 60/70 ~ 325/400
宽范围 60/80 ~ 325/400
用途:加工钢或钢与硬质合金的组件等</td></tr>
<tr><td colspan="3">SMD 粒度:窄范围 16/18 ~ 60/70
宽范围 16/20 ~ 60/80
用途:锯切、钻探及修整工具等</td></tr>
<tr><td colspan="3">DMD 粒度:窄范围 16/18 ~ 40/45
宽范围 16/20 ~ 40/50
用途:修整工具及其他单粒工具等</td></tr>
<tr><td colspan="3">MP - SD 微粉
粒度:主系列 0/1 ~ 36/54
补充系列 0/0.5 ~ 20/30
用途:硬脆金属和非金属(光学玻璃、陶瓷、宝石)的精磨、研磨</td></tr>
<tr><td rowspan="4">结合剂</td><td colspan="2">树脂结合剂 B</td><td>自锐性好,不易堵塞;有弹性,抛光性能好。但结合强度差,不宜结合较粗磨粒,耐磨、耐热性差,故不适于较重负荷磨削。可采用镀敷金属衣磨料,以改善结合性能。该结合剂磨具,主要用于硬质合金模具、刀具及非金属材料的半精磨和精磨</td></tr>
<tr><td colspan="2">陶瓷结合剂 V</td><td>耐磨性较树脂结合剂高,工作时不易发热和被堵塞,热胀系数小,而且磨具易修整。常用于精密螺纹、齿轮的精磨以及接触面较大的成形磨削,并适于加工超硬材料烧结体的工件</td></tr>
<tr><td rowspan="2">金属结合剂 M</td><td>青铜结合剂</td><td>结合强度较高,形状保持性好,使用寿命较长,且可承受较大负荷。但磨具自锐性能差,易被堵塞发热,故不宜结合细粒度磨料,磨具修整也较困难。主要用于对玻璃、陶瓷、石料、半导体等非金属硬脆材料的粗、精磨削以及切割、成形磨削,对各种材料的珩磨</td></tr>
<tr><td>电镀金属结合剂</td><td>结合强度高,表层磨粒密度亦较高,且均裸露于表面,故切削刃口锐利,加工效率高,但由于镀层较薄,因此使用寿命也较短。多用于成形磨削、制造小磨头、套料刀、切割锯片以及修整磨轮等</td></tr>
<tr><td>浓度</td><td colspan="3">树脂结合剂 50% ~ 75%
陶瓷结合剂: 75% ~ 100%
青铜结合剂: 100% ~ 150%
电镀金属结合剂: 150% ~ 200%</td></tr>
<tr><td>硬度</td><td colspan="3">只有树脂结合剂的磨具才有硬度分级,一般采用 Y 级</td></tr>
</table>

金刚石砂轮磨削硬质合金的工艺条件：

1）磨削余量，见表 8-29。

2）磨削速度，见表 8-30。

3）磨削深度，见表 8-31。

4）磨削进给速度，见表 8-32。

5）磨削液：磨削硬质合金时，普遍采用煤油。若磨削时产生烟雾较大，可采用混合水溶液（如硼砂、三乙醇胺、亚硝酸钠、聚乙二醇的混合水溶液），但不宜采用乳化液，树脂结合剂砂轮不宜采用苏打水。

表 8-29　磨削硬质合金时的加工余量

工序	加工余量/mm	金刚石砂轮粒度	加工面平面度/mm
粗磨	0.06～0.08	150#	0.03
半精磨	0.03～0.05	250#	0.01
精磨	0.01～0.02	400～600	0.005

表 8-30　金刚石砂轮磨削速度

砂轮结合剂	冷却状况	砂轮速度/(m/s)
青铜	干磨	12～18
	湿磨	15～22
树脂	干磨	15～20
	湿磨	18～25

表 8-31　按粒度及结合剂选择磨削深度

金刚石粒度	磨削深度/mm	
	树脂结合剂	青铜结合剂
70/80～120/140	0.01～0.015	0.01～0.025
140/170～230/270	0.005～0.01	0.01～0.015
270/325 及更细	0.002～0.005	0.002～0.003

表 8-32　进给速度选择

磨削方式	进给运动方向	进给速度/(m/min)
平面磨削	纵向	10～15
	横向	0.5～1.5(mm/dst)
内、外圆磨削	纵向	0.5～1

表 8-33 为采用金刚石砂轮在平磨和光曲磨床上，进行电机转子硅钢片冲模中的硬质合金（YG20）凹模拼块成形磨削工艺过程实例。

成形磨削的前工序为电火花线切割加工，留有磨削余量的成形凹模拼块精坯。

表 8-33　金刚石砂轮磨削实例

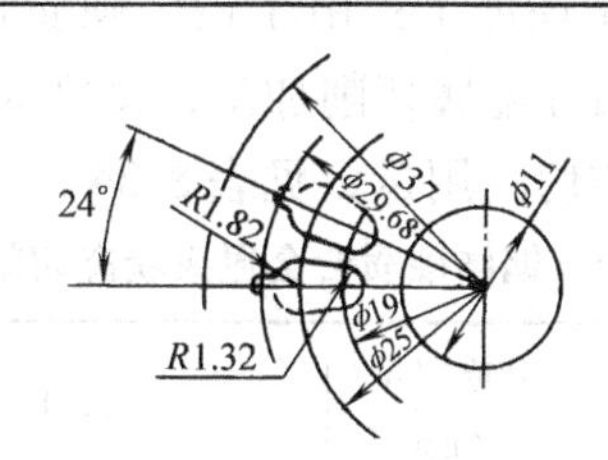

工序	简　图	设备名称	工　具	备　注
1		平面磨床	金刚石砂轮 粒度：180 质量分数：50%	磨削光平面 1 和两端面 2、3。 磨削用量： 磨削速度：30m/s 进给速度：2m/min 吃刀深度：0.02mm

（续）

工序	简　图	设备名称	工　具	备　注
2		平面磨床	金刚石砂轮 粒度:180 质量分数:50%	磨削平面1、2,检验尺寸7.62和24° 磨削用量: 磨削速度:30m/s 进给速度:2m/min 吃刀深度:0.02mm
3			碳化硼磨料 粒度:180～200	研磨平面1、2,检验尺寸7.567和24°
4		光学曲线磨床放大倍数:50:1	金刚石砂轮夹具	磨削表面1,磨削用量: 磨削速度:30m/s 手进给 吃刀深度:0.02mm
5		光学曲线磨床放大倍数:50:1	金刚石砂轮 粒度:180 质量分数:50%	磨槽面1、2

2. 钢结硬质合金凸、凹模成形磨削

（1）钢结硬质合金凸、凹模精坯加工：由于钢结硬质合金在退火状态的硬度仅为35～46HRC，因此可以采用铣、刨、钻等金属切削加工，使之成形为凸、凹模的精密坯料。其上留有成形磨削余量，其退火状态的切削用量，见表8-34。

表8-34　钢结硬质合金退火状态切削规范

加工方法	切削速度/(m/min)	进给量/(mm/r)	背吃刀量/mm	刀具材料	备　注
粗车	6～18	0.2～0.4	1.0～4.0	YG3～YG8、YA6、YT5、YT15、YW1、YW2	前角为负1°～5°；刀尖R=0.3～0.5
精车	11～25	0.15～0.22	0.1～0.5		
粗铣(立铣)	7～12	0.15～0.25	1.0～3.0	W18Cr4V、W6Mo5Cr4V2或镶硬质合金刀片的快速螺旋铣刀	尽量采用逆铣
精铣(立铣)	8～15	0.06～0.13	0.4～1.0		
镗孔	6	0.1～0.2	0.1～0.5	W18Cr4V、YG和YT类	

（续）

加工方法	切削速度/(m/min)	进给量/(mm/r)	背吃刀量/mm	刀具材料	备注
粗刨	5~12	0.2~0.4	1.0~3.0	YG6、YG8、W18Cr4V	前角为负1°~2°，后角为6°~7°，主偏角45°，刀尖$R=2$
精刨	7~14	0.2~0.4	0.4~1.0		
插削	8~12	0.15~0.4	0.5~1.0	YG6、YG8、W18Cr4V	
钻孔	3~6	中等或大压力	手进	W18Cr4V硬质合金钻头	注意排屑，一次钻成为好
扩孔	3~6	中等压力	手进	W18Cr4V硬质合金钻头	余量应稍大一些，以免烧焦钻头
攻螺纹	手用丝锥			对普通丝锥，后角倒角0.5~1.0mm	底孔比加工钢件时大0.08~0.1mm

注：由于在钢结硬质合金材料中含有硬度很高的微细碳化物颗粒，因此切削工艺条件中的切削速度和进给量不宜过高、过大，而背吃刀量不宜过小，否则将会使刀具刃口磨损加剧。

（2）钢结硬质合金凸、凹模成形磨削　钢结硬质合金经淬火、回火后，硬度很高，接近于硬质合金，因此磨削方式和磨削工艺条件（磨削用量）均和磨削硬质合金凸模与凹模拼块相同。但磨削余量可较大，淬火状态的余量一般为0.06~0.1mm。

1）若凸、凹模精度和使用性能要求较低，可在退火状态下进行成形磨削。淬火后，进行研磨成形也可。

2）磨削用的砂轮为白刚玉、碳化硅、碳化硼等。在磨削淬火状态的钢结硬质合金时，砂轮形状与尺寸，见表8-27。采用金刚石砂轮时，则与磨削硬质合金磨削工艺相同。其砂轮结构见表8-28。

第9章　凸、凹模型面电火花加工工艺

9.1　电火花加工原理与应用

9.1.1　电火花加工的基本原理

1. 电火花与脉冲放电加工

脉冲放电加工：常用的电器开关等产品在开、断时，触点之间常出现火花放电，造成触头表面烧损，并产生蚀除现象。在研究、分析产生此现象的原因时发现，应用火花放电，可蚀除工件表面金属的原理，以加工高硬度材料、形状复杂的工件（如塑模凹模型腔）的方法，简称电火花加工。其加工原理，如图9-1所示。当在两极间加上100~150V直流电压后，则通过电阻 R，向电容器 C 充电，使 C 两端加压，即工具电极与工件之间的电压 U_C 逐渐增高。当 U_C 增高到足以击穿具有很大电阻、存于极间间隙中的介质（工作液）时，则形成介质电阻趋于零的火花通道。从而，使储存于 C 上的电能，瞬间通过通道放出，产生火花放电。此过程实际上是将电能转化为热能，以瞬间强热流冲击熔化工件表面的金属，使工件表面形成凹陷状的小坑。过程结束后，介质恢复近似绝缘状态；使 C 再次充电，以重复上述火花放电过程。这样，工件表面不断增加小坑数量；若放电频率足高，则达到工件表面被加工的目的。

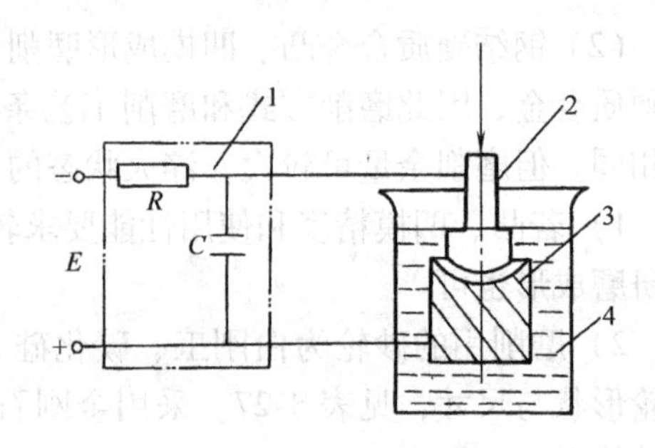

图9-1　电火花加工原理
1—脉冲电源　2—工具电极
3—工件　4—工作液

2. 电火花加工的物理过程

为进一步说明放电加工的过程与原理，研究其物理过程，以便在实用中能控制、调节其加工参数，达到工件加工要求。放电加工的物理过程见表9-1。

表9-1　电火花加工的物理过程

放电加工过程	示 例 图	说　　明
火花通道与电弧柱		当 $U_C \to U_K$（击穿电压）时，放电通道即形成电弧柱。此时高密度的电子流则转化为高温达3000°C的热流以冲击工件表面
介质汽化		由于在两极的放电间隙中的高温，使介质（工作液）汽化、膨胀

（续）

放电加工过程	示 例 图	说　明
介质汽化与膨胀压力		由于介质汽化、膨胀而产生的压力，将作用于工具电极与工件加工面上。其单位压力很大
小凹坑与凸起的形成		熔化的金属呈球状颗粒，并被介质汽化，膨胀压力带走游离于工作液中；工件表面则形小凹坑，而凹坑的边上，则形成凸起，成为新的放电点
间隙绝缘恢复		由于介质的冷却作用，放电过程结束后，为立即使放电间隙的介质呈绝缘状态
电火花加工后的加工面形状	电极 工件	被加后的工件表面将由无数小凹坑组成。当电火花一层金属后，电极则下降以保证放电间隙（电弧柱高度）。所以，控制电极下降距离，即可控制加工面的尺寸精度

9.1.2　电火花加工工艺系统与特点

1. 电火花加工工艺系统

电火花加工常采用成形加工和线切割加工两种方式。电加工工艺系统的组成包括以下4部分：

1）脉冲电源及其参数调节与控制装置。

2）电加工过程的数字伺服控制和精密、灵敏的传动机械。

3）电加工介质（工作液）供给、过滤和储存装置。

4）装夹工具电极与工件的夹具。电火花线切割加工工艺系统的工具电极为0.08～0.18mm铜丝和钼丝等金属丝。因此，需具有卷丝、张紧和传丝装置。

电加工工艺系统组成如图9-2、图9-3、图9-4所示。

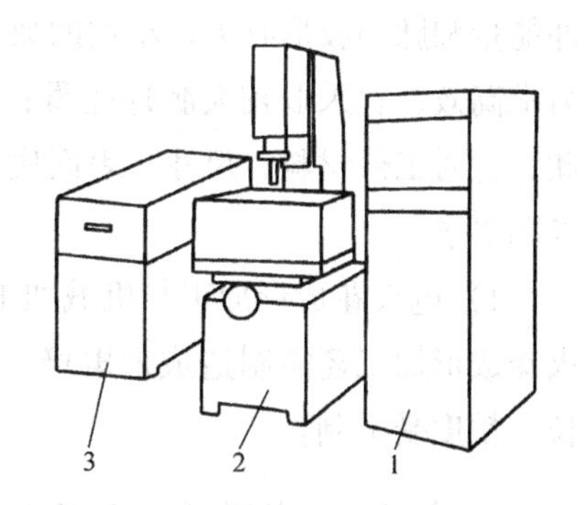

图9-2　电加工系统组成图
1—脉冲电源与控制系统　2—主机
3—工作液系统

2. 电火花加工工艺特点与应用

1）电火花加工工艺精度较高。当进行精加工时，其形状尺寸精度可达0.001～0.01mm；表面粗糙度可达$Ra0.32 \sim Ra18$。因此，电火花成形加工常用来精密加工，以减少手工抛光工作量；也可用来进行塑料注射模凹模型腔表面的精饰加工。电火花线切割加工可用以进行精密磨削前的预加工，也可用来进行最终加工。

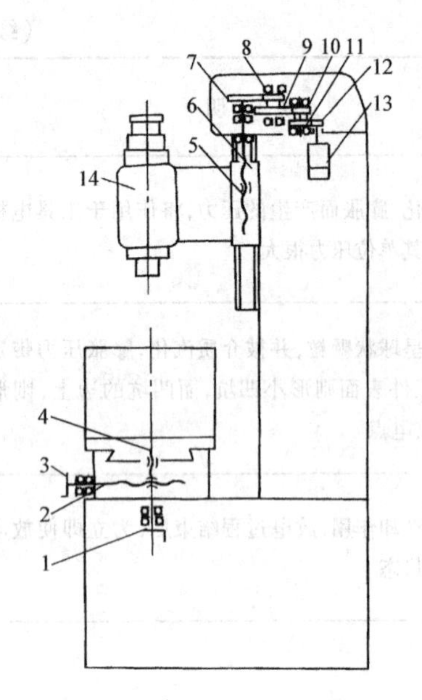

图 9-3 电加工机械传动图
1、3—手轮 2、4、6—丝杠 5—螺母
7、8 9、10、11、12—齿轮
13—电动机 14—主轴头

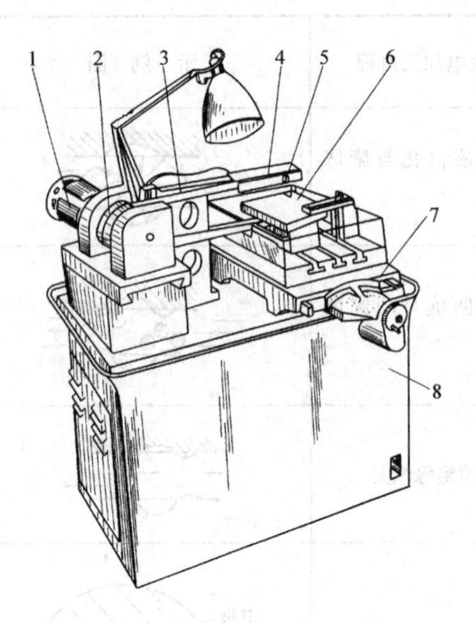

图 9-4 电火花线切割机床
1—电动机 2—储丝筒 3—电极丝
4—线架 5—导轮 6—工件
7—坐标工作台 8—床身

2）电火花加工为不接触加工，是依赖脉冲放电的高温热能加工，因此，可用来加工薄型工件，或具有窄槽、窄缝的工件；以及硬度高、脆性高材料，或软性材料的加工。即凡导电材料的工件的形状符合电加工工艺要求的工件，都可以进行电加工。所以，电火花加工已成为模具成形件、凸凹模的常用成形加工方法。

3）工件表面质量主要取决于电加工表面的小坑，而小坑的平均直径和深度的大小与脉冲能量和脉冲波形有关；小坑的数量与脉冲频率、脉冲延续时间有关。所以，粗加工时，为力求高效，宜采取较大脉冲能量；精加工时，则宜采取较小脉冲能量和较高脉冲频率。因此，针对工件材料、尺寸、表面质量要求，采取数字化自适应控制，是电加工工艺的重要特点和要求。

4）电火花成形加工与机械加工相比，加工效率较低，故常用于精、光加工。另外，电火花成形加工还需制造成形电极，而且在加工中电极有损耗。所以，电加工的准备时间较长，精度受限制。

9.2 电火花成形加工工艺与机床

9.2.1 电火花成形加工方式

1. 电加工方式

（1）仿形法 即按照工件形状、尺寸及其精度要求，设计、制造凸凹形状相反、尺寸与精度相同、留有加工余量，用来进行成形加工者，称电火花仿形加工。常用加工方式有单电极、多电极、单电极平动和分解电极等 4 种，见表 9-2。

表 9-2 电火花成形加工方式

加工方式	成形加工示例图	说明
单电极成形加工法	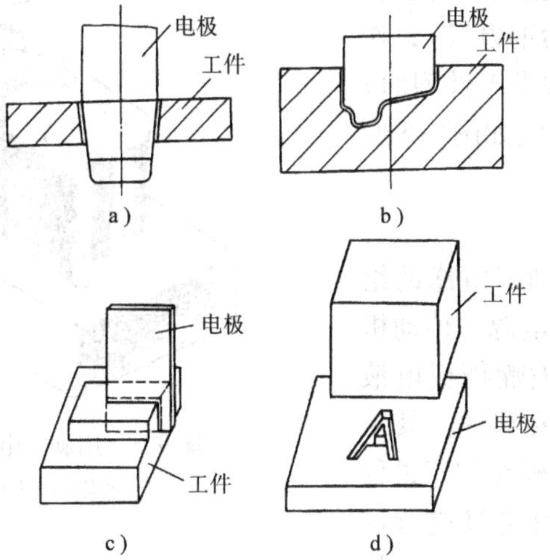 电极 工件 a) 电极 工件 b) 电极 工件 c) 工件 电极 d)	图 a 加工型孔 图 b 加工型腔 图 c 加工槽、缝 图 d 反拷标志字型加工 单电极除整体式外，也可采用拼装式电极，也称组合电极来进行成形加工
多电极成形加工法	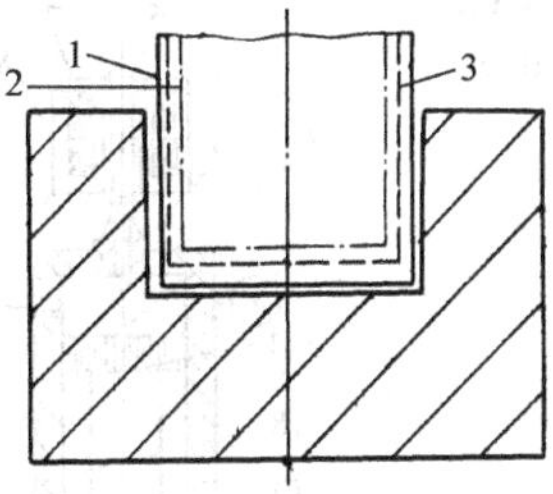 1—精加工电极 2—粗加工电极 3—半精加工电极	因此法加工精度高，每个工序电极均配装在精密夹具上；夹具上有电极加工基准，此基准也是安装定位基准
单电极平动加工法	（见第 5 章表 5-15）	常用于具有直壁型腔的凹模加工；可用型腔范围大，减少多电极加工费用，只需一个电极即可完成粗精加工（原理平动头图解）
分解电极成形加工法	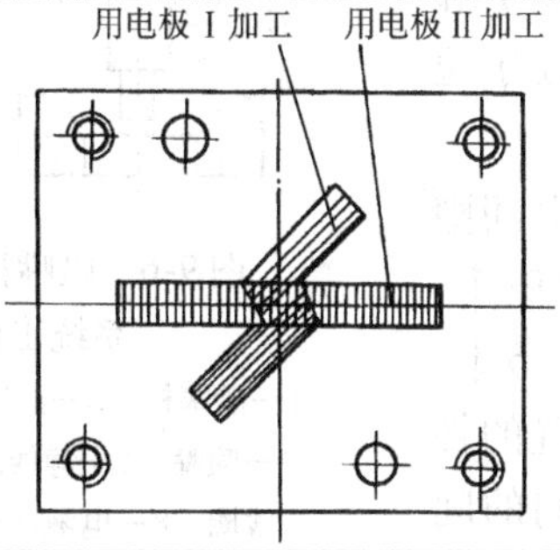 用电极 I 加工 用电极 II 加工	当工件形状复杂，可将其分成简单的几何形状，分别制造成电极，以相应的加工基准，逐步将工件型腔加工成形；所以，分解电极成形加工，可简化电极加工工艺。但是，须统一加工基准，否则将增加加工误差
立体成形加工法	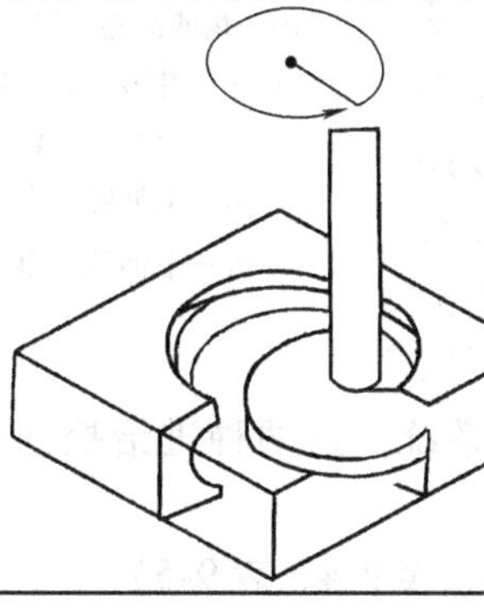	电极下端面呈型面，其侧面和顶面也均呈型面；所以，可成形加工具有内侧型腔的工件。图示加工顺序为：先加工 Z 轴方向型面；将电极固定于 Z 轴加工位置，成形加工侧向型面。此法可获得较高形状精度，但机床需具有多向伺服运动控制

（2）创成法　又称展成法、轨迹法。即按工件加工面形状要求，编制二维数字轨迹加工代码，采用形状简单的圆柱体电极（一般为铜电极），作自转，并沿数控轨迹（即使电极外圆沿工件型面）运动，作电火花成形加工。其加工方法如图 9-5 所示。

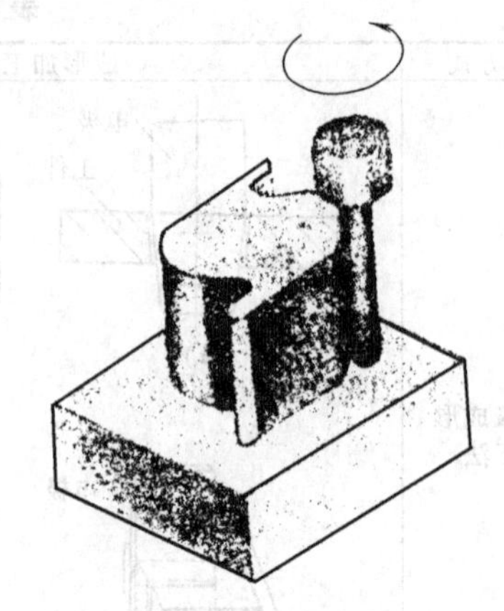

图 9-5　用旋转电极的轮廓创成加工

2. 机床与夹具

（1）电火花成形加工机床　电加工机床的组成，如图 9-2 和图 9-3 所示。除脉冲电源、传动机械与伺服控制、介质循环系统外，喷嘴挡板电液转换自动伺服进给主轴头，也是主要部件。其工作原理如图 9-6 所示。为保证工具电极在加工过程中进行适时进给，主轴头需带动工具电极进行伺服运动，使电极与工件加工面之间始终保持火花放电加工状态所需的最佳放电间隙（Δ）。由图 9-6 可知，当挡板 6 处于位置Ⅱ时，

$$p_1A_1 = p_2A_2$$

当挡板 6 处于位置Ⅰ时，

$p_2 < p_1$　　电极↑

当挡板 6 处于位置Ⅲ时，

$p_1 < p_2$　　电极↓

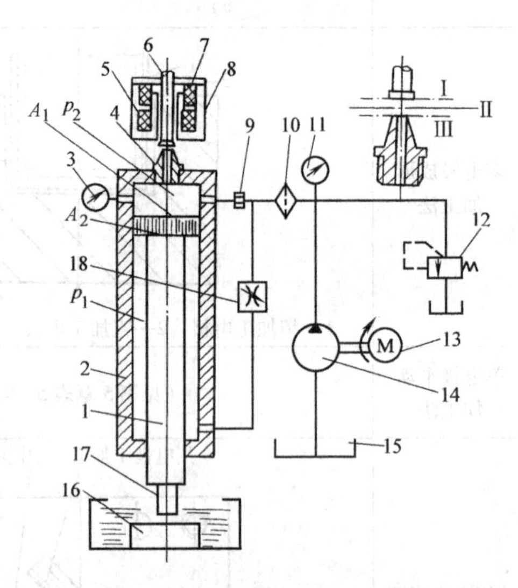

图 9-6　喷嘴挡板电液压伺服系统工作原理图

1—活塞杆　2—液压缸　3、11—压力表　4—喷嘴　5—静线圈　6—挡板　7—动线圈　8—电液压转换器　9—节流阀　10—精滤油器　12—溢流阀　13—电动机　14—叶片液压泵　15—油箱　16—工件　17—电极　18—止回阀

p_2—上油腔压力　A_2—上活塞面积

p_1—下油腔压力　A_1—下活塞面积

挡板 6 与动线圈 7 连成一体。线圈未通电时，在弹簧力作用下，挡板处于位置Ⅰ；动线圈 7 和静线圈 5 通电时，由于磁力作用使挡板 6 处于位置Ⅱ。

当工具电极与工件加工面短路时，放电间隙电压↓，动线圈 7 电流减小，挡板 6↑，电极↑；反之，间隙电压↑，动线圈电流↑，挡板 6↓，电极↓。所以，火花间隙受挡板 6 所处位置的控制。而挡板位置的变化是喷嘴 4 与挡板之间的间隙变化。此间隙变化则控制上油腔压力 p_2，从而控制工具电极上升或下降。因此，这是一个电液转换伺服控制系统。国产电火花机床多用此系统以控制主轴头的伺服运动。国外则多采用伺服电动机进给控制系统，因为其负载能力大、调速宽、进给速度高，且反应灵敏。另外，小型电火花机床常采用步进电动机进给控制系统。这两种进给控制系统均易于实现数字化控制。

（2）常用机床技术规格与性能（见表 9-3、表 9-4、表 9-5）

表9-3　普通电火花加工机床主要技术规格

型　号	D6125F	D6140A	D6132	D6185 (D61130)
工作台尺寸 A/mm×B/mm	250×450	400×600	320×500	850×1400 (1300×1300)
工作台行程横向/mm×纵向/mm	100×200	100×200	120×200	滑枕向前150(100) 向后300 主轴头座左右550
夹具端面至工作台面最大距离/mm	360	—	520	1050
工件最大尺寸 A/mm×B/mm×C/mm	250×350×150	350×400×200	—	850×1400×450 (1300×1300×450)
主轴行程/mm	105	120	150	250
主轴座移动距离/mm	200	250	200	250
电极最大质量/kg	20 用平动头5	10	50	200
电源类型	40A晶体管 复合电源	50A晶体管 高频电源	100A晶体管多回路 复合电源	粗加工,300A晶闸管电源 精加工,20A晶体管电源
最大加工生产率/(mm^3/min)	250	350	石墨－钢　900	晶闸管电源　3000
最高加工表面粗糙度 Ra/μm	2.5～1.25	2.5	2.5～1.25	2.5
最小单边电蚀间隙/mm	0.03～0.05	0.03	0.03	晶闸管电源　0.15～0.46

表9-4　精密坐标电火花加工机床主要技术规格

型　号	JCS－016	DM7140	DM5540
加工孔径/mm	0.1～1	—	—
坐标工作台定位精度/mm	±0.006	0.02	光学读数分度值 0.01 0.015
工作台尺寸 A/mm×B/mm	160×250	400×630	400×630
工作台行程横向/mm×纵向/mm	50×100	200×300	200×300
工作台最大承重/kg	—	600	570
主轴伺服行程/mm	100	—	160
主轴转速/(r/min)	无级　200～1000	—	10～80
主轴伺服进给速度/(mm/min)	18	—	—
最大电极质量/kg	—	—	100　回转电极5
电源类型	晶体开关管控制的精微 RC回路,0.5A	100A晶体管电源	80A晶体管复合电源 有脉冲间隔适应控制和适应抬刀
最大生产率/(mm^3/min)		850	
最高加工表面粗糙度 Ra/μm	0.32		0.63

表 9-5　高性能电火花加工机床主要技术规格

型　号	DM7132	D7125	型　号		DM7132	D7125
坐标工作台数字显示分辨值	0.002mm	—	电极最大质量/kg		50	—
工作台尺寸 A/mm×B/mm	320×500	250×400	电源类型		50A 高效低损耗晶体管电源，多参数适应控制	50A 高性能晶体管电源，自适应控制
工作台行程横向/mm×纵向/mm	150×250	—				
主轴伺服行程/mm	250	—				
夹具端面至工作台面最大距离/mm	500	—	最高生产率/(mm^3/min)	石墨-钢	>400	—
				铜-钢	>380	>400

注：电加工常用夹具见第 5 章。

9.2.2　电火花成形加工工艺

1. 电加工工艺参数调节与选择

（1）火花间隙与加工斜度　电加工时，工件加工面与工具电极之间需有一定火花间隙（Δ），一般为 0.01～0.5mm。因此，加工后的工件型孔、型腔尺寸（L）表达式如下：

$$L = L_0 + 2\Delta + 2\delta + 2\delta_1$$

式中　L_0——工具电极设计尺寸（mm）；

δ——工件型孔、型腔蚀除层（mm）；

δ_1——工具电极尺寸损耗（mm）。

实际上由于火花间隙中存有大量蚀除下来的金属屑粒，并不断随介质循环过程被排出放电间隙，致使许多屑粒在排出放电间隙路程中会发生二次放电，使工件加式面与工具电极之间的间隙扩大。因入口处屑粒发生二次放电的几率最大，所以火花间隙在型孔、型腔的入口处为最大，这就使型孔、型腔侧壁形成电加工斜度，如图 9-7 所示。

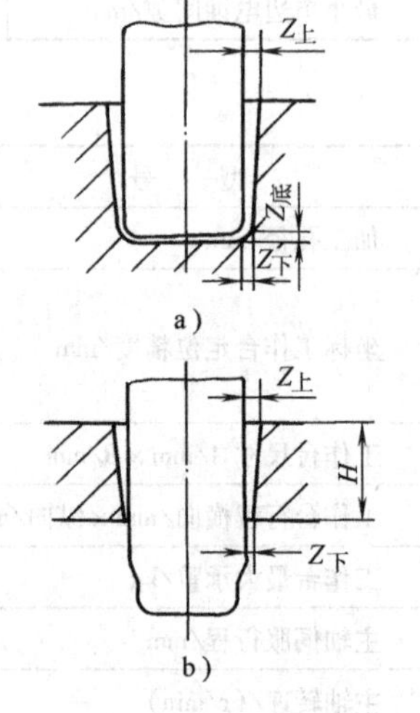

图 9-7　间隙与斜度
a）型腔加工　b）穿孔加工

精加工时，电加工斜度的斜角可控制在 10°以内。因此，在加工冲模口模型孔时，应从漏料孔端开始加工，使斜角 α 成为漏料孔斜度的一部分。

加工塑料模口模型腔时，其电加工斜度正好作为脱模斜度的一部分。

（2）电规准调节与选择　在加工时，常选择一组电参数，以满足工件加工要求，这组电参数称 1 挡规准。

粗加工时，常取 1～2 挡规准，加工后，型孔、型腔表面粗糙度可达 $Ra10$～$Ra5$，生产率高。

半精加工时，挡数适当，表面粗糙度达 $Ra5$～$Ra1.25$。

精加工时，常选数挡电规准，加工后其表面粗糙度可达 $Ra0.63\mu m$～$Ra0.32$，但生产率低。

因此，在电加工过程中常需进行规准转换，以达到降低电极损耗，保证加工精度，并使加工速度 v_w（mm^3/min）高，一般：粗加工时，v_w = 500mm^3/min；精加工时，v_w = 20mm^3/min。

为达到以上加工要求，选择适当电规准是满足电加工要求的技术基础。电规准主要指脉冲宽度、脉冲间隔、峰值电流和电流密度。

1）当进行粗加工，要求控制电极损耗小于 1%。

2）精加工时，须根据加工精度和表面粗糙度的要求。

这两项要求主要取决于脉冲宽度和峰值电流。因此，须根据规准挡数要求正确选定这两项参数，以满足加工要求。

3）电流密度根据加工面积选择。小面积加工时，电流密度宜小，一般为 1～3A/cm²；面积大时，则宜保持在 3～5A/cm²。

4）脉冲间隔选择的依据主要为不使火花间隙短路，产生电弧，但须尽量小。粗加工、长脉宽时，选定为脉宽的 1/5～1/10；精加工、窄脉宽时，选定为脉宽的 2～3 倍。

表 9-6 所列内容可供选择电规准时参考。

表 9-6　加工规准与工艺效果的关系

加工参数	工艺效果			
	表面粗糙度(*Ra*)	加工速度	电极损耗	其　他
脉宽↑	↑	↑	↓	火花间隙↑变质层↑斜度↑
峰值电流↑	↑	↑	↑	火花间隙↑变质层↑稳定性↑
脉间↑	影响小	↓	↑	稳定性↑
电流密度↑	↑	↑	↑	过火时稳定性↓

（3）工具电极损耗与极性效应　这是电加工中影响加工精度，说明电加工工艺水平的重要指标，即同一时间内工具电极损耗量与工件加工面蚀除量的比值。其计量方法有体积计量（mm³）、重量计量（g）和长度计量。常用方法为长度计量法，即长度损耗 C_L 为（见图 9-8）

$$C_L = \frac{h_2}{h_1} = (H - h_1)/h_1$$

式中　H——工件厚度；

h_1——工件上已加工好的高度尺寸；

h_2——工具电极长度方向上已损耗尺寸。

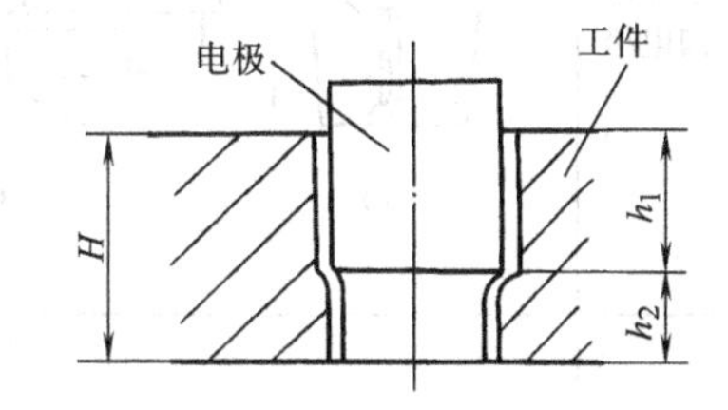

图 9-8　长度损耗

减少电极损耗的方法有：

1）更换电极，或使用电极未损耗部分加工。

2）采用平动仿形加工，以减少电极损耗不均匀的程度。

3）采用极性效应，以减少电极损耗。

电火花加工时，既使是同一材料，其中也总有一种的蚀除量较大，此现象即为极性效应。为使电极损耗低，并提高加工效率，则要求极性效应越显著越好。

2. 工具电极设计

（1）常用电极材料　工具电极材料须是导电材料。要求这些材料具备：电加工工艺特性好，如电极损耗低、加工过程稳定、加工效率高等特点；机械加工性能好，选择的电材料能进行精密磨削加工，使工具电极形状尺寸精度达到设计要求；要求价格低，能适时购买到性能优越的材料等。所以，选择性能优越的工具电极材料，满足模具成形件的电加工要求是进行电火花成形加工的重要条件。

表9-7所列为常用工具电极材料的电加工工艺性能、机加工工艺性能等，供选择使用。

表9-7 电火花成形加工常用电极及其性能

常用材料	电加工工艺性能		机械加工性能	价格材料来源	应用说明
	稳定性	电极损耗			
铸铁	较差	适中	好	低（常用材料）	主要用于型孔加工。制造精度高
钢	较差	适中	好	低（常用材料）	常采用加长凸模，加长部分为型孔加工电极；将降制造费用
纯铜	好	较大	较差（磨削困难）	较高（小型电极常用材料）	主要用于加工较小型腔，精密型腔，表面加工粗糙度可很低
黄铜	好	大	较好（可磨削）	较高（小型电极常用材料）	
铜钨合金	好	小（为纯铜电极损耗的15%～25%）	较好（可磨削）	高（高于铜价40倍以上）	主要用于加工精密深孔、直壁孔和硬质合金型孔与型腔
银钨合金	好	很小	较好（可磨削）	高（比铜钨合金高）	
石墨	较好	较小（取决于石墨性能）	好（有粉尘，易崩角，掉渣）	较低（常用材料）	适用于加工大、中型的型孔与型腔

（2）工具电极结构形式　根据型孔、型腔结构和电极制造工艺水平，常用电极结构有以下几种，见表9-8。

表9-8 常用工具电极结构形式

电极	工具电极结构示例图	说明
整体结构电极	a)　b)	此为加工型孔、型腔常用结构形式。图中1为冲油孔，2为石墨电极，3为电极固定板。当面积大时，可在不影响加工处开孔或挖空以减轻其重量
阶梯式整体结构电极		为提高加工效率和精度，降低 Ra 值，常采用阶梯式整体结构。图中，L_1—精加工电极长度；L_2—为加长度，常为型孔深的1.2～2.4倍；其径向尺寸比精加工段小0.1～0.3mm。作粗加工电极。此类电极适于加工小斜度型孔，以保证加工精度，减少电参数转换次数

（续）

电极	工具电极结构示例图	说　明
组合结构电极	电极 工件	当工件上具有多个型孔时，可按各型孔尺寸及其间相互位置精度，定位、安装于通用或专用夹具，加工工件上的多个型孔和圆孔孔系
镶拼结构电极		将复杂型孔，分成几块几何形状简单的电极，加工后拼合起来电加工型孔。这样，可使制造简化，减少电极加工费。图为加 E 形凹模用三块电极

注：分解式电极可参见表9-2中图和说明。

（3）工具电极尺寸设计　工具电极尺寸是指其垂直于主轴进给方向截面上的内、外轮廓尺寸。这些尺寸的设计和确定与火花间隙、电极损耗、模具材料、电加工规准、机床精度，以及介质液等工艺因素都有关系。

若型孔、型腔粗加工后，其精加工采用平动方式精修，电极尺寸可按下式进行计算。即

$$a = A \pm kg$$

式中　a——电极上尺寸；

A——型孔、型腔尺寸；

k——与型腔、型孔尺寸标注方法有关的系数；

g——电极尺寸的修整量。

式中正、负号的确定原则为：

“+”——当加工型腔凸形时，电极当为凹形，取“+”号；

“-”——当加工型腔凹形时，电极当为凸形，取“-”号。

其中　$k=0$、1、2，视电极截面上尺寸的对称性和是否为加工面而定。即

1）当为中心线间的尺寸时，取 $k=0$；

2）当电极在加工凸、凹圆弧或平面，只有单边火花间隙，即标注的尺寸只有一端需加上或减去 kg 时，取 $k=1$。

3）同理，当截面上标注的尺寸对称性时，即尺寸两端均需加上或减去 kg 时，取 $k=2$。

图9-9为电极尺寸计算示例。

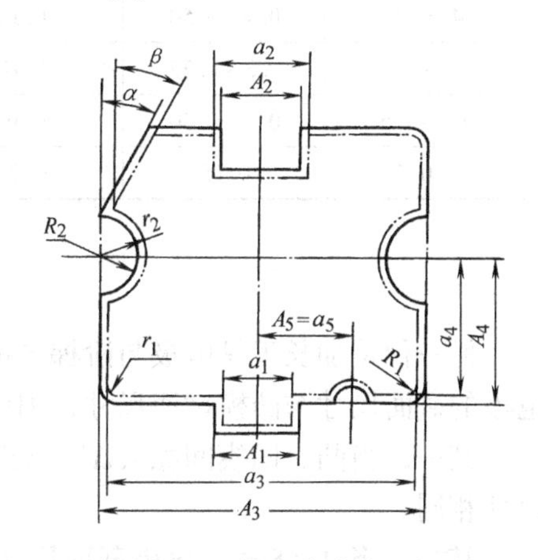

图9-9　电极尺寸计算示例

示例的尺寸设计为：

$$a_1 = A_1 - 2g;\ a_3 = A_3 - 2g;$$

$$a_2 = A_2 + 2g;\ a_4 = A_4 - g;$$
$$a_5 = A_5;\ r_1 = R_1 - g;$$
$$r_2 = R_2 + g;\ \alpha = \beta。$$

根据电火花成形加工机床规定的工艺参数，加工中、小型腔所用电极的单面精修量，见表9-9。

工具电极长度，常根据经验确定：

1）加工型腔时，其有效长度应大于型腔的深度。电极总长（高）度减去不加工长度，称为有效长度。

2）加工型孔时，其有效长度一般取型孔深度为2.5～3.5倍。

（4）工具电极制造　工具电极具有两个特点：其一为工具电极常用材料中有纯铜、铜、银钨合金等软质材料，难以进行精密成形磨削加工；其中石墨电极材料加工时，易产生粉尘，造成污染。其二，采用工具成型电极进行仿形加工时，其形状与工件上的型孔、型腔中的凸、凹形状相反；因此，需进行电极结构、尺寸设计与精密加工。所以，工具电极的制造与模具凸、凹模制造则具有同样工艺性质、同样难度。由此，增加了模具制造费用和工艺准备时间。

针对以上两方面的特点，应简化电极制造工艺，降低制造费用，现有以下措施和方法：

1）采用多种工具电极结构形式。为简化电极制造工艺过程，减少加工工量，降低加工难度和生产费用，创造与设计了多种工具电极结构形式，有组合电极、分解式电极、镶拼式电极等，见表9-8。另外，还有加工型孔用的加长凸模，具有两种形式（见图9-10）：一种是按电极长度要求，将凸模加长共同进行成形加工，当型孔电加工完成以后，切去电极部分；当电极材料为铸铁或铜等，则可与合金钢凸模精坯，采用粘接、铜焊等连接在一起共同进行精密成形；当型孔电加工完成后，则使与凸模分开。

表9-9　工具电极单面精修量

电极截面积/cm²	单面电极精修量/(g/mm)	
	粗加工	精加工
4.5～6	0.4～0.50	0.15
3～4	0.3～0.35	0.10
0.5～1.5	0.2～0.30	0.10
<0.5	0.15	0.07

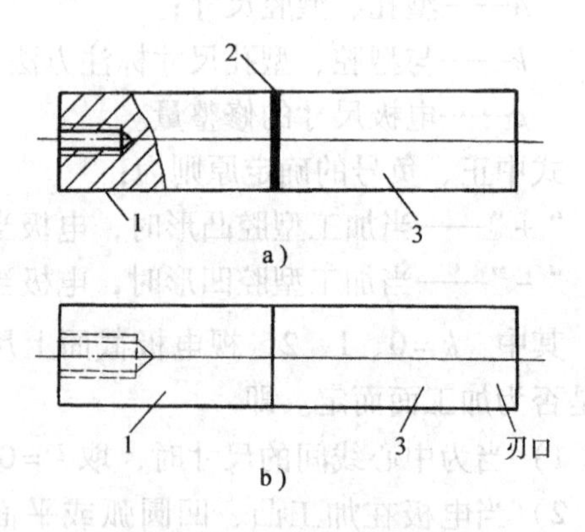

图9-10　电极与凸模粘结
1—电极　2—粘结面　3—凸模

另一种是加长工具电极与阶梯电极一样，电极部分有效长度是型孔深度的1.2～2.4倍。电极的截面尺寸与凸模截面尺寸，因电加工工艺与火花间隙的要求，将有三种情况，即：

其一，当凸、凹模间隙（Δ）与火花间隙（δ）相等时，磨削后的电极截面与凸模截面尺寸相同。

其二，当$\Delta<\delta$时，电极截面尺寸<凸模截面尺寸，可采用化学腐蚀法将电极轮廓尺寸

缩小到设计尺寸，腐蚀剂见表9-10。

其三，当$\Delta>\delta$时，电极轮廓尺寸>凸模轮廓尺寸，常用电镀法增加其轮廓尺寸：当单边增加的尺寸<0.05mm时，可以镀铜；当单边增加的尺寸>0.05mm时，可以镀锌，以到设计要求。

需要注意的是，电极与凸模共同进行成形磨削加工时其截面公称尺寸，为凸模公称尺寸。其精度要求取凸模公差的1/2~1/3。

2）阶梯电极制造方法。阶梯电极的结构、尺寸和加工方法与凸模一样（见表9-8）。其阶梯部分当小于上段L_1精加工电极，其减小尺寸方法常采用化学腐蚀法，见表9-10。

表9-10　各种腐蚀剂配方及适用范围

腐蚀剂成分(质量分数)及使用情况	配方种类						
	1	2	3	4	5	6	7
草酸	—	—	—	—	40g	—	18%
硫酸	—	—	50%	18%		—	2%
硝酸	100%	14%	50%	10%		60mL	—
盐酸	—	—	—	10%		30mL	—
磷酸	—	—	—	5%		30mL	—
氢氟酸	—	6%	—	2%		—	25%
双氧水	—	—	—	—	40mL	—	55%
蒸馏水	—	—	—	—	100mL	—	—
自来水	—	80%	—	55%	—	—	—
腐蚀速度/(mm/min)	0.06	0.01	0.007~0.01	0.007~0.01	0.04~0.07	0.02~0.03	0.08~0.12
腐蚀后表面粗糙度 Ra/μm	1.25~2.5	1.25~2.5	0.63~1.25	0.63~1.25	接近原来表面粗糙度	0.63~1.25	0.63~1.25
适用对象	纯铜 黄铜	T8A Cr12	纯铜 黄铜	钢(铜和铸铁也适用)	钢、铸铁、铜	工具钢 合金钢	适用于工具钢

3）电铸成形法。采用纯铜电极时，由于其为软质材料，难进行成形磨削，电铸成形法是较好的方法。其电解沉积金属原理如图9-11和图9-12所示。

采用样件（金属）为母模，固定于电铸溶液中（酸性硫酸铜或其他金属盐溶液），为阴极；以铜为阳极。在25~50°C条件下，采用1~10A/dm^{2}电流密度的直流电源，使铜电解并沉积于母模，达2~3mm沉积厚度即形成较高精度的成形电极，用以进行电加工型腔。

图9-12所示为增强其刚度的措施。此法常于制造电加工中、小型凹模型腔电极。

4）石墨电极振动成形法。石墨电极是常用的工具电极。一般采用机加工成形。为提高电极精度和加工效率，现已有专用防石墨粉尘污染的CNC成形加工机床。若相同石墨电极有一定数量要求，可采用压力振动成形法。其原理如图9-13所示。

母模为钢质材料，型面经淬火处理，并采用电加工成坯面，装于机床滑板上，作进给运动。

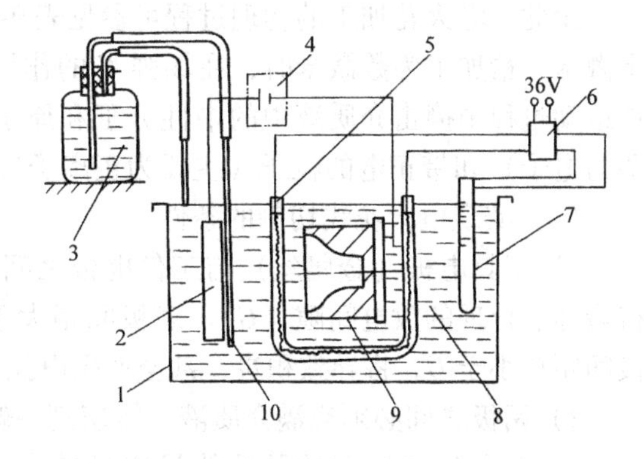

图9-11　电铸法制造电极

1—镀槽　2—阳极　3—蒸馏水瓶　4—直流电源　5—加热管　6—恒温控制器　7—水银导电温度计　8—电铸溶液　9—母模　10—玻璃管

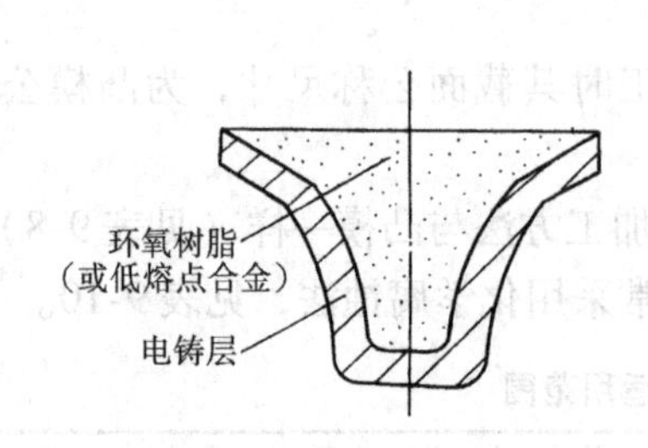

图 9-12　电铸电极的加固

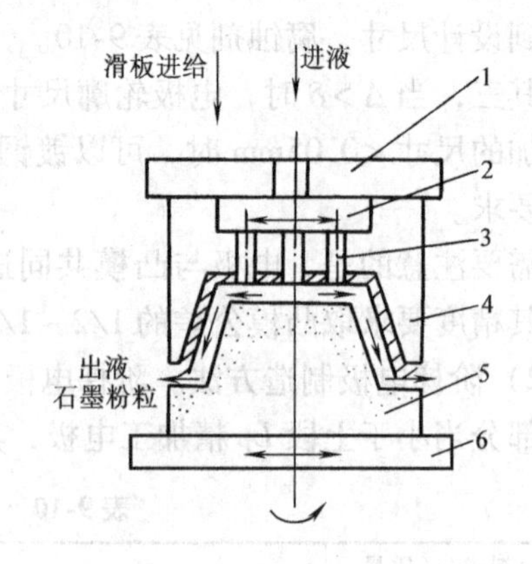

图 9-13　压力振动加工原理

1—滑板　2—汇液槽　3—出液孔

4—母模　5—工件（石墨）　6—工作台

工件（石墨）坯件固装工作台上。工作台以一定频率作平面圆偏心运动。

其工作过程为：母模压向工件→工件作圆偏心运动→母模型面则“磨削”工件面→并逐步进给使“磨削”成形为石墨成形电极。

石墨粉粒由压力水经汇液槽冲向出液孔带出成形电极和母模之间的工作区。

9.3　电火花线切割工艺与机床

9.3.1　线切割工艺原理与特点

1. 工艺原理

（1）线切割物理过程　线切割和电火花成形加工一样，只是加工形式不同。其物理过程，见 9.1.1 节。当工件加工面与电极（金属丝）同处于介质液中，并在两电极上加无负荷直流电压 V，则在两极的间隙（G）中建立起电场。设其场强为 F，与 V、G 之间的关系，当遵循下式

$$F = V/G$$

据此，电火花加工的物理过程可参见表 9-1。根据试验研究，放电间隙 G 在粗加工为数十微米、精加工为数微米时，在场强 F 的作用下，阴极逸出的电子将高速向阳极运动，并在运动过程中撞击介质液中的中性分子和原子，使产生电离。从而形成带负电的粒子（主要为电子）和带正电的粒子（主要为正离子）。其过程如图 9-14 所示。

（2）实现电火花线切割的条件

1）工具电极（金属丝）与工件电极之间，必须加 60 ~ 300V 的脉冲电压。同时，须维持最佳、合理的放电间隙（G）。若极间距大于 G，介质不能击穿，无法进行火花放电；若极间距离小于 G，将导致积炭，甚至产生电弧放电，无法继续进行加工。

2）两极之间必须充满介质液。线切割一般为去离子水或乳液。

3）输送到两极间的脉冲能量应足够大。即放电通道要有很大的电流密度（一般为 $10^4 \sim 10^9 A/cm^2$）。

4）放电必须是瞬间脉冲放电，一般为 0 ~ 1ms。这样，才能使放电产生的热量来不及扩散，而是在火花放电作用于加工面上作用点附近的小范围内，以保持火花放电的冷极特性。

5）脉冲放电需多次进行，且在时间上与空间上是分散的，以避免发生局部烧伤。

6）脉冲放电过程中产生蚀除物，须及时随循介质液排到放电间隙之外，使火花放电能多次、重复地顺利进行，达到工件型面逐层加工的目的。

2. 快走丝线切割机床组成与工艺特点

（1）机床组成 快走丝线切割机床主要由电源柜和主机组成。电源柜中包括管理控制系统、高频脉冲电源和伺服驱动等；主机则包括 X、Y 轴（有的机床第 U、V 轴）、工作台、丝筒、立柱（或丝架）、工作液箱及其过滤系统等，如图9-15所示。

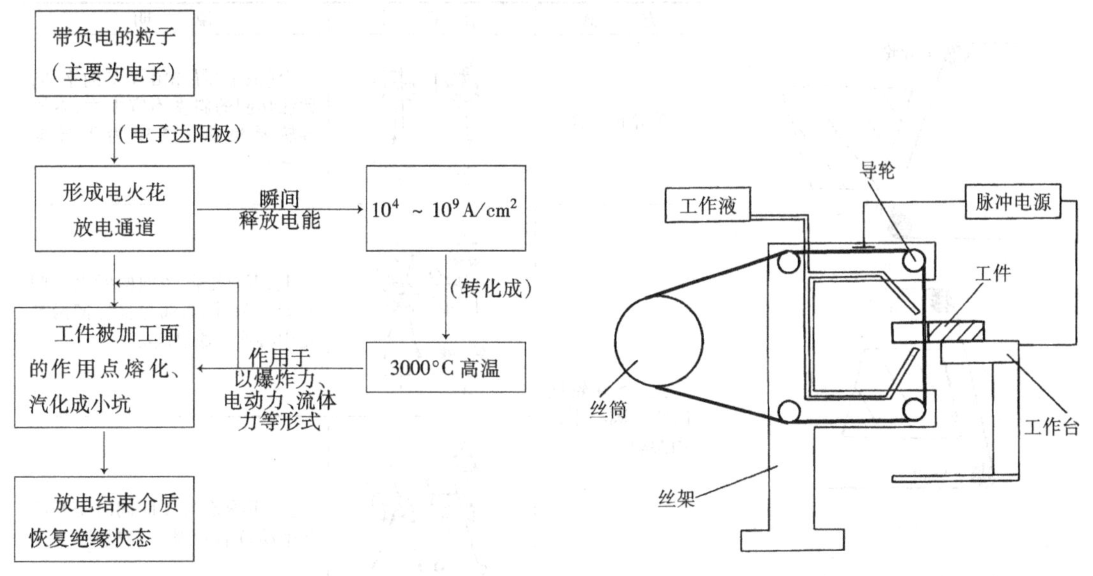

图9-14 电火花加工的物理过程

图9-15 线切割机床组成

（2）线切割机床的运动与成形加工 电火花线切割加工采用金属丝作为工具电极。电极丝由直流电动机驱动丝筒，经导轮与张力系统传动与保持恒定张紧力，使电极丝相对工件加工面作平行运动。工件定位、安装于工作台夹具上，按规定的数控程序随工作台，相对电极丝作 X、Y 轴合成运动的轨迹，以完成成形加工。

1）若电极丝相对工件加工面，按一定规律进行偏摆，形成一定倾斜角的运动，则可以切割出带锥度的加工面，或切割出上、下形状不同的异形件，此即为四轴联动锥度加工，如图9-16所示。当加工方向确定时，电极丝的倾斜方向不同，切割出的工件加工面的锥度方向也就不同。反映在工件上则为上大或下大；锥度则有左锥或右锥之分：按电极丝的前进方向，向左倾斜则为左锥（见图9-16a），向右倾则为右锥（见图9-16b）。

采用导轮移动切割加工面锥度的方式有两种，即单导轮平移；上、下导轮同时绕同一圆心平移或摆动，见表9-11。

2）在线切割成形加工运动中，电极丝中相对理论轨迹的偏移量是编制线切割程序的重要工艺参数，如图9-17所示。

电火花线切割加工过程中，电极丝中心的运动轨迹与工件加工面轮廓有一定的平行位移量（见图9-17），称偏移量。为保证线切割的轨迹与理论轨迹相同，其偏移量（Δ），见下式

$$\Delta = \frac{D}{2} + \delta$$

式中 D——电极丝直径（mm）；

δ——放电间隙（mm），快走丝的放电间隙：切割钢时为 0～0.01mm；切割硬质合金时为 0～0.005mm；切割纯铜工件时为 0～0.02mm。

电极丝中心相对工件加工面的理论轨迹的偏移，可分为左偏（见图 9-17b）和右偏（见图 9-17c）。按电极丝的前进方向，电极丝位于理论轨迹左边时为左偏；电极丝位于理论轨迹右边时为右偏。

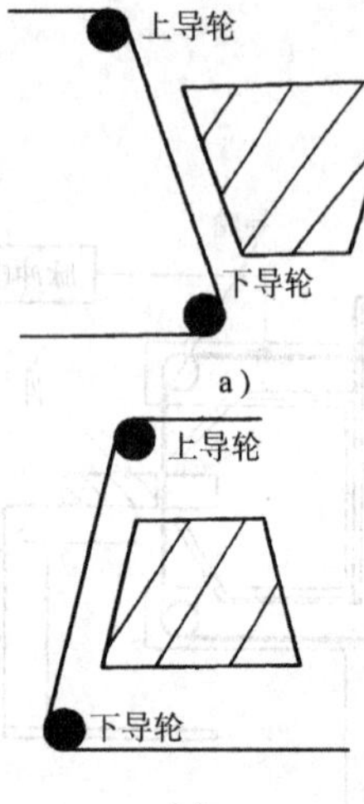

图 9-16 锥度加工

表 9-11 用导轮移动切割斜度的方式

方式	示意图	说明
单导轮平移	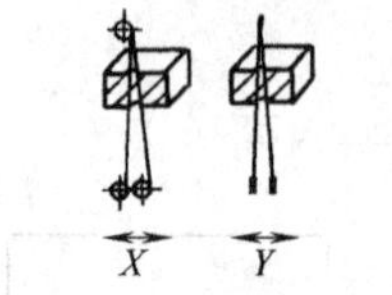	上（或下）导轮沿 X、Y 向平移，此法切割的斜度不宜太大，否则导轮易磨损（图中为下导轮平移）
上、下导轮同时绕一圆心平移和摆动	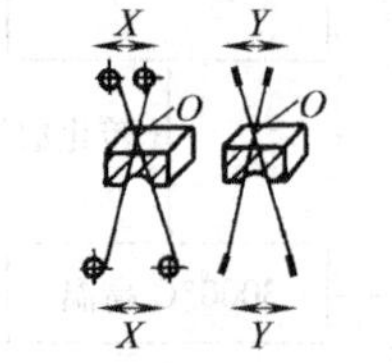	上、下导轮在 X 向同时以一圆心 O 平移，同时通过拨杆使两导轮中心连线通过圆心 O
	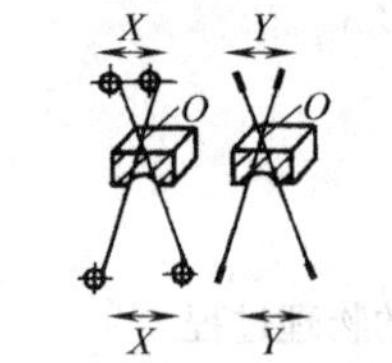	上、下导轮在 X 向同时绕圆心 O 平动，Y 向绕圆心 O 摆动

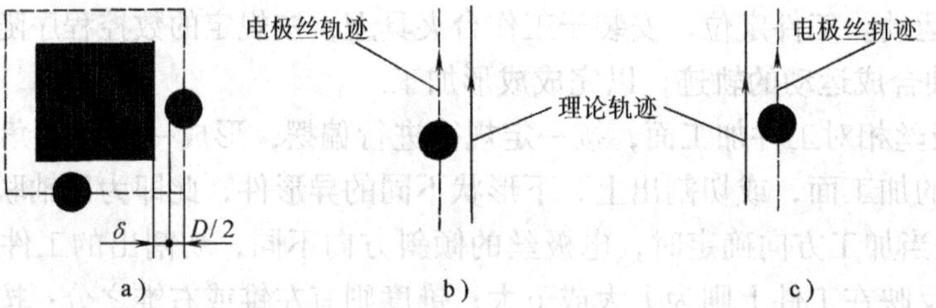

图 9-17 电极丝中偏移

（3）线切割的工艺特点

1）电火花线切割成形加工过程中的切割运动轨迹采用数字控制。可直接成形切割完成模具成形件，不需制造成电极。更换加工对象时，只需另编程序即可进行线切割加工。其能够加工的工件形状包括各种复杂的二维型面、小孔、可切割 0.05～0.07mm 的窄缝以及圆角半径小于 0.03mm 的锐角等。线切割的余量小，余料可利用。对贵重金属的加工经济性尤高。同时，由于为无切削力加工，可用以切割薄片件、易变形的工件等。

2）由于电极丝在切割过程中不与工件接触，进行连续运动，因此，单位长度上的损耗小，所以在切割面积不大的工件时，电极损耗引起的加工误差很小，甚至可忽略。

3）脉冲电源输出用以电火花加工的电流小、脉冲宽度较小，属于半精加工、精加工范畴。故常采用负极性加工，即脉冲电源的正极为工件，电极丝为负极。反之称为正极性加工，电火花成形加工常采用正极性加工。

4）电火花线切割的自动化程度高，可进行多台管理；成形加工周期短，成本低等。

9.3.2　线切割工艺与应用

1. 工艺条件与工艺参数选择

（1）工艺条件　线切割加工工艺条件包括：

1）工艺参数：脉宽、脉间、管数、伺服、电压和波形。

2）工作液：乳化油、浓度和供给量。

3）电极丝：品种、丝径与张力。

（2）工艺参数的选择

1）波形（*GP*）选择。*FW* 线切割有两种波形可供选择：

① 矩形波脉冲（*O*），加工效率高，加工范围宽，稳定性能好。快走丝线切割常用此波形进行加工，如图9-18a所示。

② 分组脉冲（*I*），适用于薄型工件加工，精加工稳定性较好，如图9-18b所示。

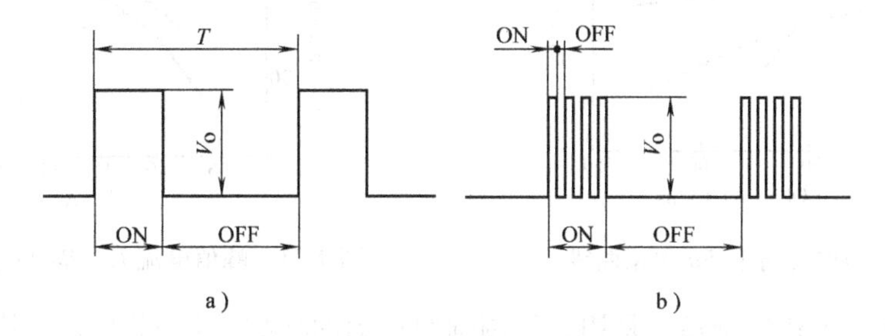

图9-18　*FW* 快走丝线切割脉冲波形

2）脉宽（ON）选择。脉冲放电时间的值，设置为（ON+1）μs，其最大取值范围为32μs。

在一定工艺条件下，ON↑，加工速度（η）↑，表面粗糙度 *Ra* 值↑。ON、η 与 *Ra* 的关系如图9-19所示。通常，ON取值范围见表9-12。

3）脉间（OFF）选择。设置脉冲停歇时间的值（OFF+1）×5μs，其最大取值为160μs。

在特定工艺条件下，若OFF↓，则切割速度（η）↑，对表面粗糙度 *Ra* 值增大不多，即影响不大。但是OFF不能太小，否则将使消电离不充分，电蚀物来不及排除，造成加工不稳定。OFF、η 和 *Ra* 之间的关系如图9-20所示。通常，OFF的取值范围为：

① 工件电加工难度大、厚度大、排屑不利。其取值范围为脉宽的5~8倍。

② 工件加工性能好，厚度不大。其取值范围为脉宽的3~5倍。

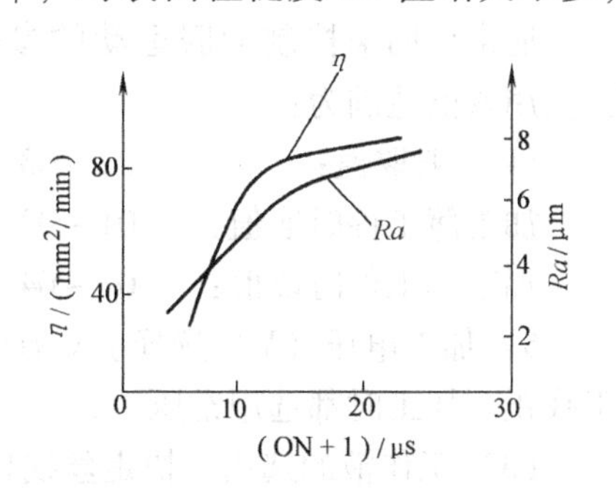

图9-19　ON、η 与 *Ra* 关系曲线

在加工稳定性好，防短路和排屑满足要求的情况

下，可尽量减小 OFF 的取值，以取得较高的加工速度。

表 9-12 线切割加工 ON 取值范围

表面粗糙度/Ra	工件材质电加工性能	工件厚度	ON 取值范围
高	易加工	适中	3 ~10
中、粗加工	较难加工	较厚	10 ~25

注：表内为定性地介绍脉宽（ON）的选择依据和取值范围，实践中应综合考虑各种工艺因素使 ON 取值合理、准确。

4）功率管数（IP）选择。设置投入放电加工回路的功率管数，以 0.5 为基本设置单位，其取值范围为 0.5 ~9.5。管数的增减取决于脉冲峰值电流的大小。每只管子的峰值电流为 5A，所以，$IP\uparrow$，$Ra\uparrow$，$\eta\uparrow$，如图 9-21 所示。通常，IP 的取值范围如下：

① 工件厚度中等，精加工时为 3 ~4 只管子。

② 工件厚度中等的半精加工大厚度工件的精加工，其取值范围为 5 ~6 只管子。

③ 大厚度工件进行半精、粗加工时为 6 ~9 只管子。

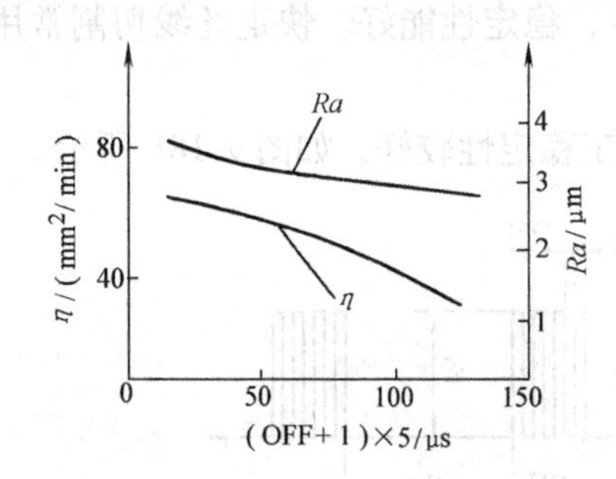

图 9-20 OFF、η 和 Ra 关系曲线

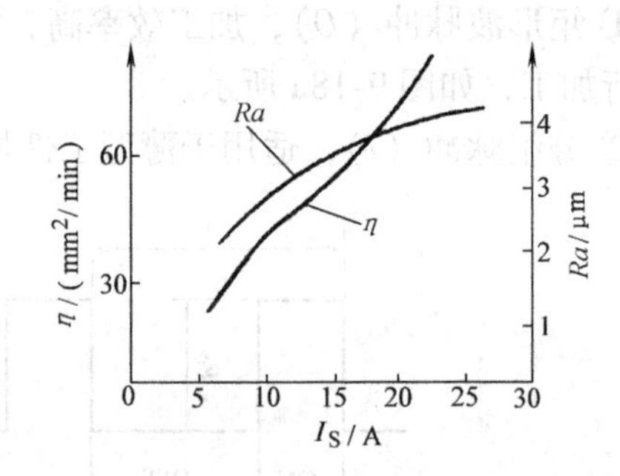

图 9-21 峰值电流 I_S、Ra 与 η 关系曲线

5）间隙电压（SV）选择。是用来控制伺服运动的参数。若 $SV\downarrow\downarrow$，则 $\delta\downarrow$，排屑难、易短路；$SV\uparrow\uparrow$，则空载脉冲$\uparrow$，$\eta\downarrow$。所以，SV 取值须适中，使加工稳定。在加工时有两种测试方法：

① 观察电流表，表针间歇性前摆（即向短路电流值摆动），说明 SV 过小；若表针基本不动，说明加工状态稳定。

② 观察示波器上的放电间隙电压波形，如图 9-21 所示。若加工波浓，开路、短路波弱，说明 SV 取值合适；若开路波或短路波浓，则需调整 SV，使加工稳定，如图 9-22 所示。

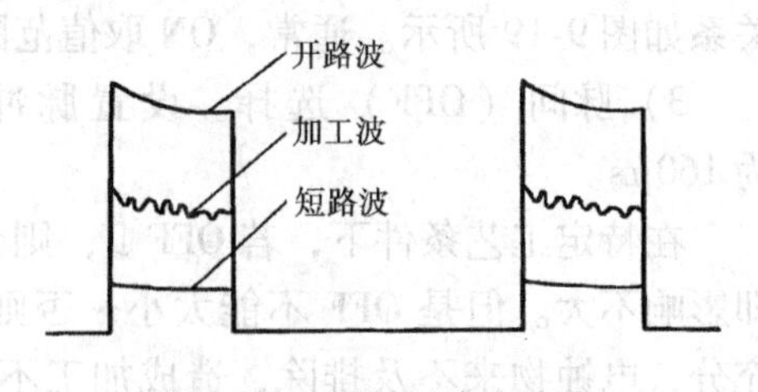

图 9-22 线切割放电波形

通常，用来控制伺服运动的参数最大值为 7，其实用取值范围为：

SV 一般取值：　　　　02 ~03

加工薄工件时取值：　　01 ~02

加工厚工件时取值：　　03 ~04

6）加工电压（V）选择。V 有两种选择："0" 常压选择；"1" 低压选择，一般用于加工找正。加工时都选用常压 "0"。

（3）工作液的选用　快走丝线切割常选用乳化液作为加工介质，其特点与配方如下：

1）介质液特点与要求：

① 介质液需具有一定绝缘性能，常用乳化水溶液的电阻率约为$10^4 \sim 10^5 \Omega cm$，可满足快走丝对放电加工介质的要求。

② 需具有良好的洗涤性能，使介质液在电极丝带动下将介质液渗入加工面的切缝中，以进行溶屑、排屑，且可使加工面光亮，并易于取出工件。

③ 具有良好冷却性能，使放电间隙得到充分的冷却。同时，还需具有良好的防锈性能，采用水基介质，加工面易被氧化，乳化液则具有防锈性能。此外，介质对环境须无污染、对人无害等。

2）线切割常用乳化液的配制方法。乳化液常采用体积比配制法，即按一定比例使乳化液与水配制而成，其乳化液浓度要求如下：

① 工件加工面粗糙度和尺寸精度要求较高，中等厚度或薄件时，乳化液浓度为8% ~15%。

② 要求切割速度高时，其浓度为5% ~8%，以使排屑方便。

③ 采用蒸馏水配制乳化液可提高η和降低表面粗糙度参数Ra值。

乳化液的种类中常用的有DX－1型皂化液、502型皂化液、植物油皂化液和线切割专用皂化液等多种，以供根据需要使用。

（4）电极丝为电火花线切割工艺系统中的工具电极。在线切割中，电极丝是循环使用的，因此，它要求韧性好、抗拉强度和耐蚀性强等。常用电极丝有钨（W）丝、钼（Mo）丝、钨钼丝和铜丝等。常用电极丝性能见表9-13。

表9-13 常用电极丝性能

材料	适用温度		伸长率（%）	抗张力/MPa	熔点T_m/°C	电阻率/Ω·m	备注
	长期	短期					
钨W	2000	2500	0	1200~1400	3400	0.0612	较脆
钼Mo	2000	2300	30	700	2600	0.0472	较韧
钨钼W50Mo	2000	2400	15	1000~1100	3000	0.0532	韧性适中

常用电极丝的直径（mm）为0.12、0.14、0.18、0.2。低速走丝线切割机床常采用0.2mm的黄铜丝。在铜芯线表面扩散一定厚度的锌，形成ZnO膜的复合丝，可提高η进行高速切割加工，并可提高加工尺寸精度。

2. 工件定位与夹紧

（1）线切割装夹工件的特点与要求

1）特点

① 因加工时作用力很小，所以夹紧力要求不大。有时也可用磁力夹具进行定位与夹紧。

② 快走丝线切割用的介质液，是依靠高速运动的电极丝带入切缝，不需进行高压冲入（如慢速走丝切割），因此，对切缝周围的材料余量没有要求，便于装夹。

③ 装夹工件需采用悬臂支撑或桥式支撑，以保证线切割区域不受影响。

2）要求

① 夹具和工件定位需保证定位面精度；夹紧工件时的夹紧力分布均匀，不会因夹紧力导致工件变形。

② 工件坯料需倒钝击毛刺；热处理坯件需消除内应力，去积盐和氧化皮（指切入点）；磨削成形的坯件须去磁等，以利于精确定位与夹紧。

③ 工件批量加工时需采用专用夹具。

（2）常用工件装夹方法（见表9-14）

表9-14 线切割的工件定位、夹紧方法

工件装夹方式	工件定位、夹紧示例图	说 明
悬臂式装夹法	刃口	通用性强，装夹方便；但容易倾斜，用于精度要求不高的工件装夹 工件也可装于桥式夹具的一个刃口上，形成悬臂式装夹
垂直双刃口装夹法	刃口	工件装夹在两个相互垂直的刃口上。装夹精度与稳定性较悬臂式好，也便于找正
桥式装夹法		快走丝切割最常用的装夹方式，适于装夹各种工件，尤其适于装夹方形工件。桥的侧面可作定位面，也可用表找正，使与工作台 X 方向平行
V形夹具装夹法		适于装夹圆形工件。轴类零件常采用此法
板式装夹法		适用于装夹中间有孔、定位面小的工件、则可在底面加精密托板进行定位、支撑，切割时可连托板一起进行切割
分度装夹法		轴向分度切割夹具，如切割在小孔机上的弹簧夹头，要求沿轴向切割两个相互垂直的窄槽，夹头三爪上装检棒，用表校正与 X 方向或 Y 方向平行，再将工件装于三爪上，找正外圆与端面，先切割第一槽，完后转90°切割第二槽

（续）

工件装夹方式	工件定位、夹紧示例图	说　明
分度装夹法		垂直分度切割夹具，如切割链轮边上的齿形，由于其外圆尺寸已超过工作台。所以，就需进行分度切割

3. 工件切割找正

找正的目的是确定切割起点。此点是在切割工件型孔或型面之前，电极丝中心相对于工件基准面的确切坐标位置（点）。依此点开始切割出的型孔或型面与工件基准面的相对位置关系正确。

（1）找边法　切割图 9-23 所示型孔时，设其切割始点的坐标位置为 $X=a$、$Y=b$。找正方法与顺序为：首先采用接触感知法，感知左边，并将 X 坐标“清零”，当进行移位时，需加电极丝中心与边之间的距离，即电极丝的半径 r；采用同样的接触感知法，并使 Y 坐标“清零”，然后进行定位移动 G00$X(a+r)$、$Y(b+r)$。由此，可确定型孔的位置。此后，则以此坐标点为中心加工穿丝孔，并穿丝，移动 X、Y 滑板使电极丝中心精确地处于坐标点上开好切割运动。

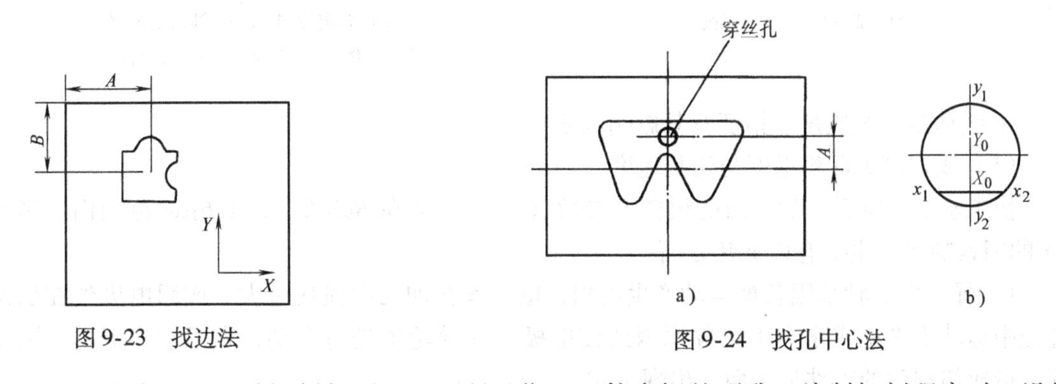

图 9-23　找边法　　　图 9-24　找孔中心法

（2）找中心法　需切割如图 9-24a 所示位于工件中间的型孔，编制切割程序时，设切割起点位于图示位置。但由于型孔处于工件中心位置，切割起点距工件水平中心线偏移量为 a；以 a 与工件垂直中心线的交点为圆心加工穿丝孔，穿丝孔须以坐标磨进行精密加工。此后，采用自动找中心坐标的功能找出孔中心点的坐标位置，继而以此点为切割起点，切出位于工件中间的型孔。

图 9-24b 所示为以圆孔作为二次基准面，采用火花法进行定位，找中心的方法。如图 9-23所示，以两个相互垂直的外侧面为基准面，以距离两基准的距离 A 和 B 处加工出穿丝孔。此孔经坐标磨精加工后，作为二次基准面；其中心点坐标（X_0、Y_0）即为切割起始点。找中心的方法为：先移动 X 滑板，使电极丝接近基准孔的左边和右边，当与孔壁接触将产生微弱的火花，此时，须记下（X_1、X_2）的坐标值，则孔中心 X 方向的坐标值 X_0 为

$$X_0 = (X_1 + X_2)/2$$

将电极丝中心移至 X_0 点，然后再移动 Y 滑板，采用同样方法找到 Y_0 点。随后以点（X_0、Y_0）为切割起点，按编制的程序切割工件的型孔。

此外还有以工件外圆为基准，借助定位夹具找工件中心法（见图9-25）；直接以工件侧面为基准，借助定位夹具来确定电极丝在工件上的起始坐标点的间接找正法，如图9-26所示。

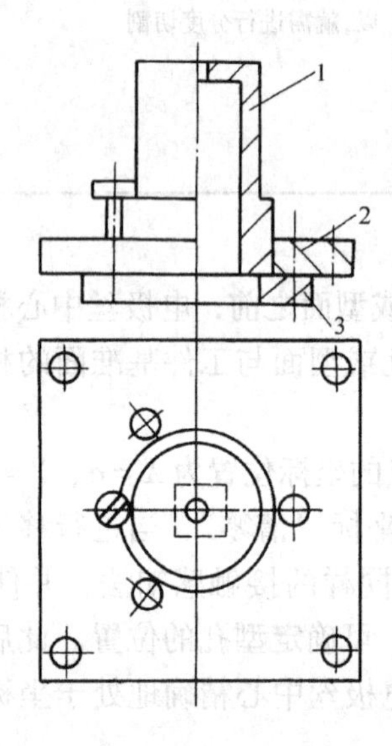

图9-25　以工件外圆为基准的定位夹具示意图
1—工件　2—上板　3—下板

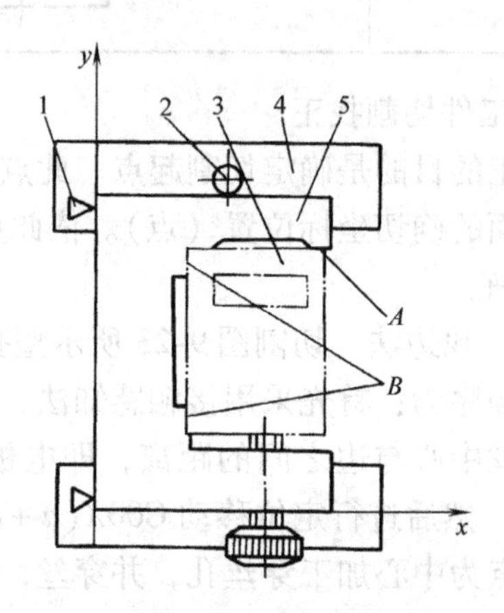

图9-26　以工件侧端面为基准的定位夹具示意图
1—x轴向定位器　2—y轴向定位器
3—工件　4—工作台　5—夹具体

4. 线切割工艺质量、精度及其影响因素

（1）线切割表面粗糙度与切割速度

快走丝线切割后，加工面的粗糙度参数（Ra）一般在 $Ra3.2 \sim Ra1.6\mu m$ 范围内。影响 Ra 的因素颇多，主要有以下几方面：

1）导丝轮、轴承因长期运动产生磨损，电极丝在加工中损耗过大，或因电极丝在切割过程中运动不平稳或张力不足等原因致使电极丝在导轮中进行窜动，在运动中振动、跳动等，造成切割后的工件加工面上出现条纹。

2）电火花线切割时，工艺参数选择不当，短路拉弧现象严重；或因进给速度不当，引入切缝间的介质液不充分，致使排屑困难。从而造成加工不稳定。致使加工面 Ra 值高。一般国产线切割机床，Ra 值与切割速度（v_{wi}）有很大关系：

当 $v_{wi} \geqslant 20mm^2/min$ 时，最低达 $Ra0.8\mu m$；

当 $v_{wi} \geqslant 13mm^2/min$ 时，最低达 $Ra0.4\mu m$。

其中，衡量线切割加工效率（η）的参数常称切割速度（v_{wi}），即单位时间内电极丝加工过的面积，以下式表示

$$\eta(v_{wi}) = \frac{加工面积(mm^2)}{加工时间(min)} = \frac{切割长度 \times 工件厚度}{加工时间}(mm^2/min)$$

（2）线切割的加工精度　加工精度是指切割完成的加工面的成形尺寸的公差等级。电火花线切割一般可达到 IT6 级。即其切割出的成形件的成形尺寸公差可达 ±0.01 ~ ±0.005mm。

当线切割高精度模具成形件时，须采用精密线切割机床，利用二次或多次切割法，在第一次切割成形后，留 0.05 ~ 0.1mm 作为第二次、第三次精密回切的余量。此法的切割精度可达 0.002mm。

（3）影响线切割精度的因素

1）工件材料内应力引起的变形误差。工件材料的内应力一般包括热应力、组织应力和体积效应等。其中以热应力影响线切割后变形为主。其对工件形状的影响，见表 9-15。

表 9-15　热应力对切割工件后工件变形的影响

零件类别	轴类	扁平类	正方形	套类	薄壁型孔	复杂型腔
理论形状					A B	A B
热应力变形					A+　B+	A−　B+

针对热应力引起的变形，当设法改善：一是采用热处理回火工艺进行消除内应力；二是改善线切割工艺，即在成形切割之前，采用在工件非切割区钻孔、切槽等预加工方法，使工件释放部分内应力；在切割凸模时穿丝孔尽量钻在余料上，不直接从坯料外边切入，以避免在切缝处产生应力变形，如图 9-27a 所示；合理选择线切割路径，以限制其应力释放，如图 9-27b 所示。

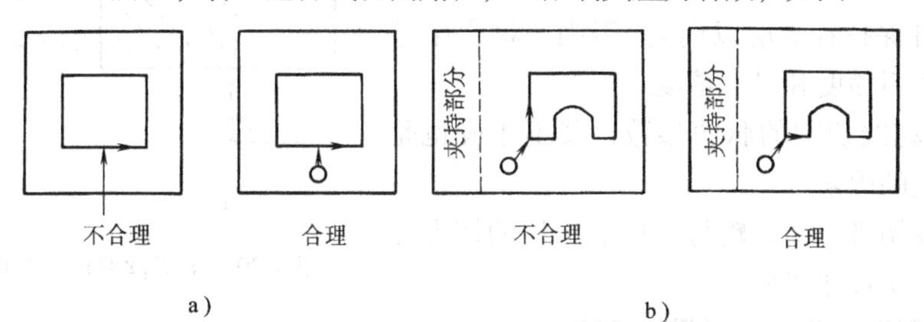

图 9-27　消除内应力的线切割工艺措施

2）找正、定位基准误差的影响。主要有以下几个因素：

① 定位孔的误差，采用工艺定位孔或以穿丝孔为定位孔都需对定位孔进行精密加工，以保证找正精度，减小找正误差，如图 9-28 所示。

如图 9-28a 所示，若定位孔的倾斜角为 α，工件厚度为 H，找出的中心点 O_d 与理论中心点 O_D 的误差（Δ）为

$$\Delta = H \cdot \tan\alpha$$

由上面公式可见，找出的中心点 O_d 与 O_D 之间的误差 Δ 与 H、$\tan\alpha$ 成正比。若需减小定位孔的误差对找正的影响，则需减小 H 和 α（见图 9-28b）；同时，定位孔壁需与端面垂

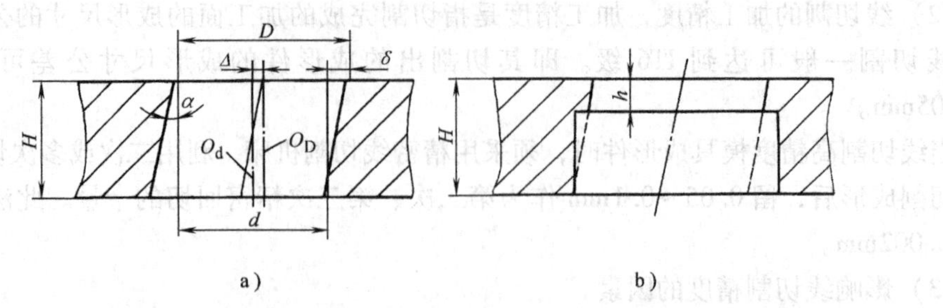

图 9-28 找正定位孔误差分析

直。孔壁的表面粗糙度 Ra 值要低，孔口需倒角，并防止产生毛刺。

② 由于电极丝在找正前不在定位孔的中心点上，误差大，所以需进行多次找正，以减小找正误差。同时，接触感知表面须干净，电极丝上不可沾有工作液，以提高感知精度。

③ 精细找正电极丝的垂直度，以保证加工表面与端面的垂直度误差在所要求的范围内。为保证电极丝不抖动，须保证导轮槽清洁，导电块无磨出的槽并与电极丝接触良好。导轮轴承运转灵活、无轴向窜动等。

3）电极丝变形与运丝系统精度所引起的加工误差，如图 9-29 所示。在电火花线切割过程中，由于电磁力的作用，电极丝将产生挠曲变形，引起如图 9-29a 所示变形；在进行拐角切割时，将会切成塌角如图 9-29b 所示。消除、减小此误差的方法有：

① 在程序段的末延待电极丝恢复垂直时，经回切以切去变形误差。

② 采用过切法以切割成直角，如图 9-29b 所示。即待电极丝回直后，则可切割直角。

快走丝线切割的运丝系统包括丝筒、配重、导轮、导电块等，均需保持精确、完好状态，以保证运丝平稳；并能保持张力和正反向运丝时的张力差在允许的范围内（FW 型 WEDM 电火花线切割加工的张力差，可保持在 50g 以内）。否则，将产生条纹，影响表面粗糙度和尺寸精度。

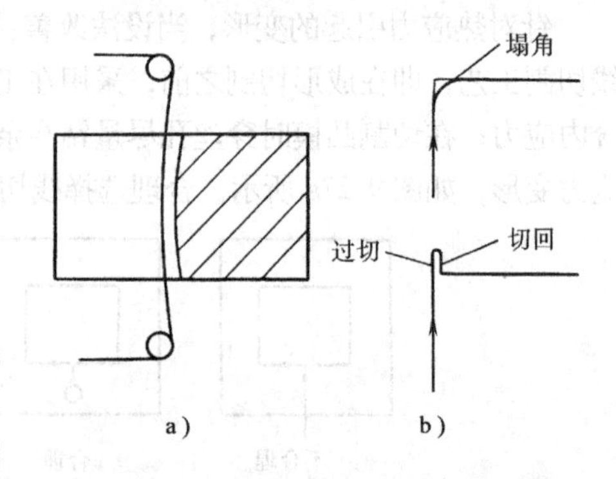

图 9-29 电极丝变形引起的加工误差

4）电火花线切割的脉冲参数，若不正确也是影响切割误差的因素。

进行锥度切割时，导轮与电极丝相切的切点变化也将引起加工尺寸误差。

9.3.3 线切割工艺系统、应用与机床

1. 线切割工艺系统与机床

（1）工艺系统 WEDM 工艺系统与车削、铣削、磨削工艺系统一样，也是由机床、夹具、刀具和工艺软件组成。但是，WEDM 和机械切削方式与原理、切屑与表面粗糙度形式、切削条件则不同。

WEDM 是采用电极丝沿根据工件轮廓编制的程序轨迹，通过两极间火花放电进行成形“切割”来加工模具成形件的，是刀具与工件不接触加工。因此，切屑形式呈不规则粒状蚀除物，工件表面呈微坑状。故其表面粗糙度与微坑尺寸、数量有关。同时，由于微坑是由脉冲放电产生高温“轰击”而成，故其加工好的表面上则留有一层“熔化层”，其厚度与电脉冲参数有关。电参数、熔化层深度、切割速度与 Ra 之间关系的试验数据，见表 9-16。

表 9-16　不同电参数对熔化层深度影响

材料	脉冲宽度 t_1/μs	脉冲间隔 t_0/μs	加工电流 I/A	熔化层				切割速度 v_{wi}/(mm²/min)
				切缝一侧		切缝另一侧		
				深度/μm	表面粗糙度 Ra/μm	深度/μm	表面粗糙度 Ra/μm	
Cr12MoV	8	85	0.2	16.807	2.85	15.455	2.8	13
	13	40	1.3	18.793	3	19.846	3.4	35
	16	55	1	21.217	3.95	18.393	3.55	36
	40	85	1.7	35	4.5			45
CrWMn	8	85	0.2	20.72	2.75	17.5	3.15	12.6
	13	40	1.3	15.07	4.4	27.75	3.75	31.7
	16	55	1.5	16.105	3.95	17.559	3.25	33
	40	85	1.7	21.935	4.5			44
T10A	8	85	0.2	20.678	2.25	20.313	2.96	13
	13	40	1.3	27.575	2.85	25.6	3.95	31
	16	55	1.4	27.85	2.15	28.42	4.35	35
	40	85	1.7	30.157	4.7			39.7
Cr12	8	85	0.2	14.651	1.9	18.392	2.9	14
	13	40	1.3	15.72	3.55	18.893	3.91	32
	16	55	1.5	25.64	4.1	17.60	2.2	40
	40	85	1.7	26.18	4.55			43

（2）低走丝线切割常用工艺参数与指标　表面粗糙度 Ra 是 WEDM 应用的重要工艺指标。国产 WEDM 机床分快走丝（走丝速度为 6～11m/s）和慢走丝（走丝速度为 1～15m/min）。图 9-30 为低走丝线切割 Ra 与 v_{wi} 的关系。表 9-17 为低走丝线切割不同材料常用的丝径、切割范围与 v_{wi}，及其可达到的 Ra 值。

2. 线切割的应用

（1）常切割材料与工艺性（见表 9-18）

（2）常见线切割工件形状（见表 9-19）　冲模成形件主要指凸模、凹模拼块或整体凹模。电火花线切割可以加工的工件一般需满足两个基本条件：

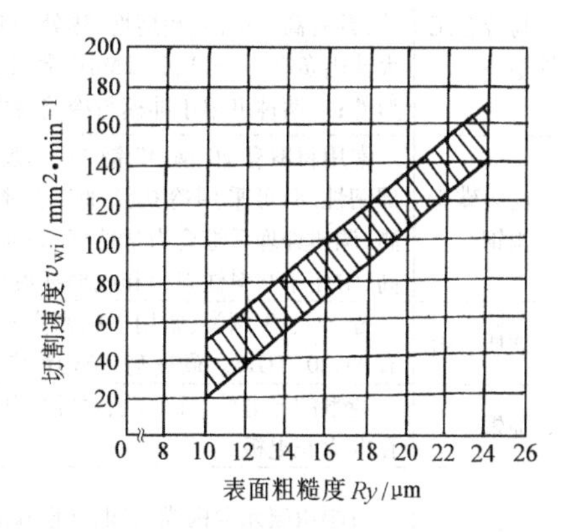

图 9-30　表面粗糙度与切割速度的关系

表 9-17　低速走丝线切割加工工艺参数

工件材料	电极丝直径 d/mm	切割厚度 H/mm	切缝宽度 s/mm	表面粗糙度 Ra/μm	切割速度 v_{wi}/(mm²/min)	电极丝材料
碳钢 铬钢	0.1	2～20	0.13	0.2～0.3	7	黄铜丝
	0.15	2～50	0.198	0.35～0.5	12	
	0.2	2～75	0.259	0.35～0.71	25	
	0.25	10～125	0.34	0.35～0.71	25	
	0.3	75～150	0.378	0.35～0.5	25	
铜	0.25	2～40	0.32	0.35～0.7	19.4	
硬质合金（质量分数，钴 15%）	0.1	2～20	0.19	0.15～0.24	3.5	
	0.15	2～30	0.229	0.24～0.25	7.1	
	0.25	2～50	0.361	0.2～0.5	12.2	
石墨	0.25	2～40	0.351	0.35～0.6	12	
铝	0.25	2～40	0.34	0.5～0.83	60	

（续）

工件材料	电极丝直径 d/mm	切割厚度 H/mm	切缝宽度 s/mm	表面粗糙度 Ra/μm	切割速度 v_{wi}/(mm²/min)	电极丝材料
碳钢 铬钢	0.08	2~10	0.105	0.35~0.55	5	钼丝
	0.1	2~10	0.125	0.47~0.59	7	
硬质合金（质量分数，钴15%）	0.08 0.1	2~12.7 2~12.7	0.105 0.135	0.078~0.23 0.118~0.23	4 6	

表9-18 线切割常加工材料与工艺性

材料种类	常加工材料及其热处理性能	线切割工艺性
碳素工具钢	常用牌号有T7、T8、T10A、T12A、淬火硬度高，可达62HRC；淬透性差，淬火变性大。故切割前须经热处理回火，以消除内应力 现常采用T10A，用于尺寸不大的冲模成形件	由于含碳量高，淬火易变形，故切割速度慢，表面偏黑，易出现短路条纹。若回火去应力不充分，切割时会出现开裂
低合金工具钢	常用材料有9Mn2V、MnCrWV、CrWMn、9CrWMn和GCr15。淬透性、耐磨性比碳工钢好。常用于变形要求小中、小型冲模、成形模的成形件	线切割性能良好，其切割速度 v_{wi} 高，切割后表面粗糙度与其他质量指标都较好
高合金工具钢	常用材料有Cr12、Cr12MoV、Cr4W2MoV、W18Cr4V等，具有高淬透性、耐磨性、热处理变形小，可承受较大冲击负荷。Cr12、Cr12MoV常用于高寿命冲模成形件；后两种可用于冲模与冷挤模成形件	线切割性能良好，切割速度高，切割后的表面光亮，均匀、表面粗糙度 Ra 值低
优质碳素结构钢	常用材料有20钢、45钢、20钢表面淬火硬度与心部韧性高，可采用冷挤法加工型腔；45钢，强度较高，调质处理后综合力学性好，表面或整体淬火硬度高，常用于塑料注射模和成型冲模成形件	线切割性能一般，淬火件比未淬火件切割性能好；切割速度 v_{wi} 较慢，表面粗糙度 Ra 较高
硬质合金	分YG、YT两类，常用于精密高寿命冲模成形件的有YG20、YG15。硬度高、结构稳定、变形小	线切割速度较低，表面粗糙度 Ra 值低；切割时常采用水质介质液，表面会产生裂纹的变质层
纯铜	纯铜的导电性、导热性、耐蚀性和塑性良好。常用在电火花电极	切割速度低，为切割合金工具钢的50%~60%，切割稳定性较好。但 Ra 较高，放电间隙较大
石墨	石墨由碳元素构成，有电导性和耐蚀性；常用作电火花成形加工电极	切割性能，切割速度低，是切割合金工具钢的20%~30%；放电间隙小、排屑难、切割时易短路，为不易加工材料
铝	铝质轻、具有金属的强度、可用于塑模	切割性能好，切割速度是切割合金工具钢的2~3倍。切割后表面光亮，但 Ra 值一般。铝在高温下，表面易生成不导电的氧化膜。所以，切割时脉冲停歇时间宜选择小些，以保证高速切割

1）材料具有良好的导电性能（见表9-18）。非导电性能的材料是不能采用电火花线切割进行加工的。

2）工件加工面须是与电极丝平行的二维型面。即由二维型面包围成的柱体工件（如冲模中凸模）或由二维型面构成的型孔，且须是通孔（如冲模中的凹模）。

锥度（斜面）加工或需加工出工件波纹状（见表9-19中的图）时，只是采用预先设置电极丝锥（斜）角（α），并控制其连续运动角度轨迹，以完成锥（斜面）度切割，但其仍需遵循上述两个基本条件。

表9-19 常见线切割工件轮廓形状

工 件	常 见 工 件 图 样
长窄形工件	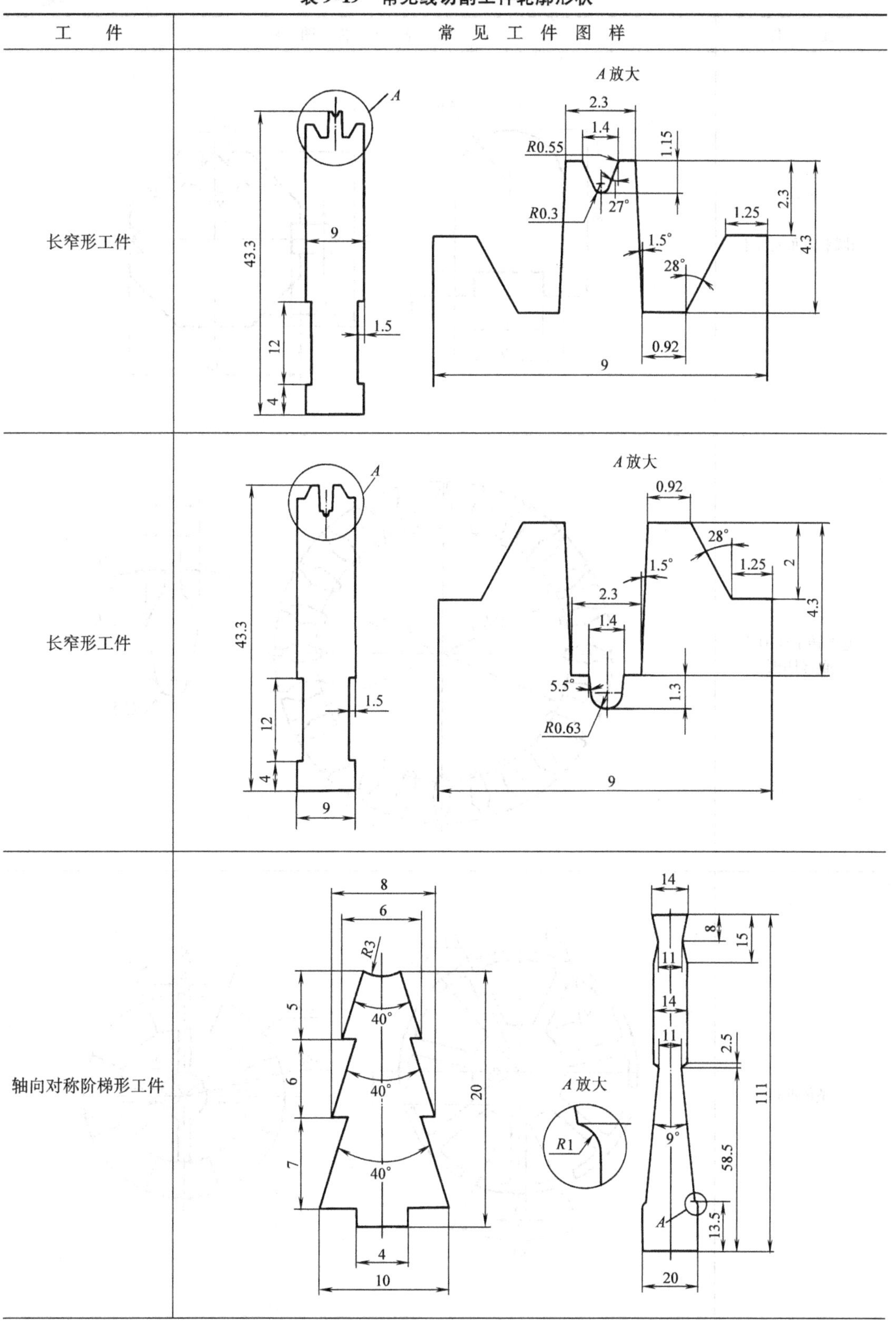
长窄形工件	
轴向对称阶梯形工件	

(续)

工　件	常 见 工 件 图 样
凸圆和六面形工件	R10 30 4 12 30 5 90° 30 6 1.5 30
电极转子硅钢片整体凹模	φ160 φ124 9 3 3 6 R2.5
整体凹模	R1 R14 R13 R1 R5 4 2 52° 45° 8 φ64 φ96 φ22

（续）

工　　件	常见工件图样
圆周等分窄缝工件	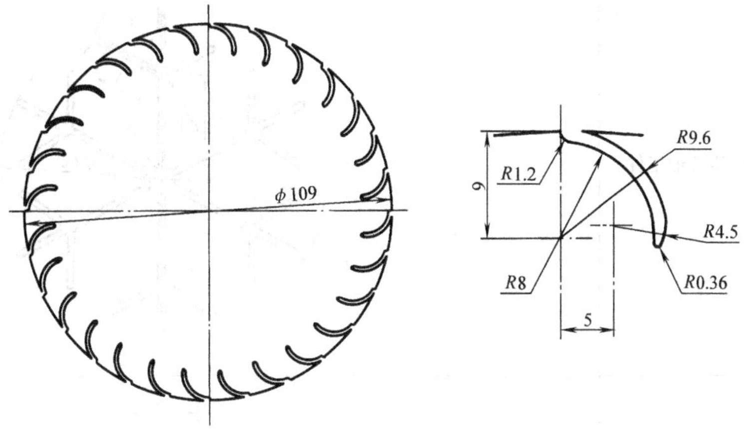
异形凸、凹模	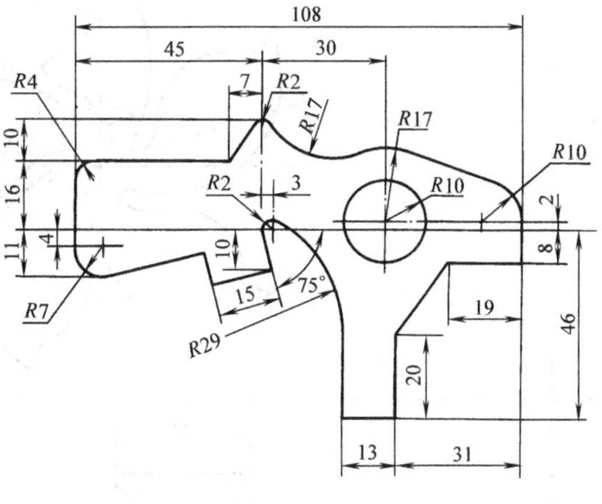
	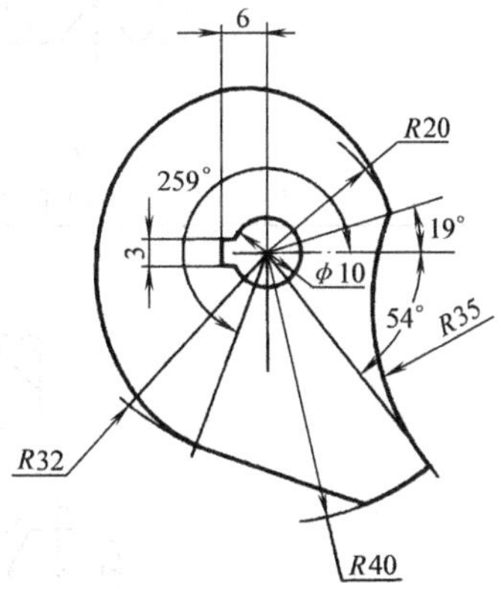

（续）

工　件	常见工件图样
对称、窄缝形工件	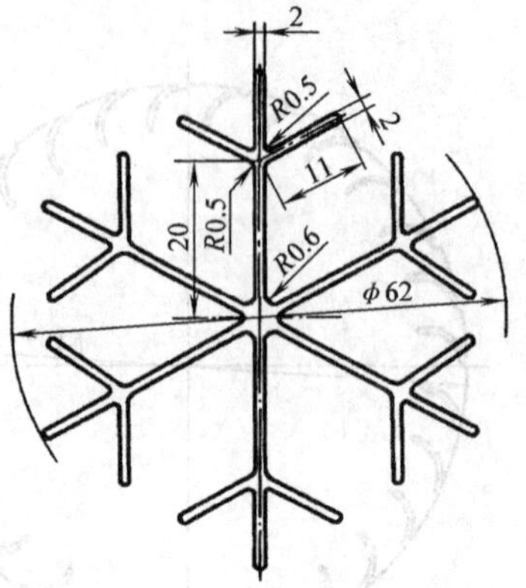
等分花瓣形工件	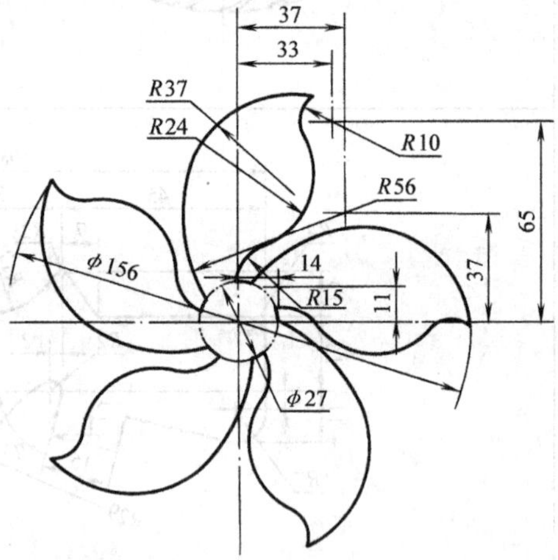
端部有波形工件	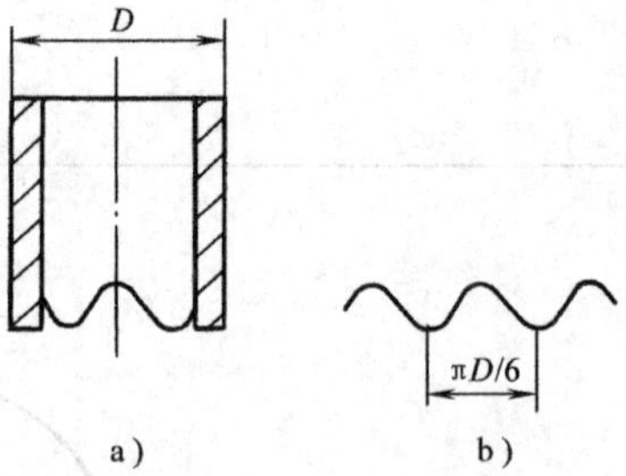 a）工件　b）曲线展开图
带三维斜度孔工件	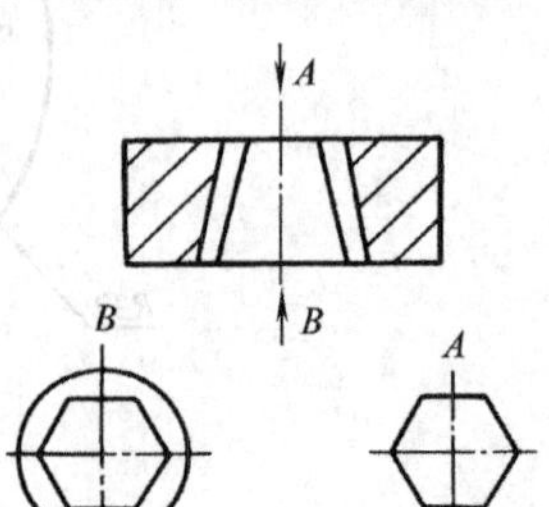

3. 电火花线切割机床分类、规格与性能

（1）线切割机床的分类与型号　机床主要按其切割轨迹的控制方式进行分类，见表 9-20。也有按精度等级或大小、功能来进行分类的方法，如分为普通型、精密型、大型，以及带切割锥度或大厚度型等。

表 9-20　电火花线切割机床类型

控制方式	使用性能说明
数控线切割机床	其控制方式有数字程序控制、单板机控制和计算机数控几种。这类机床能精确地控制电火花线切割工艺过程
靠模仿形控制线切割机床	要求样板（即靠模）制作精度高，样板与工件之间的绝缘性能好，且厚度越薄越好。机床能控制较高的仿形精度
光电跟踪控制线切割机床	须绘制按一定放大比例的工件加工路线的线图。其跟踪精度与线图中线的宽度有关。故切割工件的尺寸精度较低；但与上两种控制方式相比，不须编程序和制作精密靠模仿形样板
直线进给控制线切割机床	主要用于精密下料、切断。控制较简单，切断速度高，电极丝要求强度，韧性也较高，丝径较粗

国产电火花线切割机床的型号是根据 JB/T 7445.2—2012《特种加工机床型号编制方法》标准编制的。如 DK7720，其每个字母与数表示：

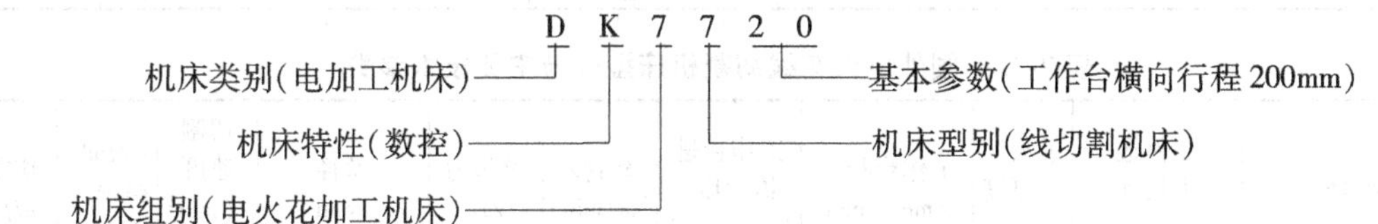

（2）线切割机床的规格与性能　国产电火花线切割机床见表 9-21；国外产电火花线切割机床见表 9-22。

表 9-21　国产电火花线切割机床的型号及主要技术参数

机床型号	工作台行程 /mm × mm	最大切割厚度 /mm	最大切割速度 /(mm²/min)	控制器	加工精度 /mm	表面粗糙度 Ra/μm	走丝速度	切割锥度（斜度）
SCX - 2	150 × 150	75	60	TRS - 80			高速	
JO780 - 1	160 × 200	80	60	单板机	±0.01	≤2.5	高速	
CKX - 2A	120 × 150	60	>50	单板机	0.015	≤2.5	高速	
DK7716M	160 × 200	80		微机	0.01	1.25	低速	±5°
DK7716A	200 × 160	50	>30	单板机		1.25 ~ 2.5	高速	
DK7716	200 × 160	120	>50	单板机	0.015	≤2.5	高速	
DKT7716	160 × 240	40 ~ 200	80	单板机	0.015	2.5	高速	
JO175 - CNC	250 × 180	80	60	单板机	±0.01	1.25 ~ 2.5	高速	
JO175B - CNC1 (CNC2)	250 × 180	80	60	单板机	±0.01	1.25 ~ 2.5	高速	1°30′
JO775C - CNC4	200 × 250	80	≥120	单板机		2.5	高速	1°30′
DK7720	250 × 200	80	≥20	微机	0.01	1.6	高速	
DF - 250	200 × 300	140		微机五轴			低速	±6°
DK7720	320 × 200	90	>50	单板机	0.018	<2.5	高速	1°30′
HC - 6	350 × 200	100	50	微机			低速	5°
DK7725D	250 × 350	100	100	单板机		<2.5	高速	
DK7725e	250 × 350	150	100	单板机		<2.5	高速	1.5°
DK7725d - C4	250 × 350	100	100	单板机微机编程		<2.5	高速	
DMK7625	320 × 250	120		微机	±0.005	<1.6	低速	±5°

（续）

机床型号	工作台行程 /mm×mm	最大切割厚度 /mm	最大切割速度 /(mm²/min)	控制器	加工精度 /mm	表面粗糙度 Ra/μm	走丝速度	切割锥度（斜度）
DK6732	320×250	90	60	单板机或双板机	±0.01	≤2.5	高速	
DK7725A	320×400	200	>20	TRS801 微机		1.25~2.5	高速	
DK7725-MC2A	320×250	100	60	单板机		1.6~3.2	高速	
DK7725-MC3	250×320	100	>60	单板机		2.5	高速	±5°
DK2-6732	250×320	90	60	单板机	±0.018	2.5~5	高速	
DK7725A	250×350	400	60	单板机		1.25~2.5	高速	
LS350X	250×350	120	120	微机	±0.005	1	低速	7°
DK7730B	500×300	100	50	单板机	0.02	1.25~2.5	高速	±1°
DK7732	320×500	100	100	单板机		1.25	高速	
DK7732B	320×500	150	100	单板机		1.25	高速	
DK7732	500×320	100	≥40	单板机		1.25	高速	±1.5°
DK7740	400×500	100	≥40	单板机		1.25	高速	±1°
WBKX-40A	400×500	150		微机			高速	
MODEH	350×200	100		HC-6 或 HC-7			低速	5°
DK7740	450×500	200	100	单板机	0.01	1.25~2.5	高速	
DK7725G	400×250	200	120	STD 总线		≤1.6	高速	±1.5°

表 9-22 国外电火花线切割机床型号与主要技术参数

型号	工件最大尺寸 /mm×mm	最大切割厚度 /mm	工作台行程 /mm×mm	工作台进给速度/(mm/min)	丝速/(m/min)	丝张力 /N	丝径 /mm	切割速度 /(mm²/min)	表面粗糙度 Ra/μm	切割锥度
DWC90H	350×400	160	250×300	1300	15	2~25	0.05~0.33		2~3	
DWC110H	550×600	260	300×450	1300	15	2~25	0.05~0.33		2	
DWC200H	650×750	260	400×750	1300	15	2~25	0.05~0.33	250		
DWC300H	750×1000	260	500×1000	1300	15	2~25	0.1~0.33			
DWC400H	1000×1200	350	800×1000	1300	15	2~25	0.1~0.33			
H-CUT203M	450×350	170	320×250	360	5.4	1.3~17	<0.3	150	3	±12°
H-CUT304P	450×600	170	300×400	900	12	1.3~21	<0.35	230	2	±12°
H-CUT-304S	450×600	170	300×400	900	12	1.3~21	<0.35	300	2	±12°
H-CUT406P	500×800	200	400×600	900	12	1.3~21	<0.35	230	2	±12°
H-CUT406S	500×800	200	400×600	900	12	1.3~21	<0.35	300	2	±12°
BF275	300×400	140	200×300		15	2~18	0.1~0.3			±7°
A350	550×400	210	350×250		15	2~18	0.1~0.3	170		±15°
A500	700×500	260	500×350		15	2~18	0.1~0.3			±15°
EPOC800	1000×600	300	500×800		18	2~18	0.1~0.3			±14°
AP150	300×270	80	220×150		10.8	2~14	0.03~0.2			±6°
EC3025	420×420	120	300×250	1000	15	2~14	0.05~0.3	240	1	±10°
EC3040	420×570	120	300×400	1000	15	2~14	0.05~0.3	240	1	±10°
EC7050	600×900	300	500×700	1000	15	2~14	0.05~0.3	240	1	±10°
EC3141	680×605		400×300	1200	15.5	2~14	0.05~0.3		1	
EW-300K1	450×400	250	300×250	600	16.8	2~18	0.2			±10°
EW-450K1	450×600	250	300×450	600	16.8	2~18	0.2			±10°
EW-600K1	650×900	250	450×600	600	16.8	2~18	0.2			±10°
EW-700K1	650×900	250	450×700	600	16.8	2~18	0.2			±10°
EW-1000K1	650×1300	250	450×1000	600	16.8	2~18	0.2			±10°
EWP-300B	400×300	120	300×200	600	9	2~18	0.05~0.3			±10°

（续）

型号	工件最大尺寸/mm×mm	最大切割厚度/mm	工作台行程/mm×mm	工作台进给速度/(mm/min)	丝速/(m/min)	丝张力/N	丝径/mm	切割速度/(mm^2/min)	表面粗糙度Ra/μm	切割锥度
W0	320×450	150	200×350	900	10	0.8~25	0.05~0.3	160		±10°
W1	350×450	250	250×350	900	100	0.8~25	0.05~0.33	270		±10°
W2	450×650	300	350×500	900	100	0.8~25	0.05~0.33	270		±10°
W3	700×950	300	450×750	900	100	0.8~25	0.05~0.33	250		±15°
W4	800×1200	300	600×1000	900	100	0.8~25	0.05~0.33	250		
AGIE CUT100	810×580	250	300×200							+30°
AGIE CUT200	860×580	250	400×250							+30°
AGIE CUT300	1500×1200	250	700×400							+30°
Robofil 100	700×350	100	220×160	900						+30°
Robofil 200	900×520	150	320×220	900						+30°
Robofil 400	1100×760	200	450×300	900						+30°
Robofil 600	1200×710	200	630×400	900						+30°

9.4 电火花线切割数控程序编制

9.4.1 编程原理与规则

1. 编程序的基本要求

编制线切割NC程序的基本要求：精确的线切割程序是线切割工艺系统构成的核心；是进行精密成形线切割工艺的关键技术。因此，精确编制线切割程序是掌握线切割工艺的基本功。必须掌握线切割机床控制系统的指令，掌握其指令系统中各种指令的编程方法和技巧及线切割工艺的基本要求：

1）熟悉工件图样上的图形构成、尺寸、尺寸公差、表面粗糙度和材料性能；掌握工艺过程的工件定位与安装、找正方法、切割工艺顺序、切割运动轨迹，以及确定工件轮廓上各段型面的起点与终点坐标。

2）熟悉、掌握线切割机床的切割工艺条件如电脉冲参数、切割次数、余量分配、电极丝材料与规格等。

3）熟悉、掌握线切割机床中程序格式：ISO规定的指令代码，313、413中的指令代码，程序清单，并懂得制作穿孔纸带、磁带与磁盘等。

4）熟悉、掌握线切割机床的控制机、电源的起动，运丝系统和x、y、u、v轴运动系统的调整、检查。

2. 基本原理与规则

（1）NC线切割程序指令（Z） 指令共有12个，见表9-23内容说明和表9-23图a与图b。

（2）切割长度计数方向指令（G） 按顺序分别切割完成工件轮廓上的圆弧、直线段，需分别控制相应方向滑板，从起点到终点长度，以达到各线段尺寸和尺寸精度。

为此，在机床控制机中设一个计数器，以对相应滑板进给进行计数。将需切割的圆弧或直线长度预先设置于J中，当相应滑板以进给当量（μm）作切割进给时，计数器中的长度数据以相等进给当量减少，直至为零，以达需切割线段的终点。

表 9-23　NC 线切割程序指令（Z）

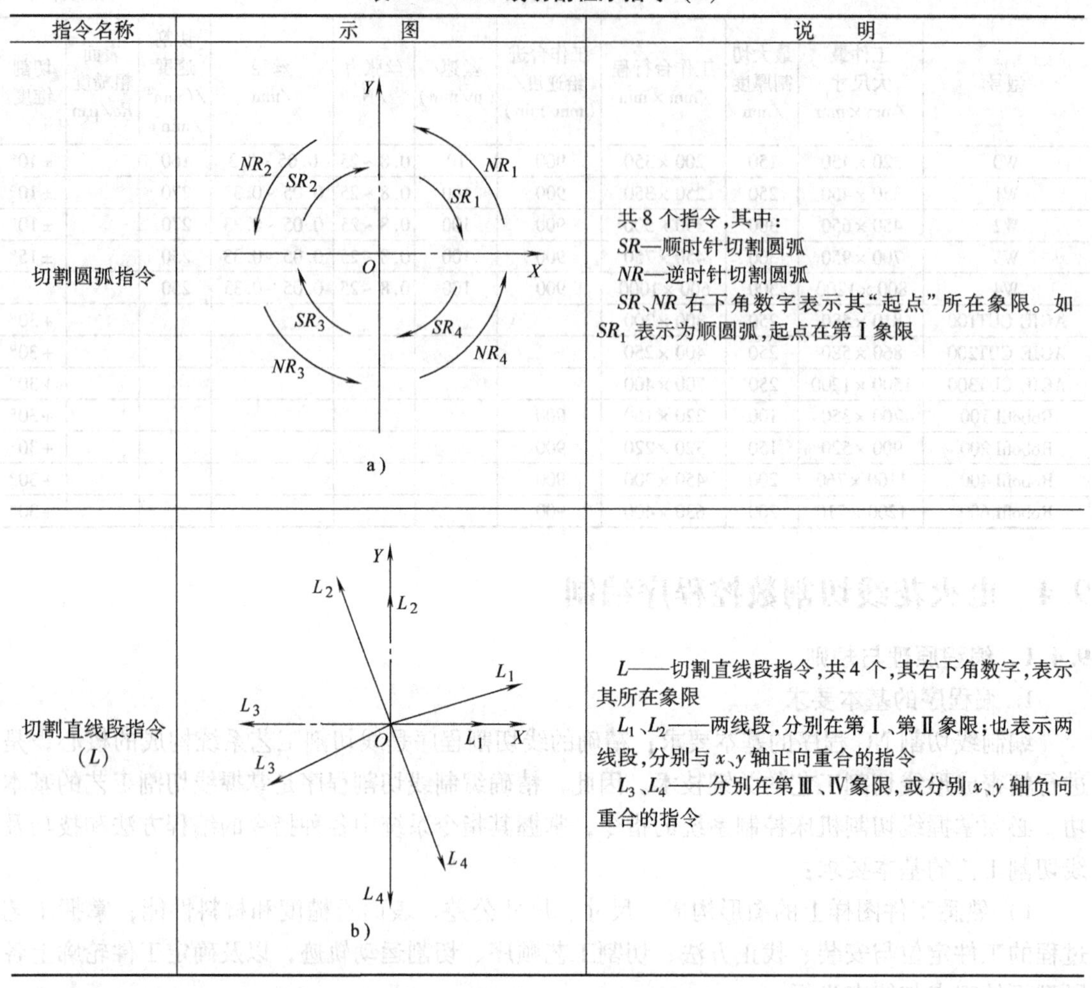

指令名称	示　图	说　明
切割圆弧指令	a)	共 8 个指令，其中： SR—顺时针切割圆弧 NR—逆时针切割圆弧 SR、NR 右下角数字表示其"起点"所在象限。如 SR_1 表示为顺圆弧，起点在第Ⅰ象限
切割直线段指令（L）	b)	L——切割直线段指令，共 4 个，其右下角数字，表示其所在象限 L_1、L_2——两线段，分别在第Ⅰ、第Ⅱ象限；也表示两线段，分别与 x、y 轴正向重合的指令 L_3、L_4——分别在第Ⅲ、Ⅳ象限，或分别 x、y 轴负向重合的指令

切割线段长度计数方向指令（G）的选择，见表 9-24。

表 9-24　计数方向指令（G）选择方法和规则

指令名称	示　图	说　明
切割斜线 G 的选择	Y　GY　45°　GX　GX　X　45°　GY a)	选择切割长度较大的方向，作为计数方向。其选择规则为： 若线段终点为 $A(x_e, y_e)$ 1. 当 $\lvert x_e\rvert > \lvert y_e\rvert$ 时，计数方向选 GX 2. 当 $\lvert y_e\rvert > \lvert x_e\rvert$ 时，计数方向选 GY 3. 当斜线在阴影区时，取 GY，反之取 GX 4. 当斜线正在 45°线上时，第Ⅰ、Ⅲ象限，应取 GY；第Ⅱ、Ⅳ象限，应取 GX

（续）

指令名称	示　图	说　明
切割圆弧G的选择	Y　GX　45°　GY　GY　X　45°　GX b)	以切割起点，及其需达到的圆弧终点，所在象限的位置，来决定计数方向G。也可以45°线为界，若圆弧终点坐标为$B(x_e, y_e)$，则： 1. 当$\lvert x_e \rvert < \lvert y_e \rvert$时，即圆弧终点在阴影区，取GX 2. 当$\lvert x_e \rvert > \lvert y_e \rvert$时，则取GY 3. 当圆弧终点在45°线上时，可按习惯任取

（3）确定计数长度　计数长度（J）是指切割线段的始点到终点在计数长度坐标轴上的投影长度的总和。确定计数长度（J）的方法与规则，见表9-25。

（4）间隙补偿值（f）　即需进行f的取向和取值。取向指正确取正向或取负向。即：

1）间隙补偿值（f）为

$$f = r_1 + \delta_1 + \delta_2$$

式中　r_1——电极丝半径（mm）；

δ_1——火花放电间隙（mm）；

δ_2——冲模凸、凹模冲裁间隙（mm）。

2）f的取向即判断f的正（+）、负（-）号。其取向方法与规则如下：

① 切割圆弧线时（见图9-31），当$r_o > r$时，取+号，如切割外凸圆弧面；$r_o < r$时，取-号，如切割内凹圆弧面。r_o为电极丝中心运动轨迹半径；r为被切割圆弧面的半径。

表9-25　确定计数长度的方法与规则

计数长度	示　图	说　明
斜线的计数长度(J)	Y　$A(X_e, Y_e)$　Y_e　O　X a)	由于斜线OA在y坐标上投影长度Y_e，大于在x坐标上的投影长度X_e， 即$Y_e > X_e$ 所以取$G = GY$；$J = Y_e$

（续）

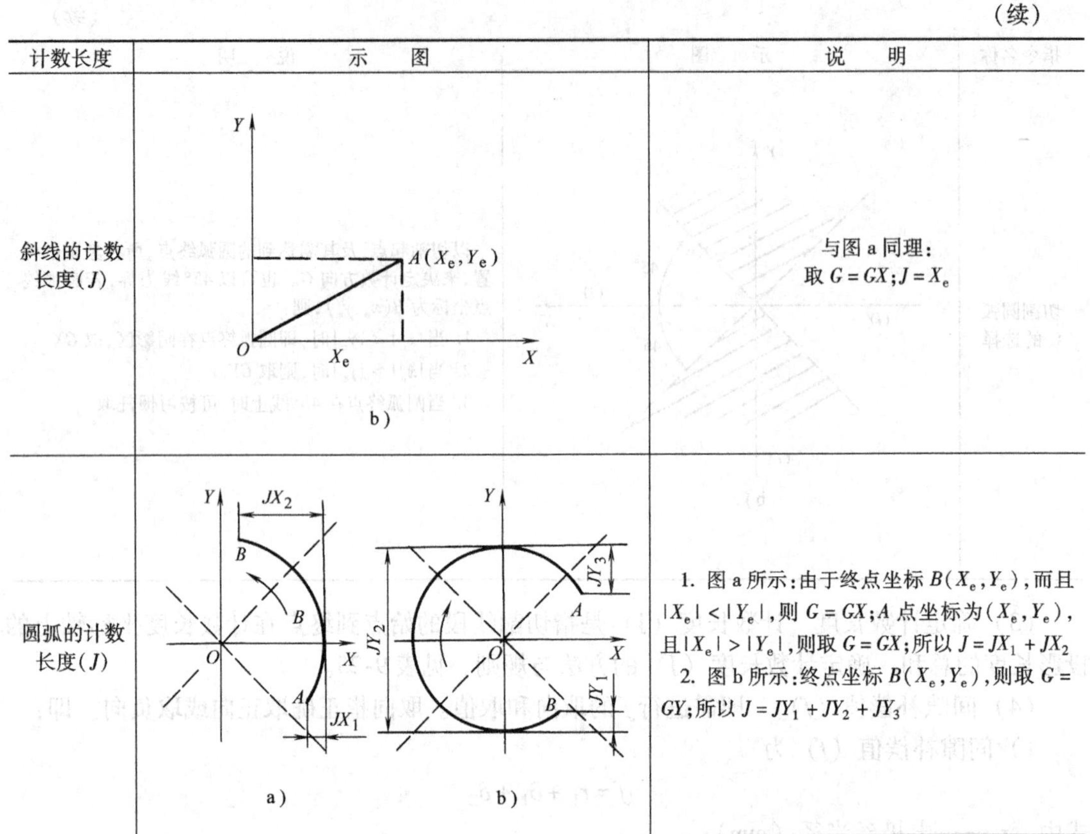

计数长度	示图	说明
斜线的计数长度(J)	b)	与图 a 同理： 取 $G=GX$；$J=X_e$
圆弧的计数长度(J)	a)　b)	1. 图 a 所示：由于终点坐标 $B(X_e,Y_e)$，而且 $\lvert X_e\rvert<\lvert Y_e\rvert$，则 $G=GX$；A 点坐标为 (X_e,Y_e)，且 $\lvert X_e\rvert>\lvert Y_e\rvert$，则取 $G=GX$；所以 $J=JX_1+JX_2$ 2. 图 b 所示：终点坐标 $B(X_e,Y_e)$，则取 $G=GY$；所以 $J=JY_1+JY_2+JY_3$

② 切割斜线时（见图 9-31），当 $P_o>P$ 时，取 + 号；$P_o<P$ 时，取 − 号。P_o 为电极丝中心轨迹法向长度；P 为被切割斜面法向长度。

3. 编制 NC 线切割程序的规则与方法

（1）程序格式　手工及人机交互式编制的程序格式常采用 3B 或 4B 两种。3B、4B 型程序格式的内容和规则为：

1）其中 x、y、J 均是以"μm"为当量的数码。当 $x=0$，$y=0$ 时可以不写入程序单。计数长度 J 应当写成 6 位数，如 $J=1900\mu m$ 时，则应当写成 001900。

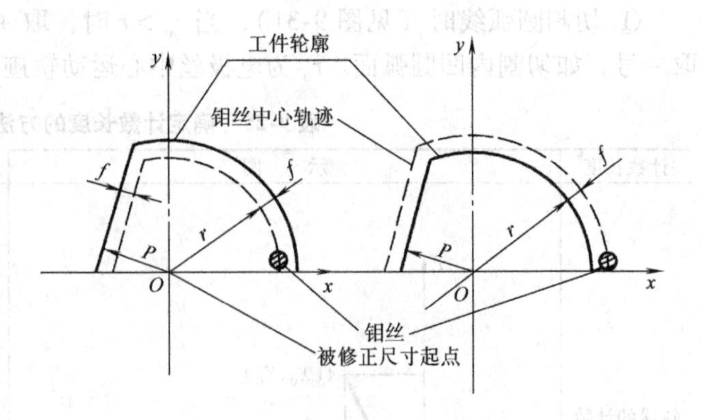

图 9-31　间隙补偿值（f）取向

2）切割圆弧时，坐标原点当在圆心，x、y 为圆弧起点坐标；切割斜线时，坐标原点当取在斜线的起点，x、y 则为斜线终点坐标值。

3）每切割完成一个线段，须将坐标系平移到圆弧段的圆弧中心或斜线段的起点。当圆弧线段跨越几个象限时，其线切割指令需根据圆弧起点所在象限和走向确定。

4）3B、4B 型程序格式（即无间隙补偿程序格式），见表 9-26、表 9-27。

表 9-26　3B 型程序格式

B	X	B	Y	B	J	G	Z
分隔符	x 坐标值		y 坐标值		计数长度	计数方向	切割指令

表 9-27　4B 型程序格式

B	X	B	Y	B	J	B	R	G	D 或 DD	Z
分隔符	x 坐标值		y 坐标值		计数长度		圆弧半径	计数方向	圆弧形式	切割指令

说明：1. 表 9-27 中的 D 表示凸圆弧；DD 表示凹圆弧。
2. 常用 3B 型程序格式表 9-26 中，加上顺序号，即成为线切割程序单。
3. 将程序内容，通过穿孔机，以穿孔形式记录在纸带上，再通过光电输入机，以控制线切割过程。

（2）编程示例

示例 1　如图 9-32 所示图形及图形所分成的编程序的线段。

1）编制 AB 段程序：

设坐标原点为 A 点，AB 线段与 x 坐标重合。

则 G 取 GX，终点坐标为 B（0，40）；$J=040000$；AB 线段切割指令为 L_1。

所以，AB 线段程序为 $BBB040000GXL_1$。

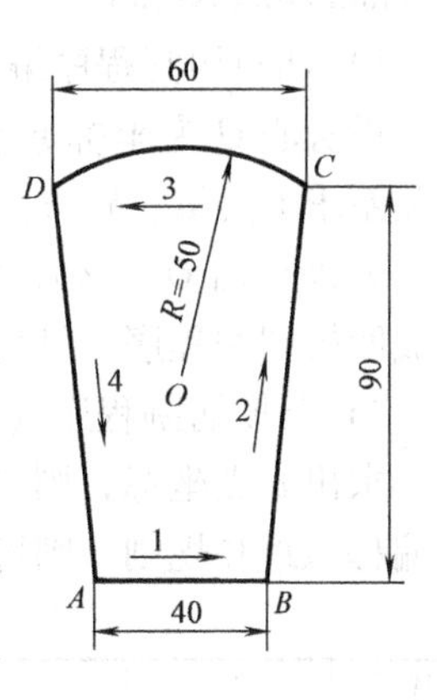

图 9-32　工件图（一）

2）编制 BC 段程序：

设坐标原点为 B 点，相对 B 点的切割 BC 线段的终点坐标为 C（10，90）。

因 $|y|>|x|$，则 G 取 GY；

因 BC 在第 Ⅰ 象限，故 L 为 L_1；$J=090000$。

所以。BC 线段程序为 $B1B9B090000GYL_1$。

3）编制 CD 圆弧段程序：

设坐标原点在 CD 圆弧的中心点 O。即将原坐标系平移到以圆弧中心点 O 为原点的坐标系。

则相对于 O 点，切割 CD 圆弧段的起始点坐标为 C（30，40）；终点坐标为 D（−30，40）。

因为 D（−30，40）在第 Ⅱ 象限，$|x|=|-30|<|y|=|40|$

所以 G 取 Gx，$J=060000$。

因为 C（30，40）在第 Ⅰ 象限，且为逆时针切割 CD 圆弧，所以其切割指令为 NR_1。因此 CD 圆弧段的程序为 $B30000B40000B060000GXNR_1$

4）编制 DA 斜线段程序：

设以 D 点为坐标原点；

则相对于 D 点，切割 DA 斜线段的终点坐标为 A（10，−90），并在第 Ⅳ 象限；同时，$|y|=|-90|>|x|=|10|$

所以 G 取 GX；$J=090000$；L 取 L_4。

因此 DA 斜线段的程序为 B1B9B090000GY，L_4

将以上各线段切割程序填入程序单，见表 9-28。

示例 2　工件为冲裁模的凹模和凸模，凸、凹模之间的单边配合间隙为 0.01mm。所以，$\delta_1=0.01$mm，$\delta_2=0.01$mm，$r_1=0.065$mm，如图 9-33 所示。根据图示：

表9-28 程 序 单

序号	B	X	B	Y	B	J	G	Z
1	B		B		B	040000	GX	L_1
2	B	1	B	9	B	090000	GY	L_1
3	B	30000	B	40000	B	060000	GX	NR_1
4	B	1	B	9	B	090000	GY	L_4
5								D

注：1. 表中 D 为切割完成最后一条程序之后的停机代码。

2. 表中 x、y 坐标值，可同时以相同倍数、缩小或放大填入表内；但须保证 x、y 间的比值不变。

切割凹模的间隙补偿值：$f_1 = r_1 + \delta_1 = 0.075\text{mm}$

切割凸模的间隙补偿值：$f_1 = 0.065\text{mm} + 0.01\text{mm} - 0.01\text{mm} = 0.065\text{mm}$

1）凹模切割程序编制步骤（见图9-33b）。

设圆心 O 为坐标原点；穿丝孔加工 O 点。通过几何关系求 O_1、a、b、c、d 坐标；并根据编程原理与规则，分别求出 Oa、ab、bc、cd、da 的程序，则可编制完成凹模切割程序，见表9-29。

2）凸模切割程序（见图9-32c）。

求出 a 点坐标，则可定出 o_2、b、c、d 点坐标。根据编程原理和规则，则可得各线段的程序。切割凸模的程序见表9-30。

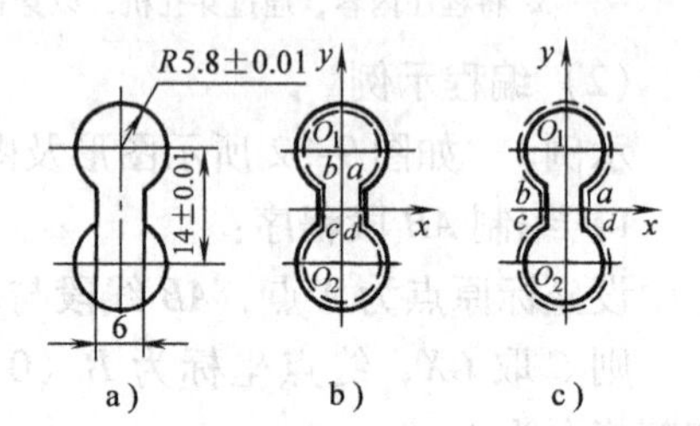

图9-33 工件图（二）

a）工件图 b）凹模电极丝中心轨迹 c）凸模电极丝中心轨迹

表9-29 凹 模 程 序

序号	B	X	B	Y	B	J	G	Z
1	B	2925	B	2079	B	002925	GX	L_1
2	B	2925	B	4921	B	017050	GX	NR_1
3	B		B		B	004158	GY	L_1
4	B	2925	B	4921	B	017050	GX	NR_2
5	B		B		B	004158	GY	L_2
6	B	2925	B	2079	B	002925	GX	L_3
7			D					

表9-30 凸 模 程 序

序号	B	X	B	Y	B	J	G	Z
1	B		B		B	005000	GX	L_1
2	B		B		B	004000	GY	L_4
3	B	3065	B	5000	B	017330	GX	NR_2
4	B		B		B	004000	GY	L_2
5	B	3065	B	5000	B	017330	GX	NR_4
6	B		B		B	005000	GX	L_3
7				D				

注：表中 L_1、L_3 为切入和最后一条回退到切割始点的程。

9.4.2 CNC 线切割操作与计算机编程的基础

1. CNC 线切割机床操作的基本要求

（1）机床起动和起动顺序 CNC 线切割机床具有自动化程度高、功能强等特点，因此，保证电源的稳定、可靠、安全，至为重要。故一般须设置与电柜前后门相互联锁的安全开关。门被打开，则应切断总电源。

电源接通后，首先启动计算机，其启动过程和顺序见 FW 型线切割机床的启动过程框图，如图9-34 所示。

此后，在 DOS 环境下，进行 CMOS 切割工艺条件、电参数等多项设置与选择。

（2）运动机构的检查与调整　即对 x、y、u、v 轴，以及电极丝的运行系统，包括主导轮与辅助导轮、储丝筒与丝筒电动机、换向机构等，通过测量、空载运行等方法进行检查、调整，以保证线切割程序执行稳定，可靠。从而保证：

1）线切割程序正常执行。

2）切割形状、尺寸误差在允许的范围内。

3）切割表面的粗糙度参数 Ra 达到要求。

2. 基本参数选择与设置

（1）机床参数设置　见表9-31。这些参数在机床出厂前已设置好，一般情况下不变动。

表9-31　机床参数设置

参　　数	设置说明
下导轮至工作台面的距离	机床装配时经测量，设定
工件厚度	按实际工件尺寸输入
伺服速度	即对火花放电间隙中电压反应的速度；0—表示最快
快速进给速度	采用指令 G00 时，x、y 轴的合成运动速度或单轴运动速度；0—表示最快
x、y 轴丝杠螺距	4mm
感知速度和感知次数	接触感知进给速度：0—表示最高，低则感知精度高 接触感知次数，一般为 1～4 次
感知反向行程	接触感知时，脱离接触的长度，一般为 250，即 0.25mm
点动速度	高速—一般为 0 中速—一般为 200 低速—一般为 1000
x、y、u、v 分辨率	1μm
电动机与运动零件的误差	电动机类型——脉冲； 反向间隙——一般为 0； 螺矩误差——一般为 0； 速度常数——与电动机匹配设置值为 0，若有丢步，可设到 50 以上

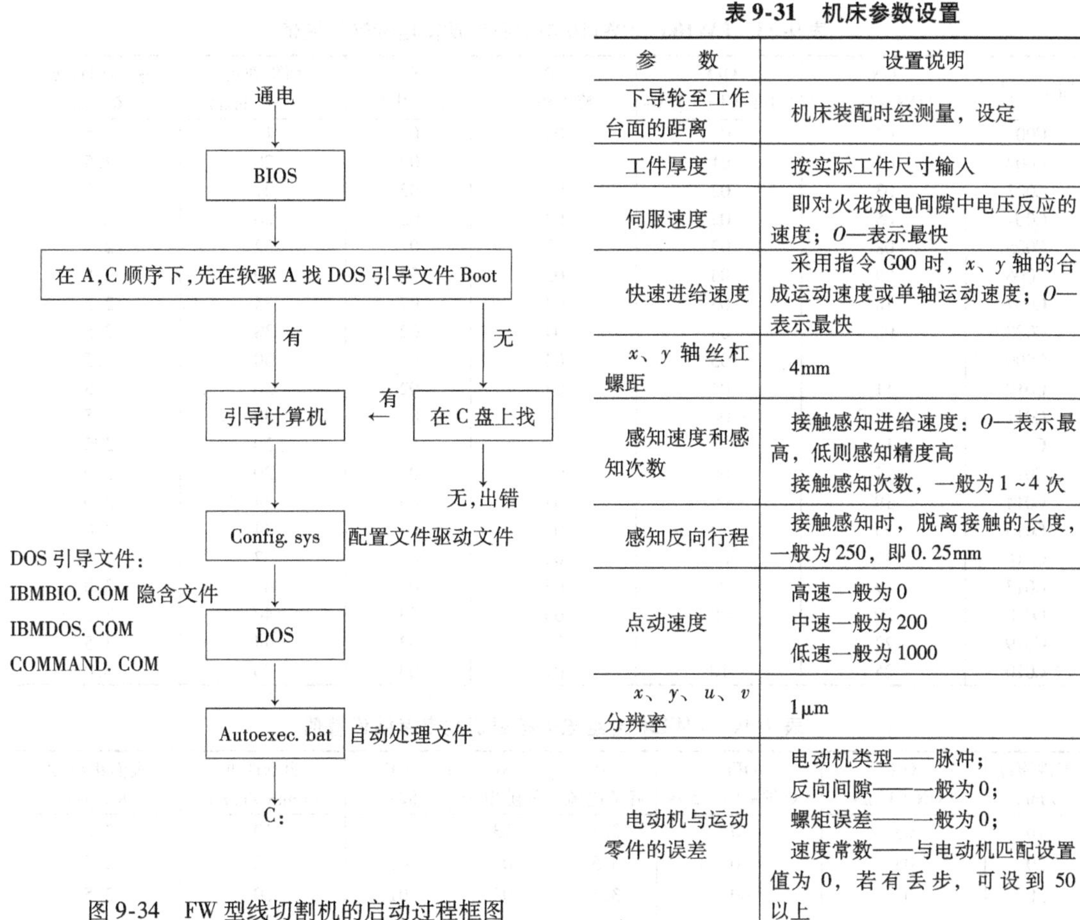

图9-34　FW 型线切割机的启动过程框图

（2）工艺参数设置　和机床参数设置一样，当在进入自动编程模式时进行设置，见表9-32。

（3）电火花线切割条件设定　即在条件号栏中填入加工条件，范围为 C000～C999，见表9-33，表9-34，表9-35，表9-36，表9-37，表9-38 中所列 FW 型线切割的火花放电加工条件。

在偏置量栏中输入补偿值，范围为 H000～H999。

表 9-32　工艺参数设置

参　　数	设置说明	参　　数	设置说明
偏置方向	沿切割轨迹的前进方向，电极丝向左偏或右偏，用空格键切换	切割次数	一般可设置 1～6 次；快走丝只切割一次；因此，设“第一次”即可
暂留量	多次切割时，为防工件掉落，留一定量于最后一次才切割。故在生成程序时，须加暂停指令；其取值范围为 0～999.000mm	脱离长度	当进行多次切割时，为改变加工条件和补偿值，则需离开切割轨迹，其离开的距称脱离长度
过切量	为消除切入点的凸痕、或切割尖(直)角时不产圆弧，需设置过切	锥度角	即进行锥度切割时设置的锥度值，单位为度
倾斜方向	进行锥度切割时，丝的倾斜方向设置	后处理文件	不同的后处理文件，可生成适用于不同控制系统的 NC 代码程序。扩展名为 PFW；FW 型线切割系统的后处理文件为 FW rong. PFW

表 9-33　FW100、FW110 电火花线切割电参数设置值

加工条件号	ON (ON+1)μs	OFF (OFF+1)×10μs	IP 峰值电流	SV 间隙电压	切割速度 /(mm²/min)	表面粗糙度 *Ra*/μm
C001	02	01	02	01	11	2.5
C002	03	01	02	02	20	2.5
C003	03	02	03	02	21	2.5
C004	05	02	03	02	20	2.5
C005	08	03	03	02	32	2.5
C006	09	03	03	02	30	2.5
C007	10	03	03	02	35	2.5
C008	08	04	04	02	38	2.5
C009	11	05	04	02	30	2.5
C010	11	04	04	02	30	2.5
C011	12	04	04	02	30	2.5
C012	15	06	04	02	30	2.5
C013	17	06	04	03	30	3.0
C014	19	06	04	03	34	3.0
C015	15	07	05	03	34	3.0
C016	17	07	05	03	37	3.0
C017	19	07	05	03	40	3.0
C018	20	08	06	03	40	3.5
C019	23	08	05	03	44	3.5
C020	25	10	07	03	56	4.0

表 9-34　FW120 分组电火花线切割电参数设置值

工件厚度 /mm	ON (ON+1)μs	OFF (OFF+1)·5μs	IP 峰值电流	SV 间隙电压	GP 波形	切割速度 /(mm²/min)	表面粗糙度 *Ra*/μm
10	03	00	3.5	03	01	19	2.6
20	03	00	3.5	03	01	22	2.5
30	03	00	3.5	03	01	20	2.5
40	03	00	4.0	03	01	26	2.5
50	03	00	5.0	03	01	30	2.5

表 9-35　FW120 电火花线切割半精加工电参数设置值

加工 条件号	ON (ON+1)μs	OFF (OFF+1)·5μs	IP 峰值电流	SV 间隙电压	GP 波形	切割速度 /(mm²/min)	表面粗糙度 *Ra*/μm
C101	08	07	2.0	03	00	13	3.0
C102	08	05	3.0	03	00	25	2.9

（续）

加工条件号	ON (ON+1)μs	OFF (OFF+1)·5μs	IP 峰值电流	SV 间隙电压	GP 波形	切割速度 /(mm^2/min)	表面粗糙度 Ra/μm
C103	10	05	3.0	03	00	29	3.1
C104	11	05	3.0	03	00	35	2.8
C105	15	11	4.0	03	00	39	3.0
C106	17	11	4.0	03	00	39	3.4
C107	18	11	4.0	03	00	40	3.3
C108	15	11	5.0	03	00	50	3.6
C109	16	11	5.0	03	00	53	3.5
C110	18	11	5.0	03	00	58	3.6
C111	18	13	5.0	03	00	49	3.3
C112	18	13	5.0	03	00	50	3.3
C113	18	13	5.0	03	00	50	3.3
C114	18	11	5.0	03	00	56	3.9
C115	18	11	5.0	03	00	56	4.0
C116	20	11	5.0	03	00	56	4.0
C117	20	11	5.0	03	00	56	4.0
C118	20	13	6.0	03	00	60	4.0
C119	22	13	6.0	03	00	60	4.0
C120	25	21	7.0	03	00	60	3.6

表9-36　FW120电火花线切割精加工电参数设置值

加工条件号	ON (ON+1)μs	OFF (OFF+1)·5μs	IP 峰值电流	SV 间隙电压	GP 波形	切割速度 /(mm^2/min)	表面粗糙度 Ra/μm
C001	02	03	2.0	01	00	11	2.5
C002	03	03	2.0	02	00	20	2.5
C003	03	05	3.0	02	00	21	2.5
C004	06	05	3.0	02	00	29	2.5
C005	08	07	3.0	02	00	32	2.5
C006	09	07	3.0	02	00	30	2.5
C007	10	07	3.0	02	00	35	2.5
C008	08	09	4.0	02	00	38	2.5
C009	11	11	4.0	02	00	30	2.5
C010	11	09	4.0	02	00	30	2.5
C011	12	09	4.0	02	00	30	2.5
C012	15	13	4.0	02	00	30	2.5
C013	17	13	4.0	03	00	30	3.0
C014	19	13	4.0	03	00	34	3.0
C015	15	15	5.0	03	00	34	3.0
C016	17	15	5.0	03	00	37	3.0
C017	19	15	5.0	03	00	40	3.0
C018	20	17	6.0	03	00	40	3.0
C019	23	17	6.0	03	00	44	3.0
C020	25	21	7.0	03	00	56	3.0

表9-37　FW120细丝（ϕ0.13mm）电火花线切割电参数设置值

加工条件号	ON (ON+1)μs	OFF (OFF+1)·5μs	IP 峰值电流	SV 间隙电压	GP 波形	V	切割速度 /(mm^2/min)	表面粗糙度 Ra/μm
C201	02	03	2.0	01	0	0	8.6	2.6
C202	02	03	2.0	02	0	0	12.3	2.3
C203	02	05	3.0	02	0	0	13.9	1.7
C204	06	05	3.0	02	0	0	21.5	3.0

（续）

加工条件号	ON (ON+1)μs	OFF (OFF+1)·5μs	IP 峰值电流	SV 间隙电压	GP 波形	V	切割速度 /(mm^2/min)	表面粗糙度 Ra/μm
C205	08	07	3.0	03	0	0	22.3	2.4
C206	09	07	3.0	03	0	0	17.9	2.4
C207	10	07	3.5	05	0	0	25.5	2.4
C208	10	09	4.0	04	0	0	25.4	3.0
C209	11	11	4.5	04	0	0	30.5	3.4

表 9-38 FW120 细丝（0.15mm）电火花线切割电参数设置值

加工条件号	ON (ON+1)μs	OFF (OFF+1)·5μs	IP 峰值电流	SV 间隙电压	GP 波形	V	切割速度 /(mm^2/min)	表面粗糙度 Ra/μm
C301	02	03	2.0	01	0	0	7.21	2.2
C302	03	03	2.0	02	0	0	10.7	1.6
C303	03	05	3.0	02	0	0	11.5	1.8
C304	06	05	3.0	02	0	0	21.2	2.7
C305	08	07	3.0	02	0	0	21.6	2.6
C306	09	07	3.0	03	0	0	19.8	2.5
C307	10	07	3.0	03	0	0	20.8	2.8
C308	08	09	4.0	04	0	0	22	2.6
C309	11	11	4.0	04	0	0	22	2.9
C310	11	10	4.5	04	0	0	29	3.1

特定CNC线切割机床控制系统中的各种参数、代码、键的功能是在机床出厂前、就已设置好的，呈三种状态：

1）在切割加工时不可改变或不需改变，如机床参数；图形文件中设置的：◎——穿丝点；×——切入点；□——切割方向。

2）可以改变的，即在自动编程模式下，采用交互方式进行选择、设定，并以特定程序格式输入加工程序，如加工艺参数、线切割电参数。

3）按动特定功能键，可实现相关模式中的许多功能。如FW型线切割机床控制板上的“F”键，在不同模式时，同一“F”键则可实现不同的功能。

① 手动模式可控制两轴（x、y）进行直线加工。其F键功能见表9-39。

表 9-39 手动模式 F 键功能

F键	功能	F键	功能
F_1（置零）	置零，即可使选定的轴处于置零状态	F_4（找正）	可借助手控盒及找正块，校正电极丝垂直。利用火花、接触感知法，找切割起点
F_2（起点）	回到“置零”所设的零点，或在自动程序中G92所设定的点，即切割起点	F_5（切割条件）	切割前，按动F_5则进入切割条件屏，可对切割电参数进行修改
F_3（中心）	找孔中心	F_6（参数选择）	按F_6，可选择，设定机床中已设置的参数

② 编辑模式，按动F_{10}可进行NC程序的编辑；在屏幕上方显示当前编辑状态。其功能键“F”的功能见表9-40。

③ 自动模式，按动F_9键，则可由编辑模式修改、编辑并装入的NC程序，进入NC程序自动执行模式。

自动模式的F键的功能见表9-41。

表 9-40　编辑模式 F 键的功能

F 键	功　能	F 键	功　能
F_1（装入）	将 NC 文件从硬盘 D，或软盘 B 装入内存缓冲区	F_5（清除）	按动 F_5 键，可进行内存缓冲区 NC 程序区的内容并清屏
F_2（存盘）	将内存缓冲区的 NC 文件，存入硬盘 D 或软盘 B。若无文件名，则输入文件名	F_6（通信）	按 F_6 键，可通过 RS232 口，传送或接收 NC 程序，并可进行打印
F_3（换名）	按 F_3 键，则可进行文件名更换	F_7（软驱）	按 F_7 键，可利用软盘 B 驱动器，对软盘进行操作。按 F 为格式化软盘；按 C 键为拷贝软盘
F_4（删除）	按 F_4 键，可进行 NC 文件从硬盘 D，或软盘 B 中删掉		

表 9-41　自动模式 F 键的功能

F 键	功　能	F 键	功　能
F_1（无人）	ON 状态，程序结束，自动切断电源、关机；OFF，不切断电源	F_5（切割条件）	同表 9-39 中的 F_5 相同
F_2（响铃）	ON 状态，程序结束时，则奏乐；发生故障时，报警	F_6（预演）	ON 状态，切割前绘出工件图形，进行切割轨迹跟踪；OFF 状态，使不预先绘工件图形，只进行轨迹跟踪
F_3（模拟）	ON 状态，进行轨迹模拟描述，机床不运动。OFF 状态—为实际切割状态		
F_4（单段）	ON 状态，执行一个程序段，自动暂停；按动 RFW 键，则执行下一程序段	F_7（代码）	按动 F_7 键，可选择执行代码格式；3B，4B 或 ISO 代码。FW 线切割机床，一般统一使用 ISO 代码

④ 自动编程模式，按动 F_8 键，进入 SCAM 系统进行自动编程，其中：

F_1——CAD，即进行图形绘制（见 CAD 操作手册）。

F_2——CAM，即进入自动编程模式，包括：图形文件选择、设定。工艺参数选择设定（见表 9-31、表 9-32），切割电参数选择与设定（见表 9-33 ~ 表 9-38）。

9.4.3　计算机编程

1. 线切割程序常用代码

线切割工艺条件、参数、切割轨迹等都是依据指令代码和数据组成的程序进行的。其常用代码与数据见表 9-42，G 代码见表 9-43。

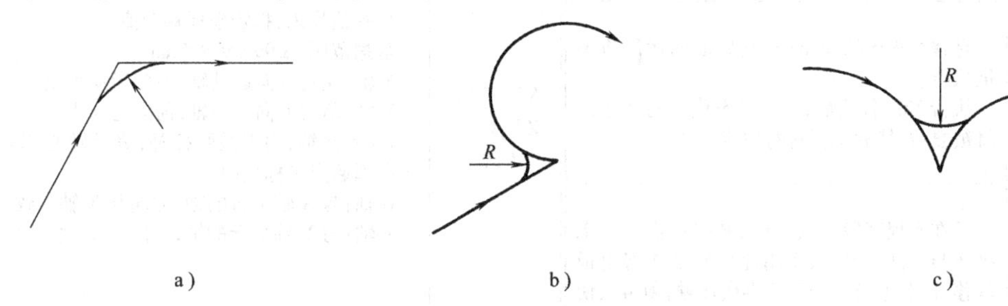

图 9-35　R 转角 R 功能示意图

a）直线接直线　b）直线接圆弧　c）圆弧接圆弧

图 9-36 两圆弧切割程序如下：

G17 G90 G00 X10. Y20. ;

G001 G02 X50. Y60. I40. ;

G03 X80. Y30. I30. ;

其中，I、J 有一个为零时，可省略。

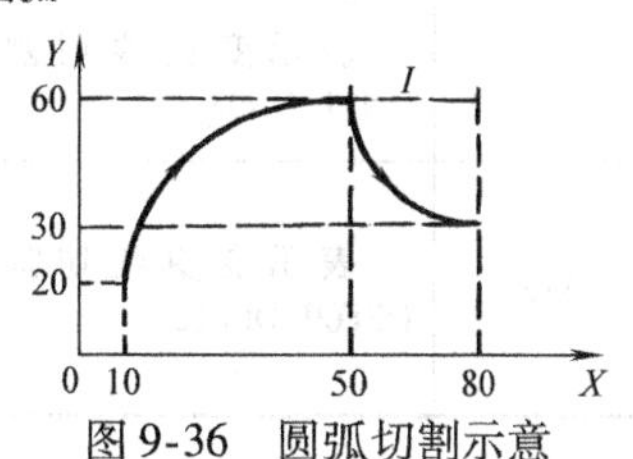

图 9-36　圆弧切割示意

表 9-42 线切割常用程序代码、格式与数据

代 码	功能、格式与数据	代 码	功能、格式与数据
A*	指定切割锥度,A 后接 0 ~ 3.000 范围内的数	IP**	表示变更线切割条件:峰值电流值,如 IP08,IP11
C*	切割条件号,如 C007,C105,参见表 9-33 ~ 表 9-38	M98 (子程序调用)	格式:M98 P**** L**;M98 指令使程序进入子程序;子程序由 P**** 给出;子程序的循环次数,由 L** 确定
C/H***	补偿代码,FW 系列线切割其 H 从 H000 ~ H099 共 100 个;SF 系列则从 H000 ~ H999 共 1000 个补偿代码。给每个代码赋值范围为 ±99999.999mm	M99 (子程序结束)	M99 是子程序的最后一个程序段;表示子程序结束,返回主程序,继续执行下一程序段
I*、J*、K*	表示圆弧中心坐标;如 I5、J10 数据范围为:±99999.999mm	R* (转角 R 功能)	令在两圆弧、两直线或直线与圆弧相连接处加一段过渡圆弧。R 后所写数据,即为所插圆弧半径。由 R 指定,(见图 9-35)。即表示在两段程序之间,加一段半径为 R 的圆弧程序。其格式为: G01X*Y*R* G02X*Y*I*J*R* G03X*Y*I*J*R*
RI*、RJ*	圆形旋转的中心坐标		
L*	表示子程序执行次数,后按 1 ~ 3 位十进制数,最多为 999,如 L5,L99		
N****/O****	程序的顺序号,最多可有 1 万个号,如 N0000,N9999		
P****	指定调用子程序的序号,如 P0001,P0100	RI*,RJ*	圆弧中心坐标,即圆弧中心相对于圆弧起点的坐标值,如图 9-36 所示(此坐标值称增量坐标值)
M**	辅助功能代码	RX*,RY*	此处 RX、RY 为圆弧终点,坐标如图 9-36 所示
M00 (暂停指令)	执行 M00 代码后,程序运行暂停,其作用与单段程序暂停作用相同;按 Enter 键后,程序将继续执行		
M02 (程序结束)	是整个程序结束指令,其后面的代码将不被执行。 执行 M02 代码后,所有模态代码的状态都将被复位,然后执行新的功能指令	X*,Y*,Z*,U*,V*,W*	坐标值代码,指定坐标移动值: 数据范围:±99999.999mm X 轴:左右方向运动轴,左向运动为正 Y 轴:前后方向运动轴,前向运动为正 I、J 不是轴,用于圆弧插补,表示圆心相对于圆弧起点坐标代码 U 轴:与 X 轴平行的轴,方向与 X 轴一致 V 轴:与 Y 轴平行的轴,方向与 Y 轴一致
M05 (忽略接触感知)	只在本程序段有效,且只忽略一次。当电极丝与工件接触时,要用此代码才能将电极丝移开;若电极丝与工件再次接触,须再次使用 M05	T**	表示机床介质液泵和走丝电动机启动与关停的指令
ON**	表示变更线切割条件;脉宽值,如 ON11,ON03	T84,T85	T84——打液泵指令,T85——关闭液泵指令
OFF	表示变更线切割条件:脉间值,如 OFF09,OFF12	T86,T87	T86——起动走丝电动机指令 T87——关闭走丝电动机指令

表 9-43　线切割程序中 G 代码功能、格式与数据

G 代码	功　能	格　式	说　明
G00	进行快速移动，并定位的指令	G00{轴 1} ±{数据 1}{轴 2} ±{数据 2}{轴 3} ±{数据 3}； 例：G00 X+10. Y-20.； 若 G00 X-10. YA10.； 则出错	1. 可以移动一个轴，也可以同时移两个、三个轴 2. 不进行切割地、移动到指定位置 3. "+"号可省，但其位不能空，或加字符
G01	指令各轴进行直线插补加工	G01{轴 1} ±{数据 1}{轴 2} ±{数据 2}； 例：G01 X20. Y60.；	FW 系列线切割机床最多可以有 4 个轴标识及数据
G02 G03	用于圆弧插补加工；G02——令顺时针加工；G3——令反时针加工	{平面指定}{圆弧方向}{终点坐标}{圆心坐标} 例：(见图 9-36 切割程序)	平面指定 XOY 平面，见图 9-36，所以，此指令用于两坐标平面的圆弧插补加工
G04	为停歇指令执行完一段程序后，暂停一定时间，再执行下段	G04 X{数据}； 例：G04 X5.8；或 G04 X5800；	X 后面的数据，为暂停时间，单位为 s。如暂停 5～8s 的程序。最大值为：99999.999s
G05， G06， G07， G08， G09	G05—定义 *X* 轴；G06—定义 *Y* 轴；G07—定义 *Z* 轴；G08—图形 *X*、*Y* 轴交换；G09—取消 *X*、*Y* 轴交换 当执行交换指令，圆弧插补加工方向将改变，即 G02→G03，G03→G02	G08 图形 *X*、*Y* 交换—即将程序中的 *X*、*Y* 值互换，所得到的图形 G09 取消 *X*、*Y* 轴交换—即取消图形镜像 当执行一个轴的镜象指令后，圆弧插补方向将改变，即 G02 变为 G03；G03 变为 G02；若同时执行两轴镜像指令，则方向不变	镜像指令：G05、G06、G07 镜像：是将原程序中的镜像轴的值，变号后所得图形。如：在 *XOY* 平面，*X* 轴镜像，是将 *X* 值变号后，所得图形。见直线插补的镜像图形图 9-37
G11， G12	跳段 ON 跳段 OFF	G11； G12；	1. 跳过程序段首有"/"符号的程序段，标识参数画面的 skip，显示 ON 2. 忽略段首的"/"符号照常执行该程序段，显示 OFF
G20， G21	单位选择	G20——英制，0.5in 写作 0.5 或 5000 G21——公制，1.2mm 写作 1.2 或 1200(μm)	这组代码，应放在 NC 程序的开头
G25	回最后设定的坐标系原点	若在 NC 程序中回 G58 坐标系原点，则程序为： G58； G25；	即回到 G58 坐标系最后一次设定的原点，顺序为 *X*、*Y*、*U*、*V* 轴 原点——在 *X*、*Y*、*U*、*V* 轴"置零"的点，即该坐标系原点
G26， G27	图形旋转 G26——旋转打开； G27——旋转取消	G26 RA60.；……图形旋转 60° 图形旋转功能，仅在 G17(XOY 平面)和 G54(坐标系 1)条件下有效	RA 给出旋转角度，加小数点为度，否则为千分之一度
G28， G29	尖角过渡策略 G28：尖角圆弧过渡 G29：尖角直线过渡	G28：在尖角处加一个过渡圆弧； G29：尖角直线过渡； 若：补偿值为'0'，则 G28 无效	1. 在尖角处加一个过渡圆若缺 G28，则自动设置 2. 在尖角处加三段直线，如图 9-38 所示
G30， G31	加入和取消过切指令 G31：加入过切量 G30 取消 G31	G31X{过切量}；……此值为延长的距离，应≥零。例：G31-X30； 表示过切量为 30μm。若过切量输入'0'，则程序执行中，将不进行内角、外角的特殊处理	G31 用于 G01 的直线段的终点，按该直线段方向延长、给定的距离
G40， G41， G42	G41：电极左补偿 G42：电极右补偿 G40：取消补偿	G41 H***； 电极丝偏移量值由 H*** 设定，如图 9-39 所示 取消补偿，只能在直线段进行	补偿值，即在电极丝运动轨迹的前进方向上，向左或右偏移一定量

（续）

G代码	功　能	格　式	说　明
G92	暂时取消补偿和设置当前点的坐标值	G92可将当前点的坐标，设置成需要的值。例： G92 X0. Y0.；当前点坐标为(0,0)即坐标原点 G92 X10. Y0.；当前点坐标为(10,0)	1. 在程序中遇到G2时，则暂时取消补偿；直至下一段程序时，再建立补偿 2. 每个程序开头一点有G92
G50，G51，G52	锥度加工指令：	G50：取消锥度 G51：锥度左倾斜 G52：锥度右倾斜 左倾斜——指沿电极丝行进方向，向左倾斜；右倾斜——指沿电极丝行进方向、向右倾斜	锥度加工，即倾斜加工。是指电极丝向指定方向、倾斜角度的加工
G54～G59	0～5工作坐标系	G54：选择工作坐标系1 G55：选择工作坐标系2 G56：选择工作坐标系3 G57：选择工作坐标系4 G58：选择工作坐标系5 G59：选择工作坐标系6	这组代码用来选择工作坐标系，以方便编制线切割程序 这组代码当与G92，G90，G91等共同使用
G60，G61	上、下异形指令（示例图见图9-39）	程序举例： G92 X0 Y0 U0 V0 H002 = 0.10； C010 G64 G41 H002； G01 X0. Y10.：G01 X0. Y0.； G02 X − 10. Y20. J10.：G01 X − 10. Y20.； （下面是ϕ20圆，上面是其内接正方形） X0 Y30. I10.：X0. Y30.； X10 Y20. J − 10.：X10. Y20.； X0 Y10. I − 10.：X0. Y10.； G40 G01 X0. Y0.：G01 X0 Y0.； G60； M02；	用于加工上、下不同形状的工件：G60——上、下异形关闭；G61——上、下异形打开，此时不能用G74、G50、G51、G52代码 上、下形状代码的区分符为"："，"："左侧为下面形状，"："右侧为上面形状
G74，G75	四轴联动指令G74仅支持G01代码，不支持G02、G03、G50、G51、G52、G60、G61代码 程序举例，见图9-25	例如：G92 X0 Y − 10.； G41 H000； G74； G01 Y0.； X0.； Y10. U − 3. V − 4.； X0 U3. V − 4.； Y0 U0 V0.； G75； G40 Y − 10.； M02	根据所指定X、Y、U、V四个轴的数据，可进行上、下不同形状的工件 G74：四轴联动打开 G75：四轴联动关闭
G80	接触感知指令，使指定轴沿指定方向前进，直至电极丝与工件接触。方向，采用+、−号表示	G80｛轴指定与方向｝； 例：G80 X −；	工作过程：电极丝沿X轴负方向以感知速度前进，接触工件后，回退一小段距离，再接触工件，再退回……直至找到切割起点为止 感知速度：电极丝接近工件的速度为0～255，数值大速度慢 回退长度：一般为250μm 感知次数：一般为4次，如图9-40所示

（续）

G代码	功　能	格　式	说　明
G81	指令指定轴回到极限位置停止	G81{轴指定与方向}； 例：G81 Y-；	工作过程：Y轴移动到负极限位置后，减速时冲，然后回退、至极限位置停止，如示例图9-41所示
G82	半程返回指令：即使电极丝移动到指定轴当前坐标的1/2位置	G82{轴指定}；	例如，电极丝当前的坐标为X100.：Y60.；则执行指令后，电极丝将分别移动到X50. Y30处
G90，G91	G90：绝对坐标指令； G91：增量坐标指令	G90； G91；	绝对坐标：指所有点的坐标值，均以坐标系的零点为参考点 增量坐标；指当前坐标值是以上一点为参考点得出

注：表9-43中说明代码的示例图为：G02，G03示例图9-36；G05~G09示例图9-37；G28，G29示例图9-38；G40，G41，G42示例图9-39；G60，G61，G74，G75示例图9-40；G80示列图9-41；G81示例图9-42。

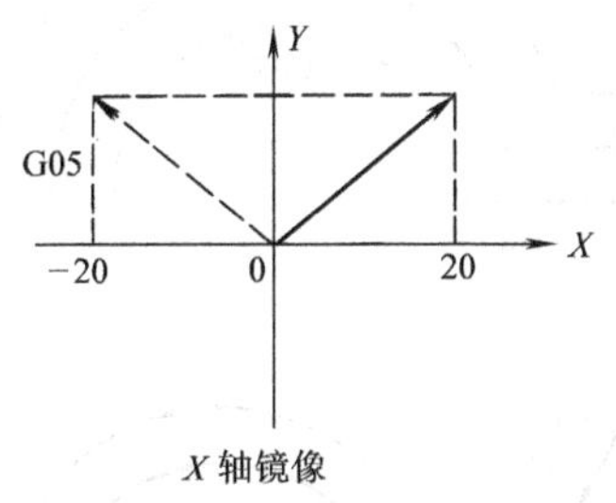

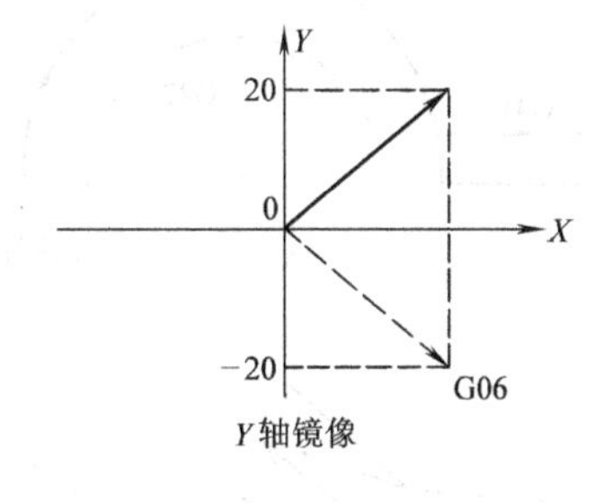

圆弧插补的镜像图形：

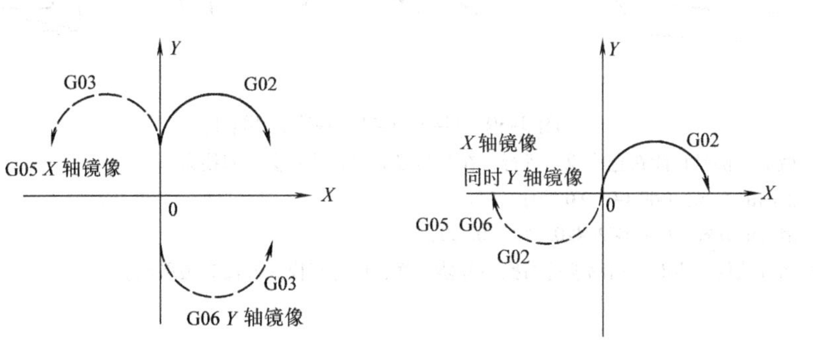

图9-37　G05~G09示例图

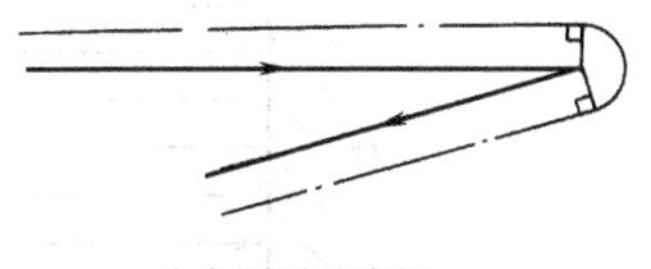

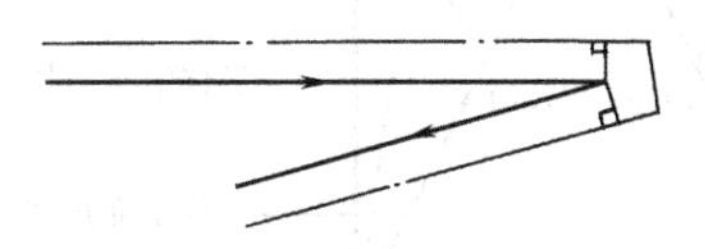

图9-38　G28、G29示例图

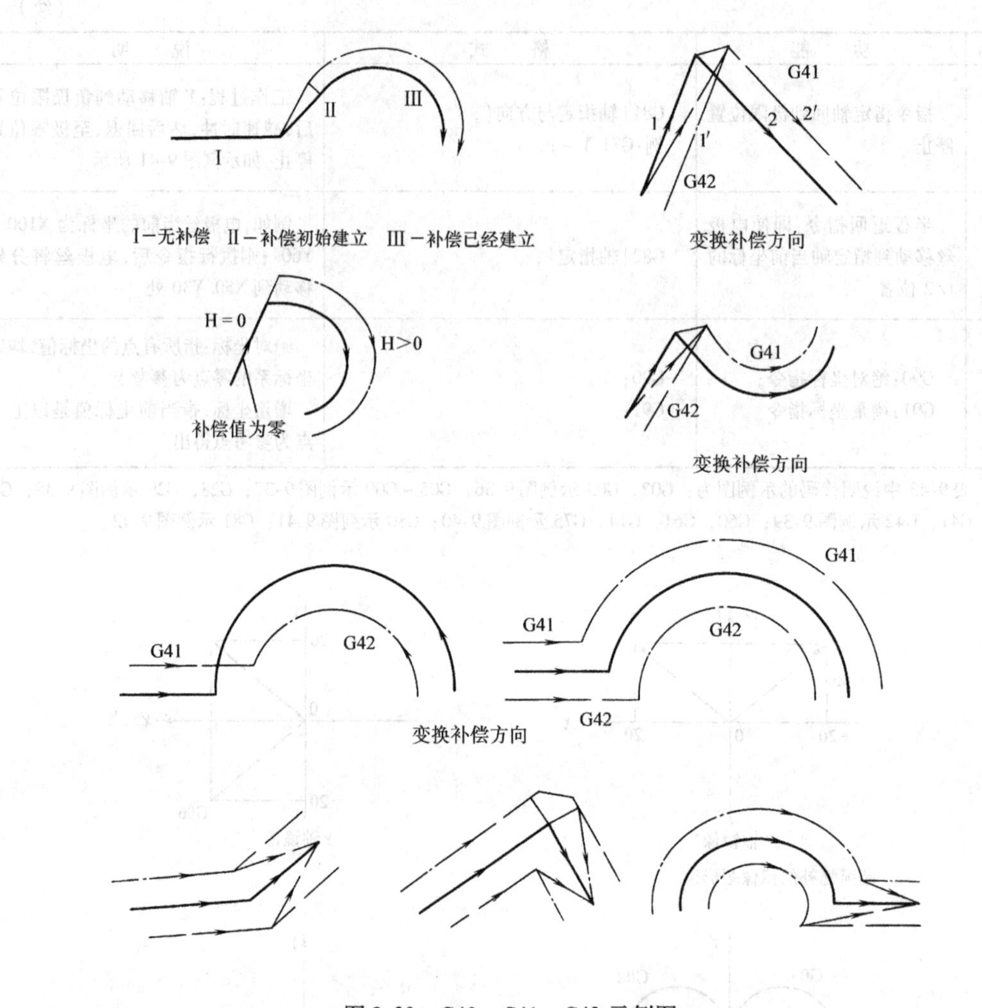

图 9-39　G40、G41、G42 示例图

1）撤消补偿时只能在直线段上进行，在圆弧段撤消补偿将会引起错误。

正确的方式：G40 G01 X0 Y0；

错误的方式：G40 G42 X20. Y0 I10. J0；

2）当补偿值为零时，运动轨迹与撤消补偿一样，但补偿模式并没有被取消。

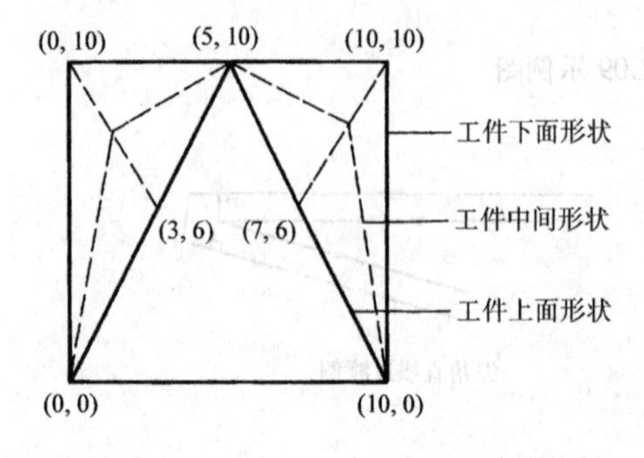

图 9-40　G60、G61、G74、G75 示例图

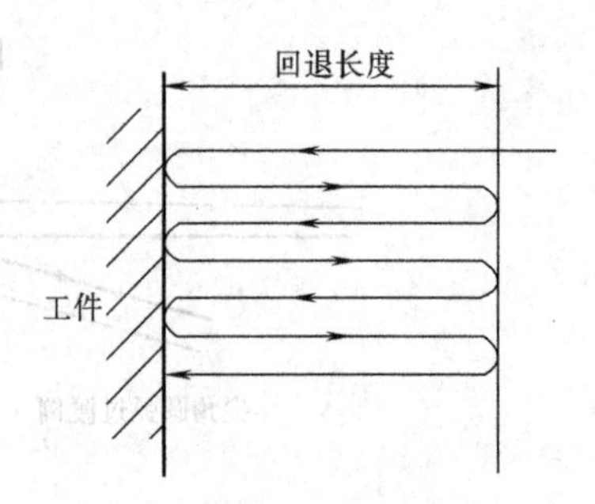

图 9-41　G80 示例图

2. 锥度切割、子程序和代码的初始化

(1) 锥度切割　在执行 G50、G51、G52 指令进行锥度切割时，必须确定、输入三个数据：

1) 上导轮与工作台面之间的距离。

2) 下导轮与工作台面之间的距离。

3) 工件厚度。

否则，将不执行 G51、G52 指令。

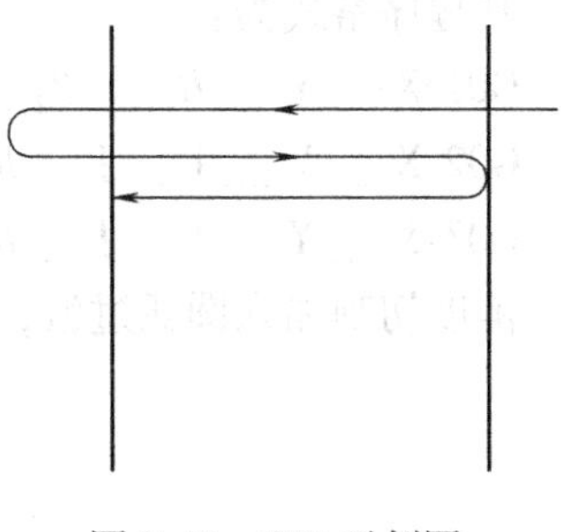

图 9-42　G81 示例图

锥度切割中的规则：

1) 切割面的定义：与编程尺寸一致的面称为主程序面；另一个有尺寸要求的面，称为副程序面，如图 9-43 所示。

2) 锥度切割的开始与结束。锥度切割也必须以直线插补切割为起止；不能以圆弧插补切割中执行开始或终止。

3) 锥度切割的连接。在切割锥度面时，当副程序面的两曲线间没有交点时，程序将自动在副程序面上加入过渡圆弧，如图 9-44 所示。

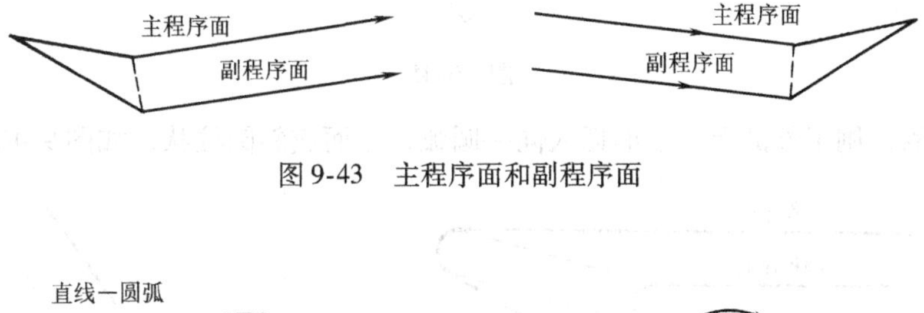

图 9-43　主程序面和副程序面

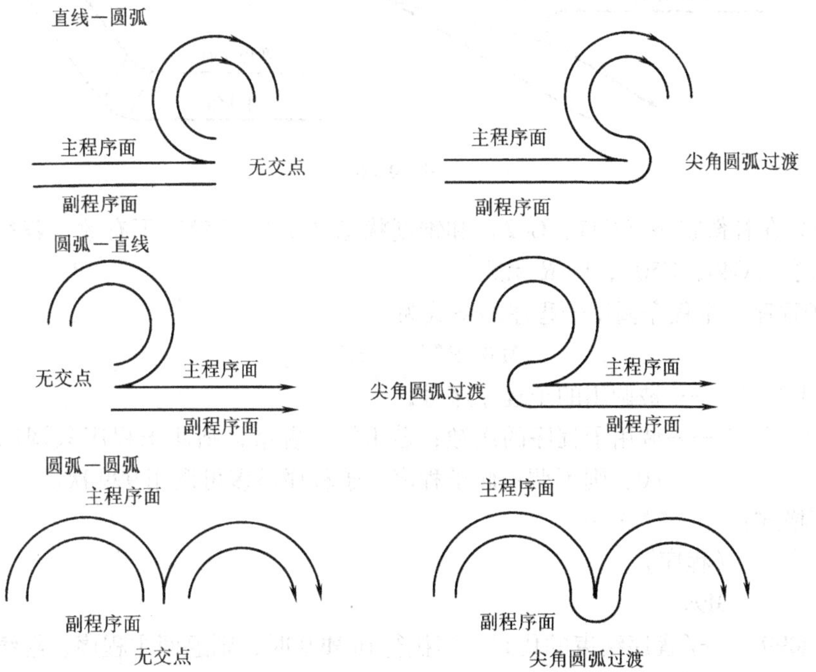

图 9-44　锥度切割的连接

锥度与转角指令代码 R：在切割锥度时可以在主程序面与副程序面上分别加圆弧过渡。方法是在该程序段加 R 指令，用 R_1 设定主程序面的过渡圆弧半径；用 R_2 设定副程序面的过渡圆弧半径。

其程序格式为：

G01 X __ Y __ R_1 __ R_2 __;

G02 X __ Y __ I __ J __ R_1 __ R_2 __;

G03 X __ Y __ I __ J __ R_1 __ R_2 __;

锥度切割加入圆弧过渡，如图 9-45 所示。

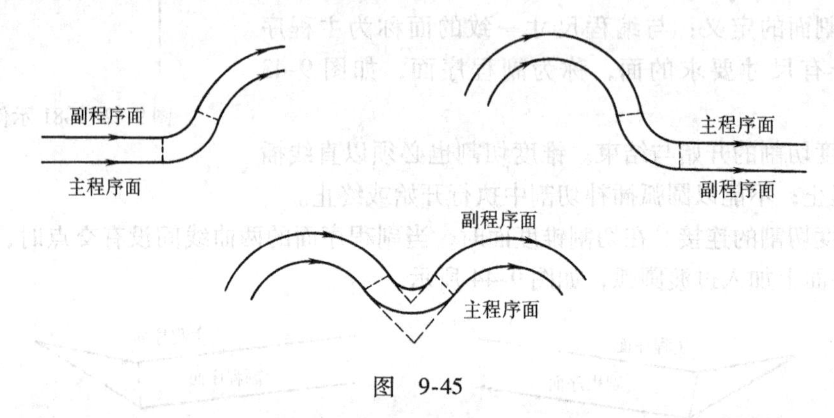

图 9-45

若 $R_1=R_2$，则工件的上、下面插入同一圆弧，因而成斜圆柱状，如图 9-46 所示。

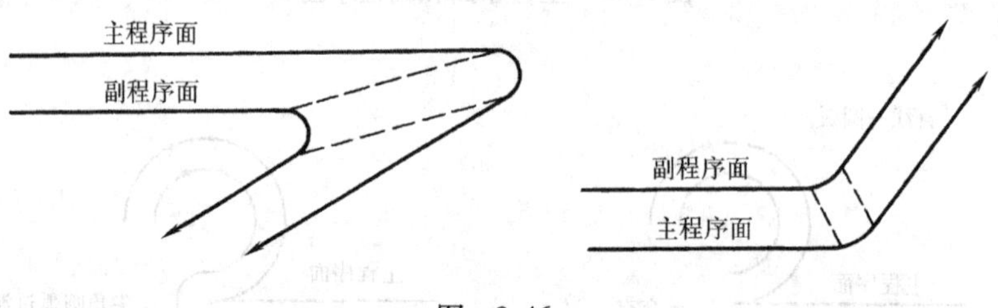

图 9-46

R 指令只在补偿状态（G41，G42）和锥度状态（G51，G52）下有效。若补偿和锥度都处于取消状态（G40，G50），则 R 无效。

（2）子程序　主程序调用子程序的格式为：

M98 P**** L***；

其中：P****——被调用的子程序序号；

L***——调用子程序的次数；若 L*** 省略，则此子程序只调用一次；若为 L0，则不调用此子程序。子程序最多可调用 999 次。

子程序格式：N****……；

（程序）

M99；

其中：M99——子程序结束的代码；当执行到 M99 时，则返回主程序，继续执行下面的程序。

在主程序调用的子程序中，还可以再调用其他子程序。其方式与主程序调用子程序相同，称为“嵌套（neFWing）”如图 9-47 所示。

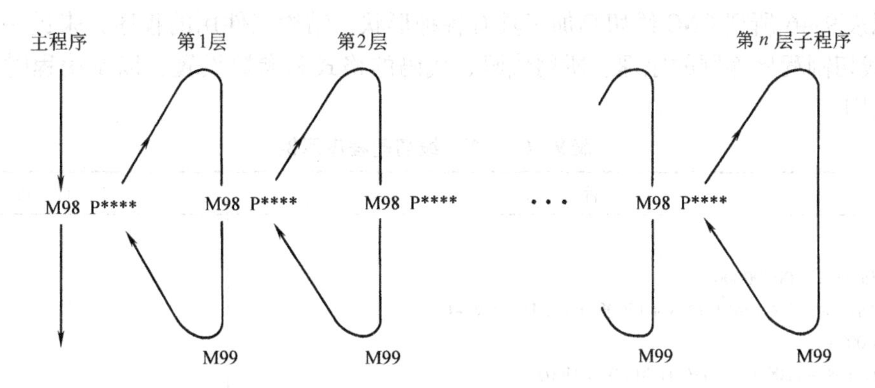

图 9-47　子程序调用嵌套示意图

注：n—最大值为 7，即子程序嵌套最多为 7 层

（3）运算　FW 系列线切割机床控制系统支持的运算符有：

+、-、dH ＊＊＊＊（d×H＊＊＊）

↓

d——为一位十进制数。

1）运算符地址，见表 9-44。

2）优先级即执行运算符的顺序，如：

高：dH＊＊＊；低：+，-

3）运算式的书写。运算符的式长只能在一段内。

表 9-44　运算符地址

种　类	地　址
坐标值	*X*、*Y*、*Z*、*U*、*V*、*I*、*J*
旋转量	*RX*，*RY*
赋值类	*H*

注：表列地址是能用运算符的地址。

例 1：H000 = 1000；

G90 G01 X1000 + 2H000；（*X* 轴直线插补到 3000μ 处）

例 2：H000 = 320；

H001 = 180 + 2H000；（H001 = 820）

（4）H 代码与代码的初始设置

1）H：补偿代码，是变量，每个 H 代码表示一个具体的数值。可在控制台上输入，也可在程序中，采用赋值语句对其进行赋值。其赋值的格式为：

H＊＊＊ = ____；（具体数值）

2）代码的初始设置。有些功能代码，当遇到刚打开电源开关

执行程序中遇到 M02 指令

执行程序期间，按动 OFF 急停键；

执行程序期间出错，按动 ACK 确认键后，需回到初始设置状态，见表 9-45。

表 9-45　回初始设置状态的代码

初始状态	G00	G09	G40	G50	G12	G27	G22	G60	G90	G75
可设置的状态	G01、G02、G03	G05、G06、G07、G08	G41、G42	G51、G52	G11	G26	G23	G61	G91	G74

3. CNC 线切割程序示例

现以表 9-46 所列 CNC 线切割加工具有各种形状、结构工件用的程序，来进一步说明上述 CNC 线切割程序编制的原理、所用代码、代码的格式和参数设置，以及编程时须遵循的规定、规则。

表 9-46 CNC 线切割程序示例

程序名	程 序	工 件 图
无偏移量、无锥度凸模切割程序	H005 = +00000000; T84 T86 G54 G90 G92 X +15000 Y +0 U +0 V +0; C007; G01 X +11000 Y +0;G04 X0.0 +H005; C003; G01 X +10000 Y +0;G04 X0.0 +H005; X +10000 Y +10000;G04 X0.0 +H005; X -10000 Y +10000;G04 X0.0 +H005; X -10000 Y -10000;G04 X0.0 +H005; X +10000 Y -10000;G04 X0.0 +H005; X +10000 Y +0;G04 X0.0 +H005; G01 X +11000 Y +0; M00; C007; G01 X +15000 Y +0;G04 X0.0 +H005; T85 T87 M02; (:: The Cuting length ζ 85.000000 MM);	
有偏移量、无锥度凹模切割程序	H000 = +00000000 H001 = +00000110; H005 = +00000000;T84 T86 G54 G90 G92 X +0 Y +0 U +0 V +0; C007; G01 X +9000 Y +0;G04 X0.0 +H005; G41 H000; C001; G41 H000; G01 X +10000 Y +0;G04 X0.0 +H005; G41 H001; X +10000 Y +10000;G04 X0.0 +H005; X -10000 Y +10000;G04 X0.0 +H005; X -10000 Y -10000;G04 X0.0 +H005; X +10000 Y -10000;G04 X0.0 +H005; X +10000 Y +0;G04 X0.0 +H005; G40 H000 G01 X +9000 Y +0; M00; C007; G01 X +0 Y +0;G04 X0.0 +H005; T85 T87 M02; (:: The Cuting length ζ 90.000000 MM);	

（续）

程序名	程　　序	工　件　图
有偏移量、有锥度凸模切割程序	H000 = +00000000　　H001 = +00000110; H005 = +00000000;T84 T86 G54 G90 G92 X+15000 Y+0 U+0 V+0; C007; G01 X+11000 Y+0;G04 X0.0 +H005; G41 H000; G51 A0.000; C003; G41 H000; G51 A0.000; G01 X+10000 Y+0;G04 X0.0+H005; G41 H001; G51 A1.000; X+10000 Y-10000;G04 X0.0+H005; X-10000 Y-10000;G04 X0.0+H005; X-10000 Y+10000;G04 X0.0+H005; X+10000 Y+10000;G04 X0.0+H005; X+10000 Y+0;G04 X0.0+H005; G40 H000 G50 A0 G01 X+11000 Y+0; M00; C007; G01 X+15000 Y+0;G04 X0.0+H005; T85 T87 M02; (:: The Cuting length ζ 85.000000 MM);	
圆弧切割程序	H000 = +00000000　　H001 = +00000110; H005 = +00000000;T84 T86 G54 G90 G92 X+0 Y+0 U+0 V+0; C007; G01 X+9000 Y+0;G04 X0.0 +H005; G42 H000; C003; G42 H000; G01 X+10000 Y+0;G04 X0.0+H005; G42 H001; G02 X-10000 Y+0;I-10000 J+0;G04 X0.0+H005; X+10000 Y+0 I+10000 J+0;G04 X0.0+H005; G40 H000 G01 X+9000 Y+0; M00; C007; G01 X+0 Y+0;G04 X0.0+H005; T85 T87 M02; (:: The Cuting length ζ 72.831852 MM);	

（续）

程序名	程　序	工 件 图
直线圆弧切割程序	H000 = +00000000　H001 = +00000110; H005 = +00000000;T84 T86 G54 G90 G92 X-15000 Y+0 U+0 V+0; C007; G01 X-11000 Y+0;G04 X0.0 +H005; G42 H000; C002; G42 H000; G01 X-10000 Y+0;G04 X0.0+H005; G42 H001; X-10000 Y-9800;G04 X0.0+H005; G03 X-9800 Y-10000 I+200 J-0;G04 X0.0+H005; G01 X+9800 Y-10000;G04 X0.0+H005; G03 X+10000 Y-9800 I+0 J+200;G04 X0.0+H005; G01 X+10000 Y-5000;G04 X0.0+H005; G02 X+10000 Y+5000 I+0 J+5000;G04 X0.0+H005; G01 X+10000 Y+9800;G04 X0.0+H005; G03 X+9800 Y+10000 I-200 J+0;G04 X0.0+H005; G01 X+5000 Y+10000;G04 X0.0+H005; G03 X-5000 Y+10000 I-5000 J+0;G04 X0.0+H005; G01 X-9800 Y+10000;G04 X0.0+H005; G03 X-10000 Y+9800 I-0 J-200;G04 X0.0+H005; G01 X-10000 Y+0;G04 X0.0+H005; G40 H000 G01 X-11000 Y+0; M00; C007; G01 X-15000 Y+0;G04 X0.0+H005; T85 T87 M02; (:: The Cuting length ζ 96.072563 MM);	
子程序调用程序	M98 P1000 L4; M02; N1000; H000 = +00000000　H001 = +00000110; H005 = +00000000;T84 T86 G54 G90 G92 X+0 Y+0 U+0 V+0; C007; G01 X+0 Y+4000;G04 X0.0 +H005; G42 H000; C002; G42 H000; G01 X+0 Y+5000;G04 X0.0+H005; G42 H001; X+5000 Y+5000;G04 X0.0+H005; X+5000 Y-5000;G04 X0.0+H005; X-5000 Y-5000;G04 X0.0+H005; X-5000 Y+5000;G04 X0.0+H005; X+0 Y+5000;G04 X0.0+H005; G40 H000 G01 X+0 Y+4000; M00; C007; G01 X+0 Y+0;G04 X0.0+H005; T85 T87; M00; G00 X+30000 Y+0; M00; M99;	

（续）

程序名	程　　序	工　件　图
子程序嵌套程序	M98 P2000 L10; M02; N2000; M98 P1000 L4; G00 X -90000 Y -20000; M00; M99; N1000; H000 = +00000000　　H001 = +00000110; H005 = +00000000;T84 T86 G54 G90 G92 X +0 Y +0 U +0 V +0; C007; G01 X +0 Y +4000;G04 X0.0　+H005; G42 H000; C002; G42 H000; G01 X +0 Y +5000;G04 X0.0 +H005; G42 H001; X +5000 Y +5000;G04 X0.0 +H005; X +5000 Y -5000;G04 X0.0 +H005; X -5000 Y -5000;G04 X0.0 +H005; X -5000 Y +5000;G04 X0.0 +H005; X +0 Y +5000;G04 X0.0 +H005; G40 H000 G01 X +0 Y +4000; M00; C007; G01 X +0 Y +0;G04 X0.0 +H005; T85 T87; M00; G00 X +30000 Y +0; M00; M99; ; (:: The Cuting length ζ 45.000000 MM);	
六圆均分的子程序调用程序	G54 G90 G92 X +0 Y +0; RA60.; M98 P1000 L6; G27; M02; N1000; G00 X +0 Y +30000; M00; H000 = +00000000　　H001 = +00000110; H005 = +00000000;T84 T86 G54 G90 G92 X +0 Y +30000 U +0 V +0; C007; G01 X +0 Y +34000;G04 X0.0　+H005; G42 H000; C002; G42 H000; G01 X +0 Y +35000;G04 X0.0 +H005; G42 H001; G02 X +0 Y +25000 I +0 J -5000;G04 X0.0 +H005; X +0 Y +35000 I +0 J +5000;G04 X0.0 +H005; G40 H000 G01 X +0 Y +34000; M00; C007; G01 X +0 Y +30000;G04 X0.0 +H005; T85 T87; M00; G00 X +0 Y +0; G26; M99;	

（续）

程序名	程　　序	工　件　图
凸、凹圆弧切割程序	RA90.; G26; H000 = +00000000　　H001 = +00000110; H005 = +00000000;T84 T86 G54 G90 G92 X-15000 Y+0 U+0 V+0; C007; G01 X-11000 Y+0;G04 X0.0 +H005; G42 H000; C002; G42 H000; G01 X-10000 Y+0;G04 X0.0+H005; G42 H001; X-10000 Y-9800;G04 X0.0+H005; G03 X-9800 Y-10000 I+200 J-0;G04 X0.0+H005; G01 X+9800 Y-10000;G04 X0.0+H005; G03 X+10000 Y-9800 I+0 J+200;G04 X0.0+H005; G01 X+10000 Y-5000;G04 X0.0+H005; G02 X+10000 Y+5000 I+0 J+5000;G04 X0.0+H005; G01 X+10000 Y+9800;G04 X0.0+H005; G03 X+9800 Y+10000 I-200 J+0;G04 X0.0+H005; G01 X+5000 Y+10000;G04 X0.0+H005; G03 X-5000 Y+10000 I-5000 J+0;G04 X0.0+H005; G01 X-9800 Y+10000;G04 X0.0+H005; G03 X-10000 Y+9800 I-0 J-200;G04 X0.0+H005; G01 X-10000 Y+0;G04 X0.0+H005; G40 H000 G01 X-11000 Y+0; M00; C007; G01 X-15000 Y+0;G04 X0.0+H005; T85 T87; G27 M02; (:: The Cuting length ζ 96.072563 MM);	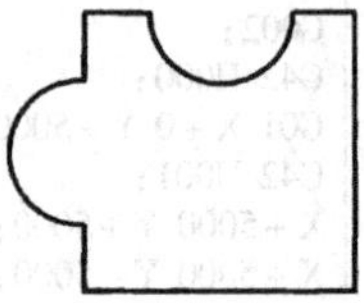
切割部分锥度的程序	H000 = +00000000　　H001 = +00000110; H005 = +00000000;T84 T86 G54 G90 G92 X+15000 Y+0 U+0 V+0; C007; G01 X+11000 Y+0;G04 X0.0 +H005; G42 H000; G51 A0.000; C003; G42 H000; G51 A0.000; G01 X+10000 Y+0;G04 X0.0+H005; G42 H001; G51 A0.000; X+10000 Y+10000;G04 X0.0+H005; A1.5; X-10000 Y+10000;G04 X0.0+H005; A0; X-10000 Y-10000;G04 X0.0+H005; A0.5; X+10000 Y-10000;G04 X0.0+H005; A0; X+10000 Y+0;G04 X0.0+H005; G40 H000 G50 A0 G01 X+11000 Y+0; M00; C007; G01 X+15000 Y+0;G04 X0.0+H005; T85 T87 M02; (:: The Cuting length ζ 85.000000 MM); （此格式只对切削直线有效）	

（续）

程序名	程　序	工件图
上、下异形切割程序	上下异形 G54 G90 G92 X+0 Y+0; H001=0.110; T84 T86; C003; G61; G01 G41 H001; G01 X+0 Y+10.　　:G01 X+0 Y+10.; G02 X-10. Y+20. J+10.　　:G01 X-10. Y+20.; X+0 Y+30. I+10.　　:X+0 Y+30.; X+10. Y+20. J-10.　　:X+10. Y+20.; X+0 Y+10. J-10.　　:X+0 Y+10.; G40; G01 X+0 Y+0　　:G01 X+0 Y+0; G60; T85 T87; M02;	

第10章　模具装配原理与工艺基础

10.1　模具装配及其技术要求

10.1.1　模具装配

指精加工完成、符合技术要求的构件和配购的标准件，按设计和装配工艺技术要求，进行相互配合、定位、固定连接的过程，称为模具装配。

可见，模具装配是直接验证模具结构设计的合理性，保证模具使用性能的制造工艺阶段。

10.1.2　模具装配工艺过程

根据模具设计技术要求和结构特点，按照装配工艺顺序、工艺规程，进行初装、检测和试模，调整、总装和试模成功的全过程，称为模具装配工艺过程。如图10-1所示。

显然，模具装配工艺过程是形成模具制造精度、质量和使用性能最关键的制造工艺过程，须进行严格的控制与管理。

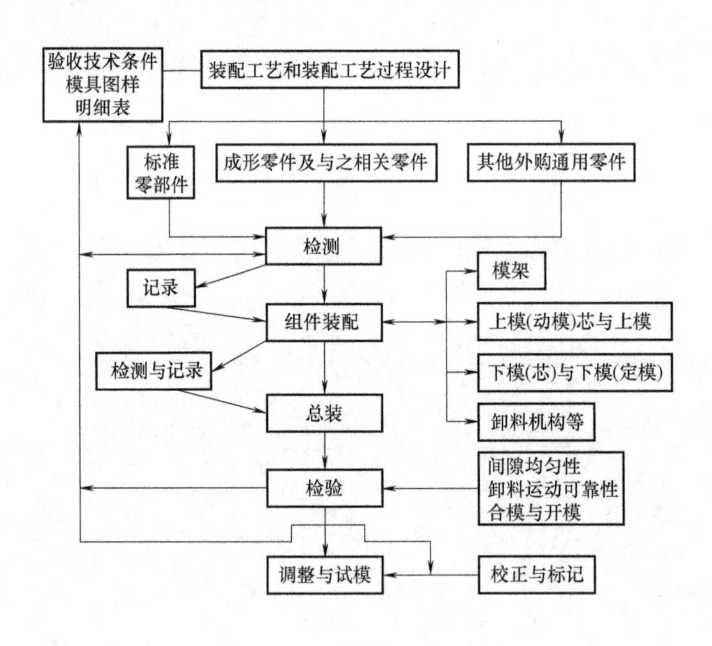

图10-1　模具装配工艺过程

10.1.3　模具装配的工艺要求

模具装配工艺须满足以下三个要求：

1）保证装配精度，指在相邻构件、相邻装配单元之间，须按工艺规程规定的装配基准进行定位与固定，以保证配合精度和位置精度。从而保证凸模（或型芯）与凹模（或型腔）

之间能精密、均匀地进行配合和定向开合运动。其中，冲裁模须保证其凸、凹模间的间隙值及其均匀性。

2）模具中的辅助机构包括冲模中的送料、安全检测机构，塑料注射模、压铸模中的分型、抽芯、脱模和复位与先复位机构，这些辅助机构均须保证其运动精度，以便能顺畅、精准地完成各自运动的功能。

3）装配完成的模具须保证设计和合同所要求的使用性能和寿命。此乃综合性指标，影响因素很多。除与模具装配精度及其成形件材料有关以外，还与制件材料及其结构与尺寸有关，与成形机械的类型与性能，以及模具的使用环境的诸多因素有关，如图 10-2 所示。

为此，则要求模具设计水平要高。模具装配专业人员则不仅要求具有丰富的实践经验和高超的装配技艺，还需具有广博的专业知识。

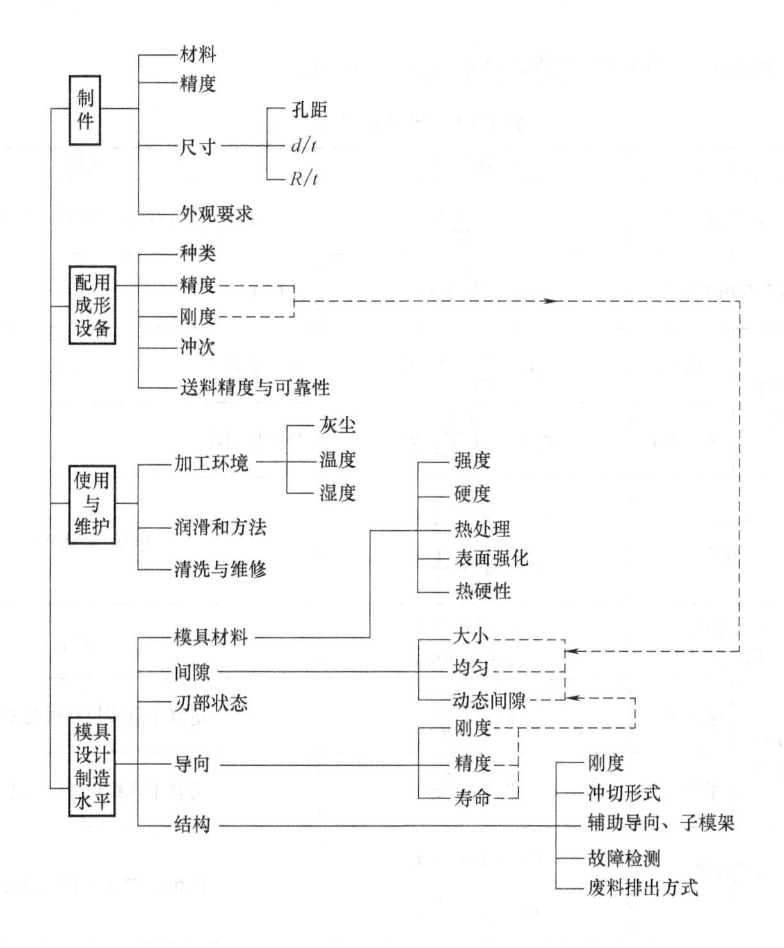

图 10-2　影响多工位级进冲模使用寿命和性能因素的框图

10.2　模具装配原理与装配尺寸链

10.2.1　模具装配原理

模具是由零、部件装配形成的成形工具。由于受工艺条件、加工技术水平的限制，这些零、部件的加工、组合，均存在尺寸误差，影响着装配精度。因此，研究模具装配工艺，以提高装配工艺水平，保证模具装配精度和使用性能，尤为重要。

为此，根据模具结构的设计要求，建立模具装配尺寸链，以保证各组成环及封闭环的误差在允许的范围以内；或调整补偿环，以保证封闭环公差的要求，此为模具装配工艺须遵循的原理，即模具装配的工艺原理。

10.2.2 装配尺寸链及其计算

按照装配方法的不同，装配尺寸链是由组成环、补偿环和封闭环构成的封闭式尺寸链。其中：

1）封闭环是装配过程中最后形成的尺寸，L_0 取决于各组成环的尺寸与公差。

2）组成环是组成尺寸链的相邻零件和装配单的尺寸 $L_1 \sim L_i$。

3）补偿环 L_n 的补偿量设为 F，常将其分为若干不同尺寸的公差，供装配时选用，以满足 L_o 的要求。

尺寸链的各环尺寸及其公差的计算公式见表 10-1。

表 10-1 尺寸链计算公式

序号	计算内容		计算公式	说明
1	封闭环公称尺寸		$L_0 = \sum_{i=1}^{n} ii$	下角标“0”表示封闭环“i”表示组成环及其序号
2	封闭环中间偏差		$\Delta_0 = \sum_{i=1}^{n} \xi i \Delta i$	同上
3	封闭环公差	极值公差	$T_0 L = \sum_{i=1}^{n} \mid \xi \mid T_i$	公差值最大
		平方公差	$T_0 Q = \sqrt{\sum_{i=1}^{n} \xi_i^2 T_i^2}$	公差值最小
4	封闭环极限偏差		$ES_0 = \Delta_0 + \frac{1}{2} T_0$ $EI_0 = \Delta_0 - \frac{1}{2} T_0$	下角标“0”表示封闭环
5	封闭环极限尺寸		$L_{max} = L_0 + ES_0$ $L_{min} = L_0 + EI_0$	同上
6	组成环平均公差	极值公差	$T_{av} L = \frac{T_0}{n}$	适宜于直线尺寸链公差值最小
		平均公差	$T_{av} Q = \frac{T_0}{\sqrt{n}}$	适宜于直线尺寸链公差值最大
7	组成环极限偏差		$ES_i = \Delta_i + \frac{1}{2} T_i$ $EI_i = \Delta_i - \frac{1}{2} T_i$	下角标“i”表示组成环及其序号
8	组成环极限尺寸		$L_{imax} = L_i + ES_i$ $L_{imin} = L_i + EI_i$	同上

10.2.3 塑料注射模装配及其尺寸链

以采用斜楔锁模的塑料注射模典型结构为例。其装配图如图 10-3 所示，在定模与动模合模后由滑块 2 沿定模内斜面滑行所产生的锁紧力锁紧。为此，须在定模 1 的内平面和滑块 2 的分型面间留有合理的间隙。其尺寸关系及由此而建立的装配尺寸链，如图 10-4a，b 所示。

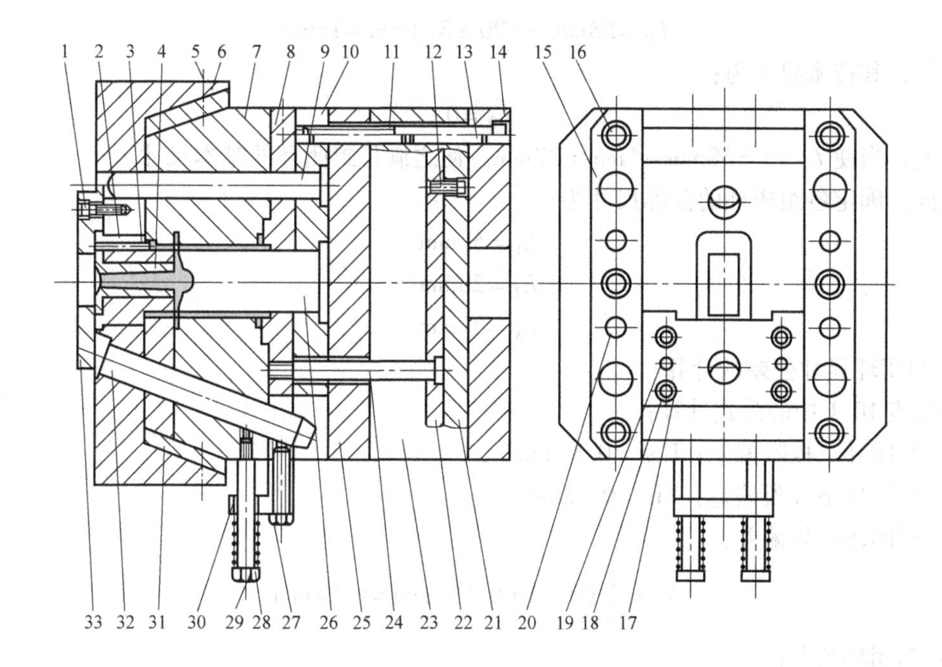

图 10-3　线圈骨架塑料模总装配图

1、11、12、16、18—内六角螺钉　2、3、26—型芯　4—浇口套　5、13、19、20—圆柱销　6—定模　7—哈夫滑块　8—动模　9—导柱　10—固定板　14—动模底板　15—导轨　17—镶块　21—顶板　22—顶杆固定板　23—垫块　24—顶杆　25—垫板　27—外六角螺钉　28—卸料螺钉　29—弹簧　30—支架　31—斜拼块　32—斜导柱　33—定位圈

1. 建立装配尺寸链的计算公式

间隙 L_0 当为封闭环。根据注射模设计的技术要求，其间隙值当为0.18～0.30mm。

则 $L_0 = 0^{+0.30}_{+0.18}$mm。

其中，将 L_0，L_1～L_3 依次相连，以构成封闭的装配尺寸链，其公式为：

$$L_0 = L_1 - (L_2 + L_3)$$

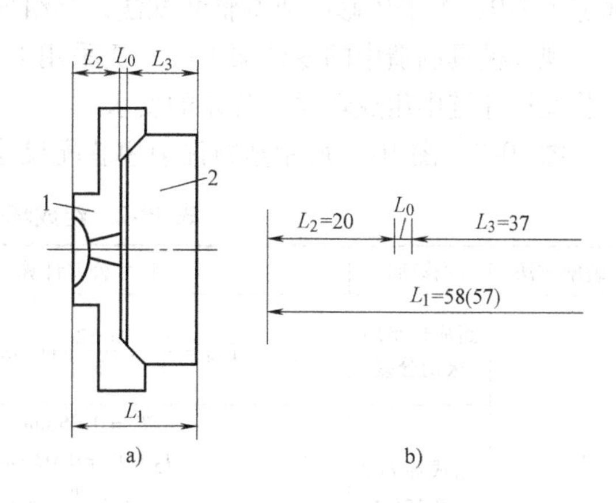

图 10-4　装配尺寸链图

1—定模　2—滑块

2. 确定各组成环的传递系数

1）当 L_1 增大（其他尺寸不变）或减小时，L_0 相应增大或减小（即 L_1 的变动）将导致 L_0 的同向变动，故视 L_1 为增环。

则设 L_1 的传递系数 $\xi_1 = +1$。

2）当 L_2、L_3 增大时，L_0 将相应减小；当 L_2、L_3 减小时，L_0 将相应增大。即 L_2、L_3 变动时，L_0 将作相应的异向变动，则 L_2、L_3 为减环。

则设 L_2、L_3 的传递系 $\xi_2 = \xi_3 = -1$。

3. 确定组成环的基本尺寸

图 10-4b 所示为各组成环的尺寸，代入尺寸链方程式，得：

$$L_0 = 58\text{mm} - (20 + 37)\text{mm} = 1\text{mm}$$

但是，其技术要求为：

$$L_0 = 0$$

为此，当使 $L_1 - 1 = 58\text{mm} - 1\text{mm} = 37\text{mm}$。使之满足封闭环的基本尺寸。

因此，确定各组成环的公称尺寸为：

$$L_1 = 57\text{mm}$$

$$L_2 = 20\text{mm}$$

$$L_3 = 37\text{mm}$$

4. 封闭环尺寸公差的计算

根据表 10-1 中的公式计算：

1）封闭环上极限偏差：$ES_0 = 0.30\text{mm}$

2）封闭环下极限偏差：$EI_0 = 0.18\text{mm}$

3）封闭环平均偏差：

$$\Delta_0 = \frac{1}{2}(0.30 + 0.18)\text{mm} = 0.24\text{mm}$$

4）封闭环公差：

$$T_0 = 0.30\text{mm} - 0.18\text{mm} = 0.12\text{mm}$$

5. 组成环与补偿环的尺寸公差计算与确定

为满足封闭环尺寸公差要求，尺寸链中各组成环的尺寸公差须保证在公差范围内；或设定补偿环，以进行修配、调整未满足封闭环尺寸公差的要求。为此，其组成环尺寸公差的计算与确定与所采用的装配方法有关。标准模架的装配常操用互换装配法，其组成环尺寸公差规定为 IT9；若采用修配或调整装配法，其组成环尺寸公差应为 IT11。

现代模具制造中的零件加工已广泛采用 CNC 精密机床，其加工精度已可满足模具设计和装配尺寸链中组成环尺寸公差的要求。

图 10-3，图 10-4 所示塑料注射模装配尺寸链各组成环尺寸公差的计算，见表 10-2。

表 10-2 组成环公差计算与确定

装配方法	计算项目	尺寸公差计算	说　明
互换装配法尺寸链计算	组成环平均极值公差	$T_{avL} = \frac{T_0}{n} = \frac{0.12}{3}\text{mm} = 0.04\text{mm}$　(1)	1. 式中符号 T_0—为封闭环的公差，$T_0 = 0.12\text{mm}$； n—组成环数目； T_1、T_2、T_3—分别为各组成环的公差； Δ_1、Δ_2、Δ_3—分别为各组成环的中间公差 2. 应用表 10-1 中的公式计算： 式(1) - 表 10-1 序号 6 公式； 式(2)、(3)、(4) - 表 10-1 序 2 公式； 式(2)中，$\Delta_2 = \Delta_3 = 0.015\text{mm}$，为组成环的中间公差。 3. 设 L_1 为调整尺寸。
	组成环 L_2，L_3 及其公差	$T_1 = 0.05\text{mm}$ $T_2 = T_3 = 0.03\text{mm}$ $L_2 = 20_{-0.03}^{0}\text{mm}$ $L_3 = 37_{-0.03}^{0}\text{mm}$	
	L_1 的极限偏差	$\Delta_1 = \Delta_0 + (\Delta_2 + \Delta_3) = 0.21\text{mm}$　(2) $ES_1 = \Delta_1 + \frac{T_1}{2} = 0.235\text{mm}$　(3) $ET_1 = \Delta_1 - \frac{T_1}{2} = 0.185\text{mm}$　(4) 则：$L_1 = 57_{+0.185}^{+0.235}\text{mm}$	

（续）

<table>
<tr><th>装配方法</th><th>计算项目</th><th>尺寸公差计算</th><th>说　明</th></tr>
<tr><td rowspan="4">修配装配法的尺寸链计算</td><td>封闭环的极值公差</td><td>$T_{0L}=\sum_{i=1}^{n}|\xi|T_i=0.72\text{mm}+0.08\text{mm}+0.08\text{mm}=0.28\text{mm}$
$T_{0L}=0.28\text{mm}>T_0=0.12\text{mm}$</td><td rowspan="4">1. 各组成环公差等级约为 IT11，则$T=0.12\text{mm}$；$T_2=T_3=0.08\text{mm}$。故各组成环的中间公差 $\Delta_1=\Delta_3=\frac{0.12}{2}=0.06\text{mm}$；$\Delta_2=\frac{0.08}{2}=0.04\text{mm}$。则：
$L_1=57^{+0.12}_{0}\text{mm}$
$L_2=20^{0}_{-0.08}\text{mm}$
2. 修配装配法封闭环差（T_{0L}）较大，按表 10-1 序号 3 公式计算
3. 由于封闭环（L_0）的极限偏差为：$ES_0=0.30\text{mm}$；$ET_0=0.18\text{mm}$ 为满足封闭环要求，L_3 须加上补偿量 $F=0.16\text{mm}$，使 $L_3=37.16^{-0.02}_{-0.10}\text{mm}$。
通过修配，以达保证锁模力</td></tr>
<tr><td>补偿环（L_3）的补偿量（F）</td><td>$\because T_{0L}=0.28\text{mm}>T_0=0.12\text{mm}$
$\therefore F=T_{0L}-T_0=0.28\text{mm}-0.12\text{mm}=0.16\text{mm}$</td></tr>
<tr><td>组成环的极限偏差</td><td>$\because T_0=0.12\text{mm}\quad T_2=0.08\text{mm}$
$\therefore L_1=57^{+0.12}_{0}\text{mm}$
$L_2=20^{0}_{-0.08}\text{mm}$</td></tr>
<tr><td>补偿环（L_3）的极限偏差</td><td>$\because \Delta_1=\frac{T_1}{2}=0.06\text{mm}$
$\Delta_2=\frac{T_2}{2}=0.04\text{mm}$
$\therefore ES_3=\Delta_3+\frac{T_3}{2}=0.06\text{mm}+\frac{0.08}{2}\text{mm}=0.02\text{mm}$
$ET_3=\Delta_3-\frac{T_3}{2}=0.06\text{mm}-\frac{0.08}{2}\text{mm}=0.10\text{mm}$
则：$L_3=37^{-0.03}_{-0.1}\text{mm}$
将补偿是 $F=0.16\text{mm}$ 留于 L_3 上，则：
$L_3=(37+0.16)^{-0.02}_{-0.10}\text{mm}$
$=37.16^{-0.02}_{-0.10}\text{mm}$</td></tr>
<tr><td rowspan="2">调整装配法的尺寸链计算</td><td>组成环尺寸</td><td>$L_1=57^{+0.12}_{0}\text{mm}$
$L_2=20^{0}_{-0.08}\text{mm}$
$L_3=37^{-0.02}_{-0.10}\text{mm}$</td><td rowspan="2">组成环尺寸链的计算公式（见表 10-1）、方法和顺序同修配装配法尺寸链计算
补充量 $F=0.16\text{mm}$，使 L_3 形成 5 组尺寸。取其中间尺寸 $37^{-0.02}_{-0.10}\text{mm}$ 作为装配尺寸链中 L_3 的尺寸与公差，以满足封闭环 L_0 的要求</td></tr>
<tr><td>补偿环（L_3）的计算与确定</td><td>补偿量 $F=T_{0L}-T_0=0.16\text{mm}$
组成环间的尺寸差（S）：
$S=T_1-T_2=0.12\text{mm}-0.08\text{mm}=0.04\text{mm}$
$Z=\frac{F}{S}+1=\frac{0.16}{0.4}=5$
即使 L_3 分成与组尺寸：
$37^{-0.02}_{-0.10}\rightarrow(37-0.16)^{-0.02}_{-0.10}\rightarrow37^{-0.18}_{-0.26}\text{mm}$
$\rightarrow(37-0.02)^{-0.02}_{-0.10}\rightarrow37^{-0.04}_{-0.12}\text{mm}$
$\rightarrow(37+0.02)^{-0.02}_{-0.10}\rightarrow37^{0}_{+0.08}\text{mm}$
$\rightarrow(37+0.16)^{-0.02}_{-0.10}\rightarrow37^{+0.14}_{+0.06}\text{mm}$</td></tr>
</table>

10.3　模具装配方法

由于受工艺条件与水平的限制，模具零、部件的加工均存在加工误差，影响模具装配精度。因此，在确认模具装配原理和装配尺寸链计算的基础上，研究模具装配工艺，提高装配工艺技术水平，是确保模具装配精度与质量的关键工艺措施。

现将在不同生产方式、条件和不同水平情况下，经长期模具制造实践，创造的装配方法来进行分析和讨论。

10.3.1　互换装配法

采用互换装配法的工艺条件如下：

1）保证、控制各组成环的加工误差在允许的范围内，使相邻零件、装配单元无需经过修配、调整或选配，即可直接进行装配，并达到装配后封闭环精度要求。

2）采用高精密加工工艺与机床，提高模具零件、装配单元的加工误差，达到互换性精度等级。

3）采用精密、可靠的装配工艺装备、检测仪器，使零件、装配单元的尺寸、几何公差定量化、规范化。

表 10-3 所示为互换装配法的应用实例。

表 10-3　互换装配法的应用

导柱、导套的互换性装配	配合间隙的分布图	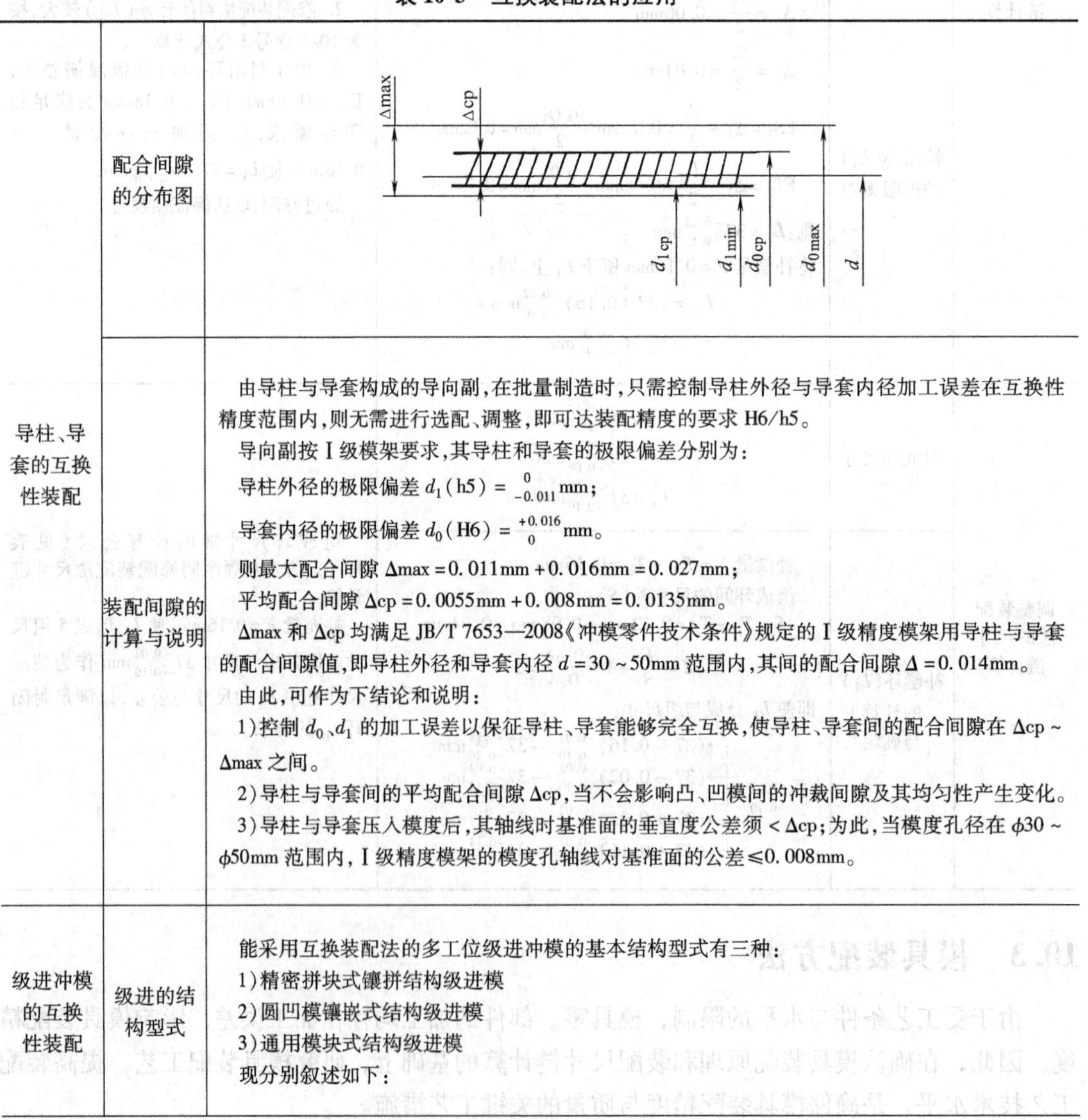
	装配间隙的计算与说明	由导柱与导套构成的导向副，在批量制造时，只需控制导柱外径与导套内径加工误差在互换性精度范围内，则无需进行选配、调整，即可达装配精度的要求 H6/h5。 导向副按Ⅰ级模架要求，其导柱和导套的极限偏差分别为： 导柱外径的极限偏差 $d_1(\mathrm{h5})={}^{\ \ 0}_{-0.011}\mathrm{mm}$； 导套内径的极限偏差 $d_0(\mathrm{H6})={}^{+0.016}_{\ \ 0}\mathrm{mm}$。 则最大配合间隙 Δmax = 0.011mm + 0.016mm = 0.027mm； 平均配合间隙 Δcp = 0.0055mm + 0.008mm = 0.0135mm。 Δmax 和 Δcp 均满足 JB/T 7653—2008《冲模零件技术条件》规定的Ⅰ级精度模架用导柱与导套的配合间隙值，即导柱外径和导套内径 d = 30 ~ 50mm 范围内，其间的配合间隙 Δ = 0.014mm。 由此，可作为下结论和说明： 1）控制 d_0、d_1 的加工误差以保征导柱、导套能够完全互换，使导柱、导套间的配合间隙在 Δcp ~ Δmax 之间。 2）导柱与导套间的平均配合间隙 Δcp，当不会影响凸、凹模间的冲裁间隙及其均匀性产生变化。 3）导柱与导套压入模度后，其轴线时基准面的垂直度公差须 < Δcp；为此，当模度孔径在 ϕ30 ~ ϕ50mm 范围内，Ⅰ级精度模架的模度孔轴线对基准面的公差≤0.008mm。
级进冲模的互换性装配	级进的结构型式	能采用互换装配法的多工位级进冲模的基本结构型式有三种： 1）精密拼块式镶拼结构级进模 2）圆凹模镶嵌式结构级进模 3）通用模块式结构级进模 现分别叙述如下：

（续）

级进冲模的互换性装配	四工位电机定转子级进冲模的互换性装配	拼块结构与工位布置图	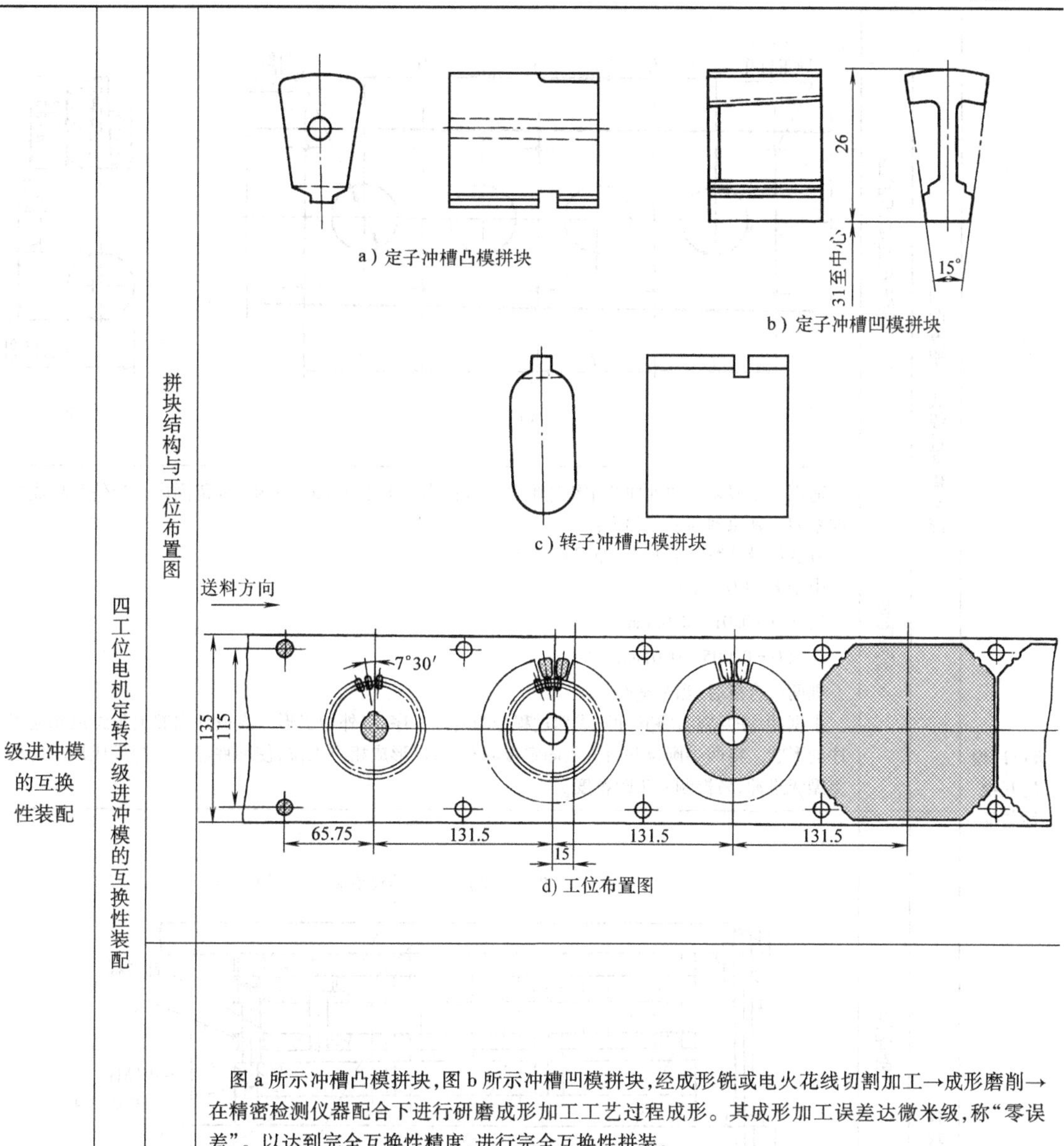a）定子冲槽凸模拼块 b）定子冲槽凹模拼块 c）转子冲槽凸模拼块 d）工位布置图
		装配精度与说明	图a所示冲槽凸模拼块，图b所示冲槽凹模拼块，经成形铣或电火花线切割加工→成形磨削→在精密检测仪器配合下进行研磨成形加工工艺过程成形。其成形加工误差达微米级，称“零误差”。以达到完全互换性精度，进行完全互换性拼装。 图a、b、c所示拼块，须在精度凸模固定板上和4块凹模固定板的孔内进行拼装，以构成凸模组合和具有四工位凹模组合的多工位级进冲模。图d所示为由4块凹模固定板构成工位布置图： 第1块：装有冲导正销孔、转子中心轴孔和槽孔、完全互换的拼块和嵌件 第2块：装有冲定子槽的可完全互换拼装成凹模 第3块：装有转子落料凹模镶嵌件 第4块：装有定子落料凹模镶嵌件 其中，导正销孔的凹模镶块亦是互换性零件，其安装孔须由座标磨加工而成。导正孔距，级进模步距误差，一般须控制在0.003mm以下。 此法，已成为英、美、法电机模具厂，制造电机定、转子硅钢片冲模的传统方式、方法。

（续）

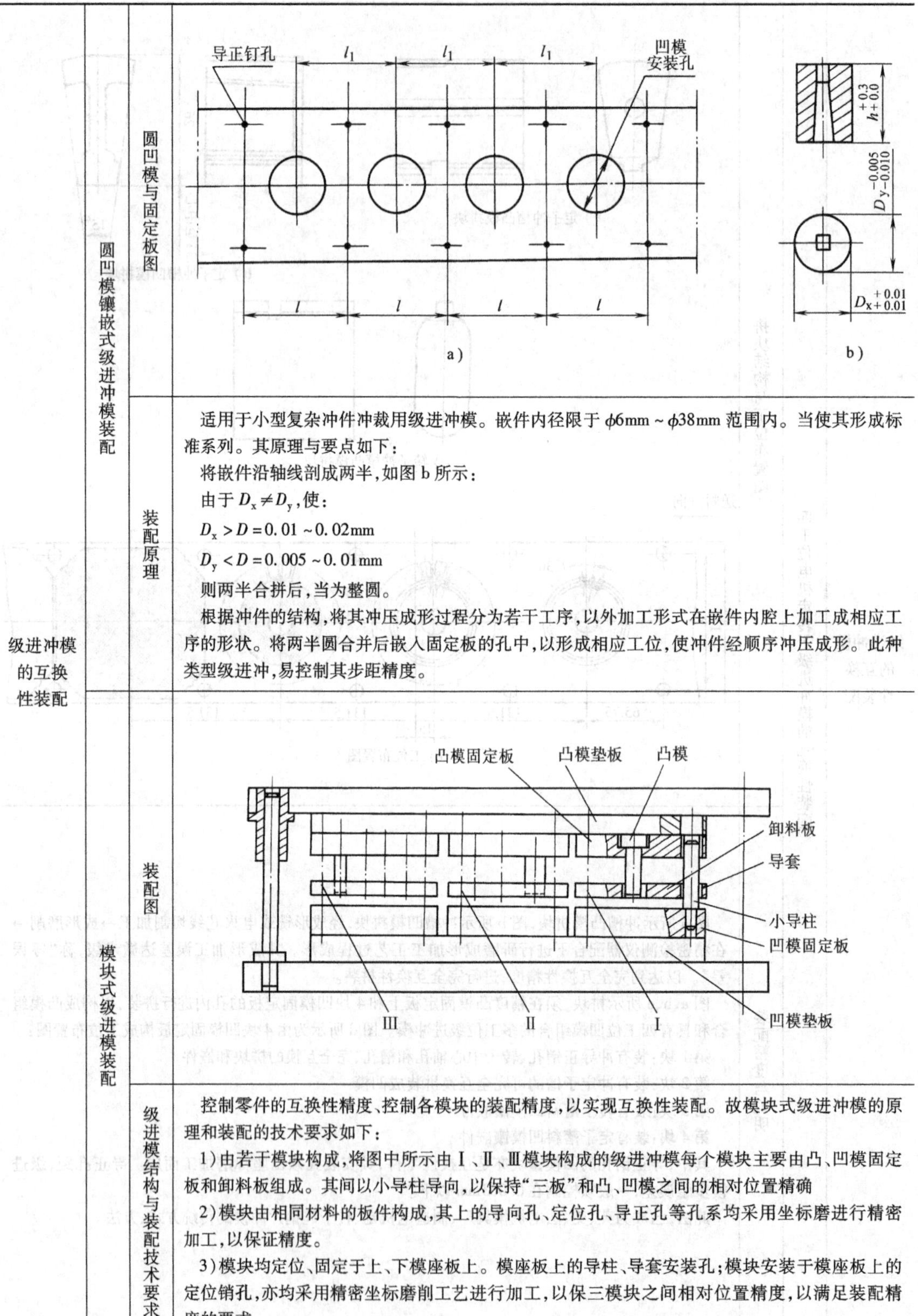

级进冲模的互换性装配	圆凹模镶嵌式级进冲模装配	圆凹模与固定板图	a)　b)
		装配原理	适用于小型复杂冲件冲裁用级进冲模。嵌件内径限于 ϕ6mm ~ ϕ38mm 范围内。当使其形成标准系列。其原理与要点如下： 将嵌件沿轴线剖成两半，如图 b 所示： 由于 $D_x \neq D_y$，使： $D_x > D = 0.01 \sim 0.02$mm $D_y < D = 0.005 \sim 0.01$mm 则两半合拼后，当为整圆。 根据冲件的结构，将其冲压成形过程分为若干工序，以外加工形式在嵌件内腔上加工成相应工序的形状。将两半圆合并后嵌入固定板的孔中，以形成相应工位，使冲件经顺序冲压成形。此种类型级进冲，易控制其步距精度。
	模块式级进模装配	装配图	
		级进模结构与装配技术要求	控制零件的互换性精度、控制各模块的装配精度，以实现互换性装配。故模块式级进冲模的原理和装配的技术要求如下： 1）由若干模块构成，将图中所示由Ⅰ、Ⅱ、Ⅲ模块构成的级进冲模每个模块主要由凸、凹模固定板和卸料板组成。其间以小导柱导向，以保持“三板”和凸、凹模之间的相对位置精确 2）模块由相同材料的板件构成，其上的导向孔、定位孔、导正孔等孔系均采用坐标磨进行精密加工，以保证精度。 3）模块均定位、固定于上、下模座板上。模座板上的导柱、导套安装孔；模块安装于模座板上的定位销孔，亦均采用精密坐标磨削工艺进行加工，以保三模块之间相对位置精度，以满足装配精度的要求。

10.3.2　分组互换装配法

1. 装配原理与技术特点

将装配尺寸链各组成环，即按设计精度加工完成的零件，按其实际尺寸大小分成若干组，同组零件可进行互换性装配，以保证各组相配零件的配合公差都在设计精度允许的范围内。分组装配法具有以下技术特点：

1）按规定，其加工误差范围可以适当放宽，则可降低零件加工技术要求。显然，将具有很好的经济性。

2）由于互换性水平低，不宜采用大批量生产，只能用于小批量生产或加工水平较低的状态。

3）相配零件因故失效后，配件困难。

2. 模具装配中的应用

分组互换装配法实际上是一种在分组互换的条件下进行选择装配的方法，因此，也是模具装配中的一种辅助装配工艺。

——它是模架装配中的常用方法，如冲模模架由于品种、规格多，批量小，生产装备和加工工艺水平不高，常对模架中的导柱与导套配合采用分组互换装配法，以提高装配精度、质量和装配效率。但同时需对导柱固定端与模座孔的配合精度作出保证与要求，否则，必将引起导柱与导套间的导向间隙产生变化，影响模架装配精度与质量。这说明提高模架零件加工工艺与装备水平，以保证零件互换性精度，对于保证模架批量或以上规模的装配精度与质量是必须的。

——针对用户要求，模具需进行专门设计与制造。但是由于模具标准件生产规模和水平的提高，市场供应标准零、部件的品种、规格已很齐全，从市场选择适用于模具装配的配件，已成为保证模具装配精度的重要方法。如需从市场选配多对不同规格的圆凸、凹模副，需经测量，选配凸、凹模之间的配合间隙，均符合模具设计、装配要求的圆凸、凹模副，以供装配。此为符合互换性要求，进行选择装配的方法。

10.3.3　修配与调整装配法

1. 修配装配法

修配装配法是指在装配时，修磨指定零件上所留的修磨量，即去除尺寸链中补偿环的部分材料，以改变其实际尺寸，达到封闭环公差和极限偏差要求，从而能保证装配精度的方法。

修配装配法，一般是在零件加工工艺与加工设备水平不高、标准化水平低、采用传统生产方式条件下的主要装配方法。此法具有以下特点：

1）可放宽零件制造公差，加工要求较低。为达到封闭环精度，需采用磨削、手工研磨等方法，以改变补偿环尺寸，达到封闭环公差要求。

2）修配零件与修配面应只与本项装配精度有关，而不与其他装配项目相关。

3）选择易于拆装、修配面不大的零件。

4）需配备技艺高的模具装配钳工。即模具装配精度、质量与使用性能将取决于装配钳工的技艺。因此，模具装配工艺过程质量以及生产计划等都难以控制。

2. 调整装配法

装配时采用调整方法，以改变补偿环的实际尺寸或位置，以达到封闭环所要求的公差与极限偏差。一般常采用螺栓、斜面、挡环、垫片或连接件之间的间隙作为补偿环。经调节后使达到封闭环要求的公差和极限偏差。

3. 传统装配方法的继存与改进

修配法、调整法是装配模具的基本方法、传统方法。既使模具零、部件加工与制造使用高效、精密机床与工艺，能达到互换性尺寸、形状与位置精度，而装配过程中、试模后，对模具装配尺寸链中的补偿环，甚至成形件进行修配与调整也将不可避免。只是手工修配量将可能减少到最低，或将由先进修配、调整工艺所替代。因此，应在学习、掌握和继存传统模具装配方法的基础上，研究中小型精密模具和大型模具的装配方法、装配工艺与装配工装，以改进传统装配方法与工艺，掌握高超装配工艺与技能。

有许多模具凸凹模的尺寸、形状、位置误差，或级进模的步距误差需≤0.002mm，甚至达到“零”误差。如汽车车灯塑料灯罩，其成形加工用精密塑料注射模型芯是采用六角形棒拼合而成，由于光学性能要求，六角棒的加工误差需≤0.002mm。电机定、转子片级进冲模，要求寿命高，适用于400~1800次/min高速冲，其凸模与凹模拼块的尺寸、形状、位置精度、要求达到“零”误差，使可以进行完全互换。电影胶卷上两边的方孔与电影机主轴上的齿形轮配合带动以10~100m/s速度放映，则要求方孔间距精度极高。因此，所用精密冲孔模的凸、凹模尺寸、形状精度，与步距精度均需达0.001~0.01mm。

可见，如此高的精度在现有精密加工机床亦无法达到。因此，只能在配备高倍放大投影仪和相关检测仪器条件下，依赖模具装配钳工的精湛技艺进行手工研磨，即采用修配装配法来完成超精研配工作。

10.4 模具装配中的定位

精确、可靠地定位，是保证模具装配精度、质量与使用性能的重要工艺内容。

10.4.1 模具装配定位的基本要求

模具装配时，保持相邻零、部件之间的精确位置须依赖定位技术与定位精度。其基本要求有以下几点：

1）装配定位基准力求与设计、加工的基面相一致。装配定位基准面须是精加工面。

2）由于模具上、下模，或定、动模需分开装配，而凸模（或型芯）、凹模又是分别定位、安装于上、下模或定、动模上，为确保凸、凹模间的间隙值及其均匀性，在进行高速开合、冲击与振荡条件下的动态精度与可靠性，则必须保证上、下模或定、动模之间的精确定位和高度可靠性。

3）中大型模具模板装配定位用定位元件，须具有足够的承载能力，保证具有足够的刚度和强度，以防因模具在运输、吊装过程中产生的撞击力引起定位元件的变形，如图10-5所示。

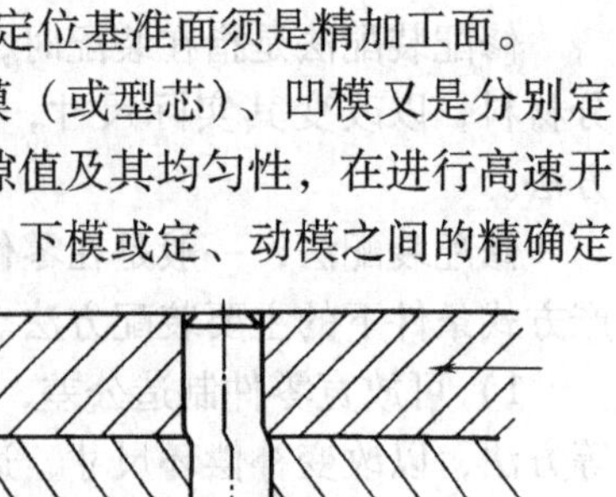

图10-5 定位销变形示意图

为此，对定位元件提出以下要求：

一般，定位元件材料为45钢、40Cr，热处理硬度为40~42HRC。

精密模具或中大型模具的定位销孔的精加工需采用坐标镗削或坐标磨削加工完成，不允许配作。

一般精度模具在装配、调整后，其定位销孔可采用配钻、铰加工完成，但须保证其配合要求，以防销、孔间存在间隙。

10.4.2　模具装配常用定位形式与元件

根据模具装配定位原理、作用与技术要求，以及模具类型及其各部分相邻零、部件的结构与相互连接的特点，分析、掌握其相应常用的装配定位方式和常用元件，对掌握模具装配定位技术，提高模具装配工艺精度和装配工艺水平，有很大作用。

模具装配常用定位方式与常用元件，见表 10-4。

表 10-4　模具装配常用定位方式与元件

定位元件名称	装配定位形式示例图	说　明
圆柱定位销	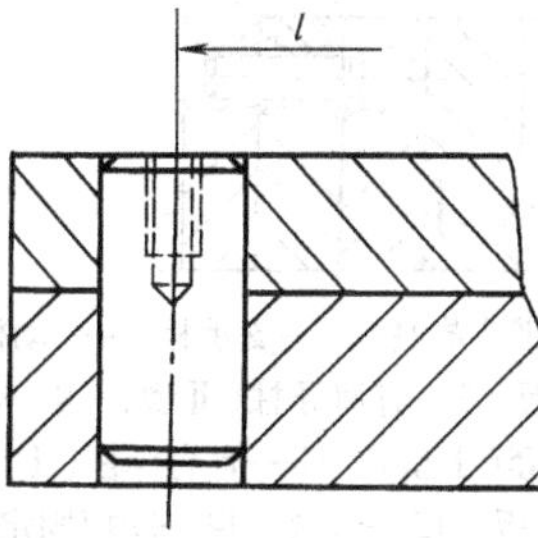 l	1. 为常用定位元件。其材料常用 40Cr、45 钢，热处理硬度为 42～46HRC，Ra0.6μm 2. 装配时须清洗、涂油，用铜锤轻打入
圆锥定位件	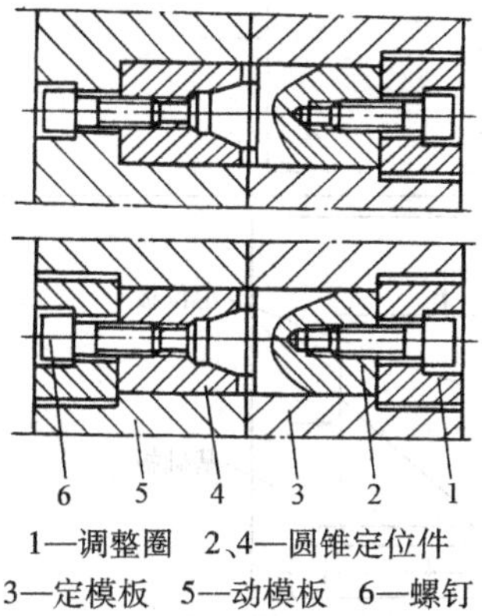 6 5 4 3 2 1 1—调整圈　2、4—圆锥定位件 3—定模板　5—动模板　6—螺钉	1. 材料为 T10A，热处理后 58～62HRC 2. 锥面须配研、贴合面 >80% 3. 锥面定位是塑料注射模定、动模合模定位中常用定位方式之一
圆柱定位体	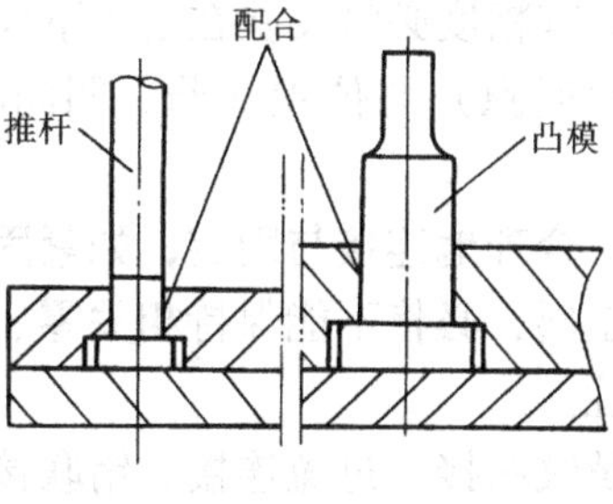 配合 推杆 凸模	塑料注射模、压铸模推杆和冲模凸，以它们的固定端外圆，以 H7/m6 配合定位于固定板的孔内，并使推杆与凸模圆头底与固定板底磨平，再用螺钉固定于垫板(或推板)上

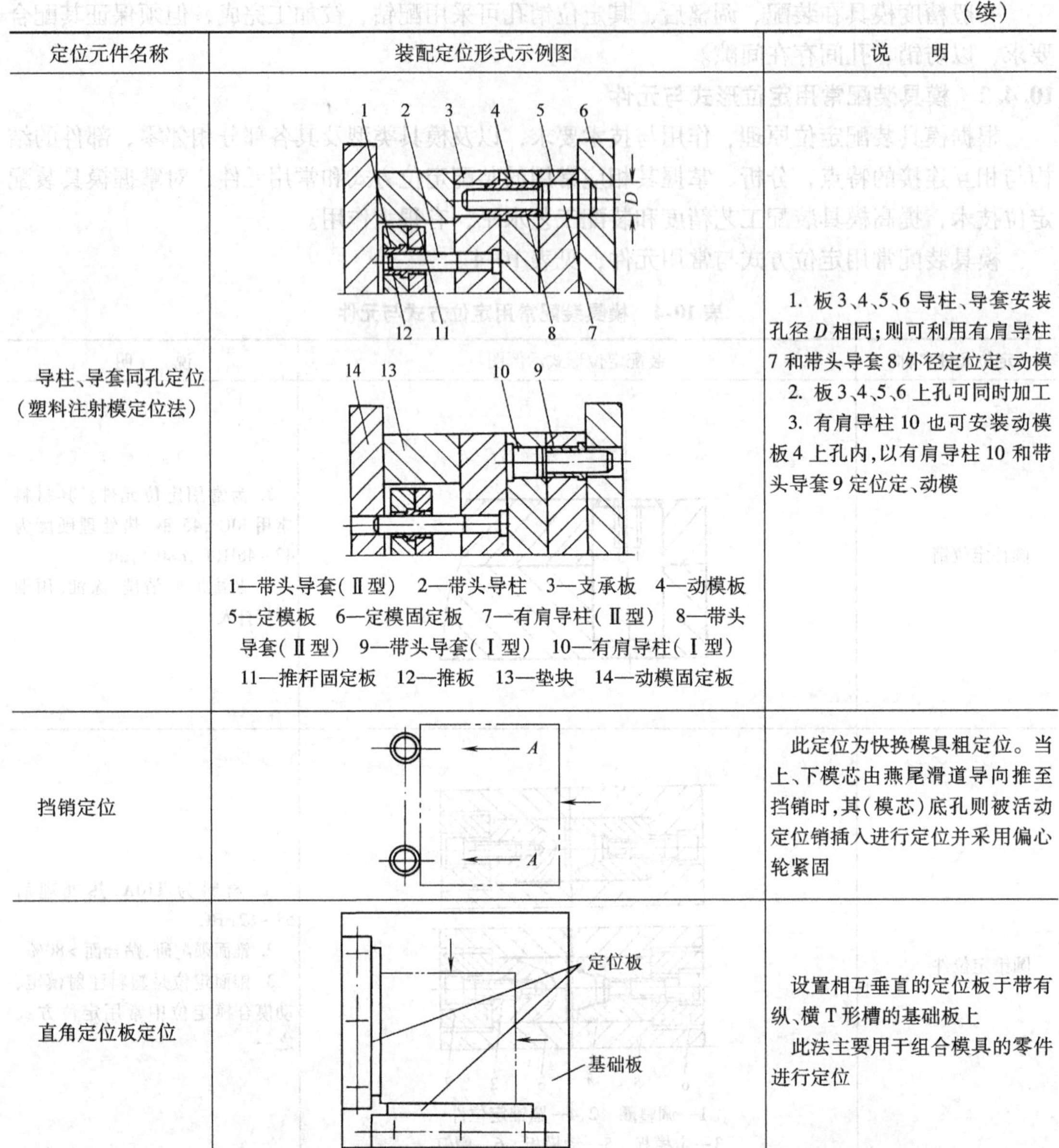

（续）

定位元件名称	装配定位形式示例图	说　明
导柱、导套同孔定位（塑料注射模定位法）	1—带头导套（Ⅱ型）　2—带头导柱　3—支承板　4—动模板　5—定模板　6—定模固定板　7—有肩导柱（Ⅱ型）　8—带头导套（Ⅱ型）　9—带头导套（Ⅰ型）　10—有肩导柱（Ⅰ型）　11—推杆固定板　12—推板　13—垫块　14—动模固定板	1. 板3、4、5、6导柱、导套安装孔径 *D* 相同；则可利用有肩导柱7和带头导套8外径定位定、动模 2. 板3、4、5、6上孔可同时加工 3. 有肩导柱10也可安装动模板4上孔内，以有肩导柱10和带头导套9定位定、动模
挡销定位		此定位为快换模具粗定位。当上、下模芯由燕尾滑道导向推至挡销时，其（模芯）底孔则被活动定位销插入进行定位并采用偏心轮紧固
直角定位板定位		设置相互垂直的定位板于带有纵、横T形槽的基础板上 此法主要用于组合模具的零件进行定位

10.5　模具装配中的连接与固定

模具零件都要求进行精密加工。其精度必将反映在上、下模或定、动模进行分别组装与相互装配所须的配合（凸、凹模配合间隙）与位置（凸、凹同心性、平行度与垂直度）的精确性和可靠性。

若在装配过程中不能进行正确、合理地连接与固定，如紧固时，因紧固轴向力大小或着力点不当，而引起零件位置变动或歪斜，必将不能保持相关零、部件间的装配定位精度，不能确保模具装配质量及其使用可靠性。

模具装配连接与固定方法包括螺纹联接、过盈连接、销联接与粘接连接4种。键联结和铆接则很少采用。

10.5.1　螺纹联接

螺纹联接是模具装配中常用的方法，螺纹联接常发生以下不良状况：

1）因拧紧力矩过大或材料、热处理不当，或加工不精确等原因，使螺钉、螺栓拉长或断裂。

2）因拧紧力矩过大，螺钉、螺栓轴线倾斜，或施于具有多个螺钉、螺栓上的拧紧力矩差过大，引起装配零件定位不精确、变形或倾斜。

3）拧紧力矩过小，轴向紧固力不足，引起模具装配零件在工作过程中松动。

因此，在模具制造中沿革传统装配工艺的基础上，对使用最广泛的螺钉、螺栓联接与固定的机理，螺钉、螺栓用材料与热处理，以及螺钉、螺栓联接与固定工艺进行研究，使之更加合理与可靠。为此，特提出以下基本要求与说明。

1. 控制螺钉、螺栓预紧力矩

拧紧力矩（M）可按下式计算，即

$$M = KDF \times 10^{-3}$$

式中　D——螺纹公称直径（mm）；

K——钢制螺钉、螺栓、螺母的阻力系数为 0.1 ~ 0.3，常取 0.2；

F——预紧力（N）。一般为螺钉、螺栓破坏载荷的 70% ~ 80%。破坏载荷为螺栓材料的屈服强度乘以螺栓、螺钉有效面积。

控制拧紧力矩 M 的办法有控制转矩法、控制转角法和控制螺纹伸长法等。其目的是控制、保证准确的预紧力。预紧力为拧紧力矩（M）的轴向力。

螺钉、螺栓装配工具有手动和机动两大类（参见生产企业样本）。为保证拧紧力矩，除按上式计算外，还可根据螺栓强度等级和螺栓公称直径，从表 10-5 中查到。

表 10-5　一般螺栓的拧紧力矩

螺栓强度级	螺栓公称直径/mm														
	6	8	10	12	14	16	18	20	22	24	27	30	36	42	48
	拧紧力矩/(N·m)														
4.6	4 ~ 5	10 ~ 12	20 ~ 25	35 ~ 44	54 ~ 69	88 ~ 108	118 ~ 147	167 ~ 206	225 ~ 284	294 ~ 370	441 ~ 519	529 ~ 666	882 ~ 1078	1372 ~ 1666	2058 ~ 2450
5.6	5 ~ 7	12 ~ 15	25 ~ 31	44 ~ 54	69 ~ 88	108 ~ 137	147 ~ 186	206 ~ 265	284 ~ 343	370 ~ 441	539 ~ 686	666 ~ 833	1098 ~ 1372	1705 ~ 2036	2548 ~ 3134
6.6	6 ~ 8	14 ~ 18	29 ~ 39	49 ~ 64	83 ~ 98	127 ~ 157	176 ~ 216	245 ~ 314	343 ~ 431	441 ~ 539	637 ~ 784	784 ~ 980	1323 ~ 1677	1960 ~ 2548	3087 ~ 3822
8.8	9 ~ 12	22 ~ 29	44 ~ 58	76 ~ 102	121 ~ 162	189 ~ 252	260 ~ 347	369 ~ 492	502 ~ 669	638 ~ 850	933 ~ 1244	1267 ~ 1689	2214 ~ 2952	3540 ~ 4721	5311 ~ 7081
10.9	13 ~ 14	29 ~ 35	64 ~ 76	108 ~ 127	176 ~ 206	274 ~ 323	372 ~ 441	529 ~ 637	725 ~ 862	921 ~ 1098	1372 ~ 1617	1566 ~ 1960	2744 ~ 3283	4263 ~ 5096	6468 ~ 7742
12.9	15 ~ 20	37 ~ 50	74 ~ 88	128 ~ 171	204 ~ 273	319 ~ 425	489 ~ 565	622 ~ 830	847 ~ 1129	1096 ~ 1435	1574 ~ 2099	2138 ~ 2850	3756 ~ 4981	5974 ~ 7966	8962 ~ 11949

为提高模具装配精度，准确控制预紧拧紧力矩，应采用手动测力扳手和电动力矩扳手，如图 10-6 所示。

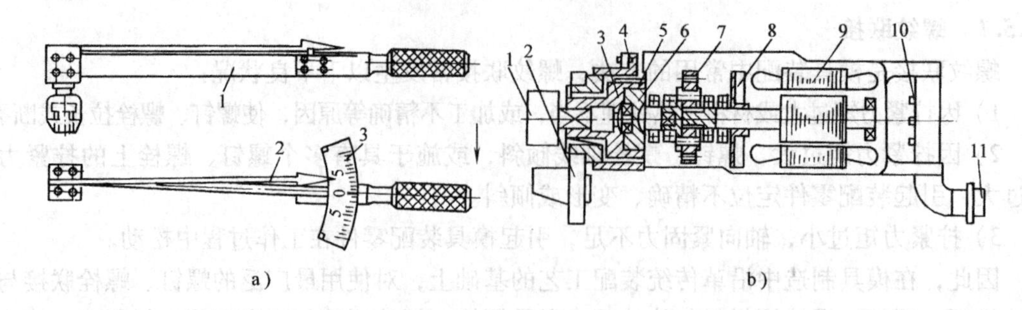

图 10-6　测力扳手

a）弹簧测力扳手

1—弹性心杆　2—指针　3—标尺

b）1200N · m 力矩电动扳手主机结构图

1—套筒头　2—反力臂　3—输出轴　4—钢轮　5—柔轮　6—波发生器　7—行星齿轮

8—风扇　9—电动机　10—按钮　11—八芯插座

2. 螺钉、螺栓的螺纹副摩擦性能控制

螺钉、螺栓性能失效将造成模具精度、质量与使用性能降低。其性能失效的主要原因如下：

1）螺钉、螺栓的结构、强度、装配预紧力和拧紧工艺不合理等，不能满足连接与固定的可靠性要求。

2）螺钉、螺栓制造质量不合格，包括材料性能、尺寸、表面质量不能满足要求，致使摩擦性能不佳。

3）装配拧紧工艺不当，造成过载或预紧力不足。

经实验分析，螺纹副的预紧力（F）不仅取决于拧紧力矩 M，在控制 M 的条件下，F 还取决于螺纹副间的摩擦性能。若要螺纹副间摩擦性能优越，则需控制下列要素：

材料：选用 40Cr、45 钢；热处理后硬度达到 40 ~ 42HRC；加工质量达到尺寸要求，表面粗糙度达到 $Ra0.2 \sim Ra0.4\mu m$；表面处理：镀锌钝化；摩擦因数达到 0.15。

3. 保证良好的装配工艺

装配时拧入螺钉、螺栓前须清洗污迹，保持其表面清洗度；清除螺孔残存铁屑或其他杂物；螺纹副表面须打去飞边；进行多个螺栓联接时，首先拧紧靠近有销钉的螺栓；螺栓头支承面须与被紧固零件表面贴合；紧固时严禁打击或使用不合适的扳手和旋具等。

根据上述螺纹联接原理和工艺要求，规范模具螺纹联接与固定装配工艺，对保证模具装配精度与质量具有非常重要的技术、经济意义。特别是对定位精度要求高、易于变形、易于歪斜的部位进行连接与固定时，必须制订并遵守装配工艺规范。

10.5.2　过盈连接

1. 过盈连接的原理与条件

过盈连接的原理为：以规定的过盈量，通过轴向或径向压力，使包容件（孔）与被包容件（轴）达到紧固、可靠的连接。

其连接的条件：一是必须保证准确的过盈量，使在外力作用下克服过盈量进行配合时，因孔或轴的变形力，达到相互抱紧连接；二是外力具有正确的施力形式：

1）施加轴向力于轴端，以克服定值过盈量，将轴压入孔内，进行紧固连接。

2）通过加温使孔径热胀到定值时，将其套于轴上，或通过深冷使轴径冷缩到定值时，将其插入孔内，当达常温时，则产生径向压力，使之紧固、可靠地相互连接。模具导柱、导套与模座孔过盈连接，则常采用轴向压装。冷挤模则常采用热装法，使其凹模与模套进行过盈连接。冷装为模具零件相互连接的一种潜在方式。

2. 压装连接工艺

将模具导柱、导套压入模座孔的方法有：

1）小批量生产时，可采用螺旋式、杠杆式手动工具，借助导向夹具导引、将导柱、导套精确地、分别压入上、下模座上相应的安装孔内。

2）批量或大批量生产时，则须采用机械式或液压式压力机，借助导向夹具的导引，将导柱、导套分别压入上、下模的相应的安装孔内。导柱精确压入下模座导柱安装孔内的两种压装方式，如图 10-7 所示。

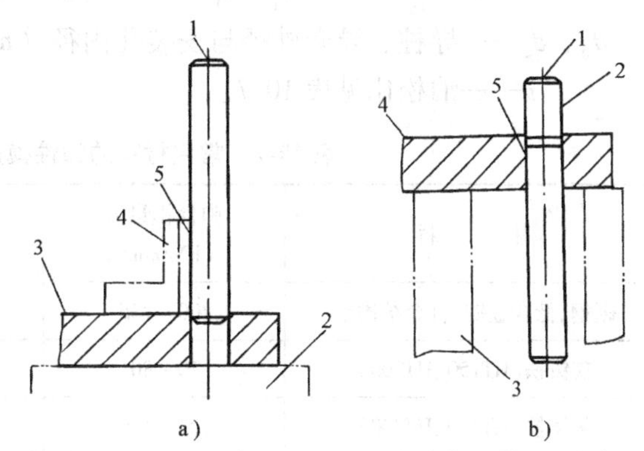

图 10-7　导柱的压入方法

a）适合全长直径相同的导柱

1—压入面　2—平板　3—下模座上平面　4—直角尺　5—垂直压入

b）适合直径不相同的导柱

1—压入面　2—固定部分　3—平行块　4—下模座下平面　5—以导柱滑动直径为导向压入

3）压装力（F）一般为人力的 3 ~ 3.5 倍。但为了施力准确，则须根据导柱、导套和模座材料、配合尺寸与过盈量等进行计算。其计算公式为

$$F = p_{\mathrm{fmax}} \pi d_{\mathrm{f}} L_{\mathrm{f}} \mu$$

式中　d_{f}——配合直径（mm）；

L_{f}——结合长度（mm）；

μ——结合面摩擦因数（见表 10-6）。

表 10-6　材料摩擦因数

材　　料	摩擦因数 μ（无润滑）	摩擦因数 μ（有润滑）	材　　料	摩擦因数 μ（无润滑）	摩擦因数 μ（有润滑）
钢-钢	0.07 ~ 0.16	0.05 ~ 0.13	钢-青铜	0.15 ~ 0.20	0.03 ~ 0.06
钢-铸钢	0.11	0.07	钢-铸铁	0.12 ~ 0.15	0.05 ~ 0.10
钢-结构钢	0.10	0.08	铸铁-铸铁	0.15 ~ 0.25	0.05 ~ 0.10
钢-优质结构钢	0.11	0.07			

式中，p_{fmax} 为最大压力（$\mathrm{N/mm^2}$），需按下列公式，进行计算。即

$$p_{\mathrm{fmax}} \approx \frac{\delta_{\max}}{d_{\mathrm{f}}\left(\dfrac{C_{\mathrm{a}}}{E_{\mathrm{a}}} + \dfrac{C_{\mathrm{i}}}{E_{\mathrm{i}}}\right)}$$

式中　$\delta_{\max}$——最大过盈量（mm）；

E_{a}、E_{i}——分别为模座、导柱与导套材料的弹性模量；

C_a、C_i——系数，$C_a = \frac{d_a^2 - d_f^2}{d_a^2 - d_f} + \nu$，$C_i = \frac{d_f^2 + d_i^2}{d_f^2 - d_i^2} - \nu$；

d_a、d_i——导柱、导套外径与安装孔内径（mm）。（实心导柱 $d_i = 0$）；

ν——泊松比见表 10-7。

表 10-7 常用材料的弹性模量、泊松比和线胀系数

材料	弹性模量 E /(kN/mm²)	泊松比 ν	线胀系数 α_1(×10⁻⁶℃)	
			加热	冷却
碳钢、低合金钢、合金结构钢	200～235	0.30～0.31	11	-8.5
灰铸铁(HT150、HT200)	70～80	0.24～0.25	11	-9
灰铸铁(HT250、HT300)	105～130	0.24～0.26	10	-8
可锻铸铁	90～100	0.25	10	-8
非合金球墨铸铁	160～180	0.28～0.29	10	-8
青铜	85	0.35	17	-15
黄铜	80	0.36～0.37	18	-16
铝合金	69	0.32～0.36	21	-20
镁铝合金	40	0.25～0.30	25.5	-25

4）压装工艺还必须有以下要求：

① 压装时不能损伤导柱、导套。

② 压入过程速度应平稳，不能撞击。

③ 导柱与导套的导引端应有导锥（≤10°），其长度≤15%配合长度。

④ 压装时，其配合面应涂清洁的润滑剂。

3. 热装连接工艺

采用热装工艺，使冷挤凹模与模套进行紧固连接，以增强凹模承受挤压力的能力。一般采用热装法的连接强度比压装法高一倍左右。但不宜用于模套壁太薄的状态，此状态若采用热装，则凹模在模套中易于偏斜，甚至使连接失效。为此，热装工艺有以下要求：

1）装配连接时，须确定最小热装间隙值，见表 10-8。

表 10-8 最小热装间隙值 （单位：mm）

结合直径 d	-3	>3～6	>6～10	>10～18	>18～30	>30～50	>50～80
最小间隙	0.003	0.006	0.010	0.018	0.030	0.050	0.059
结合直径 d	>80～120	>120～180	>180～250	>250～315	>315～400	>400～500	—
最小间隙	0.069	0.079	0.090	0.101	0.111	0.123	—

2）热装连接必须一次装配到位，中间不得停顿；而且，其最高加热温度一般不允许超过加热件的回火温度，即对碳钢则≤400℃。因此，根据零件材料，结合直径、过盈量和最小热装间隙等计算，确定其加温度是热装连接工艺的关键内容与要求。其计算公式为

$$T=\frac{\delta+\Delta}{k10^{-8}d}+T_0$$

式中　T——加热温度（℃）；

T_0——环境温度（℃）；

δ——实际热装过盈量（mm）；

Δ——最小热装间隙（mm）；

d——结合直径（mm）；

k——温度系数。$k\times10^{-8}$则为材料的线胀系数$\alpha_1(10^{-6}/℃)$，k 值见表 10-9。

表 10-9　k 值表

材　料		钢、铸钢	铸铁	可锻铸铁	铜	青铜	黄铜	铝合金	锰合金
k 值	加热	11	10	10	16	17	18	23	26
	冷却	-8.5	-8.6	-8.0	-14.4	-14.2	-16.7	-18.6	-21

3）热装连接可采用加热方法有电阻、辐射或感应加热；喷灯、氧乙炔或丙烷等火焰局部加热等。而采用沸水槽、蒸汽加热槽或热油槽等介质加热法，对过盈量较小零件则较合适。

模具零件热装时则采用油介质加热。但是，被加热零件必须全部浸没在油中。加热温度应小于油的闪点（见表 10-10）。加热时间一般每厚 10mm，需加热时间为 10min；每厚 40mm 需保温时间 10min。

表 10-10　常用油的闪点　（单位：℃）

名　　称	闪点	名　　称	闪点	名　　称	闪点	名　　称	闪点
L-AN10 油	165	L-AN90 油	220	46 号涡轮机油	195	62 号过热气缸油	315
L-AN20 油	170	6 号车用机油	185	57 号涡轮机油	195	33 号合成过热气缸油	300
L-AN30 油	180	10 号车用机油	200	11 号气缸油	215	65 号合成过热气缸油	325
L-AN40 油	190	15 号车用机油	210	24 号气缸油	240	72 号合成过热气缸油	340
L-AN50 油	200	22 号涡轮机油	180	38 号过热气缸油	290		
L-AN70 油	210	32 号涡轮机油	180	52 号过热气缸油	300		

4）热装时，一般须进行自然冷却到常温，不可采用骤冷方式。

4. 冷装连接工艺

冷装连接是使被包容件（如导柱）因冷缩直径变小后装入包容件（如模座上的安装孔）中，实现紧固连接，是很有潜力的连接方法。特别是当包容件（如模座板）因尺寸大，加热困难时，采用冷装工艺进行连接，将更显其特点。同时，冷却温度容易准确控制是冷装工艺的重要技术特点。其计算公式为

$$T_e=\frac{e_u}{\alpha_1 d_f}$$

式中　T_e——冷却温度（℃）；

e_u——被包容件外径冷缩量。e_u = 过盈量 + 冷装最小间隙（mm）；

α_1——材料线胀系数，见表10-7；

d_f——结合直径（mm）。

常用冷缩方法有：

1）采用干冰冷缩装置进行冷缩，可冷却到－78℃。

2）采用各种低温箱进行冷缩，可冷却到－40～－140℃。且冷缩均匀，温控易行。

3）采用液氮、液氧冷缩，可冷却至－180℃或－195℃。这两种冷缩方法，冷缩时间快、生产率高。

零件冷却时间可按下式计算

$$t = k\delta + 6$$

式中 t——零件冷却所需时间（min）；

δ——零件最大半径或壁厚（mm）；

k——与零件材料、冷却介质相关的系数。在液态氮中冷却时的 k 值：钢为1.2；铸铁为1.3。在液态氧中冷却时的值：钢为1.4；铸铁为1.5。

10.5.3 粘结连接

1. 在模具装配中的应用

粘结连接工艺的关键为连接性能，主要是抗剪强度高（MPa），即要求钢对钢粘结后的抗剪强度须大于23MPa；粘结工艺性，即借助粘结工具，最好能在常温条件下进行粘结、固化，以使能适应批量生产规模。

粘结剂有环氧树脂类、酚醛类和无机类。在模具零件粘结连接中常用粘结剂主要有环氧树脂和无机粘结剂两种。为增强其抗剪强度，须加铁粉、氢氧化铝、石英粉填充剂，见表10-11和表10-12。

表10-11 环氧树脂的几种配方

成 分	名 称	配比（质量分数,%）	备 注
粘结剂	环氧树脂 6101 环氧树脂 634 环氧树脂 637	100 100 100	任选一种
填充剂	铁粉 三氧化铝 网号0.071 石英粉	250 40 合用 50.20	任选一种
增塑剂	邻苯二甲酸二丁酯	15～20	—
固化剂	β羟乙基乙二胺 聚酰胺（网号0.071） 间苯二胺 邻苯二甲酸酐 α－甲基咪唑	16～18 50～100 12～16 40～50 5～10	任选一种

表 10-12　磷酸氧化铜粘结剂配方

成　　分		比　　例		技 术 要 求	说　　明
固体	氧化铜 (CuO) (黑色粉末)	3 ~ 4.5g		粒度网号 0.045，二、三级试剂，纯度 98.5% 以上	粒度太粗固化慢，黏性差；粒度过细则反应快，质量差
磷酸溶液	磷酸 (H_3PO_4) (无色、无嗅、浆状)	100mL	1mL	密度为 1.72kg/m³ 或 1.9kg/m³，二、三级试剂	密度为 1.9kg/m³ 的黏性强度较好，固化时间延长，但易析出结晶，结晶后可加少量水分缓热到 230℃ 再冷却到室温使用，密度为 1.72kg/m³ 的可加热到 200 ~ 250℃ 进行浓缩，当冷却到 25℃ 时，密度为 1.85kg/m³ 或 20℃ 时，为 1.9kg/m³ 即可
	氢氧化铝 〔Al $(OH)_3$〕	5 ~ 8g	1mL	—	加缓冲剂起延长固化时间的作用，但对密度为 1.9kg/m³ 的磷酸作用不显著。夏天多加，冬天少加，对密度为 1.9kg/m³ 的磷酸可以不加

粘结连接，目前主要应用在冲模中：

1）导柱、导套对模座孔连接如图 10-8 ~ 图 10-10 所示。

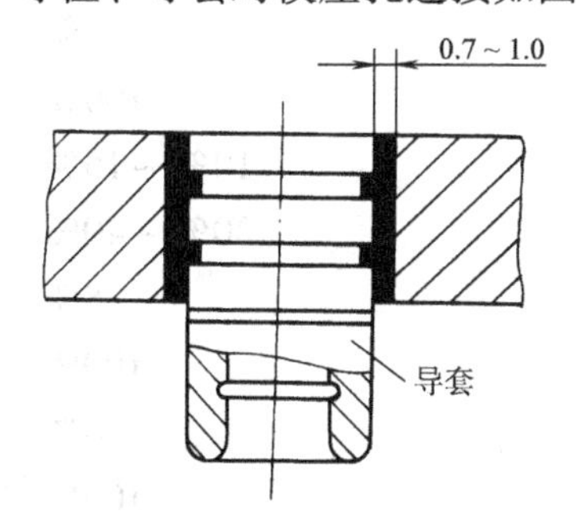

图 10-8　导套的固定

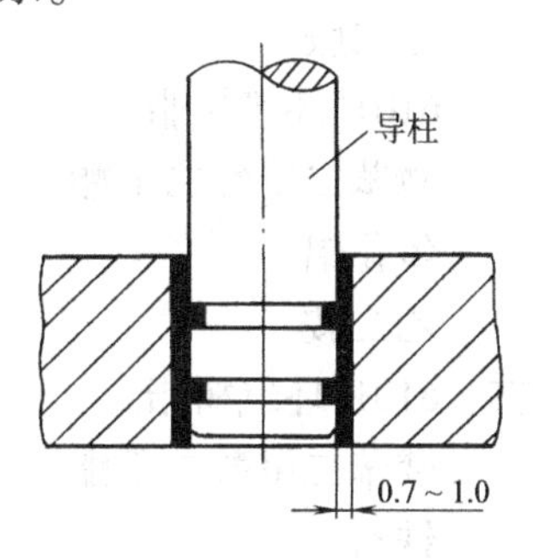

图 10-9　导柱的固定

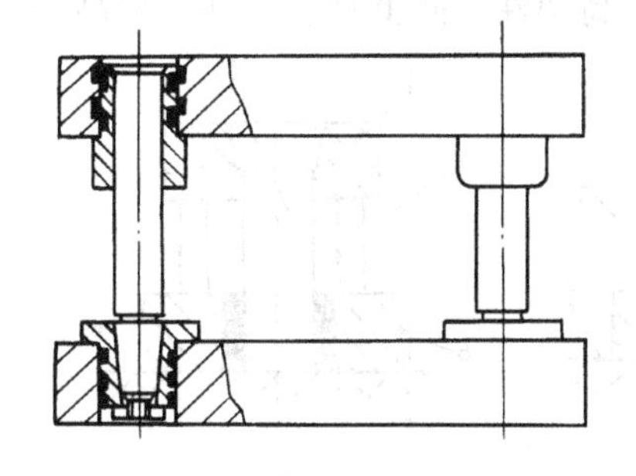

图 10-10　可卸式模架的粘结

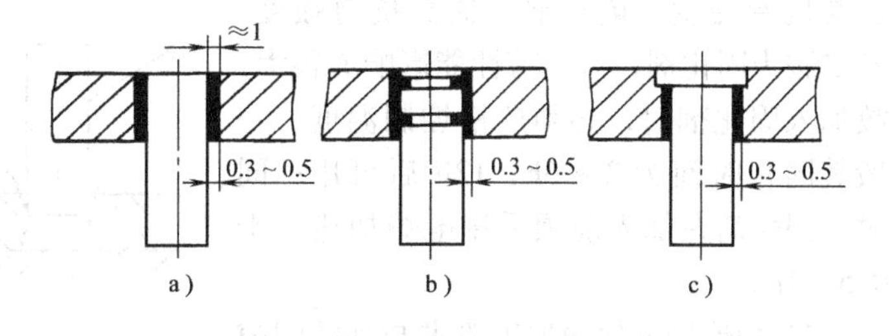

图 10-11　用环氧树脂固定凸模的形式

2）凸模与固定板孔粘结连接，如图 10-11 所示。

3）采用凸模浇注卸料板型孔，如图 10-12 所示。

2. 粘结连接工艺

粘结连接应用于模具装配工艺中，可降低零件配合部分的加工要求、简化装配工艺和降低制造费用等。但由于受粘结强度与工艺水平的限制，尚不能承受过重、过大的冲击载荷。因此，目前只适于板材厚度 <2mm，尺寸较小，批量不大的冲件。

进行粘结连接时，为保证零件装配定位与相对位置精度和连接的紧固性、可靠性，需要制订严格的粘结工艺，其内容应包括：粘结剂与粘结参数，粘结零件的工艺结构，以及粘结

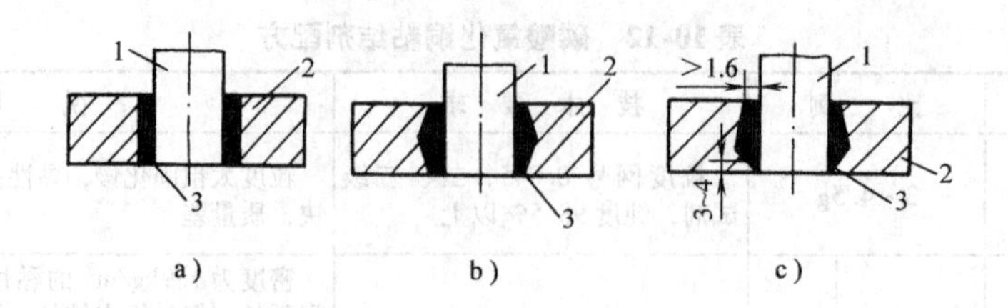

图 10-12 用环氧树脂浇注卸料板型孔的几种结构

1—凸模 2—卸料板 3—环氧树脂

部分尺寸与表面粗糙度（*Ra*）和工装等。

1）粘结剂配方实用性能高级，常用配方（体积分数）为：

配方一：	634#环氧树脂	100%
	磷苯二甲酸二丁酯	20%
	氧化铝	50%
	乙二胺	8%
配方二：	6101#环氧树脂	100%
	磷苯二甲酸二丁酯	10% ~15%
	氧化铝	30% ~40%
	乙二胺	8%
配方三：	6101#环氧树脂	100%
	磷苯二甲酸二丁酯	20%
	铁粉	100%
	乙二胺	10%

配方中，磷苯二甲酸二丁酯为增塑剂，可使环氧树脂提高塑性、降低粘度；并可提高冲击与抗弯强度。填充剂可提高抗剪强度。乙二胺为固化剂，对抗剪性能影响亦很大，故加入固化剂时，必须严格控制温度，一般其固化时间为 2 ~6h，12h 后可用；同时，固化剂在加入前须采用电炉加热烘干 0.5 ~1h。

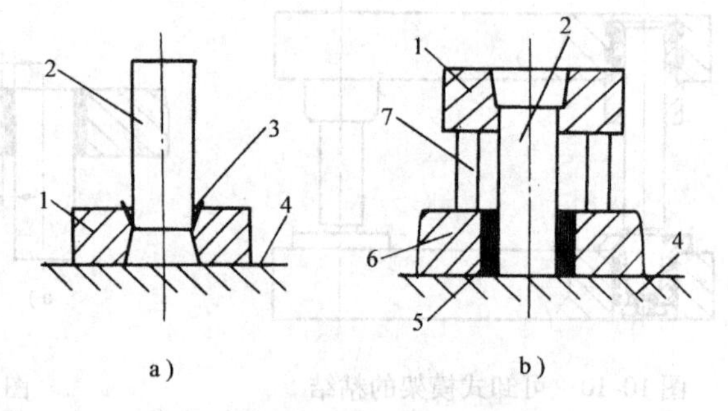

图 10-13 用环氧树脂固定凸模

a）装模 b）固定模

1—凹模 2—凸模 3—纸垫 4—平板 5—环氧树脂 6—固定板 7—等高垫块

2）相连接零件的加工要求与粘结间隙适当。一般要求粘结单边间隙为 1.5 ~2.5mm。粘结较短的凸模时，其粘结单边间隙可采用 1mm。粘结零件表面粗糙度，一般为 $Ra5 \sim Ra10\mu m$。

3）相连接零件粘结结构合理，应力求增加结合面积，以增强连接强度。如图 10-11a 所示粘结工艺结构，可以冲压料厚 $t=0.8mm$ 材料的冲件；图 10-11c 所示结构，则可冲压 $t>0.8mm$ 板材厚度的冲件。

4）模具凸模粘结连接工艺方法和顺序如图 10-13 所示。先将凸模 2 插入凹模孔，并于其圆周垫上与冲裁间隙相等的纸；然后一起翻转 180°，将凸模另一端放入固定板安装孔内。

凹模板与固定之间为等高垫块，其上、下平面平行度公差为 0.003 ~ 0.005mm。表 10-13 为导柱、导套分别粘结于模座孔内的粘结工艺与顺序。表 10-14 则为 4 种冲模模架导向副采用粘结连接的实用模架示例，表内还列出了粘结时采用的精密夹具。

表 10-13　采用无机粘结剂粘结导柱、导套工艺示例

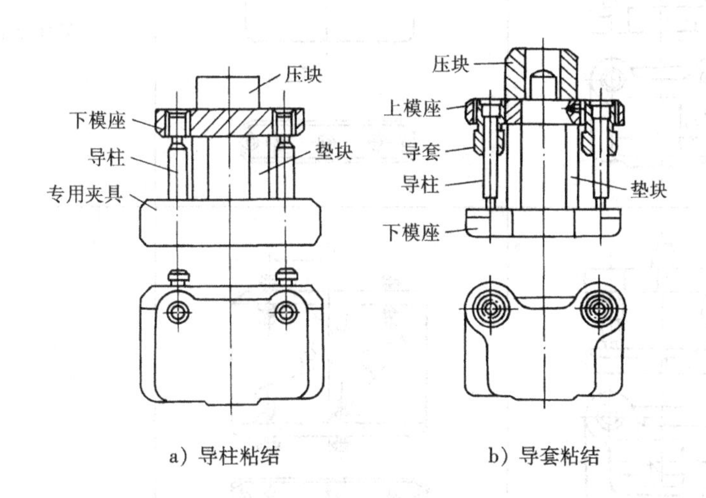

a）导柱粘结　　b）导套粘结

序号	工序	导柱粘结工艺	导套粘结工艺
1	清洗	清洗导柱的粘结部分及下模座的导柱孔壁	清洗导套的粘结部分及上模座的孔壁
2	安装定位	使用专用夹具夹持导柱的非粘结部分，保证导柱的垂直度。将装夹导柱的夹具放在平板上，放上等高垫块	将已粘好导柱的下模座放在平板上，将导套套在导柱上，使之固定在一定位置上卡住
3	粘结固化	在粘结部分表面涂上粘结剂，将下模座放在垫块上，对好导柱，使间隙均匀，松开夹具螺钉，旋转导柱使涂层均匀，再将夹具螺钉拧紧。压块压紧，经固化后，松开夹具取出下模座	粘结部分表面涂上粘结剂，将导套套入上模座，使间隙均匀，旋转导套使涂层均匀，压块压紧，经固化后，卸除压块及垫块，将上模座上下来回移动，检查质量

表 10-14　采用无机粘结剂粘结模架示例

序号	模架种类	专用夹具	说明
1	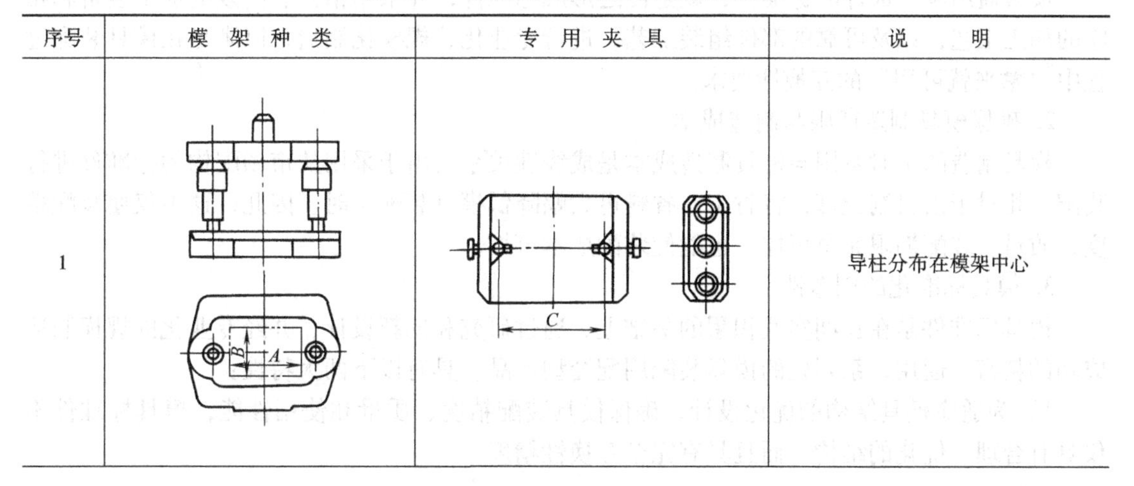		导柱分布在模架中心

（续）

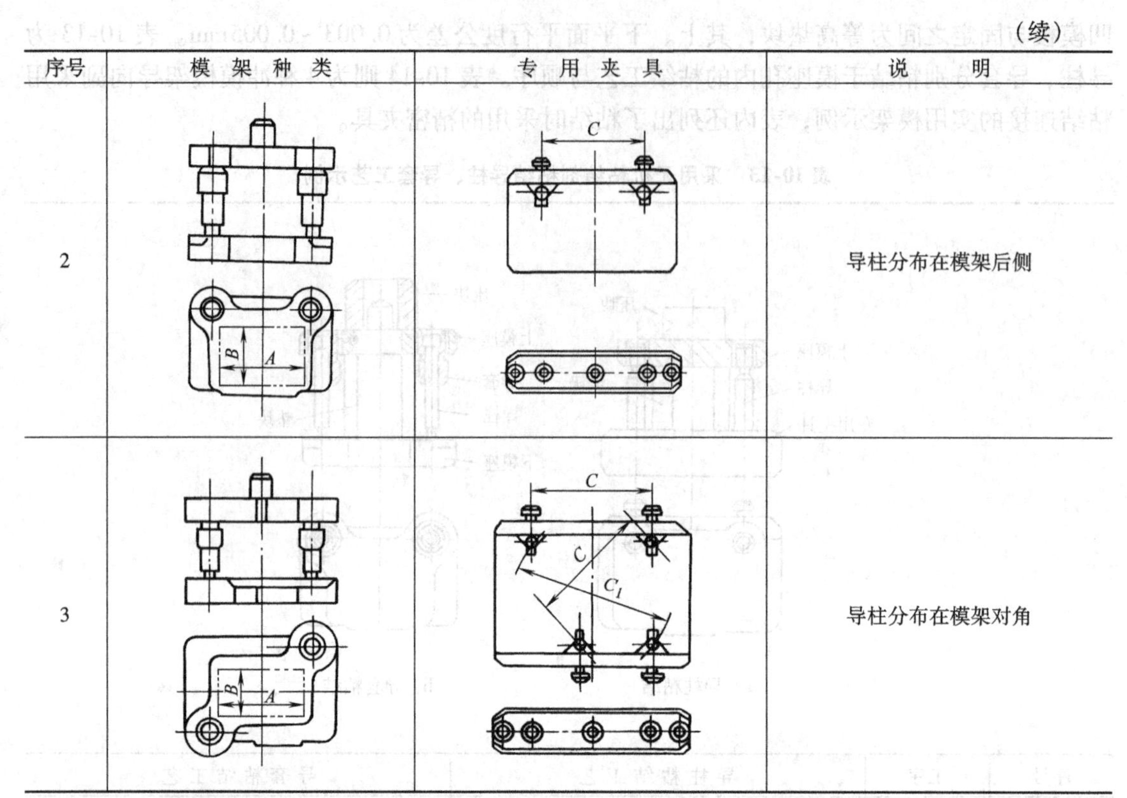

序号	模架种类	专用夹具	说明
2			导柱分布在模架后侧
3			导柱分布在模架对角

注：A、B 为有效尺寸，C、C_1 为两导柱中心距。

10.6 模具装配与模具标准件

模具是专用成形工具，只能进行专门设计与制造，呈单件生产规模。所以，模具标准化是模具工业化生产的基础；也是实现模具现代化生产、采用互换装配法进行模具装配的技术条件。

10.6.1 模具标准化及其技术标准的作用

1. 确保模具装配精度与质量

模具通用零、部件的标准化，就是使之形成标准件，并采用精密、高效的加工装备和相应的加工工艺，以及可靠的部件组装工艺，进行专业化、规模化制造，以满足在模具装配过程中“拿来就可用”的互换性要求。

2. 确保模具制造期限与制造成本

模具制造的工时费用与模具制造成本是成线性关系。由于采用从市场配构的标准件进行装配，相对于由自制配套，将省工、省料可大幅降低模具装配工时。因此，这不仅使装配精度、质量、装配期限完全可控，也能使装配成本可控。

3. 模具标准化的创造性

模具标准件是在长期实践积累的基础上、通过研究和创新设计，并经专业化的规模制造成功的精密、通用、系列化的模具装配用配套型产品。具有以下两大特性：

1）为适应模具结构的优化设计，确保模具装配精度、质量和使用性能，模具标准件不仅具有合理、优化的结构，而且具有完全互换性精度。

2）标准件的品种齐全、尺寸系列为优化系，与非标件之比当为最大；使用覆盖率为最高。以缩短模具制造周期，更化模具单件制造方式。

10.6.2　模具技术标准

1. 标准的等级与类型

模具技术标准亦分为三个等级，即：国家标准、以 GB 表示；专业标准，以 ZB 表示；企业标准，以 QB 表示。

其中，GB 和 ZB 又分为强制性和推荐性（GB/T，ZB/T）两类。式中，“T”表示推荐性的代号。

2. 模具标准中常用基础标准

在制定模具技术标准时，该贯彻、执行国家基础标准；国家与部门颁布的与模具相关的专业技术标准，包括：

极限与配合　GB/T 1800.1～2—2009

形状与位置公差　位置度公差　GB/T 13319—2003

形状和位置公差　未注公差值　GB/T 1184—1996

表面粗糙度　参数及其数值　GB/T 1031—2009

圆度测量　术语、定义及参数　GB/T 7234—2004

尺寸链　计算方法　GB/T 5847—2004

标准尺寸　GB/T 2822—2005

注：相当于 ISO3、ISO17、ISO497—1973《优选数、优选数系及其应用指南与化整值数的选用指南》。

开式压力机型式与基本参数　GB/T 14347—2009

单双动薄板冲压液压机　JB/T 7343—2010

单动薄板冲压液压机　基本参数　JB/T 8492—1996

双动薄板拉伸液压机　基本参数　JB/T 8493—1996

单螺杆塑料挤出机　JB/T 8061—2011

塑料压力成型机　JB/T 6490—1992

塑料注射成型机　JB/T 7267—2004

热固性塑料注射成型机　JB/T 8698—1998

常用模具材料有中碳钢、碳素工具钢和合金钢等。标准号有：GB/T 699—1999；GB/T 1298—2008、JB/T 5826—2008；GB/T 1299—2014、JB/T 5825—2008、JB/T 5827—2008 等；塑料模具用扁钢和热轧厚钢板标准分别为 YB/T 094—1997 和 YB/T 107—2013 等。

3. 常用模具标准

经过全国模具标准化技术委员会组织制订并审查通过，由国家或部门审查、批准、颁布的模具技术标准及具体内容，见表 10-15。

4. 全国模具标准化技术委员会

模具标准化技术委员会于 1983 年 9 月建立。

标准化技术委员会是国际模具标准化组织 ISOTC29/SC8 的“P”成员。参于 ISO TC29/SC8 的书面模具标准草案研议、制订、投票通过国际模具标准达 60 余项。如冲模和塑料注射模零件、模架等重要的技术标准。

表 10-15 模具技术标准

<table>
<tr><th>标准类型</th><th>标 准 名 称</th><th>标 准 号</th><th>简 要 内 容</th></tr>
<tr><td rowspan="2">模具基础标准</td><td>冲模术语
塑料成型模具术语
压力铸造术语
锻模及其零件术语</td><td>GB/T 8845—2006
GB/T 8846—2005
GB/T 8847—2003
GB/T 9453—2008</td><td>对常用模具、模具零件及零件的结构要素、功能等进行了定义性的解述。每个术语均为中、英文对照</td></tr>
<tr><td>冲压件尺寸公差
冲压件角度公差
冲裁间隙
模塑塑料件尺寸公差
塑封模具尺寸公差规定
压铸件尺寸公差</td><td>GB/T 13914—2013
GB/T 13915—2013
GB/T 16743—2010
GB/T 14486—2008
GB/T 14663—2007</td><td>冲件、塑件和压铸件的尺寸公差，形状位置公差，是设计、制造冲压模具，塑料注射模和压铸模这三种常用模具的结构与模具精度等级的依据。冲裁间隙标准，则是确定冲模精度等级和冲件质量的基本参数</td></tr>
<tr><td rowspan="10">模具产品（零部件）标准</td><td rowspan="5">冲模零件</td><td>GB/T 2855. 1 ~ 2—2008</td><td>冲模滑动导向对角、后侧、中间、四导柱上、下模座</td></tr>
<tr><td>GB/T 2856. 1 ~ 2—2008</td><td>冲模滚动导向对角、后侧、中间、四导柱上、下模座</td></tr>
<tr><td>GB/T 2861. 1 ~ 11—2008</td><td>各种导柱、导套等</td></tr>
<tr><td>JB/T 5825—2008</td><td>模柄，圆凸、凹模，快换圆凸模等</td></tr>
<tr><td>JB/T 5825 ~ 5830—2008
JB/T 6499. 1 ~ 2—1992
JB/T 7643 ~ 7653—2008
JB/T 7185 ~ 7187—1995</td><td>通用固定板、垫板，小导柱，各式模柄，导正销，侧刃，导料板，始用挡料装置，挡料销等标准零件；钢板滑动与滚动导向后侧、对角、中间、四导柱用上、下模座和导柱、导套等</td></tr>
<tr><td rowspan="2">冲模模架</td><td>GB/T 2851 ~ 2852—2008</td><td>滑动与滚动对角、后侧、中间、四导柱模架（铸铁模座）</td></tr>
<tr><td>JB/T 7181 ~ 7182—1995</td><td>滑动与滚动后侧、对角、中间、四导柱钢板模架</td></tr>
<tr><td>塑料注射模零件</td><td>GB/T 12555—2006</td><td>模座板、模板、垫板、推板、导柱、导套、复位杆、限位块等</td></tr>
<tr><td rowspan="2">塑料注射模模架</td><td>GB/T 12555—2006</td><td>大型模架：尺寸范围为：630mm × 630mm ~ 1250mm × 2000mm</td></tr>
<tr><td>GB/T 12556—2006</td><td>中小型模架，尺寸范围为：100mm × 100mm ~ 560mm × 900mm</td></tr>
<tr><td colspan="4">注：模具产品中还有：压铸模零件（GB 4678. 1 ~ 15），锻模、冷镦模、冷挤模、精冲模，以及组合冲模等模具标准零、部件</td></tr>
</table>

（续）

标准类型	标准名称	标准号	简要内容
模具工艺质量标准	冲模技术条件 塑料注射模技术条件 塑封模具技术条件 压铸模技术条件 硬质合金拉制模具技术条件 聚晶金刚石拉丝模具技术条件 玻璃制品模具技术条件 橡胶模具技术条件	GB/T 14662—2006 GB/T 12554—2006 GB/T 14663—2007 GB/T 8844—2003 JB/T 3943—1999 JB/T 5823—1991 JB/T 5785—2013 JB/T 5831—1991	各类、各种模具的技术条件的主要内容为：各种模具零件制造和模具装配的技术要求。以及模具验收的技术要求等。这说明，各种模具技术条件是控制模具制造精度与质量的技术规范及必须达到的技术要求。标准还规定了标记、包装等技术规范
模具工艺质量标准	冲模钢板模架技术条件 紧固件冷镦模具技术条件 螺旋压力机锻模模块技术条件 平锻机锻模模块技术条件 通用锻制模块毛坯尺寸及计量方法	JB/T 7183—1995 JB/T 4213—2014 JB/T 5110. 3—1991 JB/T 5111. 4—1991 JB/T 5900—1991	各类、各种模具的技术条件的主要内容为：各种模具零件制造和模具装配的技术要求。以及模具验收的技术要求等。这说明，各种模具技术条件是控制模具制造精度与质量的技术规范及必须达到的技术要求。标准还规定了标记、包装等技术规范

现在，正面临经济全球化的时态，积极参于国际模具标准化工作，将给我国模具技术进步，模具企业走向世界市场，不断地带来大量模具技术信息；新的、先进的模具技术标准和成果，以及大量模具市场的经济信息。

10.6.3　模具标准件的应用

1. 装配前的检查

为保证装配精度、质量和使用性能，必须对配购的标准件，按照表10-15所列工艺质量标准进行检测。检查项目包括：

1）标准零件的材料及其热处理性能检查，以确认零件经调质、淬火或渗碳、渗氮等热处理或表面处理后的质量，表面硬度等指标是否满足相应零件的技术要求与工艺标准。

2）标准零件的配合尺寸与几何公差，以及配合面的表面粗糙度检查，是否满足设计和零件技术条件标准。

3）标准模架尺寸与有效使用面积检查，以确认时模模架上模座板的下平面对下模座板的下平面的平行度；导向副的轴线对基准面的垂直度；成形模模架定、动模之间的定位及其安装尺寸公差，是否符合模具设计与相应工艺质量标准。

2. 标准件的工艺性加工

模具装配前，当检查、验收完成标准件后，需根据模具设计技术要求和技术条件，按照装配工艺所要求的对标准件进行加工。

（1）标准件上的孔系加工　加工标准件上的孔与孔系，一般须在装配之前完成。标准件上的孔系包括：螺钉、螺栓孔，定位销孔、固定板上的凸模、推杆等的固定安装孔，导柱、导套安装孔等。其精密坐标加工工艺详见6.5节。而由装配钳工采用精密划线法仍是经常用来加工孔系、保证孔距精度的方法。其各种孔的加工工艺与顺序为：

螺钉孔加工工序：钻孔、倒角、攻螺纹。

螺栓孔加工工序：钻孔、锪沉孔。

凸模、推杆固定孔加工工序：钻孔、扩孔、锪孔。

定位销孔加工工序：配钻、配扩、配铰。

精密划线则常在坐标镗床、坐标磨床、立式铣床上进行，以保证划线精度。

（2）标准件磨、研等工艺性加工　装配时采用的标准模板上下两面，常是留有 0.3 ~ 0.5mm 余量的平面（见图 10-14）；若需模板两侧面作为定位基准时（见图 10-14x—y 面），均须进行精密平面磨削，以满足装配尺寸链与定位精度之要求。

凸模、推杆装入固定板后，凸模、推杆的圆柱头端面，须与固定板下平面在同一水平面上（见图 10-15），以保证与垫板上平面紧密贴合，并进行紧密联接与固定。

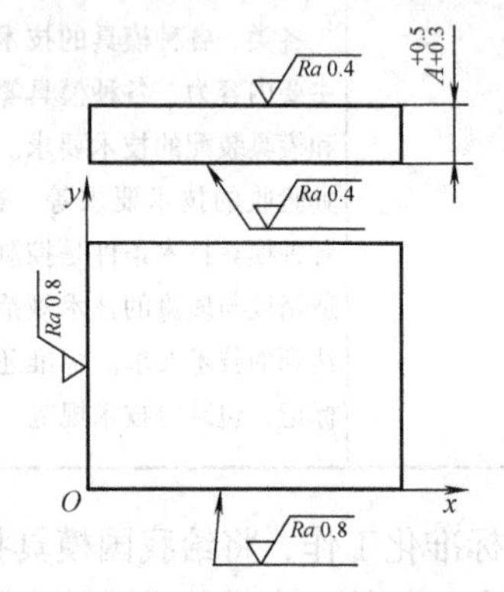

图 10-14　标准模板装配工艺加工

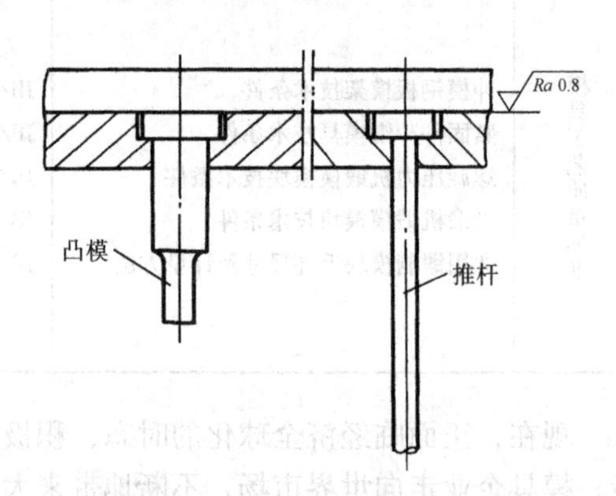

图 10-15　凸模、推杆装配工艺平磨

当装配冲圆孔的凸、凹模时，常采用标准圆凸模和圆凹模。其中圆凸模的直径上常留有 0.02 ~ 0.05mm 的余量，采用外圆磨削来保证装配凸、凹模的冲裁间隙。

模具装配时，标准件的装配工艺性加工，除孔系加工、磨削加工外，根据装配工艺要求，有时还需进行研磨、抛光作业（详见 6.3 节）。如塑料注射模装配时采用的定、动模的圆锥定件（GB/T 4169.11—2006），即需进行锥销与锥孔之间的对研等。

同时，模具装配中，对标准件进行工艺性加工时，常需采用精密工夹具。如对标准模板上的孔系进行划线加工时，应采用通用、可调性钻具；标准模板、凸模、圆锥定位件的磨削、研磨等工艺性加工，均需使用工夹具来保证装配工艺性加工的精度与表面粗糙度。

由此可见，模具装配人员不仅要求熟练地掌握模具工艺、具有高超的工艺技能，并熟知模具钳工工艺学，熟知模具工艺质量标准；而且，还需掌握常用精密加工工艺与测试技术，熟知模具制造工艺学。

第 11 章　模具装配工艺

11.1　冲模装配及其组装工艺

11.1.1　冲模的典型结构与装配工艺要求

冲模主要分冲裁模和成形冲模两类。具体种类如下：

冲模
- 冲裁模—落料模、冲孔模
- 成形冲模
  - 拉伸（延）模
  - 翻边模、胀形模
  - 弯曲模等

按工序可分为：

1）单工序模。主要用于冲压批量不大的一般要求的中小冲件。大型冲件，限于工艺条件，也多采用单工序模。

2）复式冲模。亦属精密冲模。

3）级进冲模。主要用于中小金属冲件加工。其工步内容包括落料、冲孔外，还包括浅拉伸、弯曲等成形加工工步。所以，级进冲模可进行连续加工，生产效率高。其特点是制造精度高，装配、调试难度大，适用于大批量生产。

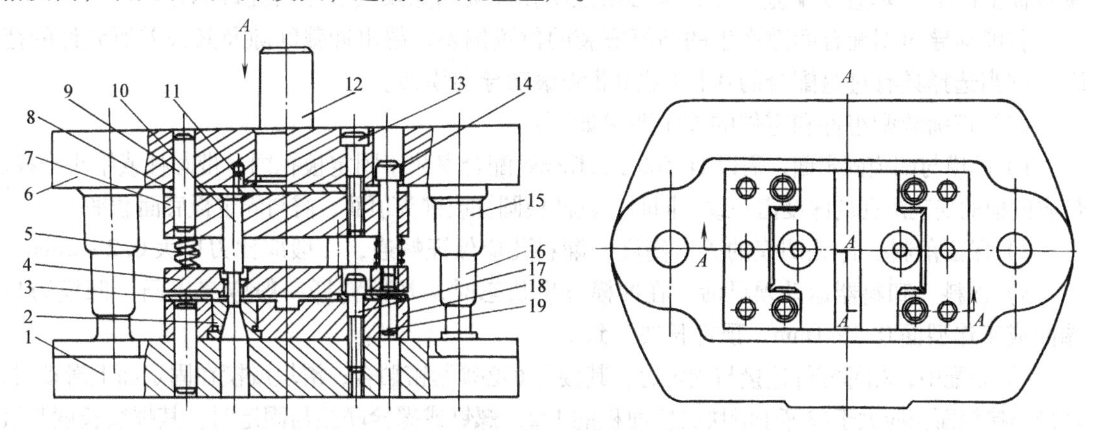

图 11-1　冲孔模

1—下模座　2—凹模　3—导料板　4—弹压卸料板　5—弹簧　6—上模座　7、18—固定板　8—垫板　9、11、19—销钉　10—凸模　12—模柄　13、17—螺钉　14—卸料螺钉　15—导套　16—导柱

1. 冲模的典型结构

为说明冲模的装配工艺、装配工艺要素和工艺要求，以冲孔模（见图 11-1）和汽车覆盖件拉延模（见图 11-2）为例。

由图可知，冲模是由模架、凸模组合、凹模组合、卸料板与压边圈组合五个主要组件构成。此外，在精密多工位级进模中，还设有条料送进的导料装置，以及保证送进步距精度的导心装置两个组件。

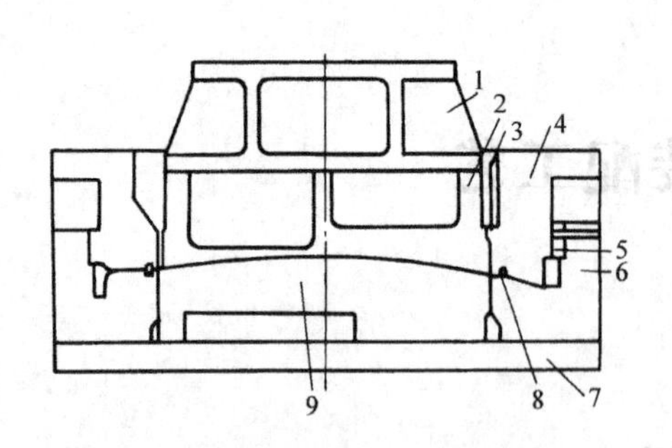

图 11-2 里板拉延模具结构示意图

1—凸模固定板 2—凸模 3、5—导板 4—压边圈 6—凹模 7—下垫板 8—压料筋 9—顶件器

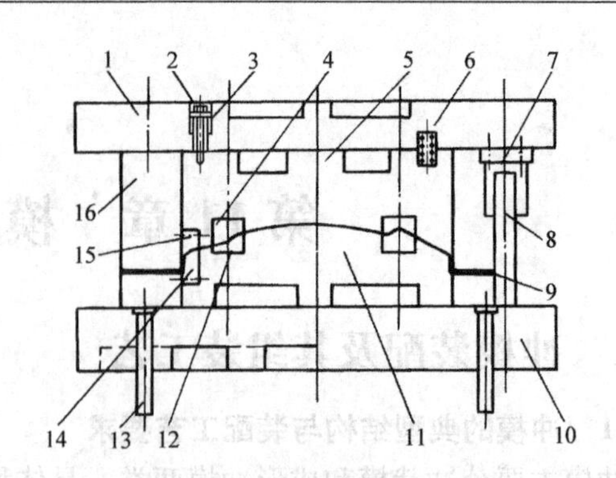

图 11-3 外盖板模具结构示意图

1—上模座 2—活动凹模吊钉 3—衬套 4、12、14、15—镶块 5—活动凹模 6—弹簧 7—导套 8—导柱 9—压边圈 10—下模座 11—凸模 13—顶杆 16—凹模

2. 冲模装配的工艺要求

根据 GB/T 14662—2006《冲模技术条件》，冲模装配工艺质量要求如下：

（1）保证冲模设计参数（见表 1-7）

1）凸模安装后的垂直度偏差须保证在凸、凹模间的间隙值及其公差，所允许的范围内。

2）选择模架时，具滑动导向副的配合间隙及其轴线对凸、凹模组合安装面（即上、下模质板上的平）垂直度偏差之和，也必须控制在冲裁间隙及其公差所允许的范围。

若滑动导向副配合间隙产生的凸模安装的位置偏差，超出冲裁间隙及其公差所允许的范围，则当选择具有过盈配合的 0 Ⅰ级或 0 Ⅱ级滚动导向模架。

（2）正确装配组件和零件的技术要求如下：

1）凸模与凹模固定面，需以 H7/n6 或 H7/m6 配合安装于固定板孔内。带圆柱或锥头凸模、带肩凹模的安装沉孔的深度需一致。同时，其凸模圆柱或锥头顶面，需与固定板底面磨平。

2）保证落料、冲孔凹模的刃口高度，漏料孔应保证畅通，一般应比刃口大 0.2 ~ 2mm。

3）顶料、卸料器运动须灵活。在冲模开启状态时，其顶料杆一般应突出凸、凹模刃口端面或工作型面 0.5 ~ 1mm。顶杆长要一致。

4）装配中，相邻零件连接与固定时，其接合面必须紧密贴合；滑块或楔在固定面上滑动时，其最小接触面积应大于或等于滑块或楔面积的 1/2；螺钉或螺栓联接与固定时，其螺纹长度与沉孔深度须一致。拧紧时，要按工艺顺序进行，并力求使拧紧程度、拧紧力矩一致。

11.1.2 冲模装配单元及其组装工艺

冲模装配单元的装配，即组（部）件装配，指一组相关件，通过定位、连接与固定，可独立装配成组（部）件者称之为装配单元。经分析，冲模也是由若干组件构成。

1. 模架装配

（1）冲模模架结构形式 冲模模架是支撑上、下模，并装有导向副使上、下模作开、合导向运动的组件。

按导向形式可分为滑动和滚动冲模模架；为适应冲压送料方向和冲件形状与大小，按其导向副安装位置的不同，又可分为：后侧导向、对角导向、中间导向与四导向副，共四种基本类型的滑动与滚动冲模模架，见标准GB/T 2851—2008《冲模滑动导向模架》。

用于精密模具的导板模模架，通用的结构形式如图 11-4 所示，是利用导板对凸模进行导正，导板 3 上设有辅助导套与导柱配合导向。

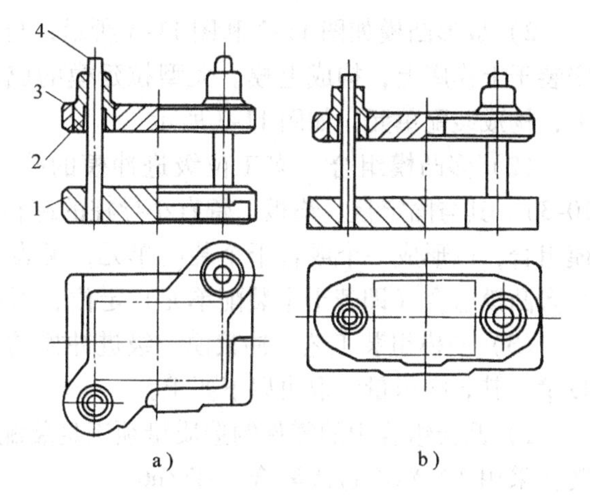

图 11-4　导板模模架结构
a) 对角模架　b) 中间模架
1—下模座　2—导套　3—导板　4—导柱

(2) 冲模模架连接工艺　模架的主要装配工艺为导柱与导套分别与下、上模座的连接方法和连接工艺。批量生产常用的连接工艺有：粘结连接法（见 10.5.3 节）；过盈连接法中常用压装连接工艺（见 10.5.2 节）并参见图 10-7 和表 11-1。其中，导柱、导套与模座的连接、固定亦可采用机械连接和低熔点合金连接法。

表 11-1　导柱、导套常用压装工艺

压装工艺	压装示例图	说明
导柱压装工艺	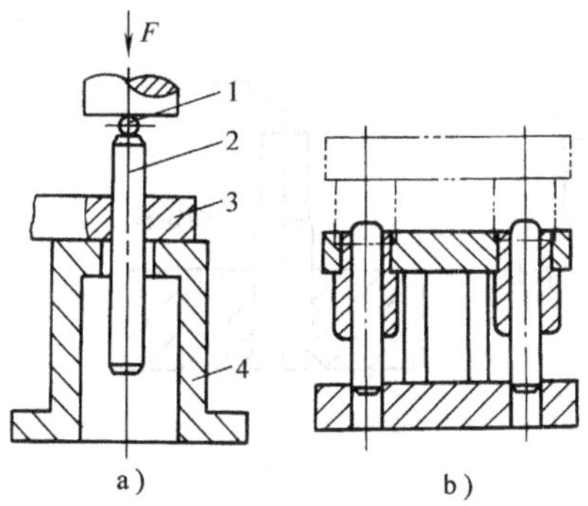 a)　b)	图中:1—钢球　2—导柱　3—下模座　4—底座 图 a:利用专用底座进行压装。钢球 1 须作用在导柱中心中施压 图 b:在上、下模间垫“等高块”,将导柱插入已装在上模座孔内的导套孔内定位,采用压机将导柱压入下模孔 5~6mm。将上模座升到导柱的最高位置,然后再放下,调稳其与“等高块”接触后,则可将导柱压入下模孔内
导套压装工艺	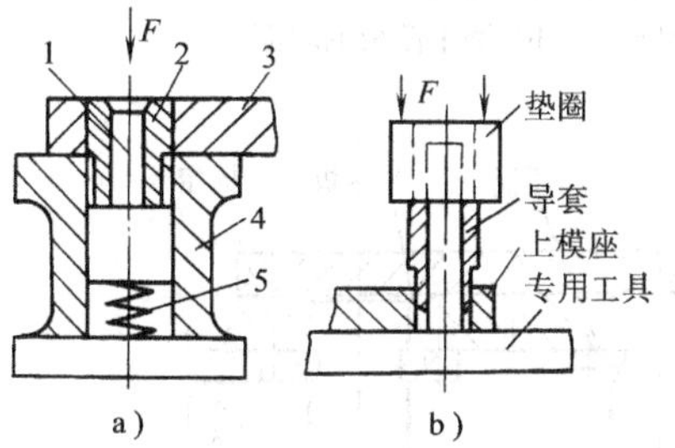 a)　b)	图中:1—导向柱　2—导套　3—上模座　4—底座　5—弹簧 图 a:导向柱 1 与底座 4 孔配合,将导套插入 1 上定位。采用压机将导套 2 压入上模座孔 图 b:专用工具上装有与导柱相同直径的圆柱。其轴线与专用工具上平面垂直。将导套套在圆柱上定位,垫上垫圈,采用压机将导套压入上模座孔内专用工具上圆柱数量和位置,可根据要求专门制造,以适应不同规格模架 若同时压装两个导套,垫圈须等高

2. 凸模组装

(1) 凸模组合结构　冲模的工作零件凸模，一般可分为冲裁凸模和成形凸模两类：

1) 冲裁凸模如图 11-1 所示，与固定板 7、垫板 8、卸料板 4，经定位连接成凸模组合，形成装配单元。总装时，安装于模架模座上，构成上模。

2）成形凸模如图 11-2 和图 11-3 所示，与固定板 1、压边圈 4 组成凸模组合。总装时，安装于上模座上，构成上模。大型拉延模的成形凸模与压边圈可直接定位、安装于上模座上，构成装配单元，如图 11-3 所示。

（2）多凸模组合　多工位级进冲模的凸模组合中，有若干个凸模，称多凸模（见表 10-3）。其与固定板、垫板、带有小导柱的卸料板和具有异形刃口凸模防转元件、构成多凸模组合，以形成一个或若干个装配单元，见表 10-3 中所示Ⅰ、Ⅱ、Ⅲ模。总装时，将若干个多凸模组合（即若干个装配单元）定位、固定在上模座上，以构成上模。

（3）凸模组装工艺　冲裁模、级进冲模的凸模组装工艺是冲模装配工艺过程中的关键技术。其装配质量将取决以下要求：

1）凸模组合中的零件制造质量须满足装配工艺要求。为凸模固定部分与固定板上的安装孔采用 2 级精度过渡配合（H7/n6）；

2）凸模经压装后（见图 10-14，图 11-4），凸模轴线对固定板下平面垂直度偏差须符合表 1-7 中的要求，且必须控制在冲裁间隙所允许的范围内。

据此，则要求固定板、垫板的平面，及其上的孔系，必须是经过精密加工平面与孔。其平面之间的平行度误差，凸模安装中心线对平面的垂直度误差，均须控制在允许的范围内。

（4）正确设计凸模结构　正确设计凸模结构的同时还要求装配工艺性好。对具有多凸模的级进模而言，此要求尤为重要。因为若凸模圆柱头端面低于固定板贴合面，则凸模易产生轴向串动；若因凸模固定段与固定孔配合精度低，其间的间隙过大，则易产生径向偏移或歪

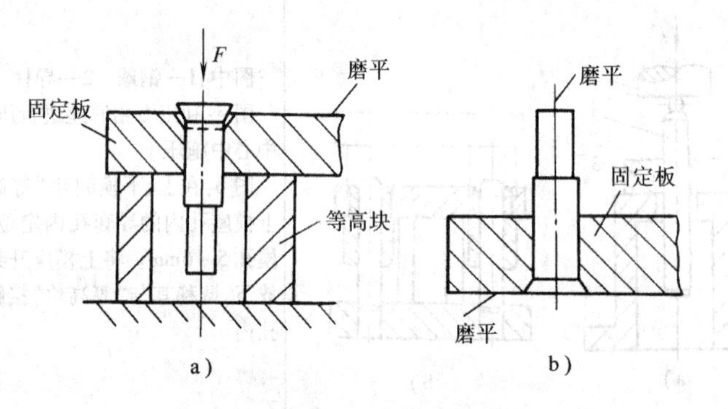

图 11-5　凸模的装配及工艺性加工

a）压入凸模后将其尾部磨平　b）磨平凸模的端面

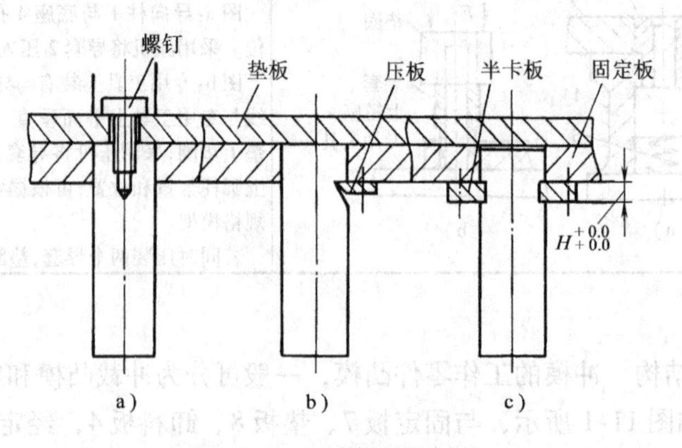

图 11-6　凸模装配示例图

斜，也将影响凸、凹模之间精确对正、同心；这些都将影响固定板与垫板连接时，不能紧密贴合，从而使总装质量下降，使总装完成的模具性能及其使用可靠性受到影响。

常用凸模结构的安装形式如图 11-3 所示，见表 10-4 中的圆柱定位体。图 11-1 和图 11-5所示为具有锥头凸模压装工艺和压装后的工艺性加工图。图 11-6a 为采用螺钉固定凸模的结构图；图 11-6b 为采用斜压板固定凸模的结构图；图 11-6c 为采用半卡板固定凸模的结构图。其卡板高要与槽宽相同，装配时进行匹配卡入。

图 11-6a、b 所示具有防转、定向作用。使用需凸模受力强。在不允许采用压板、卡板固定凸模时，还常用斜楔压紧固定端并磨平；还有焊接后磨平，以固定凸模。凸模与固定板的连接工艺很多，关键在牢固、可靠，能保证定位与装配精度。

3. 凹模组装

（1）凹模组合结构　冲模工作零件凹模也可分为冲裁凹模和成形凹模两类。

1）冲裁凹模（见图 11-1）为采用弹性卸料板结构，其与固定板 18，导料板 3，通过销钉、螺钉、螺栓联接成凹模组合；若采用固定卸料板，则卸料板 3 将与导料板 4、凹模固定板 5，固定为凹模组合（见图 11-7），从而形成两类凹模装配单元。

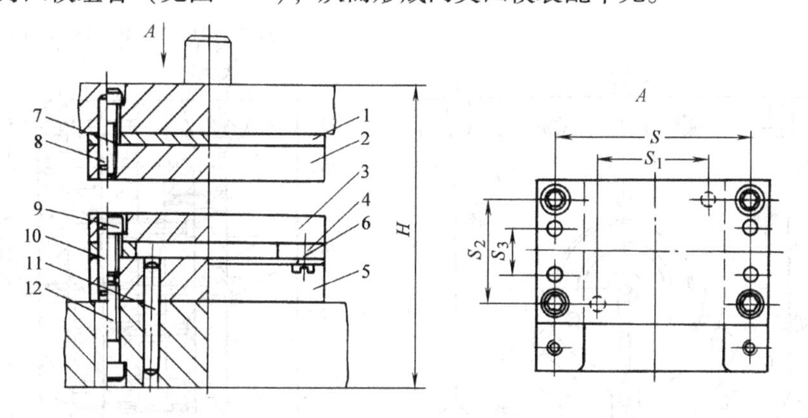

图 11-7　冲模固定卸料板与纵向导料组合

1—凸模垫板　2—凸模固定板　3—固定卸料板　4—导料板　5—凹模固定板

6—承料板　7、9、12—螺钉　8、10、11—销钉

2）成形凹模，如图 11-2 所示拉延模的成形凹模与垫板 7、导板 5、顶件器 9 与压料筋 8 等功能零件，通过销钉、螺钉或螺栓联接、固定于下模座上，形成装配单元。总装时，则采用安装于压料圈 4 侧面的导板和安装于凹模内侧的导板，进行工作导向与定位。

（2）凹模组装工艺　冲裁模的两种凹模组合所形成的装配单元和成型凹模装配单元在组装工艺中的关键技术和要求有以下几个方面。

1）冲裁凹模型孔与卸料板上型孔的形状均需与凸模截面形状完全相同，只是其间的间隙不同。因此，在组装具有固定卸料板的凹模组合时，须采用精密基准进行定位并连接。当组装具有小导柱的多工位级进冲模凹模组合时，则小导柱圆柱面作为定位基准。使用精密定位基准进行组装的目的，是使卸料板上型孔与凹模型孔，能在垂直于凹模固定板上平面的同一型面上，如图 11-6 所示。

2）冲裁凹模常采用圆凹模、凹模拼块（用于级进模）和整体凹模三种结构形式。圆凹模多采用过渡配合与固定板相连接；凹模拼块则拼于固定板槽中，并采用螺钉、斜楔或销钉进行连接。所以，前两种凹模结构在固定板下面常设有相应出料孔的垫板。

3）拉延模（见图11-2）凹模6型面（精铸型面）精加工，可在其与顶件器9、下垫板7，使用销钉、螺钉联接固定后进行。其加工基面当为下垫板7的下平面（注：凸模2型面的精加工，亦当在组装后，按工艺主模型进行精加工，并留研、抛余量）。凹模6型面的精加工需留料厚间隙和研、抛余量。研、抛工作需按样架研、抛凸模；再按凸模研、抛凹模。

11.2 塑料注射模装配及其组装工艺

1. 塑料注射模的结构

塑料注射模结构主要取决于塑件的形状与结构要素。因此，在生产实践中创造、设计出了多种结构形式的注射模，如单分型面注射模（见图11-8），推管脱模注射模，双分型面注射模（见图11-9），内、外侧向抽芯注射模（见图11-12），顺序分型脱模注射模（见图11-10）、斜推杆脱模注射模，弯销分型注射模，潜伏式浇口注射模，斜滑块分型注射模、热流道注射模、二级脱模机构注射模（见图11-11）等。

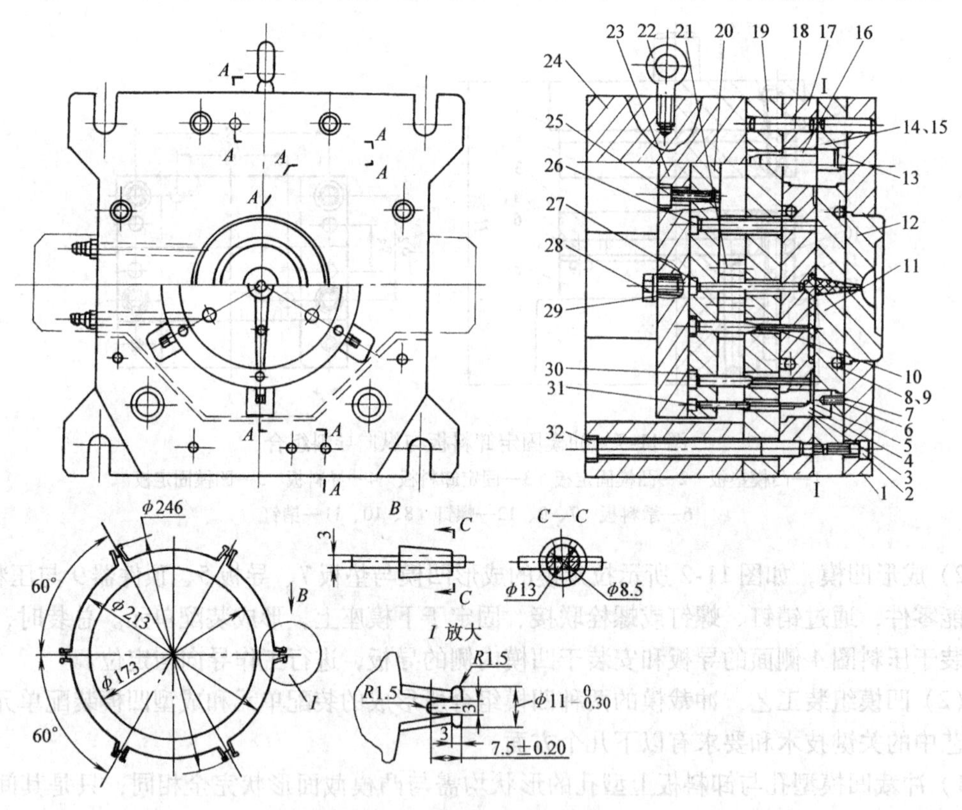

图11-8 单分型面注射模

（制件名称 转盘 材料 PA1010）

1—定模座板 2、25、32—内六角螺钉 3、7—定模镶块 4、5—动模镶块 6—螺钉 8—水管 9—水管接头 10、21、30—推杆 11—定模镶块固定板 12—浇口套 13—带头导柱 14—定模套 15—止转镶条 16—带头导套 17—动模型腔板 18—圆柱销 19—支承板 20—推杆固定板 22—吊环螺钉 23—推板 24—动模座板 26—复位杆 27—拉料杆 28—限位螺钉 29—推板导柱 31—小推杆这些结构形式的塑料注射模都是具有典型结构的注射模。分别参见图 11-8、图 11-9、图 11-10、图 11-11、图 11-12 及说明。

1）图 11-8 所示为单分型面注射模。开模时，注射机顶杆推动推板 23，使推杆顶出塑件与流道凝料。合模时，复位杆 26 使推杆复位。

2）图 11-9 所示为双分型面注射模。当开模时，Ⅰ—Ⅰ面作分型移动，当移到限定距离时，限位杆 1 头部则拉住凹模板 17、动模继续移动则使Ⅱ—Ⅱ面分型，并由推杆 20 推动推件板 18，将塑件从型芯上推出。合模时，采用定模板推动推件复位。

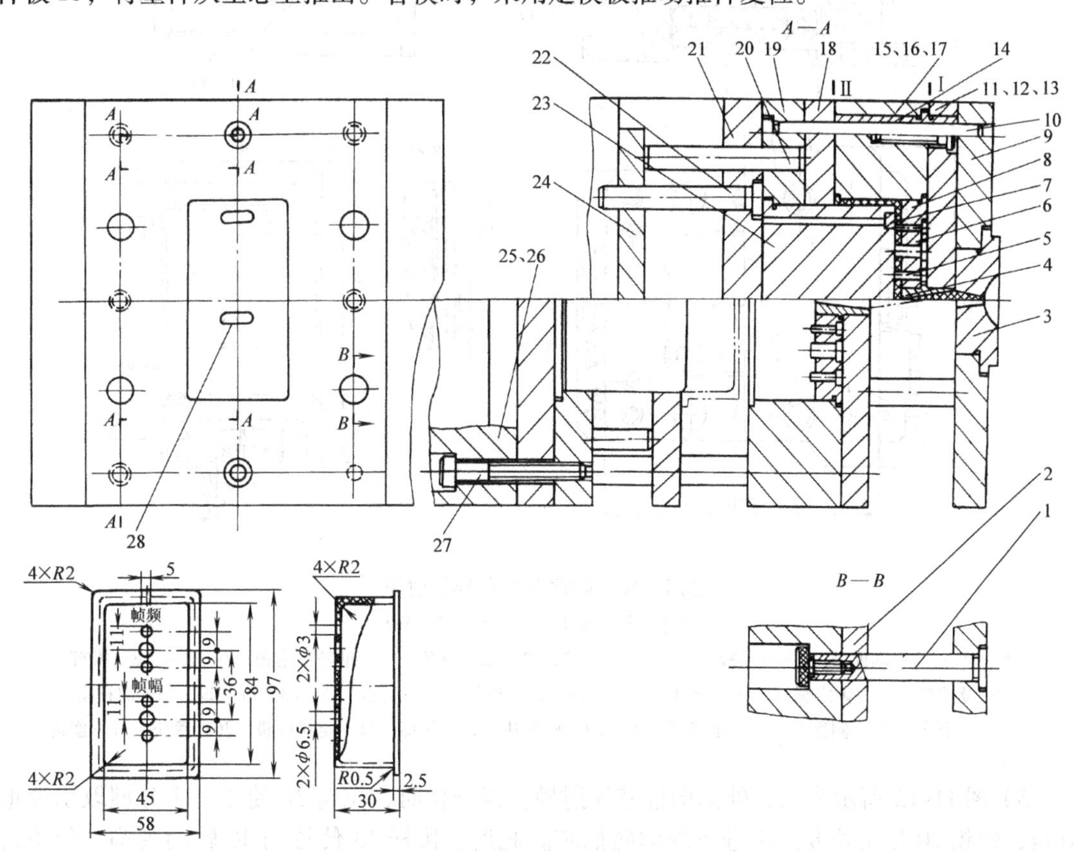

图 11-9　双分型面注射模

制件名称　电位器盒　　材料　改性 PS（黑色）

1—限位杆　2—限位钉　3—定位圈　4—浇口套　5、6—型芯　7、28—镶件　8、19—型芯固定板　9—定模座板　10—带头导柱　11、26—销钉　12、27—螺钉　13—定模垫板　14—带头导套　15—柱塞　16—水管接头　17—凹模板　18—推件板　20—推杆　21—支承板　22—推板导柱　23—大型芯　24—推板　25—垫块

3）图 11-10 所示为顺序分型脱模注射模。当开模时，件 31 带动件 30 使定模型腔板 18 随动模移动使 *A—A* 面分型。当件 19 斜面离开件 17 后，弹簧 16 使完进侧抽芯。当压棒 20 使件 31 转动，并与圆柱销 30 脱开时，则 *B—B* 面分型，推杆 8 推出塑件。

4）图 11-11 所示为二级脱模注射模。开模时，当挡销 2 碰到摆杆 5，带动型腔板 28，使塑件先离开镶件 29 与型芯 30。当件 5 脱出限制架 11，并被挡销 2 分开，则件 28 停止移动，推杆 26 则将塑件从型腔板 28 中推出。复位杆 31 和 17 使脱模机构复位。

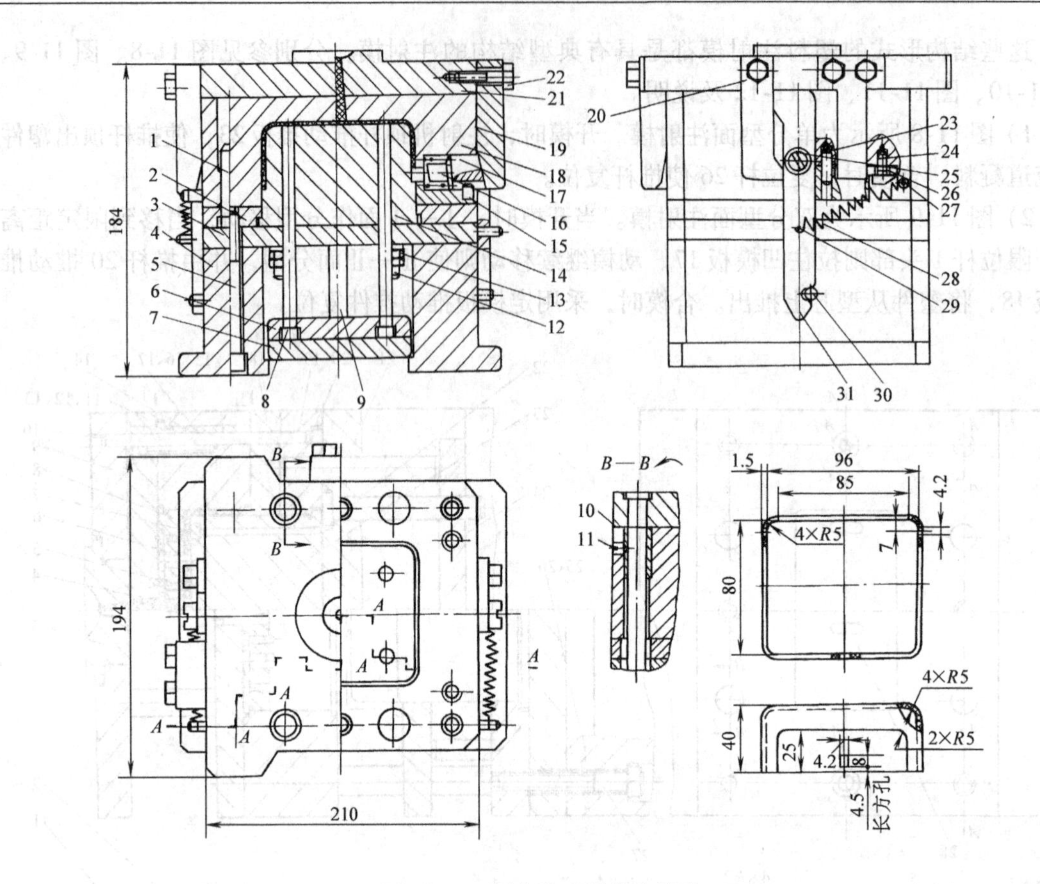

图 11-10　顺序分型脱模注射模

制件名称　盒盖　　材料　PA1010

1—导柱　2—动模板　3—支承板　4—支架　5、22、24、25—螺钉　6—推杆固定板　7—推板　8—推杆　9—复位杆　10—紧定螺钉　11—导套　12—拉杆　13—螺母　14—型芯　15、23、27、29、30—圆柱销　16、28—弹簧　17—侧型芯　18—定模型腔板　19—楔紧块　20—压棒　21—定模座板　26—镶块　31—摆钩

5）图 11-12 所示为内、外侧向抽芯注射模。当开模时，拉钩 36 使Ⅰ—Ⅰ分型取出流道凝料，斜销 10 使滑块 8、31 进行外侧向抽芯。此后，拨杆 33 使拉钩 36 转动脱钩。限位钉 27 则限止型腔板 22 移动。使Ⅱ—Ⅱ分型。同时，斜销 16 使动模型芯 11 内的滑块 15 移动进行内侧抽芯。塑件则由推板脱模。

2. 塑料注射模的装配单元

各种不同结构形式的塑料注射模，主要由定模与动模组成。为适应塑模使用过程，即精确合模→塑料注射→塑件成形→内、外旁侧分型、抽芯→开模主分型→塑件与流道凝料脱模的要求，在定、动模上设置有相应功能的元件、装置与机构。同时，为适应塑件注射成形条件，还设置有合理的塑料注射流道和冷却系统元、器件。如定位、导向元件与配合副，包括圆柱销、导柱与导套副、定位圈等。旁侧向分型、抽芯元件与机构，包括斜楔与弹簧抽芯组合，斜导柱与滑块侧向分型或抽芯组合，弯销与滑块侧向分型或抽芯组合，齿轮抽型机构，齿轮、齿条抽芯机构，液压抽芯机构等。定距、延时、顺序分型元件与机构，包括定距拉钩与挡销机构、定距螺纹拉杆、定距板式凸轮机构、延时摆杆与挡销组合等。塑件脱模、复位元件与机构，包括推杆、推管、推板和镶块等。

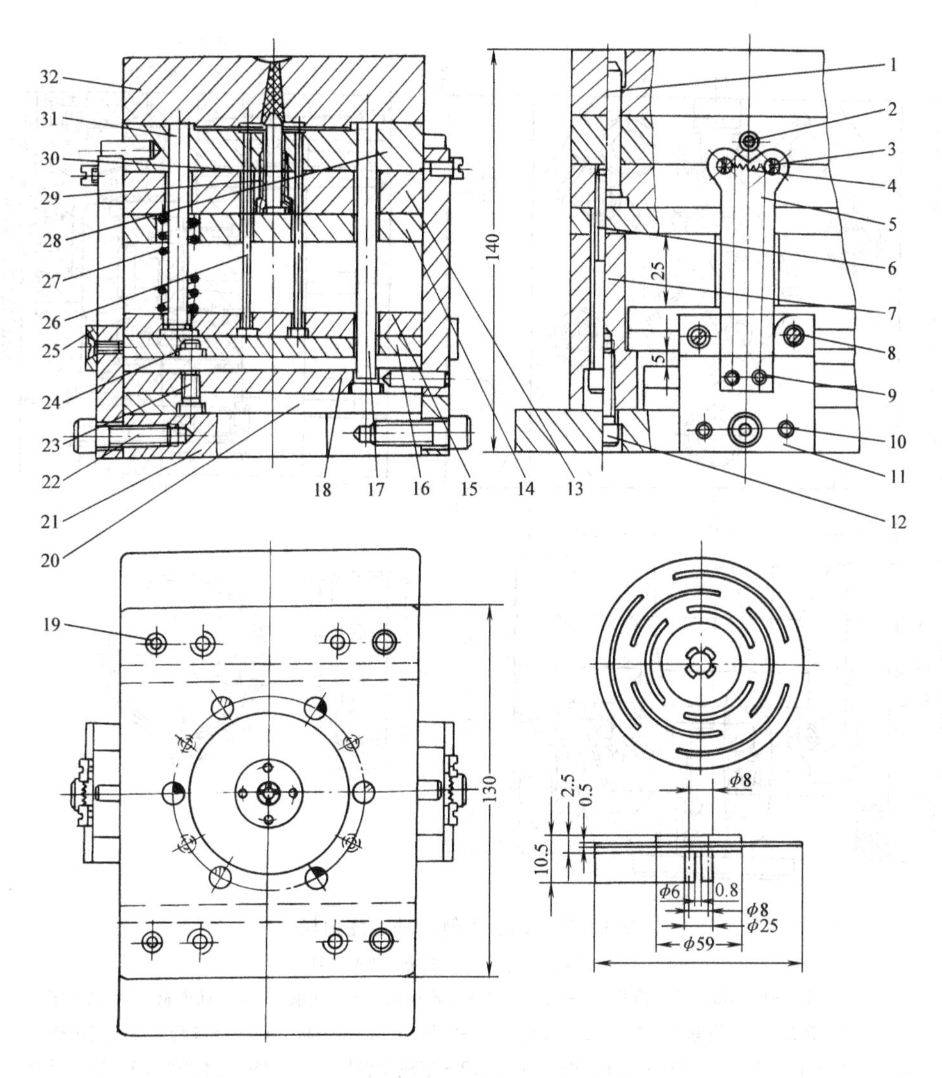

图 11-11　二级脱模机构注射模

（制件名称　圆盘　　材料　PC）

1、19—导柱　2—挡销　3、6、8、12、22、23、24—螺钉　4、27—弹簧　5—摆杆　7—垫块　9、10—圆柱销　11—限制架　13—型芯固定板　14—支承板　15—推杆固定板　16、20—推板　17、31—复位杆　18—复位杆固定板　21—动模座板　25—挡板　26—推杆　28—型腔板　29—镶件　30—型芯　32—定模座板

此外，定、动模还分别装有冷却、注射系统中的节流水管接头，浇口套、热流道喷嘴、热流道板等。

显然，塑料注射模装配必须以定模组合和动模组合为主要的装配单元，并分别进行组装，以待总装。

3. 塑料注射模的组装工艺

（1）装配工艺要求　根据 GB/T 12554—2006 以及 GB/T 12555—2006，与 GB/T 12556—2006，塑料注射模技术条件、模架与零件技术条件是进行注射模组装的依据。具体要求如下：

1）装配前必须检查所有零件的基准面、尺寸配合与形状、位置精度，表面粗糙度 *Ra*，以及材料、热处理硬度，均须符合工艺质量技术条件标准的规定，并满足设计技术参数的要求。其

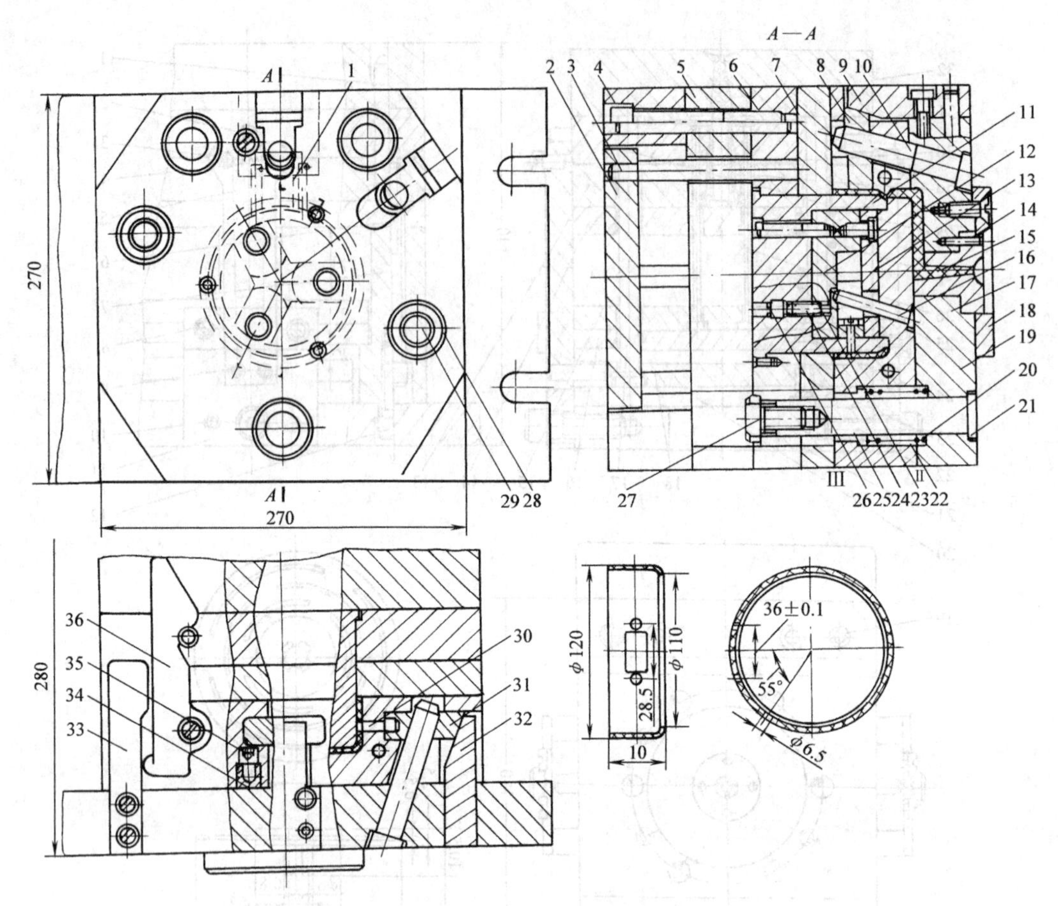

图 11-12　内、外侧向抽芯注射模

（制件名称　外环　　材料　PA1010）

1、11、17、30—型芯　2—推板　3—推杆　4—动模座板　5—支承板　6—动模板　7—推件板　8、15—滑块　9—楔紧块　10、16—斜销　12—滑块座　13—盖板　14—浇口套　18—定位圈　19—定模座板　20、24—弹簧　21、29—导柱　22—定模型腔板　23、35—定位销　25、28—导套　26、34—螺塞　27—限位钉　31—滑座　32—楔紧块　33—拨杆　36—拉钩

中，定、动模板的上、下安装面的平行度偏差，安装面对其上的导柱、导套安装孔轴线的垂直度，以及上、下模分型面合模后的贴合间隙或溢料间隙等装配工艺参数，见表 11-2。

表 11-2　注射模装配参数与要求

项目内容	公差等级 参数/mm		模架精度等级			说　明
			Ⅰ级	Ⅱ级	Ⅲ级	
定、动模板上、下平面平行度	模板周界尺寸	≤400	IT5	IT6	IT7	1. 根据 GB/T 12556.2 规定，塑料注射模模架分Ⅰ、Ⅱ、Ⅲ个等级 2. 溢料间隙与塑料的流动性有关。标准规定：
		>400～900	IT6	IT7	IT8	
定、动模板上导柱（套）安装孔中心线垂直度	模板厚度	≤200	IT4	IT5	IT6	
主分型面闭合面的贴合间隙值			0.02mm	0.03mm	0.04mm	
模板基准面移位偏差			0.04mm	0.06mm	0.08mm	

流动性	好	一般	较差
溢料间隙/mm	<0.03	<0.05	<0.08

2）装配时，须辅以精饰加工或进行调整、修正，以满足装配工艺质量与使用性能要求：

① 定模座板：在座板的中间安装有浇口套、定位圈（见图 10-26，件 14，18）与注射机喷嘴对正、定位，并安装于注射机安装板上。

② 复位杆端面须齐平一致，允许凹入分型面≤0.2mm。

③ 分型面上不应有螺孔、销孔。

④ 滑块运动应平稳，合模及滑块与楔紧块应压紧，接触面积≥3/4、开模后定位须准确可靠。

⑤ 需进行运动的零件、机构等，应保证相对位置精确，动作可靠；相互固定连接的零、部件（包括嵌件、镶块等）不得相对窜动、移位等。

⑥ 注射流道表面粗糙度 Ra 应≤0.8μm，以免增加流道阻力，影响塑料注射速度。

（2）定模组装　定模组合是定模的装配单元。一般由两板或三板构成。

1）定模板：标准图上称 A 板。其上常压装有凹模或型芯镶件，称定模型腔或型芯固定板（见图 11-9）；若在其上直接加工型腔，则称其为凹模板或定模型腔板。

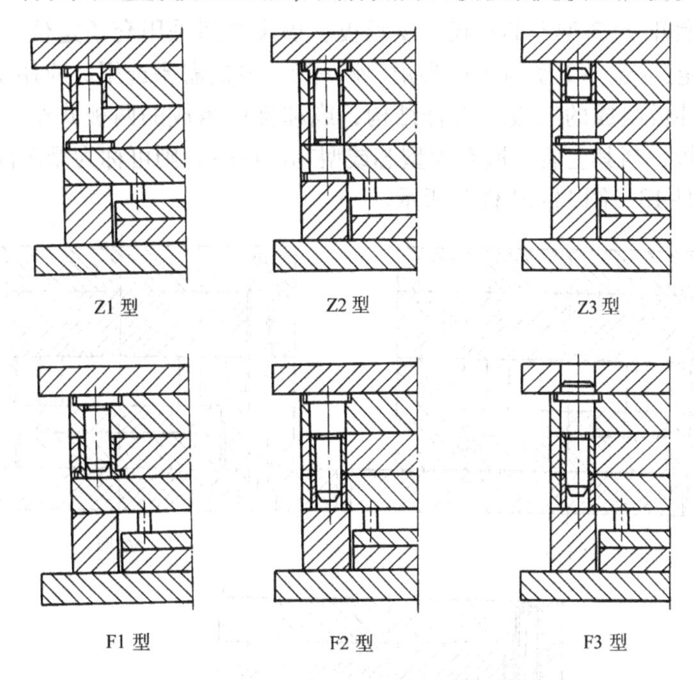

图 11-13　导柱与导套安装形式

2）垫板：由于模具结构需要，在 A 板与定模座之间中间加一块板，是为垫板。即，当 A 板上装有型芯（见图 11-9）镶块或装有凹模镶块时，则需加垫板。

开模时，垫板常设计成随动模移动，首先与定模座板分离，进行Ⅰ—Ⅰ分型，以拉断流道凝料。同时，采用固定于定模座板上的定距拉杆或定距拉板，以限制Ⅰ—Ⅰ分型距离。此后，则拉动定模型腔板（A 板），则Ⅱ—Ⅱ分型。

3）定模组合的定位与连接：定模上的三块板及其上的零件，都需进行定位、连接。以保证其间的配合尺寸与相对位置精确。

4）导柱与导套定位与连接：定模中的 A 板和垫板，有时还连同定模座板，其间分别装有与导柱固定段外径均相同的导套或导柱。因此，其装配方式，可根据设计结构要求分为正装（代号

Z）和反装（代号F），如图11-13所示。其中，F3型是以导柱固定段与后端定位段相同外径使定模座板与型腔板定位。

5）圆柱销定位与连接：如图11-8所示，即以圆柱销18，使定模座板与型腔板（*A*板）相连接并定位。其间固定则采用螺钉、螺栓。

6）限位块也是定模组合中常用定位元件，如图11-14所示。限位块5是定位导套3于轴向位置的元件。

7）斜导柱（销）是开模时作为侧向分型或抽芯用的元件。常固定于定模座板、垫板或型腔板上，并与固定在动模板上的滑块进行侧向运动连接。

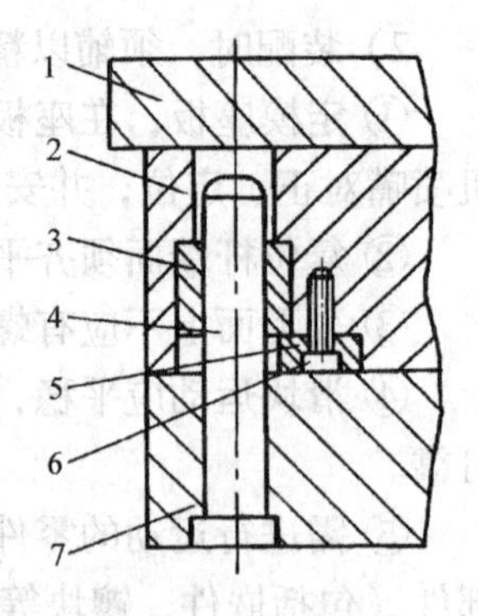

图11-14　限位块

1—定模座板　2—定模板　3—导套　4—导柱　5—限位块　6—螺钉　7—动模板

（3）动模组装　动模组合，即动模装配单元，其基础为动模座，有V1型、V2型、V3型三种动模座，如图11-15所示。其中V2型的动模板、支承板、垫块和动座板之间采用三短圆柱销定位连接，以便于撤开。V3型上的动板、支承板、垫块之间采用套销定位，并与动模座板之间则采用螺栓固定连接。V2型与V3型动模座一般需根据需要选用。应用最多的是以V2动模座为基础和推件板组成的三板式组合结构，或和推杆组成的两板式组合结构。其中动模板、标准中称*B*板，当其上装、嵌有大型芯或型芯嵌件时，则可称为型芯固定板，如图11-9件19、图11-10件13、图11-10件2所示。

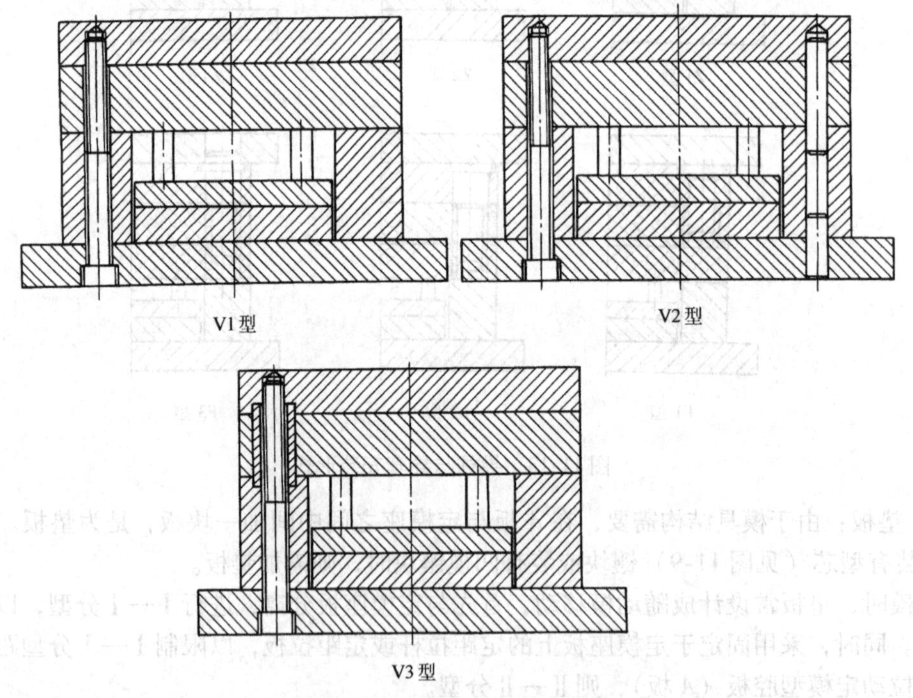

图11-15　动模座三种基本形式

动模座中的推件装置一般有两种形式，即由推件装置的定位、导向柱（见图11-9中的件22），推杆固定板，推板，复位杆（见图11-11中的件17、31），推杆（见图11-8、10、11）或推件板（见图11-9）组成。在推板与动模座之间，安装于座板上限位钉，用以调节推杆的行程，使保证精确推出塑件。

综上所述，在冲模、塑料注射模等模具装配的长期实践中，总是依据模具结构特点和技术要求，制订可行的装配工艺，分步、分组、有序地进行装配。因此，合理划分装配单元，使其能独立地进行组装，以方便、简化总装工艺；使其间定位、连接更为合理、可靠，更能保证模具装配精度与质量。

11.3　模具总装与调试

模具装配技术条件与要求，模具标准与标准件，模具零件精密加工，模具装配中的定位、连接与固定和模具装配单元的组装，为模具总装（或称总成）与调试，创造了条件。现仍以使用量最多、制造技术难度较大的冲模与塑料注射模为例，来说明模具总装与调试的工艺内容、方法与顺序。

11.3.1　冲模总装与调试

1. 装配单元的检查

检查冲模的凸模组合、凹模组合和冲模模架的装配精度与质量，包括装配单元的位置精度，凸模、凹模、导柱、导套与相关零件定位、连接与固定的精确与可靠性，如图 11-16 所示。图中“c”为保证凸、凹模间隙及其公差所允许偏差值。

2. 总装技术要求

1）凸模组合、凹模组合以及模架的连接必须精确、可靠。模板的基准面移位的偏差当控制在 0.02mm 以内。

2）凸、凹模之间的间隙及其公差（$\delta\pm\Delta$）必须满足设计或标准的要求。

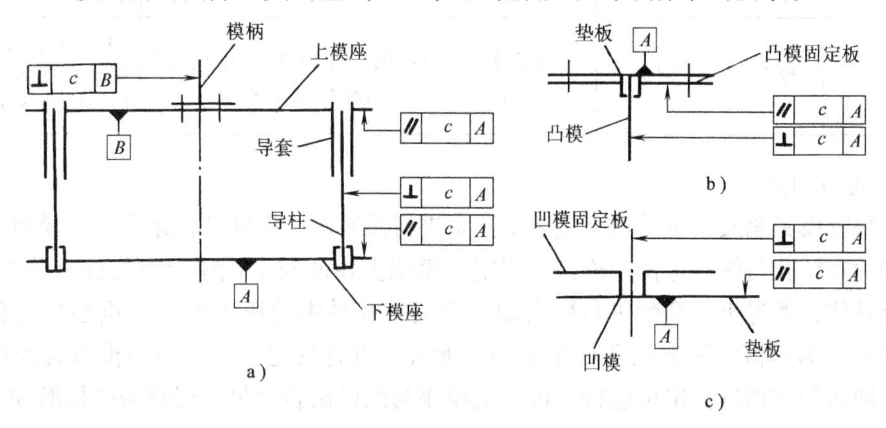

图 11-16　冲模装配单元示意图

a）冲模模架　b）凸模组合　c）凹模组合

3）模柄的中心线须与压力重心重合；模柄的中心线对其安装底面须垂直。

4）清洗与去飞边。在组装之前须先行去除所有组装构件上的飞边和因加工而残存于其上的铁屑等杂物。去飞边则常采用锉、油石、砂纸等工具进行。清除铁屑等杂物可采用压缩空气吹除，亦可于清洗时采用喷射清洗液进行。

清洗零件是组装、总装之前必须进行的工艺程序。主要目的是清除零件的油污、油泥和附着于零件表面的其他夹渣物，棉纱等。若不进行清洗，将会影响相邻零件接触面之间的接触强度和形状、位置精度，从而使装配精度与质量降低。因此，在组装和总装之前，必须清洗设备，如常喷射工具和加温装置的清洗槽中，进行清洗。清洗介质（即清洗剂）当选择对环境不造成污染、清洗效率高和价格合理的牌号。常用清洗介质的种类见表11-3。

表11-3 常用清洗剂的种类、特点与应用

类型	清洗机理	特点	主要产品	选用要点
水	溶解污垢实现清洗	具有强溶解力和分散力，特别是对电解质、无机盐和有机盐，对油污溶解力差		注意水质要求，其控制指标主要为：总可溶固体物含量、氯离子含量和矿物质含量不得超过规定
溶剂	以溶解污垢为主，不改变化学成分	去污力强，对油污溶解力强，能耗低	汽油、柴油、煤油、苯、甲苯、二甲苯、三氯乙烯、三氯乙烷、三氯三氟乙烷、甲醇、乙醇、丙酮等	防火、防爆、劳动保护及环境保护要求高
碱性清洗液	依靠清洗液的润湿、乳化、分散作用清除油脂污垢	清洗液易配制、成本低；使用时需加热，能耗高	由氢氧化钠、碳酸钠、硅酸钠、磷酸钠等加入水中制成	间歇式生产中工件易生锈，需要加缓蚀剂
水基金属清洗液	使清洗液表面张力下降和临界胶束浓度降低，对污垢润湿、分散、卷离、乳化、增溶	清洗工艺性好，能耗低；作业安全，环境污染少；适用于自动化清洗	SP-1、105、664、6503、TX-10、平平加等	清理油污时优先考虑水基金属清洗液，要充分考虑排放废水的治理
乳化溶剂清洗液	依靠清洗液的乳化、稀释、溶解、弥散、润湿作用消除污物	当溶剂乳化液微细地分散在水溶液中时，清理油污接近溶剂的性能	由乳化剂、溶剂加水组成的产品	溶剂乳化液的微细程度及其在水中的分散程度对清洗性能影响很大
多功能清洗液	综合多种去污机理	合理配制可以具有很好的综合性能	由助剂、溶剂、乳化剂及水组成的产品	根据具体要求加入助剂，以提高去污、分散、消泡或缓蚀等能力

3. 总装与调试

（1）精密模具总装　可采用直接装配法来进行总装配，即使凸模组合与凹模组合，分别按加工好的定位孔与螺孔定位、连接、固定于模架上模座与下模座上以保证总装要求。如：凸模组合总装，通过坐标磨削进行精密加工完成的孔系中的压力中心（重心）定位孔，即与压力重心（为模柄安装定位孔如图11-16所示）重合的定位孔，与凸模组合上的重心定位孔内，插入圆柱销进行定位连接；再于上模座与凸模组合上另一经精密坐标磨加工的相应定位孔中，也插入圆柱销定位连接；再采用螺钉或螺栓插入经坐标钻、锪孔和攻螺纹加工的孔内进行固定连接，即完成其装配作业。同样，凹模组合也可采用类似凸模组合的装配工艺和顺序，使定位安装于下模座上。显然，采用此装配方法时，其孔系必须采用精密坐标钻、锪孔与攻螺纹；必须采用精密坐标磨削定位孔。同时，模架、凸模组合与凹模组合必须达到组装精度与质量要求。

（2）普通冲模总装　一般采用修配、调整相结合的方法进行。因此，其装配工艺顺序为：

凹模组合定位、安装于下模座→凸模组合松装于上模座上→通过导向副合模以测量、调节凸、凹模间隙→紧固凸模组合于上模座→配钻、铰凸模组合与上模座定位孔，并插入圆柱销进行定位连接。其间，测量、调节凸模与凹模之间的间隙是为关键技术。冲裁模的冲裁间隙测量与调节方法见表 11-4。

表 11-4　常用冲裁模冲裁间隙测量与调节方法

方　法	说　　明
透光法	此法适用于具有导柱、导向的中小模具。可测量的单边间隙达 0.05mm。其方法为将模具倒置，用灯光照射，从漏料孔中观察凸、凹模之间的间隙及其均匀性，并调节凸模组合
切纸法	常用 0.05mm 厚纸，放在凸模之间，用凸模冲切，目测切下的纸片或孔可判断间隙的均匀性。并调节凸模组合位置 适用于测量的单边间隙为≤0.1mm，具有导柱、导套导向的中小模具
垫片法	采用与规定的间隙相同的铝片或铜片，垫于凹模刃口周边，试冲后，观察垫片与凸模接触情况，以调节间隙。此法适用于测量单边间隙≤0.1mm 的冲模
镀铜法	此法适用于形状复杂、多凸模的冲裁模。镀铜的厚度与间隙相同。目测试冲状态，以调节凸模组合位置

另外，涂漆法、测量法也是测量、调节冲裁间隙的常用方法。

（3）冲模总装调试　冲模在冲压过程中，冲件常由于装配调试不当或不精确，导致冲件产生不同形式的缺陷或失精度变形。

1）冲模凸、凹模配合间隙须调节均匀。不均匀将使冲裁件飞边超差，冲裁截面光亮带宽窄不均匀；致使拉伸件边缘高低不均匀，局部变薄，使盒形件局部拉裂；致使大型覆盖件产生划痕、滑带或桔皮纹，甚至产生局部破裂或裂纹；致使翻边件边缘不齐、壁不直、甚至翻边破裂。

2）成形冲模的压边力须调节适当。过大易使冲件破裂或产生裂纹，过小则易产生皱纹或折纹。

可见，在模具装配中的调整与试模，是极具创力的。因此，在装配调试时，须不断积聚经验和数据，以充实、完善装配工艺内容，使装配调试作业精确、到位。

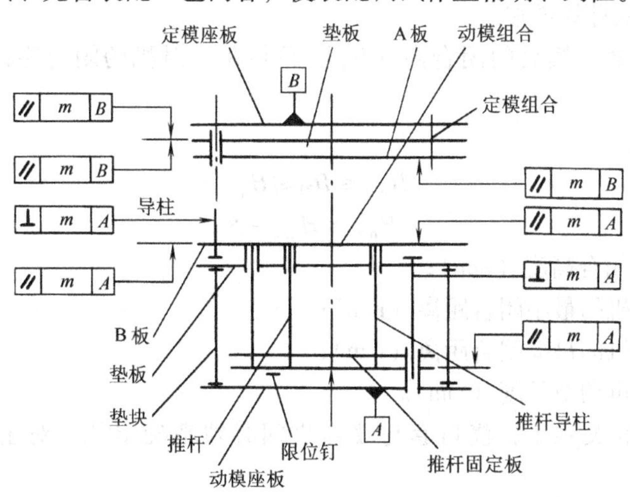

图 11-17　定、动模组合技术要求示意图

11.3.2　塑料注射模的总装与调试

1. 装配单元的检查

检查定模组合和动模组合的尺寸配合与位置精度，检查 A、B 板分型面形状偏差与表面

粗糙度；并检查定、动模组合定位、连接与固定的精确与可靠性，如图 11-17 所示。其中“m”为设计与标准规定与允许的形位偏差值。不合格时须调整或返工。

2. 总装技术要求

总装技术要求主要有以下几点：

1）定、动模的导向副的导套外径、导柱固定段外径，或导柱后端的定位段外径，即导柱、导套分别与之相配合的定、动模模板、垫板、或模座板上的安装孔外径均相同（见图 11-12）。因此，需将这些模合并固定后，同时完成安装孔的加工，以保证定位、导向精确。

2）合模后，A、B 模板上的主分型面间的间隙值，须控制在塑料溢料间隙以内（见表 11-2），以防产生飞边；同时，亦当保证注射成形时排气畅通。

3）推件机构，侧分型、抽芯机构，定距分型装置与元件等，须运动灵活、精确、到位。

4）当进行模板连接固定时，模板基准面的偏移量应≤0.2mm。

5）组装与总装之前，所有零件均需采用清洗剂于清洗槽中进行清洗；并需采用锉、油石、砂子等去除零件上的飞边，以保证装配时零件的清洗度，见表 11-3。

3. 总装调试

当组装和总装完成的塑料注射模完全满足设计技术要求后，根据设计技术要求，对其运动部分，活动连接部分进行定量调节，使之被控制在合理、精确状态下进行分型、侧抽芯、推件脱模运动。装配调试内容如下：

（1）分型、抽芯机构调试　精密调节定距分型的行程，使运动协调到位。如图 11-8 中的限位杆 1 和限位钉 2；图 11-11 中的限位钉 27，均以调节限位钉以确定Ⅰ—Ⅱ分型的距离。

图 11-11 中，以斜导柱（销）10 和滑块（座）31 组成的侧芯机构装配调节时，其抽芯行程须满足设计时的计算要求。

（2）装模与调试　模具的闭合高（H_m）必须在注射机的闭合距离之内，如图 11-18 所示。

其关系式如下：

$$H_{min} \leqslant H_M \leqslant H_{max}$$
$$H_{max} = H_{min} + S$$

式中　H_M——模具闭合高度（mm）；

H_{min}——注射机的最小闭合距离（mm）；

H_{max}——注射机的最大闭合距离（mm）；

S——螺杆可调节长度（mm）。

模具与注射机的关系中，浇口套与喷嘴之间必须精确定位、对正、形状吻合，如图 11-19所示。

喷嘴与浇口套相应部分的配合为：

$$R = r + (0.1 \sim 0.2)$$
$$D = d + (0.5 \sim 1)$$

（3）推件机构调试　推杆端面与型芯表面须齐平，可凸出或凹入型芯表面 0.2mm。复位杆端面，需与主分型面齐平，可低于分型 0～0.5mm。推件板脱模用的推杆必须齐平。

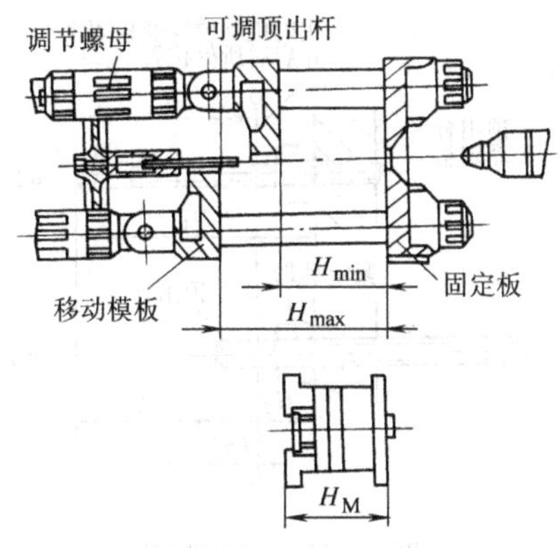

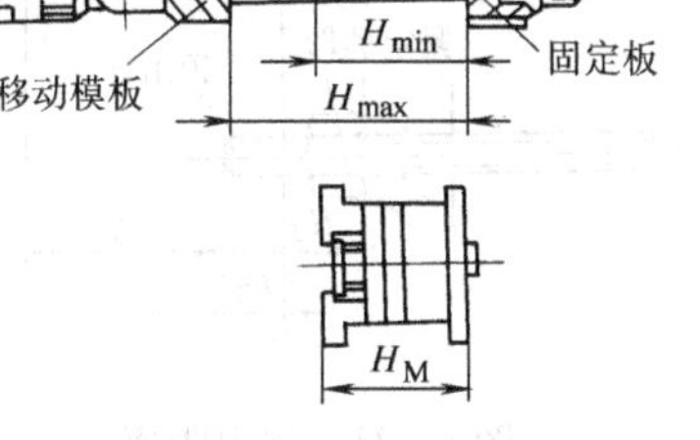

图 11-18　模具闭合高度与注射机模板距离

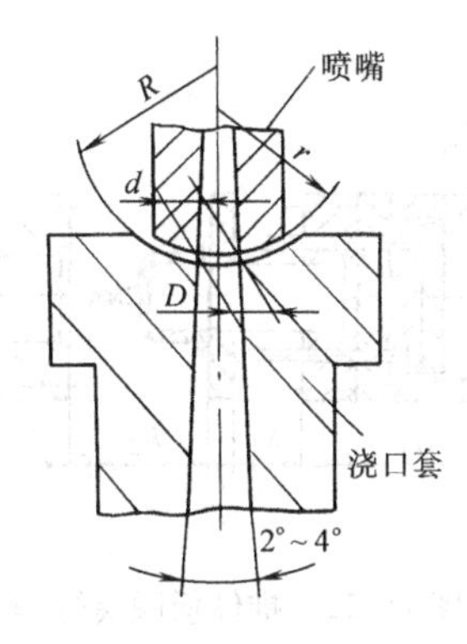

图 11-19　喷嘴与浇口套

推件机构的调节如下：

1）单分型推出行程调节如图 11-20 所示。其关系式为

$$S \geqslant 2K_1 + K_2 + (5 \sim 10)$$

式中　S——注射机最大行程（mm）；

K_1——推出塑件距离（mm）；

K_2——制件高度和浇口高（mm）。

2）单分型面、推件板脱模行程调节如图 11-21 所示。其关系式为

$$S \geqslant K_1 + K_3 + (5 \sim 10)$$

式中　K_3——浇道分型距离（mm）。

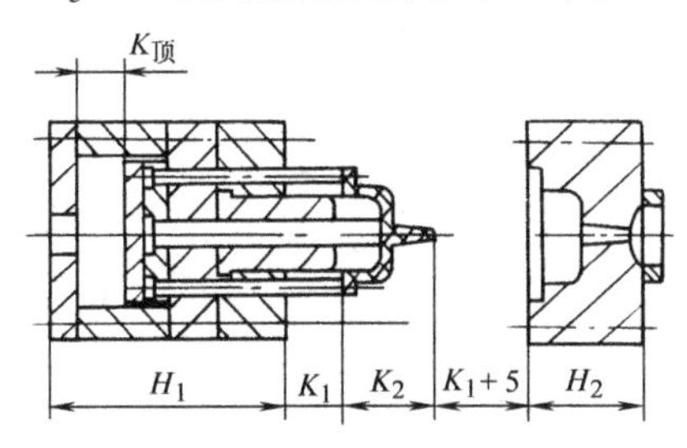

图 11-20　单分型面开模行程

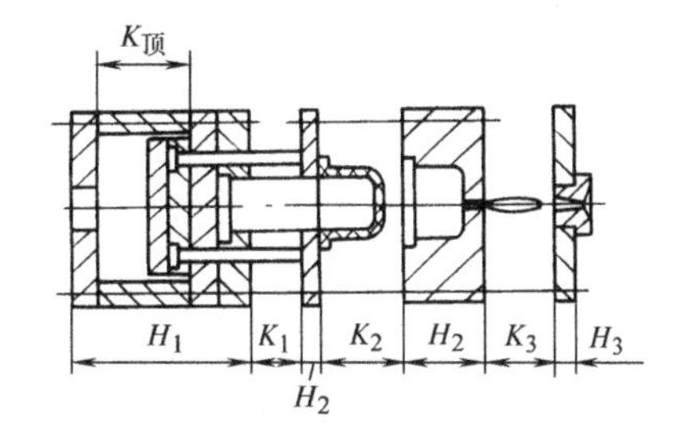

图 11-21　双分型面、点浇口、推件板脱模的开模行程

3）单分型面，推件板脱模行程调节，如图 11-22 所示。其关系式为

$$S \geqslant K_1 + K_2 + (5 \sim 10)$$

4）注射机顶出装置的行程控制、常通过调节顶出杆的伸出长短来确定有效顶出距离，如图 11-23 所示。

（4）装配调试的研配作业

1）流道表面粗糙度 $Ra < 0.8\mu m$，因此必须进行研磨。特别是有分流道时，为保持注射流速平衡，流道表面粗糙度将是影响塑料注射流速平衡的重要因素。塑料壁厚越薄，Ra 的影响程度越大。

2）异形镶件装配调试时，须定位精确、可靠，固定牢固。必要时，当进行研配，以保证精确定位。

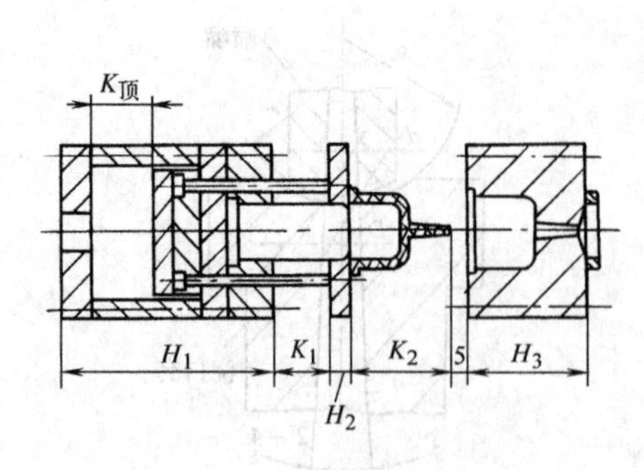

图 11-22 推件板脱模行程

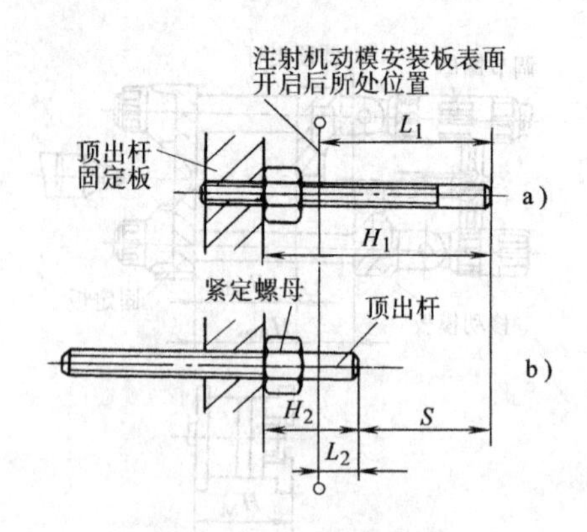

图 11-23 顶出距离

S—为顶出杆顶出距离的调节量

a）最大有效顶出距离（L_1） b）最小有效顶出距离（L_2）

参考文献

[1] 许发樾. 实用模具设计与制造手册 [M]. 北京：机械工业出版社，2001.

[2] 虞福荣. 像胶模具设计制造与使用 [M]. 北京：机械工业出版社，1993.

[3] 金涤尘. 现代模具制造技术 [M]. 北京：机械工业出版社，2001